기출이 답이다

Answer

유기농업기사 필기

최빈출 기출 1000제 + 최근 기출복원문제 2개년

시대에듀

2026 기출이답이다
유기농업기사 필기 최빈출 기출 1000제 + 최근 기출복원문제 2개년

Always with you

사람이 길에서 우연하게 만나거나 함께 살아가는 것만이 인연은 아니라고 생각합니다.
책을 펴내는 출판사와 그 책을 읽는 독자의 만남도 소중한 인연입니다.
시대에듀는 항상 독자의 마음을 헤아리기 위해 노력하고 있습니다.
늘 독자와 함께하겠습니다.

끝까지 책임진다! 시대에듀!
QR코드를 통해 도서 출간 이후 발견된 오류나 개정법령, 변경된 시험 정보, 최신기출문제, 도서 업데이트 자료 등이 있는지 확인해
보세요! **시대에듀 합격 스마트 앱**을 통해서도 알려 드리고 있으니 구글 플레이나 앱 스토어에서 다운받아 사용하세요.
또한, 파본 도서인 경우에는 구입하신 곳에서 교환해 드립니다.

편집진행 윤진영 · 장윤경 | **표지디자인** 권은경 · 길전홍선 | **본문디자인** 정경일 · 박동진

머리말

유기농업은 단순히 자연보호 및 농가소득 증대라는 소극적 중요성을 떠나, WTO에 대응하여 자국농업을 보호하는 수단이 되며, 아울러 국민의 보건복지 증진이라는 의미에서도 매우 중요하다. 이에 따라 전문 유기농업인력을 육성·공급하기 위해 자격이 제정되었다.

유기농업기사는 유기농업의 전반에 관한 깊은 이해와 지식 및 기술을 기반으로 입지선정, 작목선정, 경영여건분석, 환경분석 등을 기획하고, 윤작체계 및 자재의 선정, 토양비옥도 및 병해충 방지, 사료확보 등 생산관리업무와 유기농산물 원료의 가공, 포장, 유통 및 사후관리 등의 품질인증과 기술지도 직무를 수행한다.

최근 유기농업기사 자격의 응시자와 합격자수가 증가하는 추세이며, 이에 관심을 가지고 학습하시길 원하는 분들을 위하여 기출이 답이다 유기농업기사 필기 [최빈출 기출 1000제 + 최근 기출복원문제 2개년]은 다음과 같이 구성하였다.

PART 01 핵심이론, PART 02 최빈출 기출 1000제, PART 03 최근 기출복원문제로 나누어 PART 01은 출제기준에 따라 각 단원별로 반드시 알아두어야 하는 핵심이론을 제시하고, PART 02는 최근 10년간 기출문제를 분석하여 빈번하게 출제되는 문제를 과목별로 자세한 해설과 함께 수록하였으며, PART 03에서는 최근 기출복원문제를 통해 PART 02에서 놓칠 수 있는 새로운 유형의 최신 문제에 대비할 수 있게 하였다.

본 도서를 통해 유기농업기사 시험을 준비하는 수험생 모두 합격의 기쁨을 누릴 수 있기를 기원한다.

편저자 씀

시험안내 INFORMATION

개 요

유기농업이란 화학비료, 유기합성농약(농약, 생장조절제, 제초제 등), 가축사료첨가제 등 일체의 합성화학물질을 사용하지 않고 유기물과 자연광석, 미생물 등 자연적인 자재만을 사용하는 농법을 말한다. 이러한 유기농업은 단순히 자연보호 및 농가소득 증대라는 소극적 중요성을 떠나, WTO에 대응하여 자국농업을 보호하는 수단이 되며, 아울러 국민의 보건복지 증진이라는 의미에서도 매우 중요하다. 이에 따라 전문 유기농업인력을 육성·공급하기 위해 자격이 제정되었다.

진로 및 전망

❶ 유기농업 관련 단체, 유기농업 가공회사, 유기농산물 유통회사
❷ 시·도·군 지자체의 환경농업 담당공무원, 유기농업 및 유기식품 연구기관의 연구원
❸ 국제유기식품 품질인증기관의 인증책임자 및 조사원(Inspector)
❹ 소비자단체, 환경보호단체, 사회단체 등 NGO의 직원

시험일정

구 분	필기원서접수 (인터넷)	필기시험	필기합격 (예정자)발표	실기원서접수	실기시험	최종 합격자 발표일
제1회	1월 중순	2월 초순	3월 중순	3월 하순	4월 중순	6월 중순
제2회	4월 중순	5월 초순	6월 중순	6월 하순	7월 중순	9월 중순
제3회	7월 하순	8월 초순	9월 초순	9월 하순	11월 초순	12월 하순

※ 상기 시험일정은 시행처의 사정에 따라 변경될 수 있으니, www.q-net.or.kr에서 확인하시기 바랍니다.

시험요강

❶ 시행처 : 한국산업인력공단
❷ 관련 학과 : 대학의 농학과, 식물자원학과, 농화학과, 생물자원학과 등
❸ 시험과목
　㉠ 필기 : 재배원론, 토양비옥도 및 관리, 유기농업개론, 유기식품가공·유통론, 유기농업 관련 규정
　㉡ 실기 : 유기농업생산, 품질인증, 기술지도 관련 실무
❹ 검정방법
　㉠ 필기 : 객관식 4지 택일형, 과목당 20문항(2시간 30분)
　㉡ 실기 : 필답형(2시간 30분)
❺ 합격기준
　㉠ 필기 : 100점을 만점으로 하여 과목당 40점 이상, 전 과목 평균 60점 이상 득점자
　㉡ 실기 : 100점을 만점으로 하여 60점 이상 득점자

검정현황

필기시험

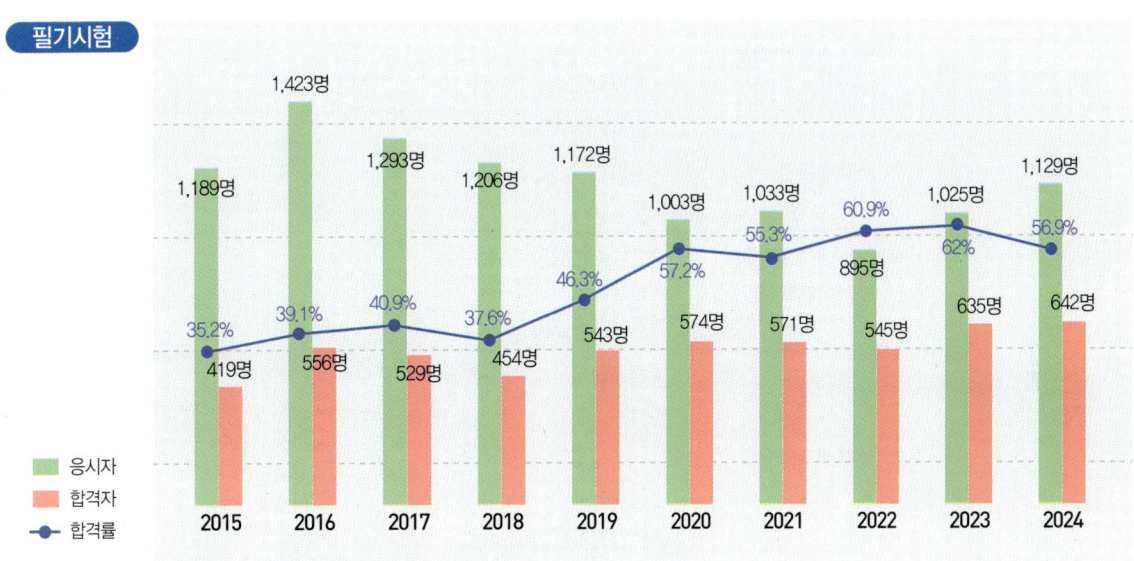

- 응시자
- 합격자
- 합격률

실기시험

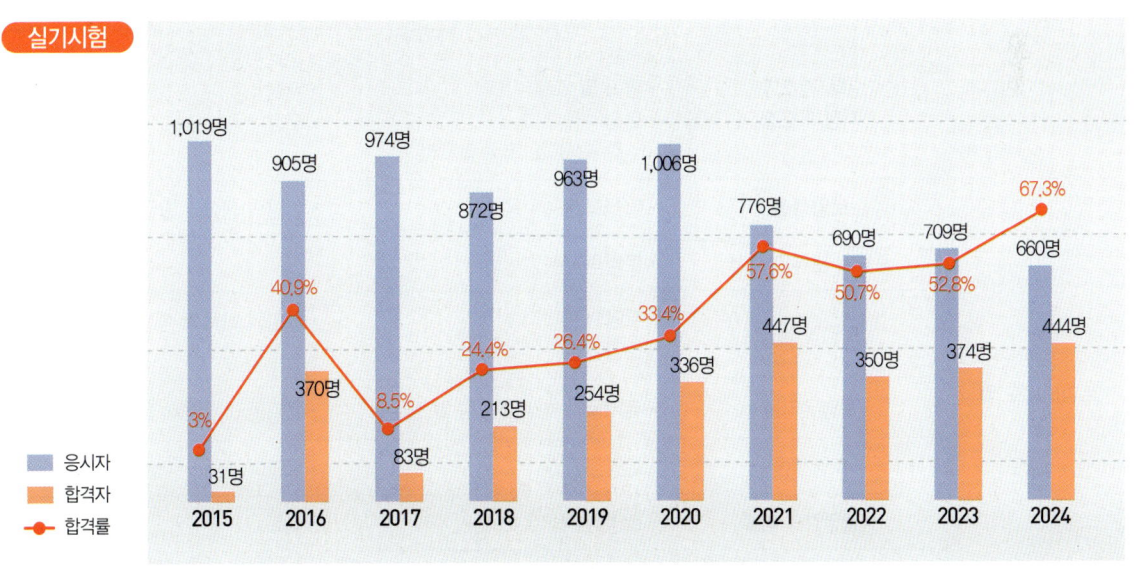

- 응시자
- 합격자
- 합격률

시험안내 INFORMATION

출제기준(필기)

필기과목명	주요항목	세부항목	
재배원론	재배의 기원과 현황	• 재배작물의 기원과 세계 재배의 발달 • 작물의 분류 • 재배의 현황	
	재배환경	• 토양 • 공기 • 광	• 수분 • 온도 • 상적 발육과 환경
	작물의 내적 균형과 식물 호르몬 및 방사선 이용	• C/N율, T/R율, G-D 균형 • 식물생장조절제 • 방사선 이용	
	재배기술	• 작부체계 • 육묘 • 파종 • 생력재배 • 재배관리 • 환경친화형 재배	• 영양번식 • 정지 • 이식 • 재배관리 • 병해충 방제
	각종 재해	• 저온해와 냉해 • 동해와 상해 • 기타 재해	• 습해, 수해 및 가뭄해 • 도복과 풍해
	수확, 건조 및 저장과 도정	• 수확 • 탈곡 및 조제 • 도정 • 수량구성요소 및 수량사정	• 건조 • 저장 • 포장
토양비옥도 및 관리	토양생성	• 암석의 풍화작용	• 토양의 생성과 발달
	토양의 분류와 조사	• 토양의 분류와 조사	
	토양의 성질	• 토양의 물리적 성질 • 토양수분	• 토양의 화학적 성질
	토양유기물	• 유기물과 부식의 조성 및 성질	• 유기물의 분해와 집적
	토양생물	• 토양생물	• 토양미생물
	식물영양과 비료	• 토양양분의 유효도	• 비료
	토양관리	• 논·밭 토양 • 경지이용과 특수지 토양관리	• 저위생산지 개량 • 토양침식

필기과목명	주요항목	세부항목	
유기농업개론	유기농업 개요	• 유기농업 배경 및 의의 • 국내외 유기농업 현황	• 유기농업 역사 • 친환경농업
	유기경종	• 지력배양 방법	• 유기농업 허용자재
	품종과 육종	• 품종	• 육종
	유기원예	• 유기원예산업 • 시설원예시설 설치 • 유기재배관리	• 유기원예 토양관리 • 유기원예의 환경 조건
	유기식량작물	• 유기수도작 · 전작의 재배기술 • 병 · 해충 및 잡초 방제 방법 • 유기수도작 · 전작의 환경조건	
	유기축산	• 유기축산 일반 • 유기축산의 사료생산 및 급여 • 유기축산의 질병예방 및 관리 • 유기축산의 사육시설	
유기식품 가공 · 유통론	유기식품의 이해	• 유기식품의 정의 재료 • 유기식품의 유형 및 표기(labelling) • 유기식품의 제조 • 비식용유기가공품	
	유기가공식품	• 유기농산식품 • 유기축산식품 • 유기기호식품	
	유기식품의 저장 및 포장	• 천연첨가물 처리 저장 • 가열처리 저장	• 비가열처리 저장 • 포장재 및 포장
	유기식품의 안전성	• 생물학적 요인 및 관리 • 물리 · 화학적 요인 및 관리 • 식품가공 제조시설의 위생	
	유기식품 등의 유통	• 유기농 · 축산물 및 유기가공식품 유통	
유기농업 관련 규정	친환경 농어업 육성 및 유기식품 등의 관리 · 지원에 관한 법률	• 친환경농어업 육성 및 유기식품 등의 관리 · 지원에 관한 법률 및 시행령	
		• 농림축산식품부 소관 친환경농어업 육성 및 유기식품 등의 관리 · 지원에 관한 법률 시행규칙 및 관련 고시	

목 차 CONTENTS

PART 01

핵심이론

유기농업기사 [필기]

www.sdedu.co.kr

CHAPTER 01 재배원론

재배의 기원과 현황

■ 재배의 관념

- G. Allen은 과거 묘소에 공물(供物)로 뿌려진 야생식물의 열매가 자연히 싹이 터서 자라는 것을 보고 인류가 '재배'라는 개념을 배우고 농경의 시작으로 이어졌다고 설명하였다.
- De Candolle은 산야에서 채취한 과실을 먹고 던져둔 종자에서 똑같은 식물이 자라는 것을 보고 '파종'이라는 관념을, 야생식물을 집 근처에 옮겨 심으면 편리하다는 생각에 '이식'의 개념을 배웠을 것으로 추정하였다.

■ 농경의 발상지

- 큰 강 유역설(De Candolle) : 큰 강 유역은 주기적인 강의 범람으로 비옥해져 농사짓기에 유리하므로 원시 농경의 발상지라고 추정하였다.
- 산간부설(N. T. Vavilov) : 기후가 온화한 산간부 중 관개수를 쉽게 얻을 수 있는 곳이 농경이 쉽고 안전하므로 발상지라고 추정하였다.
- 해안지대설(P. Dettweiler) : 기후가 온난하고 토지가 비옥하며, 토양수분도 넉넉한 해안지대를 원시 농경의 발상지로 보았다.

■ 세계 재배의 발달

- Camerarius : 식물에도 암수 구별이 있음을 밝혔다.
- Koelreuter : 교잡에 의한 작물개량의 가능성을 최초로 제시하였다.
- Mendel : 완두의 교잡실험을 통해 유전법칙을 발견함으로써 현대 유전학의 기초를 이루었다.
- Johannsen : '순계설'을 발표하여 자식성 작물의 품종개량에 이바지하였다.

■ 바빌로프(Vavilov)의 유전자 중심설

- 작물 발상의 중심지에는 재배식물의 변이가 가장 풍부하다.
- 식물의 중심지로 갈수록 변이가 크고, 다른 지역에 없는 변이도 발견된다.
- 1차 중심지에는 우성형질이, 2차 중심지에는 열성형질이 많다.
- 작물 발상의 중심지에는 원시적 형질을 가진 품종이 많다.
- 중심지에서 멀어질수록 열성유전자가 많다.

■ **바빌로프(Vavilov)의 작물의 기원지**

- 중국 : 6조 보리, 조, 피, 메밀, 콩, 팥, 파, 인삼, 배추, 자운영, 동양배, 감, 복숭아 등
- 인도·동남아시아 : 벼, 참깨, 사탕수수, 모시풀, 왕골, 오이, 박, 가지, 생강 등
- 중앙아시아 : 귀리, 기장, 완두, 삼, 당근, 양파, 무화과 등
- 코카서스·중동 : 2조 보리, 보통 밀, 호밀, 유채, 아마, 마늘, 시금치, 사과, 서양배, 포도 등
- 지중해 연안 : 완두, 유채, 사탕무, 양귀비, 화이트클로버, 티머시, 오처드그라스, 무, 순무, 우엉, 양배추, 상추 등
- 중앙아프리카 : 진주조, 수수, 강두(광저기), 수박, 참외 등
- 멕시코·중앙아메리카 : 옥수수, 강낭콩, 고구마, 해바라기, 호박 등
- 남아메리카 : 감자, 땅콩, 담배, 토마토, 고추 등

■ **한국이 원산지인 작물**

팥(한국, 중국), 감(한국, 중국), 인삼(한국)

■ **작물의 분화과정**

유전적 변이(자연교잡, 돌연변이) → 도태 → 적응(순화) → 고립(격절)

■ **드브리스(De Vries)**

- 식물 유전의 돌연변이설을 주장하였다.
- 환경에 의한 변이는 유전하지 않으나 원인불명이지만 유전하는 변이도 있는데 이것을 돌연변이라 한다.

■ **세계 3대 식량작물**

밀, 옥수수, 벼

■ **작물의 분류**

- 중경작물 : 작물로서 잡초 억제효과와 토양을 부드럽게 하는 작물 예 옥수수, 수수 등
- 휴한작물 : 휴한 대신 지력이 유지되도록 윤작에 포함시키는 작물 예 비트, 클로버 등
- 윤작작물 : 중경작물이나 휴한작물처럼 잡초 억제효과와 지력유지에 이롭기 때문에 재배하는 작물
- 동반작물 : 서로 도움이 되는 특성을 지닌 두 가지 작물 예 토마토와 바질, 콩과 옥수수, 파와 오이
- 대파작물 : 일기불순 등으로 주작물 파종이 어려워 대파하는 작물 예 메밀, 조, 팥, 감자 등
- 구황작물 : 기후가 불순하여 흉년이 들 때 안전한 수확을 얻을 수 있어 도움이 되는 재배작물 예 조, 기장, 피 등

- 흡비작물 : 다른 작물이 잘 흡수·이용하지 못하는 미량의 비료 성분도 잘 흡수하여 체내에 간직함으로써 비료분의 유실을 줄일 수 있는 작물 예 옥수수, 알팔파, 스위트클로버
- 보호작물 : 주작물과 파종하여 생육 초기에 냉풍 등 환경조건에서 주작물을 보호하는 작물

■ 용도에 따른 작물의 분류

식용(식량)작물	미곡	논벼, 밭벼 등
	맥류	보리, 밀, 귀리, 라이보리 등
	잡곡	조, 기장, 피, 수수, 율무, 옥수수, 메밀 등
	두류	콩, 팥, 까치콩, 완두, 잠두, 땅콩, 녹두 등
	서류	고구마, 감자, 카사바, 토란 등
특용(공예)작물	유료작물	참깨, 땅콩, 유채, 해바라기 등
	섬유작물	목화, 아마, 삼, 왕골, 모시풀, 수세미, 닥나무 등
	당료작물	사탕무, 사탕수수 등
	전분작물	옥수수, 감자, 고구마 등
사료작물		• 볏과 : 옥수수, 호밀, 티머시, 오처드그라스 등 • 콩과 : 알팔파, 클로버 등
비료(녹비)작물		• 콩과 : 자운영, 클로버(토끼풀), 베치, 알팔파(자주개자리), 풋베기콩, 풋베기완두, 루핀 등 • 유채, 풋베기귀리, 풋베기옥수수, 풋베기쌀보리, 메밀, 호밀 등
약용작물		제충국, 박하, 호프 등
기호작물		차, 담배 등
원예작물	채소류	• 과채류 : 오이, 호박, 고추, 토마토, 딸기, 수박 등 • 협채류 : 완두, 강낭콩, 동부 등 • 근채류 : 무, 순무, 당근, 고구마, 감자, 토란, 마 등 • 경엽채류 : 배추, 양배추, 셀러리, 파, 양파, 마늘 등
	과수류	• 인과류 : 배, 사과, 비파 등 • 핵과류 : 복숭아, 자두, 살구, 앵두 등 • 장과류 : 포도, 딸기, 무화과 등 • 견과류 : 밤, 호두 등 • 준인과류 : 감, 귤 등
	화훼류	장미, 국화, 코스모스, 다알리아, 난초, 철쭉, 동백 등

■ 생존연한(재배기간)에 따른 작물의 분류

1년생	• 봄에 파종하여 그해 안에 성숙하는 작물 • 벼, 콩, 옥수수, 수수, 조 등
월년생	• 가을에 파종하여 그 다음 해 초여름에 성숙하는 작물 • 가을밀, 가을보리 등
2년생	• 봄에 파종하여 그 다음 해에 성숙하는 작물 • 무, 사탕무, 양배추, 양파 등
영년생 (다년생)	• 생존연한과 경제적 이용연한이 여러 해인 작물 • 아스파라거스, 목초류, 호프 등

■ **생육 적온에 따른 분류**

- 저온작물 : 비교적 저온에서 생육이 양호한 작물 예 맥류, 감자 등
- 고온작물 : 비교적 고온에서 생육이 양호한 작물 예 벼, 옥수수 등
- 열대작물 : 열대 환경에서 자라는 작물 예 카사바(대극과의 낙엽 관목), 고무나무 등

■ **생육 형태에 따른 작물의 분류**

주형과 포복형	• 주형 : 식물체가 각각의 포기를 형성하는 작물 예 벼, 맥류 등 • 포복형 : 줄기가 땅을 기어서 지표를 덮은 작물 예 고구마, 호박, 화이트클로버 등
상번초와 하번초	• 상번초 : 줄기 위에 있는 잎이 무성한 작물 예 수단그라스 등 • 하번초 : 땅의 표면을 덮으면서 자라는 작물 예 화이트클로버 등

■ **종묘로 이용되는 영양기관의 분류**

- 눈 : 마, 포도나무, 꽃의 아삽 등
- 잎 : 베고니아 등
- 줄기
  - 덩이줄기(괴경) : 감자, 토란, 돼지감자 등
  - 알줄기(구경) : 글라디올러스, 프리지아 등
  - 비늘줄기(인경) : 나리(백합), 마늘, 양파 등
  - 땅속줄기(뿌리줄기, 지하경) : 생강, 연, 박하, 호프 등
  - 흡지(吸枝) : 박하, 모시풀 등
- 뿌리(덩이뿌리, 괴근) : 다알리아, 고구마, 마 등

■ **우리나라 작물재배의 특색**

- 토양비옥도(지력)가 낮은 편이다.
- 기상재해가 큰 편이다.
- 경영규모가 영세하고 다비 농업이며, 전업농가가 대부분이다.
- 농산품의 국제경쟁력이 약하다.
- 쌀의 비중이 커서 미곡(米穀)농업이라 할 수 있다.
- 작부체계와 초지농법이 미발달(농가 소득 증대에 도움이 되는 작물만을 집약적으로 재배해왔기 때문)
- 식량자급률이 낮고 양곡도입량이 많다.

| 재배환경

■ 작물 수량의 삼각형

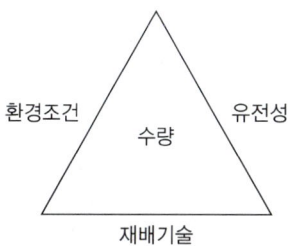

■ 작물의 수량을 최대화하기 위한 재배이론의 3요인

종자의 우수한 유전성, 양호한 재배환경, 재배기술의 종합적 확립

■ 토양의 3상과 비율

고상 50%(무기물 45% + 유기물 5%), 액상 25%, 기상 25%

■ 토성의 분류 기준 : 모래, 미사, 점토의 함유비율

명칭	사토	사양토	양토	식양토	식토
점토함량(%)	<12.5	12.5~25	25~37.5	37.5~50	>50

■ 양이온치환용량(CEC)

- 토양이 음전하에 의하여 양이온을 흡착할 수 있는 능력이며, 단위는 $cmol_c \cdot kg^{-1}$이다.
- CEC가 커지면 비효가 오래 지속된다.

■ 토양의 구조

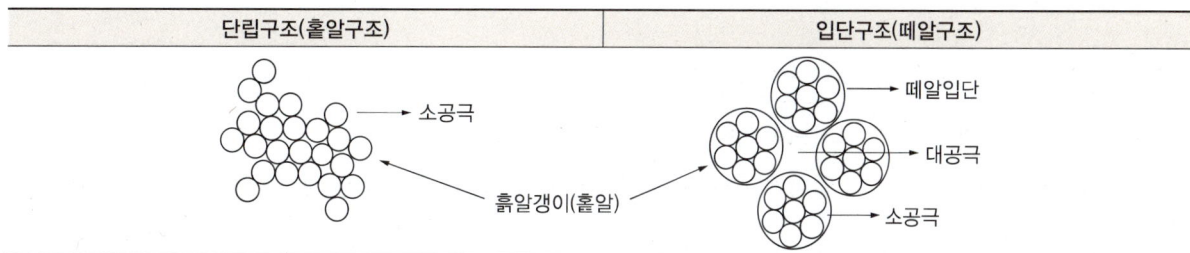

단립구조(홑알구조)	입단구조(떼알구조)
• 토양입자가 서로 결합하지 않고 독립적으로 모여있는 구조이다.	• 단일입자가 결합한 2차 입자가 모여 입단을 구성하고 있다.
• 대공극이 많고 소공극이 적어서 통기성·투수성은 우수하지만 양분과 수분 보유력이 낮다.	• 대공극과 소공극이 고르게 분포한다.
• 해안의 사구지에서 볼 수 있다.	• 통기성·투수성이 양호하고 양분과 수분의 유지 및 보유력이 우수하여 작물의 생육에 적당하다.

■ 토양의 입단화

입단의 조성	입단의 파괴
• 유기물, 석회 시용 • 토양의 피복 • 콩과 작물재배 • 아크릴소일, 크릴륨 등 토양 개량제 시용	• 경운(토양입자의 부식 분해 촉진) • 입단의 팽창과 수축의 반복 • Na^+의 작용(점토의 결합 분산) • 비와 바람의 작용

■ 필수원소(16종)

다량원소	탄소(C), 수소(H), 산소(O), 질소(N), 칼륨(K), 인(P), 칼슘(Ca), 마그네슘(Mg), 황(S)
미량원소	철(Fe), 망가니즈(Mn), 아연(Zn), 구리(Cu), 몰리브덴(Mo), 붕소(B), 염소(Cl)

※ 작물의 필수원소 중 C, H, O는 공기와 물을 통해 자연적으로 흡수가 흡수되며, 나머지 원소들은 주로 토양에서 공급된다.

■ 칼륨(K)

- 체내 구성물질은 아니나, 세포의 팽압을 유지한다.
- 토양공기 중에 CO_2 농도가 높고 O_2가 부족할 때 작물이 흡수하기 가장 곤란
- 결핍 : 황화현상, 생장점 고사, 하엽의 탈락 등

■ 칼슘(Ca)

- 세포막 중 중간막의 주성분으로, 잎에 많이 존재하며 체내의 이동이 어렵다.
- 단백질의 합성과 물질전류에 관여하고, 질소의 흡수 이용을 촉진한다.
- 결핍 : 뿌리나 눈의 생장점이 붉게 변하여 죽게 되고, 토마토 배꼽썩음병도 나타난다.
- 과잉 : Mg, Fe, Zn, Co, B 등의 흡수를 억제한다(길항작용).

■ 붕소(B)

결핍 시 분열조직에 괴사가 일어나고, 사탕무의 속썩음병, 셀러리의 줄기쪼김병, 알팔파의 황색병, 사과의 축과병, 담배의 끝마름병과 같은 병해를 일으키며 수정·결실이 나빠진다.

■ 규소(Si)

- 화곡류 잎의 표피 조직에 침전되어 병에 대한 저항성을 증진시킨다.
- 벼가 많이 흡수하면 잎을 직립하게 하여 수광상태가 좋게 되어 동화량을 증대시키는 효과가 있다.

■ 기타 원소

- 식물체 내 이동성이 낮아 결핍증상이 어린잎에 나타나는 원소 : 칼슘(Ca), 망간(Mn), 황(S), 철(Fe), 붕소(B) 등
- 몰리브덴(Mo) : 질산환원효소의 구성성분으로 질소대사에 중요한 역할을 한다.
- 염소(Cl) : 광합성에서 산소발생을 수반하는 광화학반응에 촉매작용을 한다.

■ 토양수분의 표현

pF값은 $\log H$($\because H$: 수주의 높이)로 $\log 1,000 = \log 10^3 = $ pF 3이고, 1기압이다.

■ 토양수분의 종류

- 결합수(pF 7.0 이상) : 점토광물에 결합되어 있어 분리시킬 수 없는 수분으로 작물이 이용하지 못한다.
- 흡습수(pF 4.5~7.0) : 분자 간 인력에 의해서 토양입자 표면에 피막상으로 응축한 수분으로 작물이 이용하지 못한다.
- 모관수(pF 2.7~4.5) : 작물이 주로 이용하는 수분으로 표면장력에 의하여 토양공극 내에 유지된다.
- 중력수(pF 0~2.7) : 중력에 의해서 비모관공극에 스며 흘러내리는 수분이다.
- 지하수 : 지하에 정체하여 모관수의 근원이 되는 물이다.

■ 토양수분장력과 토양수분 함유량의 함수관계

수분이 많으면 수분장력은 작아지고, 수분이 적으면 수분장력이 커진다.

■ 토양의 수분 상태

최대용수량(pF 0)	• 포화용수량 • 토양의 전체 공극이 물로 채워진 상태
포장용수량(pF 2.5~2.7)	• 최소용수량 = 최대용수량 − 중력수 • 수분이 포화된 상태의 토양에서 증발을 방지하면서 중력수를 완전히 배제하고 남은 수분상태 • 지하수위가 낮고 투수성인 포장에서 강우 또는 관개 2~3일 뒤의 상태 • 밭작물생육에 가장 적합
초기위조점(pF 3.9)	생육이 정지하고 하위엽이 위조하기 시작하는 토양의 수분상태
영구위조점(pF 4.2)	위조한 식물을 포화습도의 공기 중에서 24시간 방치하여도 회복하지 못하는 지점 ※ 위조점(위조계수) : 영구위조점에서의 토양 건조 중에 대한 수분의 중량비
흡습계수(pF 4.5)	수분이 토양에 가장 강하게 붙어있어 작물에 이용될 수 없는 상태

■ 유효수분

작물이 흡수하여 이용할 수 있는 토양수분으로 포장용수량(pF 2.5)~영구위조점(pF 4.2) 사이

■ 중금속이 인체에 미치는 영향

- 수은(Hg) : 토양의 중금속 오염으로 미나마타병을 유발한다.
- 카드뮴(Cd) : 일본에서 이타이이타이병의 원인이 된 중금속으로 뼈의 관절부의 이상을 초래, 신경, 간장 호흡기, 순환기 계통 질환을 일으킨다.
- 납(Pb) : 빈혈을 수반하고 조혈기관 및 소화기, 중추신경계 장애를 유발한다.
- 크로뮴(Cr)
  - 인체에 유해한 것은 6가크로뮴을 포함하고 있는 크롬산이나 중크롬산이다.
  - 만성피해로는 만성카타르성 비염, 폐기종, 폐부종, 만성기관지암이 있고, 급성피해는 폐충혈, 기관지염, 폐암 등이 있다.
- 구리(Cu) : 침을 흘리며 위장 카타르성 혈변, 혈뇨 등이 발생한다.
- 비소(As) : 위궤양, 손·발바닥의 각화, 비중격천공, 빈혈, 용혈성 작용, 중추신경계 자극증상이 있으며, 뇌증상으로 두통, 권태감, 정신증상 등이 있다.

■ 염류집적 해결법

- 담수처리로 염류농도를 낮추는 방법
- 제염작물(벼, 옥수수, 보리, 호밀) 재식
- 미분해성 유기물(볏짚, 산야초, 낙엽) 사용
- 환토, 객토, 깊이갈이(심경)
- 합리적 시비(토양검증에 의한 시비) 등

■ 식물양분의 가급도와 pH와의 관계

- 작물양분의 가급도 : 중성~미산성에서 가장 높음
- 강산성
  - P, Ca, Mg, B, Mo 등의 가급도가 감소 → 필수원소 부족으로 작물생육 불리
  - Al, Cu, Zn, Mn 등의 용해도가 증가 → 독성으로 작물생육 불리
- 강알칼리성 : B, Mn, Fe 등의 용해도 감소 → 생육 불리

■ 산성토양에 대한 작물의 적응성

- 극히 강한 것 : 벼, 밭벼, 귀리, 기장, 땅콩, 아마, 감자, 호밀, 토란 등
- 강한 것 : 메밀, 당근, 옥수수, 고구마, 오이, 호박, 토마토, 조, 딸기, 베치, 담배 등
- 약한 것 : 고추, 보리, 클로버, 완두, 가지, 삼, 겨자 등
- 가장 약한 것 : 알팔파, 자운영, 콩, 팥, 시금치, 사탕무, 셀러리, 부추, 양파 등

■ 작물의 내염재배법

- 논물을 말리지 않으며 자주 환수한다.
- 황산암모니아가 함유된 비료를 피한다.
- 내염성 품종(사탕무, 유채, 목화, 양배추 등)을 선택한다.
- 조기재배·휴립재배를 한다.
- 비료는 여러 차례 나누어 시비한다.

■ 논토양과 밭토양의 특징

구분	논토양	밭토양
양분 존재 형태	• N_2, NH_4^+ • Mn^{2+} • Fe^{2+} • S^{2-} 또는 H_2S	• NO_3 • Mn^{4+}, Mn^{3+} • Fe^{3+} • SO_4^{2-}
색깔	청회색, 회색	황갈색, 적갈색
산화-환원상태	• 담수상태의 논은 산소의 공급이 매우 적다. • 유기물을 분해하는 미생물이 산소를 소비하여 환원 상태가 더욱 조장된다. • 환원물(N_2, H_2S)이 존재하며 NO_3는 흡착되지 않고 하부 환원층으로 용탈되어 탈질작용을 일으킨다.	• 표면이 항상 대기와 접촉하고 있는 산화상태이다. • 산화물(NO_3, SO_4)이 존재한다.
양분 유실과 천연공급	관개수로 인한 천연공급이 많다.	빗물로 인한 양분의 유실이 많다.
토양 pH	담수 후 대부분 중성으로 변한다.	대개 산성을 나타낸다.
산화-환원전위(Eh)	산화-환원전위가 낮다.	논보다 높다.

■ 심층시비의 효과

암모늄태질소비료를 논토양의 환원층에 주어 탈질을 막는다.

■ 초생재배법의 장단점

장점		단점
• 토양의 입단화 • 제초 노력 경감 • 미생물 증식 • 지온 상승 억제 • 내병성 향상 • 과목 뿌리신장 및 수명연장	• 토양침식 방지 • 지력 증진 • 수분 증발 억제 • 선충피해 방지 • 지렁이 등 익충의 보금자리	• 양분·수분의 쟁탈 • 병해충의 은신처 제공

■ 식물체 내의 수분퍼텐셜(water potential)

- 식물체 내에서 수분을 이동시키는 원동력이다.
- 수분퍼텐셜 = 삼투퍼텐셜(삼투압) + 압력퍼텐셜(팽압) + 중력퍼텐셜 + 매트릭퍼텐셜(매트릭스)
- 토양의 수분퍼텐셜 > 식물체 내 수분퍼텐셜 : 물이 토양에서 식물 뿌리로 이동하게 된다.
- 수분퍼텐셜 = 삼투퍼텐셜 → 압력퍼텐셜 0 : 원형질 분리가 일어난다.
- 압력퍼텐셜 = 삼투퍼텐셜 → 세포의 수분퍼텐셜 0 : 팽만상태
- 식물체의 세포와 조직 내의 수분퍼텐셜은 거의 항상 0보다 작은 음의 값을 가진다.
- 세포의 부피와 압력퍼텐셜이 변화함에 따라 삼투퍼텐셜과 수분퍼텐셜이 변화한다.
- 수분퍼텐셜 측정 방법 : 가압상법, Chardakov 방법, 노점식 방법(증기압측정법)

■ 팽압

삼투현상으로 세포의 수분이 늘면 세포의 크기를 증대시키려는 압력으로, 팽압에 의해 식물체제가 유지된다.

■ 지표관개

- 전면관개 : 지표면 전면에 물을 대는 관개법이다.
  - 일류관개 : 등고선에 따라 수로를 내고, 임의의 장소로부터 월류하도록 하는 방법
  - 보더관개 : 완경사의 상단의 수로로부터 전체 표면에 물을 흘려 대는 방법
  - 수반관개 : 포장을 수평으로 구획하고 관개하는 방법
- 휴간관개 : 이랑을 세우고, 이랑 사이에 물을 대는 관개법

■ 요수량

- 작물의 건물 1g을 생산하는 데 소비된 수분량(g)
- 건물생산의 속도가 낮은 생육초기의 요수량이 크다.
- 토양수분의 과다 및 과소, 척박한 토양 등의 환경조건은 요수량을 크게 한다.
- 광 부족, 많은 바람, 공기습도의 저하, 저온과 고온은 요수량을 크게 한다.

■ 요수량의 크기(g)

호박(834) > 클로버(799) > 완두(788) > 보리(534) > 밀(513) > 옥수수(368) > 수수(322) > 기장(310)

■ 논에서의 담수 관개효과

- 생리적으로 필요한 수분 공급
- 온도조절작용
- 비료성분 공급
- 관개수에 의해 염분 및 유해물질을 제거
- 잡초의 발생이 적어지며, 제초작업 용이
- 해충의 만연이 적어지고 토양선충이나 토양전염의 병원균이 소멸, 경감
- 이앙, 중경, 제초 등의 작업이 용이
- 벼의 생육을 조절 및 개선 가능

■ 밭에서 관개효과

- 생리적으로 필요한 수분의 공급
- 재배기술의 향상
- 지온의 조절
- 비료성분의 보급과 이용의 효율화
- 동상해, 풍식 방지

■ 벼의 생육단계별 관개 정도

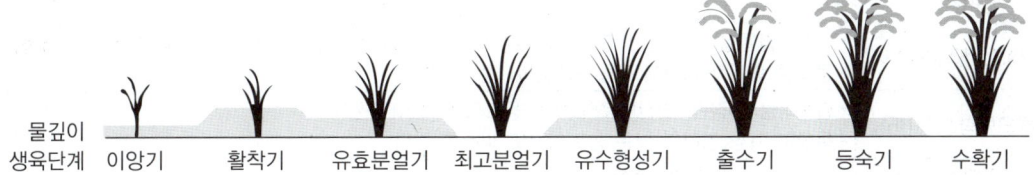

- 이앙준비기 : 10~15cm 관개
- 이앙기 : 2~3cm 담수
- 이앙기~활착기 : 10cm 담수
- 활착기~최고분얼기 : 2~3cm 담수
- 최고분얼기~유수형성기 : 중간낙수(물떼기)
- 유수형성기~수잉기 : 2~3cm 담수
- 수잉기~유숙기 : 6~7cm 담수
- 유숙기~황숙기 : 2~3cm 담수
- 황숙기(출수 30일 후) : 완전낙수

■ 대기의 조성

질소 79%, 산소 21%, 이산화탄소 0.03%

■ 탄산시비

- 탄산시비 : 이산화탄소 농도를 인위적으로 높여 작물의 증수를 꾀하는 방법
- 탄산시비의 효과 : 광합성 촉진으로 수확량 증대, 개화수 증가 등

■ 연풍(풍속이 4~6km/h 이하의 바람)의 효과

- 기온을 낮추고 서리의 피해를 막는다.
- 잎의 수광량을 높여 광합성을 촉진시킨다.
- 작물 주위의 이산화탄소 농도를 유지시킨다.
- 대기오염물질의 농도를 낮추어준다.
- 꽃가루의 매개를 돕는다.
- 증산작용을 촉진한다.
- 습기를 배제하여 수확물의 건조를 촉진한다.
- 다습한 조건에서 발생하는 병해를 경감시킨다.

■ 대기 오염물질

구분	특징
아황산가스(SO_2)	• 대기오염물질 중 가장 대표적이며, 제련소, 화력발전소, 황산 제조공장, 자동차 등에서 배출된다. • 광합성 속도가 저하되고 줄기와 잎이 갈변한다.
플루오린화수소(HF)	• 알루미늄의 정련, 인산비료의 제조 등으로 인해 배출된다. • 독성이 가장 강하여 낮은 농도에서도 피해를 준다.
이산화질소(NO_2)	질산 제조 등의 화학공업을 통해 배출된다.
오존(O_3)	자동차 등에서 배출된 대기 중의 이산화질소(NO_2)가 자외선에 의해 광산화되어 생성된다.
PAN	• 탄화수소, 오존, 이산화질소가 화합해서 생성된다. • 초기에 잎 뒷면이 은백색이 되고 심하면 갈색을 띤다.
염소계 가스	• 염산 및 가성소다 제조공장, 펄프 공장 등 화학공장에서 배출된다. • 세포 내 엽록소를 파괴하여 미세한 회백색의 반점이 잎 표면에 무수히 나타난다.

■ 산성비(pH 5.6 이하)의 원인

각종 공장, 화력발전소, 자동차 등에서 주로 발생하는 아황산가스, 질소산화물, 염화수소 등

■ 작물의 주요 온도

구분	최저온도(℃)	최적온도(℃)	최고온도(℃)
보리	3~45	20	28~30
밀	3~45	25	30~32
호밀	1~2	25	30
귀리	4~5	25	30
사탕무	4~5	25	28~30
담배	13~14	28	35
완두	1~2	30	35
옥수수	8~10	30~32	40~44
벼	10~12	30~32	36~38
오이	12	33~34	40
삼	1~2	35	45
멜론	12~15	35	40

• 최저온도 : 작물의 생육이 가능한 가장 낮은 온도

• 최고온도 : 작물의 생육이 가능한 가장 높은 온도

• 최적온도 : 작물의 생육이 가장 왕성한 온도

■ 적산온도

• 발아부터 성숙까지의 생육기간 중 0℃ 이상의 일평균기온을 합산한 온도

• 여름작물 : 메밀 1,000~1,200℃, 벼 3,500~4,500℃, 담배 3,200~3,600℃, 목화 4,500~5,500℃

• 겨울작물 : 추파맥류 1,700~2,300℃

• 봄작물 : 감자 1,300~3,000℃, 완두 2,100~2,800℃

■ 변온이 작물생육에 미치는 영향

• 발아 촉진

• 동화물질의 축적

• 괴경 및 괴근의 발달

• 출수 및 개화의 촉진

• 결실을 조장

■ 열해가 발생하는 주요 원인

• 유기물의 과잉 소모 및 당분의 감소

• 질소대사의 이상(단백질의 합성 저해 및 암모니아의 축적)

• 철분의 침전으로 황백화현상 발생

• 증산 과다로 위조 유발

■ 작물의 내열성

- 작물이 열해에 견디는 성질로 내건성이 큰 작물이 내열성도 크다.
- 세포 내 수분함량, 세포질의 점성, 염류농도, 당·지방·단백질함량이 증가하면 내열성은 증가한다.
- 주피·완피, 완성엽의 내열성이 가장 크고 눈(芽)·유엽은 비교적 강하며 미성엽·중심주는 가장 약하다.
- 작물의 연령이 높아지면 내열성이 커진다.
- 고온건조다조한 환경에서 오랜 기간을 생육해 온 작물은 온도변화조건에 경화되어 있어 내열성이 크다.

■ 하고현상

내한성이 강한 다년생 북방형(한지형) 목초가 여름철 고온, 건조, 장일, 병충해, 잡초 등에 의해 성장이 쇠퇴·정지하고 심하면 황화 후 고사하여 목초의 생산량이 급격히 떨어지는 현상

■ 작물재배의 광합성 촉진 환경

- 미풍은 증산작용을 증가시키고, 이산화탄소를 공급하는 효과가 있다.
- 공기습도가 높지 않고 적당히 건조해야 광합성이 촉진된다.
- 최적온도에 이르기까지는 온도의 상승에 따라서 광합성이 촉진된다.
- 광합성 증대의 이산화탄소 포화점은 대기중 농도의 약 7~10배(0.21~0.3%)이다.
- 알팔파에 광이 조사되면 기공을 열게 하여 증산이 왕성해진다.
- 고립상태 작물의 광포화점은 전광의 30~60% 범위이다.
- 남북이랑은 동서이랑에 비하여 수광량이 많다.
- 밀식 시 줄 사이(列間)를 넓히고 포기 사이(株間)를 좁히면 군락 하부로의 투광률이 좋아진다.

■ 광과 작물의 생리

- 청색광(440~480nm) : 광합성 촉진, 엽록소 형성, 굴광현상 유도, 과실의 착색, 유전자 발현 조절, 기공의 열림 촉진
- 적색광(600~700nm) : 광합성 촉진, 엽록소 형성, 일장효과, 야간조파에 효과, 장일식물 개화 촉진, 발아 촉진, 줄기의 신장 촉진, 휴면타파, 화아유도
- 자외선(자색광) : 줄기의 신장 억제, 안토시안 생성 촉진

■ 작물의 광 입지

- 광부족에 적응하지 못하는 작물 : 벼, 목화, 조, 기장, 감자, 알팔파 등
- 광부족에 민감하지 않은 작물 : 강낭콩, 딸기, 목초, 당근, 비트 등

■ C₃ 식물, C₄ 식물, CAM 식물
- C₃ 식물 : 벼, 밀, 보리, 콩, 해바라기 등
- C₄ 식물 : 사탕수수, 옥수수, 수수, 피, 기장, 버뮤다그래스 등
  - 광합성 적정온도는 30~47℃이다.
  - 광포화점과 광합성 효율이 높다.
  - 광보상점과 광호흡률이 낮다.
  - 유관속초세포가 발달되어 있다.
- CAM 식물 : 선인장, 파인애플, 용설란 등

■ 고립상태에서의 광포화점(조사광량에 대한 비율)

작물	광포화점(%)	작물	광포화점(%)
음생식물	10 정도	벼, 목화	40~50
콩	20~23	밀, 알팔파	50 정도
구약나물	25 정도	고구마, 사탕무, 무, 사과나무	40~60
감자, 담배, 강낭콩, 해바라기, 보리, 귀리	30 정도	옥수수	80~100

■ 포장동화능력
- 식물이 군락 상태에서 단위면적당 얼마만큼의 광합성을 할 수 있는지를 나타내는 능력
- 포장동화능력(포장광합성) = 총엽면적 × 수광능률 × 평균동화능력
- 건물생산능력 = 엽면적지수 × 순동화율(NAR. 건조중량의 증가속도를 잎면적으로 나눈 값)

■ 광보상점과 광포화점
- 보상점(광보상점) : 식물의 광합성에 의한 이산화탄소 흡수량과 호흡에 의한 이산화탄소 방출량이 같아져 외견상광합성량이 0이 되는 빛의 세기(광도)이다.
- 광포화점 : 식물의 광합성 속도가 더 이상 증가하지 않는 빛의 세기이다.

■ 최적엽면적(optimum leaf area)
- 군락상태에서 건물생산을 최대로 할 수 있는 엽면적이다.
- 군락의 최적엽면적은 생육시기, 일사량, 수광태세 등에 따라 다르다.
- 최적엽면적지수를 크게 하는 것은 군락의 건물 생산능력을 크게 하여 수량을 증대시킨다.

■ 수광태세의 개선을 위한 재배법

• 벼의 경우 규산과 칼륨을 충분한 사용하면 잎이 직립하고, 무효분얼기에 질소를 적게 주면 상위엽이 직립한다.

• 벼, 콩의 경우 밀식을 할 때에는 줄 사이를 넓히고 포기 사이를 좁히는 것이 파상군락을 형성케 하여 군락 하부로 광투사를 좋게 한다.

• 맥류는 광파재배보다 드릴파재배를 하는 것이 잎이 조기에 포장 전면을 덮어 수광태세가 좋아지고, 지면증발도 적어진다.

• 어느 작물이나 재식밀도와 비배관개를 적절하게 해야 한다.

■ 광 부족에 대한 적응

• 적응하지 못하는 작물(광포화점이 높은 작물) : 벼, 조, 목화, 기장 등

• 민감도가 낮아 일사가 좋지 못한 곳에서도 잘 자라는 작물 : 당근, 순무, 감자, 비트 등

■ 리센코(Lysenko)의 상적발육설

• 발육과 생장의 구분 : 생장은 여러 기관의 양적 증가를 의미하지만 발육은 체내의 순차적인 질적 재조정 작용을 의미한다.

• 발육상의 개념 : 1년생 종자식물의 발육 과정은 여러 개의 순차적인 단계, 즉 상(相, phase)으로 구성되어 있으며, 각 상을 거치기 위해서는 특정 환경조건이 필요하다.

• 순차적인 발육 : 각 발육상은 서로 연결되어 있으므로 이전의 단계를 경과해야 다음 단계의 발육상으로 이행할 수 있다.

• 환경조건의 중요성 : 식물체가 각 발육상을 거치려면 각 상에 따라 서로 다른 특정한 환경조건이 필요하다.

■ 화성유도 요인

• 내적 요인 : 유전적인 요인, 화성호르몬, C/N율

• 외적 요인 : 광조건(일장효과), 온도조건(춘화처리)

■ 버널리제이션(vernalization, 춘화처리)

• 식물의 생육기간 중 개화를 유도·촉진하기 위해 일정 시기에 인위적으로 온도처리를 하는 것이다.

• 버널리제이션에 감응하는 부위는 생장점이다.

• 산소의 공급은 필수적이며, 처리 중 건조되면 효과가 감소한다.

• 버널리제이션에 관여하는 조건 : 최아, 온도와 처리기간, 산소, 수분, 광(고온처리 시), 탄수화물 등

■ 버널리제이션의 구분

- 처리온도에 따른 구분
  - 저온춘화 : 1~10℃의 저온에서 춘화 예 월년생 장일식물
  - 고온춘화 : 10~30℃에서 춘화 예 콩과 같은 단일식물
- 처리시기에 따른 구분
  - 종자춘화형 : 최아(싹틔운) 종자의 시기에 춘화 하는 것 예 무, 배추, 완두, 잠두, 봄무, 추파맥류 등
  - 녹체춘화형 : 식물이 일정한 크기에 달한 녹체기에 춘화 하는 것 예 양배추, 양파, 당근, 우엉, 국화, 사리풀 등

■ 주요작물의 춘화처리

- 추파맥류 : 최아종자를 0~3℃에서 약 45일
- 벼 : 37℃에서 10~20일
- 옥수수 : 20~30℃에서 5~10일 정도

■ 식물의 일장형

장일식물	• 장일상태에서 개화하는 식물 • 가을보리, 가을밀, 양귀비, 시금치, 양파, 상추, 아주까리, 감자 등
단일식물	• 단일상태에서 개화하는 식물 • 국화, 벼, 콩, 수수, 옥수수, 담배, 목화, 샐비어 등
중성(중일성)식물	• 일장에 관계없이 개화하는 식물 • 강낭콩, 고추, 토마토, 당근, 셀러리, 조생종 벼 등
중간(정일성)식물	• 일정한 범위 내의 일장에서만 개화하는 식물 • 사탕수수 등

■ 식물의 일장감응형(9가지)

구분	화아분화 전	화아분화 후	대상 식물
LL형 식물	장일성	장일성	시금치, 봄보리 등
LI형 식물		중일성	사탕무 등
LS형 식물		단일성	피소스테기아(꽃범의꼬리) 등
IL형 식물	중일성	장일성	밀(춘파형) 등
II형 식물		중일성	고추, 벼(조생종), 메밀, 토마토 등
IS형 식물		단일성	소빈국 등
SL형 식물	단일성	장일성	딸기, 시네라리아, 프리뮬러 등
SI형 식물		중일성	벼(만생종), 도꼬마리 등
SS형 식물		단일성	콩(만생종), 코스모스, 나팔꽃 등

※ L : Long, I : Indeterminate, S : Short

■ 기상생태형의 구성

기본영양생장성	• 작물의 출수 및 개화에 알맞은 온도와 일장에서도 일정의 기본영양생장이 덜 되면 출수, 개화에 이르지 못하는 성질을 말한다. • 기본영양생장 기간의 길고 짧음에 따라 크다(B)와 작다(b)로 표시한다.
감온성	• 작물이 높은 온도에 의해서 출수 및 개화가 촉진되는 성질을 말한다. • 감온성이 크다(T)와 작다(t)로 표시한다.
감광성	• 작물이 일장에 의해 출수 · 개화가 촉진되는 성질을 말한다. • 감광성이 크다(L)와 작다(l)로 표시한다.

■ 우리나라 주요 작물의 기상생태형

작물	감온형(blT)	감광형(bLt)
벼	조생종	만생종
콩	올콩	그루콩
조	봄조	그루조
메밀	여름메밀	가을메밀

• 감온형 품종은 조생종, 감광형 품종은 만생종, 기본영양생장형은 어느 작물에서도 존재하기 힘들다.
• 우리나라는 북부 쪽으로 갈수록 감온형인 조생종, 남쪽으로 갈수록 감광성의 만생종이 재배된다.
• 감온형은 조기파종으로 조기수확, 감광형은 윤작 관계상 늦게 파종된다.
• 저위도 지대에서 가장 다수성을 가져올 수 있는 기상생태형 : 기본영양생장형(Blt형)
• 중위도 지대 : 위도가 높은 곳에서는 감온형(조생종)이 재배되며 남쪽에서는 감광형(만생종)이 재배
• 고위도 지대에 가장 알맞은 벼의 기상생태형 : 감온형(blT형)

■ 묘대일수감응성

• 못자리수가 길어지거나 고온에 육묘할 때, 활착 후 분얼이 몇 개 안된 상태로 출수하는 성질
• 감온형이 높고 감광형, 기본영양생장형이 낮다.

■ 만식적응성

• 모내기가 늦어도 안전하게 생육 · 성숙하고 수량이 많은 특성으로 묘대일수감응도가 낮고 도열병에 강해야 한다.
• 감광형은 만식을 해도 출수의 지연도가 적다.

| 작물의 내적 균형과 식물호르몬 및 방사선 이용

■ C/N율

- 식물체 내에 흡수된 탄소(C)와 질소(N)의 비율로 식물의 종류와 부위에 따라 다르다.
- C/N율이 높을 경우 개화가 유도되고, C/N율이 낮을 경우 영양생장이 계속된다.
- 환상박피 한 윗부분은 유관속이 절단되므로 C/N율이 높아져 개화·결실이 조장된다.
- 나팔꽃 대목에 고구마 순을 접목하면 덩이뿌리 형성을 위한 탄수화물의 전류가 촉진되고 경엽의 C/N율이 높아져 개화가 촉진된다.

■ T/R률

- 지상부(top)와 지하부(root)의 비율로 생육상태의 지표가 된다.
- 일사량 부족, 토양통기 불량, 석회 부족, 수분함량 과다, 질소 과다, 파종기 및 이식기의 지연 시 T/R률이 증가하고 토양수분 부족, 적화 및 적과 시 T/R률이 감소한다.
- 감자나 고구마의 파종기나 이식기가 늦어지면 지하부의 중량감소가 지상부의 중량감소보다 커지기 때문에 T/R률이 증가한다.

■ G-D 균형

- 식물의 생육이나 성숙을 생장(growth)과 분화(differentiation)의 두 측면으로 보는 지표이다.
- 생장 : 작물의 생육에 있어서 여러 가지 기관이 양적으로 증대하는 것
- 발육(development) : 작물이 아생(芽生), 분얼(分蘗), 화성(花成), 등숙 등의 과정을 거치면서 체내의 질적인 재조정작용이 일어나는 과정

■ 식물호르몬의 일반적인 특징

- 식물의 체내에서 생성된다.
- 생성 부위와 작용 부위가 다르다.
- 극미량으로도 결정적인 작용을 한다.
- 형태적·생리적인 특수한 변화를 일으키는 화학물질이다.

■ 옥신(auxin, 생장호르몬)

- 가장 먼저 발견된 식물호르몬이다.
- 세포벽의 가소성을 증대시켜 세포의 신장을 촉진한다.
- 줄기의 선단이나 어린잎에서 생합성된다.
- 접목 시 활착 촉진, 발근 촉진, 가지의 굴곡 유도, 과실의 비대와 성숙의 촉진, 적화 및 적과, 개화 촉진, 단위결과 유도, 증수효과, 제초제(2,4-D), 낙과 방지 등
- 옥신의 종류
  - 천연옥신 : IAA, PAA, IAN
  - 합성옥신 : NAA, IBA, 2,4-D, 2,4,5-T, 4-CPA, BNOA

■ 지베렐린(gibberellin, 도장호르몬)

- 벼의 키다리병 병원균에서 발견된 식물호르몬이다.
- 휴면타파(발아 촉진), 화성의 유도 및 촉진, 경엽의 신장 촉진, 단위결과의 유기, 성분의 변화 및 수량 증대 등
- 감자 및 목초의 휴면타파와 발아 촉진에 가장 효과적이다.
- 화성유도 시 저온장일이 필요한 식물의 저온이나 장일을 대신한다.
- 포도(델라웨어)의 무핵과를 만들기 위해 지베렐린을 만개 전 14일 및 만개 후 10일경에 각각 100ppm 처리한다.

■ 시토키닌(cytokinin, 세포분열호르몬)

- 뿌리에서 합성되어 여러 가지 생리작용에 관여한다.
- 잎의 생장 촉진, 호흡 억제, 엽록소와 단백질의 분해 억제, 노화 방지 및 저장 중의 신선도 증진 등
- 시토키닌의 종류
  - 천연시토키닌 : 제아틴, IPA
  - 합성시토키닌 : 키네틴, BA

■ 아브시스산(ABA ; abscisic acid, 생장억제호르몬)

- 잎의 노화와 낙엽을 촉진하고 휴면을 유도한다.
- 종자의 휴면을 연장하여 발아를 억제한다.
- 단일식물에서 장일하의 화성을 유도하는 효과가 있다.
- 건조 스트레스를 받으면 ABA 함량이 증가하여 기공이 닫히고 증산량이 감소하여 내건성이 커진다.

■ 에틸렌(ethylene, 성숙·스트레스호르몬)

- 발아·성숙 촉진, 정아우세 타파, 생장 억제, 잎과 꽃의 노화 촉진, 적과 효과, 성 표현의 조절 등
- 상온에서는 무색의 기체상태로 공기보다 가볍고 물에 약간 용해된다.
- 액상인 에테폰(ethephon)을 식물에 살포하면 pH 4 이상에서 에틸렌 가스가 발생된다.
- 옥수수, 당근, 양파 등 작물생육 억제 효과가 있다.
- 오이, 호박 등에서 암꽃의 착생수를 증대시킨다.
- 사과, 자두 등의 과수에서 적과의 효과가 있다.
- 파인애플과 식물들은 개화가 촉진되지만, 대부분의 화훼류에서는 개화가 억제된다.

■ 생장억제제의 종류

- BOH : 파인애플의 줄기 신장을 억제하고 개화를 유도한다.
- CCC(cycocel) : 식물의 생장을 억제하고 개화를 촉진한다.
- B-9(daminozide) : 과채류의 신초생장(웃자람)을 억제한다.
- phosphon-D : 국화, 포인세티아의 줄기 신장을 억제한다.
- AMO-1618 : 포인세티아, 해바라기의 줄기 신장을 억제하고 잎이 더욱 녹색을 띠게 한다.
- MH-30 : 마늘, 양파의 맹아를 억제한다.
- Rh-531 : 맥류의 간장을 감소시키고 볏모의 신장을 억제한다.
- 모르팍틴(morphactin) : 굴광·굴지성을 억제하고, 벼의 분얼수 증가 및 줄기가 가늘어진다.

■ 방사성 동위원소의 재배적 이용

- 작물의 생리연구 : ^{32}P, ^{42}K, ^{45}Ca
- 광합성의 연구 : ^{11}C, ^{14}C
- 농업분야 토목에 이용 : ^{24}Na
- 영양기관의 장기 저장 : ^{60}Co, ^{137}Cs에 의한 γ선

■ 방사선의 육종적 이용

- 목적하는 단일유전자나 몇 개의 유전자를 바꿀 수 있다.
- 연관군 내의 유전자를 분리할 수 있다.
- 불화합성을 화합성으로 변화시킬 수 있다.
- 주로 γ선과 X선을 조사하여 새로운 유전자를 창조한다.

| 재배기술

■ 작부방식의 변천과정

이동경작(화전 및 대전법) → 휴한농법(3포식 농법) → 콩과 작물의 순환농법(개량3포식 및 윤작) → 자유경작 (순환농법, 자유작)

■ 연작에 의해서 나타나는 기지현상의 원인

토양 비료분의 소모, 염류의 집적, 유독물질의 축적, 토양물리성의 악화, 토양전염병의 해, 토양선충의 번성, 잡초의 번성 등

■ 기지(忌地)에 따른 휴작이 필요한 작물

- 연작의 해가 적은 것 : 벼, 맥류, 조, 수수, 옥수수, 고구마, 담배, 무, 당근, 양파, 양배추, 미나리 등
- 1년 : 쪽파, 시금치, 콩, 파, 생강 등
- 2년 : 마, 감자, 잠두, 오이, 땅콩 등
- 3년 : 쑥갓, 토란, 참외, 강낭콩 등
- 5~7년 : 수박, 가지, 완두, 우엉, 고추, 토마토 등
- 10년 이상 : 아마, 인삼 등

■ 개량3포식 농법(콩과 작물의 순환농법)

경작지 전체를 3등분하여 2/3에는 추파 또는 춘파의 곡류를 심고 1/3은 휴한하는 3포식 농법에서 개량된 농법으로 휴한지에 클로버와 같은 콩과 목초를 재배하여 사료작물을 얻고 지력 증진을 도모하는 방법이다.

■ 윤작(돌려짓기)의 특징

- 서구 중세에 발달한 작부방식이다.
- 지력유지를 위하여 콩과 작물을 반드시 포함한다.
- 병충해 경감 효과가 있다.
- 경지이용률을 높일 수 있다.

■ 답전윤환

- 논을 담수한 논 상태와 배수한 밭 상태로 돌려가면서 이용하는 방법
- 효과 : 지력 증진, 잡초 발생 억제, 기지의 회피, 수량 증가, 노력의 절감

■ 토양통기의 촉진책

배수 촉진, 토양 입단조성, 심경, 객토, 답전윤환, 중·습답에서는 휴립재배, 파종할 때 미숙퇴비를 종자위에 두껍게 덮지 않음 등

■ 영양번식

- 영양기관을 번식에 직접 이용하는 것으로, 종자번식이 어려울 때 이용한다.
- 우량한 상태의 유전질을 쉽게 영속적으로 유지할 수 있다.
- 쉽게 다양한 형태의 변이형을 육성할 수 있다.
- 암수의 한쪽 그루만을 재배할 때 이용된다.
- 병해충의 저항성을 높인다.

■ 영양번식의 종류

- 꺾꽂이(삽목) : 잎꽂이(엽삽), 줄기꽂이(녹지삽, 숙지삽), 뿌리꽂이(근삽)
- 접붙이기(접목) : 절접, 합접, 할접, 아접 등
- 묻어떼기(취목) : 휘묻이, 높이떼기(고취법, 성토법)
- 알뿌리번식 : 비늘줄기(인경), 알줄기(구경), 뿌리줄기(근경), 덩이줄기(괴경)와 덩이뿌리(괴근) 번식

■ 접목육묘

- 결과 향상 및 단축 : 온주밀감을 탱자나무를 대목에 접목
- 수세 조절 : 서양배를 마르멜루 대목에, 사과를 파라다이스 대목에 접목
- 환경 적응성 증대 : 감나무를 고욤나무 대목에, 배를 중국콩배 대목에 접목
- 병해충 저항성 증대 : 수박을 박이나 호박에 접목, 사과나무를 환엽해당에 접목
- 수세 회복 및 품종 갱신 : 탱자나무를 대목으로 하는 온주밀감이 노쇠했을 경우 유자나무 뿌리를 접목하면 수세가 회복되고, 고접은 노목의 품종 갱신이 가능

■ 박과 채소류 접목육묘의 장단점

장점	단점
• 토양전염병 발생이 적어진다. • 불량환경에 대한 내성이 증대된다. • 흡비력이 강해진다. • 과습에 잘 견딘다. • 과실 품질이 우수해진다.	• 질소 과다 흡수 우려가 있다. • 기형과 발생이 많다. • 당도가 떨어진다. • 흰가루병에 약하다.

■ 조직배양

- 생물의 세포조직 또는 기관을 당분, 무기영양, 비타민, 아미노산, 호르몬 등이 함유된 배지에서 무균적으로 배양하는 것이다. 예 감자, 마늘 등
- 생장점배양을 하면 영양번식작물에서 바이러스가 무병주 개체를 만들 수 있다.
- 약배양으로 반수체를 유도하여 반수체를 유도하고, 식물육종기간을 단축할 수 있다.
- 분화한 식물세포가 정상적인 식물체로 재분화를 할 수 있는 능력을 전체형성능력이라 한다.
- 번식이 힘든 관상식물을 단시일에 대량으로 번식시킬 수 있다.
- 조직배양의 재료로 영양기관과 생식기관을 모두 사용할 수 있다.

■ 공정육묘 장단점

장점	단점
• 집중관리 용이 • 시설면적(토지) 이용도 증가 • 육묘기간 단축 • 기계정식, 취급 및 운반 용이 • 정식 후 활착이 빠름 • 관리의 자동화가 가능	• 고가의 시설이 필요 • 관리가 까다로움 • 건묘지속기간이 짧음 • 양질의 상토 필요

■ 육묘의 방식

- 온상육묘(溫床, hot bed) : 양열, 전열, 온수보일러 등
- 보온육묘(냉상, cold bed) : 가온 없이 태양열만을 이용
- 노지육묘 : 기온이 높을 때 육묘
- 특수육묘 : 양액육묘, 접목육묘

■ 채소류 육묘 시 우량묘의 조건

- 키가 너무 크지 않고 마디 사이 간격, 잎의 크기 등이 적당하며, 벼해충의 피해를 받지 않은 것을 물론 뿌리군이 잘 발달해야 한다.
- 잎은 가능하면 두텁고 동화능력이 큰 것이 좋으며, 지상부와 뿌리의 비율(T/R률)이 균형을 이루어야 함
- 품종 고유의 특성을 갖추고, 균일도가 높아야 한다.
- 고온이나 저온, 수분 등의 스트레스를 받지 않아야 한다.

■ 공정육묘용 상토

- 공정육묘(플러그 육묘)용 상토는 피트모스, 코코피트, 버미큘라이트 등이 주재료이며 비료성분도 비교적 적게 함유하고 있다.
- 버미큘라이트는 중성~약알칼리성으로 pH에 미치는 영향이 작다.
- 펄라이트는 중성~약알칼리성으로 양이온교환용량이 적고 완충능력이 낮다.
- 코코피트는 코코넛 야자열매의 껍질섬유를 가공한 것으로 통기성, 보수력, 보비력이 좋아 뿌리 생장에 좋다.
- 피트모스는 pH 5.0 이하의 산성이므로 사용할 때는 석회를 가할 필요가 있다.

■ 상토의 기능

양분·수분의 보유 및 유지 기능, 바람트기 및 물빠짐의 보장, 식물체의 지지 및 보호기능

■ 파종시기

- 추파맥류에서 추파성 정도가 높은 품종은 조파하고, 추파성 정도가 낮은 품종은 만파하는 것이 좋다.
- 동일 품종의 감자라도 평지에서는 이른 봄에 파종하나, 고랭지는 늦봄에 파종한다.

■ 파종 양식

산파(흩어뿌림)	• 포장 전면에 종자를 흩어 뿌리는 방식 • 파종 시 노력은 가장 적게 들지만 종자가 많이 들고 균일하게 파종하기 어렵다. • 재배과정에서 통풍·통광이 나쁘고 도복이 쉬우며 제초 등 관리작업이 불편하다.
조파(줄뿌림)	• 일정한 거리로 뿌림골을 만들고 그 곳에 줄지어 종자를 뿌리는 방식 • 재배과정에서 수분과 양분의 공급이 좋고, 통풍·통광이 좋으며 관리 작업도 편리하다.
점파(점뿌림)	• 일정한 간격을 두고 하나 내지 수 개의 종자를 띄엄띄엄 파종하는 방식 • 두류, 감자 등과 같이 개체가 평면 공간으로 상당히 퍼지는 작물 • 재배과정에서 통풍·통광이 좋고, 작물 개체 간의 거리 간격이 조정되어 생육이 좋다.
적파	• 일정한 간격을 두고 여러 개의 종자를 한 곳에 파종하는 것, 점파의 변형 • 파종 시 점파, 산파보다는 노력이 많이 들지만 재배과정에서 수분, 비료분, 수광, 통풍이 좋다.

■ 종자의 소요량

산파 > 조파 > 적파 > 점파

■ 파종 순서

작조(골타기) → 시비 → 간토(비료 섞기) → 파종 → 복토 → 진압 → 관수

■ 주요 작물의 복토 깊이

- 종자가 보이지 않을 정도 : 소립목초종자, 파, 양파, 상추, 당근, 담배, 유채, 버뮤다그래스
- 0.5~1.0cm : 순무, 배추, 양배추, 가지, 고추, 토마토, 오이, 차조기
- 1.5~2.0cm : 조, 기장, 수수, 무, 시금치, 수박, 호박
- 2.5~3.0cm : 보리, 밀, 호밀, 귀리, 아네모네
- 3.5~4.0cm : 콩, 팥, 완두, 잠두, 강낭콩, 옥수수
- 5.0~9.0cm : 감자, 토란, 생강, 글라디올러스, 크로커스
- 10cm 이상 : 나리, 튤립, 수선, 히아신스

■ 생력재배의 효과

- 농업노력비의 절감 : 대형기계화와 능률적인 농업기계 도입으로 농업노동력과 인건비를 줄일 수 있다.
- 단위수량의 증대 : 지력의 증진, 적기적 작업, 재배 방식 개선(제초제나 기계력을 이용한 재배) 등으로 단위면적당 수량을 증대시킨다.
- 토지이용도의 증대 : 작부체계의 개선과 재배면적의 증대로 토지이용도가 증대된다.
- 농업경영의 개선 : 농업경영 구조를 개선할 수 있다.

■ 생력화를 위한 조건

- 경지정리
- 넓은 면적을 공동 관리에 의한 집단재배
- 제초제 이용
- 적응재배 체계 확립(기계화에 맞고 제초제 피해가 적은 품종으로 교체)

■ 생리적 반응에 따른 비료 분류

- 생리적 산성비료 : 황산암모늄, 황산칼륨, 염화칼륨
- 생리적 중성비료 : 질산암모늄, 요소, 과인산석회, 중과인산석회
- 생리적 염기성비료 : 석회질소, 용성인비, 재, 칠레초석

■ 석회질 비료

- 합성석회 : 생석회, 소석회,
- 천연석회 : 석회고토, 석회석, 패분, 달걀 껍데기, 패화석, 게 껍데기, 석회소다 염화물

■ 시비의 주요 사항

- 용성인비의 인산성분은 17~21%이다.
- 질산태질소는 수용성이며 속효성이나 질산이온은 토양입자에 흡착이 잘 되지 않으므로 물에 씻겨 내려가기 쉽고 논에서는 탈질작용에 의해 질소의 손실이 나타나므로 전작물에 추비로 쓰는 것이 좋다.
- 엽채류와 같이 잎을 수확하는 작물은 질소질 비료를 늦게까지 웃거름으로 준다.
- K는 기공개폐나 효소활성 등의 생리적 역할에 크게 관여한다.

■ 리비히(J. V. Liebig)

독일의 식물영양학자 리비히는 생산량은 가장 소량으로 존재하는 무기성분에 의해 지배받는다는 '최소양분율'과 식물이 빨아먹는 것은 부식이 아니라 부식이 분해되어서 나온 무기영양소를 먹는다는 '무기양분설'을 주장했다.

■ 작물별 N, P, K의 흡수 비율

작물	N : P : K	작물	N : P : K
벼	5 : 2 : 4	콩	5 : 1 : 1.5
맥류	5 : 2 : 3	고구마	4 : 1.5 : 5
옥수수	4 : 2 : 3	감자	3 : 1 : 4

■ 엽면시비

비료를 용액의 상태로 잎에 뿌려주는 것으로 미량요소의 공급 및 급속한 영양 회복, 비료분의 유실 방지, 품질향상 효과가 있어 뿌리의 흡수력이 약하거나 토양시비가 어려울 때 효과적이다.

■ 탄산시비

CO_2의 농도를 인위적으로 높여 작물의 증수와 광합성, 개화를 위한 시비법으로 수확량 증대, 개화 수 증가 등의 효과가 있다.

■ 중경

작물이 생육 중에 있는 포장의 표토를 갈거나 쪼아서 부드럽게 하는 일로 토양 중 산소투입, 유해가스 방출, 잡초 방제, 지면 증발 억제 등의 효과가 있다.

■ 배토

작물의 생육기간 중 흙을 포기 밑으로 모아주는 작업으로 도복 방지, 무효분얼 억제와 증수, 품질 향상 등의 효과가 있다.

■ **멀칭(mulching)**

토양표면을 덮어 재배에 적합한 지온의 조성, 토양수분 유지, 토양보호 및 침식 방지, 잡초 발생 억제 등의 효과가 있다.

■ **멀칭필름의 종류와 효과**

- 투명필름 : 지온 상승효과가 가장 크며 저온기에 재배하는 작물에 효과가 좋지만, 잡초가 많이 발생하는 단점이 있어 겨울에 많이 사용된다.
- 흑색필름 : 지온 상승효과가 투명필름보다는 적고, 잡초 발생을 억제하는 데 효과적이며, 여름에 많이 사용된다.
- 녹색필름 : 지온 상승효과가 투명필름보다는 적고 흑색필름보다는 많으며, 잡초 방제효과도 있다.

■ **답압시기**

- 생육이 왕성할 때만 하고, 땅이 질거나 이슬 맺혔을 때는 하지 않는다.
- 유수가 생긴 이후에는 꽃눈이 다 떨어지기 때문에 피한다.
- 월동하기 전에 답압을 하는데, C/N율이 낮아져야만 개화가 되지 않는다.
- 월동 중간에 답압하면 서릿발이 서는 것을 억제한다.
- 월동이 끝난 후에 답압하면 건조해를 억제한다.

■ **과수의 결실 습성**

- 1년생 가지에 결실하는 과수 : 포도, 감, 밤, 무화과, 호두, 참다래, 감귤 등
- 2년생 가지에 결실하는 과수 : 복숭아, 자두, 살구, 매실, 양앵두 등
- 3년생 가지에 결실하는 과수 : 사과, 배 등

■ **과실의 낙과방지 방법**

- 옥신(auxin)을 살포한다.
- 질소비료의 과다 및 과소를 피한다.
- 관개, 멀칭 등으로 토양 건조를 방지한다.
- 주품종과 친화성이 있는 수분수를 20~30% 혼식한다.
- NAA 및 IAA 등의 호르몬 처리를 한다.

- **병충해 방제의 유형**
  - 경종적 방제 : 토지 선정, 품종 선택, 종자 선택, 윤작, 재배양식의 변경, 혼식, 생육시기의 조절, 시비법의 개선, 정결한 관리, 수확물의 건조, 중간기주식물 제거
  - 물리적 방제 : 담수, 포살, 유살, 채란, 소각, 흙태우기, 차단, 온도 처리 등
  - 화학적 방제 : 살균제, 살충제, 유인제, 기피제, 화학불임제
  - 생물학적 방제 : 기생성 곤충, 포식성 곤충, 병원미생물, 길항미생물 등
  - 법적 방제 : 식물 검역
  - 종합적 방제 : 다양한 방제법을 유기적으로 조화시키며, 환경도 보호하는 방제

- **2,4-D**
  - 식물생장호르몬인 옥신(auxin)의 일종으로, 세계 최초로 개발된 유기합성 제초제이다.
  - 만들기 쉽고 저렴하여 현재까지도 세계에서 가장 많이 사용되고 있다.

- **친환경농업**

  농업과 환경을 조화시켜 농업생산을 지속 가능하게 하는 농업형태로서 경제성 확보, 환경보존 및 농산물의 안전성을 동시에 추구하는 농업
  - 유기농업 : 화학비료, 유기합성농약 등 합성된 화학자재를 일체 사용하지 않고 유기물, 미생물 등 천연자원을 사용하여 안전한 농산물 생산과 농업생태계를 유지 · 보전하는 농업
  - 무농약농업 : 유기합성농약은 사용하지 않고, 화학비료는 권장량의 3분의 1 이내로 사용해 재배하는 농업방식

| 각종 재해

- **저온해**

  작물이 여름철에 0℃ 이상의 저온을 만나서 입는 피해는 냉해이고, 동해는 기온이 동사점 이하로 내려가 조직이 동결되는 장해이다.

- **작물의 냉해 생리**
  - 뿌리에서 수분흡수는 저해되고 증산은 과다해져 위조(萎凋)를 유발한다.
  - 질소, 인산, 칼륨, 규산, 마그네슘 등의 양분흡수가 저해된다.
  - 물질의 동화와 전류가 저해된다.
  - 질소동화가 저해되어 암모니아의 축적이 많아진다.
  - 호흡이 감퇴되어 모든 대사기능이 저해된다.

■ 냉해의 구분

- 지연형 냉해 : 생육 초기부터 출수기에 걸쳐서 여러 시기에 냉온을 만나서 출수가 지연되고, 이에 따라 등숙이 지연되어 후기의 저온으로 인하여 등숙 불량을 초래한다.
- 장해형 냉해 : 유수형성기부터 개화기까지, 특히 생식세포의 감수분열기에 냉온으로 불임현상이 나타나며, 융단조직(tapete)이 비대하고 화분이 불충실하여 불임이 발생한다.
- 병해형 냉해 : 냉온하에서 증산작용이 감퇴하여 규산흡수가 저하되며 표피세포의 규질화가 불량하여 병원균 침입이 용이해지고, 광합성이 감퇴하여 당분 생성이 적어져 암모니아로부터의 단백질 합성이 저해되어 체내 가용성 질소화합물의 축적이 증대된다.
- 혼합형 냉해 : 지연형·장해형·병해형 냉해가 복합적으로 발생하여 수량이 급하한다.

■ 냉해의 대책

- 내냉성 품종 선택 : 조생종, 도열병저항성 등 냉해 회피성 품종을 선택한다.
- 입지조건 개선 : 지력배양·방풍림 설치, 객토·밑다짐 등으로 누수답 개량, 암거배수 등으로 습답 개량을 한다.
- 육묘법 개선 : 보온육묘로 못자리 냉해의 방지와 질소과잉을 피한다.
- 재배법 개선 : 조기 및 조식재배, 냉온기 심수(15~20cm)관개, 관개수온 상승(온수 저류지 설치) 등으로 작물체온의 저하를 방지한다.

■ 작물의 내습성에 관여하는 요인

- 뿌리의 피층세포가 사열로 되어 있는 것은 직렬로 되어 있는 것보다 내습성이 약하다.
- 목화한 것은 환원성 유해물질의 침입을 막아서 내습성이 강하다.
- 부정근의 발생력이 큰 작물은 내습성이 강하다.
- 뿌리가 황화수소 등에 대하여 저항성이 큰 것은 내습성이 강하다.
- 춘·하계 습해는 토양산소 부족뿐만 아니라 환원성 유해물질의 생성에 의해 피해가 더욱 크다.

■ 습해의 대책

- 배수시설을 개선하거나 이랑을 높게 만들어 토양수분의 배출을 원활하게 한다.
- 세사를 객토하거나 토양개량제를 사용하여 토양구조를 개선한다.
- 밭에서는 휴립휴파, 논에서는 휴립재배한다.
- 미숙유기물과 황산근 비료 시용은 피하고, 과산화석회(CaO_2)를 시용한다.
- 내습성 작물 및 품종을 선택한다.

■ 작물에 대한 수해의 특징

- 화본과 목초, 피, 수수, 기장, 옥수수 등이 침수에 강하다.
- 벼 수잉기, 출수개화기에는 침수에 약하다.
- 수온이 높은 것이 낮은 것에 비하여 피해가 심하다.
- 정체수가 유수보다 산소도 적고 수온도 높기 때문에 침수해가 심하다.
- 질소질 비료를 많이 준 웃자란 식물체는 관수될 경우 피해가 크다.

■ 벼의 생육단계별 특징

- 벼에서 장해형 냉해를 가장 받기 쉬운 생육시기 : 감수분열기, 수잉기
- 침수에 의한 피해가 가장 큰 벼의 생육단계 : 수잉기
- 벼의 생육단계 중 한해에 가장 강한 시기 : 분얼기
  ※ 벼의 주요 생육단계별 한발피해 정도는 수잉기(감수분열기) > 출수개화기 > 유수형성기 > 분얼기 순으로 피해가 크며, 무효분얼기
     에는 그 피해가 가장 적다.
- 벼의 생육 중 냉해에 의한 출수가 가장 지연되는 생육단계 : 유수형성기
- 벼의 이삭거름의 시용 : 유수형성기(이삭 알이 생기는 때)

■ 가뭄해(한해)에 대한 대책

- 관개 : 근본적인 한해 대책은 충분한 관수이다.
- 내건성인 작물과 품종 선택
- 토양수분의 보유력 증대와 증발 억제 조치 : 드라이 파밍, 피복, 중경제초, 증발 억제제(OED 등)

■ 내건성이 강한 작물의 형태적 특징

- 표면적에 대한 체적의 비가 작고 왜소하며 잎이 작다.
- 지상부에 비해 뿌리가 잘 발달되어 있고 길다.
- 저수능력이 크고, 다육화 경향이 있다.
- 기동세포가 발달하여 탈수되면 잎이 말려 표면적이 작아진다.
- 잎조직이 치밀하고 울타리 조직이 발달되어 있다.
- 표피에 각피(角皮)가 잘 발달하였으며, 기공이 작고 수효가 많다.
- 세포가 작고, 세포의 삼투압과 원형질의 점성이 높으며, 원형질막의 수분투과성이 크다.

■ 작물의 내동성에 관여하는 생리적 요인

- 세포 내의 수분(자유수)함량이 많으면 세포 내 결빙이 생기기 쉬우므로 내동성이 감소한다.
- 세포 내의 가용성 당분함량이 높으면 세포의 삼투압이 커지고, 원형질 단백의 변성을 막으므로 내동성도 증가한다.
- 세포액의 삼투압이 커지면 빙점이 낮아지고, 세포 내 결빙이 적어지며 세포 외 결빙에 의한 탈수 저항성이 커지므로 원형질이 기계적 변형을 덜 받게 되어 내동성이 증가한다.
- 원형질에 전분함량이 많으면 당분함량은 저하되며, 전분립은 원형질의 기계적 견인력에 의한 파괴를 크게 하므로 전분함량이 많으면 내동성은 감소한다.
- 원형질 친수성 콜로이드가 많으면 세포 내의 결합수가 많아지고 자유수는 적어져서 원형질의 탈수 저항성이 커지며 세포 외 결빙이 경감되므로 내동성이 커진다.
- 친수성 콜로이드가 많고 세포액의 농도가 높으면 조직즙의 굴절률을 높여 주므로 내동성이 증가한다.
- 원형질의 점도가 낮고 연도(軟度)가 크면, 세포 외 결빙에 의해서 세포가 탈수될 때나 융해시 세포가 물을 다시 흡수할 때 원형질의 변형이 적으므로 내동성이 크다.
- 세포 내의 무기성분[칼슘이온(Ca^{2+}), 마그네슘이온(Mg^{2+}) 등]은 세포 내 결빙을 억제하는 작용이 있다.

■ 동상해의 대책

- 입지조건 개선 : 방풍림 조성, 방풍울타리 설치
- 토질 개선 : 인산·칼리질 비료 증시
- 품종 선정 : 내동성 작물과 품종(추파맥류, 목초류)을 선택
- 보온재배, 뿌림골 깊게 파종, 월동 전 답압을 통한 내동성 증대
- 파종량을 늘리고 작부체계를 조절하여 적기 파종
- 응급대책 : 관개법, 송풍법, 피복법, 발연법, 연소법, 살수결빙법

■ 도복의 특징

- 키가 크고 대가 약한 품종일수록 도복이 심하다.
- 병해충이 많이 발생할 경우 도복이 심해진다.
- 밀식, 질소의 다용, 칼륨 및 규산의 부족 등은 도복을 유발한다.
- 도복의 위험기에 비가 많이 오거나 바람이 강하게 부는 경우에 도복이 유발된다.
- 화곡류는 등숙후기에 도복에 가장 약하다.
- 두류에서 도복의 위험이 가장 큰 시기는 개화기부터 약 10일간이다.
- 맥류의 경우 이식재배를 한 것은 직파재배한 것보다 도복을 경감시킨다.
- 도복에 의하여 광합성이 감퇴되고 수량이 감소한다.
- 도복에 대한 저항성의 정도는 품종에 따라 차이가 있다.

■ 도복의 방지대책

- 키가 작고 대가 튼튼한 품종, 질소 내비성 품종을 선택한다.
- 질소 과용을 피하고 칼리, 인산, 규산, 석회 등을 충분히 시용한다.
- 재식밀도가 과도하지 않게 파종량을 조절해야 한다.
- 맥류는 복토를 다소 깊게 하고, 직파재배보다 이식재배를 한다.
- 벼의 마지막 김매기 때 배토하고, 맥류는 답압·토입·진압 등은 하며, 콩은 생육 전기에 배토를 한다.
- 병충해를 방제한다.
- 벼에서 유효분얼종지기에 2,4-D, PCP 등의 생장조절제 처리를 한다.

■ 풍해의 특징

- 풍해가 발생하는 풍속은 4~6km/hr이다.
- 벼에서 목도열병이 발생한다.
- 상처가 나면 광산화반응을 일으킨다.
- 기계적 장해 : 방화곤충의 활동제약 등에 의한 수분·수정저해, 낙과, 가지의 손상 등
- 생리적 장해 : 상처부위의 과다 호흡에 의한 체내양분의 소모, 증산 과다에 의한 건조피해 발생, 광합성의 감퇴, 작물체온의 저항에 의한 냉해 유발 등

수확, 건조 및 저장과 도정

■ 성숙과정

- 화곡류 : 유숙 → 호숙 → 황숙 → 완숙 → 고숙
- 십자화과 : 백숙 → 녹숙 → 갈숙 → 고숙

■ 벼의 수확 적기

출수 후 조생종은 50일, 중생종은 54일, 중만생종은 58일 내외이다.

■ 예랭

수확한 생산물의 품온을 낮추어 수분 손실을 줄임으로써 과실을 신선하게 유지하고 저장·수송 중 부패를 최소화하여 신선도를 유지하는 방법이다.

■ 큐어링(curing)

양파와 같은 인경채류나 고구마와 같은 근채류의 저장 전 따뜻하고 습기가 많은 곳에 두어 수확과정에서 발생한 상처조직에 코르크층을 발달시켜 병균의 침입을 방지하는 방법이다.

■ 건조

- 천일건조 : 일반농가에서 가장 일반적으로 쓰이는 방법으로, 낫으로 수확한 벼를 단으로 묶어 세우거나 펼쳐서 햇볕으로 건조하는 방법이다.
- 상온통풍건조 : 상온의 공기 또는 약간의 가열한 공기를 곡물층에 통풍하여 건조하는 방법이다.
- 열풍건조 : 열풍건조기를 이용하여 건조시키는 방법으로 우기나 일기상태가 나쁠 때 유리한 건조법이다.
- 실리카겔건조 : 실리카겔은 다공질 구조로 내부 표면적이 크기 때문에 뛰어난 제습 능력을 갖고 있다.

■ 저장 특성

- 곡물을 가해하는 미생물은 수분함량이 15% 이상에서는 급속히 번식하나, 13%에서는 번식이 억제되고, 11% 이하에서는 사멸한다.
- 과실의 장기저장법으로 CA저장 기술이 실용화되어 있다.
- 쌀 저장성은 현미가 백미보다 높다.
- 굴저장하는 고구마는 통기하는 것이 밀폐되는 것보다 좋다.
- 고구마는 예랭이 필요하지만 과일은 예랭하면 저장 중 부패가 적다.
- 종자의 저장양분 중 전분의 분해와 합성에 관련된 효소는 포스포릴라아제(amylase-phosphorylase) 등이 있다.

■ 작물별 안전저장 조건(온도, 상대습도)

작물	온도(℃)	상대습도(%)	작물	온도(℃)	상대습도(%)
과실	0~4(바나나 13℃ 이상)	80~85	고구마	13~15	85~90
식용감자	3~4	85~90	엽채류	0~4	90~95
가공용 감자	7~10	85~90	쌀	15	약 70(수분함량 15%)

※ 고춧가루 : 수분함량 11~13%(10% 이하는 건조·탈색, 19% 이상은 갈변)

■ 도정(搗精)

- 벼에서 쌀(백미)을 얻기 위해 왕겨와 쌀겨층을 제거하는 가공과정을 말한다.
- 제현 : 벼에서 왕겨(과피)를 벗겨 현미를 만드는 과정이다.
- 현백(정백) : 현미에서 쌀겨층(미강층)을 벗겨 백미를 만드는 과정이다.
- 제현율 : 벼에서 현미가 나오는 비율 의미한다.
- 현백률 : 현미에서 백미가 나오는 비율을 의미한다.
- 도정도 : 곡립 외부를 둘러싸고 있는 강층을 벗겨내어 전분층을 노출시킨 정도를 말한다.

■ 작물별 수량구성요소

- 벼 : 단위면적당 수수×1수 영화수×등숙비율×1립중
- 화곡류 : 단위면적당 수수×1수 영화수×등숙비율×1립중
- 과실 : 나무당 과실수×과실의 크기(무게)
- 고구마·감자 : 단위면적당 식물체수×식물체당 덩이뿌리수×덩이뿌리의 무게
- 사탕무 : 단위면적당 식물체수×덩이뿌리의 무게×성분함량

■ 벼의 수량구성요소 중 연차변이계수

단위면적당 수수(이삭수) > 1수 영화수 > 등숙비율 > 천립중

※ 연차변이계수 : 연도별(연차별) 변이 정도, 즉 연차변이계수가 클수록 수량에 영향을 크게 미치는 요소

■ 도정에 의한 벼의 정곡 환산율

정곡(식용 가능)	제현(현미)	현백		
		백미	7분도미	5분도미
• 중량 72% • 용량 50%	• 중량 74~80% • 용량 55%	• 중량 92~95% • 용량 92~96%	중량 94~95%	중량 96%

토양비옥도 및 관리

| 토양생성

■ 생성원인에 의한 암석 분류

- 화성암 : 지구 내부에서 생성된 마그마(용융된 암석)가 지표 또는 지하에서 식어서 굳어져 형성된 암석
- 퇴적암 : 기존의 암석이 풍화, 침식되어 생성된 퇴적물(모래, 진흙, 자갈 등)이 쌓여서 다져지고 굳어져 만들어진 암석
- 변성암 : 화성암, 퇴적암이 열과 압력에 의해 성질이 변한 암석

■ 화성암의 분류

조직적 분류		화학적 분류	염기성암	중성암	산성암
		SiO₂ 함량(색)	40~55%(어두운색)	55~65%(중간색)	65~75%(밝은색)
	생성깊이	결정크기			
화산암	지표 밑	반상조직(결정 크기↓)	현무암	안산암	유문암
반심성암	중간	반상조직	휘록암	섬록반암	석영반암
심성암	깊은 심무	입상조직(결정 크기↑)	반려암	섬록암	화강암

■ 지각을 구성하는 화성암의 6대 조암광물

장석, 석영, 운모, 각섬석, 휘석, 감람석

■ 토양을 구성하는 주요 산화물의 함량

SiO_2(규산) > Al_2O_3(반토, 알루미나) > Fe_2O_3(산화철) > CaO(석회) > MgO(고토) > Na_2O(소다) > K_2O(칼륨)
※ 원소의 함량 : O > Si > Al > Fe > Ca > Mg

■ 토양생성에 관여하는 풍화작용

- 물리적 풍화작용 : 온도변화, 동결-융해, 압력 감소, 침식작용 등
- 화학적 풍화작용 : 가수분해작용, 수화작용, 탄산화작용, 산화·환원작용, 용해, 킬레이트화작용 등
- 생물적 풍화작용 : 식물 뿌리의 침투, 미생물·유기산의 활동, 동물의 굴착 활동 등

■ 화학적 풍화작용

- 가수분해작용 : $KAlSi_3O_3 + 3H_2O \rightarrow HAlSi_3O_8 + K^+ + OH^-$
  (장석)　　　　　　　　　(점토광물의 전구체) (칼륨이온)(수산화이온)

- 수화작용 : $2Fe_2O_3 + 3H_2O \rightarrow 2Fe_2O_3 \cdot 3H_2O$
  (적철광)　　　　　　　　(갈철광)

- 탄산화작용 : $2KOH + CO_2 \rightarrow K_2CO_3 + H_2O$
  (수산화칼륨)　　　　　(탄산칼륨)

- 산화작용 : $4FeO + O_2 \rightarrow 2Fe_2O_3$
  (산화제1철)　　　　　(적철광)

■ 화학적 풍화에 의하여 분해되기 어려운 정도

$Al_2O_3 > Fe_2O_3 > SiO_2 > MgO > K_2O > Na_2O > CaO$

■ 풍화산물의 이동과 퇴적 방식에 따른 분류

구분	모재	운반체 및 퇴적환경
정적토	잔적토	풍화산물이 이동하지 않고 원래 장소에 잔류
	이탄토(퇴적토)	습지나 저지대에 유기물이 퇴적
운적토	붕적토	중력에 의해 경사지에서 아래로 이동하여 퇴적 예 산사태, 토석류 등
	풍적토	바람에 의해 운반·퇴적 예 황토(loess), 사구, 화산성토 등
	선상퇴토	빗물(중력과 수력)에 의해 운반·퇴적
	수적토(하성충적토)	하천에 의해 운반·퇴적 예 홍함평야, 삼각주, 하안단구 등
	해성토	바닷물에 의해 운반·퇴적 예 해안, 갯벌 등
	호성토	호수에 의해 운반·퇴적
	빙적토	빙하에 의해 운반·퇴적 예 표퇴토, 종퇴석, 저퇴토, 표력토 등

■ 토양생성에 관여하는 주요 5가지 요인

모재, 지형, 기후, 식생, 시간

■ 토양생성작용

구분	기후·식생	토양특징
포드졸(podzol)화작용	한랭습윤지대의 침엽수림, 담수하의 논토양 등	표층은 회백색, 하층은 암갈색
라테라이트(laterite)화작용	열대·아열대의 활엽수림	철과 알루미늄 집적, 붉은색
글레이(glei)화작용	지하수위가 높은 저습지나 배수가 불량한 곳	청회색을 띠는 환원층, 유기물 풍부
염류화작용	건조기후	가용성 염류집적, 백색 또는 회색
석회화작용	우량이 적은 건조, 반건조 지역	$CaCO_3$ 집적
부식 및 이탄집적 작용	지대가 낮은 습한 곳이나 물속	유기물의 분해가 억제되어 부식이 집적

■ 토양단면의 구조

O층(유기물층)	토양표면의 유기물층으로 식물 성장에 중요한 역할을 한다.
A층(무기물층, 부식층)	유기물과 점토성분이 용탈(가용성 염기류 용탈)된 부식이 혼합된 무기물층
E층(최대용탈층)	점토, Fe, Al 등이 용탈된 용탈층
B층(집적층)	O, A, E층으로부터 용탈된 점토, Fe, Al 등이 집적된 집적층
C층(모재층)	토양생성작용을 거의 받지 않은 모재층
R층(모암층)	굳어져 있는 암반층으로 D층이라고도 함

■ 보조토층 기호

접미부호	층위의 특징	접미부호	층위의 특징
a	유기물층(잘 부숙된 것)	o	Fe, Al 등의 산화물 집적층
b	매몰토층	p	경운(plowing) 토층 또는 인위 교란층
c	결핵(concretion) 또는 결괴(nodule)	q	규산 집적층
d	미풍화치밀물질층(dense material)	r	잘 풍화된 풍화모재층
e	유기물층(중간 정도의 부숙)	s	이동·집적된 OM + Fe, Al 산화물
f	동결토층(frozen layer)	t	규산염점토의 집적층
g	강환원(greying) 토층	v	철결괴(plinthite)층
h	이동·집적된 유기물층	w	약한 B층
i	유기물층(미부숙된 것)	x	이쇄반(fragipan)
k	탄산염 집적층	y	석고 집적층
m	경화토층(cementation, induration)	z	염류 집적층
n	나트륨 집적층	–	–

| 토양의 분류와 조사

■ 토양조사 방법

구분	개략토양조사	정밀토양조사	세부정밀토양조사
목적	광범위 토지의 대략적 특성 파악	농업·토지이용 등 실용적 정보 제공	특정 용도를 위한 상세조사
축척	1 : 50,000	1 : 25,000	1 : 5,000
토양구분	토양군 또는 대토양군	토양통, 토양구 및 토양상	토양통, 토양구, 토양상 및 현토지 이용
활용	전국적인 토양생성 및 대토양군별 분포 파악	군 및 면 단위 영농지도 계획	농가별 세부영농계획

■ **정밀토양조사의 목적**

- 토양의 물리적·화학적 특성 조사 및 분석
- 토양 분류 및 토양도 작성
- 영농계획 수립
- 재배작물 선정
- 비료 사용 개선
- 토양개량 및 토양관리 방안 제시

■ **토양분류**

- 생성론적 분류체계 : 목 > 아목 > 대토양군 > 속 > 통 > 구 > 상
- 형태론적 분류체계(신토양분류법) : 목 > 아목 > 대군 > 아군 > 속 > 통

■ **토양통**(soil series)

- 동일한 모재로부터 형성된 토양
- 지명에 따라 명명
- 토양통 내에서는 표토의 토성에 따라 구분
- 우리나라 토양통 수 : 논 > 밭 > 임지

■ **형태론적 토양분류의 토양목**(미국농무성, 2014)

알피졸(Alfisols)	완숙토, 석회세탈되어 Al, Fe가 하층에 집적되는 토양
안디졸(Andisols)	화산회토, 주로 화산분출에 의해 형성된 화산회 토양
아리디졸(Aridisols)*	과건토, 건조지대의 염류토양
엔티졸(Entisols)	미숙토, 비성대토양의 대부분을 차지하며, 발달되지 않은 새로운 토양
젤리졸(Gelisols)*	결빙토, 표토 100cm 이내 영구 동결층을 가지고 있는 토양
히스토졸(Histosols)	유기토, 식물조직으로 이루어진 늪지토양
인셉티졸(Inceptisol)	반숙토, 생성적 층위가 막 발달 시작한 젊은 토양
몰리졸(Mollisols)	암연토, 온대기후 조건의 목초지 및 초원지대에서 두꺼운 暗色 표층을 갖는 토양
옥시졸(Oxisols)*	과분해토, 주로 습윤·고온지역에서 발견되어 Al이나 Fe의 산화광물을 많이 포함
스포도졸(Spodosols)*	과용탈토, spodic층(심하게 용탈된 회백색의 용탈층)을 가지고 있는 토양
울티졸(Ultisols)	과숙토, 세탈이 극심하여 염기포화도가 35% 이하인 산성토양
버티졸(Vertisols)*	과팽창토, 팽창성 점토광물 함량이 높아 팽창과 수축이 심하게 일어나는 토양

* 우리나라에 분포하지 않은 토양목

- **알피졸(Alfisols, 완숙토, 성숙토)**
  - 표층에서 용탈된 점토가 B층에 집적되는 특성을 가지며 Bt층(argillic horizon)이 발달해 있고, 염기포화도가 35% 이상인 토양이다.
  - 주로 온대~아열대의 삼림(특히 활엽수림) 또는 사바나 지역에서 형성된다.
  - 오랜기간 동안 안정한 지면을 유지하여 집적층이 명료하게 발달한 토양으로서 저구릉지, 홍적단구, 오래된 충적토 등에서 볼 수 있다.
  - 평창통, 덕평통

- **엔티졸(Entisols, 미숙토)**
  - 주로 하상지(강바닥 근처의 퇴적지), 산악지의 급경사지 등에서 나타나며, 침식이 심하거나 퇴적 후 경과 시간이 짧아 토양의 층위 발달 정도가 극히 미약한 토양이다.
  - 우리나라에서는 하상지, 산악지, 급경사지 등에서 흔히 발견된다.
  - 관악통, 낙동통

- **인셉티졸(Inceptisol, 반숙토)**
  - 우리나라에 가장 흔한 토양으로, 침식이 심하지 않은 대부분의 산악지와 농경지로 쓰이고 있는 대부분의 충적토, 분적토 등이 이에 속한다.
  - 삼각통, 지산통, 백산통

- **버티졸(Vertisols, 과팽창토)**
  - 팽창형 점토광물을 많이 함유한 토양으로, 수분상태에 따라 팽창과 수축이 매우 심하게 일어난다.
  - 생산성은 높지만 관리가 까다롭다.
  - 우리나라에는 없고 사바나, 초지, 목초지 등에서 주로 발달한다.

- **토양환경보전법상 토양오염물질**

  카드뮴(Cd), 구리(Cu), 비소(As), 수은(Hg), 납(Pb), 6가크로뮴(Cr^{6+}), 아연(Zn), 니켈(Ni), 플루오린(F), 유기인화합물, 폴리클로리네이티드비페닐, 시안, 페놀, 벤젠, 톨루엔, 에틸벤젠, 크실렌(BTEX), 석유계총탄화수소(TPH), 트리클로로에틸렌(TCE), 테트라클로로에틸렌(PCE), 벤조(a)피렌, 1,2-디클로로에탄, 다이옥신(퓨란 포함) 등

| 토양의 성질

- **토성(soil texture)**

  토양 무기입자(모래, 미사, 점토)의 조성비율에 따라 토양을 분류한 것

■ 토성 결정 방법

• 촉감법

• 입경분석법(기계적 분석법) : 체분석법, 침강법(Stokes' 공식)

• 토성삼각도

■ 토양의 입경 구분

구분		입경(mm)		표면적(cm²/g)
		미국농무성법	국제토양학회	
자갈(gravel)		2.00 이상	2.00 이상	–
모래(sand)	매우 굵은 모래(극조사)	2.00~1.00	2.00~0.20	11.3
	굵은 모래(조사)	1.00~0.50		22.6
	중간 모래(중사)	0.50~0.25	–	45.3
	가는 모래(세사)	0.25~0.10	0.20~0.02	90.6
	매우 가는 모래(극세사)	0.10~0.05		226.4
미사(silt)		0.05~0.002	0.02~0.002	452.8
점토(clay)		0.002 이하	0.002 이하	1,509,434

■ 토성을 나타내는 기호

구분	기호	구분	기호
사토(Sand)	S	사질식양토(Sandy Clay Loam)	SCL
양질사토(Loamy Sand)	LS	미사질식양토(Silty Clay Loam)	SiCL
사질양토(Sandy Loam)	SL	식양토(Clay Loam)	CL
양토(Loam)	L	사질식토(Sandy Clay)	SC
미사질양토(Silt Loam)	SiL	미사질식토(Silty Clay)	SiC
미사토(Silt)	Si	식토(Clay)	C

■ 토성삼각도

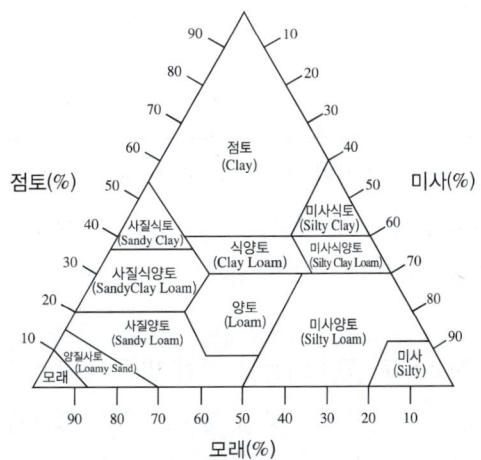

■ 주요 토성별 특징

- CEC 크기 : 식토 > 식양토 > 양토 > 사양토 > 사토
- 점토함량 : 식토 > 식양토 > 양토 > 사양토 > 사토
- 수분함량 : 식토 > 식양토 > 양토 > 사양토 > 사토
- 공극량 : 식토 > 식양토 > 양토 > 사양토 > 사토
- 용적밀도 : 사토 > 사양토 > 양토 > 식양토 > 식토
- 배수성 : 사토 > 사양토 > 양토 > 식양토 > 식토
- 소공극 발달 정도 : 식토 > 식양토 > 양토 > 사양토 > 사토

※ 점토함량이 많아질수록 소공극이 발달하며 물이 오래 머물러 배수성이 낮아진다.

■ 촉감법을 이용한 토성 판정

순서	기준	토성
①	탁구공만큼의 흙을 떼어서 손바닥에 올려놓고 물 몇 방울을 더해 토양입자를 부서 가며 움켜쥔다.	
	흙이 탁구공 모양으로 뭉쳐진다.	사토(S)
	흙이 뭉쳐지지 않는다.	②
②	엄지와 검지로 문질러도 띠가 생기지 않는다.	양질사토(LS)
	엄지와 검지로 문지르면 띠가 생긴다.	③
③-1	띠의 길이가 2.5cm 이하이다.	
	매우 거칠다.	사질양토(SL)
	거칠지도 부드럽지도 않다.	양토(L)
	매우 부드럽다.	미사질양토(SiL)
③-2	띠의 길이가 2.5~5.0cm이다.	
	매우 거칠다.	사질식양토(SCL)
	거칠지도 부드럽지도 않다.	식양토(CL)
	매우 부드럽다.	미사질식양토(SiCL)
③-3	띠의 길이가 5.0cm 이상이다.	
	매우 거칠다.	사질식토(SC)
	거칠지도 부드럽지도 않다.	식토(C)
	매우 부드럽다.	미사질식토(SiC)

- 사토 : 엄지와 검지로 문질러도 띠가 생기지 않고, 거의 모래 성분만 거칠게 느껴진다.
- 양토 : 띠의 길이가 2.5cm 이하이고, 모래 성분이 1/2 이하로 느껴진다.
- 미사질양토 : 띠의 길이가 2.5cm 이하이고, 모래 성분은 거의 없으며 끈적이는 느낌이 없는 고운 모래가 대부분이다.
- 식양토 : 띠의 길이가 2.5~5.0cm이고, 끈적이는 느낌이 많은 점토로 고운 모래 기운이 있다.
- 미사질식양토 : 띠의 길이가 2.5~5.0cm이고, 모래 성분은 약간 있으나 끈적임이 많이 느껴진다.

■ **입단구조의 특징**

- 대공극과 소공극이 고르게 분포한다.
- 통기성·투수성이 양호하고 양분과 수분의 유지 및 보유력이 우수하여 작물의 생육에 적당하다.
- 토양침식을 억제하고 토양 내 호기성 미생물의 활성을 증대시킨다.
- 나트륨이온(Na^+)은 토양의 입단화를 파괴시킨다.

■ **토양 입단화 촉진 방법**

- 유기물, 석회, 고토 등 입단구조를 형성하는 인자를 시용한다.
- 토양피복, 윤작, 심근성 작물재배 등 작부체계를 개선한다.
- 콩과 녹비작물을 재배한다.
- 토양 개량제(아크릴소일, 크릴륨 등)를 시용한다.

■ **토양의 구조**

- 입상구조 : 토양입자가 구상체를 이루고 있으나 인접 집합체와 결합하지 못하고 있어서 형성이 좋지 않은 토양으로 유기물이 많은 작토층에 많이 생산된다.
- 괴상구조 : 다면체를 이루고 각도가 비교적 둥글며, 밭토양과 산림의 하층토에 많고, 여러 토양의 B층에서 흔히 볼 수 있다.
- 주상구조 : 가로, 세로크기가 다른 외관이 각주상, 원주상으로 중점토양, 알칼리의 심토에서 발견되며, 우리나라의 경우 해성토의 심토에서 흔히 볼 수 있다.
- 판상구조 : 접시와 같은 모양이거나 수평배열의 토괴로 구성된 구조로 토양생성과정 중에 발달하거나 인위적인 요인에 의하여 만들어지며, 모재의 특성을 그대로 간직하고 있다.
- 과립상 : 단괴가 작고, 입단사이의 간격이 좁아서 물에 젖으면 부풀어 내부의 큰 틈이 막힌다.

■ **토양의 견지성(consistency)**

- 토양입자 간의 응집력이나 토양입자와 수분 사이의 부착력 때문에, 외부에서 토양에 힘을 가하면 저항이 달라진다.
- 토양의 수분함량에 따라 액성 → 점성 → 점착성 → 소성 → 팽연성 → 강성의 순으로 변한다.

강성(rigidity)	토양이 건조하여 딱딱하게 굳어지는 성질로, 건조한 상태의 토양입자는 van der Waals 힘에 의해 결합되어 있다.
이쇄성(friability)	적당한 수분 상태에서 토양에 힘을 가하면 쉽게 부스러지는 상태로, 경운하면 힘이 적게 들고, 입단이 잘 파괴되지 않는다.
가소성(소성, plasticity)	토양에 물을 가하면 나타나는 성질로, 힘을 가하면 파괴되지 않고 모양이 변하고, 힘을 제거해도 원형으로 돌아오지 않는다.

■ 소성지수

- 소성지수(PI) = 소성상한(LL) − 소성하한(PL)
- 소성하한(소성한계) : 소성을 나타내는 최소수분
- 소성상한(액성한계) : 소성을 나타내는 최대수분

■ 크기에 따른 토양공극의 분류

구분	크기(mm)	기능
대공극	0.08~5 이상	뿌리가 뻗는 공간으로 작은 토양생물의 이동통로이다.
중공극	0.03~0.08	물이 빠진 후에 남아 있는 물로 모세관현상에 의하여 유지되는 물이 있고, 곰팡이와 뿌리털이 자라는 공간
소공극(모세관공극)	0.005~0.03	토괴 내의 작은 공극으로 식물이 흡수하는 물을 보유하고 세균이 자라는 공간
미세공극	0.0001~0.005	작물이 이용하지 못하며 미생물의 일부만 자랄 수 있는 공간이다.
극소공극	0.0001 이하	미생물도 자랄 수 없는 공간이다.

■ 토양공극률(%) = $\left(1 - \dfrac{용적밀도}{입자밀도}\right) \times 100$

■ 토양의 공극량에 관여하는 요인

- 토성 : 사토는 대공극이 소공극보다 많고, 식토는 소공극이 대공극보다 많다.
- 토양구조 : 단립구조보다 입단구조가 공극률이 크다.
- 배열상태 : 사열구조보다 정렬구조가 공극률이 크다.
- 입단의 크기 : 입단이 클수록 모세관공극은 줄어들고 비모관공극이 많아지며 공극률도 커진다.

■ 비열

어떤 물질 1g을 1℃ 올리는 데 필요한 열량으로서 비열이 높을수록 온도 변화가 작다.

■ 토양온도의 결정요인

- 토양의 수분함량이 많을수록 토양온도가 올라가기 어렵다.
- 토양입자가 클수록 열전도율이 높다.
- 토양 내 부식 함량이 많을수록 열전도가 늦다.
- 토양의 색이 짙을수록 태양열을 많이 흡수하고 밝은색일수록 반사량이 많다.
- 토양의 경사 방향은 광선이 지면에 수직으로 투과 시 수열량이 가장 많다.
- 피복식물 : 피복식물과 멀칭은 토양온도의 변동을 작게 한다.
- 잎이 밀생하고 초장이 높을수록 지면 부근의 일교차는 작다.

■ **토양색을 결정하는 주요 인자**

유기물(부식화), 철·망간의 산화-환원 상태, 수분함량, 통기성, 모암, 조암광물, 풍화 정도 등

■ **산화철의 수화도에 따른 토양색**

• 수화도 증가 : 황색 또는 황갈색
• 수화도 감소 : 적색 또는 적갈색

■ **토양색의 표시법**

Munsell의 표준색 분류체계를 이용하여 '색상(hue) 명도(value)/채도(chroma)'로 표기한다.

예 토양색이 '5YR 5/6'로 표시되었을 경우, 5YR은 색상, 5는 명도, 6은 채도를 나타낸다.

■ **식물의 양분흡수 이용능력에 직접적으로 영향을 주는 요인**

식물 뿌리의 표면적, 뿌리의 치환용량, 뿌리의 호흡작용과 뿌리의 양분개발을 위한 분비물의 생성량 등

■ **작물뿌리에서 양분의 이동속도**

물 $> Ca^{2+} > H_2PO_4 > K > NO_3^-$

■ **점토광물**

주로 규산염 광물로, 규소 4면체(SiO_4)와 알루미늄 8면체[$Al_2(OH)_6$]를 기본 단위로 하는 층상구조를 가지고 있으며, 이러한 4면체와 8면체는 판(sheet) 형태로 연결되어 층(layer)을 이루고 있다.

1:1 격자형		카올리나이트, 할로이사이트
2:1 격자형	비팽창형	일라이트
	팽창형	버미큘라이트, 몬모릴로나이트, 바이델라이트, 사포나이트
2:2 격자형		클로라이트

■ **카올리나이트(kaolinite)**

• 1:1 비팽창형 점토광물로, 우리나라 토양에 가장 많이 분포한다고 알려져 있다.
• 동형치환이 거의 발생하지 않아 점토광물의 변두리전하에만 의존하여 영구음전하가 존재한다.
• 칼륨(K) 원소함량이 많은 장석이 염기물질의 신속한 용탈작용을 받았을 때 가장 먼저 생성되는 점토광물이다.

■ 일라이트(illite)
- 비팽창형 2 : 1 점토광물로, 음전하의 부족한 양을 채우기 위하여 결정단위 사이에 칼륨(K)이 고정되어 있다.
- 점토광물의 규소판에 있는 규소(Si)가 알루미늄(Al)으로 가장 많이 치환되어 있다.

■ 스멕타이트(smectite)
- 팽창형 2 : 1형 점토광물로, 알루미늄 8면체의 알루미늄(Al)이 마그네슘(Mg)으로 동형치환된 것이 몬모릴로나이트(montmorillonite)이다.
- 결합력이 약해 물분자의 출입이 자유로우며 팽창과 수축이 심하게 발생한다.
- 이온의 흡착정도는 광물의 음전하량에 의하여 결정되지만, 몬모릴로나이트는 상대적으로 다른 광물에 비하여 표면노출이 심하여 이온흡착능력이 크다.

■ 몬모릴로나이트(montmorillonite)
- 2 : 1의 대표적인 8면체 점토광물로 알루미늄 8면체의 알루미늄(Al) 1/6 정도가 마그네슘(Mg)과 동형치환된 광물이다.
- 중간결합이 약해 물이 흡착될 경우 가장 많이 팽창한다.
- 강우 시 유거수에 의한 침식이 가장 잘 일어나는 팽창형 광물이다.

■ 깁사이트(gibbsite)
- 대표적인 알루미늄(Al)의 수산화물로, 점토광물 단위 구조에서 알루미늄 8면체에 대한 규소 4면체의 비율이 가장 낮다.
- 얼티졸(ultisols)이나 옥시졸(oxisols) 같이 심하게 풍화된 토양에 많이 존재한다.
- 동형치환이 전혀 없으며 토양의 pH에 따라 순양전하를 가질 수도 있다.

■ 버미큘라이트(vermiculite)
비팽창형의 2 : 1 격자광물로, 토양용액의 pH 변화에 영향을 받지 않는 전하를 가장 많이 가지고 있다.

■ 토양교질물(콜로이드)의 특징
- 크기에 의해 결정되며 보통 1μm보다 작은 입자로, 유기교질물과 무기교질물이 있다.
- 단위 g당 입자 표면적이 미사보다 크다.
- 점토와 부식의 표면의 화학적 특성이 토양의 화학성을 결정한다.
- 양이온치환능력(CEC)을 가지고 있다.
- 토양교질물이 많은 토양은 수분의 유실이나 증발이 적으므로 보수력과 보비력이 크다.

■ 양이온교환용량(CEC ; Cation Exchange Capacity)

- 토양이 음전하에 의하여 Ca^{2+}, Mg^{2+}, K^+, Na^+등과 같은 교환성양이온을 흡착할 수 있는 능력
- 단위 : $1me/100g = 1cmol_c/kg = cmol_c \cdot kg^{-1}$
- CEC가 크다는 것은 작물생육에 필요한 영양성분이 많다는 것이다.

※ 유효양분 보유량이 많음 = 비료성분 이용효율이 큼 = 토양 완충능 커짐

■ 토양 콜로이드의 양이온교환용량

토양교질물	CEC(me/100g)	토양교질물	CEC(me/100g)
부식(humus)	100~300	illite	25~40
vermiculite	80~150	kaolinite	3~15
montmorillonite	60~100	가수산화물	0~3

■ 염기포화도(%) $= \dfrac{\text{교환성양이온}(H^+\text{와 } Al^{3+}\text{을 제외한 양이온)의 총량}}{CEC} \times 100$

■ 토양 pH와 염기포화도

pH가 상승하면 염기포화도는 높아지고, pH가 하강하면 염기포화도도 낮아진다.

■ 교환성양이온의 이액 및 침출 순서

- 이액순위 : $Al^{3+} > H^+ > Ca^{2+} > Mg^{2+} > K^+ = NH_4^+ > Na^+ > Li^+$
- 침출순위 : $Al^{3+} < H^+ < Ca^{2+} < Mg^{2+} < K^+ = NH_4^+ < Na^+ < Li^+$

■ 토양의 pH 조건에 따른 인(P)의 이온 형태

토양의 pH	인(P)의 이온 형태	토양의 pH	인(P)의 이온 형태
pH 2.1	H_3PO_4와 $H_2PO_4^-$이 1:1로 존재	pH 7.2	$H_2PO_4^-$와 HPO_4^{2-}가 1:1로 존재
pH 4~7	주로 $H_2PO_4^-$ 형태로 존재	pH 12.3	HPO_4^{2-}와 PO_4^{3-}이 1:1로 존재

■ 양이온교환용량 분석

토양 10g을 $1N-CH_3COONH_4$(pH 7.0) 용액 250mL로 24시간 침출한 후 토양교질에 흡착된 NH_4를 케탈법으로 측정한다.

■ 토양 pH(potential of hydrogen ion, 수소이온농도지수)

수소이온(H^+)농도와 수산화이온(OH^-)농도의 비율에 따라 결정하여 1~14의 수치로 표시한다.

■ 토양의 pH 범위

구분	pH	작물의 생장
산성토양	4.5 이하	대부분의 작물 생장이 어려운 강산성토양
	5.5	토양미생물의 활동 제한
	5.0	약 pH 6.6~7.3 중성토양 범위 pH 5.0~8.0 작물이 생육할 수 있는 범위
중성토양	7.0	
알칼리성토양	8.0	
	8.5 이상	대부분의 작물 생장이 어려운 강알칼리성토양

■ 토양산성의 분류

• 활산성 : 토양용액에 해리된 수소이온농도에 의해 나타나는 산성

• 잠산성(치환산성) : 토양교질물에 흡착된 수소이온(H^+)과 알루미늄이온(Al^{3+})에 의한 산성으로, 중성염(KCl)을 가하여 용출된 수소에 의한 산성

• 가수산성 : 식초산석회와 같은 약산염으로 용출되는 수소이온농도에 의한 산성

■ 우리나라 산성토양의 원인

• 강우량이 많아 토양염기와 식물양분이 용탈

• 산성화된 퇴적물의 발달

• 과다한 질소질 화학비료(황산암모늄, 염화칼륨, 황산칼륨, 인분뇨 등)의 사용

• 주요 점토광물의 CEC가 낮아 치환성염기(Ca^{2+}, Mg^{2+}, K^+, Na^+)의 용탈

• 질산화과정에서 미포화 교질(H^+)의 증가

■ 산성토양에서 작물생육이 불량해지는 원인

• 알루미늄, 망간, 철 등의 용해도가 증가로 인한 독성 발현

• 수소이온(H^+) 과다로 식물체 내 단백질의 변형과 효소활성이 저하

• 칼슘과 마그네슘 등의 유효도 감소에 의한 토양이화학성 악화

• 유용 토양미생물 활성 저하

■ 산성토양의 개량

• 석회질 비료 및 유기물 시용

• 근류군 첨가

• 토양 개량제 시용

• 산성비료 등의 연용 금지

• 산성에 강한 작물을 재배

■ 산성토양의 석회시용효과

- 토양의 산도를 교정
- 불용성 양분의 유효화 증진
- 유기물 분해 촉진
- 알루미늄 독성 억제

■ 염해토양의 분류기준

토양 분류	pH	EC(dS/m)	ESP(%)	SAR(%)
일반토양	6.5~7.2	<4	<15	<13
염류토양	<8.5	>4	<15	<13
염류나트륨성 토양	<8.5	>4	>15	>13
나트륨성 토양	>8.5~10	<4	>15	>13

※ EC : 전기전도도, ESP : 치환성나트륨비율, SAR : 나트륨흡착비

■ 산화환원전위(Eh)

- 토양에 존재하는 무기이온들의 화학적 형태 – 산화형물질의 비율이 높으면 Eh 값이 높아지고, 환원형 물질의 비율이 높아지면 Eh값이 낮아진다.
- 토양의 Eh값은 토양의 pH, 무기물, 유기물, 배수 조건, 온도 및 식물의 종류에 따라 변화한다.

■ 토양환경조건에 따른 중금속의 상태 변화

- 산성에서 용해도가 감소하며 장해가 경감되는 것 : Mo
- 알칼리성에서 용해도가 감소하여 장해가 경감되는 것 : Cu, Zn, Mn, Cd, Fe
- 환원상태에서 용해도가 감소하여 장해가 경감되는 것 : Cd, Zn, Cu, Pb, Ni
- 산화상태에서 독성이 저하되는 것 : As(아비산에서 비산으로 됨으로써 독성이 저하됨)

■ 토양비옥도 평가 방법

- 토양검정을 통한 유효양분 분석
- 시비권장량 결정을 위한 재배시험
- 작물요구 영양소 결정을 위한 식물체 분석

■ 영양소의 유효도 결정 방법

토양분석, 결핍증상의 관찰과 식물체 분석, 식물재배시험(포장시험과 포트시험)

■ **토양의 유효토심의 제한요인**

암반, 지하수위, 모래 및 자갈

■ **토양수분상태의 구분**

- 우딕(udic, 습윤) : 연중 습한 상태
- 애퀵(aquic, 물) : 연중 일정기간 포화상태 유지, 주로 환원상태로 유지
- 우스틱(ustic, 건조) : 우딕과 애퀵의 중간정도의 수분상태
- 애리딕(aridic, 건조) : 연중 대부분 건조상태
- 세릭(xeric, 건조) : 지중해성 수분건조, 즉 겨울에 습하고 여름에는 건조함

■ **토양수분의 수분장력**

결합수(pF 7.0 이상) > 흡습수(pF 4.5~7.0) > 모관수(pF 2.7~4.5) > 중력수(pF 0~2.7)

■ **토양수분퍼텐셜(soil water potential)**

- 수분퍼텐셜(Ψ_w) = 삼투퍼텐셜(Ψ_s) + 압력퍼텐셜(Ψ_p) + 중력퍼텐셜(Ψ_g) + 매트릭퍼텐셜(Ψ_m)
- 1MPa = 10.13기압 =10bar
- 1기압 = pF 3 ✓

■ **유효수분**

식물이 이용 가능한 상태의 수분으로 포장용수량(−0.033MPa, 1/3bar)~영구위조점(−1.5MPa) 사이

■ **토양수분의 퍼텐셜**

구분	내용
흡습계수(−3.1MPa)	• 건조한 토양이 공기 중의 습도와 평행을 이룰 때 흡착된 수분량을 건조토양의 증량백분율로 환산한 값 • 식물이 전혀 이용할 수 없는 상태
초기위조점(−1.5MPa)	토양수분이 점차 감소됨에 따라 식물이 시들기 시작하는 상태로, 흡착력은 −1.0MPa(10bar, pF 3.9) 정도이다.
수분당량(−0.05~0.1MPa)	물로 포화된 토양에 중력의 1,000배의 원심력이 작용할 때 토양 중에 잔류하는 수분상태
포장용수량(−0.033MPa)	일반적으로 식물의 생육에 가장 적합한 수분조건이다.
흡습계수(pF 4.5)	수분이 토양에 가장 강하게 붙어있어 작물에 이용될 수 없는 상태

■ **토양 내에서 수분의 이동**

- 포화이동 : 포화상태의 토양에서 물은 중력에 의해 아래쪽으로 이동
- 불포화이동
  - 불포화 상태의 토양에서 물은 모세관 현상에 의해 토양입자 사이의 미세한 공극을 따라 이동
  - 불포화 상태의 토양에서 물은 수분포텐셜이 높은 곳에서 낮은 곳으로 이동
- 증기이동 : 비교적 건조한 토양에서는 토양표면에서의 증발과 식물 잎에서의 증산작용 등을 통해 이동

■ **모세관 현상에서 액체의 상승 높이**(h) = $\dfrac{2\gamma\cos\theta}{\rho g r}$

여기서, γ : 물의 표면장력[$0.0728\text{N/m} = 0.0728\text{kg/s}^2(\because\ 1\text{N} = 1\text{kg} \times 1\text{m/s}^2)$]
$\quad\quad\quad$ θ : 접촉각($\cos 0° = 1$)
$\quad\quad\quad$ ρ : 물의 밀도($1,000\text{kg/m}^3$)
$\quad\quad\quad$ g : 중력가속도(9.81m/s^2)
$\quad\quad\quad$ r : 모세관 반지름

■ **토양수분 측정 방법**

구분		내용
직접법	중량법	토양 시료를 직접 채취하여 건조 전후의 무게 차이를 이용하여 수분함량을 측정하는 방법
간접법	중성자산란법	방사성 동위원소에서 방출되는 중성자가 토양 중의 수소원자와 충돌하면서 속도가 느려지는 것을 감지하여 수분함량을 측정
	TDR법	토양에 삽입된 센서를 통해 전자기파를 보내고 반사되는 파형을 분석하여 유전율을 측정하고, 이를 통해 수분함량을 결정하는 방법
	전기저항법(석고블럭법)	토양수분함량에 따라 전기 저항이 달라지는 원리를 이용하여 측정하는 방법
	tensiometer법	수분장력계(tensiometer)로 토양 내 매트릭퍼텐셜을 측정하여 수분 상태를 파악하는 방법
	psychrometry법	토양공극 내 상대습도를 측정하여 퍼텐셜을 측정하는 방법

■ **토양수분 증발의 억제수단**

- 비닐이나 종이로서 피복을 하여 준다.
- 지표면을 얇게 경운하여 모세관을 끊어 수분증발을 억제한다.
- 잡초를 제거한다.
- 방풍림 설치 등 바람유통이 없도록 한다.

| 토양유기물

■ 부식(humus)
- 부식은 토양 속의 유기물이 미생물에 의해 분해되어 생성된 흑갈색 또는 암갈색의 복잡한 유기물질로 토양의 물리적, 화학적, 생물학적 특성을 개선하는 데 중요한 역할을 한다.
- 이화학적 특성에 따라 부식산(humic acid), 풀빅산(fulvic acid), 부식탄(humin) 등으로 구분한다.

■ 부식의 기능

물리적 기능	화학적 기능	토양미생물학적 기능
• 보수력 증대 • 통기성 개선 • 토양입단의 형성 • 내압밀성 증가	• 보비력 증대 • 완충능 증대 • 유해물질의 독성 감소 • 유효인산의 고정 억제 • 양분의 유효화	• 토양미생물의 활동을 촉진 • 미생물과 작물생육 촉진

■ 토양 내 유기물이 산화상태에서 분해되었을 때 최종생산물

이산화탄소, 물, 무기염류 및 에너지

■ 토양유기물의 분해 순서

당류(starch), 단백질(pectin) → 헤미셀룰로스(hemicellulose) → 셀룰로스(cellulose) → 리그닌(lignin), 유지, 왁스

※ 토양 중 단백질의 분해 과정 : 단백질 → 아미노산 → 암모니아 → 암모늄

■ 식물체 구성성분 중 부식을 형성하는 주체 : 리그닌과 단백질

■ 리그닌(lignin)
- 토양 내 유기물의 구성성분으로서 페놀(phenol)이 복잡하게 결합된 고분자 물질이다.
- 미생물 분해에 대한 저항성이 높은 부식의 기본골격이다.
- 리그닌의 주요 구성성분은 페놀이다.

■ 토양유기물의 분해에 영향을 미치는 요인
- 탄질률이 클수록 분해 속도가 느리다.
- 고온에서 분해 속도가 빠르고 부식 집적량이 적다.
  ※ 유기물의 집적은 저온다습한 토양에서 가장 잘 이루어진다.

- 리그닌 및 페놀함량이 많으면 느리다.
- 혐기성 조건보다 호기성 조건에서 빠르다.
- 토양산도는 중성에 가까울 때 적절하다.
- 토양수분이 $-0.1 \sim -0.7$bar 수준일 때 적절하다.

■ 탄질률(C/N율)과 부식화의 관계

- 유기물 중 탄소(C)와 질소(N)의 함량비로 적절한 비율을 유지해야 미생물의 활동이 원활히 이루어진다.
- 탄질률이 낮으면 질소함량이 많아 미생물의 증식이 빠르고, 유기물의 분해가 빠르다.
- 탄질률이 높으면 질소함량이 적어 유기물의 분해가 느리다(질소기아현상).

■ 식물체의 탄질률(C/N율)

구분	탄질률	구분	탄질률	구분	탄질률
활엽수의 톱밥	400	호밀껍질(성숙기)	37	인공 부식	11
밀짚	80	잔디(블루그래스)	31	곰팡이	10
부식산	58	가축의 분뇨	20	박테리아	4
옥수수찌꺼기	57	알팔파	13	방사상균	6

■ 토양의 완충력(buffer capacity)

외부로부터 산이나 염기와 같은 물질이 유입되었을 때 토양 pH가 급격하게 변하는 것을 막는 능력

■ 토양 내 질소의 고정화 · 무기화반응

- C/N율 > 30 : 고정화
- C/N율 20~30 : 무기화 = 고정화
- C/N율 < 20 : 무기화

■ 퇴비 제조의 목적

- 유기물의 탄질률을 20 전후로 조절하여 사용 후의 급격한 분해와 질소기아현상을 방지한다.
- 유기물 중의 해충, 잡초종자, 병원균 등을 고열로 사멸시켜 토양 위생을 개선한다.
- 유기물에 함유된 유해성분을 미리 분해하여 작물의 생육장해를 방지한다.
- 악취를 없애므로 취급이 편리하고 가스 발생 등이 없어서 안심하고 사용할 수 있다.

■ 질소기아현상

탄질비가 30 이상으로 높은 유기물을 비료로 사용했을 때 이를 분해하려는 토양미생물이 토양 내 기존의 질소를 흡수하게 되고 작물이 이용할 수 있는 질소가 부족해져 일시적인 질소 결핍 증상이 나타나는 것

■ 토양유기물 함량 증가 대책

- 유기물 자원 투입 : 유기비료 사용, 녹비재배, 피복작물 재배
- 윤작 및 혼작, 최소경운 또는 무경운 재배
- 토양 pH 조절
- 토양생물 활성 증진

| 토양생물

■ 토양생물의 분류

동물	대형동물군	• 1mm 이상 • 두더지, 지렁이, 노래기, 지네, 거미, 개미 등
	중형동물군	• 0.2~1mm 이상 • 진드기, 톡토기
	미소동물군	• 0.2mm 이하 • 선형동물 : 선충 • 원생동물 : 아메바, 편모충, 섬모충
식물	대형식물군	식물뿌리, 이끼류
	미소식물군	• 독립영양생물 : 녹조류, 규조류 • 종속영양생물 : 사상균(효모, 곰팡이, 버섯 등), 방선균 • 독립, 종속영양생물 : 세균, 남조류

■ 토양생물 개체수($/m^2$)

세균 > 방선균 > 사상균 > 조류

■ 토양생물의 활성 측정 방법

개체수(CFU) 측정, 탈수소효소활성(DHA) 측정, 기질유도호흡(SIR) 및 CO_2 발생량 측정, 미생물생체량측정(CFE), 효소활성측정

■ 토양생물과 작물생육과의 관계

- 광합성생물(식물, 조류, 세균) : 이산화탄소 고정에 태양에너지를 이용하며 토양에 유기물을 공급한다.
- 분해자(세균, 곰팡이) : 잔재물 분해하여 생물 총량 내에 양분을 고정시키고, 새로운 유기복합물(세포구성물, 배출물)을 생산하며 곰팡이균사로 토양을 입단화, 질소고정세균과 탈질세균에 의한 질소형태의 변환, 병원성 생물의 억제와 경쟁 등을 한다.
- 공생생물(세균, 곰팡이) : 병원성 생물로부터 식물뿌리를 보호하고, 질소를 고정, 균근을 형성, 식물생장 촉진 등을 한다.

■ 세균의 분류

- 탄소원과 에너지원에 따른 분류

영양원별		탄소원	에너지원	대표 미생물
자급 영양세균	광합성자급영양균	CO_2	빛	green bacteria(녹색세균), cyanobacteria(남세균, 남조류), purpli bacteria(홍색세균, 자색세균)
	화학자급영양균	CO_2	무기물	질화세균, 황산화세균, 수소산화세균, 철산화세균 등
타급 영양세균	광종속영양균	유기물	빛	홍색황세균
	화학종속영양균	유기물	유기물	부생성세균, 대부분의 공생세균

- 최적 성장온도에 따른 분류 : 저온균(10~20℃), 중온균(25~40℃), 고온균(45~60℃)

■ 조류(algae, 藻類)

- 독립영양체로서의 성질 때문에 광이나 수분조건이 양호한 토양표면에서 주로 발생된다.
- 이산화탄소를 이용하여 광합성을 하고 산소를 방출한다.
- 대기로부터 이산화탄소를 이용하여 유기물을 생성하고 질소를 고정할 수 있다.

■ 방선균(actionomycetes)

- 세포 내 미세구조는 세포핵이 없는 원핵생물 그람양성균으로, 실모양의 균사상태로 자라면서 포자를 형성한다.
- 토양미생물의 10~50%를 구성하며, 흙냄새의 일종인 지오스민(geosmin)을 분비한다.
- 알칼리성에는 내성이 있지만 산성에 약하고, 생육에 가장 알맞은 토양 pH는 6.0~7.0이다.

■ 사상균

난분해성 리그닌의 분해능력이 가장 뛰어나며 산성토양에서 활동이 가장 왕성하다.

■ 균근(mycorrhizae)

- 사상균 중 담자균이 식물의 뿌리에 붙어서 식물과 공생관계를 갖는다.
- 뿌리에 보호막을 형성하여 가뭄에 대한 저항성을 높이고 가뭄 피해를 감소시킨다.
- 토양 중에서 이동성이 낮은 인산, 아연, 철 등을 흡수하여 뿌리 역할을 수행한다.

■ 토양에서 일어나는 질소변환과정

- 질소고정 : $N_2 \rightarrow NH_3$
- 질산화작용 : $NH_4^+ \rightarrow NO_2^- \rightarrow NO_3^-$
- 질산환원작용 : $NO_3^- \rightarrow NO_2^- \rightarrow NH_4^+$
- 암모니아화작용 : 유기태질소 $\rightarrow NH_4^+$
- 탈질작용 : $NO_3^- \rightarrow N_2$

■ **질소고정**

- 공기 중의 질소(N_2)를 식물이 이용할 수 있는 암모니아(NH_3)와 같은 형태로 만드는 과정
- 공생질소고정균 : *Rhizobium* 세균(콩과 식물), *Actinomycetes*(비콩과 식물)
- 단독질소고정균 : *Azotobacter*(호기성), *Clostridium*(혐기성), *cyanobacteria*(남조류)

■ **질산화작용(nitrification)**

- 1단계($NH_4^+ \rightarrow NO_2^-$), 아질산균(암모니아산화균) : *Nitrosomonas*, *Nitrosococcus*, *Nitrosospira* 등
- 2단계($NO_2^- \rightarrow NO_3^-$), 질산균(아질산산화균) : *Nitrobacter*, *Nitrospina*, *Nitrococcus* 등

■ **암모니아화작용(ammonification)**

- 토양 속의 유기질소화합물이 토양미생물에 의해서 분해되어 무기태질소(NH_4^+, NO_3^-)로 변형되는 작용
- 암모늄태질소($NH_4 - N$)는 토양 내 음이온(-)과 결합하여 흡착이 잘되지만, 질산태질소($NO_3^- - N$)는 음이온이므로 토양과의 흡착력이 약함
- 암모니아 생성균 : 대부분의 유기영양 미생물(세균, 방선균, 사상균 등)

■ **탈질작용(denitrification)**

- 미생물이 산소가 부족한 혐기성 조건에서 NO_3^-가 NO_3^-로 환원되고, 최종적으로 질소가스(N_2)로 환원되어 대기 중으로 휘산된다.
- 토양의 질소를 감소시키며, 작물에는 유익하지 않고 오히려 질소 손실로 작물생육에 부정적인 영향을 미친다.
- 탈질세균 : *Pseudomonas*, *Bacillus*, *Paracoccus*, *Thiobacillus* 등

■ **토양미생물의 작용**

유익작용	유해작용
• 유리질소의 고정 • 질산화작용 • 길항작용 • 유기물의 분해 • 무기물의 산화 • 근권 형성 • 균근의 형성 • 무기물 유실 경감 • 입단 형성 • 생장촉진물질 분비	• 탈질작용 • 질산염, 황산염의 환원 • 환원성 유해물질 생성 • 작물과 미생물 간 양분 쟁탈 → 질소기아현상 유발 • 병의 유발(세균병, 시들음병, 채소의 무름병, 점무늬병, 뿌리썩음병, 모잘록병 등)

| 식물영양과 비료

■ 작물이 흡수하는 원소의 형태

원소	흡수형태	원소	흡수형태
질소(N)	NH_4^+, NO_3^-	망간(Mn)	Mn^{2+}
인(P)	$H_2PO_4^-$, HPO_4^{2-}	아연(Zn)	Zn^{2+}
칼륨(K)	K^+	구리(Cu)	Cu^{2+}
칼슘(Ca)	Ca^{2+}	몰리브덴(Mo)	MoO_4^{2-}
마그네슘(Mg)	Mg^{2+}	붕소(B)	$H_2BO_3^-$
황(S)	SO_4^-	염소(Cl)	Cl^-
철(Fe)	Fe^{2+}, Fe^{3+}	규소(Si)	SiO_3^{2-}

■ 토양반응(pH)과 필수원소 유효도

- 알칼리성에서 유효도가 커지는 원소: P, Ca, Mg, K, Mo 등
- 산성에서 유효도가 커지는 원소 : Fe, Cu, Zn, Al, Mn, B 등

■ 점토광물 표면의 음전하 생성원인

변두리전하, 동형치환, pH 의존적 전하(잠시적 전하, 일시적 전하) 등

■ 비료의 반응

- 화학적 반응 : 비료의 수용액 고유의 반응으로 산성, 염기성 또는 중성으로 구별하며 비료의 배합이나 농약과의 혼용 시용 때 반드시 고려해야 하는 반응
- 생리적 반응 : 토양 속에서 분해되어 식물에 흡수된 뒤 나타나는 반응

■ 비료의 반응에 따른 분류

구분	화학적 반응	생리적 반응
산성비료	황산암모늄, 염화암모늄, 인산암모늄, 인산칼슘, 인산칼륨, 과인산석회, 중과인산석회 등	황산암모늄(유안), 황산칼륨, 염화암모늄, 염화칼륨 등
중성비료	요소, 염화칼륨, 황산칼륨, 칠레초석(질산나트륨=질산소다), 질산암모늄 등	질산암모늄, 질산칼륨, 요소, 인산암모늄, 과인산석회(과석), 중과인산석회(중과석) 등
염기성비료	생석회, 소석회, 석회질소, 용성인비, 탄산석회, 규산질 비료 등	칠레초석, 질산칼슘, 석회질소, 용성인비, 토마스인비, 나뭇재, 탄산석회 등

■ 비료의 성분에 따른 분류

질소질 비료	무기태질소	• 질산태질소 : 질산칼륨(초석), 질산암모늄(초안), 질산칼슘 등 • 암모늄태질소 : 황산암모늄(유안), 질산암모늄(초안) 등
	유기태질소	• 아미드태질소 : 요소 • 단백태질소 : 동식물성 재료(어비, 깻묵, 골분 등)

인산질 비료	무기태인산	• 가용성
		  – 수용성(속효성) : 과인산석회, 인산암모늄
		  – 구용성(완효성) : 용성인비
		• 불용성 : 인광석, 회분류, 골분 등

	유기태인산	• 식물성 : 쌀겨, 깻묵 등 • 동물성 : 골분, 어분 등
칼륨질 비료	무기태칼륨	탄산칼륨, 황산칼륨, 염화칼륨, 질산칼륨 등
	유기태칼륨	쌀겨, 녹비, 퇴비 등이
칼슘질 비료		생석회, 소석회, 탄산석회, 석회석 분말 등
규산질 비료		규산석회질 비료, 규산고토질 비료, 수용성규산비료 등

■ 질산칼륨(KNO_3)

암모늄태질소비료를 석회 물질과 혼용하면 비료성분의 손실이 발생하므로 혼용하여도 문제가 없는 질산태질소 비료를 이용한다.

■ 질산나트륨($NaNO_3$, 칠레초석)

토양구조의 안정도를 감소시켜 입단의 붕괴를 촉진한다.

■ 질소질 비료(질소함량)

• 요소[$CO(NH_2)_2$, 46%]

• 질산암모늄(초안, 35%), 염화암모늄(25%), 황산암모늄(유안, 21%)

■ 인산

쌀겨의 성분함량 중 가장 많다.

■ 과인산석회[$CaH_4(PO_4)_2$]

인광석의 미세분말을 황산으로 처리하여 제조한 인산질 화학비료이다.

■ 탄산석회(CaCO₃)

소석회가 공기중 CO_2를 흡수하면 탄산석회(탄산칼슘)가 되며, 석회석의 주성분이다.

■ 염화칼륨(KCl)

화학적 반응은 중성비료이지만, 토양 중 칼륨이 흡수되고 염소가 잔류하여 생리적 산성비료이다.

■ 비료의 배합이 유리한 경우

- 어박, 깻묵류 + 회(灰)류 : 회류 중 탄산칼륨에 의해 유지(油脂)가 분해되어 비효 증진
- 퇴비, 인분, 잠박(부숙) + 과인산석회 : 과인산석회의 인산1칼슘과 황산칼슘의 작용에 의해 암모늄태질소의 휘산 방지
- 골분, 인광 + 퇴비혼합 : 불용성인산이 가용성으로 변함
- 황산암모늄 + 칠레초석, 질산칼륨, 질산석회 : 조해성 감소
- 부숙인분 + 과인산석회 + 황산칼륨 : 배합하면 중성반응을 나타냄

■ 비료의 배합이 불리한 경우

- 암모늄태질소, 황산암모늄 + 석회 → 암모니아 가스로 휘발
- 과인산석회, 중과인산석회, 토머스인비(가용성 인산비료) + 석회질소(칼슘) → 불용성인 인산3칼슘으로 변화

■ 시비효과에 영향을 주는 요인

- 토양적인 요인 : 물리화학적 성질과 비옥도
- 기상적인 요인 : 기온, 일조량, 강수량, 풍속 등
- 작물적 요인 : 작물의 종류/계통(품종) 등의 양분요구 특성
- 비료적 요인 : 비종, 제형 등 양분의 용해 특성, 용해 속도 등

■ 시비량 결정 방법

경험적 방법, 대표토양에 대한 적량시험에 의한 방법, 작물체분석에 의한 흡수량 방법 등

■ 질소이용효율(%) $= \dfrac{\text{비료 처리구 회수량} - \text{무시비구 회수량}}{\text{시비한 질소량}} \times 100$

| 토양관리

■ **논토양의 특성**

- 평탄지, 곡간지에 주로 분포하며, 산성암인 화강암류가 많아 산성토양이 많다.
- 논토양은 무기양분의 천연공급량이 많다.
- 토양 중에서 유기물의 분해는 촉진되나 집적량은 적어서 유기물 함량이 낮은 척박한 토양이 대부분이다.
- 담수기간이 길어지면 토양 내 산소 공급이 부족해지고, 환원상태가 형성되어 청회색을 띠는 토양층(글레이층)이 형성된다.
- 담수 후 대부분의 논토양은 중성으로 변하고, 인산의 유효도가 증가한다.

■ **우리나라 밭토양의 특성**

- 주로 곡간지 및 산록지와 같은 경사지에 분포한다.
- 세립질(식토, 식양토) 토양이 약 48%로 투수성이 불량한 곳이 많다.
- 저위생산성인 토양이 많고, 화학성이 불량하다.
- 양분의 천연공급이 없고, 유기물 분해가 빠르다.
- 보통밭(식양토, 양토, 사양토), 사질밭(모래·자갈 많음), 미숙밭(토심 얕음), 중점밭(점토함량 높음), 고원밭(산지, 토심 얕음), 화산회밭(제주·울릉도, 화산회 기원) 등으로 구분된다.

■ **밭토양의 양분불균형을 초래하게 된 원인**

- 사용되지 않은 양분의 탈취량 증가
- 3요소 복합비료에 편중된 시비
- 3요소 이외의 필요양분의 공급 미흡

■ **밭토양의 유형별 개량 방법**

구분	심경	객토	배수	유기물	석회	인산	비고
보통밭	○	–	–	○	○	–	심경 시에 석회, 인산시용량 결정
중점밭	○	–	○	○	○	○	심토파쇄로 지하배수, 암거설치, 석회분시
사질밭	–	○	–	○	○	–	객토량 및 석회과용에 주의
미숙밭	○	–	–	○	○	○	Mg시용
화산회밭	–	–	–	○	○	○	인산질 비료는 퇴비와 혼용, Mg시용
시설원예지	○	○	○	○	○	–	pH, EC검정, 윤작, 토양검정에 따라 P, K 감비

■ 논밭토양에서 주요 원소의 형태

구분	논(환원)상태	밭(산화)상태
탄소(C)	CO, CH_4	CO_2
질소(N)	NH_4^+, N_2	NO_3^-
망간(Mn)	Mn^{2+}	Mn^{3+}, Mn^{4+}
철(Fe)	Fe^{2+}	Fe^{3+}
황(S)	H_2S, S^{2-}	SO_4^{2-}

■ 논토양의 토층분화

- 산화층 : 담수층 아래의 토양표층은 물에 닿아 있어 산소함량이 비교적 높고, 호기성미생물의 활동이 활발하며, 산화제2철(Fe_2O_3)로 인해 적갈색을 띤다.
- 환원층 : 산화층 아래의 작토층으로 산소 공급이 제한되고, 혐기성 미생물의 활동으로 유기물이 분해되면서 산소를 소비해 환원상태가 되며, 산화제1철(FeO)로 인해 청회색을 띤다.

■ 논토양의 질소비료 심층시비 효과

암모니아태질소비료를 논토양에 심층시비하면 비료의 암모니아 휘산 및 탈질에 의한 손실을 줄이고, 뿌리 근처에서 오랫동안 질소를 공급할 수 있어 질소의 이용효율과 벼의 수량이 크게 증가한다.

■ 논토양의 지력 증진 방안

심경, 객토, 유기물 시용, 규산질 비료 및 아연, 석고 시용

■ 누수답(사력질답)

- 투수가 심하여 수온·지온이 낮고, 한해를 입기 쉬우며, 양분의 함량이 적고 보유력이 낮아서 토양이 척박하다.
- 개량방법 : 우량한 점토를 객토하고 유기물 증시하여 토양의 입단화를 촉진시켜준다.

■ 습답의 개량 방법

- 암거배수나 명거배수를 하여 투수를 좋게 한다.
- 유해물질을 제거한다.
- 양질의 점토함량이 많은 질흙을 객토한다.
- 석회·규산석회 등을 주어서 산성의 중화와 부족 성분을 보급하고, 이랑재배를 하며, 질소의 시용량을 줄인다.

■ 노후답의 개량 방법

객토, 심경, 함철자재 사용, 규산질 비료 사용

■ 노후답의 재배대책

• 저항성 품종재배
• 조기재배
• 시비법 개선 : 무황산근 비료시용, 덧거름 중점 시비, 엽면시비
• 재배법 개선 : 직파재배, 휴립재배, 답전윤환

■ 특이산성토양

• 주로 강 하류의 배수가 불량한 지역에서 황화합물(황철석, FeS_2 등)이 많이 축적된 퇴적물을 모재로 하여 생성된 토양으로, 유기물과 황의 함량이 높고 석회(Ca) 성분이 적다.
• pH가 3.5 이하로 매우 강산성이기 때문에 미생물의 활동이 극히 저하되어 유기물의 분해가 매우 느리다.

■ 추락현상

벼의 생육의 전반기에는 생육이 왕성하거나 건전했던 것이 생육 후반기에 접어들면서 점차로 생육이 빈약해져서 출수 전후에 하엽이 고사하고 잎과 이삭이 추락하게 되어 생육 초기에 예상한 것만큼 가을에 수량을 올릴 수 없는 현상

■ 염해지 토양의 특성

• 나트륨(Na), 염소(Cl), 마그네슘(Mg) 등의 염류 함량이 매우 높다.
• NaCl, $MgCl_2$ 등 염류가 집적되어 있어 전기전도도(EC)가 높다.
• 석회 함량은 일반 경작지보다 적어 토양 개량을 위해 추가적으로 석회를 투입하기도 한다.
• 염생식물 외에는 식물 성장이 어려워 유기물 공급원이 부족하기 때문에 유기물 함량이 적다.

■ 염해지 토양의 개량 방법

• 담수 제염
• 배수시설(명거배수 또는 암거배수) 설치
• 심경 및 심토 파쇄
• 토양개량제[퇴비, 유기물, 제올라이트 등] 시용
• 내염성 작물 재배

■ 시설재배 토양에서 염류농도를 감소시키는 방법

- 담수 제염
- 심경 및 심토 파쇄
- 제염작물(윤작) 재배
- 고탄소 유기물 시용(볏짚, 고탄소 유기물, 왕겨, 부엽, 목탄 등을 시용)
- 객토 및 암거배수에 의한 토양개량
- 비료의 합리적 선택과 균형시비

■ 간척지답

염화나트륨으로 염농도가 0.1% 이상이면 염해의 우려가 있고, 벼재배 토양 한계염분농도는 0.3% 이하이다.

■ 토양 중 주요 원소의 유실순서

- 밭토양과 삼림지 : $Na > Ca$, Mg, $K > SiO_2 > Al_2O_3$, $Fe_2O_3 > Ti$
- 논토양(건답) : $Na > Ca$, Mg, $K > Mn$, Fe, $SiO_2 > Al_2O_3 > Ti$

■ 내염재배

- 환수(換水)
- 석회, 규산석회, 규회석을 시용하고, 황산근을 가진 비료를 시용하지 않음
- 내염성 품종의 선택
- 조기재배·휴립재배

■ 토양오염의 원인 물질

구분	분류	오염물질
점오염원	• 지하저장탱크 • 유기폐기물처리장 • 일반폐기물처리장 • 지표저류시설 • 정화조 • 부적절한 관정	• BTEX, LNAPL, DNAPL • 유기화학물질, 중금속 • 유기물, TCE, PCE • 암모니아성 질소, 박테리아
비점오염원	• 농약과 비료 • 산성비	• 질산염 • 알루미늄 등

■ 화학합성비료의 다량시용에 따른 피해

- 생태계로의 유출 양분 증가
- 특정양분의 토양 고정 증가
- 염류집적의 피해 증가
- 식물 생리적 피해 증가

■ 구리(Cu)

- 돼지 사료 첨가제로 사용되는 경우가 많아 돈분뇨에 축적될 수 있다.
- 액비화 과정을 거쳐 토양에 시용될 때 그 함량이 높아져 토양 오염의 원인이 될 수 있다.

■ 수은(Ag)

먹이연쇄에 따라 인체에 축적되면 미나마타병을 유발하는 중금속

■ 카드뮴(Cd)

광산폐수에 용출되며 인체에 침입하여 골다공증을 일으키는 중금속

■ 토양오염우려기준(토양환경보전법 시행규칙 [별표 3])

(단위 : mg/kg)

구분	1지역	2지역	2지역
카드뮴	4	10	60
수은	4	10	20
6가크로뮴	5	15	40
아연	300	600	2,000

■ 토양오염조사

- 1단계(기초조사) : 자료조사, 방문조사 및 청취조사 → 평가의견 → 보고서 작성
- 2단계(정밀조사) : 조사계획 수립 → 조사활동 → 평가 → 조사결과 해석 → 최종보고서 작성

■ 토양침식의 종류

- 수식(水蝕, water erosion) : 물에 의한 침식작용으로 빗물에 의한 우식과 흐르는 물에 의한 유수침식이 있다.
- 풍식(風蝕, wind erosion) : 바람에 의해 암석이나 토양이 깎여나가거나 운반되는 침식작용이다.
- 빙식(氷蝕, glacial erosion) : 빙하의 움직임에 의해 암석이나 지형이 깎여나가거나 변형되는 침식작용이다.

■ 수식의 기구

- 우적침식(입단파괴침식) : 강한 비가 내릴 때 빗방울의 타격으로 토양입단이 파괴되고 공극을 메우면 투수력이 감소되어 투수되지 못한 빗물이 지표로 유출되어 침식을 가속시키는 것

- 표면침식(비옥도침식) : 흐르는 물에 의해 토양표면이 침식될 때 토양 내 양분과 가용성 염류, 유기물 등이 함께 손실되는 침식

- 면상침식(평면침식) : 강우로 인해 토층이 포화상태가 되고 경사지 전면에 평면적으로 고르게 나타나는 침식

- 세류침식(우곡침식) : 빗물이 지형을 따라 흘러 작은 도랑을 만들며 침식하며, 비가 올 때만 물이 흐르는 작은 골짜기가 되는 형태

- 계곡침식(구상침식) : 세류침식이 지속되어 골의 깊이와 폭이 커져 큰 개울을 형성하거나 지형을 변화시키는 침식으로 수식 중 침식 정도가 가장 큼

■ 수식에 의한 토양유실량 예측공식(USLE)

$$A = R \times K \times LS \times P \times C$$

여기서, A : 토양유실량

R : 강우침식능인자(강우의 낙하에너지와 유거수의 양, 속도에 따라 결정)

K : 토양침식성인자(토양조직, 토양구조, 유기물 함량, 투수성 등)

L : 경사장

S : 경사도

P : 침식조절관행인자

C : 토양피복과 관련한 작부인자

■ 풍식에 의한 토양입자의 이동

- 약동(躍動, saltation) : 대개 바람에 의하여 지름 0.1~0.5mm의 토양입자가 지표면에서 30cm 이하의 높이로 비교적 짧은 거리를 구르거나 튀는 모양으로 이동하는 것

- 포행(匍行, soil creep) : 토양입자가 토양표면을 구르거나 미끄러지며 이동하는 것

- 부유(浮遊, suspension) : 모래 크기 이하의 입자가 공중에 떠서 토양표면과 평행하게 멀리 이동하는 것

※ 이동량 : 약동(50~90%) > 부유(15~40%) > 포행(5~25%)

■ 토양침식의 방지 대책

- 식물피복 유지 : 초생재배, 피복재배
- 토양구조 개선 : 유기물 첨가, 최소경운
- 지형 및 물관리 : 등고선 경작, 계단식 경작, 배수로 설치
- 기타 : 멀칭, 옹벽 설치 등

■ **풍식의 대책**
  • 방풍림, 방풍울타리 설치
  • 피복작물을 재배하여 토사의 이동을 방지
  • 토양 개량
  • 관개를 하여 토양이 젖어 있게 한다(비산 방지).
  • 이랑을 풍향과 직각으로 낸다.
  • 토양 진압

■ **토양유기물의 유실이 가장 적은 토양**
  지하수위가 높고, 배수가 불량한 토양은 통기가 잘 되지 않아 토양유기물이 잘 분해되지 않는다.

CHAPTER 03 유기농업개론

유기농업 개요

■ 유기농업의 배경

- 관행농업의 한계와 문제점 인식 : 환경오염, 유전적 다양성 감소 등
- 국제적·사회적 변화 : 기후변화와 환경규제, 소비자 인식 변화 등
- 생태계 순환과 지속가능성 강조
- 건강한 먹거리와 환경보호에 대한 사회적 요구
- 지속가능한 농업의 실현

■ 유기농업의 의의

- 국민보건 증진에 기여
- 생산의 안정화
- 경쟁력 강화에 기여
- 환경보전에 기여

■ 찰스다윈(C. Darwin)

「부엽토와 지렁이」에서 지렁이가 토양의 비옥도 유지와 자연 생태계에서 차지하는 중요성을 과학적으로 밝혔다. '만일 지렁이가 없다면 식물은 죽어 사라질 것'이라고 주장하며 유기농법의 이론적 근거를 최초로 제공하였다.

■ 러셀(E. J. Russel)

토양 중의 지렁이의 수와 유기물 시용량과의 사이에는 높은 상관관계가 있다고 발표하였다.

■ 하워드(A. G. Howard)

「농업성전」에서 화학비료와 농약으로 농작물 보호에는 성공할 수 있으나 식품을 먹는 인간에게는 해를 준다는 점에서는 비과학적이고 불완전하다고 주장하였다.

■ **루돌프슈타이너(Rudolf Steiner)**

독일과 스위스의 생명동태농법(Biodynamic agriculture)을 처음 주창하였으며, 유기농장을 살아 있는 유기체로 인식하고 동태적 힘은 생명동태제재에 의해 더욱 고양된다고 보았다.

■ **한스뮐러(Hans Müller)**

독일과 스위스의 유기농업운동을 주도적으로 이끌고 있는 인물로, 생명동태농법의 영향을 일부 받아 1950년대에 유기농법을 창안하였다.

■ **국내 유기농업의 현황**
- 1991년 농림수산식품부 유기농업발전기획단 설치
- 1994년 농림축산식품부 환경농업과 부서 설치
- 1997년 친환경농업육성법 제정
- 1998년 친환경농업 원년 선포
- 1999년 친환경농업 직접지불제 도입
- 2001년 친환경농업육성 5개년 계획 수립
- 2001년 친환경농업육성법에 따라 유기농산물 인증 부여

■ **CSA(Community Supported Agriculture, 지역공동체지원농업)**

미국의 소규모 유기농가들이 대규모 유기농가와의 경쟁에서 벗어나기 위해 전국시장이 아닌 농장 인근 지역에만 유기농산물을 공급하며 신선함과 품질, 생산자와 소비자의 신뢰를 강조하는 운동

■ **IFOAM(International Federation of Organic Agriculture Movements, 국제유기농업운동연맹)**

지구의 환경을 보전하고 인류의 건강을 지키기 위하여 시작된 유기농업이 전 세계로 확산되면서 1972년 창설되었다.

■ **IFOAM의 유기농업 4원칙**
- 건강의 원칙 : 유기농업은 지속적이어야 하고 토양, 식물, 동물, 인간과 지구는 결코 분리될 수 없는 하나로 이들의 건강을 증진시켜야 한다.
- 생태의 원칙 : 살아있는 생태계와 생태 순환에 기반하여 생태계와 조화를 이루고 유지해야 합니다.
- 공정의 원칙 : 공동의 환경과 삶의 기회를 고려하여 공정성을 보장하는 관계를 기반으로 해야 한다.
- 배려의 원칙 : 조심스럽고 책임지는 방식으로 현재와 미래 세대 그리고 환경의 건강과 참살이를 보호할 수 있도록 운영되어야 한다.

■ CODEX(Codex alimentarius commiwssion, 국제식품규격위원회)

- 유엔식량농업기구(FAO)와 세계보건기구(WHO) 합동식품규격사업단에서 설립하였다.
- 소비자의 건강을 보호하고 식품 무역에서의 공정한 거래 관행 확보를 목적으로 하고 있다.
- 유기농산물을 비롯한 유기식품의 생산과 가공, 저장, 운송, 판매 등에 관한 국제기준을 제정한다.

■ 친환경농업

농약 등 화학자재의 사용을 최소화하고 농림축산업부산물의 재활용을 통하여 농업생태계와 환경을 보전하며 안전한 농산물을 생산하는 농업 방식이다.

■ 자연농업(natural farming)

자연의 순환 원리에 따라, 인위적 개입과 화학자재(비료, 농약 등)를 최소화하고 토착 미생물과 천연자재를 활용하는 농업방식이다.

■ 생태농업(precision farming)

생태학적 원리(양분 순환, 토양 재생 등)를 적용해, 자연 생태계와 조화를 이루며 지속 가능한 농업을 실현하는 방식이다.

■ 정밀농업(ecological farming)

정보통신기술(ICT) 등을 활용하여 각 위치마다 작물의 생육환경을 정밀하게 관리하고 생산성을 높이는 농업방식이다.

■ 관행농업

화학비료와 농약을 사용하고, 고도의 기계화를 통해 농산물을 생산하는 일반적인 농업 방식이다.

■ 화학합성농약으로 병해충을 제거할 수 없는 3대 문제점(3R)

- 저항성 증대(Resistance)
- 잔류독성피해(Residue)
- 격발현상(Resurgence) : 병해충이 일시에 폭발적으로 발생하는 현상

■ 친환경농업의 목적

- 환경보전을 통한 지속적 농업의 발전
- 안전한 농산물을 요구하는 국민의 기대에 부응
- 친환경농업을 통한 경관보전
- 농업 생산의 경제성 확보

■ 퇴비화 과정

발열단계	• 박테리아에 의하여 유기물 분해가 시작되어 온도가 상승 • 분해과정의 대부분으로 고온(약 60~70℃)에 의해 잡초종자와 병원균이 사멸 • 수분 요구량이 높음
감열단계	• 유기물 분해가 어느 정도 진행되면 온도는 서서히 낮아져 25~45℃ 유지 • 줄기, 섬유질, 목질부와 같은 분해되기 어려운 물질들의 분해가 시작된다.
숙성단계	• 무기물, 부식산, 항생물질로 구성, 붉은두엄벌레 등의 토양생물 서식 • 장기간 숙성 시 적은 양의 수분을 요구 • 부숙이 진행됨에 따라 퇴비 고유의 냄새가 남 • 퇴비화가 완료되면 퇴비는 처음 부피의 반으로 줄어들고 어두운 빛깔(암갈색 또는 흑갈색)을 띔

■ 퇴비화의 조건

영양(C/N율 30~35 정도), 초기 수분함량 50~60%, 온도 45~65℃, 산소, pH 6.5~8.0, 시간 등

■ 퇴비의 품질 평가 방법

• 기계적 방법 : 콤백(CoMMe-100) 측정법, 솔비타(solvita) 측정법
• 화학적 방법 : 탄질률 측정, pH측정, 질산태질소 측정
• 생물학적 방법 : 발아시험법, 지렁이독성시험법, 유식물시험법
• 물리적 방법 : 온도측정법, 돈모장력법
• 관능검사법 : 관능검사(색깔·형상, 냄새, 수분·촉감 등)

■ 양질의 퇴비 판정(관능검사)

• 색깔 : 흑갈색~흑색에 가까울수록 좋은 것으로 본다.
• 형상 : 원료의 형태 구분이 어렵고 잘 부스러진다.
• 냄새 : 악취가 사라지거나 퇴비 고유의 향긋한 냄새가 난다.
• 수분 : 손으로 움켜쥐면 손가락 사이로 물기가 스미지 않고, 부스러기가 털어질 정도이다.

■ 지력(地力)

작물의 생산력을 지배하는 토양의 물리적·화학적·생물학적 조건을 말한다.

■ 지력배양 방법

유기물의 투입과 퇴비 활용, 작물윤작, 피복작물 재배, 토양 통기와 물리성 개선, 미생물 활성화, 토양양분의 균형적 관리, 작물잔재와 축산분뇨의 재활용, 가축의 순환방목, 재생 불가능한 자원 최소화

■ 객토량(톤/10a) = $\dfrac{(개량목표\ 점토함량 - 대상지\ 점토함량) \times 개량목표\ 깊이}{객토원\ 점토함량 - 대상지\ 점토함량} \times 1.2 \times 10$

■ 녹비작물의 종류

- 화본과 : 호밀, 녹비보리, 풋베기귀리, 수수, 옥수수, 들묵새 등
- 두과 : 헤어리베치, 자운영, 클로버류, 알팔파, 버즈풋트레포일, 클로탈라리아, 루피너스 등
- 기타 : 파셀리아, 황화초, 유채, 메밀, 해바라기, 코스모스 등

■ 유기농어업자재

유기농수산물을 생산, 제조·가공 또는 취급하는 과정에서 사용할 수 있는 허용물질을 원료 또는 재료로 하여 만든 제품을 말한다.

■ 피레트린(pyrethrin)

국화과에 다년생 식물인 제충국에서 추출할 수 있는 천연유기합성물로 살충 성분이 있어 천연살충제로 이용되며, 인체와 가축에는 독성이 없어 안전하게 이용할 수 있다.

■ 유기농산물 및 유기임산물에 사용 가능한 물질(친환경농어업법 시행규칙 [별표 1])

구분	사용 가능 물질
토양개량과 작물생육을 위해 사용 가능한 물질	농장 및 가금류의 퇴구비, 퇴비화된 가축배설물, 건조된 농장 퇴구비 및 탈수한 가금류의 퇴구비, 가축분뇨를 발효시킨 액상의 물질, 식물 또는 식물 잔류물로 만든 퇴비, 버섯재배 및 지렁이 양식에서 생긴 퇴비, 지렁이 또는 곤충으로부터 온 부식토, 식품 및 섬유공장의 유기적 부산물, 유기농장 부산물로 만든 비료, 혈분·육분·골분·깃털분 등 도축장과 수산물 가공공장에서 나온 동물부산물, 대두박, 쌀겨 유박, 깻묵 등 식물성 유박류, 제당산업의 부산물(당밀, 비나스, 식품등급의 설탕, 포도당을 포함), 유기농업에서 유래한 재료를 가공하는 산업의 부산물, 오줌, 사람의 배설물(오줌만인 경우는 제외), 벌레 등 자연적으로 생긴 유기체, 구아노, 짚, 왕겨, 쌀겨 및 산야초, 톱밥, 나무껍질 및 목재 부스러기, 나무 숯 및 나뭇재, 황산칼슘, 랑베나이트(해수의 증발로 생성된 암염) 또는 광물염, 석회소다 염화물, 석회질 마그네슘 암석, 마그네슘 암석, 사리염(황산마그네슘) 및 천연석고(황산칼슘), 석회석 등 자연에서 유래한 탄산칼슘, 점토광물(벤토나이트·펄라이트·제올라이트·일라이트 등), 질석, 붕소·철·망가니즈·구리·몰리브덴 및 아연 등 미량원소, 칼륨암석 및 채굴된 칼륨염, 천연 인광석 및 인산알루미늄칼슘, 자연암석분말·분쇄석 또는 그 용액, 광물을 제련하고 남은 찌꺼기, 염화나트륨(소금) 및 해수, 목초액, 키토산, 미생물 및 미생물 추출물, 이탄, 토탄, 토탄 추출물, 해조류, 해조류 추출물, 해조류 퇴적물, 황, 주정 찌꺼기 및 그 추출물(암모니아 주정 찌꺼기는 제외), 클로렐라(담수녹조) 및 그 추출물
병해충 관리를 위해 사용 가능한 물질	제충국 추출물, 데리스 추출물, 쿠아시아 추출물, 라이아니아 추출물, 님 추출물, 해수 및 천일염, 젤라틴, 난황(계란 노른자 포함), 식초 등 천연산, 누룩곰팡이속의 발효 생산물, 목초액, 담배잎차(순수 니코틴은 제외), 키토산, 밀랍 및 프로폴리스, 동식물성 오일, 해조류·해조류가루·해조류추출액, 인지질, 카세인(유단백질), 버섯 추출액, 클로렐라(담수녹조) 및 그 추출물, 천연식물(약초 등)에서 추출한 제재(담배는 제외), 식물성 퇴비발효 추출액, 구리염, 보르도액, 수산화동, 산염화동, 부르고뉴액, 생석회(산화칼슘) 및 소석회(수산화칼슘), 석회보르도액 및 석회유황합제, 에틸렌, 규산염 및 벤토나이트, 규산나트륨, 규조토, 맥반석 등 광물질 가루, 인산철, 파라핀 오일, 중탄산나트륨 및 중탄산칼륨, 과망가니즈산칼륨, 황, 미생물 및 미생물 추출물, 천적, 성 유인물질(페로몬), 메타알데하이드, 이산화탄소 및 질소가스, 비누, 에틸알코올, 허브식물 및 기피식물, 기계유, 웅성불임곤충

■ **사료로 직접 사용되거나 배합사료의 원료로 사용 가능한 물질(친환경농어업법 시행규칙 [별표 1])**

구분	사용 가능 조건
식물성	곡류(곡물), 곡물부산물류(강피류), 박류(단백질류), 서류, 식품가공부산물류, 조류(藻類), 섬유질류, 제약부산물류, 유지류, 전분류, 콩류, 견과·종실류, 과실류, 채소류, 버섯류, 그 밖의 식물류
동물성	단백질류, 낙농가공부산물류, 곤충류, 플랑크톤류, 무기물류, 유지류
광물성	식염류, 인산염류 및 칼슘염류, 다량광물질류, 혼합광물질류

| 품종과 육종

■ **품종(品種)**

작물의 기본단위이면서 재배적 단위로, 하나의 종(種) 내에서 특정한 형질이 다른 집단과 명확히 구별되는 특성(구별성)을 가지고, 그 특성이 균일하며(균일성) 세대가 진전되어도 변하지 않는(안정성) 개체군이다.

■ **계통(系統)**

하나의 품종 내에서 특정한 형질을 보유하면서 세대를 거듭해 유지되는 개체군으로, 계통 내 개체들은 유전적으로 매우 유사하거나 동일하다.

■ **내력(유래)에 따른 품종의 분류**

재래품종(지방품종), 육성품종(개량품종), 도입품종(외래품종)

■ **우량품종의 조건**

• 우수성 : 품종이 가진 양적, 질적형질이 일반품종에 비해 우수해야 한다.
• 균일성 : 품종 고유의 특성이 고르게 발현되어야 한다.
• 영속성 : 우수한 특성과 균일성이 당대에 그치지 않고 영속적으로 이어져야 우량품종이라 할 수 있다.

※ 신품종의 구비조건 : 구별성, 균일성, 안정성

■ **저항성 품종**

• 병충해나 잡초와의 경합 등 환경 스트레스에 강한 유전적 특성을 가진 품종이다.
• 친환경재배 가능, 재배의 안전성 향상, 수량성 증대, 생산비 절감 등의 장점이 있다.
• 저항성 품종 선택 시 재배 환경 적응성, 병해충 저항성, 수확량 및 품질, 유기농업 적합성을 고려해야 한다.

■ 유기종자의 조건

- 병충해 저항성이 높은 종자
- 잡초 경합력이 높은 품종
- 1년간 유기농법으로 재배한 작물에서 채종한 종자
- 화학적 소독을 거치지 않은 종자
- 상업용 종자가 아닌 종자
- 건실하고, 오염되지 않은 고품질의 유기종자
- 유기농산물 인증기준에 맞게 생산 및 관리된 종자

■ 품종 퇴화의 원인

- 유전적 퇴화 : 자연교잡, 돌연변이, 이형종자의 혼입, 이형유전자형의 분리 등
- 생리적 퇴화 : 효소 활성 저하, 호흡 저하, 저장양분 고갈, 기후·토양·재배환경 등
- 병리적 퇴화 : 병해충 감염, 바이러스 등에 의한 종자의 퇴화(씨감자)

■ 품종 특성의 유지 방법

- 영양번식 : 특정 유전자형의 특성을 그대로 유지하는 방법으로, 품종 특성을 가장 확실하게 보존하는 방법
- 격리재배 : 서로 다른 품종의 작물이 자연적으로 교잡되는 것을 막기 위해 일정한 거리를 두고 재배하는 방법
- 종자갱신 : 퇴화를 방지하면서 채종한 새로운 종자를 농가에 보급
- 원원종재배 : 순수한 종자를 생산하고 보급하기 위한 가장 기본적인 단계로, 품종 특성을 유지하며 재배하는 것

■ 작물육종의 목표

생산성의 증대, 고품질의 생산, 생산의 안정화, 경영의 합리화, 새로운 종의 창성

■ 육종과정

육종목표 설정 → 육종재료 및 육종 방법 결정 → 변이작성 → 우량계통 육성 → 생산성 검정 → 지역적응성 검정 → 신품종 결정 및 등록 → 종자증식 → 신품종 보급

■ 자식성작물과 타식성작물

구분	자식성작물(자가수정 작물)	타식성작물(타가수정 작물)
수정 방식	동일한 개체의 화분에 의해서 수분·수정이 되는 것(자가수정)	성숙한 화분이 다른 개체의 주두로 옮겨가 수분·수정이 되는 것(타가수정)
유전적 특성	동형접합체 많음, 유전적 균일성 높음	이형접합체 많음, 유전적 다양성 높음
작물	벼, 밀, 보리, 콩, 완두, 토마토, 가지, 담배 등	옥수수, 호밀, 메밀, 딸기, 양파, 마늘, 시금치, 호프, 아스파라거스 등 ※ 타식성작물 중 자웅이주 : 시금치, 삼, 호프, 아스파라거스 등
육종 방법	순계분리(개체선발, 순계선발), 계통육종, 집단육종, 파생계통육종, 여교잡육종, 1개체1계통육종	계통분리(집단선발, 계통집단선발, 1수1렬법), 집단선발, 계통집단선발, 순환선발, 합성품종(다계교배), 잡종강세육종

■ 육종 방법

분리육종법	• 순계분리법 : 자식성 작물에 적용, 기본집단에서 우수한 개체를 선발하여 우량한 순계(동형접합체)를 가려내는 방법 • 계통분리법 : 타식성 작물에 적용, 기본집단에서 집단을 대상으로 선발을 계속하여 우수한 계통을 분리하는 육종 방법 • 영양계분리법 : 영양번식 작물이나 재래품종에서 우수한 아조변이를 선발·증식시켜 품종화하는 방법 • 1수1렬법 : 발한 개체의 종자를 각각 한 줄에 심어 후대의 성적을 평가·선발하는 방법
교잡육종법	• 계통육종법 : F_2부터 개체선발 → F_3 계통육종 • 집단육종법 : $F_2 \sim F_6$ 집단재배 → F_7 이후 개체선발 • 파생계통육종법 : $F_2 \sim F_3$ 질적형질 개체선발 → $F_4 \sim F_5$ 파생계통 집단재배 → F_6 양적형질 개체선발 • 여교배육종법 : $(A \times B) \times A$ 또는 $(A \times B) \times B \rightarrow [(A \times B) \times A] \times A$, 우량품종에 결점이 있을 때 그 결점을 보완할 수 있는 품종과 교배한 후 다시 우량품종과 반복적으로 교배하여 우량품종의 특성을 유지하면서 결점을 개선하는 방법 • 1개체1계통육종법 : $F_2 \sim F_4$ 매 세대 각 개체별 1립씩 채종하여 집단재배 → $F_5 \sim F_6$ 계통선발
잡종강세육종법	잡종강세를 이용해 수량 등 양적 형질을 개량하는 방법 • 단교잡 : $A \times B$ 또는 $B \times A$ • 복교잡 : $(A \times B) \times (C \times D)$ • 3원교잡 : $(A \times B) \times C$ • 다계교잡 : $[(A \times B) \times (C \times D) \times (E \times F) \cdots]$
배수체육종법	화학약품(콜히친, 아세나프텐 등)을 처리하여 염색체 수를 배가시켜 새로운 형질을 얻는 방법 • 동질배수체 : 같은 종의 염색체가 여러 세트 예 바나나(3배체), 감자(4배체), 고구마(6배체) • 이질배수체 : 서로 다른 종의 염색체가 결합된 배수체 예 트리티케일(밀×호밀) ※ 씨 없는 수박은 4배체×2배체 교배로 3배체(불임성) • 반수체 : 염색체가 절반인 반수체를 배가시키면 반복적인 자가수분 없이도 빠르게 순계를 만들 수 있어 육종기간을 크게 단축 가능
돌연변이육종법	방사성물질(γ선, X선, 중성자 등), 화학물질(콜히친 등) 등으로 인위적으로 돌연변이를 유발하고, 그중 유용한 변이체를 선발하는 방법

■ Hardy–Weinberg 법칙

멘델집단(이상적 집단)에서 세대를 거듭해도 대립유전자(allele)와 유전자형(genotype)의 빈도가 변하지 않고 평형상태를 유지한다는 유전학의 기본 원리이다.

■ 상인연관과 상반연관

연관에서 우성유전자(또는 열성유전자)끼리 연관되어 있는 유전자 배열을 상인이라 하고, 우성유전자와 열성유전자가 연관되어 있는 유전자 배열을 상반이라고 한다.

■ 특성검정내용

- 육종목표에 부합한 형질의 변이를 정확하고 효율적으로 선발하기 위해 특성검정의 과정을 거친다.
- 형태 및 성분분석 : 화분 및 종자검정, 초형이나 체형의 검정, 외관특성검정, 품질과 성분 등을 검정한다.
- 생리·생태적 형질검정 : 내한성, 내건성, 내병성, 내충성, 내비성 등 환경에 적응할 수 있는 생리·생태를 검정한다.
- 생산력 검정 : 예비시험과 본시험을 거쳐 품종의 생산력과 변이의 유무를 검정한다.

■ F₁ 종자의 채종

- 웅성불임성 : 양파, 고추, 당근, 파, 상추, 쑥갓, 옥수수, 벼, 밀 등
- 자가불화합성 : 무, 배추, 양배추, 순무, 브로콜리 등
- 인공교배 : 수박, 오이, 참외, 멜론, 토마토, 피망, 가지 등

■ 종자증식·보급체계

- 기본식물 : 농촌진흥청에서 개발된 신품종 종자로, 증식의 근원이 되는 종자
- 원원종 : 기본식물을 받아 도 농업기술원 원원종포장에서 생산된 종자
- 원종 : 원원종을 받아 도 농업자원관리원(원종장) 원종포장에서 생산된 종자
- 보급종 : 원종을 국립종자원에서 받아 농가에 보급하기 위해 생산된 종자
- 증식종 : 지방자치단체 등의 자체계획에 따라 원종을 증식한 종자

■ 채종

- 원원종포 : 보통재배의 50% 채종
- 원종포 : 보통재배의 80% 채종
- 채종포 : 보통재배의 경우와 같은 100% 채종

■ 종자갱신주기

- 벼, 보리, 콩 : 4년 1기
- 감자, 옥수수 : 매년

| 유기원예

■ 우리나라 원예의 경영적 특징

- 노동집약적 : 파종, 병충해 방제, 수확, 선별, 포장 등 많은 과정에서 노동 투입이 필요하다.
- 자본집약적 : 시설원예, 스마트팜, 자동화, 온실 등 첨단설비와 기술 도입에 많은 자본이 소요된다.
- 토지집약적 : 우리나라는 토지가 협소하므로 한정된 면적에서 생산성을 극대화하기 위해 토지를 집약적으로 활용한다.
- 기술집약적 : 최신품종 개발, 고품질 생산, 병해충 방제 기술, 신선도 유지, ICT 융복합 등 첨단 재배기술과 관리기술이 적용된다.

■ 윤작의 효과

- 지력유지 및 증강(질소고정, 토양구조 개선, 잔비량의 증가 등)
- 기지현상의 회피
- 병충해 및 잡초 발생의 억제
- 토양보호
- 토지이용도의 향상
- 수확량 증대
- 노력분배의 합리화
- 농업경영의 안정성 증대

■ 유기원예작물 토양관리 방법

- 토양의 물리·화학성 개선
- 유기물 관리
- 토양 미생물 활성화
- 피복작물 및 녹비작물 재배
- 적절한 경운 및 물관리
- 윤작(돌려짓기)과 혼작 및 간작
- 토양검정 및 맞춤 시비
- 토양생물 다양성 증진
- 천연자재 활용

시설원예 토양의 특성

- 염류집적 및 염류농도(EC) 상승
- 양분 불균형 및 특정 성분 결핍
- 토양전염성 병해충 및 연작장해 증가
- 토양 물리성 악화(공극률 저하, 용적밀도 증가)
- 유기물함량 감소 및 미생물 다양성 저하

시설토양의 염류집적 원인

연작, 과도한 비료와 퇴비의 반복 사용, 강우 차단 및 불량한 관배수, 시설 내부의 특수 환경

시설토양의 염류집적 해결 방법

- 미량원소 공급
- 합리적 시비(토양검증에 의한 시비)
- 담수처리 · 관수
- 객토 및 심경(깊이갈이)
- 유기물 및 미생물 활용
- 윤작, 흡비작물 · 피복작물 재배
- 토양소독 및 pH 조절

염류농도장해의 가시적 증상

- 잎에 생기가 없고, 낮에 시들었다가 저녁에 회복한다.
- 잎의 색이 진해지고 표면에 윤기가 난다.
- 잎의 가장자리가 안으로 말리며, 가장자리부터 황화(노랗게 변함)와 괴사(마름)가 시작된다.
- 뿌리털이 거의 없고 짧으며, 갈색으로 변한다.

연작 시 많이 발생하는 토양전염성 병해

- 박과 작물(수박, 오이, 참외 등) : 덩굴쪼김병
- 가지과 작물(고추, 가지, 토마토 등) : 풋마름병, 역병
- 감자 : 둘레썩음병, 더뎅이병

연작장해의 피해 정도

- 연작피해가 심한 작물 : 가지, 토마토, 고추, 오이, 수박, 토란, 인삼, 우엉 등
- 연작피해가 적은 작물 : 벼, 맥류, 옥수수, 고구마, 무, 양파, 당근, 호박, 양배추, 딸기 등

■ 연작장해 대책

- 작부체계 개선 : 윤작, 전후작, 답전윤환, 객토 및 환토 등
- 재배관리 : 피해 잔재물 처리, 작기 이동, 내병성품종 및 대목 이용, 무병묘 이용 등
- 토양관리 : 심경, 높은 이랑재배, 담수, 관개, 토양개량제(유기물, 석회), 미량원소 시용, 합리적 시비 등
- 약제 방제 : 종자·종묘소독, 토양소독, 적용약제 적기 살포 등

■ 시설재배를 위한 시설의 구비조건

- 내구성과 경제성
- 재배면적의 효율적 활용
- 기상재해에 대하 저항성
- 환경조절 능력
- 작물보호기능
- 관리의 편의성
- 에너지 효율 및 환경친화성

■ 지붕 모양에 따른 시설의 분류

- 외지붕형 온실 : 지붕이 한쪽만 있는 온실
- 양지붕형 온실 : 좌우 양쪽 지붕의 길이가 같은 온실
- 스리쿼터형(three-quarter type, 3/4형) 온실 : 양지붕형과 외지붕형의 복합 형태로, 온실의 방향은 동서 방향이 일반적이고, 남쪽 지붕의 길이가 전 지붕 길이의 3/4을 차지하며, 양쪽 지붕의 길이가 서로 달라 부등변식 온실이라고도 함
- 벤로형 온실 : 폭이 좁고 처마가 높은 양지붕형 온실을 연결한 것으로 연동형 온실의 결점을 보완한 온실

■ 시설의 구조

- 서까래 : 지붕의 하중을 받는 경사재
- 중도리 : 서까래를 받치는 수평재
- 대들보(왕도리) : 용마루에 놓이는 수평재
- 측면보(갓도리, 처마도리) : 기둥 상단을 연결하는 수평재
- 버팀대, 가새 : 기둥과 기둥 사이의 경사재로, 온실 모서리에 받는 큰 풍압을 지지하는 부재
- 기둥 : 지붕의 하중을 주로 담당하는 수직재
- 샛기둥 : 기둥과 기둥 사이의 수직재

■ 피복자재의 종류

기초 피복재	• 유리 : 판유리(투명유리), 형판유리(산광유리), 복층유리, 열선흡수(반사)유리 등 • 연질필름 : 폴리에틸렌(PE), 에틸렌아세트산비닐(EVA), 염화비닐(PVC) 등 • 경질필름 : 경질폴리염화비닐(RPVC), 경질폴리에스테르(PET), 불소수지(ETFE) 등 • 경질판 : FRP판, FRA판, MMA판, PC판 등
추가 피복재	반사필름, 부직포, 매트, 한랭사 등

■ 연질필름의 물리적 성질

- 보온성 : PVC > EVA > PE
- 광 투과율 : PE > PVC > EVA
- 먼지 부착 등 오염에 따른 투광률 유지도 : PE > EVA > PVC

■ 폴리에틸렌(PE ; polyethylene)필름

- 다른 연질필름보다 자외선과 적외선 투과율이 높고, 가시광선 투과율은 비슷하다.
- 보온성은 떨어지지만 다른 필름보다 가격이 싸기 때문에 현재 우리나라에서 가장 많이 사용되고 있다.

■ FRA판

아크릴수지의 유리섬유를 샌드위치 모양으로 넣어 가공한 판이다.

■ MMA판

- 유리섬유를 첨가하지 않은 아크릴수지 100%의 경질판이다.
- 유리와 유사한 투과성을 지니고 있으며 10년 이상 사용해도 광투과율이 크게 떨어지지 않는다.

■ 피복재의 역학적 특성

- 인장강도 : 잡아당기는 힘(인장력)에 견디는 정도
- 인열강도 : 찢어지는 힘(인열력)에 견디는 정도
- 신장률 : 힘을 받았을 때 늘어나는 정도를 백분율로 나타낸 값
- 충격강도(내충격성) : 우박, 낙하물, 강풍 등 갑작스러운 충격에 견디는 힘
- 굴곡강도 : 피복재가 휘어질 때 버티는 힘
- 경도 : 피복재 표면이 긁힘이나 마모에 견디는 정도
- 열팽창계수 : 온도 변화에 따라 피복재가 팽창하거나 수축하는 정도

■ **피복자재의 구비조건**

- 광 투과율이 높아야 한다.
- 열전도율이 낮아야 한다.
- 보온성과 내구성이 좋아야 한다.
- 팽창과 수축력이 작아야 한다.
- 외부 충격에 강해야 한다.
- 가격이 저렴해야 한다.

■ **펠릿하우스(pellet house)**

발포폴리스티렌립(스타이로폼펠릿)을 활용해 보온성을 높이고 내부 온도를 안정적으로 유지하는 스마트팜형 온실 시설로, 온실 내부 온도를 외부보다 15~20℃ 정도 높게 유지할 수 있다.

■ **시설의 온도관리**

낮에는 작물의 광합성 및 생육이 활발하게 이루어지므로 적정생육온도에 맞추어 높게 유지하고, 밤에는 온도를 낮게 관리해 작물의 호흡량을 줄여 과도한 양분 소모를 방지한다.

■ **동상해의 재배적 대책**

- 내동성 작물과 품종을 선택한다.
- 입지조건을 개선한다(방풍시설 설치, 토질의 개선, 배수 철저 등).
- 냉해나 동해가 없는 지역을 선정하고, 적기에 파종한다.
- 한지(寒地)에서 맥류의 파종량을 늘린다.
- 채소류, 화훼류 등은 보온재배한다.
- 맥류는 월동 전 답압을 실시하고, 이랑을 세워 뿌림골을 깊게 한다(고휴구파).
- 맥류의 경우 칼리질 비료를 증시하고, 퇴비를 종자 위에 준다.

■ **밭작물의 한해(旱害) 재배대책**

- 뿌림골을 낮게 한다.
- 뿌림골을 좁히거나 재식밀도를 성기게 한다.
- 질소의 다용을 피하고, 퇴비·인산·칼륨을 증시한다.
- 봄철 보리나 밀밭이 건조할 때 답압을 한다.

- **고온장해**
  - 광합성보다 호흡작용 우세
  - 유기물의 과잉 소모 및 당분의 감소
  - 질소대사의 이상(단백질의 합성 저해 및 암모니아의 축적)
  - 철분의 침전으로 황백화현상 발생
  - 증산 과다로 위조 유발

- **고립상태에서의 광포화점**

작물	광포화점	작물	광포화점
음생식물	10% 정도	벼, 목화	40~50%
구약나물	25% 정도	밀, 알팔파	50% 정도
콩	20~23%	고구마, 사탕무, 무, 사과나무	40~60%
감자, 담배, 강낭콩, 보리, 귀리	30% 정도	옥수수	80~100%

- **보광시설의 종류**
  - 백열등 : 전류가 텅스텐 필라멘트를 가열할 때 발생하는 빛을 이용하는 등
  - 형광등 : 유리관 속에 수은과 아르곤을 넣고 안쪽 벽에 형광 물질을 바른 전등
  - 수은등 : 고압의 수은 증기 속의 아크방전에 의해서 빛을 내는 전등
  - 메탈할라이드등 : 각종 금속용화물이 증기압 중에 방전함으로써 금속 특유의 발광을 나타내는 현상을 이용한 등
  - 나트륨등 : 나트륨 증기 속에서 아크방전에 의해 방사되는 빛을 이용한 등
  - LED등 : 반도체의 양극에 전압을 가해 식물생육에 필요한 특수한 파장의 단색광만을 방출하는 인공광원

- **관개 방법**

지표관개	토양의 지표면에 물을 직접 공급하여 물이 중력에 의해 자연스럽게 퍼지며 토양에 스며들도록 하는 관개 방법 • 전면관개 　- 일류관개 : 등고선을 따라 수로를 내고 물을 흘려 대는 방법 　- 보더관개 : 완경사의 포장을 알맞게 구획하고 전체 표면에 물을 흘려 펼쳐서 대는 방법 　- 수반법 : 포장을 수평으로 구획하여 물을 흘려 대는 방법 • 고랑관개 : 이랑을 세우고 고랑에 물을 흘려서 대는 방법
살수관개	• 스프링클러나 작은 구멍이 뚫린 파이프 등을 이용해, 물을 공중에서 빗방울이나 안개 형태로 분사하여 작물과 토양에 공급하는 관개 방식 • 스프링클러 관개, 다공관관개
지하관개	지표면 아래에 설치한 관이나 암거(暗渠)를 통해 작물의 뿌리 근권에 직접 물을 공급하는 관개 방식 • 개거법 : 개방된 수로에 투수하는 방법 • 암거법 : 지하에 관을 배치하여 통수하는 방법 • 압입법 : 뿌리 깊은 과수 주변에 구멍을 뚫고 주입하는 방법

■ 시설토양의 관수 방법

- 살수관수
  - 소형노즐 살수법 : 염화비닐관에 일정 간격으로 소형노즐을 부착하고 압력을 가해 살수하는 방법
  - 다공튜브 살수법 : 두께가 얇은 염화비닐관에 분출구멍을 2열 병렬로 뚫어 사용하는 방법
- 점적관수 : 일정 간격으로 설치한 미세한 구멍 또는 가는 튜브의 선단으로부터 소량씩 지표면 또는 지중에 물방울을 낙하시켜 관수하는 방법
- 지중관수 : 다공질 관을 10~15cm 정도 깊이의 지중에 매설하여 토양수의 모세관현상을 이용하는 방식으로 항상 일정한 수분을 근군역에 공급할 수 있는 방식
- 저면관수 : 정식된 화분(pot)의 저면(바닥면)으로부터 수분을 흡수시키는 방식으로, 베드상에 모래나 부직포 등을 부설하고 여기에 물을 흘려주면 시트나 화분 속 배양토의 모세관 흡수에 의해 작물의 뿌리에 수분을 공급해 주는 방법

■ 대기와 토양공기 조성의 차이

구분	질소	산소	이산화탄소
대기	78%	21%	0.03%
토양공기	75~80%	15~20%	0.1~10%

■ 시설 내 이산화탄소 환경

- 낮에는 작물의 광합성이 시작되어 이산화탄소를 흡수하므로 시설 내 이산화탄소 농도는 급격히 감소한다.
- 밤에는 광합성이 일어나지 않고 작물과 토양미생물의 호흡으로 이산화탄소가 계속 방출되어 시설 외부보다 농도가 상승한다.
- 이산화탄소의 농도 분포는 시설 내에서도 잎의 분포, 환기 상태, 공기 흐름 등에 따라 차이가 있다.

■ 작물의 재배에 적합한 토성의 범위

- 콩, 팥 : 사토~식토
- 메밀, 옥수수 : 사양토~식양토
- 아마, 담배 : 사양토~양토
- 알팔파, 티머시 : 양토~식토
- 밀 : 식양토~식토

■ 수경재배의 특징

- 자원 절약 및 환경 보존
- 근권환경 관리 용이
- 재배 관리의 생력화 및 자동화 편리
- 공간활용 효율성
- 빠른생장과 고수확

■ 수경재배의 분류

비고형 배지경 (순수수경)	기상배지경	• 분무경(공기경) : 식물의 뿌리를 광이 차단된 베드내 공중에 매달아 공기 중에 노출된 뿌리에 양액 미립자를 간헐적으로 분무하여 재배 • 분무수경(수기경) : 식물의 뿌리에 양액을 분무함과 동시에 뿌리의 일부를 양액에 담가 재배
	액상배지경	• 담액수경(DFT ; deep flow technique) : 재배 컨테이너에 일정량의 배양액을 채워 두고 간헐적으로 배양액 통으로 강제 순환시켜 물과 양분뿐만 아니라 산소를 작물 뿌리에 공급하는 방식 • 순환형 　- 환류식 : 양액을 탱크와 베드 사이에서 계속 환류시켜 재배하는 방식 　- 박막수경(NFT ; nutrient film technique) : 경사진 재배 베드에 양액을 조금씩 흘러내리게 하고 그 위에 뿌리가 닿도록 하여 재배하는 방식
고형배지경	무기배지경	사경(모래), 역경(자갈), 암면경, 펄라이트경 등
	유기배지경	훈탄경, 코코넛코이어경 또는 코코피트경, 피트 등

■ 식물병의 종류와 감염 방법

병원균	병의 종류	감염 방법
선충(nematodes)	뿌리혹선충, 시스트선충, 줄기구근선충, 벼이삭선충 등	감염된 흙이나 감염된 묘목
사상균(곰팡이, fungi)	탄저병, 노균병, 흰가루병, 잿빛곰팡이병, 도열병, 잎집무늬마름병 등	포자, 균사, 균핵의 형태로 물, 바람에 의하여 이동되며 식물체를 뚫고 직접 침입
세균(bacteria),	무름병, 점무늬병, 잎마름병, 시들음병, 둘레썩음병, 세균성흑성병 등	상처나 기공을 통해 침입
파이토플라스마(phytoplasma)	대추나무, 오동나무의 빗자루병	접목, 매개곤충 등
바이러스(virus), 바이로이드(viroid)	오갈병, 줄무늬잎마름병, 모자이크병, 갈쭉병(바이로이드)	종자, 접목, 매개곤충 등

■ 매개곤충별 병해

병해	매개곤충
벼 오갈병	오갈병 끝동매미충, 번개매미충 등
뽕나무 오갈병	마름무늬매미충
벼 줄무늬잎마름병	애멸구
콩 모자이크병	콩진딧물, 목화진딧물, 복숭아혹진딧물 등
감자 모자이크병	목화진딧물, 복숭아혹진딧물 등
오이 모자이크병	목화진딧물, 복숭아혹진딧물 등
복숭아 잎말림병	복숭아혹진딧물

■ 유기농업에서 병해충 제어를 위해 4단계 방어선

- 1차 방어선 : 유기종자의 파종과 윤작
- 2차 방어선 : 최적시비와 생태계의 섬(완충지대)조성
- 3차 방어선 : 기계적 수단과 동물제초
- 4차 방어선 : 허용자재 사용

■ 완충지대(buffer zone)

- 천적의 번식 및 활동이 가능한 지대
- 다양한 식물의 생육이 가능한 지대
- 생물종의 다양성이 유지되는 지대

■ 유기농업의 병충해 방제 방법

- 경종적 방제 : 토지 선정, 품종의 선택, 종자의 선택, 윤작, 재배양식의 변경, 혼식, 생육시기의 조절, 시비법의 개선, 정결한 관리, 수확물의 건조, 중간기주식물 제거 등
- 물리적 방제 : 봉지 씌우기, 유아등 설치, 방충망 설치, 침수법, 온탕침법, 태양열소독, 온도처리 등
- 생물학적 방제 : 기생성 곤충, 포식성 곤충, 병원미생물, 길항미생물 등

■ 생물학적 방제법

- 기생성 천적 : 기생벌류(고치벌, 좀벌, 맵시벌, 혹벌 등), 기생파리류(침파리, 왕눈등에), 기생성 선충 등
  ※ 기생벌 : 원예작물에서 문제시되는 진딧물, 온실가루이, 잎굴파리류 등을 방지하기 위한 천적
- 포식성 천적 : 풀잠자리목, 무당벌레목, 딱정벌레목, 애꽃노린재, 침노린재, 칠레이리응애, 팔라시스이리응애, 꽃등에, 혹파리, 거미류 등
- 병원성 미생물 : 세균류(박테리아), 곰팡이류, 백강균

■ 해충별 천적의 종류

해충	도입 대상 천적(적합한 환경)	이용작물
점박이응애	칠레이리응애(저온)	딸기, 오이, 화훼 등
	긴이리응애(고온)	수박, 오이, 참외, 화훼 등
	갤리포니아커스이리응애(고온)	수박, 오이, 참외, 화훼 등
	팔리시스이리응애(야외)	사과, 배, 감귤 등
온실가루이	온실가루이좀벌(저온)	토마토, 오이, 화훼 등
	황온좀벌(고온)	토마토, 오이, 멜론 등
진딧물	콜레마니진딧벌	엽채류, 과채류 등
총채벌레	애꽃노린재류(큰 총채벌레 포식)	과채류, 엽채류, 화훼 등
	오이이리응애(작은 총채벌레 포식)	과채류, 엽채류, 화훼 등
나방류, 잎굴파리	명충알벌	고추, 피망 등
	굴파리좀벌(큰 잎굴파리유충)	토마토, 오이, 화훼 등
	굴파리고치벌(작은 유충)	토마토, 오이, 화훼 등

※ 천적을 이용한 병해충 방제는 환경친화적인 방제로 농산물의 안전성을 향상시킬 수 있다.

■ 병충해 예방 및 방제를 위한 난황유의 농도와 적용 병해

- 예방 농도 0.3%, 방제 농도 0.5%
- 적용 병해 : 흰가루병, 노균병, 진딧물, 응애 등

■ 미생물농약의 장단점

장점	단점
• 환경에 대한 안전성이 높다. • 방제대상 병해충은 내성이나 저항성 가지기 어렵다. • 인축에 해가 거의 없고, 작물의 피해를 주는 사례가 거의 없다. • 병충해에 선택적으로 작용하며 유용생물에 악영향을 거의 주지 않는다. • 화학농약으로 방제가 어려운 시기에 병충해 문제를 해결할 수 있다.	• 화학농약에 비해 방제효과가 불안정하고 서서히 나타난다. • 재배환경 등 환경요소에 영향을 받기 쉽다. • 사용적기를 놓치면 효과가 낮아진다. • 화학농약과의 혼용여부를 반드시 살펴 사용하여야 효과적이다. • 대량생산 체계가 잘 갖추어지지 않은 등 생산비가 높아 가격이 비싸다.

■ 병해충종합관리(IPM ; Integrated Pest Management)

농약의 무분별한 사용을 줄여 해충 방제의 부작용을 최소한으로 하고, 경종적·물리적·화학적·생물적 방제를 조화롭게 활용하여 해충밀도를 경제적 피해허용수준 이하로 유지하는 것을 목표로 하는 방법이다.

■ 성 페로몬의 활용

- 대량유살 : 해충을 대량으로 포획할 수 있다.
- 교미교란 : 암수 성비 불균형을 유도하여 피해를 줄인다.
- 발생예찰 : 발생시기와 발생량, 방제적기를 예측할 수 있다.
- 해충유인 : 특정 해충에 대해 유인하여 포살할 수 있다.
- 생물자극 : 해충의 활력과 활동을 조장하고 살충효과를 증대시킨다.

■ 「침묵의 봄」

1962년 발간된 레이첼 카슨(Rachel L. Carson)의 저서로, 무차별한 농약사용이 환경과 인간에게 얼마나 위해한지 경종을 울리게 된 계기가 되었다.

■ 저장조건

- 큐어링한 후 고구마의 안전저장온도 : 13~15℃
- 마늘 : 저온저장 3~5℃, 상대습도는 약 65%가 알맞다.
- 가공용 감자의 저장적온 : 7~10℃

| 유기식량작물

■ 종자발아의 3요소(+ 4요소)

수분, 온도, 산소(+ 광)

■ 작물별 발아 최저온도(℃)

호밀, 완두, 삼(1~2) < 밀(3~3.5) < 보리(3~4.5) < 귀리, 사탕무(4~5) < 옥수수(8~10) < 콩(10) < 벼(10~12) < 오이(12) < 담배(13~14) < 멜론(12~15) < 박(15)

■ 볍씨의 발아온도

최저온도 8~13℃, 최적온도 30~34℃, 최고온도 40~44℃

■ 최아(催芽)

침종이 끝난 종자를 파종 직전에 싹을 트게 하는 것

■ 볍씨의 염수선(鹽水選)

- 볍씨를 소금물(염수)에 넣어 비중 차이를 이용해 건강하고 우량한 종자를 선별하는 방법이다.
- 주로 속이 빈 볍씨(쭉정이)와 발아력이 떨어지는 볍씨를 제거하여, 파종 후 균일하고 튼튼한 모를 기르기 위해 실시한다.
- 볍씨의 염수선 비중

메벼	찰벼
• 몽근메벼 : 1.13 • 까락메벼 : 1.10	• 몽근찰벼 : 1.10 • 까락찰벼 : 1.08

■ 물리적인 볍씨 소독 방법

- 온탕소독법 : 마른 볍씨를 60℃의 온탕에서 약 10분간 침지한다.
- 냉수온탕침법 : 20~30℃ 물에 4~5시간 침지 후, 55~60℃ 물에 10~20분 침지한다.

■ 볍씨 소독으로 방제 가능한 병

깨씨무늬병, 키다리병, 도열병 등

■ 소토법

흙을 철판 위나 회전드럼통에 넣고 골고루 열을 가하면서 적당히 구워 소독하는 방법

■ **IWM(종합적잡초방제법)**

잡초방제법 중 2종 이상을 혼합하여 방제하는 방법 즉, 물리적, 경종적, 화학적, 생물적 방제법 등을 조화롭게 이용하는 것

■ **재배 방법**

• 돌려짓기(윤작) : 한 경작지에 여러 가지의 다른 농작물을 해마다 번갈아가며 재배하는 방식
• 이어짓기(연작) : 동일한 포장에서 같은 종류의 작물을 계속 재배하는 것
• 사이짓기(간작) : 한 종류의 작물이 자라고 있는 이랑 또는 포기 사이에 한정된 기간 다른 작물을 심는 농법
• 엇갈아짓기(교호작) : 두 종류 이상의 작물을 한 포장에 이랑별로 번갈아 심어서 재배하는 방식
• 둘레짓기(주위작) : 포장의 주위(둘레)에 포장 내의 주작물과는 다른 작물을 재배하는 방식
• 답전윤환 : 논을 담수한 논 상태와 배수한 밭 상태로 돌려가면서 이용하는 방법

■ **생육형태 조절 방법**

• 절상 : 눈이나 가지의 바로 위에 가로로 깊은 칼금을 넣어 눈이나 가지의 발육을 조장하는 것
• 적아 : 눈이 트려고 할 때 필요하지 않은 눈을 손끝으로 따주는 것
• 제얼 : 한 포기로부터 여러 개의 싹이 나올 경우, 그중 충실한 것을 몇 개 남기고 나머지는 제거하는 작업
• 휘기 : 정부우세성을 이동시켜 기부에서 가지가 발생하도록 하는 것

■ **울타리형 정지**

포도나무의 정지법으로 흔히 이용되며 가지를 2단 정도로 길게 직선으로 친 철사에 유인하여 결속시키는 방법

■ **배상형 정지**

짧은 원줄기상에 3~4개의 원가지를 발달시켜 수형이 술잔 모양으로 되게 하는 정지법이며, 개심형이라고도 함

■ **파종 방법**

• 산파(흩어뿌림) : 종자를 포장 전면 또는 이랑 전면에 뿌리는 방법이다.
• 점파(점뿌림) : 일정한 포기사이 간격을 두고 종자를 몇 알씩 파종하는 방법이다.
• 조파(줄뿌림) : 골타기를 하고 종자를 줄지어 뿌리는 방법이며, 맥류처럼 개체가 차지하는 평면공간이 넓지 않은 작물에 적용한다.
• 적파 : 일정한 간격을 두고 여러 개의 종자를 한곳에 파종하는 방법이다.

■ 이식의 양식

- 조식 : 골에 줄지어 이식하는 방법 <u>예</u> 파, 맥류
- 점식 : 포기를 일정한 간격을 두고 띄어서 점점이 이식 <u>예</u> 콩, 수수, 조
- 혈식 : 포기를 많이 띄어서 구덩이를 파고 이식하는 방법 <u>예</u> 양배추, 토마토, 박과
- 난식 : 일정한 질서 없이 점점이 이식

■ 직파재배의 장점

- 노동력 절감 및 노력분산
- 관개용수 절약
- 단기성 품종 활용 시 작부체계 도입이 유리
- 토지이용률 증대
- 육묘에 대한 부담 억제

■ 혼파의 장단점

장점		단점
• 가축영양상의 이점	• 공간의 효율적 이용	• 채종작업 곤란
• 비료성분의 효율적 이용	• 질소질 비료의 절약	• 비배관리(시비, 관개, 병해충 방제) 불편
• 잡초의 경감	• 재해에 대한 안정성 증대	• 수확기 불일치로 수확관리가 불편
• 산초량의 평준화	• 건초제조상의 이점	• 축력이용, 기계화가 곤란

■ 중경의 장점

- 발아 및 토양통기의 조장
- 토양수분의 증발 경감
- 잡초의 제거 및 비효증진 효과

■ 주요 작물의 복토 깊이

- 종자가 보이지 않을 정도 : 소립목초종자, 파, 양파, 상추, 당근, 담배, 유채, 버뮤다그래스
- 0.5~1.0cm : 순무, 배추, 양배추, 가지, 고추, 토마토, 오이, 차조기
- 1.5~2.0cm : 조, 기장, 수수, 무, 시금치, 수박, 호박
- 2.5~3.0cm : 보리, 밀, 호밀, 귀리, 아네모네
- 3.5~4.0cm : 콩, 팥, 완두, 잠두, 강낭콩, 옥수수
- 5.0~9.0cm : 감자, 토란, 생강, 글라디올러스, 크로커스
- 10cm 이상 : 나리, 튤립, 수선, 히아신스

■ 벼의 생육단계

생육단계			내용
영양생장기	유묘기	발아기	볍씨가 싹을 틔우는 시기
	활착기	묘대기	못자리에서 모를 키우는 기간(이앙재배 시), 직파재배에는 해당 없음
		이앙기 및 착근기	본 논에 모를 심고, 뿌리가 활착(착근)하여 양분과 수분을 흡수하기 시작하는 시기
	분얼기	유효분얼기	새로운 줄기(분얼)가 발생하여 포기 수가 늘어나는 시기
		무효분얼기	※ 최고분얼기 : 분얼수가 가장 많은 시기
생식생장기	신장기	유수형성기	어린 이삭(유수)이 분화되기 시작하는 시기, 출수 약 30일 전부터 시작
		수잉기	이삭이 급격히 성장하여 길이가 완성되는 시기로 이삭이 패기 직전까지
	출수·개화기		이삭이 줄기 밖으로 나오고(출수), 꽃이 피는(개화) 시기
	결실기(등숙기)		수정이 이루어지고 벼알이 여물어 가는 시기로, 유숙기(우유상) → 호숙기(풀상) → 황숙기(황색) → 완숙기(완전 성숙)로 세분됨
	성숙기		벼알이 완전히 익어 수확 가능한 상태가 됨

■ 유기수도작 재배에서 모의 구비조건

• 초장이 너무 크지 않고 적당한 묘령에 도달해 있을 것
• 줄기가 굵고 잎 폭이 넓은 것
• 생리적으로 아무런 이상이 없고 질소와 전분함량이 충분한 것
• 아래 잎이 마르지 않고 잎이 늘어지지 않은 것
• 병충해가 없고 영양이 적당하며 균일하게 자란 것
• 발근력이 강하며 이앙 후 활착이 빠른 것

■ 벼 육묘에 있어 자가상토의 최적산도

pH 4.5~5.5

■ 물못자리

• 못자리 초기부터 물을 대고 육묘하는 방식이다.
• 물이 초기의 냉온을 보호하고, 모가 균일하게 비교적 빨리 자라며, 잡초, 병충해, 쥐, 새의 피해도 적다.

■ 벼 도열병의 발병요인 및 예방법

• 일조량이 적고 비교적 저온 다습할 때 많이 발생한다.
• 질소질 비료의 과다 등으로 전 생육기간에 걸쳐 발병한다.
• 도열병균은 이병된 볏짚 또는 볍씨에 잠복했다가 표면에 분생포자를 형성하여 다음 해에 1차 전염병원이 되기도 한다.

■ 종자전염으로 발생하는 벼의 병해

깨씨무늬병, 키다리병, 도열병 등

■ 포장의 해충 방제나 유용 곤충 증식을 위한 대표 식물

금잔화, 멕시코해바라기, 쑥국화 등

■ 동반작물(同伴作物, companion plant)

두 가지 이상의 작물을 같은 장소에 함께 재배하여 서로의 생육을 촉진하거나 병해충을 억제하고 수확량과 품질을 높이는 등 상호 이익을 얻는 관계에 있는 작물을 말한다.

■ 작물과 동반작물의 조합

• 완두콩 - 당근, 양배추, 주키니 호박
• 오이 - 완두, 콜라비, 파, 옥수수
• 양파 - 당근, 박하, 딸기
• 마리골드 - 감자, 토마토, 콩

■ 생활형에 따른 잡초의 분류

구분		논	밭
1년생	화본과	강피, 물피, 돌피, 뚝새풀	강아지풀, 개기장, 바랭이, 피, 메귀리
	방동사니과	알방동사니, 참방동사니, 바람하늘지기, 바늘골	바람하늘지기, 참방동사니
	광엽초	물달개비, 물옥잠, 사마귀풀, 여뀌, 여뀌바늘, 마디꽃, 등애풀, 생이가래, 곡정초, 자귀풀, 중대가리풀	개비름, 까마중, 명아주, 쇠비름, 여뀌, 자귀풀, 환삼덩굴, 주름잎, 석류풀, 도꼬마리
다년생	화본과	나도겨풀	-
	방동사니과	너도방동사니, 매자기, 올방개, 쇠털골, 올챙이고랭이	-
	광엽초	가래, 벗풀, 올미, 개구리밥, 네가래, 수염가래꽃, 미나리	반하, 쇠뜨기, 쑥, 토기풀, 메꽃

■ 동물을 이용한 친환경 잡초 방제법

오리, 우렁이, 참게, 새우, 달팽이 등을 이용한다.

■ 쌀겨농법

쌀겨를 논에 뿌려 미생물의 분해작용, 유기산 생성, 환원상태 형성, 차광효과, 발아억제물질(ABA) 공급 등 복합적인 작용으로 잡초의 발아와 생장을 억제하는 친환경 잡초 방제법

■ 오리농법

국내에서 유기농업 또는 환경농업에 의한 유기벼 생산 방법 중 잡초 및 유해충 제거, 분의 배설에 의한 시비의
효과를 가장 크게 기대할 수 있는 농법

■ 토양피복의 목적

토양수분 유지, 토양의 유실 방지, 잡초 발생 억제 및 지온 상승 방지, 작물에 양분 공급, 토양유기물 함량
증가

■ 벼의 적산온도

3,500~4,500℃

■ 타감작물(他感作物, allelopathic crop)

식물이 자신의 생존을 위해 주변 식물의 생장이나 발아를 억제하는 화학물질을 분비하는 식물

■ 기상생태형

• 저위도지대 : 감온성, 감광성이 작고 기본영양생장성이 큰 기본영양생장형(Blt형)을
• 고위도지대 : 온도가 낮기 때문에 감온형(blT) 품종을 선택해야 한다.

■ 유기재배 벼의 중간 물 떼기(중간낙수)

출수 30~40일 전이 가장 적당하다.

■ 무효분얼기에 중간낙수를 하는 이유

토양 중의 유해물질을 제거하고, 논토양 속에 산소를 공급함으로써 뿌리의 활력을 높여 준다.

■ 벼 뿌리의 생장에 가장 큰 영향을 미치는 근권 토양환경요인

산소

■ 노후답

Fe, Mn, Ca 등이 작토에서 용탈되어 결핍된 논토양

■ 간척지답

염화나트륨으로 염농도가 0.1% 이상이면 염해의 우려가 있고, 벼재배 토양 한계염분농도는 0.3% 이하이다.

■ 산성의 논토양을 개량하는 방법
  • 석회와 유기물을 같이 시용한다.
  • 인산질 비료를 준다.
  • 붕소 등 미량요소를 주도록 한다.
  • 산성비료 등을 계속해서 쓰지 않도록 한다.
  • 산성에 강한 작물을 재배한다.

| 유기축산

■ 동물복지의 기본 5대 자유
  • 배고픔과 갈증, 영양불량으로부터의 자유
  • 불안과 스트레스로부터의 자유
  • 정상적인 행동을 표현할 자유
  • 통증, 질병, 상해로부터의 자유
  • 불편함으로부터의 자유

■ 동물복지 개선을 위한 조치
  • 적절한 사육공간 제공
  • 양질의 사료 및 깨끗한 물 공급
  • 스트레스 최소화 및 질병 예방
  • 건강증진을 위한 가축관리
  • 동물학대 및 유기·유실 예방
  • 동물복지 인증 및 표시제도 확대
  • 동물보호시설 및 인프라 확충
  • 동물복지정책 전담조직 신설

■ 유기축산물의 축사조건(유기식품 및 무농약농산물 등의 인증에 관한 세부실시요령 [별표 1])
  축사는 다음과 같이 가축의 생물적 및 행동적 욕구를 만족시킬 수 있어야 한다.
  • 사료와 음수는 접근이 용이할 것
  • 공기순환, 온도·습도, 먼지 및 가스농도가 가축건강에 유해하지 아니한 수준 이내로 유지되어야 하고, 건축
    물은 적절한 단열·환기시설을 갖출 것
  • 충분한 자연환기와 햇빛이 제공될 수 있을 것

■ 유기축산물의 유기가축 1마리당 갖추어야 하는 가축사육 시설의 소요면적 기준(유기식품 및 무농약농산물 등의 인증에 관한 세부실시요령 [별표 1])
- 번식우 방사식 사육시설 : 10m^2
- 7~12월령 젖소 육성우 깔짚 사육시설 : 6.4m^2
- 육성돈 사육시설 : 1.0m^2
- 산란 육성계 사육시설 : 0.16m^2

■ 유기축산경영의 기록내용
- 가축입식 등 구입사항과 번식에 관한 사항
- 사료의 생산·구입 및 급여에 관한 사항
- 예방 또는 치료목적의 질병관리에 관한 사항
- 동물용의약품·동물용의약외품 등 자재 구매·사용·보관에 관한 사항
- 질병의 진단 및 처방
- 퇴비·액비의 발생·처리 사항
- 축산물의 생산량·출하량, 출하처별 거래 내용 및 도축·가공업체
위의 자료의 기록기간은 최근 1년간으로 한다.

■ 축산물의 수익성 분석
- 조수입 = 주산물평가액 + 부산물평가액
- 소득 = 조수입 - 경영비
- 순수익 = 조수입 - 생산비

■ 유기축산물의 전환기간(친환경농어업법 시행규칙 [별표 4])

가축의 종류	생산물	전환기간(최소사육기간)
한우·육우	식육	입식 후 12개월
젖소	시유 (시판우유)	• 착유우는 입식 후 3개월 • 새끼를 낳지 않은 암소는 입식 후 6개월
면양·염소	식육	입식 후 5개월
	시유 (시판우유)	• 착유양은 입식 후 3개월 • 새끼를 낳지 않은 암양은 입식 후 6개월
돼지	식육	입식 후 5개월
육계	식육	입식 후 3주
산란계	알	입식 후 3개월
오리	식육	입식 후 6주
	알	입식 후 3개월
메추리	알	입식 후 3개월
사슴	식육	입식 후 12개월

■ **조사료(粗飼料)**

영양소 공급 능력에 비해 부피가 크며, 섬유소 함량이 높다. 예 볏짚, 야초, 목초, 사일리지, 건초

■ **옥수수 사일리지**

우리나라 낙농가에서 겨울철 다즙질 사료로 가장 많이 이용하는 사료이다.

■ **조사료의 종류별 1일 섭취량(체중 기준)**

- 건초 : 2~3%
- 생초 : 10~15%
- 볏짚 : 1~1.5%
- 사일리지 : 5~6%
- 청예작물 : 8~10%
- 근채류 : 6~8%

■ **유기축산물의 사료 및 영양관리(친환경농축산물 및 유기식품 등의 인증에 관한 세부실시요령 [별표 1])**

유기축산물의 생산을 위한 가축에게는 100% 유기사료를 급여하여야 하며, 유기사료 여부를 확인하여야 한다.

■ **탄소원과 에너지원에 따른 분류**

영양원별		대표적 미생물
자급영양생물	광합성자급영양균	green bacteria(녹색세균), cyanobacteria(남세균, 남조류), purpli bacteria(홍색세균, 자색세균)
	화학자급영양균	질화세균, 황산화세균, 수소산화세균, 철산화세균 등
타급영양생물	광종속영양균	홍색황세균
	화학종속영양균	부생성세균, 대부분의 공생세균

■ **유기축산물의 동물복지 및 질병관리(유기식품 및 무농약농산물 등의 인증에 관한 세부실시요령 [별표 1])**

가축의 질병은 다음과 같은 조치를 통하여 예방하여야 하며, 질병이 없는데도 동물용의약품을 투여해서는 아니 된다.

가) 가축의 품종과 계통의 적절한 선택

나) 질병발생 및 확산방지를 위한 사육장 위생관리

다) 생균제(효소제 포함), 비타민 및 무기물 급여를 통한 면역기능 증진

라) 지역적으로 발생되는 질병이나 기생충에 저항력이 있는 종 또는 품종의 선택

■ 제1종 가축전염병(가축전염병 예방법 제2조 제2호 가목)

우역, 우폐역, 구제역, 가성우역, 블루텅병, 리프트계곡열, 럼피스킨병, 양두, 수포성구내염, 아프리카마역, 아프리카돼지열병, 돼지열병, 돼지수포병, 뉴캣슬병, 고병원성조류인플루엔자

■ 인수공통전염병

장출혈성대장균감염증, 일본뇌염, 브루셀라증, 탄저, 공수병, 동물인플루엔자인체감염증, 중증급성호흡기증후군(SARS), 변종크로이츠펠트-야콥병(vCJD), Q열, 결핵, 중증열성혈소판감소증후군(SFTS) 등

┃ 유기식품의 이해

■ 유기의 정의

'유기(Organic)'란 생물의 다양성을 증진하고, 토양의 비옥도를 유지하여 환경을 건강하게 보전하기 위하여 허용물질을 최소한으로 사용하고, 인증기준에 따라 유기식품 및 비식용유기가공품(이하 '유기식품 등')을 생산, 제조·가공 또는 취급하는 일련의 활동과 그 과정을 말한다(친환경농어업법 제2조 제3호).

■ 친환경농축산물의 정의

친환경농업을 통해 얻는 것으로서 다음의 어느 하나에 해당하는 것(친환경농어업법 시행규칙 제2조 제2호).
- 유기농산물·유기축산물 및 유기임산물(이하 '유기농축산물')
- 무농약농산물

■ 유기식품의 정의

- '유기식품'이란 농업·농촌 및 식품산업 기본법의 식품과 수산식품산업의 육성 및 지원에 관한 법률의 수산식품 중에서 유기적인 방법으로 생산된 유기농수산물과 유기가공식품(유기농수산물을 원료 또는 재료로 하여 제조·가공·유통되는 식품 및 수산식품)(친환경농어업법 제2조 제4호).
- '유기식품 등'이란 유기식품 및 비식용유기가공품(유기농축산물을 원료 또는 재료로 사용하는 것으로 한정)(친환경농어업법 시행규칙 제2조 제4호).

■ 유기가공식품의 가공원료(유기식품 및 무농약농산물 등의 인증에 관한 세부실시요령 [별표 1])

유기가공에 사용할 수 있는 원료, 식품첨가물, 가공보조제 등은 모두 유기적으로 생산된 것으로 다음의 어느 하나에 해당되어야 한다.
- 인증을 받은 유기식품
- 동등성 인정을 받은 유기가공식품

■ 이브 밸푸어(Eve Balfour)

유기농업의 선구자이자 유기농 운동의 핵심 인물로, 화학비료와 농약에 기반한 농업과 유기농업을 비교하는 최초의 장기적인 과학실험인 하우글리 실험(Haughley experiment)을 시작하였으며, 저서 「살아있는 토양」을 통해 유기농업의 필요성을 주장하고 지속 가능한 농업을 장려하는 국제조직인 토양협회(Soil association)를 설립하였다.

■ 영양성분별 세부표시 방법 – 트랜스지방(식품 등의 표시기준 [별지 1])

트랜스지방은 0.5g 미만은 '0.5g 미만'으로 표시 할 수 있으며, 0.2g 미만은 '0'으로 표시할 수 있다. 다만, 식용유지류 제품은 100g당 2g 미만일 경우 '0'으로 표시할 수 있다.

■ 유기식품의 유형

유기농산식품	과채류, 빵·면류, 인스턴트식품 등
유기축산식품	고기 및 우유, 고기 및 우유가공품, 가금류가공품 등
유기기호식품	음료(과일·채소류 음료, 탄산음료유, 두유류, 유산균음료, 혼합음료 등), 주류, 차류, 과자류 등

■ 발효식품의 종류

장류(간장, 된장, 고추장 등), 김치류, 젓갈류, 주류(맥주, 포도주 등), 식초류, 유제품(치즈, 요구르트 등), 콩 발효식품(낫토, 템페 등) 등

■ 1% = (1/100) × 1,000,000 = 10,000ppm

■ 유기가공식품의 가공 방법(유기식품 및 무농약농산물 등의 인증에 관한 세부실시요령 [별표 1])

- 기계적, 물리적, 생물학적 방법을 이용하되 모든 원료와 최종생산물의 유기적 순수성이 유지되도록 하여야 한다. 식품을 화학적으로 변형시키거나 반응시키는 일체의 첨가물, 보조제, 그 밖의 물질은 사용할 수 없다.
- 기계적·물리적 방법 : 절단, 분쇄, 혼합, 성형, 가열, 냉각, 가압, 감압, 건조, 분리(여과, 원심분리, 압착, 증류), 절임, 훈연 등
- 생물학적 방법 : 발효, 숙성 등

■ 탈삽법(떫은맛을 제거하는 요령)

- 알코올탈삽법 : 밀폐된 용기에 감을 알코올과 함께 저장
- 온탕탈삽법 : 약 40℃의 온수에 일정시간 담가두는 방법으로 화학약품을 사용하지 않고 효소의 활동만을 이용하므로 유기식품 제조에 가장 적합
- 이산화탄소탈삽법(가스탈삽법) : 밀폐된 용기에 이산화탄소를 채워 넣음
- 동결탈삽법 : 떫은 감을 −20℃ 부근에서 냉동하여 그대로 저장
- 기타 : 피막탈삽법 등

■ 동유처리

유지를 5℃ 정도의 저온에서 냉각하여 고융점의 글리세라이드(glyceride), 왁스 등의 고체화한 지방을 제거하는 공정

■ 단위조작의 기본원리와 주요 단위조작

• 유체의 흐름 : 수세, 용기세척, 침강, 원심분리, 교반, 균질화, 유체의 저장 및 수송 등
• 열전달 : 데치기, 끓이기, 찜, 볶음, 살균, 열교환, 냉장 및 냉동 등
• 물질이동 : 추출, 증류, 용매회수, 결정화 등
• 물질 및 열이동 : 건조, 농축, 증류 등
• 기계적 조작 : 분쇄, 제분, 압출, 성형, 제피, 제심, 포장, 수송 등

■ 가공조작

건조	• 저장성을 높이기 위해 수분을 증발·승화시켜 제거하는 조작 • 동결건조 : 빙점 이하의 온도에서 동결 후 승화(sublimation)시켜 수분을 제거하는 방법 • 천일건조, 가열건조, 열풍건조 등
분쇄	• 원재료를 기계적으로 부수어 표면적을 증가, 유용성분의 추출 향상 및 가공시간 단축 • 분쇄에 이용되는 힘 : 압축력, 충격력, 전단력, 절단력
분리 및 추출	• 여과(filtration) : 필터를 이용하여 불용성 물질을 분리 • 추출(extraction) : 용매에 대한 용해도 차이를 이용하여 추출 • 원심분리(centrifugation) : 원심력을 이용한 분리 • 침강분리 : 밀도차 또는 침강속도차에 의한 분리 • 막분리 : 미세입자를 크기에 따라 분리 • 압착 : 압력을 가하여 고체로부터 소량의 액체를 분리
가열	• 저장성을 높이거나 미생물 오염을 방지하기 위한 온도 조절 조작 • 자숙, 증숙, 배소 등
증발 및 농축	• 수분을 제거하여 부피와 중량을 줄이고 농도를 높이는 조작 • 식품가공공정에서 건조나 동결, 살균의 전단계로 사용
혼합	• 다양한 형태의 원료를 균일하게 섞는 과정 • 반죽(kneading) : 다량의 가루에 소량의 액체를 섞어 균일하게 혼합 예 밀가루와 물 • 교반(stirring/agitatio) : 액체나 가루 등을 휘저어 섞는 조작으로 혼합을 촉진하는 일반적인 방법 • 유화(emulsification) 또는 균질화(homogenization) : 잘 섞이지 않는 두 액체를 안정적으로 혼합 예 물과 기름을 섞은 마요네즈
압출성형 (extrusion)	• 옥수수, 밀, 보리 등의 전분질 곡류와 콩과 같은 단백질 곡류의 가공에 응용되는 가공조작 • 특수한 압출성형장치(extruder)에 의하여 이루어지며, 혼합, 조분쇄, 가열, 열교환, 성형, 팽화 등의 기능을 단일장치 내에서 행할 수 있음 • 전분의 호화, 단백질의 열변성이 쉽게 일어나는 장치로서 조립 및 팽화식품의 생산, 식물조직단백질(인조육)의 생산 등에 많이 사용

■ **과세 대상 가공조작** : 본래의 성질이 변하였다고 보는 경우
- 열 가하기 : 가열, 삶기(자숙), 찌기(증숙), 굽기, 볶기(배소), 튀기기
- 맛내기 : 조미, 양념 가하기, 향미
- 특정요소만 뽑기 : 면류, 앙금, 떡, 인삼차, 묵
- 숙성, 발효, 여러 원생산물의 혼합 및 배합하기
- 단순가공식품을 소비자에게 직접 공급할 수 있도록 거래단위 포장하기

| 유기가공식품

■ **현미**

벼에서 왕겨(껍질, 겉껍질)만을 제거한 상태의 쌀을 말한다. 이후 현미에서 과피, 종피, 호분층, 배아 등을 추가로 제거하면 백미가 된다.

■ **찰옥수수**

일반 옥수수보다 아밀로펙틴(amylopectin) 성분이 다량 함유되어 찰기가 강하다.

■ **김치류의 제조 원리**
- 소금 및 양념류의 삼투압에 의한 채소의 수분 배출
- 채소와 양념 속의 효소작용으로 발효에 필요한 기질을 만들고 김치의 맛과 향 형성
- 젖산균 등의 미생물에 의한 젖산발효

■ **김치류 제조 시 절임 방법**

염수법(鹽水法)	• 약 10~15%의 염수(소금물)에 채소를 담가 절이는 방법으로, 염지법(鹽漬法) 또는 물간법이라고도 한다. • 비교적 소금의 삼투가 균일하게 일어나 과도한 탈수 현상이 없다. • 농도 조절이 쉬워 많이 이용하는 방법이다. • 염수 제조에 노력이 필요하고 소금의 양이 많이 소요되는 단점이 있다.
건염법(乾鹽法)	• 소금을 직접 채소에 뿌려 절이는 방법으로, 살염법(撒鹽法) 또는 마른간법이라고도 한다. • 재료 내외의 삼투압 차가 커 탈수가 빨리 진행되므로 절임 시간에 일어날 수 있는 부패 현상이 없다. • 필요한 소금의 양이 상대적으로 적다. • 빠른 탈수 작용으로 재료의 성상이 고르지 않고 전체적으로 품질이 균일하지 못한 단점이 있다.

■ 김치의 발효에 관계하는 미생물

- 초기 : *Leuconostoc mesenteroides*
- 중기 : *Streptococcus faecalis*
- 중기 이후 : *Lactobacillus plantarum*, *Lactobacillus brevis*, *Pediococcus cerevisiae*

■ 김치의 식품가치에 중요한 성분

젖산균, 식이섬유

■ 레시틴 식품

대두유 또는 난황에서 분리한 인지질 함유 복합지질을 식용에 적합하도록 정제한 것 또는 이를 주원료로 하여 가공한 식품이다.

■ 두부 제조 원리

글리시닌(glycinin)과 같은 콩 단백질이 염류용액(염수, 간수 등)에 잘 녹는 성질을 이용하여 용해시킨 후 칼슘염(염화칼슘, 황산칼슘 등)과 같은 응고제를 첨가하면 글리시닌이 응고되어 두부가 만들어진다.

■ 전분(빵)의 노화 방지 방법

- 유화제 첨가
- 유지방, 당류 등 첨가
- 아밀라아제 등 효소 첨가
- 실온 밀폐 보관 또는 냉동 보관
- 재가열

■ 케이크 제조 시 크리밍(creaming) 공정

- 버터(지방)와 설탕을 섞는 과정에서 지방에 공기 방울을 가두어 반죽에 공기 유입
- 설탕 결정이 지방을 긁어내면서 케이크의 부드럽고 미세한 조직(texture)과 팽창성 증가

■ 제면 시 첨가하는 소금의 주요 역할

- 글루텐 형성 촉진
- 면의 조직감 및 점탄성 증진
- 미생물 번식 억제 및 보존성 향상
- 삶는 과정에서 면의 불어남(팽윤) 억제
- 감칠맛 부여

■ **젤리화 3요소**
- 당 : 60~65%
- 산(acid) : pH 3.2(3.0~3.5)
- 펙틴(pectin) : 1.0~1.5%

■ **통조림 제조 공정**

원료 준비 및 처리 → 조리 → 충전 → 탈기 → 밀봉 → 살균 → 냉각 → 검사 및 포장

■ **통조림과 병조림의 제조 시 탈기(degassing)의 효과**
- 내용물의 산화에 의한 맛, 색, 영양가 저하 방지
- 용기 내부의 부식 방지
- 호기성 세균 및 곰팡이의 발육 억제
- 제품의 보존기간 향상
- 냉각 시 용기 내부 진공 형성
- 가열살균 시 열팽창에 의한 변형(찌그러짐) 방지

■ **인스턴트식품의 장점**

편의성, 저장성, 수송성, 경제성, 다양성 등

■ **우유 제조 시 균질화의 목적**
- 크림층(layer)의 분리 방지
- 점도의 향상
- 우유조직의 연성화
- 커드 텐션을 감소시킴으로써 소화기능 향상

■ **훈연(smoking)의 효과**

식품의 풍미 증진, 육질의 연화, 훈연색상을 부여함으로써 외관 개선, 저장성(보존성) 향상 등

■ **건조소시지(dry sausage)**

원료육의 불포화지방산이 많을수록 산화에 매우 취약해져 지방이 쉽게 산패(변질)되고, 이취(off-flavor)가 발생할 수 있다.

■ 치즈 제조 공정

원유 처리 → 응고와 발효(스타터, 레닛) → 커드 처리(절단, 가열, 유청 제거 등) → 숙성

■ 치즈 제조 시 커드 가온의 목적

유청을 제거하고 치즈 조직을 치밀하게 하여 단단한 치즈를 만드는 것

■ 레닛(rennet)에 포함된 레닌(rennin)의 기능

카파카세인(κ-casein)의 분해에 의한 카세인(casein) 안정성 파괴

■ 전지분유와 탈지분유(식품의 기준 및 규격 제5. 19.)

• 전지분유 : 원유에서 수분을 제거하여 분말화한 것(원유 100%).
• 탈지분유 : 탈지유(유지방 0.5% 이하)에서 수분을 제거하여 분말화한 것(탈지유 100%)

■ 인스턴트 분유의 특성

습윤성, 침투성, 침강성, 용해성, 분산성

■ 버터 제조 공정

원유 → 크림 분리 → 살균 → 접종 → 숙성 → 교반(교동) → 가염 → 연압 → 충진

■ 아이스크림 제조 시 균질의 목적

• 숙성 시 크림층 형성 및 지방 분리 방지
• 증량률(over run) 향상
• 숙성기간 단축
• 안정제의 소요량 감소
• 동결 중 지방 응집 방지

■ 과일ㆍ채소류 음료의 종류(식품의 기준 및 규격 제5. 9.)

• 농축과ㆍ채즙(또는 과ㆍ채분) : 과일즙, 채소즙 또는 이들을 혼합하여 50% 이하로 농축한 것 또는 이것을 분말화한 것을 말한다(다만, 원료로 사용되는 제품은 제외).
• 과ㆍ채주스 : 과일 또는 채소를 압착, 분쇄, 착즙 등 물리적으로 가공하여 얻은 과ㆍ채즙(농축과ㆍ채즙, 과ㆍ채즙 또는 과일분, 채소분, 과ㆍ채분을 환원한 과ㆍ채즙, 과ㆍ채퓨레ㆍ페이스트 포함) 또는 이에 식품 또는 식품첨가물을 가한 것(과ㆍ채즙 95% 이상)을 말한다.
• 과ㆍ채음료 : 농축과ㆍ채즙(또는 과ㆍ채분) 또는 과ㆍ채주스 등을 원료로 하여 가공한 것(과일즙, 채소즙 또는 과ㆍ채즙 10% 이상)을 말한다.

■ 주류의 종류(식품의 기준 및 규격 제5. 15.)

- 발효주류 : 곡류 등의 전분질 원료나 과실 등의 당질 원료를 주된 원료로 하여 발효시켜 제조한 것 ⓔ 탁주, 약주, 청주, 맥주, 과실주
- 증류주류 : 곡류 등의 전분질 원료나 과실 등의 당질 원료를 주된 원료로 하여 발효시킨 후 증류하여 그대로 또는 나무통에 저장하여 제조한 것 ⓔ 소주, 위스키, 브랜디, 리큐르 등
- 기타 주류 : 발효주류, 증류주류 또는 주정에 속하지 않는 주류
- 주정 : 전분질 원료 또는 당질 원료를 발효시켜 증류한 것이나 조주정을 증류한 것으로 희석하여 음용할 수 있는 에탄올(단, 불순물이 포함되어 있어서 직접 음용할 수는 없으나 정제하면 음용할 수 있는 조주정(粗酒精)은 제외)

■ 다류(식품의 기준 및 규격 제5. 9.)

- 침출차 : 식물의 어린싹이나 잎, 꽃, 줄기, 뿌리, 열매 또는 곡류 등을 주원료로 하여 가공한 것으로서 물에 침출하여 그 여액을 음용하는 기호성 식품
- 액상차 : 식물성 원료를 주원료로 하여 추출 등의 방법으로 가공한 것이거나 이에 식품 또는 식품첨가물을 가한 시럽상 또는 액상의 기호성 식품
- 고형차 : 식물성 원료를 주원료로 하여 가공한 것으로 분말 등 고형의 기호성 식품

■ 녹차, 우롱차, 홍차

- 녹차 : 가공 과정에서 찻잎을 증기 등으로 가열하여 그 속의 효소를 불활성화시켜 고유의 녹색을 보존시킨 차이다.
- 우롱차 : 우롱차는 찻잎을 햇볕에 쪼여 조금 시들게 하고 찻잎성분의 일부를 산화시킴으로써 방향이 생긴 후 볶아만든 반발효차이다.
- 홍차 : 찻잎을 시들게 한 후 찻잎성분을 충분히 산화시켜 붉은색과 독특한 향을 얻는 완전발효차이다.

■ 과자류(식품의 기준 및 규격 제5. 1.)

- 과자 : 곡분 등을 주원료로 하여 굽기, 팽화, 유탕 등의 공정을 거친 것이거나 이에 식품 또는 식품첨가물을 가한 것 ⓔ 비스킷, 웨이퍼, 쿠키, 크래커, 한과류, 스낵과자 등
- 캔디류 : 당류, 당알코올, 앙금, 과즙 등 당분 또는 당분을 다량 함유한 원료를 주원료로 하여 이에 식품 또는 식품첨가물을 가하여 성형 등 가공한 감미의 기호성 식품 ⓔ 사탕, 캐러멜, 양갱, 젤리 등
- 추잉껌 : 천연 또는 합성수지 등을 주원료로 한 껌베이스에 다른 식품 또는 식품첨가물을 가하여 가공한 것

- **코코아가공품류 또는 초콜릿류(식품의 기준 및 규격 제5. 3.)**
  - 코코아가공품류 : 테오브로마 카카오(*Theobroma cacao*)의 씨앗으로부터 얻은 코코아매스, 코코아버터, 코코아분말과 이를 주원료로 하여 가공한 기타 코코아가공품
  - 초콜릿류 : 코코아가공품류에 식품 또는 식품첨가물을 가하여 가공한 초콜릿, 밀크초콜릿, 화이트초콜릿, 준초콜릿, 초콜릿가공품

- **한과류**
  - 유과류 : 찹쌀가루를 반죽하여 기름에 튀긴 후 고물을 묻힌 것 예 강정, 산자, 빙사과 등
  - 유밀과류 : 밀가루, 메밀가루에 꿀과 기름을 넣어 반죽해 기름에 튀긴 뒤 꿀에 담근 것 예 약과
  - 강정류 : 찹쌀가루를 술로 반죽하여 찐 것을 말린 후 여러가지 고물을 입힌 것
  - 산자류 : 말린 찹쌀반죽을 기름에 튀겨 매화 또는 튀긴 밥풀을 묻힌 것
  - 다식류 : 볶은 곡물가루나 송화가루 등에 꿀과 조청을 넣고 반죽하여 다식판에 찍어 낸 것
  - 전과(煎果)류 : 수분이 적은 식물의 뿌리, 줄기, 열매를 설탕, 꿀, 조청에 조린 만든 것
  - 과편류 : 과일즙에 녹말과 꿀 등을 넣어 끓여 굳힌 후 썰어 만든 젤리 형태
  - 엿강정류 : 여러가지 곡물이나 견과류를 조청 또는 엿에 섞어 굳힌 후 썰어 만든 것

유기식품의 저장 및 포장

- **천연첨가물의 종류**

미생물근원 천연첨가물	폴리라이신(polylysine), 니신(nisin), 펙티나아제(pectinase), 셀룰라아제(cellulase), 풀루라나아제(pullanase), 글루코아밀레이스(glucoamylase), 코지산(kojic acid, 누룩) 등
동물근원 천연첨가물	레시틴(lecithin), 레닛(rennet, 우유응고효소), 카세인(casein), 밀납(beeswax), 젤라틴(gelatin), 라이소자임(lysozyme), 프로타민(protamine) 등
식물근원 천연첨가물	프로테아제(protease), 토코페롤, 감색소(착색료), 디아스타제(diastase), 히노키티올(hinokitiol), 쌀겨왁스, 양파색소, 포도과피색소 등

- **유기가공식품 제조 시 식품첨가물 또는 가공보조제로 사용 가능한 물질(친환경농어업법 시행규칙 [별표 1])**

사용 가능 범위	사용 가능한 물질
식품첨가물로 사용 시 제한 없음	구아검, 구연산, 구연산칼륨, 구연산칼슘, 비타민 C, DL-사과산, 산소, 알긴산, 알긴산나트륨, 알긴산칼륨, 이산화탄소, 질소, 카라야검, 탄산마그네슘, 트라가칸스검
가공보조제로 사용 시 제한 없음	구연산, 산소, 이산화탄소, L-주석산나트륨, L-주석산수소칼륨, 주정(발효주정), 질소, 탄산칼슘
설탕 가공 중의 산도 조절제	수산화나트륨, 수산화칼륨, 황산
응고제	염화마그네슘, 염화칼슘, 조제해수염화마그네슘, 황산칼슘
밀가루	제일인산칼슘
곡류 제품, 케이크, 과자	탄산암모늄, 탄산수소암모늄, 탄산칼륨, 황산칼슘
식품 표면의 세척·소독제	과산화수소, 오존수, 이산화염소(수), 차아염소산수
포도 건조	탄산칼륨

■ 폴리라이신(polylysine)

- 미생물(주로 방선균)의 발효에 의해 생산되는 천연 폴리펩타이드 계열의 항균제
- L-라이신이 직선으로 결합된 구조로, 광범위한 항균력, pH·열 안정성이 우수해 식품첨가물로 널리 사용

■ 니신(nisin)

유산균(*Lactococcus lactis*)이 생산하는 천연 항균 물질로 세포막에 구멍을 내거나 세포벽 합성을 방해하여 그람양성균을 억제한다.

■ 라이소자임(lysozyme)

- 달걀 흰자, 눈물, 침, 우유 등 동물의 체액과 조직에 풍부하게 함유되어 있다.
- 세균의 세포벽을 분해하여 세균을 사멸시켜 그람양성균에 효과가 강하다.

■ 포도주 제조 과정에서 아황산염(무수아황산)의 용도

- 유해 미생물(잡균, 박테리아 등)의 증식 억제한다.
- 포도주 내 색소(안토시아닌 등)의 산화 및 갈변을 막고, 와인의 색상과 풍미를 보호한다.

■ 초고압에 의한 식품살균(HPP)

- 높은 압력을 가하여 식품의 조직에 손상을 주지 않고 미생물을 불활성화시켜 식품의 영양성분, 맛과 향을 유지시키는 살균법이다.
- 세포막의 투과성을 높여 세포액의 누출이 많아져 구성 단백질의 변성을 일으키는 단점이 있다.

■ 초고압 처리에 영향을 주는 주요 인자

압력, 온도, 시간 등의 공정변수와 수분함량, pH, 미생물의 균종, 생육조건 및 단계 등

■ 냉장과 냉동(식품의 기준 및 규격 제1. 3.)

냉장 0~10℃, 냉동 −18℃ 이하

■ 식품의 냉장 보관 시 고려해야 할 사항

- 식품 종류에 따른 적정온도 유지
- 식품별 분리·밀폐 보관
- 냉장실 적정 적재량 유지
- 보관 기간과 신선도 확인
- 식품별 적정 위치 보관

■ **저온저장 중 일어나는 식품의 품질변화**

- 물리적 변화 : 수분의 증발 및 중량 감소, 수축·연화, 조직파괴, 드립(drip) 발생 등
- 화학적 변화 : 지방산화, 효소적 갈변, 엽록소 파괴, 비타민 파괴, 녹말의 노화, 단백질 불용화 등
- 생물학적 변화 : 저온장해, 미생물 번식 등

■ **최대빙결정 생성대**

- 식품을 냉동할 때 수분이 얼음결정(빙결정)으로 가장 많이 변하는 온도 구간이다.
- 일반적으로 −1∼−5℃ 사이로, 식품 내 수분의 약 80%가 빙결정으로 석출된다.
- 최대빙결정 생성대의 통과속도에 따라 급속동결(25∼35분 이내)과 완만동결(35분 이상)로 구분한다.
- 호화된 전분은 노화(재결정화)를 방지하기 위해 최대빙결정 생성대를 신속히 통과시켜야 한다.

■ **냉동부하** = 물의 양 × 비열 × 온도차

■ **비가열처리 저장**

초고압법	• 높은 압력을 가하여 식품의 조직에 손상을 주지 않고 미생물을 불활성화시켜서 식품의 영양성분, 맛과 향을 유지시키는 살균법이다. • 세포막의 투과성을 높여 세포액의 누출이 많아져 구성단백질의 변성을 일으키는 단점이 있다. • 초고압 처리에 영향을 주는 주요 인자 : 압력, 온도, 시간 등의 공정변수와 수분함량, pH, 미생물의 균종, 생육조건 및 단계 등
고전압펄스법	• 고전압을 시료에 가하여 세포막 내·외의 전위차를 크게 형성함으로써 미생물의 세포막을 파괴하여 미생물을 저해시키는 방법이다. • 미생물 살균 시 유해물질의 식품유입으로 인한 안전성 등 위생상 문제점이 있다.
한외여과법	• 반투과성 막을 이용해 액체 속의 고분자 물질(단백질, 콜로이드, 미생물 등)과 저분자 물질(물, 무기염류 등)을 분리하는 방법 • 주로 압력차를 추진력으로 사용하며, 단백질 농축, 전분 및 당류의 분리, 치즈 제조에 사용
냉장·냉동법	식품의 기준 및 규격상 냉장 0∼10℃, 냉동 −18℃ 이하

■ **역삼투압여과(reverse osmosis)**

고압을 이용해 반투막을 통과시키는 기술로 화학적·공업적 방법에 해당하며 유기가공식품의 제조·가공에는 사용이 부적절하다.

■ 가열처리 저장

저온살균법(pasteurization)	• 저온장시간살균(LTLT) : 60~65℃에서 30분 • 고온단시간살균(HTST) : 72~75℃에서 15~20초 • 순간살균(flash pasteurization) : 94℃에서 0.1초, 100℃에서 0.01초
고온살균법(sterilization)	• 통조림, 병조림, 레토르트(retort) 파우치 등 • 고압증기멸균 : 통조림 살균 시 121℃ 증기로 15~20분 습열살균
초고온살균(UHT)	• 130~150℃에서 0.5~5초 • 액체나 반액체성 식품의 무균포장에 이용
건열살균	• 150~180℃에서 1~2시간 • 뜨거운 공기, 초음파, 마이크로파 등

■ 상업적 살균(commercial sterilization)

모든 미생물을 완전히 사멸하는 것이 아니라 식품의 정상적인 저장 및 유통 조건에서 변패되지 않고 소비자의 건강에 위해를 끼치지 않는 정도까지 미생물을 제어하는 방법

■ 초음파(ultrasonic wave)가열법

• 초음파가 매질(액체, 고체 등)을 통과할 때 발생하는 진동 에너지가 매질 내부에서 마찰열로 전환되어 온도를 상승시키는 방법
• 내부까지 균일하게 가열 가능, 액체 내 고형물 분산에 효과적

■ 마이크로웨이브(microwave)가열법

• 식품에 마이크로파(2,450MHz 등 고주파 전자기파)를 쏘아, 식품 내부의 극성 분자(특히 물 분자)가 빠르게 진동·회전하게 하여 식품 내부에서 열이 발생하도록 하는 방식
• 가열 속도가 빠르며 온도 제어가 용이, 포장된 상태로도 가열 가능

■ 전기저항가열법

• 식품에 직접 전류를 흘려 식품 자체의 전기저항에 의해 내부에서 열이 발생하도록 하는 가열 방식이다.
• 식품 전체에 전류가 흐르므로 균일한 가열이 가능하여 냉동식품의 해동에 활용할 수 있다.
• 무균충전 시스템과 결합하면 고추장, 된장, 소시지, 어묵 등 다양한 식품을 실온에서 장기 유통할 수 있다.

■ 미생물의 사멸속도

$$D = \frac{t}{\log N_0 - \log N}$$

여기서, D값 : 일정 온도에서 미생물의 90%가 사멸하는 데 걸리는 시간(분)

t : 가열시간(분)

N_0 : 초기의 미생물 농도

N : 일정 온도에서 t시간 가열했을 때 시료 중의 생존균수

■ 식품포장재료의 구비요건

• 위생성 : 유해한 성분을 함유하지 않아야 한다.

• 보호성 : 외부 환경으로부터 식품을 효과적으로 보호하여 품질과 신선도를 유지해야 한다.

• 안전성 : 식품의 성분과 상호작용이 없어야 하고, 적정한 물리적 강도를 가지고 있어야 한다.

• 상품성 : 소비자에게 신선한 이미지를 제공하고, 외관을 개선할 수 있어야 한다.

• 간편성 : 소비자가 취급하기에 간편하고 용이해야 한다.

• 경제성 : 적절한 가격이어야 하고, 생산·유통·보관이 용이해야 한다.

■ 골판지

• 골(골심지)의 종류는 A골, B골, C골, E골로 구분한다.

종류	30cm당 골의 수	골의 높이
A골	34 ± 2	4.6~4.8cm
B골	50 ± 2	2.5~2.7cm
C골	40 ± 2	3.5~3.7cm
E골	92 ± 2	1.4~1.6cm

• 골의 형태는 U골과 V골이 있으며 중간 형태인 UV골도 많이 사용된다.

■ 플라스틱 필름

• 일반적으로 투명하여 내용물을 볼 수 있고, 적당한 물리적 강도를 가진다.

• 방습, 방수성이 우수하고 내열성과 내한성이 적당하다.

• 오손이 잘 되지 않고 위생적이며 가볍다.

• 열 압력으로 소성을 변형하여 가공할 수 있는 고분자화합물로 종류가 다양하다.

  - 열경화성 : 페놀수지, 요소수지, 멜라민수지, 불포화폴리에스테르수지, 규소수지 등

  - 열가소성 : 폴리에틸렌(PE), 폴리프로필렌(PP), 폴리스틸렌(PS), 폴리염화비닐(PVC), 포화폴리에스테르
(PET) 등

■ **폴리에틸렌(PE ; polyethylene)**

적당한 산소 및 이산화탄소 투과성을 가져 호흡작용이 왕성한 농산물의 MA 포장용으로 적합하다.

■ **염화비닐리덴(PVDC)**

산소 및 수분 차단성, 향미 보존력이 모두 우수하여 육류, 치즈, 제과류 등 다양한 식품의 포장재로 널리 사용된다.

■ **방담(防曇, anti fogging)필름**

결로현상이 일어나지 않게 하는 기능성 포장재

■ **유리 포장재의 장단점**

장점	단점
• 우수한 화학적 안정성 및 무독성 • 내열성 및 내압성 • 재활용 가능 • 환경친화성 • 위생성 및 내약품성이 우수	• 충격과 열에 의해 깨지기 쉬움 • 빛이 투과하여 내용물이 변하기 쉬움 • 다른 포장재에 비해 무거운 무게 • 운송비가 높고 취급이 불편함 • 표면 인쇄 및 가공의 한계

■ **포장기법**

진공포장	• 포장 내부의 공기를 제거 후 진공상태로 밀봉하는 방법 • 가스 및 수증기 투과도가 낮은(가스 차단성이 우수한) 필름을 사용 • 주요 부패 미생물인 호기성균의 성장과 산화를 지연시켜 저장성을 높임
MA(Modified Atmosphere) 포장(가스치환포장)	• 농산물의 호흡률과 포장 필름의 투과성을 고려하여 포장 내부의 공기를 제거 후 질소, 이산화탄소와 산소 등의 기체를 단독 또는 식품의 종류와 원하는 저장 수명에 맞게 일정 비율로 조절하여 주입한 다음 밀봉하는 방법 • 호흡작용과 증산작용, 에틸렌 생성을 모두 억제함으로써 식품의 신선도와 저장성을 높임
CA(Controlled atmosphere) 저장	• 포장 내 공기 조성을 항상 일정한 비율로 유지하는 방법 • 과일이나 채소류의 장기 저장을 위하여 창고 내의 공기 조성을 조절하는 형태로 사용
탈산소제봉입포장	산소 차단성이 우수한 포장재 내부에 식품을 투입하고 다시 탈산소제를 봉입한 후 밀봉하는 방법
레토르트살균포장	• 식품을 내열성 파우치(레토르트 파우치) 등에 담아 밀봉한 뒤, 고온고압(약 120℃)에서 살균하는 방법 • 상온에서도 장기보존 가능 • 레토르트 파우치, 레토르트 용기, 레토르트 팩(로켓) 등이 있음
무균포장	살균한 식품을 무균환경에서 미리 살균한 용기에 충진하고 밀봉하여 저장성을 연장하는 방법

| 유기식품의 안전성

■ **위해 미생물의 증식 조건**

• 온도 : 대부분의 병원성 미생물은 10~60℃에서 잘 자라며, 특히 중온균은 20~40℃에서 가장 잘 자란다.

• 수분 : 수분이 많은 식품에서 증식이 용이하다.

• pH : 대부분 중성(pH 6~7) 부근에서 잘 자라지만, 일부는 산성이나 알칼리성 환경에서도 생존할 수 있다.

• 산소 : 산소가 필요한 호기성균과 산소 없이도 자라는 혐기성균이 있다.

■ 병원성 미생물의 최적성장온도

저온균 10~20℃, 중온균 25~40℃, 고온균 45~60℃

■ 세균의 생육곡선 4단계

• 유도기 : 미생물이 새로운 환경에 접종되어 적응하는 준비 단계이다.
• 대수기 : 미생물이 환경에 적응한 후 최대속도로 분열하며, 세포수가 기하급수적으로 증가한다.
• 정지기 : 영양분 고갈, 대사산물 축적, 산소 부족 등으로 인해 증식과 사멸이 균형을 이루는 시기이다.
• 사멸기 : 환경 악화로 인해 사멸 속도가 증식 속도를 넘어 생균수가 점차 감소한다.

■ 식중독의 원인

• 미생물(세균, 바이러스 등), 곰팡이, 기생충 등
• 동물성·식물성 자연독
• 농약, 중금속, 식품첨가물 등의 화학물질
• 보관온도 미준수, 조리도구 교차오염, 불충분한 가열·조리, 개인위생 등 관리 부주의
• 주요 원인식품
  − 식육, 어패류, 계란 등 동물성단백질 식품과 그 가공품
  − 채소, 과일, 김밥, 도시락 등도 주요 원인식품에 포함
  − 미리 조리된 후 실온에 오래 방치된 음식 등

■ 미생물 식중독의 종류

구분		원인균 및 물질
세균성	감염형	• 살모넬라(*Salmonella spp.*) : 오염된 육류, 달걀, 유제품 등에서 흔함 • 장염비브리오(*Vibrio parahaemolyticus*) : 호염성, 어패류·해산물에서 주로 발생, 여름철 많음 • 비브리오 불니피쿠스(*Vibrio vulnificus*) : 따뜻한 해수지역에서 채취된 해산물, 비브리오패혈증 • 병원성 대장균 : 오염된 물·식품 • 캠필로박터(*Campylobacter jejuni, Campylobacter coli*) : 오염된 식육이나 조리되지 않은 닭고기 등 • 리스테리아(*Listeria monocytogenes*) : 미국산 쇠고기와 냉장·냉동식품, 유제품 등 • 여시니아(*Yersinia enterocolitica*) : 돼지고기, 우유 등 • 클로스트리디움 보툴리눔(*Clostridium botulinum*): 통조림, 진공포장 식품에서 드물게 발생
	독소형	• 황색포도상구균(*Staphylococcus aureus*) : 김밥, 초밥, 식육제품, 크림이 포함된 빵 등에서 발생 • 클로스트리디움 퍼프린젠스(웰치균, *Clostridium perfringens*) : 조리된 음식을 상온에 오래 방치할 때 발생 • 클로스트리디움 보툴리눔 : 산소 함량이 낮은 통조림, 병조림, 레토르트 식품, 소시지, 햄 등 • 바실러스 세레우스(*Bacillus cereus*) : 쌀밥·볶음밥 등에서 발생
바이러스성		노로바이러스, 로타바이러스, 아스트로바이러스, 장관아데노바이러스, A형간염바이러스, E형간염바이러스 등
원충성		이질아메바, 람블편모충, 작은와포자충, 원포자충, 쿠도아 등

■ **장염비브리오균(*Vibrio parahaemolyticus*)**

- 호염성 세균, 그람음성, 무포자 간균, 중온균(생육적온 37℃), 편모를 가진다.
- 감염원 : 어패류 및 가공제품, 조리기구나 손을 통한 2차 감염 등
- 복통, 메스꺼움, 구토, 설사, 발열 등 급성 위장염 형태의 증상이 나타난다.

■ **황색포도상구균(*Staphylococcus aureus*)**

- 독소(enterotoxin)를 생성하여 식중독을 유발한다.
- 급성 위장염 형태(구역질, 구토, 복통, 설사)의 증상이 나타나며, 치명률은 낮다.
- 독소는 내열성이 커서 100℃ 온도에서 1시간 이상 가열하여도 파괴되지 않는다.
- 건조한 상태에서도 생존할 수 있다.

■ **보톨리누스균과 포도상구균**

균	독소 내열성	균체 내열성
Staphylococcus aureus	○	×
Clostridium botulinum	×	○

■ **노로바이러스**

- 사람의 장관 내에서만 증식할 수 있다.
- 자연환경에서 장기간 생존 가능하다.
- 사람의 분변에 오염된 물이나 식품이 원인이며, 겨울철 많이 발생한다.
- 감염 시 구토, 설사를 유발한다.
- 예방을 위해 어패류를 충분히 가열하여 섭취한다.

■ **세균성 식중독 예방 방법**

- 흐르는 물에 비누로 30초 이상 손을 씻는다.
- 육류는 중심온도 75℃ 이상, 어패류는 85℃ 이상에서 1분 이상 충분히 가열하여 섭취한다.
- 식재료와 조리기구는 구분 사용하여 교차오염을 방지한다.
- 신선한 재료 사용 및 세척소독 후 사용한다.
- 냉장식품은 5℃ 이하, 냉동식품은 −18℃ 이하로 보관한다.
- 조리된 음식은 가능한 즉시 섭취한다.

■ 대장균군 검사

- 정성시험 : 대장균의 존재 여부 판정, 유당배지법, BGLB배지법, 데스옥시콜레이트 유당한천배지법 등
- 정량시험 : 대장균군의 수 측정, 최확수법(락토오스브로스배지법, BGLB배지법), 데스옥시콜레이트 유당한천배지법, 건조필름법 등

■ 자연독 식중독의 종류

구분		원인균 및 물질
자연독 식중독	동물성	• 복어독 : 테트로도톡신(tetrodotoxin) • 조개류 : 삭시톡신(saxitoxin), 베네루핀(venerupin) • 히스타민(histamine) : 고등어과 생선의 알레르기성 중독 • 시가테라(ciguatera) : 아열대 산호초 주변의 독어
	식물성	• 감자독 : 솔라닌(solanin) • 원추리 : 콜히친(colchicine) • 버섯독 : 무스카린(muscarin), 아마니타톡신(amanitatoxin) • 목화씨 : 고시폴(gossypol) • 복숭아, 살구, 청매 종자의 청산(hcn) 배당체 : 아미그달린(amygdalin) • 독미나리 : 시큐톡신(cicutoxin) • 피마자 : 리신(ricin), 리시닌(ricinin), 알레르겐(allergen)
	곰팡이	• 신장독 : 시트리닌(citrinin), 시트레오마이세틴(citreomycetin), 코지산(kojic acid) 등 • 간장독 : 아플라톡신(aflatoxion), 오크라톡신(ochratoxin), 스테리그마토시스틴류(sterigmatocystin), 루브라톡신(rubratoxin), 루테오스키린(luteoskyrin), 아이슬랜디톡신(islanditoxin) • 신경독 : 파툴린(patulin), 말토리진(maltoryzine), 시트레오비리딘(citreoviridin) 등 • 맥각독 : ergotoxine, ergotamine, ergometrine 등 • 발정유발물질 : zearalenone
인공 화합물	고의 또는 오용으로 첨가되는 유해물질	식품첨가물
	본의 아니게 잔류, 혼입되는 유해물질	잔류농약, 유해성 금속화합물
	제조·가공·저장 중에 생성되는 유해물질	지질의 산화생성물, 나이트로소아민
	기타 물질에 의한 중독	메탄올 등
	조리기구·포장에 의한 중독	녹청(구리), 납, 비소 등

■ 생성요인에 따른 화학적 위해물질의 분류

- 내인성 : 식품 원재료의 고유성분인 유독·유해물질이 위해의 발생요인이 되는 것
- 외인성 : 식품의 생산, 제조, 가공, 저장, 유통 또는 소비 등의 과정에서 외부로부터 혼입되거나 오염되는 것
- 유인성 : 식품의 제조, 가공, 저장, 유통 등의 과정에서 식품 중에 또는 식품의 섭취에 의해 생체 내에서 유독·유해물질이 생김으로써 일어나는 위해

■ **아크릴아마이드(acrylamide)**

감자나 빵처럼 탄수화물이 많은 식품을 고온에서 튀기거나 구울 때 발생하는 유해물질로 식품에 들어 있는 아스파라긴이라는 아미노산과 일부 당류가 120℃ 이상에서 가열되는 과정에서 생성된다.

■ **나이트로사민(nitrosamine)**

햄, 소시지 등에 발색제로 사용되는 아질산나트륨과 같은 첨가물을 사용할 때 생성될 수 있는 발암성 물질

■ **환경호르몬(내분비교란물질)**

구분	특징
농약류	• 유기인제 : 살균제와 살충제 등의 맹독성 물질로 비교적 잔류기간이 짧으며, 중독기전은 아세틸콜린에스터레이스 (acetylcholinesterase)의 저해 예 파라티온, 나레드, 파라티온, 알라티온, 다이아지논, 테프(TEPP), DDVP, 스미티온 등 • 유기염소제 : 반감기가 길고, 지용성이기 때문에 동물의 지방조직에 축적되어 만성독성을 일으키는 농약류 예 DDT(토양 잔류성이 크다), BHC, 디엘드린, 알드린 등
다이옥신	• 무색, 무취의 맹독성 화학물질로 쓰레기 소각과정에서 발생되는 환경호르몬(내분비교란물질) • 물에는 잘 녹지 않고 지방에 잘 녹기 때문에 몸속에 들어가면 소변으로 배설되지 않고 지방조직에 축적
비스페놀 A (bisphenol A)	• 캔용기, 병뚜껑, 상수관 같은 금속제품을 코팅하는 락커(lacquer), 우유병, 생수용기 등의 소재에 사용 • 멸균 시 식품에 용출될 가능성이 높음 • 중독 증상으로는 피부염증, 발열, 태아 발육이상, 피부알레르기를 유발
벤조피렌 (benzopyrene)	• 탄수화물, 단백질, 지방 등이 불완전 연소되어 생성되는 1급 발암물질 • 5개의 벤젠고리가 결합된 다환방향족탄화수소(PAH) • 잔류기간이 매우 길고 독성도 강함
중금속	• 수은(Hg) : 시력감퇴, 말초신경마비, 구토, 복통, 설사, 경련, 보행곤란 등의 신경계 장애 증상, 미나마타병 유발 • 카드뮴(Cd) : 금속 제련소의 폐수에 다량 함유되어 중독 증상을 일으킨 오염물질로 이타이이타이병 등을 유발 • 납(Pb) : 헤모글로빈 합성 장애에 의한 빈혈, 구토, 구역질, 복통, 사지마비(급성), 피로, 소화기 장애, 지각상실, 시력장애, 체중감소 등 • 주석(Sn) : 통조림의 납땜 작업 시 오염되면 구토, 설사, 복통 등을 유발

■ **단백질 식품의 부패 판정**

• 관능검사 항목 : 시각, 후각, 미각 및 촉각

• 물리적 검사 항목 : 경도, 점성, 탄성, 색 등

• 화학적 검사 항목 : 수소이온농도(pH), 휘발성염기질소, 트라이메탈아민(TMA), 히스타민 등

• 미생물적 검사 항목 : 생균수

■ **식품의 이물 검사법**

체분별법, 여과법, 와일드만 플라스크법, 침강법, 금속성이물 검사 등

■ HACCP(Hazard Analysis and Critical Control Point, 식품 및 축산물 안전관리인증기준)

식품위생법 및 건강기능식품에 관한 법률에 따른 식품안전관리인증기준과 축산물 위생관리법에 따른 축산물안전관리인증기준으로서, 식품(건강기능식품을 포함)·축산물의 원료관리, 제조·가공·조리·선별·처리·포장·소분·보관·유통·판매의 모든 과정에서 위해한 물질이 식품 또는 축산물에 섞이거나 식품 또는 축산물이 오염되는 것을 방지하기 위하여 각 과정의 위해요소를 확인·평가하여 중점적으로 관리하는 기준

■ HACCP시스템의 12절차와 7원칙

절차 1		HACCP 팀 구성
절차 2		제품설명서 작성
절차 3	준비단계	사용용도 확인
절차 4		공정흐름도 작성
절차 5		공정흐름도 현장 확인
절차 6	원칙 1	모든 잠재적 위해요소 분석
절차 7	원칙 2	중요관리점(CCP) 결정
절차 8	원칙 3	중요관리점의 한계기준 설정
절차 9	원칙 4	중요관리점별 모니터링체계 확립
절차 10	원칙 5	개선조치 방법 수립
절차 11	원칙 6	검증절차 및 방법 수립
절차 12	원칙 7	문서화 및 기록유지 방법 설정

■ 선행요건 중 제조시설 및 기계·기구류 등 설비관리(식품 및 축산물 안전관리인증기준 [별표 1])

• 제조·가공·선별·처리 시설 및 설비 등은 공정간 또는 취급시설·설비 간 오염이 발생되지 아니하도록 공정의 흐름에 따라 적절히 배치되어야 하며, 이 경우 제조가공에 사용하는 압축공기, 윤활제 등은 제품에 직접 영향을 주거나 영향을 줄 우려가 있는 경우 관리대책을 마련하여 청결하게 관리하여 위해요인에 의한 오염이 발생하지 아니하여야 한다.

• 식품과 접촉하는 취급시설·설비는 인체에 무해한 내수성·내부식성 재질로 열탕·증기·살균제 등으로 소독·살균이 가능하여야 하며, 기구 및 용기류는 용도별로 구분하여 사용·보관하여야 한다.

• 온도를 높이거나 낮추는 처리시설에는 온도변화를 측정·기록하는 장치를 설치·구비하거나 일정한 주기를 정하여 온도를 측정하고, 그 기록을 유지하여야 하며 관리계획에 따른 온도가 유지되어야 한다.

• 식품취급시설·설비는 정기적으로 점검·정비를 하여야 하고 그 결과를 보관하여야 한다.

■ CCP(Critical Control Point, 중요관리점)

안전관리인증기준(HACCP)을 적용하여 식품·축산물의 위해요소를 예방·제어하거나 허용 수준 이하로 감소시켜 당해 식품·축산물의 안전성을 확보할 수 있는 중요한 단계·과정 또는 공정

■ HACCP의 효과

- 체계적인 위생관리 체계의 구축
- 위생적이고 안전한 식품의 제조
- 위생관리의 효율성 도모
- 집중적인 위생관리
- 회사의 이미지 제고와 신뢰성 향상
- 안전한 식품을 소비자에게 제공

■ HACCP 위해요소분석표에 따른 위해요소 분류(식품 및 축산물 안전관리인증기준 [별표 2])

생물학적 위해요소 (biological hazards)	제품에 내재하면서 인체의 건강을 해할 우려가 있는 병원성 미생물, 부패미생물, 병원성 대장균(군), 효모, 곰팡이, 기생충, 바이러스 등
화학적 위해요소 (chemical hazards)	제품에 내재하면서 인체의 건강을 해할 우려가 있는 중금속, 농약, 항생물질, 항균물질, 사용기준 초과 또는 사용 금지된 식품첨가물 등 화학적 원인물질
물리적 위해요소 (physical hazards)	제품에 내재하면서 인체의 건강을 해할 우려가 있는 인자 중에서 돌조각, 유리조각, 플라스틱 조각, 쇳조각 등

■ 종사자의 HACCP 개인위생관리

개인위생복 착용, 손 씻기 및 소독, 상처 및 건강관리, 이물혼입 방지, 교차오염 예방, 위생교육 및 점검 등

■ 종사자의 손세척 및 소독 방법

예비세척 → 액상비누 사용 → 거품내기 → 손가락 사이 씻기 → 손바닥·손톱 씻기 → 헹구기 → 손건조(종이타올 또는 손 건조기 사용) → 손소독[75% 에틸알코올, 손 소독기(자동분무기)]

■ 유기식품 생산시설의 위생관리를 위한 세척 방식

진동, 컴프레서공기세척, CIP

■ 생산물의 품질관리를 위해 유기식품 가공시설에서 사용하는 소독제

과산화수소, 오존수, 이산화염소수, 차아염소산수(유기식품 및 무농약농산물 등의 인증에 관한 세부실시요령 [별표 1]).

| 유기식품 등의 유통

■ 시장의 구성요소(3M)

마케팅은 사람(man)이 물적 재화(merchandise)를 화폐적 재화(money)와 교환하는 행위이다.

■ 농산물 표준규격화

- 기본적인 척도 또는 한계를 결정하는 것을 의미한다.
- 유통효율성을 향상시키고 유통비용을 절감시킨다.
- 농산물을 전국적으로 통일된 기준이 되게 하는 것이다.
- 소비자의 다양한 욕구를 충족시키는데 도움이 된다.

■ 대인면접법의 장단점

장점	단점
• 높은 응답 신뢰성 및 정확성 • 비언어적 정보 관찰 가능 • 질문과 응답의 유연성·심층성 • 복잡한 질문 설명 가능 • 대리응답 방지	• 준비 과정 복잡 • 시간, 비용 소요 큼 • 조사자의 편견 개입 • 익명성 보장 미흡 • 민감한 질문에 응답을 얻기 어렵다. • 표본의 대표성 한계

■ 마케팅의 연구 방법

- 상품별 연구 방법 : 특정 상품별로 그 마케팅 제도를 검토하는 방법
- 기관별 연구 방법 : 생산자, 대리점, 도매상, 소매상, 마케팅 조성기관 등과 같은 특정 유통기관의 성격, 진화 및 기능 등을 중점적으로 연구하는 것
- 기능별 연구 방법 : 구매, 판매, 수송, 저장, 금융, 촉진 등과 같은 마케팅 기능을 중심으로 연구하는 것
- 관리적 연구 방법 : 기업이라는 행동실체를 중심으로 하는 연구 방법
- 시스템적 연구 방법 : 연구대상인 사물 또는 현상을 상호 관련이 있는 부분의 전체적인 시스템으로 인식한 다음, 부분과 부분의 상호 관련 및 부분과 전체와의 관련을 규명하고자 하는 것
- 사회적 연구 방법 : 여러 마케팅 기관이나 그것이 수행한 마케팅 활동의 사회적 귀결에 중점을 두고 연구하는 것

■ 원가의 3요소

재료비, 노무비, 경비

■ 농업생산의 관계

보완관계	다른 부문의 생산을 돕는 경우 예 축산과 사료작물 등
결합관계	생산물의 상호관계 예 우유와 젖소고기 등
보합관계	생산수단이나 경영자원의 공동이용 가능 예 쌀과 보리 등
경합관계	경쟁관계이며 대체관계 예 고추와 담배, 양파와 마늘 등

- **수요의 가격탄력성** $= \dfrac{\text{수요량 변화율}}{\text{가격 변화율}}$

- **high/low 가격전략(고저가격전략)**

  촉진용 상품을 대량구매하여 일부는 가격인하용으로 판매하여 저가격이미지를 구축하고, 일부는 정상가격으로 판매하여 높은 이윤을 달성하고자 하는 가격정책으로 백화점 등에서 활용되고 있는 가격전략이다.

- **단수가격(odd-price)전략**

  제품의 판매가격에 단수를 붙이는 것으로 판매가에 대한 고객의 수용도를 높이고자 하는 전략이다.
  예 상품가격이 1,000원에 비해 990원이 매우 싸다고 느끼는 소비자 심리

- **브랜드의 기능**

  상징기능, 광고기능, 출처 표시기능, 품질보증기능, 광고기능, 재산보호기능

- **마케팅의 4요소(4P)**

  제품(product), 가격(price), 유통(place), 촉진(promotion)

- **마케팅 4P's mix**
  - 제품(product) : 상품, 상품 구색, 상품 이미지, 상표, 포장 등의 개발
  - 가격(price) : 상품가격의 수준과 범위, 가격 결정기법, 판매조건 등을 계획
  - 유통(place) : 유통경로의 설계, 물류와 재고관리, 도매상과 소매상관리를 계획하는 것
  - 촉진(promotion) : 상품의 판매를 촉진하기 위한 광고, 인적 판매, 홍보, 판매촉진 등의 수단을 계획, 통제하는 것

- **SWOT분석과 전략**
  - SO전략(확대전략) : 내부의 강점(strength)을 살리고 기회(opportunity)를 포착하는 전략
  - ST전략(회피전략) : 내부의 강점을 살리되 위협(threat)은 회피하는 전략
  - WO전략(우회전략) : 내부의 약점(weakness)을 극복하면서 외부의 기회를 포착하는 전략
  - WT전략(방어전략) : 내부의 약점을 극복하고 외부의 위협을 회피하는 전략

■ 마케팅관리 이념

- **생산지향적 마케팅** : 기업은 생산 효율성을 높이고 유통망을 확대하는 데 초점을 둔다.
- **제품지향적 마케팅** : 소비자들이 품질, 성능, 디자인이 뛰어난 제품을 선호한다고 가정하고, 기업은 지속적인 제품 개선에 주력한다.
- **판매지향적 마케팅** : 기업의 적극적인 판매 노력과 촉진활동이 없으면 소비자들이 제품을 충분히 구매하지 않을 것이라고 가정한다.
- **시장지향적 마케팅** : 기업의 목표를 달성하기 위해서는 표적시장의 욕구와 욕망을 파악하고 이를 경쟁자보다 효과적이고 효율적인 방법으로 충족시켜 주어야 한다고 보는 관점이다.
- **사회복지지향적 마케팅** : 기업의 마케팅 활동이 기업의 이익과 소비자의 욕구 충족뿐만 아니라 사회 전체의 복지 향상에도 기여해야 한다고 강조하며 지속 가능한 비즈니스를 위한 마케팅 전략을 수립한다.

■ 제품구성의 3단계

핵심제품	소비자가 제품을 구매함으로써 얻고자 하는 가장 기본적이고 본질적인 혜택 예 '배고픔 해소'를 위한 음식 구입, '시원함'을 위한 에어컨 구입 등
유형제품	핵심제품을 구체적이고 물리적으로 실현한 제품 자체, 즉 소비자가 실제로 보고, 만지고, 사용할 수 있는 제품의 속성 예 음식의 '포장, 맛', 에어컨의 '브랜드, 디자인' 등
확장제품	유형제품 외에 소비자에게 추가로 제공되는 부가적 서비스와 혜택 예 품질보증, 배달, 설치, A/S 등과 같은 유형제품 이외의 부가적 서비스

■ 제품수명주기(PLC)별 마케팅관리

도입기	• 신제품이 시장에 처음 소개되는 단계로 경쟁은 거의 없거나 적음 • 강력한 홍보, 체험마케팅, 유통망 개척, 가격정책 선택 필요
성장기	• 제품에 대한 인지도가 높아지고 판매량이 빠르게 증가하는 단계로 경쟁자들이 서서히 등장하기 시작 • 시장 점유율 확대, 제품 개선, 공격적 판촉, 가격전략
성숙기	• 시장수요가 최고조에 달하면서 생산량이 크게 증가하고, 많은 경쟁사들이 시장에 진입하여 경쟁이 매우 치열해지는 단계 • 가격인하, 품질향상, 판매촉진비용의 증가, 제품 다양화 필요
쇠퇴기	• 시장수요가 감소하고 판매량과 이익이 점차 줄어드는 단계로 경쟁 강도가 낮아짐 • 수명 연장 또는 퇴진 전략, 비용절감, 충성고객 집중 필요

■ 수요의 종류에 따른 마케팅관리 유형

수요의 종류	마케팅관리 유형	수요의 종류	마케팅관리 유형
부정적 수요	전환마케팅(conversional marketing)	불규칙수요	동시화마케팅(synchro marketing)
무수요	자극마케팅(stimulational marketing)	완전수요	유지마케팅(maintenance marketing)
잠재수요	개발마케팅(developmental marketing)	초과수요	디마케팅(demarketing)
감소수요	재마케팅(remarketing)	불건전수요	대항마케팅(counter marketing)

■ **우리나라 유기식품 시장 확대를 위한 전략**
- 유기식품의 차별화 및 가치 홍보
- 신시장 발굴 및 소비계층 다변화
- 유통경로 다양화 및 유통 효율화
- 원료 공급망 및 생산기반 강화
- 광고·홍보 확대 및 소비 촉진 행사 추진
- 기업–농업인 상생협력 및 산업 생태계 조성
- 가격 경쟁력 제고

■ **유기농식품의 구입 전후 안전성 문제 해소 방법**

유기농인증마크 부착, 생산과정 및 유통과정 정보 제공, 원재료, 첨가물 등 제품정보(표시사항) 제공

■ **소득증대에 따른 식품 소비형태의 변화**
- 양과 기본 영양보다 맛과 건강기능, 안전성과 같은 질적 만족 추구
- 가공식품, 편의식품, 외식비 지출 증가
- 총지출 중 식료품비 비율(엥겔계수) 감소

■ **유통환경의 구성요소**

미시환경	내부에서 직접적으로 영향을 미치는 환경을 말하며 고객, 경쟁사, 유통기관, 중간상인, 원료공급업자 등이 포함된다.
거시환경	외부에서 발생하는 요인으로 통제할 수 없지만 오랜 기간에 걸쳐 영향을 미치는 환경요소를 말하며 인구통계적 환경, 경제적 환경, 사회·문화적 환경, 기술적 환경, 정치·법률적 환경, 생태적 환경이 속한다.

■ **농산물 유통경로**

생산자 → 수집(농업협동조합) → 중계(도매시장) → 분산(도매상, 소매상) → 소비자

■ **유기농산물의 유통경로**
- 생산자(단체) – 소비자(단체) : 생산자와 소비자 간 직거래
- 생산자(단체) – 생협소비자단체 – 소비자 : 생산자조직(단체)과 소비자조직(생협)의 거래를 통하여 소비자 회원이 되어 구입
- 생산자(단체) – 전문직판장 – 소비자 : 농협 또는 유기농산물 전문 유통업체의 전문매장, 대형유통업체를 통한 소비자 구매
- 인터넷을 이용한 구매 : 생산자 입장에서는 소비자와 직거래를 하거나 생산자 단체나 중간 물류업체 또는 직접 소비자단체에 공급하기도 하고, 가공용으로 가공식품 회사에 납품

■ 도매상과 소매상

도매상		상인도매상, 대리점, 제조업자 도매상
소매상	점포소매상	전문점, 백화점, 슈퍼마켓, 편의점, 할인점, 양판점, 상설할인매장, 회원제 창고형 도소매업 등
	무점포소매상	자동판매기, 직접마케팅, 텔레비전 마케팅, 전자마케팅, 방문판매 등

■ 유통의 체계

유통기능	상적유통기능	구매 및 판매를 통한 소유권 이전
	물적유통기능	운송, 보관, 하역, 포장, 유통가공, 정보유통 등
유통조성기능		표준화·등급화, 금융, 보험 등

■ 유통조성기능

상적유통과 물적유통이 원활히 이루어질 수 있도록 지원하는 부가적인 기능으로 표준화·등급화, 금융, 보험 등이 있다.

■ 농산물 표준화의 잠재적 효용가치

- 유통 효율성 증대 및 비용 절감
- 거래의 공정성 및 투명성 확보
- 상품성 및 신뢰도 향상
- 소비자 효용 증대
- 농가소득 증대 및 부가가치 창출
- 쓰레기 및 환경 부담 감소

■ 유통경로에 따른 4가지 유통 효용

- 장소효용(수송기능) : 상품을 생산지에서 소비지로 이동시켜 소비자가 원하는 장소에서 상품을 이용할 수 있도록 함으로써 창출되는 효용
- 시간효용(저장기능) : 상품을 생산된 시점에 저장·보관하여 소비자가 필요할 때 소비·사용할 수 있도록 함으로써 창출되는 효용
- 형태효용(가공기능) : 상품을 가공, 포장, 선별 등의 과정을 통해 소비자가 원하는 형태로 제공함으로써 창출되는 효용
- 소유권효용(거래기능) : 상품의 소유권이 생산자에서 소비자로 이전되어, 소비자가 상품을 자유롭게 사용할 수 있게 됨으로써 창출되는 효용

■ 농산물 유통 시 고려해야 하는 농산물의 특성

- 계절적 편재성
- 부피와 중량성
- 농산물 자체의 부패·변질성
- 양과 질의 불균일성
- 용도의 다양성
- 수요·공급의 비탄력성

■ 비탄력성(inelasticity)

가격이 변해도 수요나 공급이 크게 변하지 않는 특성

■ 가격의 기능

자원 배분기능, 소득 분배기능, 거래비용의 절감효과, 생산물 배분기능

■ 유통과정에서 발생할 수 있는 위험

물리적 위험	파손, 부패, 감모, 화재, 동해, 풍수해, 열해, 지진 등
경제적 위험 (시장위험)	농산물의 가치 하락, 소비자의 기호나 유행 변화로 인한 수요의 감소, 경쟁조건의 변화, 법령의 개정이나 제정, 예측의 착오

■ 유통비용의 구성

- 직접비용 : 운송비, 포장비, 하역비, 저장비, 가공비 등
- 간접비용 : 점포임대료, 일반관리비, 인건비, 제세공과금 등

■ 친환경농산물의 유통비용을 줄이기 위한 방법

- 유통단계 축소 및 직거래 활성화
- 산지유통 규모화 및 전문화(공동출하, APC 등)
- 온라인 도매시장, 디지털 유통 활성화
- 물류 효율화(표준화, 하역 기계화 등)
- 소매단계 포장·인건비 절감(무포장 유통 등)
- 소비지 유통환경 개선

■ 유통경로의 수직적 통합

하나의 경로 구성원이 유통기능의 일부 또는 전부를 통합하여 직접 수행하거나 통제하는 것이다.

■ **유통마진** = 소비자 지불가격 - 생산자 수취가격

= 산지단계 마진 + 도매단계 마진 + 소매단계 마진

= 유통비용 + 상업이윤

■ **유통마진율(%)** $= \dfrac{\text{소비자 지불가격} - \text{생산자 수취가격}}{\text{소비자 지불가격}} \times 100$

■ **소비자가격** $= \dfrac{\text{생산자가격}}{1 - \text{유통마진율}}$

■ **틈새시장(niche market)**

일반적으로 대기업이나 기존 기업들이 관심을 두지 않거나 경쟁이 덜 치열한 미개척·소규모 시장을 말한다.

■ **유보가격(reservation price)**

구매자가 어떤 상품에 대하여 지불할 용의가 있는 최고가격을 말한다.

■ **농산물 직거래(지역농산물 이용촉진 등 농산물 직거래 활성화에 관한 법률 제2조 제3호)**

생산자와 소비자가 직접 거래하거나, 중간 유통단계를 한 번만 거쳐 거래하는 것으로서 다음의 어느 하나에 해당하는 행위

가. 자신이 생산한 농산물을 소비자에게 직접 판매하는 행위

나. 생산자로부터 농산물의 판매를 위탁받아 소비자에게 판매하는 행위

다. 생산자로부터 농산물을 구입한 자가 이를 소비자에게 직접 판매하는 행위

라. 소비자로부터 농산물의 구입을 위탁받아 생산자로부터 이를 직접 구입하는 행위

마. 그 밖에 대통령령으로 정하는 농산물 거래 행위

■ **농산물 전자상거래의 특징**

• 유통단계 축소 및 비용 절감

• 시간·공간의 제약 극복

• 소비자 편의성 증대

• 디지털 마케팅 활성화

• 품질 보존과 표준화의 어려움

• 물류 및 배송 인프라 구축 필요

- 정보화 기반 및 신뢰 부족
- 규모의 비경제성

■ **공동판매의 장점**
- 공동출하에 따른 비용(수송비, 노동력)을 절감할 수 있다.
- 시장교섭력을 높여 농가의 수취가격 상승에 기여한다.
- 농산물의 출하조절이 쉬워진다.

■ **선물거래가 가능한 농산물의 조건**
- 표준화·규격화가 용이할 것
- 실물 거래량이 많을 것
- 장기저장이 가능할 것
- 가격 변동성이 충분할 것
- 가격 정보가 공개적이고 신뢰성있게 제공될 것
- 정부 등 외부의 통제가 적을 것

■ **콜드체인시스템(cold-chain system)**
온도 변화에 민감한 제품의 생산, 저장, 운송, 판매 등 유통 전 과정에서 적정 저온을 지속적으로 유지해 품질과 안전성을 확보하는 저온유통체계

■ **취급자의 취급 방법 등(친환경농어업법 시행규칙 [별표 4])**
- 소분·저장·포장·운송·수입 또는 판매 등의 취급과정에서 인증품에 인증 종류가 다른 인증품 및 인증품이 아닌 제품이 혼입(混入 : 한데 섞거나 섞여 들어가는 것)되지 않도록 관리하고, 인증받은 내용과 같은 내용으로 표시할 것
- 취급과정에서 방사선은 해충방제, 식품보존, 병원체의 제거 또는 위생관리 등을 위해 사용하지 않을 것
- 생산물의 저장·포장·운송·수입 또는 판매 등의 취급과정에서 청결을 유지해야 하며, 외부로부터의 오염을 방지할 것

■ **취급자의 생산물 품질관리 등(친환경농어업법 시행규칙 [별표 4])**
- 동물용의약품 성분은 식품위생법에 따라 식품의약품안전처장이 정하여 고시하는 동물용의약품 잔류허용기준의 10분의 1을 초과하여 검출되지 않을 것
- 합성농약 성분은 검출되지 않을 것
- 인증품에는 제조단위번호(인증품 관리번호), 표준바코드 또는 전자태그(RFID tag)를 표시할 것
- 인증품에 인증품이 아닌 제품을 혼합하거나 인증품이 아닌 제품을 인증품으로 판매하지 않을 것

■ **우리나라 친환경농축산물 관련 인증제도**

유기농산물, 무농약농산물, 유기축산물, 무항생제축산물 인증

※ 저농약농산물 인증제도는 더이상 소비자 신뢰를 얻기 어렵고 혼선을 초래한다는 이유에서 2009년 7월부터 신규 인증이 중단되고 2016년 완전폐지

■ **품질안전한계기간**

식품에 표시된 보관 방법을 준수할 경우 특정한 품질의 변화 없이 섭취가 가능한 최대 기간으로서 소비기한 설정실험 등을 통해 산출된 기간(식품, 식품첨가물, 축산물 및 건강기능식품의 소비기한 설정기준 제2조 제1호)

■ **소비기한**

식품에 표시된 보관 방법을 준수할 경우 섭취하여도 안전에 이상이 없는 기한(식품, 식품첨가물, 축산물 및 건강기능식품의 소비기한 설정기준 제2조 제2호)

■ **권장소비기한**

영업자 등이 소비기한 설정 시 참고할 수 있도록 제시하는 섭취하여도 안전에 이상이 없는 기한(식품, 식품첨가물, 축산물 및 건강기능식품의 소비기한 설정기준 제2조 제3호)

■ **농산물 표준규격화**

전국적으로 통일된 기준에 맞게 농산물을 선별·포장해 등급을 분류하고 규격 포장재로 출하하는 것으로, 이를 통해 유통효율성을 높이고 공정거래를 촉진하며, 소비자의 다양한 욕구를 충족시키는 데 도움이 된다.

■ **거래단위(농산물 표준규격 제3조 제2항)**

제1항에 따라 설정되지 않은 5kg 미만 또는 최대거래단위 이상은 거래 당사자 간의 협의 또는 시장 유통 여건에 따라 다른 거래단위를 사용할 수 있다.

■ **토마토의 표준거래단위(농산물 표준규격 [별표 1])**

5kg, 7.5kg, 10kg, 15kg

■ **우수농산물관리제도(GAP ; Good Agricultural Practices)의 필요성**

• 소비자의 안전한 먹거리 요구 증대
• 농산물의 안전성 확보 및 소비자 신뢰 제고
• 국제적 기준 및 수출 경쟁력 확보
• 농업환경보호 및 지속가능한 농업 실현
• 생산·유통이력관리 및 문제 발생 시 신속 대응

유기농업 관련 규정

친환경농어업 육성 및 유기식품 등의 관리·지원에 관한 법률(약칭 : 친환경농어업법) 및 시행령

■ 목적(친환경농어업법 제1조)

이 법은 농어업의 환경보전기능을 증대시키고 농어업으로 인한 환경오염을 줄이며, 친환경농어업을 실천하는 농어업인을 육성하여 지속가능한 친환경농어업을 추구하고 이와 관련된 친환경농수산물과 유기식품 등을 관리하여 생산자와 소비자를 함께 보호하는 것을 목적으로 한다.

■ 정의(친환경농어업법 제2조)

1. '친환경농어업'이란 생물의 다양성을 증진하고, 토양에서의 생물적 순환과 활동을 촉진하며, 농어업생태계를 건강하게 보전하기 위하여 합성농약, 화학비료, 항생제 및 항균제 등 화학자재를 사용하지 아니하거나 사용을 최소화한 건강한 환경에서 농산물·수산물·축산물·임산물(이하 '농수산물')을 생산하는 산업을 말한다.
2. '친환경농수산물'이란 친환경농어업을 통하여 얻는 것으로 다음의 어느 하나에 해당하는 것을 말한다.
   가. 유기농수산물
   나. 무농약농산물
   다. 무항생제수산물 및 활성처리제 비사용 수산물(이하 '무항생제수산물 등'이라 한다)
3. '유기(Organic)'란 생물의 다양성을 증진하고, 토양의 비옥도를 유지하여 환경을 건강하게 보전하기 위하여 허용물질을 최소한으로 사용하고, 인증기준에 따라 유기식품 및 비식용유기가공품(이하 '유기식품 등')을 생산, 제조·가공 또는 취급하는 일련의 활동과 그 과정을 말한다.
4. '유기식품'이란 농업·농촌 및 식품산업 기본법의 식품과 수산식품산업의 육성 및 지원에 관한 법률의 수산식품 중에서 유기적인 방법으로 생산된 유기농수산물과 유기가공식품(유기농수산물을 원료 또는 재료로 하여 제조·가공·유통되는 식품 및 수산식품)을 말한다.
5. '비식용유기가공품'이란 사람이 직접 섭취하지 아니하는 방법으로 사용하거나 소비하기 위하여 유기농수산물을 원료 또는 재료로 사용하여 유기적인 방법으로 생산, 제조·가공 또는 취급되는 가공품을 말한다. 다만, 식품위생법에 따른 기구, 용기·포장, 약사법에 따른 의약외품 및 화장품법에 따른 화장품은 제외한다.
5의2. '무농약원료가공식품'이란 무농약농산물을 원료 또는 재료로 하거나 유기식품과 무농약농산물을 혼합하여 제조·가공·유통되는 식품을 말한다.
6. '유기농어업자재'란 유기농수산물을 생산, 제조·가공 또는 취급하는 과정에서 사용할 수 있는 허용물질을 원료 또는 재료로 하여 만든 제품을 말한다.

7. '허용물질'이란 유기식품 등, 무농약농산물·무농약원료가공식품 및 무항생제수산물등 또는 유기농어업자재를 생산, 제조·가공 또는 취급하는 모든 과정에서 사용 가능한 것으로서 농림축산식품부령 또는 해양수산부령으로 정하는 물질을 말한다.

8. '취급'이란 농수산물, 식품, 비식용가공품 또는 농어업용자재를 저장, 포장[소분(小分) 및 재포장을 포함], 운송, 수입 또는 판매하는 활동을 말한다.

9. '사업자'란 친환경농수산물, 유기식품 등·무농약원료가공식품 또는 유기농어업자재를 생산, 제조·가공하거나 취급하는 것을 업(業)으로 하는 개인 또는 법인을 말한다.

■ 민간단체의 역할(친환경농어업법 제5조)

친환경농어업 관련 기술연구와 친환경농수산물, 유기식품 등, 무농약원료가공식품 또는 유기농어업자재 등의 생산·유통·소비를 촉진하기 위하여 구성된 민간단체는 국가와 지방자치단체의 친환경농어업·유기식품 등·무농약농산물·무농약원료가공식품 및 무항생제수산물등에 관한 육성시책에 협조하고 그 회원들과 사업자 등에게 필요한 교육·훈련·기술개발·경영지도 등을 함으로써 친환경농어업·유기식품 등·무농약농산물·무농약원료가공식품 및 무항생제수산물 등의 발전을 위하여 노력하여야 한다.

■ 흙의 날(친환경농어업법 제5조의2 제1항)

농업의 근간이 되는 흙의 소중함을 국민에게 알리기 위하여 매년 3월 11일을 흙의 날로 정한다.

■ 친환경농어업 육성계획(친환경농어업법 제7조)

① 농림축산식품부장관 또는 해양수산부장관은 관계 중앙행정기관의 장과 협의하여 5년마다 친환경농어업 발전을 위한 친환경농업 육성계획 또는 친환경어업 육성계획을 세워야 한다. 이 경우 민간단체나 전문가 등의 의견을 수렴하여야 한다.

② 육성계획에는 다음의 사항이 포함되어야 한다.

1. 농어업 분야의 환경보전을 위한 정책목표 및 기본 방향

2. 농어업의 환경오염 실태 및 개선대책

3. 합성농약, 화학비료 및 항생제·항균제 등 화학자재 사용량 감축 방안

3의2. 친환경 약제와 병충해 방제 대책

4. 친환경농어업 발전을 위한 각종 기술 등의 개발·보급·교육 및 지도 방안

5. 친환경농어업의 시범단지 육성 방안

6. 친환경농수산물과 그 가공품, 유기식품 등 및 무농약원료가공식품의 생산·유통·수출 활성화와 연계강화 및 소비 촉진 방안

7. 친환경농어업의 공익적 기능 증대 방안

8. 친환경농어업 발전을 위한 국제협력 강화 방안

9. 육성계획 추진 재원의 조달 방안

10. 인증기관의 육성 방안

11. 그 밖에 친환경농어업의 발전을 위하여 농림축산식품부령 또는 해양수산부령으로 정하는 사항

■ **농어업 자원보전 및 환경개선(친환경농어업법 제10조 제1항)**

국가와 지방자치단체는 농지, 농어업 용수, 대기 등 농어업 자원을 보전하고 토양개량, 수질 개선 등 농어업 환경을 개선하기 위하여 농경지 개량, 농어업 용수 오염 방지, 온실가스 발생 최소화 등의 시책을 적극적으로 추진하여야 한다.

■ **농어업 자원·환경 및 친환경농어업 등에 관한 실태조사·평가(친환경농어업법 제11조 제1항)**

농림축산식품부장관·해양수산부장관 또는 지방자치단체의 장은 농어업 자원 보전과 농어업 환경 개선을 위하여 농림축산식품부령 또는 해양수산부령으로 정하는 바에 따라 다음의 사항을 주기적으로 조사·평가하여야 한다.

1. 농경지의 비옥도(肥沃度), 중금속, 농약성분, 토양미생물 등의 변동사항

2. 농어업 용수로 이용되는 지표수와 지하수의 수질

3. 농약·비료·항생제 등 농어업투입재의 사용 실태

4. 수자원 함양(涵養), 토양보전 등 농어업의 공익적 기능 실태

5. 축산분뇨 퇴비화 등 해당 농어업 지역에서의 자체 자원 순환사용 실태

5의2. 친환경농어업 및 친환경농수산물의 유통·소비 등에 관한 실태

6. 그 밖에 농어업 자원보전 및 농어업 환경 개선을 위하여 필요한 사항

■ **친환경농어업에 대한 기여도(친환경농어업법 시행령 제2조)**

농림축산식품부장관·해양수산부장관 또는 지방자치단체의 장은 친환경농어업 육성 및 유기식품 등의 관리·지원에 관한 법률에 따른 친환경농어업에 대한 기여도를 평가하려는 경우에는 다음의 사항을 고려해야 한다.

1. 농어업 환경의 유지·개선 실적

2. 유기식품 및 비식용유기가공품(이하 '유기식품 등'), 친환경농수산물 또는 유기농어업자재의 생산·유통·수출 실적

3. 유기식품 등, 무농약농산물, 무농약원료가공식품, 무항생제수산물 및 활성처리제 비사용 수산물의 인증 실적 및 사후관리 실적

4. 친환경농어업 기술의 개발·보급 실적

5. 친환경농어업에 관한 교육·훈련 실적

6. 농약·비료 등 화학자재의 사용량 감축 실적

7. 축산분뇨를 퇴비 및 액체비료 등으로 자원화한 실적

■ 유기식품 등의 인증 신청 및 심사 등(친환경농어업법 제20조)

① 유기식품 등을 생산, 제조·가공 또는 취급하는 자는 유기식품 등의 인증을 받으려면 해양수산부장관 또는 지정받은 인증기관(이하 '인증기관')에 농림축산식품부령 또는 해양수산부령으로 정하는 서류를 갖추어 신청하여야 한다. 다만, 인증을 받은 유기식품 등을 다시 포장하지 아니하고 그대로 저장, 운송, 수입 또는 판매하는 자는 인증을 신청하지 아니할 수 있다.

② 다음의 어느 하나에 해당하는 자는 제1항에 따른 인증을 신청할 수 없다.

 1. 제24조제1항(같은 항 제4호는 제외)에 따라 인증이 취소된 날부터 1년이 지나지 아니한 자. 다만, 최근 10년 동안 인증이 2회 취소된 경우에는 마지막으로 인증이 취소된 날부터 2년, 최근 10년 동안 인증이 3회 이상 취소된 경우에는 마지막으로 인증이 취소된 날부터 5년이 지나지 아니한 자로 한다.

 1의2. 고의 또는 중대한 과실로 유기식품 등에서 식품위생법에 따라 식품의약품안전처장이 고시한 농약 잔류허용기준을 초과한 합성농약이 검출되어 인증이 취소된 자로서 그 인증이 취소된 날부터 5년이 지나지 아니한 자

 2. 인증표시의 제거·정지 또는 시정조치 명령이나 제31조 제7항 제2호 또는 제3호에 따른 명령을 받아서 그 처분기간 중에 있는 자

 3. 벌금 이상의 형을 선고받고 형이 확정된 날부터 1년이 지나지 아니한 자

③ 해양수산부장관 또는 인증기관은 제1항에 따른 신청을 받은 경우 유기식품 등의 인증기준에 맞는지를 심사한 후 그 결과를 신청인에게 알려주고 그 기준에 맞는 경우에는 인증을 해 주어야 한다. 이 경우 인증심사를 위하여 신청인의 사업장에 출입하는 사람은 그 권한을 표시하는 증표를 지니고 이를 신청인에게 보여주어야 한다.

④ 제3항에 따라 유기식품 등의 인증을 받은 사업자(이하 '인증사업자')는 동일한 인증기관으로부터 연속하여 2회를 초과하여 인증(제21조제2항에 따른 갱신을 포함)을 받을 수 없다. 다만, 제32조의2에 따라 실시한 인증기관 평가에서 농림축산식품부령 또는 해양수산부령으로 정하는 기준 이상을 받은 인증기관으로부터 인증을 받으려는 경우에는 그러하지 아니하다.

⑤ 제3항에 따른 인증심사 결과에 대하여 이의가 있는 자는 인증심사를 한 해양수산부장관 또는 인증기관에 재심사를 신청할 수 있다.

⑥ 제5항에 따른 재심사 신청을 받은 해양수산부장관 또는 인증기관은 농림축산식품부령 또는 해양수산부령으로 정하는 바에 따라 재심사 여부를 결정하여 해당 신청인에게 통보하여야 한다.

⑦ 해양수산부장관 또는 인증기관은 제5항에 따른 재심사를 하기로 결정하였을 때에는 지체 없이 재심사를 하고 해당 신청인에게 그 재심사 결과를 통보하여야 한다.

⑧ 인증사업자는 인증받은 내용을 변경할 때에는 그 인증을 한 해양수산부장관 또는 인증기관으로부터 농림축산식품부령 또는 해양수산부령으로 정하는 바에 따라 인증 변경승인을 받아야 한다.

⑨ 그 밖에 인증의 신청, 제한, 심사, 재심사 및 인증 변경승인 등에 필요한 구체적인 절차와 방법 등은 농림축산식품부령 또는 해양수산부령으로 정한다.

■ 인증의 유효기간 등(친환경농어업법 제21조 제1항)

유기식품 인증의 유효기간은 인증을 받은 날부터 1년으로 한다.

■ 인증의 취소 등(친환경농어업법 제24조 제1항)

농림축산식품부장관·해양수산부장관 또는 인증기관은 인증사업자가 다음의 어느 하나에 해당하는 경우에는 그 인증을 취소하거나 인증표시의 제거·정지 또는 시정조치를 명할 수 있다. 다만, 제1호에 해당할 때에는 인증을 취소하여야 한다.

1. 거짓이나 그 밖의 부정한 방법으로 인증을 받은 경우
2. 제19조 제2항에 따른 인증기준에 맞지 아니한 경우
3. 정당한 사유 없이 제31조 제7항에 따른 명령에 따르지 아니한 경우
4. 전업(轉業), 폐업 등의 사유로 인증품을 생산하기 어렵다고 인정하는 경우

■ 인증기관의 지정 등(친환경농어업법 제26조 제1항)

농림축산식품부장관 또는 해양수산부장관은 유기식품 등의 인증과 관련하여 제26조의2에 따른 인증심사원 등 필요한 인력·조직·시설 및 인증업무규정을 갖춘 기관 또는 단체를 인증기관으로 지정하여 유기식품 등의 인증을 하게 할 수 있다.

■ 인증심사원(친환경농어업법 제26조의2)

① 농림축산식품부장관 또는 해양수산부장관은 농림축산식품부령 또는 해양수산부령으로 정하는 기준에 적합한 자에게 인증심사, 재심사 및 인증 변경승인, 인증 갱신, 유효기간 연장 및 재심사, 인증사업자에 대한 조사 업무(이하 '인증심사업무')를 수행하는 심사원(이하 '인증심사원')의 자격을 부여할 수 있다.

② 제1항에 따라 인증심사원의 자격을 부여받으려는 자는 농림축산식품부령 또는 해양수산부령으로 정하는 바에 따라 농림축산식품부장관 또는 해양수산부장관이 실시하는 교육을 받은 후 농림축산식품부장관 또는 해양수산부장관에게 이를 신청하여야 한다.

③ 농림축산식품부장관 또는 해양수산부장관은 인증심사원이 다음의 어느 하나에 해당하는 때에는 그 자격을 취소하거나 6개월 이내의 기간을 정하여 자격을 정지하거나 시정조치를 명할 수 있다. 다만, 제1호부터 제3호까지에 해당하는 경우에는 그 자격을 취소하여야 한다.

1. 거짓이나 그 밖의 부정한 방법으로 인증심사원의 자격을 부여받은 경우
2. 거짓이나 그 밖의 부정한 방법으로 인증심사 업무를 수행한 경우
3. 고의 또는 중대한 과실로 인증기준에 맞지 아니한 유기식품 등을 인증한 경우
3의2. 경미한 과실로 인증기준에 맞지 아니한 유기식품 등을 인증한 경우
4. 제1항에 따른 인증심사원의 자격 기준에 적합하지 아니하게 된 경우
5. 인증심사 업무와 관련하여 다른 사람에게 자기의 성명을 사용하게 하거나 인증심사원증을 빌려 준 경우

6. 제26조의4 제1항에 따른 교육을 받지 아니한 경우

7. 제27조 제2항 각 호에 따른 준수사항을 지키지 아니한 경우

8. 정당한 사유 없이 제31조 제1항에 따른 조사를 실시하기 위한 지시에 따르지 아니한 경우

④ 제3항에 따라 인증심사원 자격이 취소된 자는 취소된 날부터 3년이 지나지 아니하면 인증심사원 자격을 부여받을 수 없다.

⑤ 인증심사원의 자격 부여 절차 및 자격 취소·정지 기준, 그 밖에 필요한 사항은 농림축산식품부령 또는 해양수산부령으로 정한다.

■ **인증 등에 관한 부정행위의 금지(친환경농어업법 제30조 제1항)**

누구든지 다음의 어느 하나에 해당하는 행위를 하여서는 아니 된다.

1. 거짓이나 그 밖의 부정한 방법으로인증심사, 재심사 및 인증 변경승인, 인증 갱신, 유효기간 연장 및 재심사 또는 인증기관의 지정·갱신을 받는 행위

1의2. 거짓이나 그 밖의 부정한 방법으로 인증심사, 재심사 및 인증 변경승인, 인증 갱신, 유효기간 연장 및 재심사를 하거나 받을 수 있도록 도와주는 행위

1의3. 거짓이나 그 밖의 부정한 방법으로 인증심사원의 자격을 부여받는 행위

2. 인증을 받지 아니한 제품과 제품을 판매하는 진열대에 유기표시, 무농약표시, 친환경 문구 표시 및 이와 유사한 표시(인증품으로 잘못 인식할 우려가 있는 표시 및 이와 관련된 외국어 또는 외래어 표시를 포함)를 하는 행위

3. 인증품에 인증받은 내용과 다르게 표시하는 행위

4. 인증 또는 인증 갱신을 신청하는 데 필요한 서류를 거짓으로 발급하여 주는 행위

5. 인증품에 인증을 받지 아니한 제품 등을 섞어서 판매하거나 섞어서 판매할 목적으로 보관, 운반 또는 진열하는 행위

6. 제2호 또는 제3호의 행위에 따른 제품임을 알고도 인증품으로 판매하거나 판매할 목적으로 보관, 운반 또는 진열하는 행위

7. 인증이 취소된 제품임을 알고도 인증품으로 판매하거나 판매할 목적으로 보관·운반 또는 진열하는 행위

8. 인증을 받지 아니한 제품을 인증품으로 광고하거나 인증품으로 잘못 인식할 수 있도록 광고(유기, 무농약, 친환경 문구 또는 이와 같은 의미의 문구를 사용한 광고를 포함)하는 행위 또는 인증품을 인증받은 내용과 다르게 광고하는 행위

■ **인증기관 등의 승계(친환경농어업법 제33조 제1항)**

다음의 어느 하나에 해당하는 자는 인증사업자 또는 인증기관의 지위를 승계한다.

1. 인증사업자가 사망한 경우 그 제품 등을 계속하여 생산, 제조·가공 또는 취급하려는 상속인

2. 인증사업자나 인증기관이 그 사업을 양도한 경우 그 양수인

3. 인증사업자나 인증기관이 합병한 경우 합병 후 존속하는 법인이나 합병으로 설립되는 법인

■ 공시의 유효기간 등(친환경농어업법 제39조 제1항)

공시의 유효기간은 공시를 받은 날부터 3년으로 한다.

■ 공시기관의 지정취소 등(친환경농어업법 제47조 제1항)

농림축산식품부장관 또는 해양수산부장관은 공시기관이 다음의 어느 하나에 해당하는 경우에는 지정을 취소하거나 6개월 이내의 기간을 정하여 그 업무의 전부 또는 일부의 정지 또는 시정조치를 명할 수 있다. 다만, 제1호부터 제3호까지의 경우에는 그 지정을 취소하여야 한다.

1. 거짓이나 그 밖의 부정한 방법으로 지정을 받은 경우
2. 공시기관이 파산, 폐업 등으로 인하여 공시업무를 수행할 수 없는 경우
3. 업무정지 명령을 위반하여 정지기간 중에 공시업무를 한 경우
4. 정당한 사유 없이 1년 이상 계속하여 공시업무를 하지 아니한 경우
5. 고의 또는 중대한 과실로 공시기준에 맞지 아니한 제품에 공시를 한 경우
6. 고의 또는 중대한 과실로 시심사 및 재심사의 처리 절차·방법 또는 공시 갱신의 절차·방법 등을 지키지 아니한 경우
7. 정당한 사유 없이 제43조 제1항에 따른 처분, 제49조 제7항 제2호 또는 제3호에 따른 명령 및 같은 조 제9항에 따른 공표를 하지 아니한 경우
8. 공시기관의 지정기준에 맞지 아니하게 된 경우
9. 공시기관의 준수사항을 지키지 아니한 경우
10. 시정조치 명령이나 처분에 따르지 아니한 경우
11. 정당한 사유 없이 소속 공무원의 조사를 거부·방해하거나 기피하는 경우

■ 우선구매(친환경농어업법 제55조 제2항)

농림축산식품부장관·해양수산부장관 또는 지방자치단체의 장은 이 법에 따른 인증품의 구매를 촉진하기 위하여 다음의 어느 하나에 해당하는 기관 및 단체의 장에게 인증품의 우선구매 등 필요한 조치를 요청할 수 있다.

1. 중소기업제품 구매촉진 및 판로지원에 관한 법률에 따른 공공기관
2. 국군조직법에 따라 설치된 각군 부대와 기관
3. 영유아보육법에 따른 어린이집, 유아교육법에 따른 유치원, 초·중등교육법 또는 고등교육법에 따른 학교
4. 농어업 관련 단체 등

■ 벌칙(친환경농어업법 제60조 제1항)

인증과정, 시험수행과정 또는 공시 과정에서 얻은 정보와 자료를 신청인의 서면동의 없이 공개하거나 제공한 자는 5년 이하의 징역 또는 5천만원 이하의 벌금에 처한다.

■ **벌칙(친환경농어업법 제60조 제2항)**

다음의 어느 하나에 해당하는 자는 3년 이하의 징역 또는 3천만원 이하의 벌금에 처한다.

1. 인증기관의 지정을 받지 아니하고 인증업무를 하거나 공시기관의 지정을 받지 아니하고 공시업무를 한 자

2. 인증기관 지정의 유효기간이 지났음에도 인증업무를 하였거나 공시기관 지정의 유효기간이 지났음에도 공시업무를 한 자

3. 인증기관의 지정취소 처분을 받았음에도 인증업무를 하거나 공시기관의 지정취소 처분을 받았음에도 공시업무를 한 자

4. 거짓이나 그 밖의 부정한 방법으로 인증심사, 재심사 및 인증 변경승인, 인증 갱신, 유효기간 연장 및 재심사 또는 인증기관의 지정·갱신을 받은 자

4의2. 거짓이나 그 밖의 부정한 방법으로 인증심사, 재심사 및 인증 변경승인, 인증 갱신, 유효기간 연장 및 재심사를 하거나 받을 수 있도록 도와준 자

4의3. 거짓이나 그 밖의 부정한 방법으로 인증심사원의 자격을 부여받은 자

5. 인증을 받지 아니한 제품과 제품을 판매하는 진열대에 유기표시, 무농약표시, 친환경 문구 표시 및 이와 유사한 표시(인증품으로 잘못 인식할 우려가 있는 표시 및 이와 관련된 외국어 또는 외래어 표시를 포함)를 한 자

6. 인증품 또는 공시를 받은 유기농어업자재에 인증 또는 공시를 받은 내용과 다르게 표시를 한 자

7. 인증, 인증 갱신 또는 공시, 공시 갱신의 신청에 필요한 서류를 거짓으로 발급한 자

8. 인증품에 인증을 받지 아니한 제품 등을 섞어서 판매하거나 섞어서 판매할 목적으로 보관, 운반 또는 진열한 자

9. 인증을 받지 아니한 제품에 인증표시나 이와 유사한 표시를 한 것임을 알거나 인증품에 인증을 받은 내용과 다르게 표시한 것임을 알고도 인증품으로 판매하거나 판매할 목적으로 보관, 운반 또는 진열한 자

10. 인증이 취소된 제품 또는 공시가 취소된 자재임을 알고도 인증품 또는 공시를 받은 유기농어업자재로 판매하거나 판매할 목적으로 보관·운반 또는 진열한 자

11. 인증을 받지 아니한 제품을 인증품으로 광고하거나 인증품으로 잘못 인식할 수 있도록 광고(유기, 무농약, 친환경 문구 또는 이와 같은 의미의 문구를 사용한 광고를 포함한다)하거나 인증품을 인증받은 내용과 다르게 광고한 자

11의2. 거짓이나 그 밖의 부정한 방법으로 공시, 재심사 및 공시 변경승인, 공시 갱신 또는 공시기관의 지정·갱신을 받은 자

12. 공시를 받지 아니한 자재에 공시의 표시 또는 이와 유사한 표시를 하거나 공시를 받은 유기농어업자재로 잘못 인식할 우려가 있는 표시 및 이와 관련된 외국어 또는 외래어 표시 등을 한 자

13. 공시를 받지 아니한 자재에 공시의 표시나 이와 유사한 표시를 한 것임을 알거나 공시를 받은 유기농어업자재에 공시를 받은 내용과 다르게 표시한 것임을 알고도 공시를 받은 유기농어업자재로 판매하거나 판매할 목적으로 보관, 운반 또는 진열한 자

14. 공시를 받지 아니한 자재를 공시를 받은 유기농어업자재로 광고하거나 공시를 받은 유기농어업자재로 잘못 인식할 수 있도록 광고하거나 공시를 받은 자재를 공시 받은 내용과 다르게 광고한 자

15. 허용물질이 아닌 물질이나 공시기준에서 허용하지 아니하는 물질 등을 유기농어업자재에 섞어 넣은 자

■ **벌칙(친환경농어업법 제60조 제3항)**

다음의 어느 하나에 해당하는 자는 1년 이하의 징역 또는 1천만원 이하의 벌금에 처한다.

1. 법을 위반하여 수입한 제품(유기표시가 된 인증품 또는 동등성이 인정된 인증을 받은 유기가공식품)을 신고하지 아니하고 판매하거나 영업에 사용한 자
2. 인증심사업무 또는 공시업무의 정지기간 중에 인증심사업무 또는 공시업무를 한 자
3. 제31조 제7항 각 호(제34조 제5항에서 준용하는 경우를 포함) 또는 제49조제7항 각 호의 명령에 따르지 아니한 자

■ **과태료(친환경농어업법 제62조 제1항)**

정당한 사유 없이 제32조제1항(제34조제5항에서 준용하는 경우를 포함한다), 제41조의3제1항 또는 제50조제1항에 따른 조사를 거부·방해하거나 기피한 자에게는 1천만원 이하의 과태료를 부과한다.

■ **과태료(친환경농어업법 제62조 제2항)**

다음의 어느 하나에 해당하는 자에게는 500만원 이하의 과태료를 부과한다.

1. 인증을 받지 아니한 사업자가 인증품의 포장을 해체하여 재포장한 후 표시를 한 자
2. 제한적 표시기준을 위반한 자
3. 관련 서류·자료 등을 기록·관리하지 아니하거나 보관하지 아니한 자
4. 인증 결과 또는 공시 결과 및 사후관리 결과 등을 거짓으로 보고한 자
5. 인증기관의 임원 등이 인증심사업무를 한 자
6. 인증심사업무 결과를 기록하지 아니한 자
7. 신고하지 아니하고 인증업무 또는 공시업무의 전부 또는 일부를 휴업하거나 폐업한 자
8. 정당한 사유 없이 조사를 거부·방해하거나 기피한 자
9. 인증기관 또는 공시기관의 지위를 승계하고도 그 사실을 신고하지 아니한 자

■ **과태료(친환경농어업법 제62조 제3항)**

다음의 어느 하나에 해당하는 자에게는 300만원 이하의 과태료를 부과한다.

1. 해당 인증기관 또는 공시기관으로부터 승인을 받지 아니하고 인증받은 내용 또는 공시를 받은 내용을 변경한 자
2. 중요 사항을 승인받지 아니하고 변경한 자
3. 인증 결과 또는 공시 결과 및 사후관리 결과 등을 보고하지 아니한 자
4. 인증사업자 또는 공시사업자의 지위를 승계하고도 그 사실을 신고하지 아니한 자
5. 제42조에 따른 표시기준을 위반한 자

■ 과태료(친환경농어업법 제62조 제4항)

다음의 어느 하나에 해당하는 자에게는 100만원 이하의 과태료를 부과한다.

1. 인증품 또는 공시를 받은 유기농어업자재의 생산, 제조·가공 또는 취급 실적을 농림축산식품부장관 또는 해양수산부장관, 해당 인증기관 또는 공시기관에 알리지 아니한 자
2. 관련 서류 등을 보관하지 아니한 자
3. 제23조 제1항 또는 제36조 제1항에 따른 표시기준을 위반한 자
4. 변경사항을 신고하지 아니한 자

■ 과태료의 일반기준(친환경농어업법 시행령 [별표 2])

가. 위반행위의 횟수에 따른 과태료의 가중된 부과기준은 최근 1년간 같은 위반행위로 과태료 부과처분을 받은 경우에 적용한다. 이 경우 기간의 계산은 위반행위에 대해 과태료 부과처분을 받은 날과 그 처분 후 다시 같은 위반행위를 하여적발된 날을 기준으로 한다.

나. 가목에 따라 가중된 부과처분을 하는 경우 가중처분의 적용 차수는 그 위반행위 전 부과처분 차수(가목에 따른 기간 내에 과태료 부과처분이 둘 이상 있었던경우에는 높은 차수)의 다음 차수로 한다.

다. 부과권자는 다음의 어느 하나에 해당하는 경우에는 제2호에 따른 과태료 금액의 2분의 1 범위에서 그 금액을 줄일 수 있다. 다만, 과태료를 체납하고 있는 위반행위자의 경우에는 그렇지 않다.

    1) 위반행위가 사소한 부주의나 오류로 인한 것으로 인정되는 경우

    2) 위반행위자가 법 위반상태를 시정하거나 해소하기 위한 노력이 인정되는 경우

    3) 위반행위자가 자연재해·화재 등으로 재산에 현저한 손실이 발생하거나 사업여건의 악화로 사업이 중대한 위기에 처한 경우

라. 부과권자는 다음의 어느 하나에 해당하는 경우에는 제2호에 따른 과태료 금액의 2분의 1 범위에서 그 금액을 늘릴 수 있다. 다만, 법 제62조 제1항부터 제4항까지의 규정에 따른 과태료 금액의 상한을 넘을 수 없다.

    1) 위반의 내용·정도가 중대하여 소비자 등에게 미치는 피해가 크다고 인정되는 경우

    2) 그 밖에 위반행위의 정도, 위반행위의 동기와 그 결과 등을 고려하여 과태료금액을 늘릴 필요가 있다고 인정되는 경우

■ 과태료의 개별기준(친환경농어업법 시행령 [별표 2])

위반행위	과태료(단위 : 만원)		
	1회 위반	2회 위반	3회 이상 위반
가. 법 제20조 제8항(법 제34조 제4항에서 준용하는 경우를 포함)을 위반하여 해당 인증기관으로로부터 승인을 받지 않고 인증받은 내용을 변경한 경우	100	200	300
나. 법 제22조 제1항(법 제34조 제4항에서 준용하는 경우를 포함)을 위반하여 인증품의 생산, 제조·가공 또는 취급 실적을 알리지 않은 경우	30	50	100
다. 법 제22조 제2항(법 제34조 제4항에서 준용하는 경우를 포함)을 위반하여 관련 서류 등을 보관하지 않은 경우	30	50	100

위반행위	과태료(단위 : 만원)		
	1회 위반	2회 위반	3회 이상 위반
라. 인증을 받지 않은 사업자가 인증품의 포장을 해체하여 재포장한 후 법 제23조제1항 또는 제36조제1항에 따른 표시를 한 경우	150	300	500
마. 법 제23조 제1항 또는 제36조 제1항에 따른 표시기준을 위반한 경우	30	50	100
바. 법 제23조 제3항 또는 제36조 제2항에 따른 제한적 표시기준을 위반한 경우	150	300	500
사. 법 제26조 제5항 본문(법 제35조 제2항에서 준용하는 경우를 포함)을 위반하여 변경사항을 신고하지 않은 경우	30	50	100
아. 법 제26조 제5항 단서(법 제35조 제2항에서 준용하는 경우를 포함)를 위반하여 중요 사항을 승인받지 않고 변경한 경우	100	200	300
자. 법 제27조 제1항제3호(법 제35조 제2항에서 준용하는 경우를 포함)를 위반하여 관련 자료를 보관하지 않은 경우	150	300	500
차. 법 제27조 제1항 제4호(법 제35조 제2항에서 준용하는 경우를 포함)를 위반하여 인증 결과 및 사후관리 결과 등을 거짓으로 보고한 경우	150	300	500
카. 법 제27조 제1항 제4호(법 제35조 제2항에서 준용하는 경우를 포함)를 위반하여 인증 결과 및 사후관리 결과 등을 보고하지 않은 경우	100	200	300
타. 법 제27조 제1항 제5호(법 제35조 제2항에서 준용하는 경우를 포함)를 위반하여 불시 심사의 결과를 기록·관리하지 않은 경우	150	300	500
파. 법 제27조 제2항 제2호(법 제35조 제2항에서 준용하는 경우를 포함)를 위반하여 인증심사 업무를 한 경우	150	300	500
하. 법 제27조 제2항 제3호(법 제35조 제2항에서 준용하는 경우를 포함)를 위반하여 인증심사 업무 결과를 기록하지 않은 경우	150	300	500
거. 법 제28조(법 제35조 제2항에서 준용하는 경우를 포함)를 위반하여 신고하지 않고 인증업무의 전부 또는 일부를 휴업하거나 폐업한 경우	150	300	500
너. 정당한 사유 없이 법 제31조 제1항(법 제34조 제5항에서 준용하는 경우를 포함)에 따른 조사를 거부·방해하거나 기피한 경우	150	300	500
더. 정당한 사유 없이 법 제32조 제1항(법 제34조 제5항에서 준용하는 경우를 포함)에 따른 조사를 거부·방해하거나 기피한 경우	300	500	1,000
러. 법 제33조(법 제34조 제5항에서 준용하는 경우를 포함)를 위반하여 인증기관의 지위를 승계하고도 그 사실을 신고하지 않은 경우	150	300	500
머. 법 제33조(법 제34조 제5항에서 준용하는 경우를 포함)를 위반하여 인증사업자의 지위를 승계하고도 그 사실을 신고하지 않은 경우	100	200	300
버. 법 제38조 제4항을 위반하여 해당 공시기관으로부터 승인을 받지 않고 공시를 받은 내용을 변경한 경우	100	200	300
서. 법 제40조 제1항을 위반하여 공시를 받은 유기농어업자재를 생산하거나 수입하여 판매한 실적을 알리지 않은 경우	30	50	100
어. 법 제40조 제2항을 위반하여 관련 서류 등을 보관하지 않은 경우	30	50	100
저. 법 제41조의2 제3호를 위반하여 관련 자료를 보관하지 않은 경우	150	300	500
처. 정당한 사유 없이 법 제41조의3 제1항에 따른 조사를 거부·방해하거나 기피한 경우	300	500	1,000
커. 법 제42조에 따른 표시기준을 위반한 경우	100	200	300
터. 법 제44조 제4항 본문을 위반하여 변경사항을 신고하지 않은 경우	30	50	100
퍼. 법 제44조 제4항 단서를 위반하여 중요 사항을 승인받지 않고 변경한 경우	100	200	300
허. 법 제45조 제3호를 위반하여 관련 자료를 보관하지 않은 경우	150	300	500
고. 법 제45조 제4호를 위반하여 공시 결과 및 사후관리 결과 등을 거짓으로 보고한 경우	150	300	500
노. 법 제45조 제4호를 위반하여 공시 결과 및 사후관리 결과 등을 보고하지 않은 경우	100	200	300
도. 법 제45조 제5호를 위반하여 관련 불시 심사 결과를 기록·관리하지 않은 경우	150	300	500
로. 법 제46조를 위반하여 신고하지 않고 공시업무의 전부 또는 일부를 휴업하거나 폐업한 경우	150	300	500
모. 정당한 사유 없이 법 제49조 제1항에 따른 조사를 거부·방해하거나 기피한 경우	150	300	500
보. 정당한 사유 없이 법 제50조 제1항에 따른 조사를 거부·방해하거나 기피한 경우	300	500	1,000
소. 법 제51조를 위반하여 공시기관의 지위를 승계하고도 그 사실을 신고하지 않은 경우	150	300	500
오. 법 제51조를 위반하여 공시사업자의 지위를 승계하고도 그 사실을 신고하지 않은 경우	100	200	300

| 농림축산식품부 소관 친환경농어업 육성 및 유기식품 등의 관리·지원에 관한 법률 시행규칙 및 관련 고시

■ 정의(친환경농어업법 시행규칙 제2조)

1. '친환경농어업'이란 친환경농어업 중 농산물·축산물·임산물(이하 '농축산물')을 생산하는 산업을 말한다.
2. '친환경농축산물'이란 친환경농업을 통해 얻는 것으로서 다음의 어느 하나에 해당하는 것을 말한다.
    가. 유기농산물·유기축산물 및 유기임산물(이하 '유기농축산물')
    나. 무농약농산물
3. '유기식품'이란 유기농축산물과 유기가공식품(유기농축산물을 원료 또는 재료로 하여 제조·가공·유통되는 식품)을 말한다.
4. '유기식품 등'이란 유기식품 및 비식용유기가공품(유기농축산물을 원료 또는 재료로 사용하는 것으로 한정)을 말한다.
5. '유기농업자재'란 유기농축산물을 생산, 제조·가공 또는 취급하는 과정에서 사용할 수 있는 허용물질을 원료 또는 재료로 하여 만든 제품을 말한다.

■ 유기농산물 및 유기임산물의 토양개량과 작물생육을 위해 사용 가능한 물질(친환경농어업법 시행규칙 [별표 1])

사용 가능 물질	사용 가능 조건
혈분·육분·골분·깃털분 등 도축장과 수산물 가공공장에서 나온 동물부산물	화학물질의 첨가나 화학적 제조공정을 거치지 않아야 하고, 항생물질이 검출되지 않을 것
대두박(콩에서 기름을 짜고 남은 찌꺼기), 쌀겨 유박(油粕 : 식물성 원료에서 원하는 물질을 짜고 남은 찌꺼기), 깻묵 등 식물성 유박류	(1) 유전자를 변형한 물질이 포함되지 않을 것 (2) 최종제품에 화학물질이 남지 않을 것 (3) 아주까리 및 아주까리 유박을 사용한 자재는 비료관리법에 따른 공정규격설정 등의 고시에서 정한 리친(ricin)의 유해성분 최대량을 초과하지 않을 것
오줌	충분한 발효와 희석을 거쳐 사용할 것
사람의 배설물(오줌만인 경우는 제외)	(1) 완전히 발효되어 부숙된 것일 것 (2) 고온발효 : 50℃ 이상에서 7일 이상 발효된 것 (3) 저온발효 : 6개월 이상 발효된 것일 것 (4) 엽채류 등 농산물·임산물 중 사람이 직접 먹는 부위에는 사용하지 않을 것
구아노(guano : 바닷새, 박쥐 등의 배설물)	화학물질 첨가나 화학적 제조공정을 거치지 않을 것
짚, 왕겨, 쌀겨 및 산야초	비료화하여 사용할 경우에는 화학물질 첨가나 화학적 제조공정을 거치지 않을 것
광물을 제련하고 남은 찌꺼기 [광재(鑛滓) : 베이직 슬래그]	광물의 제련과정에서 나온 것으로서 화학물질이 포함되지 않을 것(예 제조 시 화학물질이 포함되지 않은 규산질 비료)
염화나트륨(소금) 및 해수	(1) 염화나트륨(소금)은 채굴한 암염 및 천일염(잔류농약이 검출되지 않아야 함)일 것 (2) 해수는 다음 조건에 따라 사용할 것 　(가) 천연에서 유래할 것 　(나) 엽면시비용(葉面施肥用)으로 사용할 것 　(다) 토양에 염류가 쌓이지 않도록 필요한 최소량만을 사용할 것
목초액	산업표준화법에 따른 한국산업표준의 목초액(KS M 3939) 기준에 적합할 것

■ 유기농산물 및 유기임산물의 병해충 관리를 위해 사용 가능한 물질(친환경농어업법 시행규칙 [별표 1])

사용 가능 물질	사용 가능 조건
제충국 추출물	제충국(*Chrysanthemum cinerariaefolium*)에서 추출된 천연물질일 것
데리스(Derris) 추출물	데리스(*Derris* spp., *Lonchocarpus* spp. 및 *Tephrosia* spp.)에서 추출된 천연물질일 것
쿠아시아(Quassia) 추출물	쿠아시아(*Quassia amara*)에서 추출된 천연물질일 것
라이아니아(Ryania) 추출물	라이아니아(*Ryania speciosa*)에서 추출된 천연물질일 것
님(Neem) 추출물	님(*Azadirachta indica*)에서 추출된 천연물질일 것
해수 및 천일염	잔류농약이 검출되지 않을 것
젤라틴(gelatine)	크로뮴(Cr)처리 등 화학적 제조공정을 거치지 않을 것
난황(卵黃, 계란노른자 포함)	화학물질의 첨가나 화학적 제조공정을 거치지 않을 것
식초 등 천연산	화학물질의 첨가나 화학적 제조공정을 거치지 않을 것
누룩곰팡이속(*Aspergillus spp.*)의 발효 생산물	미생물의 배양과정이 끝난 후에 화학물질의 첨가나 화학적 제조공정을 거치지 않을 것
목초액	산업표준화법에 따른 한국산업표준의 목초액(KS M 3939) 기준에 적합할 것
담배잎차(순수 니코틴은 제외)	물로 추출한 것일 것
키토산	국립농산물품질관리원장이 정하여 고시하는 품질규격에 적합할 것
동·식물성 오일	천연유화제로 제조할 경우만 수산화칼륨을 동물성·식물성 오일 사용량 이하로 최소화하여 사용할 것. 이 경우 인증품 생산계획서에 기록·관리하고 사용해야 한다.
클로렐라(담수녹조) 및 그 추출물	클로렐라 배양과정이 끝난 후에 화학물질의 첨가나 화학적 제조공정을 거치지 않을 것
천연식물(약초 등)에서 추출한 제재(담배는 제외)	
식물성 퇴비발효 추출액	(1) 제1호 가목 1)에서 정한 허용물질 중 식물성 원료를 충분히 부숙시킨 퇴비로 제조할 것 (2) 물로만 추출할 것
구리염, 보르도액, 수산화동, 산염화동, 부르고뉴액	토양에 구리가 축적되지 않도록 필요한 최소량만을 사용할 것
생석회(산화칼슘) 및 소석회(수산화칼슘)	토양에 직접 살포하지 않을 것
석회보르도액 및 석회유황합제	
에틸렌	키위, 바나나와 감의 숙성을 위해 사용할 것
규산염 및 벤토나이트	천연에서 유래하고 단순 물리적으로 가공한 것만 사용할 것
규산나트륨	천연규사와 탄산나트륨을 이용하여 제조한 것일 것
규조토	천연에서 유래하고 단순 물리적으로 가공한 것일 것
맥반석 등 광물질 가루	(1) 천연에서 유래하고 단순 물리적으로 가공한 것일 것 (2) 사람의 건강 또는 농업환경에 위해요소로 작용하는 광물질(예 석면광 및 수은광 등)은 사용하지 않을 것
인산철	달팽이 관리용으로만 사용할 것
과망가니즈산칼륨	과수의 병해관리용으로만 사용할 것
황	액상화할 경우에만 수산화나트륨을 황 사용량 이하로 최소화하여 사용할 것. 이 경우 인증품 생산계획서에 기록·관리하고 사용해야 한다.
미생물 및 미생물 추출물	미생물의 배양과정이 끝난 후에 화학물질의 첨가나 화학적 제조공정을 거치지 않을 것
천적	생태계 교란종이 아닐 것
성 유인물질(페로몬)	(1) 작물에 직접 처리하지 않을 것 (2) 덫에만 사용할 것
메타알데하이드	(1) 별도 용기에 담아서 사용할 것 (2) 토양이나 작물에 직접 처리하지 않을 것 (3) 덫에만 사용할 것

사용 가능 물질	사용 가능 조건
이산화탄소 및 질소가스	과실 창고의 대기 농도 조정용으로만 사용할 것
에틸알콜	발효주정일 것
허브식물 및 기피식물	생태계 교란종이 아닐 것
기계유	(1) 과수농가의 월동 해충 제거용으로만 사용할 것 (2) 수확기 과실에 직접 사용하지 않을 것

■ 사료로 직접 사용되거나 배합사료의 원료로 사용 가능한 물질(친환경농어업법 시행규칙 [별표 1])

구분	사용 가능 물질	사용 가능 조건
식물성	곡류(곡물), 곡물부산물류(강피류), 박류(단백질류), 서류, 식품가공부산물류, 조류(藻類), 섬유질류, 제약부산물류, 유지류, 전분류, 콩류, 견과·종실류, 과실류, 채소류, 버섯류, 그 밖의 식물류	가) 유기농산물(유기수산물을 포함) 인증을 받거나 유기농산물의 부산물로 만들어진 것일 것 나) 천연에서 유래한 것은 잔류농약이 검출되지 않을 것
동물성	단백질류, 낙농가공부산물류	가) 수산물(골뱅이분을 포함한다)은 양식하지 않은 것일 것 나) 포유동물에서 유래된 사료(우유 및 유제품은 제외)는 반추가축[소·양 등 반추(反芻)류 가축]에 사용하지 않을 것
동물성	곤충류, 플랑크톤류	가) 사육이나 양식과정에서 합성농약이나 동물용의약품을 사용하지 않은 것일 것 나) 야생의 것은 잔류농약이 검출되지 않은 것일 것
동물성	무기물류	사료관리법에 따라 농림축산식품부장관이 정하여 고시하는 기준에 적합할 것
동물성	유지류	가) 사료관리법에 따라 농림축산식품부장관이 정하여 고시하는 기준에 적합할 것 나) 반추가축에 사용하지 않을 것
광물성	식염류, 인산염류 및 칼슘염류, 다량광물질류, 혼합광물질류	가) 천연의 것일 것 나) 가)에 해당하는 물질을 상업적으로 조달할 수 없는 경우에는 화학적으로 충분히 정제된 유사물질 사용 가능

■ 사료의 품질저하 방지 또는 사료의 효용을 높이기 위해 사료에 첨가하여 사용 가능한 물질(친환경농어업법 시행규칙 [별표 1])

구분	사용 가능 물질
천연 결착제	
천연 유화제	
천연 보존제	산미제, 항응고제, 항산화제, 항곰팡이제
효소제	당분해효소, 지방분해효소, 인분해효소, 단백질분해효소
미생물제제	유익균, 유익곰팡이, 유익효모, 박테리오파지
천연 향미제	
천연 착색제	
천연 추출제	초목 추출물, 종자 추출물, 세포벽 추출물, 동물 추출물, 그 밖의 추출물
올리고당	
아미노산제	아민초산, DL-알라닌, 염산L-라이신, 황산L-라이신, L-글루탐산나트륨, 2-디아미노-2-하이드록시메티오닌, DL-트립토판, L-트립토판, DL메티오닌 및 L-트레오닌과 그 혼합물

구분	사용 가능 물질
비타민제 (프로비타민 포함)	비타민 A, 프로비타민 A, 비타민 B_1, 비타민 B_2, 비타민 B_6, 비타민 B_{12}, 비타민 C, 비타민 D, 비타민 D_2, 비타민 D_3, 비타민 E, 비타민 K, 판토텐산, 이노시톨, 콜린, 나이아신, 바이오틴, 엽산과 그 유사체 및 혼합물
완충제	산화마그네슘, 탄산나트륨(소다회), 중조(탄산수소나트륨·중탄산나트륨)

■ 유기가공식품의 식품첨가물 또는 가공보조제로 사용이 허용된 물질(친환경농어업법 시행규칙 [별표 1])

명칭	식품첨가물로 사용 시 사용 가능 범위	가공보조제로 사용 시 사용 가능 범위
과산화수소	사용 불가	식품 표면의 세척·소독제
구아검	제한 없음	사용 불가
구연산	제한 없음	제한 없음
구연산삼나트륨	소시지, 난백의 저온살균, 유제품, 과립음료	사용 불가
구연산칼륨	제한 없음	사용 불가
구연산칼슘	제한 없음	사용 불가
규조토	사용 불가	여과보조제
글리세린	사용 가능 용도 제한 없음. 다만, 가수분해로 얻어진 식물 유래의 글리세린만 사용 가능	사용 불가
퀼라야추출물	사용 불가	설탕 가공
레시틴	사용 가능 용도 제한 없음. 다만, 표백제 및 유기용매를 사용하지 않고 얻은 레시틴만 사용 가능	사용 불가
로커스트콩검	식물성제품, 유제품, 육제품	사용 불가
무수아황산	과일주	사용 불가
밀납	사용 불가	이형제
백도토	사용 불가	청징(clarification) 또는 여과보조제
벤토나이트	사용 불가	청징(clarification) 또는 여과보조제
비타민 C	제한 없음	사용 불가
DL-사과산	제한 없음	사용 불가
산소	제한 없음	제한 없음
산탄검	지방제품, 과일 및 채소제품, 케이크, 과자, 샐러드류	사용 불가
수산화나트륨	곡류제품	설탕 가공 중의 산도 조절제, 유지 가공
수산화칼륨	사용 불가	설탕 및 분리대두단백 가공 중의 산도 조절제
수산화칼슘	토르티야	산도 조절제
아라비아검	식물성 제품, 유제품, 지방제품	사용 불가
알긴산	제한 없음	사용 불가
알긴산나트륨	제한 없음	사용 불가
알긴산칼륨	제한 없음	사용 불가
염화마그네슘	두류제품	응고제
염화칼륨	과일 및 채소제품, 비유화소스류, 겨자제품	사용 불가
염화칼슘	과일 및 채소제품, 두류제품, 지방제품, 유제품, 육제품	응고제
오존수	사용 불가	식품 표면의 세척·소독제
이산화규소	허브, 향신료, 양념류 및 조미료	겔 또는 콜로이드 용액제
이산화염소(수)	사용 불가	식품 표면의 세척·소독제

명칭	식품첨가물로 사용 시 사용 가능 범위	가공보조제로 사용 시 사용 가능 범위
차아염소산수	사용 불가	식품 표면의 세척·소독제
이산화탄소	제한 없음	제한 없음
인산나트륨	가공치즈	사용 불가
젖산	발효채소제품, 유제품, 식용케이싱	유제품의 응고제 및 치즈 가공 중 염수의 산도 조절제
젖산칼슘	과립음료	사용 불가
제일인산칼슘	밀가루	사용 불가
제이인산칼륨	커피화이트너	사용 불가
조제해수염화마그네슘	두류제품	응고제
젤라틴	사용 불가	포도주, 과일 및 채소 가공
젤란검	과립음료	사용 불가
L-주석산	포도주	포도주 가공
L-주석산나트륨	케이크, 과자	제한 없음
L-주석산수소칼륨	곡물제품, 케이크, 과자	제한 없음
주정(발효주정)	사용 불가	제한 없음
질소	제한 없음	제한 없음
카나우바왁스	사용 불가	이형제
카라기난	식물성제품, 유제품	사용 불가
카라야검	제한 없음	사용 불가
카세인	사용 불가	포도주 가공
탄닌산	사용 불가	여과보조제
탄산나트륨	케이크, 과자	설탕 가공 및 유제품의 중화제
탄산수소나트륨	케이크, 과자, 액상 차류	사용 불가
세스퀴탄산나트륨	케이크, 과자	사용 불가
탄산마그네슘	제한 없음	사용 불가
탄산암모늄	곡류제품, 케이크, 과자	사용 불가
탄산수소암모늄	곡류제품, 케이크, 과자	사용 불가
탄산칼륨	곡류제품, 케이크, 과자	포도 건조
탄산칼슘	식물성제품, 유제품(착색료로는 사용하지 말 것)	제한 없음
d-토코페롤(혼합형)	유지류(산화방지제로만 사용할 것)	사용 불가
트라가칸스검	제한 없음	사용 불가
퍼라이트	사용 불가	여과보조제
펙틴	식물성제품, 유제품	사용 불가
활성탄	사용 불가	여과보조제
황산	사용 불가	설탕 가공 중의 산도 조절제
황산칼슘	케이크, 과자, 두류제품, 효모제품	응고제
천연향료	사용 가능 용도 제한 없음. 다만, 식품위생법에 따라 식품첨가물의 기준 및 규격이 고시된 천연향료로서 물, 발효주정, 이산화탄소 및 물리적 방법으로 추출한 것만 사용할 것	사용 불가

명칭	식품첨가물로 사용 시 사용 가능 범위	가공보조제로 사용 시 사용 가능 범위
효소제	사용 가능 용도 제한 없음. 다만, 식품위생법에 따라 식품첨가물의 기준 및 규격이 고시된 효소제만 사용할 수 있다.	사용 가능 용도 제한 없음. 다만, 식품위생법에 따라 식품첨가물의 기준 및 규격이 고시된 효소제만 사용할 수 있다.
영양강화제 및 강화제	식품위생법 및 축산물위생관리법에 따라 식품의약품안전처장이 고시하는 식품의 기준에 따라 사용 가능한 제품	사용 불가

■ 허용물질의 선정기준(친환경농어업법 시행규칙 [별표 2])

가. 농산물·축산물·임산물·가공식품·비식용가공품 또는 농업자재를 유기적인 방법으로 생산, 제조·가공 또는 취급하는 데 적합한 물질일 것

나. 해당 물질이 사용목적에 필요하거나 필수적일 것

다. 해당 물질이 천연(식물, 동물, 광물 및 미생물 등)에서 유래하고, 생물학적(퇴비화 및 발효 등)·물리적 방법으로 제조되었을 것

라. 해당 물질의 제조, 사용 및 폐기 등의 과정에서 환경에 해로운 영향을 주지 않을 것

마. 해당 물질이 사람과 동물의 건강과 삶의 질에 중대한 영향을 미치지 않을 것

■ 허용물질의 선정 절차(친환경농어업법 시행규칙 [별표 2])

가. 허용물질은 선정기준 및 물질의 유래, 제조방법, 사용목적과 효능 및 위해성 등을 종합적으로 평가하고, 이해관계자에게 정보를 공개하며, 공정하게 결정할 것

나. 모든 이해관계자는 허용물질의 선정을 국립농산물품질관리원장에게 신청할 수 있으며, 국립농산물품질관리원장은 선정 신청을 받은 물질에 대해 전문가에 의한 기초평가를 실시할 것

다. 국립농산물품질관리원장은 선정 신청을 받은 물질에 대해 7명 이상의 분야별 학계 전문가, 생산자단체 및 소비자단체 등을 포함한 전문가심의회를 구성하여 평가를 실시하고, 평가과정에 기초평가를 실시한 전문가를 출석시켜 그 의견을 들을 수 있으며, 그 결과가 인체 및 농업환경에 위해성이 없어 유기농업에 적합하다고 판단되는 경우에 해당 물질을 허용물질로 선정할 것

■ 유기식품 등의 인증대상(친환경농어업법 시행규칙 제10조 제1항)

1. 유기농축산물을 생산하는 자

2. 유기가공식품을 제조·가공하는 자

3. 비식용유기가공품을 제조·가공하는 자

4. 제1호부터 제3호까지에 해당하는 품목을 취급하는 자

■ **인증대상(유기식품 및 무농약농산물 등의 인증에 관한 세부실시요령 제5조 제5호)**

1. 농산물 : 유기농산물·무농약농산물 인증기준에 따라 재배하는 농산물(작물별 생육기간의 2/3가 경과되지 않은 농산물)
2. 축산물 : 유기축산물 및 유기양봉의 산물·부산물의 생산·가공에 필요한 인증기준에 따라 사육하는 가축과 그 가축에서 생산된 축산물(식육, 원유, 식용란) 및 양봉의 산물·부산물
3. 가공식품 : 유기가공식품·무농약원료가공식품 인증기준에 따라 제조·가공하는 가공식품(식품위생법, 축산물 위생관리법 또는 건강기능식품에 관한 법률 등 관련 법령에 따라 품목 제조보고·신고한 가공식품)
4. 비식용유기가공품 : 비식용유기가공품 인증기준에 따라 제조하는 양축(養畜)용 유기사료·반려동물(개·고양이에 한함) 유기사료(사료관리법에 따라 성분 등록 한 사료)
5. 취급자 인증품 : 인증품의 포장단위를 변경하거나 단순 처리하여 포장한 인증품

■ **작물별 생육기간(유기식품 및 무농약농산물 등의 인증에 관한 세부실시요령 [별표 1의2])**

가. 3년생 미만 작물 : 파종일부터 첫 수확일까지
나. 3년 이상 다년생 작물(인삼, 더덕 등) : 파종일부터 3년의 기간을 생육기간으로 적용
다. 낙엽수(사과, 배, 감 등) : 생장(개엽 또는 개화) 개시기부터 첫 수확일까지
라. 상록수(감귤, 녹차 등) : 직전 수확이 완료된 날부터 다음 첫 수확일까지

■ **용어의 뜻(친환경농어업법 시행규칙 [별표 4])**

가. '재배포장'이란 작물을 재배하는 일정구역을 말한다.
나. '관행농업'이란 화학비료와 합성농약을 사용하여 작물을 재배하는 일반 관행적인 농업 형태를 말한다.
다. '화학비료'란 비료관리법에 따른 비료 중 화학적인 과정을 거쳐 제조된 것을 말한다.
라. '합성농약'이란 화학물질을 원료·재료로 사용하거나 화학적 과정으로 만들어진 살균제, 살충제, 제초제, 생장조절제, 기피제, 유인제 또는 전착제 등의 농약으로서, [별표 1]에 따른 병해충 관리를 위해 사용 가능한 물질이 아닌 것으로 제조된 농약을 말한다.
마. '돌려짓기(윤작)'란 동일한 재배포장에서 동일한 작물을 연이어 재배하지 않고, 서로 다른 종류의 작물을 순차적으로 조합·배열하여 차례로 심는 것을 말한다.
바. '가축'이란 축산법에 따른 가축을 말한다.
사. '유기사료'란 비식용유기가공품의 인증기준에 맞게 제조·가공 또는 취급된 사료를 말한다.
아. '동물용의약품'이란 동물질병의 예방·치료 및 진단을 위해 사용하는 의약품을 말한다.
자. '사육장'이란 축사시설, 방목 장소 등 가축 사육을 위한 시설 또는 장소를 말한다.
차. '휴약기간'이란 사육되는 가축에 대해 그 생산물이 식용으로 사용되기 전에 동물용의약품의 사용을 제한하는 일정기간을 말한다.
카. '생산자단체'란 5명 이상의 생산자로 구성된 작목반, 작목회 등 영농조직, 협동조합 또는 영농단체를 말한다.

타. '생산관리자'란 생산자단체 소속 농가의 생산지침서의 작성 및 관리, 영농 관련자료의 기록 및 관리, 인증을 받으려는 신청인에 대한 인증기준의 준수를 위한 교육 및 지도, 인증기준에 적합한지를 확인하기 위한 예비 심사 등을 담당하는 자를 말한다. 다만, 농업자재의 제조·유통·판매를 업(業)으로 하는 자는 제외한다.

파. '식물공장(vertical farm)'란 토양을 이용하지 않고 통제된 시설공간에서 빛(LED, 형광등), 온도, 수분 및 양분 등을 인공적으로 투입해 작물을 재배하는 시설을 말한다.

■ 싹을 틔워 직접 먹는 농산물

물을 이용한 온습도 관리로 종실(種實)의 싹을 틔워 종실·싹·줄기·뿌리를 먹는 농산물(본잎이 전개된 것 제외) 예 발아농산물, 콩나물, 숙주나물 등(유기식품 및 무농약농산물 등의 인증에 관한 세부실시요령 [별표 1]).

■ 어린잎채소

생육기간(15일 내외)이 짧아 본잎이 4엽 내외로 재배되어 주로 생식용으로 이용되는 어린 채소류를 말한다(유기 식품 및 무농약농산물 등의 인증에 관한 세부실시요령 [별표 1]).

■ 경축순환농법(耕畜循環農法)

친환경농업을 실천하는 자가 경종과 축산을 겸업하면서 각각의 부산물을 작물재배 및 가축사육에 활용하고, 경종작물의 퇴비소요량에 맞게 가축사육 마리수를 유지하는 형태의 농법을 말한다(유기식품 및 무농약농산물 등의 인증에 관한 세부실시요령 [별표 1]).

■ 유기농산물 및 유기임산물의 재배포장, 용수, 종자(친환경농어업법 시행규칙 [별표 4])

1) 재배포장은 최근 1년간 인증취소 처분을 받지 않은 재배지로서, 토양환경보전법에 따른 토양오염우려기준을 초과하지 않으며, 주변으로부터 오염 우려가 없거나 오염을 방지할 수 있을 것

2) 작물별로 국립농산물품질관리원장이 정하여 고시하는 전환기간(轉換期間 : 최소재배기간) 이상을 다목의 재배 방법에 따라 재배할 것

3) 재배용수는 환경정책기본법에 따른 농업용수 이상의 수질기준에 적합해야 하며, 농산물의 세척 등에 사용되는 용수는 먹는 물 수질기준 및 검사 등에 관한 규칙에 따른 먹는물의 수질기준에 적합할 것

4) 종자는 최소한 1세대 이상 다목의 재배 방법에 따라 재배된 것을 사용하며, 유전자변형농산물인 종자는 사용하지 않을 것

5) 인근 관행농업의 재배포장으로부터의 농약 흩날림, 관개·배수 등 농업용수나 그 밖의 농업자재 등으로 인한 오염과 같은 비의도적 오염을 방지할 수 있는 조치를 취할 것

■ 유기농산물 및 유기임산물 재배 방법(친환경농어업법 시행규칙 [별표 4])

1) 화학비료, 합성농약 또는 합성농약 성분이 함유된 자재를 사용하지 않을 것

2) 장기간의 적절한 돌려짓기(윤작)를 실시할 것

3) 가축분뇨를 원료로 하는 퇴비·액비는 유기축산물 또는 무항생제축산물 인증 농장, 경축순환농법 등 친환경 농법으로 가축을 사육하는 농장 또는 동물보호법에 따라 동물복지축산농장으로 인증을 받은 농장에서 유래한 것만 완전히 부숙하여 사용하고, 비료관리법에 따른 공정규격설정 등의 고시에서 정한 가축분뇨발효액의 기준에 적합할 것

4) 병해충 및 잡초는 유기농업에 적합한 방법으로 방제·관리할 것

■ 유기농산물의 윤작 방법(유기식품 및 무농약농산물 등의 인증에 관한 세부실시요령 [별표 1])

두과 작물(콩과 작물)·녹비작물(풋거름작물) 또는 심근성 작물(깊은뿌리작물)을 이용하여 다음의 어느 하나의 방법으로 장기간의 적절한 돌려짓기(윤작) 계획을 수립하고 이행하여야 한다. 다만, 나목6)의 단서조항과 나목 8)에 해당하는 경우에는 예외로 한다.

가) 3년 이내의 주기로 두과작물, 녹비작물 또는 심근성작물을 일정기간 이상 재배하여 토양에 환원(還元) 한다 (다만, 매년 수확하지 않는 다년생 작물(예 인삼)은 파종 이전에 두과작물 등을 재배하여 토양에 환원한다).

나) 2년 이내의 주기로 식물분류학상 '과(科)'가 다른 작물을 재배하되 재배작물에 두과 작물, 녹비작물 또는 심근성 작물을 포함한다.

다) 2년 이내의 주기로 담수재배작물과 밭 재배작물을 조합하여 답전윤환(畓田輪換 : 논밭 돌려짓기)한다.

라) 매년 두과 작물, 녹비작물, 심근성 작물을 이용하여 초생재배(草生栽培)한다.

■ 유기농산물의 병해충 및 잡초 방제·조절 방법(유기식품 및 무농약농산물 등의 인증에 관한 세부실시요령 [별표 1])

가) 적합한 작물과 품종의 선택

나) 적합한 돌려짓기(윤작) 체계

다) 기계적 경운

라) 재배포장 내의 혼작·간작 및 공생식물의 재배 등 작물체 주변의 천적활동을 조장하는 생태계의 조성

마) 멀칭·예취 및 화염제초

바) 포식자와 기생동물의 방사 등 천적의 활용

사) 식물·농장퇴비 및 돌가루 등에 의한 병해충 예방 수단

아) 동물의 방사

자) 덫·울타리·빛 및 소리와 같은 기계적 통제

■ 유기농산물 및 유기임산물의 생산물 품질관리 등(친환경농어업법 시행규칙 [별표 4])

1) 유기농산물·유기임산물의 수확·저장·포장·수송 등의 취급과정에서 유기적 순수성이 유지되도록 관리할 것

2) 합성농약 또는 합성농약 성분이 함유된 자재를 사용하지 않으며, 합성농약 성분은 식품위생법에 따라 식품의약품안전처장이 고시한 농약 잔류허용기준의 20분의 1 이하이어야 하고, 같은 고시에서 잔류허용기준을 정하지 않은 경우에는 0.01mg/kg 이하일 것

3) 수확 및 수확 후 관리를 수행하는 모든 작업자는 품목의 특성에 따라 적절한 위생조치를 할 것

4) 수확 후 관리시설에서 사용하는 도구와 설비를 위생적으로 관리할 것

5) 인증품에 인증품이 아닌 제품을 혼합하거나 인증품이 아닌 제품을 인증품으로 판매하지 않을 것

■ 유기축산물의 축사 조건(유기식품 및 무농약농산물 등의 인증에 관한 세부실시요령 [별표 1])

(1) 축사는 다음과 같이 가축의 생물적 및 행동적 욕구를 만족시킬 수 있어야 한다.

　(가) 사료와 음수는 접근이 용이할 것

　(나) 공기순환, 온도·습도, 먼지 및 가스농도가 가축건강에 유해하지 아니한 수준 이내로 유지되어야 하고, 건축물은 적절한 단열·환기시설을 갖출 것

　(다) 충분한 자연환기와 햇빛이 제공될 수 있을 것

(2) 축사의 밀도조건은 다음 사항을 고려하여 가축의 종류별 면적당 사육두수를 유지하여야 한다.

　(가) 가축의 품종·계통 및 연령을 고려하여 편안함과 복지를 제공할 수 있을 것

　(나) 축군의 크기와 성에 관한 가축의 행동적 욕구를 고려할 것

　(다) 자연스럽게 일어서서 앉고 돌고 활개 칠 수 있는 등 충분한 활동공간이 확보될 것

(4) 축사·농기계 및 기구 등은 청결하게 유지하고 소독함으로써 교차감염과 질병감염체의 증식을 억제하여야 한다.

(5) 축사의 바닥은 부드러우면서도 미끄럽지 아니하고, 청결 및 건조하여야 하며, 충분한 휴식공간을 확보하여야 하고, 휴식공간에서는 건조깔짚을 깔아 줄 것

(6) 번식돈은 임신 말기 또는 포유기간을 제외하고는 군사를 하여야 하고, 자돈 및 육성돈은 케이지에서 사육하지 아니할 것. 다만, 자돈 압사 방지를 위하여 포유기간에는 모돈과 조기에 젖을 뗀 자돈의 생체중이 25kg까지는 케이지에서 사육할 수 있다.

(7) 가금류의 축사는 짚·톱밥·모래 또는 야초와 같은 깔짚으로 채워진 건축공간이 제공되어야 하고, 가금의 크기와 수에 적합한 홰의 크기 및 높은 수면공간을 확보하여야 하며, 산란계는 산란상자를 설치하여야 한다.

(8) 산란계의 경우 자연일조시간을 포함하여 총 14시간을 넘지 않는 범위 내에서 인공광으로 일조시간을 연장할 수 있다.

■ 유기가축 1마리당 갖추어야 하는 가축사육시설의 소요면적(유기식품 및 무농약농산물 등의 인증에 관한 세부실시요령 [별표 1])

• 한우 · 육우

시설형태	번식우	비육우	송아지
방사식	10m²/마리	7.1m²/마리	2.5m²/마리

• 젖소

시설형태	경산우		초임우 (13~24월령)	육성우 (7~12월령)
	착유우	건유우		
깔짚	17.3m²/마리	17.3m²/마리	10.9m²/마리	6.4m²/마리
프리스톨	9.5m²/마리	9.5m²/마리	8.3m²/마리	6.4m²/마리

• 돼지

구분	웅돈	번식돈				비육돈			
		임신돈	분만돈	종부대기돈	후보돈	자돈		육성돈	비육돈
						초기	후기		
소요면적	10.4m²/마리	3.1m²/마리	4.0m²/마리	3.1m²/마리	3.1m²/마리	0.2m²/마리	0.3m²/마리	1.0m²/마리	1.5m²/마리

• 면양 · 염소[(유산양(乳山羊 : 젖을 생산하기 위해 사육하는 염소)을 포함]

구분	소요면적
면양, 염소	1.3m²/마리

■ 유기축산물의 전환기간(친환경농어업법 시행규칙 [별표 4])

유기농장이 아닌 농장이 유기농장으로 전환하거나 유기가축이 아닌 가축을 유기농장으로 입식하여 유기축산물을 생산 · 판매하려는 경우에는 다음 표에 따른 가축의 종류별 전환기간(최소사육기간) 이상을 유기축산물의 인증기준에 맞게 사육할 것

가축의 종류	생산물	전환기간(최소사육기간)
한우 · 육우	식육	입식 후 12개월
젖소	시유(시판우유)	1) 착유우는 입식 후 3개월 2) 새끼를 낳지 않은 암소는 입식 후 6개월
면양 · 염소	식육	입식 후 5개월
	시유(시판우유)	1) 착유양은 입식 후 3개월 2) 새끼를 낳지 않은 암양은 입식 후 6개월
돼지	식육	입식 후 5개월
육계	식육	입식 후 3주
산란계	알	입식 후 3개월
오리	식육	입식 후 6주
	알	입식 후 3개월
메추리	알	입식 후 3개월
사슴	식육	입식 후 12개월

■ **유기축산물의 사료 및 영양관리(친환경농어업법 시행규칙 [별표 4])**

1) 유기가축에게는 100% 유기사료를 공급하는 것을 원칙으로 할 것. 다만, 극한 기후조건 등의 경우에는 국립농산물품질관리원장이 정하여 고시하는 바에 따라 유기사료가 아닌 사료를 공급하는 것을 허용할 수 있다.

2) 반추가축에게 담근먹이(사일리지)만을 공급하지 않으며, 비반추가축도 가능한 조사료(粗飼料 : 생초나 건초 등의 거친 먹이)를 공급할 것

3) 유전자변형농산물 또는 유전자변형농산물에서 유래한 물질은 공급하지 않을 것

4) 합성화합물 등 금지물질을 사료에 첨가하거나 가축에 공급하지 않을 것

5) 가축에게 환경정책기본법에 따른 생활용수의 수질기준에 적합한 먹는 물을 상시 공급할 것

6) 합성농약 또는 합성농약 성분이 함유된 동물용의약품 등의 자재를 사용하지 않을 것

■ **유기축산물의 사료 및 영양관리(유기식품 및 무농약농산물 등의 인증에 관한 세부실시요령 [별표 1])**

다음에 해당되는 물질을 사료에 첨가해서는 아니 된다.

가) 가축의 대사기능 촉진을 위한 합성화합물

나) 반추가축에게 포유동물에서 유래한 사료(우유 및 유제품을 제외)는 어떠한 경우에도 첨가해서는 아니 된다.

다) 합성질소 또는 비단백태질소화합물

라) 항생제·합성항균제·성장촉진제, 구충제, 항콕시듐제 및 호르몬제

마) 그 밖에 인위적인 합성 및 유전자조작에 의해 제조·변형된 물질

■ **유기축산물의 동물복지 및 질병관리(친환경농어업법 시행규칙 [별표 4])**

1) 가축의 질병을 예방하기 위해 적절한 조치를 하고, 질병이 없는 경우에는 가축에 동물용의약품을 투여하지 않을 것

2) 가축의 질병을 예방하고 치료하기 위해 시행규칙 [별표 1]에 따른 물질을 사용하는 경우에는 사용 가능 조건을 준수하고 사용할 것

3) 가축의 질병을 치료하기 위해 불가피하게 동물용의약품을 사용한 경우에는 동물용의약품을 사용한 시점부터 전환기간(해당 약품의 휴약기간의 2배가 전환기간보다 더 긴 경우에는 휴약기간의 2배의 기간) 이상의 기간 동안 사육한 후 출하할 것

4) 가축의 꼬리 부분에 접착밴드를 붙이거나 꼬리, 이빨, 부리 또는 뿔을 자르는 등의 행위를 하지 않을 것. 다만, 국립농산물품질관리원장이 고시로 정하는 경우에 해당될 때에는 허용할 수 있다.

5) 성장촉진제, 호르몬제의 사용은 치료목적으로만 사용할 것

6) 3)부터 5)까지의 규정에 따라 동물용의약품을 사용하는 경우에는 수의사의 처방에 따라 사용하고 처방전 또는 그 사용명세가 기재된 진단서를 갖춰 둘 것

■ **유기축산물의 운송·도축·가공 과정의 품질관리(친환경농어업법 시행규칙 [별표 4])**

1) 살아 있는 가축을 운송할 때에는 가축의 종류별 특성에 따라 적절한 위생조치를 취해야 하고, 운송과정에서 충격과 상해를 입지 않도록 할 것

2) 가축의 도축 및 축산물의 저장·유통·포장 등 취급과정에서 사용하는 도구와 설비는 위생적으로 관리해야 하고, 축산물의 유기적 순수성이 유지되도록 관리할 것

3) 동물용의약품 성분은 식품위생법에 따라 식품의약품안전처장이 정하여 고시하는 동물용의약품 잔류허용기준의 10분의 1을 초과하여 검출되지 않을 것

4) 합성농약 성분은 검출되지 않을 것

5) 인증품에 인증품이 아닌 제품을 혼합하거나 인증품이 아닌 제품을 인증품으로 판매하지 않을 것

■ **유기가공식품·비식용유기가공품의 가공원료·재료(친환경농어업법 시행규칙 [별표 4])**

1) 가공에 사용되는 원료·재료(첨가물과 가공보조제를 포함)는 모두 유기적으로 생산된 것일 것

2) 1)에도 불구하고 제품 생산을 위해 비유기원료·재료의 사용이 필요한 경우에는 다음 표의 구분에 따라 유기원료의 함량과 비유기원료·재료의 사용조건을 준수할 것

제품구분	유기원료의 함량	비유기원료·재료 사용조건		
		유기가공식품	비식용유기가공품	
			양축용	반려동물
유기로 표시하는 제품	인위적으로 첨가한 물과 소금을 제외한 제품 중량의 95% 이상	식품 원료(유기원료를 상업적으로 조달할 수 없는 경우로 한정) 또는 시행규칙 [별표 1]에 따른 식품첨가물 또는 가공보조제	시행규칙 [별표 1]에 따른 단미사료·보조사료	사료 원료(유기원료를 상업적으로 조달할 수 없는 경우로 한정) 또는 시행규칙 [별표 1]에 따른 단미사료·보조사료 및 식품첨가물·가공보조제
유기 70%로 표시하는 제품	인위적으로 첨가한 물과 소금을 제외한 제품 중량의 70% 이상	식품 원료 또는 시행규칙 [별표 1]에 따른 식품첨가물 또는 가공보조제	해당 없음	사료 원료 또는 시행규칙 [별표 1]에 따른 단미사료·보조사료 및 식품첨가물·가공보조제

3) 유전자변형생물체 및 유전자변형생물체에서 유래한 원료 또는 재료를 사용하지 않을 것

4) 가공원료·재료의 1)부터 3)까지의 규정에 따른 적합성 여부를 정기적으로 관리하고, 가공원료·재료에 대한 납품서·거래인증서·보증서 또는 검사성적서 등 국립농산물품질관리원장이 정하여 고시하는 증명자료를 보관할 것

■ **유기양봉 산물·부산물의 전환기간(친환경농어업법 시행규칙 [별표 4])**

양봉의 산물·부산물을 생산·판매하려는 경우에는 유기양봉 산물·부산물의 인증기준을 1년 이상 준수할 것

■ **유기가공식품·비식용유기가공품의 생산물 품질관리 등(친환경농어업법 시행규칙 [별표 4])**

1) 합성농약 성분은 검출되지 않을 것. 다만, 비유기원료 또는 재료의 오염 등 비의도적인 요인으로 합성농약 성분이 검출된 것으로 입증되는 경우에는 0.01mg/kg 이하까지만 허용한다.

2) 인증품에 인증품이 아닌 제품을 혼합하거나 인증품이 아닌 제품을 인증품으로 판매하지 않을 것

■ 유기가공식품의 가공원료(유기식품 및 무농약농산물 등의 인증에 관한 세부실시요령 [별표 1])

1) 유기가공에 사용할 수 있는 원료, 식품첨가물, 가공보조제 등은 모두 유기적으로 생산된 것으로 다음의 어느 하나에 해당되어야 한다.

   가) 법에 따라 인증을 받은 유기식품

   나) 법에 따라 동등성 인정을 받은 유기가공식품

2) 1)에도 불구하고 다음의 요건에 따라 비유기원료를 사용할 수 있다. 다만, 유기원료와 같은 품목의 비유기 원료는 사용할 수 없다.

   가) 95% 유기가공식품 : 상업적으로 유기원료를 조달할 수 없는 경우 제품에 인위적으로 첨가하는 소금과 물을 제외한 제품 중량의 5% 비율 내에서 비유기원료(시행규칙 [별표 1]에 따른 식품첨가물을 포함)의 사용

   나) 70% 유기가공식품 : 제품에 인위적으로 첨가하는 물과 소금을 제외한 제품 중량의 30% 비율 내에서 비유기원료(시행규칙 [별표 1]에 따른 식품첨가물을 포함)의 사용

■ 유기원료 비율의 계산법(유기식품 및 무농약농산물 등의 인증에 관한 세부실시요령 [별표 1])

$$\frac{I_o}{G - WS} = \frac{I_o}{I_o + I_c + I_a} \geq 0.95(0.70)$$

여기서, G : 제품(포장재, 용기 제외)의 중량($G = I_o + I_c + I_a + WS$)

I_o : 유기원료(유기농산물 + 유기축산물 + 유기수산물 + 유기가공식품)의 중량

I_c : 비유기원료(유기인증 표시가 없는 원료)의 중량

I_a : 비유기 식품첨가물(가공보조제 제외)의 중량

WS : 인위적으로 첨가한 물과 소금의 중량

■ 유기식품 등의 인증 신청(친환경농어업법 시행규칙 제12조)

유기식품 등의 인증을 받으려는 자는 인증신청서에 다음의 서류를 첨부하여 인증기관에 제출해야 한다.

1. 인증품 생산계획서 또는 별지 제8호서식에 따른 인증품 제조·가공 및 취급계획서

2. 경영 관련 자료

3. 사업장의 경계면을 표시한 지도

4. 유기식품 등의 생산, 제조·가공 또는 취급에 관련된 작업장의 구조와 용도를 적은 도면(작업장이 있는 경우로 한정)

5. 친환경농업에 관한 교육이수 증명자료(전자적 방법으로 확인이 가능한 경우는 제외)

■ **농산물 · 임산물 생산자의 경영 관련 자료(친환경농어업법 시행규칙 [별표 5])**

1) 재배포장의 재배 사항을 기록한 자료 : 품목명, 파종 · 식재일, 수확일

2) 농산물 · 임산물 재배포장에 투입된 토양 개량용 자재, 작물 생육용 자재, 병해충 관리용 자재 등 농자재 사용 내용을 기록한 자료 : 자재명, 일자별 사용량, 사용목적, 사용 가능한 자재임을 증명하는 서류

3) 농산물 · 임산물의 생산량 및 출하처별 판매량을 기록한 자료 : 품목명, 생산량, 출하처별 판매량

4) 합성농약 및 화학비료의 구매 · 사용 · 보관에 관한 사항을 기록한 자료 : 자재명, 일자별 구매량, 사용처별 사용량 · 보관량, 구매 영수증

5) 1)부터 4)까지의 규정에 따른 자료의 기록 기간은 최근 2년간(무농약농산물의 경우에는 최근 1년간)으로 하되, 재배품목과 재배포장의 특성 등을 고려하여 국립농산물품질관리원장이 정하는 바에 따라 3개월 이상 3년 이하의 범위에서 그 기간을 단축하거나 연장할 수 있다.

■ **축산물(양봉의 산물 · 부산물을 포함) 생산자의 경영 관련 자료(친환경농어업법 시행규칙 [별표 5])**

1) 가축입식 등 구입사항과 번식에 관한 사항을 기록한 자료 : 일자별 가축 구입 마릿수 · 번식 마릿수, 가축 연령 및 가축 인증에 관한 사항

2) 사료의 생산 · 구입 및 공급에 관한 사항을 기록한 자료 : 사료명, 사료의 종류, 일자별 생산량 · 구입량 · 공급량, 사용 가능한 사료임을 증명하는 서류

3) 예방 또는 치료목적의 질병관리에 관한 사항을 기록한 자료 : 자재명, 일자별 사용량, 사용목적, 자재구매영수증

4) 동물용의약품 · 동물용의약외품 등 자재 구매 · 사용 · 보관에 관한 사항을 기록한 자료 : 약품명, 일자별 구매 · 사용량 · 보관량, 구매영수증

5) 질병의 진단 및 처방에 관한 자료 : 수의사법에 따라 발급받은 진단서 또는 발급 · 등록된 처방전

6) 퇴비 · 액비의 발생 · 처리 사항을 기록한 자료 : 기간별 발생량 · 처리량, 처리 방법

7) 축산물의 생산량 · 출하량, 출하처별 거래 내용 및 도축 · 가공업체에 관하여 기록한 자료 : 일자별 생산량, 일자별 · 출하처별 출하량, 일자별 도축 · 가공량, 도축 · 가공업체명

8) 1)부터 7)까지의 규정에 따른 자료의 기록 기간은 최근 1년간으로 하되, 가축의 종류별 전환기간 등을 고려하여 국립농산물품질관리원장이 정한 바에 따라 그 기간을 단축하거나 연장할 수 있다.

■ **유기식품 등의 인증심사 등(친환경농어업법 시행규칙 제13조 제1항)**

인증기관은 다음의 어느 하나에 해당하는 신청을 받은 경우에는 10일 이내에 신청인에게 인증심사 일정과 인증심사원 명단을 알리고 인증심사를 해야 한다.

1. 인증 신청

2. 인증 변경승인 신청

3. 인증의 갱신 또는 유효기간의 연장승인 신청

■ **인증심사원의 지정(유기식품 및 무농약농산물 등의 인증에 관한 세부실시요령 [별표 2])**

인증기관은 인증심사원이 다음의 어느 하나에 해당되는 경우 해당 신청 건에 대한 인증심사원으로 지정하여서는 아니 된다.

가) 자신이 신청인이거나 신청인 등과 민법에 해당하는 친족관계인 경우

나) 신청인과 경제적인 이해관계가 있는 경우

다) 기타 공정한 심사가 어렵다고 판단되는 경우

■ **현장심사(유기식품 및 무농약농산물 등의 인증에 관한 세부실시요령 [별표 2])**

1) 인증심사원은 농장, 제조·가공 및 취급 작업장을 방문하고 신청인을 면담하여 생산, 제조·가공 및 취급 중인 농식품이 인증기준에 적합한지에 대하여 심사(이하 '현장심사')하여야 한다.

2) 현장심사는 작물이 생육 중인 시기, 가축이 사육 중인 시기, 인증품을 제조·가공 또는 취급 중인 시기(시제품 생산을 포함)에 실시하고 신청한 농산물, 축산물, 가공품의 생산이 완료되는 시기에는 현장심사를 할 수 없다.

3) 현장심사과정에서 확인하여야 하는 사항은 다음과 같다.

　　가) 인증 신청한 내역과 생산 내역이 일치하는 지 여부

　　나) 인증품 생산계획서 또는 인증품 제조·가공 및 취급계획서에 기재된 사항대로 생산, 제조·가공 또는 취급하고 있는지 여부

　　다) 기록되어 있지 않은 물질 또는 금지물질을 보관·사용하고 있는지 여부

　　라) 규정된 인증기준의 각 항목에 대해 인증기준에 적합한지 여부

　　마) 생산관리자가 예비심사를 하였는 지와 예비심사한 내역이 적정한지

4) 인증심사원은 인증기준의 적합여부를 확인하기 위해 필요한 경우 절차·방법에 따라 토양, 용수, 생산물(이하 생육 중인 작물체와 가공품을 포함) 등에 대한 조사·분석(이하 '검사')을 실시한다.

■ **시료수거 방법(유기식품 및 무농약농산물 등의 인증에 관한 세부실시요령 [별표 2])**

가) 재배포장의 토양은 대상 모집단의 대표성이 확보될 수 있도록 Z자형 또는 W자형으로 최소한 10개소 이상의 수거지점을 선정하여 수거한다.

나) 검사 항목(토양은 제외)에 대한 시료수거는 모집단의 대표성이 확보될 수 있도록 재배포장 형태, 출하·집하 형태 또는 적재 상태·진열 형태 등을 고려하여 Z자형 또는 W자형으로 최소한 6개소 이상의 수거 지점을 선정하여 수거한다. 다만, 전단에 따른 수거가 어려울 경우 대표성이 확보될 수 있도록 검사대상을 달리 선정하여 수거하거나 외관 및 냄새 등 기타 상황을 판단하여 이상이 있는 것 또는 의심스러운 것을 우선 수거할 수 있다.

다) 시료수거는 신청인, 신청인 가족(단체인 경우에는 대표자나 생산관리자, 업체인 경우에는 근무하는 정규직원을 포함) 참여하에 인증심사원이 직접 수거하여야 한다. 다만, 다음의 경우에는 그 예외를 인정한다.

    (1) 식육의 출하 전 생체잔류검사에서 인증심사원 참여하에 신청인 또는 수의사가 수거하는 경우

    (2) 도축 후 식육잔류검사의 경우에는 시·도축산물위생검사기관의 축산물검사원 또는 자체검사원이 수거하는 경우

    (3) 관계 공무원 등 국립농산물품질관리원장이 인정하는 사람이 수거하는 경우

라) 시료 수거량은 시험연구기관이 정한 양으로 한다.

마) 시료수거 과정에서 시료가 오염되지 않도록 적정한 시료수거 기구 및 용기를 사용한다.

바) 수거한 시료는 신청인, 신청인 가족(단체인 경우에는 대표자나 생산관리자, 업체인 경우에는 근무하는 정규직원을 포함) 참여하에 봉인 조치하고, 별지 서식의 시료수거확인서를 작성한다.

사) 인증심사원은 검사의뢰서를 작성하여 수거한 시료와 함께 지체없이 검사기관에 송부하고, 친환경 인증관리 정보시스템에 등록하여야 한다.

■ **인증의 갱신 등(친환경농어업법 시행규칙 제17조 제1항)**

인증 갱신신청을 하거나 인증의 유효기간 연장승인을 신청하려는 인증사업자는 그 유효기간이 끝나기 2개월 전까지 인증신청서에 다음의 서류를 첨부하여 인증을 한 인증기관(단서에 해당하여 인증을 한 인증기관에 신청이 불가능한 경우에는 다른 인증기관)에 제출해야 한다. 다만, 제1호 및 제3호부터 제5호까지의 서류는 변경사항이 없는 경우에는 제출하지 않을 수 있다.

1. 인증품 생산계획서 또는 인증품 제조·가공 및 취급계획서
2. 경영 관련 자료
3. 사업장의 경계면을 표시한 지도
4. 인증품의 생산, 제조·가공 또는 취급에 관련된 작업장의 구조와 용도를 적은 도면(작업장이 있는 경우로 한정)
5. 친환경농업에 관한 교육이수 증명자료(인증 갱신신청을 하려는 경우로 한정하며, 전자적 방법으로 확인이 가능한 경우는 제외)

■ **인증의 갱신 등의 재심사(친환경농어업법 시행규칙 제18조 제1항)**

재심사를 신청하려는 자는 심사 결과를 통지받은 날부터 7일 이내에 인증 갱신·유효기간 연장 재심사 신청서에 재심사 신청사유를 증명하는 자료를 첨부하여 심사를 한 인증기관에 제출해야 한다.

■ 인증사업자의 준수사항(친환경농어업법 시행규칙 제20조)

① 인증사업자는 매년 1월 20일까지 실적 보고서에 인증품의 전년도 생산, 제조·가공 또는 취급하여 판매한 실적을 적어 해당 인증기관에 제출하거나 친환경 인증관리 정보시스템에 등록해야 한다.

② 인증사업자는 인증심사와 관련된 다음의 자료 및 서류를 그 생산연도의 다음 해부터 2년간 보관해야 한다.

　1. 인증심사와 관련된 유기식품 등의 원료 또는 재료, 자재의 사용에 관한 자료 및 서류

　2. 인증품의 생산, 제조·가공 또는 취급하여 판매한 실적에 관한 자료 및 서류

■ 유기표시 도형 작도법(친환경농어업법 시행규칙 [별표 6])

1) 도형표시 방법

　가) 표시 도형의 가로 길이(사각형의 왼쪽 끝과 오른쪽 끝의 폭 : W)를 기준으로 세로길이는 $0.95 \times W$의 비율로 한다.

　나) 표시 도형의 흰색 모양과 바깥 테두리(좌우 및 상단부 부분으로 한정)의 간격은 $0.1 \times W$로 한다.

　다) 표시 도형의 흰색 모양 하단부 왼쪽 태극의 시작점은 상단부에서 $0.55 \times W$ 아래가 되는 지점으로 하고, 오른쪽 태극의 끝점은 상단부에서 $0.75 \times W$ 아래가 되는 지점으로 한다.

2) 표시 도형의 국문 및 영문 모두 활자체는 고딕체로 하고, 글자 크기는 표시 도형의 크기에 따라 조정한다.

3) 표시 도형의 색상은 녹색을 기본 색상으로 하되, 포장재의 색깔 등을 고려하여 파란색, 빨간색 또는 검은색으로 할 수 있다.

4) 표시 도형 내부에 적힌 '유기', '(ORGANIC)', 'ORGANIC'의 글자 색상은 표시 도형 색상과 같게 하고, 하단의 "농림축산식품부"와 "MAFRA KOREA"의 글자는 흰색으로 한다.

5) 배색 비율은 녹색 C80+Y100, 파란색 C100+M70, 빨간색 M100+Y100+K10, 검은색 C20+K100으로 한다.

6) 표시 도형의 크기는 포장재의 크기에 따라 조정할 수 있다.

7) 표시 도형의 위치는 포장재 주 표시면의 옆면에 표시하되, 포장재 구조상 옆면 표시가 어려운 경우에는 표시 위치를 변경할 수 있다.

8) 표시 도형 밑 또는 좌우 옆면에 인증번호를 표시한다.

■ 유기표시 글자(친환경농어업법 시행규칙 [별표 6])

구분	표시 글자
가. 유기농축산물	1) 유기, 유기농산물, 유기축산물, 유기임산물, 유기식품, 유기재배농산물 또는 유기농 2) 유기재배○○(○○은 농산물의 일반적 명칭으로 한다. 이하 이 표에서 같다), 유기축산○○, 유기○○ 또는 유기농○○
나. 유기가공식품	1) 유기가공식품, 유기농 또는 유기식품 2) 유기농○○ 또는 유기○○
다. 비식용유기가공품	1) 유기사료 또는 유기농 사료 2) 유기농○○ 또는 유기○○(○○은 사료의 일반적 명칭으로 한다). 다만, "식품"이 들어가는 단어는 사용할 수 없다.

■ **유기가공식품 · 비식용유기가공품 중 비유기원료를 사용한 제품의 표시 기준(친환경농어업법 시행규칙 [별표 6])**

　가. 원재료명 표시란에 유기농축산물의 총함량 또는 원료 · 재료별 함량을 백분율(%)로 표시한다.

　나. 비유기원료를 제품 명칭으로 사용할 수 없다.

　다. 유기 70%로 표시하는 제품은 주 표시면에 '유기 70%' 또는 이와 같은 의미의 문구를 소비자가 알아보기
　　 쉽게 표시해야 하며, 이 경우 제품명 또는 제품명의 일부에 유기 또는 이와 같은 의미의 글자를 표시할
　　 수 없다.

■ **인증품 또는 인증품의 포장 · 용기에 표시하는 방법(친환경농어업법 시행규칙 [별표 7])**

　1) 인증사업자의 성명 또는 업체명 : 인증서에 기재된 명칭(단체로 인증받은 경우에는 단체명)을 표시하되,
　　 단체로 인증받은 경우로서 개별 생산자명을 표시하려는 경우에는 단체명 뒤에 개별 생산자명을 괄호로
　　 표시할 수 있다.

　2) 전화번호 : 해당 제품의 품질관리와 관련하여 소비자 상담이 가능한 판매원의 전화번호를 표시한다.

　3) 사업장 소재지 : 해당 제품을 포장한 작업장의 주소를 번지까지 표시한다.

　4) 인증번호 : 해당 사업자의 인증서에 기재된 인증번호를 표시한다.

　5) 생산지 : 농수산물의 원산지 표시 등에 관한 법률에 따른 원산지 표시 방법에 따라 표시한다.

■ **70% 이상이 유기농축산물인 제품의 제한적 유기표시의 허용기준(친환경농어업법 시행규칙 [별표 8])**

　1) 최종제품에 남아 있는 원료 또는 재료(물과 소금은 제외)의 70% 이상이 유기농축산물이어야 한다.

　2) 유기 또는 이와 유사한 용어를 제품명 또는 제품명의 일부로 사용할 수 없다.

　3) 표시장소는 주 표시면을 제외한 표시면에 표시할 수 있다.

　4) 원재료명 표시란에 유기농축산물의 총함량 또는 원료 · 재료별 함량을 백분율(%)로 표시해야 한다.

■ **70% 미만이 유기농축산물인 제품의 제한적 유기표시의 허용기준(친환경농어업법 시행규칙 [별표 8])**

　1) 특정 원료 또는 재료로 유기농축산물만을 사용한 제품이어야 한다.

　2) 해당 원료 · 재료명의 일부로 '유기'라는 용어를 표시할 수 있다.

　3) 표시장소는 원재료명 표시란에만 표시할 수 있다.

　4) 원재료명 표시란에 유기농축산물의 총함량 또는 원료 · 재료별 함량을 백분율(%)로 표시해야 한다.

■ **인증번호 부여 방법(유기식품 및 무농약농산물 등의 인증에 관한 세부실시요령 [별표 3])**

- 인증번호는 시도별 지정번호(00), 인증종류(0), 인증서의 발급순번(00000)을 결합하여 일련번호 방식으로 부여한다.
- 인증종류별 번호
  - 유기농림산물 : 1
  - 유기축산물 및 유기양봉의 산물·부산물 : 2
  - 무농약농산물 : 3
  - 취급자 : 6
  - 무농약원료가공식품 : 7
  - 유기가공식품 : 8
  - 비식용유기가공품(양축용 유기사료·반려동물 유기사료) : 9
- 인증서의 발급순번은 해당 시도의 인증종류별 일련번호로 한다. 다만, 취급자 일련번호는 친환경농어업법에 따른 취급자와 축산법에 따른 취급자를 발급 순서대로 부여한다.

■ **수입 유기식품의 신고(친환경농어업법 시행규칙 제22조 제1항)**

법에 따라 인증품인 유기식품 또는 동등성이 인정된 인증을 받은 유기가공식품의 수입신고를 하려는 자는 식품의약품안전처장이 정하는 수입신고서에 다음의 구분에 따른 서류를 첨부하여 식품의약품안전처장에게 제출해야 한다. 이 경우 수입되는 유기식품의 도착 예정일 5일 전부터 미리 신고할 수 있으며, 미리 신고한 내용 중 도착항, 도착 예정일 등 주요 사항이 변경되는 경우에는 즉시 그 내용을 문서(전자문서를 포함)로 신고해야 한다.

1. 인증품인 유기식품을 수입하려는 경우 : 인증서 사본 및 거래인증서 원본(전자문서로 발급된 경우에는 그 전자문서)
2. 동등성이 인정된 인증을 받은 유기가공식품을 수입하려는 경우 : 동등성 인정 협정을 체결한 국가의 인증기관이 발행한 인증서 사본 및 수입증명서(Import Certificate) 원본(전자문서로 발급된 경우에는 그 전자문서)

■ **인증취소 등의 세부기준 및 절차의 일반기준(친환경농어업법 시행규칙 [별표 9])**

위반행위의 횟수에 따른 행정처분의 가중된 부과기준은 최근 3년간 같은 위반행위로 행정처분을 받은 경우에 적용한다. 이 경우 기간의 계산은 위반행위에 대해 행정처분을 받은 날과 그 처분 후 다시 같은 위반행위를 하여 적발된 날을 기준으로 한다.

■ 인증취소 등의 세부기준 및 절차 - 인증사업자(친환경농어업법 시행규칙 [별표 9])

위반행위	위반횟수별 행정처분기준		
	1차	2차	3차
1) 인증신청서, 첨부서류 또는 그 밖에 인증심사에 필요한 서류를 거짓으로 작성하여 인증을 받은 경우	인증취소	-	-
2) 1) 외에 거짓이나 그 밖의 부정한 방법으로 인증을 받은 경우	인증취소	-	-
3) 인증기준에 맞지 않은 경우로서 다음 중 어느 하나에 해당하는 경우			
가) 공통기준	인증취소	-	-
(1) 경영 관련 자료를 기록·보관하지 않은 경우 또는 거짓으로 기록하는 경우			
(2) 경영 관련 자료를 국립농산물품질관리원장 또는 인증기관이 열람을 요구할 때에 이에 응하지 않은 경우			
(3) 인증품에 인증품이 아닌 제품을 혼합하거나 인증품이 아닌 제품을 인증품으로 판매한 경우			
4) 인증사업자가 인증기준을 준수하지 않은 경우	시정조치 명령	-	-
5) 정당한 사유 없이 명령에 따르지 않은 경우	인증취소	-	-
6) 전업, 폐업 등의 사유로 인증품을 생산하기 어렵다고 인정하는 경우	인증취소	-	-

■ 인증취소 등의 세부기준 및 절차 - 인증품 등(친환경농어업법 시행규칙 [별표 9])

위반행위	행정처분기준
1) 인증품에서 합성농약 성분, 동물용의약품 성분 등 잔류물질이 검출되는 등 인증기준을 위반한 경우	해당 인증품의 인증표시의 제거·정지 또는 인증품 등의 판매금지·판매정지
2) 유기식품 등의 표시 또는 무농약농산물·무농약원료가공식품의 표시 방법을 위반한 경우	해당 인증품의 세부 표시사항의 변경
3) 인증품 등에서 합성농약 성분 또는 동물용의약품 성분이 식품의약품안전처장이 정하여 고시하는 농약 또는 동물용의약품 잔류허용기준을 초과해 검출된 경우	해당 인증품 등의 판매금지·판매정지·회수·폐기
4) 제한적 유기표시 또는 제한적 무농약 표시 방법을 위반한 경우	해당 제품의 세부 표시사항의 변경
5) 인증품이 아닌 제품을 인증품으로 표시한 것으로 인정된 경우	해당 제품의 인증표시의 제거·정지

■ 인증기관의 지정기준 - 인력 및 조직(친환경농어업법 시행규칙 [별표 10])

가. 법에 따라 자격을 부여받은 인증심사원을 상근인력으로 5명 이상 확보하고, 인증심사업무를 수행하는 상설 전담조직을 갖출 것. 다만, 인증기관의 지정 이후에는 인증업무량 등에 따라 국립농산물품질관리원장이 정하는 바에 따라 인증심사원을 추가로 확보할 수 있어야 한다.

나. 인증기관의 임원 또는 직원(인증업무를 담당하는 직원으로 한정) 중에 결격사유에 해당하는 자가 없을 것

다. 재무구조의 건전성과 투명한 회계처리 절차를 마련하는 등 인증기관의 운영에 필요한 재정적 안정성을 확보할 것

라. 인증업무가 불공정하게 수행될 우려가 없도록 인증기관(대표, 인증심사원 등 소속 임원 또는 직원을 포함)은 다음의 업무를 수행하지 않을 것

1) 유기농업자재 등 농업용 자재의 제조·유통·판매

2) 유기식품 등·무농약농산물 및 무농약원료가공식품의 유통·판매
3) 유기식품 등·무농약농산물 및 무농약원료가공식품의 인증과 관련된 기술지도·자문 등의 서비스 제공

■ 인증기관의 지정 신청(친환경농어업법 시행규칙 제34조 제1항)

국립농산물품질관리원장은 법에 따라 인증기관을 지정하려는 경우에는 해당 연도의 1월 31일까지 지정 신청기간 등 인증기관의 지정에 관한 사항을 국립농산물품질관리원의 인터넷 홈페이지 및 친환경 인증관리 정보시스템 등에 10일 이상 공고해야 한다.

■ 인증기관의 지정내용 변경신고 등(친환경농어업법 시행규칙 제38조 제1항)

인증기관은 법에 따라 지정받은 내용 중 다음의 어느 하나에 해당하는 사항이 변경된 경우에는 변경된 날부터 1개월 이내에 별지 서식에 따른 인증기관 지정내용 변경신고서에 지정내용이 변경되었음을 증명하는 서류를 첨부하여 국립농산물품질관리원장에게 제출해야 한다.
1. 인증기관의 명칭, 인력 및 대표자
2. 주사무소 및 지방사무소의 소재지

■ 인증심사원의 자격기준(친환경농어업법 시행규칙 [별표 11])

자격	경력
1. 국가기술자격법에 따른 농업·임업·축산 또는 식품 분야의 기사 이상의 자격을 취득한 사람	–
2. 국가기술자격법에 따른 농업·임업·축산 또는 식품 분야의 산업기사 자격을 취득한 사람	친환경인증 심사 또는 친환경 농산물 관련분야에서 2년(산업기사가 되기 전의 경력을 포함 이상 근무한 경력이 있을 것
3. 수의사법에 따라 수의사 면허를 취득한 사람	–

■ 인증심사원의 자격취소, 자격정지 및 시정조치 명령의 개별기준(친환경농어업법 시행규칙 [별표 12])

위반행위	위반횟수별 행정처분 기준		
	1회 위반	2회 위반	3회 이상 위반
가. 거짓이나 그 밖의 부정한 방법으로 인증심사원의 자격을 부여받은 경우	자격취소	–	–
나. 거짓이나 그 밖의 부정한 방법으로 인증심사 업무를 수행한 경우	자격취소	–	–
다. 고의 또는 중대한 과실로 인증기준에 맞지 않은 유기식품등 또는 무농약농산물·무농약원료가공식품을 인증한 경우	자격취소	–	–
라. 경미한 과실로 인증기준에 맞지 않은 유기식품등 또는 무농약농산물·무농약원료가공식품을 인증한 경우	시정조치 명령	자격정지 3개월	자격정지 6개월
마. 인증심사원의 자격기준에 적합하지 않게 된 경우	자격정지 3개월	자격정지 6개월	자격취소
바. 인증심사 업무와 관련하여 다른 사람에게 자기의 성명을 사용하게 하거나 인증심사원증을 빌려 준 경우	자격정지 6개월	자격취소	–
사. 교육을 받지 않은 경우	시정조치 명령	자격정지 3개월	자격정지 6개월
아. 준수사항을 지키지 않은 경우	자격정지 3개월	자격정지 6개월	자격취소
자. 정당한 사유 없이 조사를 실시하기 위한 지시에 따르지 않은 경우	자격정지 3개월	자격정지 6개월	자격취소

■ 인증기관에 대한 행정처분의 개별기준(친환경농어업법 시행규칙 [별표 13])

위반행위	행정처분 기준		
	1회 위반	2회 위반	3회 이상 위반
가. 거짓이나 그 밖의 부정한 방법으로 지정을 받은 경우	지정취소	–	–
나. 인증기관의 장이 죄(인증심사업무와 관련된 죄로 한정)를 범하여 100만원 이상의 벌금형 또는 금고 이상의 형을 선고받아 그 형이 확정된 경우	지정취소	–	–
다. 인증기관이 파산 또는 폐업 등으로 인해 인증업무를 수행할 수 없는 경우	지정취소	–	–
라. 업무정지 명령을 위반하여 정지기간 중 인증을 한 경우	지정취소	–	–
마. 정당한 사유 없이 1년 이상 계속하여 인증을 하지 않은 경우	지정취소	–	–
바. 고의 또는 중대한 과실로 인증기준에 맞지 않은 유기식품등 또는 무농약농산물·무농약원료가공식품을 인증한 경우	지정취소	–	–
사. 고의 또는 중대한 과실로 인증심사 및 재심사의 처리 절차·방법 또는 인증 갱신 및 인증품의 유효기간 연장의 절차·방법 등을 지키지 않은 경우	업무정지 6개월	지정취소	–
아. 정당한 사유 없이 법에 따른 처분, 명령 공표를 하지 않은 경우	업무정지 3개월	업무정지 6개월	지정취소
자. 지정기준 중 인력 및 조직, 시설에 관한 지정기준에 맞지 않게 된 경우	업무정지 3개월	업무정지 6개월	지정취소
차. 지정기준 중 인증업무규정에 관한 지정기준에 맞지 않게 된 경우	시정명령	업무정지 3개월	업무정지 6개월
카. 인증기관의 준수사항을 위반한 경우	업무정지 3개월	업무정지 6개월	지정취소
타. 시정조치 명령이나 처분에 따르지 않은 경우	업무정지 6개월	지정취소	–
파. 정당한 사유 없이 소속 공무원의 조사를 거부·방해하거나 기피하는 경우	지정취소	–	–
하. 법에 따라 실시한 인증기관 평가에서 최하위 등급을 연속하여 3회 받은 경우	지정취소	–	–

■ 인증품 등 및 인증사업자 등의 사후관리(친환경농어업법 시행규칙 제45조 제1항)

법에 따라 국립농산물품질관리원장 또는 인증기관이 매년 실시하는 판매·유통 중인 인증품 및 제한적으로 유기표시를 허용한 식품 및 비식용가공품(이하 '인증품 등')과 인증사업자에 대한 조사는 다음의 구분에 따라 실시한다.

1. 정기조사 : 인증품 판매·유통 사업장, 법에 따라 제한적으로 유기표시를 허용한 식품 및 비식용가공품의 생산, 제조·가공, 취급 또는 판매·유통 사업장 또는 인증사업자의 사업장 중 일부를 선정하여 정기적으로 실시

2. 수시조사 : 특정 업체의 위반사실에 대한 신고·민원·제보 등이 접수되는 경우에 실시

3. 특별조사 : 국립농산물품질관리원장이 필요하다고 인정하는 경우에 실시

■ 무농약농산물·무농약원료가공식품의 인증대상(친환경농어업법 시행규칙 제53조 제1항)

무농약농산물·무농약원료가공식품의 인증대상은 다음과 같다.

1. 무농약농산물을 생산하는 자

2. 무농약원료가공식품을 제조·가공하는 자

3. 제1호 또는 제2호에 해당하는 품목을 취급하는 자

■ 무농약농산물·무농약원료가공식품 표시의 작도법(친환경농어업법 시행규칙 [별표 15])

• 표시 도형의 국문 및 영문 모두 활자체는 고딕체로 하고, 글자 크기는 표시 도형의 크기에 따라 조정한다.

• 표시 도형의 색상은 녹색을 기본 색상으로 하고, 포장재의 색깔 등을 고려해 파란색, 빨간색 또는 검은색으로 할 수 있다.

■ 유기농업자재의 공시기준 - 식물에 대한 시험성적서(친환경농어업법 시행규칙 [별표 17])

심사사항	공시기준
가. 유식물(幼植物) 등에 대한 농약피해(藥害)·비료피해(肥害) 시험성적	1) 다섯 종류 이상의 작물에 대해 적합하게 시험한 성적이어야 한다. 2) 농약피해·비료피해의 정도는 시험성적 모두가 기준량에서 0 이하이거나, 2배량에서 1 이하이어야 한다.
나. 비료효과(肥效)·비료피해 시험성적(효능·효과를 표시하려는 경우로 한정)	1) 토양 개량 또는 작물 생육을 목적으로 하는 자재에 적용하고, 동일 작물에 대해서 적합하게 시험한 2개 이상의 재배 포장시험(圃場試驗 : 밭 등에서 이루어지는 시험) 성적서를 제출해야 하며, 작물에 대한 재배 포장시험은 비료관리법에 따른 작물재배 시험법을 준용한다. 다만, 농작물의 종류를 추가하려는 경우에는 1개의 재배 포장시험성적서를 제출할 수 있다. 2) 비료효과 시험 결과 통계적으로 무처리구(無處理區) 대비 효과가 인정되어야 하고, 기준량과 2배량 모두에서 비료피해가 없어야 한다.
다. 농약효과(藥效)·농약피해 시험성적(효능·효과를 표시하려는 경우로 한정)	1) 병해충 관리를 목적으로 하는 자재에 적용하고, 동일 작물·병해충에 대해서 적합하게 시험한 2개 이상의 재배 포장시험 성적서를 제출해야 하며, 작물에 대한 재배 포장시험은 농약관리법에 따른 작물에 대한 농약효과·농약피해 시험법을 준용한다. 다만, 적용대상 병해충 및 농작물의 종류를 추가하려는 경우에는 1개의 재배 포장시험성적서를 제출할 수 있다. 2) 농약효과 시험 결과 통계적으로 무처리구 대비 방제가(防除價 : 병해충에 대한 농약의 방제효과를 표시하는 수치)를 고려해 방제효과가 인정되어야 하고, 기준량과 2배량 모두에서 농약피해가 없어야 한다.
라. 예외사항	농약관리법에 따라 등록된 농약이거나 비료관리법에 따라 등록 또는 신고된 비료에 해당하는 경우에는 식물시험에 대한 재배 포장시험 성적서를 제출하지 않을 수 있다.

■ 유기농업자재 공시의 갱신(친환경농어업법 시행규칙 제66조 제1항)

공시사업자가 법에 따라 유기농업자재 공시의 갱신을 신청하려는 경우에는 공시의 유효기간이 끝나기 3개월 전까지 별지서식에 따른 유기농업자재 공시 갱신신청서에 다음의 자료·서류 및 시료를 첨부하여 공시를 한 공시기관(같은 항 단서에 해당하는 경우에는 다른 공시기관)에 제출해야 한다. 다만, 제1호부터 제3호까지의 자료·서류 및 시료는 변경사항이 없는 경우에는 제출하지 않을 수 있다.

1. 별지에 따른 유기농업자재 생산계획서

2. 별표에 따른 제출 자료 및 서류

3. 시료 500g(mL). 다만, 병해충 관리용 시료는 100g(mL)으로 한다.

4. 유기농업자재 공시서

■ 유기농업자재 관련 행정처분 일반기준(친환경농어업법 시행규칙 [별표 20])

위반행위가 둘 이상인 경우로서 그에 해당하는 각각의 처분기준이 다른 경우에는 그 중 무거운 처분기준에 따르되, 각각의 처분기준이 업무정지인 경우에는 각각의 처분기준을 합산한 기간을 넘지 않는 범위에서 무거운 처분기준의 2분의 1까지 그 기간을 늘릴 수 있다.

■ 유기농업자재 관련 행정처분 개별기준 – 공시사업자 등(친환경농어업법 시행규칙 [별표 20])

위반행위	행정처분 기준		
	1회 위반	2회 위반	3회 이상 위반
5) 법 제49조제1항에 따른 조사 결과 법 제37조제4항에 따른 공시기준을 위반한 경우			
가) 별표 1의 허용물질 외의 물질을 사용하였거나 검출된 경우[(나)의 경우는 제외한다]	공시취소 및 유기농업 자재의 회수·폐기	–	–
나) 합성농약 성분이 원료·재료의 오염 등 불가항력적인 요인으로 식품위생법에 따라 식품의약품안전처장이 고시하는 농산물의 농약 잔류허용기준의 농약성분별 잔류허용기준 이하로 검출된 경우	판매금지 및 유기농업 자재의 회수·폐기	공시취소 및 유기농업 자재의 회수·폐기	–
다) 공시를 받은 원료·재료와 다른 원료·재료를 사용하거나 제조 조성비를 다르게 한 경우	판매금지 및 유기농업 자재의 회수·폐기	공시취소 및 유기농업 자재의 회수·폐기	–

■ 유기농업자재 관련 행정처분 개별기준 – 공시사업자 등(친환경농어업법 시행규칙 [별표 20])

위반행위	행정처분 기준		
	1회 위반	2회 위반	3회 이상 위반
1) 거짓이나 그 밖의 부정한 방법으로 지정을 받은 경우	지정취소	–	–
3) 업무정지 명령을 위반하여 정지기간 중에 공시업무를 한 경우	지정취소	–	–
4) 정당한 사유 없이 1년 이상 계속하여 공시업무를 하지 않은 경우	업무정지 1개월	업무정지 3개월	지정취소

■ 유기농업자재 공시를 나타내는 도형 표시 방법(친환경농어업법 시행규칙 [별표 21])

• 문자의 글자체는 나눔 명조체, 글자색은 연두색(PANTONE 376C)으로 한다. 다만, 공시기관명은 청록색(PANTONE 343C)으로 한다.
• 공시마크 바탕색은 흰색으로 하고, 공시마크의 가장 바깥쪽 원은 연두색 (PANTONE 376C), 유기농업자재라고 표기된 글자의 바탕색은 청록색(PANTONE 343C), 태양, 햇빛 및 잎사귀의 둘레 색상은 청록색(PANTONE 343C), 유기농업자재의 종류라고 표기된 글자의 바탕색과 네모 둘레는 청록색(PANTONE 343C)으로 한다.

■ 공시기관의 지정기준 – 인력(친환경농어업법 시행규칙 [별표 20])

가. 공시 업무는 최근 1년 이내에 국립농산물품질관리원장이 정하는 교육(보수교육을 포함한다)을 이수한 심사원(이하 '공시심사원')이 수행하도록 해야 한다.

나. 공시심사원은 해당 전문분야 각 1명 이상씩 총 6명 이상 갖추어야 한다. 다만, 공시기관의 지정 이후에는 공시 업무량 등에 따라 국립농산물품질관리원장이 정하는 바에 따라 공시심사원을 추가적으로 확보할 수 있어야 한다.

다. 공시심사원은 다음의 어느 하나에 해당하는 행위를 해서는 안 된다.

1) 최근 1년 이내에 법 47조제1항제5호 또는 제6호에 해당하는 행위

2) 유기농업자재를 생산하거나 수입하여 판매하는 행위

3) 수수료를 받고 공시를 위한 컨설팅을 하거나 공시 신청서 등 서류를 작성하는 행위

4) 그 밖에 공시 업무가 불공정하게 수행될 우려가 있는 행위

■ 인증품 등 및 인증사업자 등의 사후관리(친환경농어업법 시행규칙 제45조 제1항)

법에 따라 국립농산물품질관리원장 또는 인증기관이 매년 실시하는 판매·유통 중인 인증품 및 제한적으로 유기표시를 허용한 식품 및 비식용가공품(이하 '인증품 등')과 인증사업자에 대한 조사는 다음의 구분에 따라 실시한다.

1. 정기조사 : 인증품 판매·유통 사업장, 법에 따라 제한적으로 유기표시를 허용한 식품 및 비식용가공품의 생산, 제조·가공, 취급 또는 판매·유통 사업장 또는 인증사업자의 사업장 중 일부를 선정하여 정기적으로 실시

2. 수시조사 : 특정 업체의 위반사실에 대한 신고·민원·제보 등이 접수되는 경우에 실시

3. 특별조사 : 국립농산물품질관리원장이 필요하다고 인정하는 경우에 실시

■ 생산과정조사(유기식품 및 무농약농산물 등의 인증에 관한 세부실시요령 [별표 5]

1) 정기조사 : 인증기관은 각 인증 건별로 인증서 교부일 부터 10개월이 지나기 전까지 1회 이상의 생산과정조사를 실시한다. 단체 인증의 경우 표본농가 수 이상을 조사한 경우 1회 조사로 간주하며, 2)부터 4)까지의 조사는 정기조사 횟수에 포함하지 않는다.

2) 수시조사 : 사무소장은 인증사업자의 위반사실에 대한 신고·민원 등을 접수하거나 관계기관으로부터 위반사실을 통보 받으면 해당 인증사업자에 대한 생산과정조사를 실시한다. 이 경우 해당 인증기관으로 하여금 관련 조사에 참여하게 할 수 있다.

3) 특별조사 : 사무소장 또는 인증기관은 국립농산물품질관리원장이 필요하다고 인정하여 생산과정조사를 지시하는 경우 특별조사를 실시한다.

4) 불시심사 : 인증기관은 인증사업자에 대해 불시심사를 실시한다.

■ 유통과정조사(유기식품 및 무농약농산물 등의 인증에 관한 세부실시요령 [별표 5])

1) 정기조사 : 조사주기는 등록된 유통업체(취급인증사업자 포함) 중 조사 필요성이 있는 업체를 대상으로 연 2회 이상 자체 조사계획을 수립하여 실시

2) 수시조사 : 국립농산물품질관리원장(지원장·사무소장을 포함)이 특정업체(온라인·통신판매 등을 포함)의 위반사실에 대한 신고가 접수되는 등 정기조사 외에 조사가 필요한 것으로 판단되는 경우 실시

3) 특별조사 : 국립농산물품질관리원장이 인증기준 위반 우려 등을 고려하여 실시

PART

02

최빈출 기출
1000제

유기농업기사 [필기]

www.sdedu.co.kr

재배원론

001

스위스의 식물학자로 산야에서 채취한 과실을 먹고 던져 둔 종자에서 똑같은 식물이 자라는 것을 보고 '파종'이라 는 관념을 배웠을 것으로 추정한 사람은?

① A. P. De Candolle

② G. Allen

③ H. J. E. Peake

④ P. Dettweiler

해설

드캉돌(De Candolle)

스위스의 식물학자로 산야에서 채취한 과실을 먹고 던져둔 종자에서 똑같은 식물이 자라는 것을 보고 '파종'이라는 관념을, 야생식물을 집 근처에 옮겨 심으면 편리하다는 생각에 '이식'의 개념을 배웠을 것으로 추정하였다.

002

식물의 지리적 미분법을 제창한 사람은?

① De Candolle   ② Vavilov

③ C. O. Miller   ④ Darwin

해설

바빌로프(Vavilov)

• 농작물을 식물의 지리적 미분법으로 조사했다.

• 채취한 곳에 따라 종의 분포를 결정했다.

• 작물 기원의 중심지를 8개 지역으로 나누었다.

• 변이 종이 가장 많은 지역을 중심지라 생각하였다.

• 작물의 원산지를 추정하는 데 유전자 중심설을 제창하였다.

003

다음 중 작물의 기원지가 중국지역에 해당하는 것으로만 나열된 것은?

① 감자, 땅콩, 담배

② 조, 피, 메밀

③ 토마토, 고추, 수수

④ 수박, 참외, 호밀

해설

작물의 기원지(바빌로프 8대 유전자중심지)

• 중국 : 6조보리, 조, 피, 메밀, 콩, 팥, 파, 인삼, 배추, 자운영, 동양배, 감, 복숭아 등

• 인도·동남아시아 : 벼, 참깨, 사탕수수, 모시풀, 왕골, 오이, 박, 가지, 생강 등

• 중앙아시아 : 귀리, 기장, 완두, 삼, 당근, 양파, 무화과 등

• 코카서스·중동 : 2조보리, 보통밀, 호밀, 유채, 아마, 마늘, 시금치, 사과, 서양배, 포도 등

• 지중해 연안 : 완두, 유채, 사탕무, 양귀비, 화이트클로버, 티머시, 오처드그라스, 무, 순무, 우엉, 양배추, 상추 등

• 중앙아프리카 : 진주조, 수수, 강두(광저기), 수박, 참외 등

• 멕시코·중앙아메리카 : 옥수수, 강낭콩, 고구마, 해바라기, 호박 등

• 남아메리카 : 감자, 땅콩, 담배, 토마토, 고추 등

004

작물의 기원지가 남아메리카 지역에 해당하는 것으로만 나열된 것은?

① 메밀, 파   ② 배추, 감

③ 조, 복숭아   ④ 감자, 담배

해설

남아메리카 기원 작물 : 감자, 땅콩, 담배, 토마토, 고추 등

005

다음 중 우리나라가 원산지인 작물로만 나열된 것은?

① 벼, 참깨
② 담배, 감자
③ 감, 인삼
④ 옥수수, 고구마

해설

우리나라가 원산지인 작물 : 감(한국, 중국), 인삼(한국), 팥(한국, 중국)

006

식물의 진화과정으로 옳은 것은?

① 적응 → 순화 → 도태 → 유전적 변이
② 적응 → 유전적 변이 → 순화 → 도태
③ 유전적 변이 → 순화 → 도태 → 적응
④ 유전적 변이 → 도태 → 적응 → 순화

해설

작물의 분화과정
유전적 변이(자연교잡, 돌연변이) → 도태 → 적응(순화) → 고립(격절)

007

작물 유전의 돌연변이설을 주장한 사람은?

① De Vries
② Mendel
③ 우장춘
④ Darwin

해설

드브리스(De Vries)
식물생리학에서는 호흡작용·팽압·원형질 분리 등을 주로 연구하였고, 유전학에서는 식물의 잡종에 관한 연구를 하여 유전현상에 대해서 세포 내 팡겐설(Pangen)을 제창하였다. 1900년도에 멘델 법칙의 재발견과 돌연변이설을 제창하여, 그 후의 유전학과 진화론에 엄청난 영향을 주었다.

008

교잡에 의한 작물개량의 가능성을 최초로 제시한 사람은?

① Camerarius
② Koelreuter
③ Mendel
④ Johannsen

해설

② Koelreuter : 서로 다른 종 간에는 교잡이 잘되지 않고 동일 종 내 근연 간에는 교잡이 잘 일어날 수 있다는 사실을 입증하였다.
① Camerarius : 1961년 식물에도 자웅성별이 있음을 밝혔으며 시금치, 삼, 홉, 옥수수 등의 성에 관해 기술하였다.
③ Mendel : 우열의 법칙, 분리의 법칙, 독립의 법칙이라고 불리는 유전의 기본법칙을 발견했다.
④ Johannsen : '순계설'을 발표하여 자식성 작물의 품종개량에 이바지하였다.

009

작물의 특징에 대한 설명으로 가장 거리가 먼 것은?

① 이용성과 경제성이 높아야 한다.
② 일반적인 작물의 이용 목적은 식물체의 특정부위가 아닌 식물체 전체이다.
③ 작물은 대부분 일종의 기형식물에 해당된다.
④ 야생식물들보다 일반적으로 생존력이 약하다.

해설

② 대부분의 작물은 인간에게 유용한 특정 부위(열매, 씨앗, 잎, 줄기, 뿌리 등)를 집중적으로 이용하기 위해 재배한다.

010

재배의 일반적인 특징으로 거리가 먼 것은?

① 공산물에 비해 분업적으로 생산하기 어렵다.

② 토지생산성은 수확체감의 법칙이 적용된다.

③ 농산물은 가격에 대한 수급의 탄력성이 적다.

④ 공산물에 비하여 수요의 탄력성이 크다.

④ 농산물은 공산품에 비해 수요공급의 탄력성이 적고 가격변동성이 매우 크다.

011

세계 3대 식량작물로 구성된 것은?

① 밀, 옥수수, 벼

② 밀, 감자, 보리

③ 보리, 고구마, 벼

④ 감자, 고구마, 벼

세계 3대 식량작물

재배작물 중 밀, 옥수수, 벼가 인류 곡물 소비량의 75%를 차지한다.

012

다음 작물의 종류에서 세계적으로 가장 많은 비율을 차지하는 작물은?

① 식용작물　　　　② 사료작물

③ 채소작물　　　　④ 섬유작물

작물의 재배비율

식용작물 39.9% > 약용작물 15.4% > 사료작물 14.7% > 공예작물 11.9% > 조미작물 8.5%

013

작물의 용도에 따른 분류와 작물명이 잘못 짝지어진 것은?

① 맥류 – 쌀, 보리

② 유료작물 – 참깨, 유채

③ 근채류 – 당근, 생강

④ 장과류 – 포도, 무화과

용도에 따른 작물의 분류

식용 (식량) 작물	미곡	논벼, 밭벼 등
	맥류	보리, 밀, 귀리, 라이보리 등
	잡곡	조, 기장, 피, 수수, 율무, 옥수수, 메밀 등
	두류	콩, 팥, 까치콩, 완두, 잠두, 땅콩, 녹두 등
	서류	고구마, 감자, 카사바, 토란 등
특용 (공예) 작물	유료작물	참깨, 땅콩, 유채, 해바라기 등
	섬유작물	목화, 아마, 삼, 왕골, 모시풀, 수세미, 닥나무 등
	당료작물	사탕무, 사탕수수 등
	전분작물	옥수수, 감자, 고구마 등
사료작물		• 벼과 : 옥수수, 호밀, 티머시, 오처드 그라스 등 • 콩과 : 알팔파, 클로버 등
비료(녹비)작물		• 콩과 : 자운영, 클로버(토끼풀), 베치, 알팔파(자주개자리), 풋베기콩, 풋베기완두, 루핀 등 • 유채, 풋베기귀리, 풋베기옥수수, 풋베기쌀보리, 메밀, 호밀 등
약용작물		제충국, 박하, 호프 등
기호작물		차, 담배 등
원예 작물	채소류	• 과채류 : 오이, 호박, 고추, 토마토, 딸기, 수박 등 • 협채류 : 완두, 강낭콩, 동부 등 • 근채류 : 무, 순무, 당근, 고구마, 감자, 토란, 마 등 • 경엽채류 : 배추, 양배추, 셀러리, 파, 양파, 마늘 등
	과수류	• 인과류 : 배, 사과, 비파 등 • 핵과류 : 복숭아, 자두, 살구, 앵두 등 • 장과류 : 포도, 딸기, 무화과 등 • 견과류 : 밤, 호두 등 • 준인과류 : 감, 귤 등
	화훼류	장미, 국화, 코스모스, 다알리아, 난초, 철쭉, 동백 등

014

식물분류학적 방법에 의한 작물분류가 아닌 것은?

① 벼과 작물

② 콩과 작물

③ 가지과 작물

④ 공예작물

해설

④ 공예작물은 농업상 용도에 의한 분류이다.

식물분류학적 방법에 의한 작물의 분류

벼과, 콩과, 가지과, 배추과, 국화과 등

015

용도에 따른 작물의 분류에서 포도와 무화과는 어느 것에 속하는가?

① 장과류   ② 인과류

③ 핵과류   ④ 곡과류

해설

과실의 구조에 따른 분류

• 인과류 : 배, 사과, 비파 등

• 핵과류 : 복숭아, 자두, 살구, 앵두 등

• 장과류 : 포도, 딸기, 무화과 등

• 견과류 : 밤, 호두 등

• 준인과류 : 감, 귤 등

016

다음 중 인과류에 해당하는 것은?

① 앵두   ② 포도

③ 감   ④ 사과

해설

인과류 : 배, 사과, 비파 등

017

용도에 따른 분류에서 공예작물이며, 전분작물로만 나열된 것은?

① 고구마, 감자

② 사탕무, 유채

③ 사탕수수, 왕골

④ 삼, 닥나무

해설

특용(공예)작물

• 유료작물 : 참깨, 땅콩, 유채, 해바라기 등

• 섬유작물 : 목화, 아마, 삼, 왕골, 모시풀, 수세미, 닥나무 등

• 당료작물 : 사탕무, 사탕수수 등

• 전분작물 : 옥수수, 감자, 고구마 등

018

공예작물 중 유료작물로만 나열된 것은?

① 목화, 삼   ② 모시풀, 아마

③ 참깨, 유채   ④ 어저귀, 왕골

해설

유료작물 : 참깨, 땅콩, 유채, 해바라기 등

019

작물의 분류법 중 작물을 재배하는 데 생육적온 등 유용한 정보를 가장 많이 얻을 수 있는 분류법은?

① 식물학적 분류

② 일반적 분류

③ 생태적 분류

④ 경영적 분류

해설

생태적 분류는 재배기간, 생육계절, 생육적온, 생육형태, 저항성 등에 따라 분류한 것이다.

020

벼와 같이 식물체가 포기를 형성하는 작물을 무엇이라 하는가?

① 포복형 작물　　　　② 주형 작물
③ 내냉성 작물　　　　④ 내습성 작물

해설

생육 형태에 따른 분류

주형과 포복형	• 주형 : 식물체가 각각의 포기를 형성하는 작물 예 벼, 맥류 등 • 포복형 : 줄기가 땅을 기어서 지표를 덮은 작물 예 고구마, 호박, 화이트클로버 등
상번초와 하번초	• 상번초 : 줄기 위에 있는 잎이 무성한 작물 예 수단그라스 등 • 하번초 : 땅의 표면을 덮으면서 자라는 작물 예 화이트클로버 등

021

작물을 생육형에 따라 분류할 때 틀린 것은?

① 벼 – 주형(株型)
② 고구마 – 포복형(匍匐型)
③ 오처드그라스 – 주형(株型)
④ 수단그라스 – 하번초(下繁草)

해설

상번초와 하번초
• 상번초 : 수단그라스 등
• 하번초 : 화이트클로버 등

022

토양보호와 관련된 작물분류를 올바르게 한 것은?

① 수식성 작물 – 콩과 목초　② 토양수탈작물 – 채소
③ 토양조성작물 – 과수　　　④ 토양보호작물 – 목초

해설

① 수식성 작물 : 옥수수, 담배, 목화, 과수, 채소 등
② 토양수탈작물 : 화곡류
③ 토양조성작물 : 콩과 목초, 녹비작물

023

다년생 작물에 해당하는 것은?

① 옥수수　　　　② 사탕무
③ 무　　　　　　④ 아스파라거스

해설

생존연한에 따른 분류

1년생	• 봄에 파종하여 그해 안에 성숙하는 작물 • 벼, 콩, 옥수수, 수수, 조 등
월년생	• 가을에 파종하여 그 다음 해 초여름에 성숙하는 작물 • 가을밀, 가을보리 등
2년생	• 봄에 파종하여 그 다음 해에 성숙하는 작물 • 무, 사탕무, 양배추, 양파 등
영년생 (다년생)	• 생존연한과 경제적 이용연한이 여러 해인 작물 • 아스파라거스, 목초류, 호프 등

024

유축농업(有畜農業) 또는 혼합농업과 비슷한 뜻이며, 식량과 사료를 서로 균형있게 생산하는 재배형식은?

① 식경(殖耕)　　　　② 원경(園耕)
③ 소경(疎耕)　　　　④ 포경(圃耕)

해설

① 식경 : 열대·아열대 지역에서 커피, 카카오, 차, 설탕, 담배, 목화, 고무 등을 재배하는 기업형태의 농업
② 원경 : 주로 채소, 과수 등의 원예작물을 집약적으로 재배하는 형태로 작은 면적에서 단위면적당 수확량을 많게 하는 농업
③ 소경 : 비료나 농약 등을 사용하지 않고 열대서류, 두류, 채소와 화곡류 등을 재배하는 원시적 형태의 농업

025

작물의 영양기관에 대한 분류가 잘못된 것은?

① 인경 – 마늘　　② 괴근 – 고구마
③ 구경 – 감자　　④ 지하경 – 생강

③ 괴경 : 감자

종묘로 이용되는 영양기관의 분류

눈	마, 포도나무, 꽃의 아삽 등
잎	베고니아 등
줄기	• 덩이줄기(괴경) : 감자, 토란, 돼지감자 등 • 알줄기(구경) : 글라디올러스, 프리지아 등 • 비늘줄기(인경) : 나리(백합), 마늘, 양파 등 • 땅속줄기(뿌리줄기, 지하경) : 생강, 연, 박하, 호프 등 • 흡지(吸枝) : 박하, 모시풀 등
뿌리	덩이뿌리(괴근) : 다알리아, 고구마, 마 등

026

우리나라 작물재배의 특색에 대한 설명으로 가장 적절하지 않은 것은?

① 토양비옥도가 낮음
② 전체적인 식량자급률이 높음
③ 경영규모가 영세함
④ 농산물의 국제경쟁력이 약함

② 식량자급률이 낮고 양곡도입량이 많다.

027

답리작 맥류 재배에서 가장 중요한 품종의 특성은?

① 저온발아성　　② 만식적응성
③ 관수저항성　　④ 조숙성

답리작 맥류 재배에서는 조숙성이 있어야 수확 후 모내기나 콩의 파종이 가능하다.

028

작물 수량 삼각형에서 수량 증대 극대화를 위한 요인으로 가장 거리가 먼 것은?

① 유전성　　② 재배기술
③ 환경조건　　④ 원산지

작물 수량의 삼각형

029

작물의 수량을 최대화하기 위한 재배이론의 3요인으로 가장 옳은 것은?

① 비옥한 토양, 우량종자, 충분한 일사량
② 비료 및 농약의 확보, 종자의 우수성, 양호한 환경
③ 자본의 확보, 생력화 기술, 비옥한 토양
④ 종자의 우수한 유전성, 양호한 환경, 재배기술의 종합적 확립

작물 수량 삼각형에서 수량을 최대화하기 위한 3요소는 유전성, 재배기술, 재배환경이다.

030

삼한시대 재배되었다고 하는 오곡(五穀)중에 포함되지 않는 작물은?

① 보리　　② 참깨
③ 벼　　④ 피

우리나라 삼한시대 오곡(五穀) : 보리, 기장, 피, 콩, 참깨

031

일반 토양의 3상에 대하여 올바르게 기술한 것은?

① 기상의 분포 비율이 가장 크다.
② 고상의 분포는 50% 정도이다.
③ 액상은 가장 낮은 비중을 차지한다.
④ 고상은 액체와 기체로 구성된다.

> **해설**
>
> **토양의 3상과 비율**
>
> 고상 50%(무기물 45% + 유기물 5%), 액상 25%, 기상 25%

032

토성을 분류하는 데 기준이 될 수 없는 것은?

① 자갈 ② 모래
③ 미사 ④ 점토

> **해설**
>
> 토성은 모래(미사, 세사, 조사)와 점토의 구성비로 토양을 구분하는 것이다.

033

다음 중 작물생육에 가장 적합한 토양 구조는?

① 이상구조 ② 단립(團粒)구조
③ 입단구조 ④ 혼합구조

> **해설**
>
> **입단구조**
>
> • 단일입자가 결합한 2차 입자가 모여 입단을 구성하고 있다.
> • 대공극과 소공극이 고르게 분포한다.
> • 통기성·투수성이 양호하고 양분과 수분의 유지 및 보유력이 우수하여 작물의 생육에 적당하다.

034

토양구조에 관한 설명으로 옳은 것은?

① 식물이 가장 잘 자라는 구조는 이상구조이다.
② 단립구조는 점토질 토양에서 많이 볼 수 있다.
③ 수분과 양분의 보유력이 가장 큰 구조는 입단구조이다.
④ 이상구조는 대공극이 많고 소공극이 적다.

> **해설**
>
> **토양의 구조**
>
> | | |
> |---|---|
> | 단립구조 | • 토양입자가 서로 결합하지 않고 독립적으로 모여있다.
• 대공극이 많고 소공극이 적어서 통기성·투수성은 우수하지만 양분과 수분 보유력이 낮다.
• 해안의 사구지에서 볼 수 있다. |
> | 이상구조 | • 미세한 토양입자가 무구조, 단일상태로 집합한 구조이다.
• 부식함량이 적고 과습한 식질토양에 많다.
• 토양통기가 불량하다. |
> | 입단구조 | • 단일입자가 결합한 2차 입자가 모여 입단을 구성하고 있다.
• 대공극과 소공극이 고르게 분포한다.
• 통기성·투수성이 양호하고 양분과 수분의 유지 및 보유력이 우수하여 작물의 생육에 적당하다. |

035

다음 중 토양의 입단구조를 파괴하는 요인으로서 가장 옳지 않은 것은?

① 경운
② 입단의 팽창과 수축의 반복
③ 나트륨 이온의 첨가
④ 토양의 피복

> **해설**
>
> **입단구조의 파괴**
>
> • 경운(토양입자의 부식 분해 촉진)
> • 입단의 팽창과 수축의 반복
> • Na^+의 작용(점토의 결합 분산)
> • 비와 바람의 작용

036

다음 중 작물생육의 다량원소가 아닌 것은?

① K ② Cu
③ Mg ④ Ca

필수원소(16종)
- 다량원소(9종) : 탄소(C), 수소(H), 산소(O), 질소(N), 인(P), 칼륨(K), 칼슘(Ca), 마그네슘(Mg), 황(S)
- 미량원소(7종) : 철(Fe), 구리(Cu), 아연(Zn), 망가니즈(Mn), 붕소(B), 몰리브덴(Mo), 염소(Cl)

037

다음 중 산성토양에 적응성이 가장 강한 것은?

① 부추 ② 시금치
③ 콩 ④ 감자

산성토양에 대한 작물의 적응성
- 극히 강한 것 : 벼, 밭벼, 귀리, 기장, 땅콩, 아마, 감자, 호밀, 토란 등
- 강한 것 : 메밀, 당근, 옥수수, 고구마, 오이, 호박, 토마토, 조, 딸기, 베치, 담배 등
- 약한 것 : 고추, 보리, 클로버, 완두, 가지, 삼, 겨자 등
- 가장 약한 것 : 알팔파, 자운영, 콩, 팥, 시금치, 사탕무, 셀러리, 부추, 양파 등

038

다음 중 산성토양에서 작물의 적응성이 가장 약한 것은?

① 호밀 ② 땅콩
③ 토란 ④ 시금치

산성토양에서 적응성이 가장 약한 작물 : 알팔파, 자운영, 콩, 팥, 시금치, 사탕무, 셀러리, 부추, 양파 등

039

세포의 팽압을 유지하며, 다량원소에 해당하는 것은?

① Mo ② K
③ Cu ④ Zn

칼륨(K)
- 체내 구성물질은 아니나, 세포의 팽압을 유지한다.
- 토양공기 중에 CO_2 농도가 높고 O_2가 부족할 때 작물이 흡수하기 가장 곤란
- 결핍 : 황화현상, 생장점 고사, 하엽의 탈락 등

040

세포막 중 중간막의 주성분으로, 잎에 많이 존재하며 체내의 이동이 어려운 것은?

① 질소 ② 칼슘
③ 마그네슘 ④ 인

칼슘(Ca)
- 세포막 중 중간막의 주성분으로, 잎에 많이 존재하며 체내의 이동이 어렵다.
- 단백질의 합성과 물질전류에 관여하고, 질소의 흡수 이용을 촉진한다.
- 결핍 : 뿌리나 눈의 생장점이 붉게 변하여 죽게 되고, 토마토 배꼽썩음병도 나타난다.
- 과잉 : Mg, Fe, Zn, Co, B 등의 흡수를 억제한다(길항작용).

041

작물의 생육에 필요불가결한 필수원소에는 속하지 않지만 삼투압 및 이온균형조절, 광합성 과정에서의 물의 광분해에 관여하는 원소는?

① B ② Cl
③ Si ④ Na

염소(Cl)
광합성에서 산소 발생을 수반하는 광화학반응에 촉매작용을 한다.

042

다음 중 상대적으로 아연 결핍증이 발생하기 쉬운 것으로
만 나열된 것은?

① 옥수수, 귤
② 고구마, 유채
③ 콩, 셀러리
④ 보리, 사탕무

해설

아연(Zn)
• 결핍 : 황백화, 괴사, 조기낙엽 등이 발생, 감귤과 옥수수의 잎무늬
  병, 소엽병, 결실불량 등을 초래
• 과잉 : 잎의 황백화, 콩과 작물에서 잎·줄기의 자주빛 현상 등

043

화곡류에서 잎을 일어서게 하여 수광율을 높이고, 증산을
줄여 한해 경감효과를 나타내는 무기성분으로 옳은 것은?

① 니켈
② 규소
③ 셀레늄
④ 리튬

해설

규소(Si)
• 작물의 필수원소에 포함되지 않는다.
• 화곡류 잎의 표피 조직에 침전되어 병에 대한 저항성을 증진시킨다.
• 벼가 많이 흡수하면 잎을 직립하게 하여 수광상태가 좋게 되어 동화
  량을 증대시키는 효과가 있다.

044

토양수분과 작물생육과의 관계를 옳게 설명한 것은?

① 포장용수량의 pF는 2.5~2.7 정도이다.
② 작물생육에 적합한 수분함량은 pF 3.0~4.7 정도
  이다.
③ 작물이 주로 이용하는 수분은 중력수와 토양입자 흡
  습수이다.
④ 초기위조점에 달한 식물은 수분을 공급해도 살아나
  기 어렵다.

해설

② 작물생육에 적합한 수분함량은 pF 1.8~4.5 정도이다.
③ 작물이 주로 이용하는 수분은 모관수이다.
④ 초기위조점에 달한 식물은 수분을 공급하면 작물이 되살아난다.

045

토양수분의 수주 높이가 1,000cm일 때 pF값과 기압은
각각 얼마인가?

① pF 1, 0.001기압
② pF 1, 0.01기압
③ pF 2, 0.1기압
④ pF 3, 1기압

해설

pF값은 $\log H$($\because H$: 수주의 높이)이므로 $\log 1{,}000 = \log 10^3 = $ pF 3
이고, 1기압이다.

046

토양수분항수를 볼 때 강우 또는 충분한 관개 후 2~3일
뒤의 수분 상태를 무엇이라 하는가?

① 포장용수량
② 최대용수량
③ 초기위조점
④ 영구위조점

해설

포장용수량(pF 2.5~2.7, 최소용수량)
수분이 포화된 상태의 토양에서 증발을 방지하면서 중력수를 완전히
배제하고 남은 수분상태를 말한다.

047

모관수(capillary water)에 대한 설명 중 틀린 것은?

① 표면장력에 의해서 중력에 저항하여 보유되는 수분이다.

② 흡습수라고도 한다.

③ 작물이 주로 이용하는 유효수분이다.

④ pF 2.5~4.5이다.

모관수(毛管水, capillary water)

작물이 주로 이용하는 수분으로 표면장력에 의하여 토양공극 내에 유지된다. 지하수가 모세관현상에 의하여 모관공극을 따라 상승하여 공급된다.

048

대기의 조성에서 질소가스는 약 몇 %인가?

① 21%

② 79%

③ 0.03%

④ 50%

대기의 조성

질소 79%, 산소 21%, 이산화탄소 0.03%

049

염류집적의 피해 대책으로 틀린 것은?

① 객토

② 심경

③ 피복재배

④ 담수처리

염류집적 해결법

• 담수처리로 염류농도를 낮추는 방법

• 제염작물(벼, 옥수수, 보리, 호밀) 재식

• 미분해성 유기물(볏짚, 산야초, 낙엽) 사용

• 환토, 객토, 깊이갈이(심경)

• 합리적 시비(토양검증에 의한 시비) 등

050

일본에서 이타이이타이병의 원인이 된 중금속은?

① 코발트

② 수은

③ 카드뮴

④ 비소

중금속이 인체에 미치는 영향

수은(Hg)	치아의 이완, 치은염, 천공성 궤양, 미나마타병, 신경손상을 유발한다.
카드뮴(Cd)	• 이타이이타이병과 같은 중독병을 유발한다. • 뼈의 관절부의 이상을 초래, 신경, 간장 호흡기, 순환기 계통 질환을 일으킨다.
납(Pb)	• 소화기, 호흡기, 음식물, 피부로 흡수되어 체내에 축적된다. • 빈혈을 수반하고 조혈기관 및 소화기, 중추신경계 장애를 일으킨다. • 0.3ppm 이상이면 만성중독, 0.7ppm 이상이면 급성중독증상이 나타난다. • 뇌손상, 손이 늘어지는 것이 특징이고 행동장애를 보인다.
크로뮴(Cr)	• 인체에 유해한 것은 6가크로뮴을 포함하고 있는 크롬산이나 중크롬산이다. • 호흡기, 피부를 통해 유입되어 간장, 신장, 골수에 축적되며, 신장, 대변을 통해 배출된다. • 만성피해로는 만성카타르성 비염, 폐기종, 폐부종, 만성기관지암이 있고, 급성피해는 폐충혈, 기관지염, 폐암 등이 있다.
구리(Cu)	침을 흘리며 위장 카타르성 혈변, 혈뇨 등이 생긴다.
비소(As)	• 피부와 입, 기도의 점막을 통해 체내에 유입된다. • 위궤양, 손, 발바닥의 각화, 비중격천공, 빈혈, 용혈성 작용, 중추신경계 자극증상이 있으며, 뇌증상으로 두통, 권태감, 정신 증상이 있다.

051

토양이 pH 5 이하로 변할 경우 가급도가 감소되는 원소로
만 나열된 것은?

① P, Mg
② Zn, Al
③ Cu, Mn
④ N, Mn

해설

토양 pH와 식물양분의 가급도의 관계

가급도는 식물이 양분을 흡수·이용할 수 있는 유효도로 중성~미산
성에서 가장 높다.

강산성	• P, Ca, Mg, B, Mo : 가급도가 감소하여 작물생육에 불리하다. • Al, Cu, Zn, Mn : 용해도가 증가하여 독성이 증가하므로 작물생육에 불리하다.
강알칼리성	• B, Mn, Fe : 용해도가 감소하여 작물생육에 불리하다. ※ B는 pH 8.5 이상에서 용해도가 커진다.

053

논에 심층시비를 하는 효과에 대한 설명으로 가장 옳은
것은?

① 질산태질소비료를 논토양의 환원층에 주어 탈질을
막는다.
② 질산태질소비료를 논토양의 산화층에 주어 용탈을
막는다.
③ 암모니아태질소비료를 논토양의 환원층에 주어 탈
질을 막는다.
④ 암모니아태질소비료를 논토양의 산화층에 주어 용
탈을 막는다.

해설

탈질현상에 의한 질소질 비료의 손실을 줄이기 위하여 암모니아태질
소를 환원층에 준다.

052

내염성 정도가 강한 작물로만 짝지어진 것은?

① 완두, 셀러리
② 배, 살구
③ 고구마, 감자
④ 유채, 양배추

해설

작물의 내염성

• 내염성이 강한 작물 : 유채, 목화, 순무, 사탕무, 양배추, 라이그래스 등
• 내염성이 약한 작물 : 완두, 녹두, 감자, 고구마, 베치, 가지, 셀러리,
사과, 배, 복숭아, 살구 등

054

논토양에서 유기태 질소의 무기화가 촉진되기 위한 방법
으로 틀린 것은?

① 수산화칼슘 처리
② 담수
③ 지온상승
④ 토양건조 후 가수(加水)

해설

유기태 질소의 무기화 촉진 방법

• 알칼리효과
• 지온 상승효과
• 건토효과
• 인산의 유효화
• 질소고정

055

밭(산화)상태에서 원소의 존재 형태로 옳은 것은?

① CO_2 ② CH_4

③ NH_4^+ ④ H_2S

논토양과 밭토양에서 원소의 존재 형태

원소	논토양(환원상태)	밭토양(산화상태)
C	CH_4, 유기산물	CO_2
N	N_2, NH_4^+	NO_3^-
Mn	Mn^{2+}	Mn^{4+}, Mn^{3+}
Fe	Fe^{2+}	Fe^{3+}
S	H_2S, S	SO_4^{2-}
P	$Fe(H_2PO_4)_2$, $Ca(H_2PO_4)_2$	인산(H_3PO_4), 인산알루미늄($AlPO_4$)
산화환원 전위(Eh)	낮다	높다

056

과수원에서 초생재배를 실시하는 이유로 틀린 것은?

① 토양침식 방지

② 제초 노력 경감

③ 지력 증진

④ 토양온도 상승

초생재배의 장단점

장점	• 토양의 입단화 • 제초 노력 경감 • 미생물 증식 • 지온 상승 억제 • 내병성 향상 • 지렁이 등 익충의 보금자리 • 과목 뿌리신장 및 수명연장	• 토양침식 방지 • 지력 증진 • 수분 증발 억제 • 선충피해 방지
단점	• 양분·수분의 쟁탈	• 병해충의 은신처 제공

057

토양미생물의 여러 가지 활동 중에서 농작물에 해를 끼치는 활동은?

① 무기성분의 산화

② 유리질소의 고정

③ 암모니아를 질산으로 변하게 하는 질산화작용

④ NO_3^-를 환원하여 N_2O나 N_2로 되게 하는 탈질작용

토양미생물의 유해작용
• 질산염의 환원과 탈질작용
• 황산염을 환원하여 황화수소 등의 유해한 환원성 물질을 생성
• 환원성 유해물질의 생성 및 집적
• 작물과의 양분경합
• 식물의 병을 일으키는 미생물이 많음

058

식물체 내의 수분퍼텐셜에 대한 설명으로 틀린 것은?

① 식물체 내의 수분퍼텐셜은 토양의 수분퍼텐셜 보다 높다.

② 수분퍼텐셜과 삼투퍼텐셜이 같으면 압력퍼텐셜이 0(zero)이 되므로 원형질분리가 일어난다.

③ 압력퍼텐셜과 삼투퍼텐셜이 같으면 세포의 수분 퍼텐셜이 0(zero)이 되므로 팽만상태가 된다.

④ 세포의 부피와 압력퍼텐셜이 변화함에 따라 삼투퍼텐셜과 수분퍼텐셜이 변화한다.

① 토양의 수분퍼텐셜이 식물 세포의 수분퍼텐셜보다 높아서 토양 속의 물이 식물 세포로 이동하게 된다.

059

식물체 수분퍼텐셜을 측정하는 방법이 아닌 것은?

① 가압상법
② 중성자 산란법
③ Chardakov 방법
④ 노점식 방법(증기압측정법)

해설

중성자 산란법은 토양수분을 측정하는 방법이다.

060

요수량에 대한 설명으로 틀린 것은?

① 건물생산의 속도가 낮은 생육초기의 요수량이 크다.
② 토양수분의 과다 및 과소, 척박한 토양 등의 환경조건은 요수량을 크게 한다.
③ 수수·기장·옥수수 등이 크고, 알팔파·클로버 등이 작다.
④ 광 부족, 많은 바람, 공기습도의 저하, 저온과 고온은 요수량을 크게 한다.

해설

③ 수수·기장·옥수수 등이 작고, 알팔파·클로버 등이 크다.
※ 요수량 : 작물의 건물 1g을 생산하는 데 소비된 수분량(g)

061

벼의 생육단계에 따른 물 관리에서 관개심도를 가장 깊게 해야 하는 시기는?

① 이앙기~활착기
② 활착기~분얼성기
③ 유수형성기~수잉기
④ 유숙기~황숙기

해설

벼의 생육단계별 관개정도
• 이앙준비기 : 100~150mm 관개
• 이앙기 : 2~3cm 심수관개
• 이앙기~활착기 : 10cm 담수
• 활착기~최고분얼기 : 2~3cm 천수
• 최고분얼기~유수형성기 : 중간낙수(물떼기)
• 유수형성기~수잉기 : 2~3cm 담수
• 수잉기~유숙기 : 6~7cm 담수
• 유숙기~황숙기 : 2~3cm 담수
• 황숙기(출수 30일 후) : 완전낙수

062

등고선에 따라 수로를 내고, 임의의 장소로부터 월류하도록 하는 방법은?

① 보더관개
② 수반관개
③ 일류관개
④ 고랑관개

해설

① 보더관개 : 완경사의 포장을 알맞게 구획하고, 상단의 수로로부터 전체 표면에 물을 흘려 펼쳐서 대는 방법
② 수반관개 : 밭의 둘레에 두둑을 만들고 그 안에 물을 가두어 두는 저류법(貯溜法).
④ 고랑관개 : 포장에 이랑을 세우고 고랑에 물을 흘려서 대는 방법

063

대기오염물질 중에 오존을 생성하는 것은?

① 아황산가스(SO_2)

② 이산화질소(NO_2)

③ 일산화탄소(CO)

④ 불화수소(HF)

오존(O_3)의 발생

자동차 등에서 배출된 이산화질소(NO_2)가 자외선에 의해 광산화되면 일산화질소(NO)와 산소원자(O)로 분해되고, 이 산소원자(O)가 대기 중의 산소분자(O_2)와 결합하여 오존(O_3)이 생성된다.

① 아황산가스 : 제련소, 화력발전소, 황산 제조공장, 자동차 등에서 배출된다.

③ 일산화탄소 : 수송 분야(자동차 등), 산업공정, 난방 등의 연료가 불완전 연소될 때 발생한다.

④ 불화수소가스(HF) : 알루미늄의 정련, 인산비료의 제조 등으로 인해 배출된다.

064

다음에서 설명하는 것은?

- 펄프 공장에서 배출
- 감수성이 높은 작물인 무는 0.1ppm에서 1시간이면 피해를 받음
- 미세한 회백색의 반점이 잎 표면에 무수히 나타남
- 피해 대책으로 석회물질을 시용

① 아황산가스

② 불화수소가스

③ 염소계 가스

④ 오존가스

염소계 가스

- 염산 및 가성소다 제조공장, 펄프 공장 등 화학공장에서 배출된다.
- 세포 내 엽록소를 파괴하여 미세한 회백색의 반점이 잎 표면에 무수히 나타나고, 가스접촉 시 햇볕이 강하면 피해가 크다.
- 감수성이 높은 무와 알팔파는 0.1ppm에서 1시간이면 피해가 발생한다.
- 피해를 막기 위해 저항성 작물 및 품종을 선택하고, 석회물질을 시용한다.

065

다음 중 작물의 주요 온도에서 최저온도가 가장 낮은 것은?

① 귀리

② 옥수수

③ 호밀

④ 담배

③ 호밀 : 1~2℃

① 귀리 : 4~5℃

② 옥수수 : 8~10℃

④ 담배 : 13~14℃

※ 작물의 주요 온도

구분	최저온도(℃)	최적온도(℃)	최고온도(℃)
보리	3~45	20	28~30
밀	3~45	25	30~32
호밀	1~2	25	30
귀리	4~5	25	30
사탕무	4~5	25	28~30
담배	13~14	28	35
완두	1~2	30	35
옥수수	8~10	30~32	40~44
벼	10~12	30~32	36~38
오이	12	33~34	40
삼	1~2	35	45
멜론	12~15	35	40

066

다음 중 적산온도에 대한 설명으로 가장 적합한 것은?

① 작물생육기간 중 0℃ 이상의 일평균기온을 합산한 온도

② 작물생육의 최적온도를 생육일수로 곱한 온도

③ 작물생육기간 중 일최고기온을 합산한 온도

④ 작물생육기간 중 일최저기온을 합산한 온도

적산온도 : 발아부터 성숙까지의 생육기간 중 0℃ 이상의 일평균기온을 합산한 온도

067

다음 중 작물의 적산온도가 가장 낮은 것은?

① 벼
② 메밀
③ 담배
④ 조

해설

② 메밀 : 1,000~1,200℃
① 벼 : 3,500~4,500℃
③ 담배 : 3,200~3,600℃
④ 조 : 1,800~3,000℃

068

변온이 작물생육에 미치는 영향이 아닌 것은?

① 발아 촉진
② 동화물질의 축적
③ 덩이뿌리의 발달
④ 출수 및 개화의 지연

해설

변온이 작물생육에 미치는 영향
• 발아 촉진
• 동화물질의 축적
• 괴경 및 괴근의 발달
• 출수 및 개화의 촉진
• 결실을 조장

069

고온이 오래 지속될 때 식물체 내에서 일어나는 현상은?

① 당의 증가
② 증산작용의 저하
③ 질소대사의 이상
④ 유기물의 증가

해설

열해의 기구
유기물 과잉 소모, 질소대사의 이상, 철분의 침전, 증산 과다

070

식물체의 부위 중 내열성이 가장 약한 곳은?

① 완성엽(完成葉)
② 중심주(中心柱)
③ 유엽(幼葉)
④ 눈(芽)

해설

주피, 완피, 완성엽은 내열성이 가장 크고, 눈·어린잎은 비교적 강하며, 미성엽이나 중심주는 내열성이 가장 약하다.

071

하고현상이 심한 목초로만 나열된 것은?

① 화이트클로버, 수수
② 오처드그라스, 수단그라스
③ 페레니얼라이그래스, 수단그라스
④ 티머시, 레드클로버

해설

티머시, 알팔파, 레드클로버 등 다년생 북방형(한지형) 목초에서 나타난다.

072

엽록소 형성에 가장 효과적인 광파장은?

① 황색광 영역

② 자외선과 자색광 영역

③ 녹색광 영역

④ 청색광과 적색광 영역

해설

광과 작물의 생리
- 청색광(440~480nm) : 광합성 촉진, 엽록소 형성, 굴광현상 유도, 과실의 착색, 유전자 발현 조절, 기공의 열림 촉진
- 적색광(600~700nm) : 광합성 촉진, 엽록소 형성, 일장효과, 야간조파에 효과, 장일식물 개화 촉진, 발아 촉진, 줄기의 신장 촉진, 휴면 타파, 화아유도

073

다음 중 C_3 식물에 해당하는 것으로만 나열된 것은?

① 옥수수, 수수

② 기장, 사탕수수

③ 명아주, 진주조

④ 보리, 밀

해설

C_3 식물과 C_4 식물
- C_3 식물 : 벼, 밀, 보리, 콩, 해바라기 등
- C_4 식물 : 사탕수수, 옥수수, 수수, 피, 기장, 버뮤다그래스 등

074

다음 중 CAM 식물은?

① 벼

② 파인애플

③ 보리

④ 옥수수

해설

CAM 식물
덥고 물이 부족한 사막 지역에서도 잘 자랄 수 있는 식물
예 선인장, 파인애플, 용설란 등

075

순무의 착색에 관계하는 안토시안의 생성을 가장 조장하는 광파장은?

① 적색광

② 녹색광

③ 적외선

④ 자외선

해설

안토시안(anthocyan, 화청소)
사과, 포도, 딸기 등의 착색에 관여하며 비교적 저온에서 자외선이나 자색광에 의해 생성이 촉진된다.

076

최적엽면적(optimum leaf area)에 대한 설명으로 틀린 것은?

① 군락상태에서 건물생산을 최대로 할 수 있는 엽면적이다.

② 군락의 최적엽면적은 생육시기, 일사량, 수광태세 등에 따라 다르다.

③ 일사량이 낮을수록 최적엽면적지수는 커진다.

④ 최적엽면적지수를 크게 하는 것은 군락의 건물생산능력을 크게 하여 수량을 증대시킨다.

해설

③ 일사량이 높을수록 최적엽면적지수는 커진다.

최적엽면적(optimum leaf area)
- 군락상태에서 건물생산을 최대로 할 수 있는 엽면적이다.
- 군락의 최적엽면적은 생육시기, 일사량, 수광태세 등에 따라 다르다.
- 최적엽면적지수를 크게 하는 것은 군락의 건물생산능력을 크게 하여 수량을 증대시킨다.

077

군락의 수광태세가 좋아지고 밀식 적응성이 큰 콩의 초형이 아닌 것은?

① 꼬투리가 원줄기에 적게 달린 것
② 키가 크고 도복이 안 되는 것
③ 가지를 적게 치고 마디가 짧은 것
④ 잎이 작고 가는 것

해설

① 꼬투리가 원줄기에 많이 달리고 밑에까지 착생한다.

078

추파성 맥류의 상적발육설을 주창한 사람은?

① 다윈   ② 우장춘
③ 바빌로프   ④ 리센코

해설

리센코(Lysenko, 1932)의 상적발육설
- 발육과 생장의 구분 : 생장은 여러 기관의 양적 증가를 의미하지만 발육은 체내의 순차적인 질적 재조정 작용을 의미한다.
- 발육상의 개념 : 1년생 종자식물의 발육 과정은 여러 개의 순차적인 단계, 즉 상(相, phase)으로 구성되어 있으며, 각 상을 거치기 위해서는 특정 환경조건이 필요하다.
- 순차적인 발육 : 각 발육상은 서로 연결되어 있으므로 이전의 단계를 경과해야 다음 단계의 발육상으로 이행할 수 있다.
- 환경조건의 중요성 : 식물체가 각 발육상을 거치려면 각 상에 따라서 서로 다른 특정한 환경조건이 필요하다.

079

작물이 영양발육 단계로부터 생식발육 단계로 이행하여 화성을 유도하는 주요 요인이 아닌 것은?

① C/N율
② T/R률
③ 일장조건
④ 온도조건

해설

화성유도의 주요 요인
- 내적 요인 : C/N율(식물의 영양상태), 식물호르몬(옥신, 지베렐린, 에틸렌 등)
- 외적 요인 : 온도(춘화처리), 일장(광조건)

080

다음에서 설명하는 것은?

> 어떤 좁은 범위의 특정한 일장에서만 화성이 유도되며, 2개의 뚜렷한 한계일장이 있다.

① 장일식물
② 단일식물
③ 정일성 식물
④ 중성식물

해설

식물의 일장형

장일식물	• 장일상태에서 개화하는 식물 • 가을보리, 가을밀, 양귀비, 시금치, 양파, 상추, 아주까리, 감자 등
단일식물	• 단일상태에서 개화하는 식물 • 국화, 벼, 콩, 수수, 옥수수, 담배, 목화, 샐비어 등
중성(중일성) 식물	• 일장에 관계없이 개화하는 식물 • 강낭콩, 고추, 토마토, 당근, 셀러리, 조생종 벼 등
중간(정일성) 식물	• 일정한 범위 내의 일장에서만 개화하는 식물 • 사탕수수 등

081

버널리제이션의 농업 이용에 가장 이용하지 않는 것은?

① 억제재배　　　　　② 수량 증대
③ 육종에 이용　　　　④ 대파(代播)

해설

버널리제이션의 농업적 이용
• 재배상의 이용, 육종상의 이용
• 채종재배, 촉성재배
• 재배법의 개선
• 수량의 증대, 종 또는 품종의 감정

082

다음 중 고위도 지대에 가장 알맞은 벼의 기상생태형은?

① blT형　　　　　② BlT형
③ bLt형　　　　　④ Blt형

해설

우리나라 주요 작물의 기상생태형

작물	감온형(blT)	감광형(bLt)
벼	조생종(고위도 적합)	만생종
콩	올콩	그루콩
조	봄조	그루조
메밀	여름메밀	가을메밀

083

작물체 내에서의 생리적 또는 형태적인 · 균형이나 비율이 작물생육의 지표로 사용되는 것과 거리가 가장 먼 것은?

① C/N율　　　　　② T/R율
③ G/D균형　　　　④ 광합성-호흡

해설

작물생육의 지표
• C/N율 : 식물체 내에 흡수된 탄소(C)와 질소(N)의 비율로 식물의 종류와 부위에 따라 다르다.
• T/R률 : 지상부(top)와 지하부(root)의 비율로 생육상태의 지표가 된다.
• G-D 균형 : 식물의 생육이나 성숙을 생장(growth)과 분화(differentiation)의 두 측면으로 보는 지표이다.

084

다음 중 T/R률에 관한 설명으로 옳은 것은?

① 감자나 고구마의 경우 파종기나 이식기가 늦어질수록 T/R률이 작아진다.
② 일사가 적어지면 T/R률이 작아진다.
③ 질소를 다량 시용하면 T/R률이 작아진다.
④ 토양함수량이 감소하면 T/R률이 감소한다.

해설

토양 내에 수분이 많거나 질소 과다시용, 일조 부족과 석회시용 부족 등의 경우는 지상부에 비해 지하부의 생육이 나빠져 T/R률이 커지게 된다.

085

환상박피 때 화아분화가 촉진되고 과실의 발달이 조장되는 작물의 내적균형 지표로 가장 알맞은 것은?

① C/N율　　　　　② S/R율
③ T/R율　　　　　④ R/S율

해설

C/N율
식물체 내에 흡수된 탄소(C)와 질소(N)의 비율로 C/N율이 높을 경우 개화가 유도되고, C/N율이 낮을 경우 영양생장이 계속된다.

086

다음 중 '식물의 생장과 분화의 균형 여하가 작물의 생육을 지배하는 요인이다'를 나타내는 것은?

① C/N 균형　　　　② R/S 균형
③ S/R 균형　　　　④ G-D 균형

해설

G-D 균형
식물의 생육이나 성숙을 생장(growth)과 분화(differentiation)의 두 측면으로 보는 지표이다.

087

식물에 대한 옥신의 기능이 아닌 것은?

① 발근 촉진

② 가지의 굴곡 유도

③ 낙과 방지

④ 개화 지연

해설

옥신(auxin, 생장호르몬)

• 가장 먼저 발견된 식물호르몬이다.

• 세포벽의 가소성을 증대시켜 세포의 신장을 촉진한다.

• 줄기의 선단이나 어린잎에서 생합성된다.

• 접목 시 활착 촉진, 발근 촉진, 가지의 굴곡 유도, 과실의 비대와 성숙의 촉진, 적화 및 적과, 개화 촉진, 단위결과 유도, 증수효과, 제초제(2,4-D), 낙과 방지 등

088

다음 중 합성된 옥신은?

① IAA

② NAA

③ IAN

④ PAA

해설

옥신의 종류

• 천연옥신 : IAA, PAA, IAN

• 합성옥신 : NAA, IBA, 2,4-D, 2,4,5-T, 4-CPA, BNOA

089

벼의 키다리병에서 유래한 생장조절제는?

① 지베렐린

② 옥신

③ 시토키닌

④ 에틸렌

해설

지베렐린은 벼의 키다리병에서 발견된 식물호르몬으로 신장 촉진작용, 종자발아 촉진작용, 개화 촉진작용, 착과의 증가작용을 한다.

090

화성유도 시 저온장일이 필요한 식물의 저온이나 장일을 대신하는 가장 효과적인 식물호르몬은?

① 에틸렌

② 지베렐린

③ 시토키닌

④ ABA

해설

지베렐린(gibberellin, 도장호르몬)

• 벼의 키다리병 병원균에서 발견된 식물호르몬이다.

• 휴면타파(발아 촉진), 화성의 유도 및 촉진, 경엽의 신장 촉진, 단위결과의 유기, 성분의 변화 및 수량 증대 등

• 감자 및 목초의 휴면타파와 발아 촉진에 가장 효과적이다.

• 화성유도 시 저온장일이 필요한 식물의 저온이나 장일을 대신한다.

• 포도(델라웨어)의 무핵과를 만들기 위해 지베렐린을 만개 전 14일 및 만개 후 10일경에 각각 100ppm 처리한다.

091

세포분열을 촉진하는 활성물질로 잎의 노화를 방지하며 저장 중의 신선도를 유지해주는 것으로 가장 옳은 것은?

① 옥신

② 시토키닌

③ 지베렐린

④ ABA

해설

시토키닌(cytokinin, 세포분열호르몬)

• 뿌리에서 합성되어 여러 가지 생리작용에 관여한다.

• 잎의 생장 촉진, 호흡 억제, 엽록소와 단백질의 분해 억제, 노화 방지 및 저장 중의 신선도 증진 등

092

다음 중 성 표현의 조절작용을 하는 식물호르몬은?

① CCC
② Rh-531
③ AMO-1618
④ ethylene

에틸렌(ethylene)의 주요 생리작용 : 발아 · 성숙 촉진, 정아우세 타파, 생장 억제, 잎과 꽃의 노화 촉진, 적과 효과, 성 표현의 조절 등

093

식물생장조절물질의 역할에 대한 설명으로 옳지 않은 것은?

① 2,4-DNC는 강낭콩의 키를 작게 한다.
② BOH는 파인애플의 줄기신장을 촉진한다.
③ Rh-531은 벼의 신장을 억제한다.
④ 모르팍틴(morphactin)은 생장 및 굴광 · 굴지성을 억제한다.

생장억제제
• ABA : 발아 억제, 가을낙엽에 관여한다.
• BOH : 파인애플의 줄기 신장을 억제하고 개화를 유도한다.
• CCC(cycocel) : 식물의 생장을 억제하고 개화를 촉진한다.
• B-9(daminozide) : 과채류의 신초생장(웃자람)을 억제한다.
• AMO-1618 : 포인세티아, 해바라기의 키를 작게 하고 잎이 더욱 녹색을 띠게 한다.
• MH-30 : 마늘, 양파의 맹아를 억제한다.
• Rh-531 : 맥류의 간장을 감소시키고 볏모의 신장을 억제한다.
• 모르팍틴(morphactin) : 굴광 · 굴지성을 억제하고, 벼의 분얼수 증가 및 줄기가 가늘어진다.

094

토양수분이 부족할 때 한발저항성을 유도하는 식물호르몬으로 가장 옳은 것은?

① 시토키닌
② 에틸렌
③ 옥신
④ 아브시스산

ABA(abseisic acid)
• 잎의 노화와 낙엽을 촉진하고 휴면을 유도한다.
• 종자의 휴면을 연장하여 발아를 억제한다.
  예 감자, 장미, 양상추
• 단일식물에서 장일하의 화성을 유도하는 효과가 있다.
  예 나팔꽃, 딸기
• 기공이 닫혀서 위조저항성이 커진다.
  예 토마토

095

다음 중 작물의 생장억제제로 이용하고 있는 것은?

① MH(Maleic Hydrazide)
② IAA(β-indole acetic acid)
③ gibberelin
④ MCPA

② · ④ IAA(천연옥신), MCPA(합성옥신) : 신장 촉진
③ gibberelin(지베렐린) : 발아 촉진

096

다음 중 생장억제물질이 아닌 것은?

① AMO-1618
② CCC
③ GA_2
④ B-9

지베렐린(GA_2)은 식물생장촉진 호르몬이다.

※ 생장억제물질 : ABA, BOH, CCC(cycocel), B-9(daminozide), phosphon-D, AMO-1618, MH-30, Rh-531, 모르팍틴(morphactin) 등

097

다음 중 방사선을 육종적으로 이용할 때에 대한 설명으로 옳지 않은 것은?

① 주로 알파선을 조사하여 새로운 유전자를 창조한다.
② 목적하는 단일유전자나 몇 개의 유전자를 바꿀 수 있다.
③ 연관군 내의 유전자를 분리할 수 있다.
④ 불화합성을 화합성으로 변화시킬 수 있다.

해설

① 주로 γ선과 X선을 이용하는데 특히, γ선은 에너지가 커서 생물적 효과를 일으켜 돌연변이를 발생시킬 가능성이 높다.

098

다음 방사성 동위원소에서 추적자로 사용하지 않는 것은?

① ^{14}C
② ^{45}Ca
③ ^{60}Co
④ ^{24}Na

해설

방사성 동위원소의 이용
• 작물의 생리연구 : ^{32}P, ^{42}K, ^{45}Ca
• 광합성의 연구 : ^{11}C, ^{14}C
• 농업분야 토목에 이용 : ^{24}Na
• 영양기관의 장기 저장 : ^{60}Co, ^{137}Cs

099

광합성 연구에 활용되는 방사성 동위원소는?

① ^{14}C
② ^{32}P
③ ^{42}K
④ ^{24}Na

해설

광합성의 연구
• ^{14}C, ^{11}C 등으로 표지된 이산화탄소를 잎에 공급한다.
• 시간의 경과에 따른 탄수화물 합성 과정을 규명할 수 있다.
• 동화물질 전류와 축적 과정도 밝힐 수 있다.

100

작부방식의 변천 과정으로 가장 적절한 것은?

① 이동경작 → 3포식 농법 → 개량3포식 농법 → 자유작
② 자유작 → 이동경작 → 휴한농법 → 개량3포식 농법
③ 이동경작 → 개량3포식 농법 → 자유작 → 3포식 농법
④ 자유작 → 휴한농업 → 개량3포식 농법 → 이동경작

해설

작부방식의 변천 과정
이동경작(화전 및 대전법) → 휴한농법(3포식 농법) → 콩과 작물의 순환농법(개량3포식 및 윤작) → 자유경작(순환농법, 자유작)

101

개량3포식 농법에 해당하는 작부방식은?

① 자유경작법
② 콩과 작물의 순환농법
③ 이동경작법
④ 휴한농법

해설

개량3포식 농법(콩과 작물의 순환농법)
경작지 전체를 3등분하여 2/3에는 추파 또는 춘파곡류를 심고 1/3은 휴한하는 3포식 농법에서 개량된 농법으로 휴한지에 클로버와 같은 콩과 목초를 재배하여 사료작물을 얻고 지력 증진을 도모하는 방법이다.

102

다음 중 3년 휴작이 필요한 작물로만 나열된 것은?

① 벼, 조
② 딸기, 양배추
③ 당근, 미나리
④ 토란, 참외

해설

기지(忌地)에 따른 휴작이 필요한 작물
• 연작의 해가 적은 작물 : 벼, 맥류, 조, 수수, 옥수수, 고구마, 담배, 무, 당근, 양파, 양배추, 미나리 등
• 1년 : 쪽파, 시금치, 콩, 파, 생강 등
• 2년 : 마, 감자, 잠두, 오이, 땅콩 등
• 3년 : 쑥갓, 토란, 참외, 강낭콩 등
• 5~7년 : 수박, 가지, 완두, 우엉, 고추, 토마토 등
• 10년 이상 : 아마, 인삼 등

103

다음 중 연작에 의해서 나타나는 기지현상의 원인으로 옳지 않은 것은?

① 토양 비료분의 소모
② 염류의 감소
③ 토양선충의 번성
④ 잡초의 번성

해설

연작에 의해서 나타나는 기지현상의 원인
토양 비료분의 소모, 염류의 집적, 토양물리성의 악화, 토양전염병의 해, 토양선충의 번성, 유독물질의 축적, 잡초의 번성 등

104

다음 중 윤작에 대한 설명으로 옳지 않은 것은?

① 동양에서 발달한 작부방식이다.
② 지력 유지를 위하여 콩과 작물을 반드시 포함한다.
③ 병충해 경감효과가 있다.
④ 경지이용률을 높일 수 있다.

해설

① 윤작은 서구 중세에 발달한 작부방식이다.

105

답전윤환의 효과가 아닌 것은?

① 지력 증강
② 공간의 효율적 이용
③ 잡초의 감소
④ 기지의 회피

해설

답전윤환
• 논을 담수한 논 상태와 배수한 밭 상태로 돌려가면서 이용하는 방법
• 효과 : 지력 증진, 잡초 발생 억제, 기지의 회피, 수량 증가, 노력의 절감

106

혼파에 관한 설명으로 틀린 것은?

① 시비, 병충해 방제 등의 관리가 용이하다.
② 공간을 효율적으로 이용할 수 있다.
③ 재해에 대한 안정성이 증대된다.
④ 잡초를 경감시킬 수 있다.

해설

① 목초별로 생장이 달라 시비, 병충해 방제, 수확 작업 등이 불편하다.

107

벼를 재배하는 논두렁에 콩을 심어 재배하는 작부체계는?

① 간작   ② 주위작

③ 점혼작   ④ 교호작

해설

주위작

포장의 주위에 포장 내 작물과는 다른 작물을 재배하는 것을 주위작이라 하며, 혼파의 일종이라 할 수 있다.

108

작물의 영양번식에 대한 설명으로 옳은 것은?

① 종자 채종을 하여 번식시킨다.

② 우량한 유전질을 영속적으로 유지할 수 있다.

③ 잡종 1세대 이후 분리집단이 형성된다.

④ 1대잡종 벼는 영양번식으로 채종한다.

해설

영양번식

영양기관을 번식에 직접 이용하는 것으로 우량한 상태의 유전질을 쉽게 영속적으로 유지할 수 있다.

109

고무나무와 같은 관상수목을 높은 곳에서 발근시켜 취목하는 영양번식 방법은?

① 분주   ② 고취법

③ 삽목   ④ 성토법

해설

② 고취법(高取法) : 나무의 높은 위치에 있는 가지에서 뿌리를 내리게 한 뒤 새로운 개체로 분리하는 취목법 예 고무나무, 드라세나, 크로톤 등

① 분주 : 어미나무 줄기의 지표면 가까이에서 발생하는 새싹(흡지)을 뿌리와 함께 잘라내어 새로운 개체로 만드는 방법 예 나무딸기, 앵두나무, 대추나무

③ 삽목 : 목체에서 분리한 영양체의 일부를 적당한 곳에 심어서 발근시켜 독립 개체로 번식시키는 방법

④ 성토법 : 나무그루 밑동에 흙을 긁어모아 발근시키는 방법 예 뽕나무, 사과나무, 양앵두, 자두

110

다음 중 접목의 목적과 방법이 바르게 짝지어진 것은?

① 생육을 왕성하게 하고 수령(樹齡)을 늘리기 위한 접목 – 감나무에 고욤나무를 접목

② 병해충 저항성을 높이기 위한 접목 – 수박을 박이나 호박에 접목

③ 과수나무의 왜화와 결과연령을 단축하고 관리를 쉽게 하기 위한 접목 – 사과나무를 환엽해당에 접목

④ 건조한 토양에 대한 환경적응성을 높이기 위한 접목 – 서양배나무를 중국콩배에 접목

해설

① 환경적응성 증대(내한성) : 감나무에 고욤나무를 접목

③ 병충해저항성 증대 : 사과나무를 환엽해당에 접목

④ 환경적응성 증대(내한성) : 서양배나무를 중국콩배에 접목

111

박과 채소류 접목의 일반적인 효과에 대한 설명으로 틀린 것은?

① 당도가 증가한다.

② 토양전염성 병의 발생을 억제한다.

③ 저온·고온 등 불량환경에 대한 내성이 증대된다.

④ 양수분 흡수 촉진을 통해 생육이 증대된다.

해설

박과 채소류 접목육묘의 장단점

장점	• 토양전염병 발생이 적어진다. • 불량환경에 대한 내성이 증대된다. • 흡비력이 강해진다. • 과습에 잘 견딘다. • 과실 품질이 우수해진다.
단점	• 질소 과다 흡수 우려가 있다. • 기형과 발생이 많다. • 당도가 떨어진다. • 흰가루병에 약하다.

112

영양번식작물의 무병주 생산에 가장 좋은 조직배양법은?

① 생장점배양　　　　② 배배양

③ 자방배양　　　　　④ 배주배양

해설

생장점배양을 하면 바이러스가 감염되지 않은 무병주(無病株)의 개체를 만들 수 있다.

113

묘상을 갖추되 가온하지 않고 태양열만을 유효하게 이용하여 육묘하는 방법은?

① 온상　　　　　　　② 노지상

③ 냉상　　　　　　　④ 묘상

해설

육묘의 방식

• 온상육묘(溫床, hot bed) : 양열, 전열, 온수보일러 등
• 보온육묘(냉상, cold bed) : 가온 없이 태양열만을 이용
• 노지육묘 : 기온이 높을 때 육묘
• 특수육묘 : 양액육묘, 접목육묘

114

양질묘의 조건으로 옳지 않은 것은?

① 균일하고 품종 고유 특성을 구비한 묘

② 영양생장보다 생식생장이 좋은 묘

③ 생리장해를 받지 않은 묘

④ 병충해 피해를 받지 않은 묘

해설

육묘 시 우량묘의 조건

• 상처가 없고 뿌리가 노화되지 않은 활력이 좋은 묘
• 균일하고 품종 고유 특성을 구비한 묘
• 영양생장과 생식생장이 좋은 묘
• 양분 과다 및 결핍 등 생리장해를 받지 않은 묘
• 바이러스 등 병충해 피해를 받지 않은 묘
• 뿌리가 잘 발달한 묘(유백색의 뿌리털)
• 잎 두께, 줄기 상태 등이 과번무하지 않은 묘

115

다음 중 육묘의 장점으로 틀린 것은?

① 증수 도모

② 종자 소비량 증대

③ 조기수확 가능

④ 토지이용도 증대

해설

육묘의 장점

증수 도모, 종자의 절약, 조기수확 가능, 토지이용도 증대, 용수의 절약, 노력의 절감(중경, 제초 등), 병충해 및 재해의 방지, 추대방지

116

국내 원예용 인공상토의 주요 원료인 코코피트(코이어더스트)의 특징이 아닌 것은?

① 100% 천연이끼에서 유래한 섬유질 용토로 환경공해가 없다.

② 통기성, 보수력, 보비력이 좋아 뿌리 생장에 좋다.

③ 값이 타 재료에 비해 저렴하고 취급이 간편하다.

④ 토양 속에서 장기간 부패하지 않아 물리성을 개선시킨다.

해설

① 코코피트는 코코넛 야자열매의 껍질섬유를 가공한 것이다.

상토의 종류

• 공정육묘(플러그 육묘)용 상토는 피트모스, 코코피트, 버미큘라이트 등이 주재료이며 비료성분도 비교적 적게 함유하고 있다.
• 버미큘라이트는 중성~약알칼리성으로 pH에 미치는 영향이 작다.
• 펄라이트는 중성~약알칼리성으로 양이온교환용량이 적고 완충능력이 낮다.
• 코코피트는 코코넛 야자열매의 껍질섬유를 가공한 것으로 통기성, 보수력, 보비력이 좋아 뿌리 생장에 좋다.
• 피트모스는 pH 5.0 이하의 산성이므로 사용할 때는 석회를 가할 필요가 있다.

117

채소 작물의 육묘 시 묘의 생육조절을 위한 방법이 아닌 것은?

① 상토 내 수분과 양분의 조절을 통한 방법
② 생장조절제를 이용한 방법
③ 높은 EC의 양액을 엽면살포하는 방법
④ 주야간의 온도조절(DIF)을 통한 방법

해설

플러그묘 생육조절 방법
• 생장조절제를 이용한 생육조절
• 물리적 자극에 의한 생육조절
• 양·수분조절에 의한 생육조절
• 주야간 온도조절을 통한 생육조절(DIF)
• 광을 이용한 생육조절

118

경운(耕耘)의 효과에 대한 설명으로 옳은 것은?

① 건토효과는 밭보다 논에서 크게 나타나기 쉽다.
② 유기물함량이 높은 점질토양은 추경(秋耕)을 하지 않는 것이 좋다.
③ 강수량이 많은 사질토양은 추경을 하는 것이 유리하다.
④ 자갈논에서는 천경(淺耕)보다 심경(深耕)하는 것이 좋다.

해설

① 흙을 충분히 건조시켰을 때 유기물의 분해로 작물에 대한 비료분의 공급이 증대되는 현상을 건토효과라 하며, 밭보다는 논에서 더 효과적이다.
② 토양이 습하고 유기물의 함량이 높은 토양을 추경하면 유기물 분해가 촉진되고 토양통기가 조장되는 등 유리해진다.
③ 사질토양이며 비가 많이 올 때 추경을 하면 토양비료 성분의 용탈 및 유실이 조장되어 불리해진다.
④ 누수가 심한 자갈논이나 벼의 만식재배와 같은 경우에는 심경을 하면 오히려 해롭다.

119

다음 중 이랑을 세우고 이랑에 파종하는 방식은?

① 휴립휴파법
② 휴립구파법
③ 평휴법
④ 성휴법

해설

작휴법의 종류

구분		특징
평휴법		• 이랑을 평평하게 하여 이랑과 고랑의 높이를 같게 하는 방식 • 건조해, 습해가 동시 완화되며 채소, 밭벼에서 실시
휴립법	휴립휴파법	• 이랑을 세우고 이랑에 파종하는 방식 • 조·콩, 고구마 재배, 배수와 토양통기 양호
	휴립구파법	• 이랑을 세우고 낮은 골에 파종하는 방식 • 맥류의 한해·동해 방지, 감자의 발아촉진 및 배토
	이랑재배	• 습답이나 간척지에서 이랑 위에 이앙하는 방식 • 지온 상승, 토양통기 개선, 환원성 유해물질 생성 경감
성휴법		• 이랑을 보통보다 넓고 크게 만드는 방식 • 중부지방에서 맥후작콩의 파종에 유리, 답리작 맥류 재배 • 건조해, 장마철 습해 방지

120

일반적으로 종자량이 많이 소요되는 파종양식의 순서로 옳은 것은?

① 산파 > 조파 > 적파 > 점파
② 산파 > 적파 > 점파 > 조파
③ 조파 > 산파 > 점파 > 적파
④ 조파 > 산파 > 적파 > 점파

해설

종자의 소요량 : 산파 > 조파 > 적파 > 점파

121

파종 후 재배과정에서 상대적으로 노력이 가장 많이 요구되는 파종 방법은?

① 산파
② 조파
③ 점파
④ 적파

파종 양식
- 산파(흩어뿌림)
  - 포장 전면에 종자를 흩어 뿌리는 방식
  - 파종 시 노력은 가장 적게 들지만 종자가 많이 들고 균일하게 파종하기 어렵다.
  - 재배과정에서 통풍·통광이 나쁘고 도복이 쉬우며 제초 등 관리 작업이 불편하다.
- 조파(줄뿌림)
  - 일정한 거리로 뿌림골을 만들고 그 곳에 줄지어 종자를 뿌리는 방식
  - 재배과정에서 수분과 양분의 공급이 좋고, 통풍·통광이 좋으며 관리 작업도 편리하다.
- 점파(점뿌림)
  - 일정한 간격을 두고 하나 내지 수 개의 종자를 띄엄띄엄 파종하는 방식
  - 두류, 감자 등과 같이 개체가 평면 공간으로 상당히 퍼지는 작물
  - 재배과정에서 통풍·통광이 좋고, 작물 개체 간의 거리 간격이 조정되어 생육이 좋다.
- 적파
  - 일정한 간격을 두고 여러 개의 종자를 한 곳에 파종하는 것, 점파의 변형
  - 파종 시 점파, 산파보다는 노력이 많이 들지만 재배과정에서 수분, 비료분, 수광, 통풍이 좋다.

122

종자 파종 시 복토를 깊게 해야 하는 종자들로 짝지어진 것은?

① 가지, 오이, 상추
② 벼, 옥수수, 버뮤다그래스
③ 담배, 상추, 우엉
④ 콩, 옥수수, 보리

주요 작물의 복토 깊이
- 종자가 보이지 않을 정도 : 소립목초종자, 파, 양파, 상추, 당근, 담배, 유채, 버뮤다그래스
- 0.5~1.0cm : 순무, 배추, 양배추, 가지, 고추, 토마토, 오이, 차조기
- 1.5~2.0cm : 조, 기장, 수수, 무, 시금치, 수박, 호박
- 2.5~3.0cm : 보리, 밀, 호밀, 귀리, 아네모네
- 3.5~4.0cm : 콩, 팥, 완두, 잠두, 강낭콩, 옥수수
- 5.0~9.0cm : 감자, 토란, 생강, 글라디올러스, 크로커스
- 10cm 이상 : 나리, 튤립, 수선, 히아신스

123

100립중이 24g인 종자를 60cm × 10cm 간격으로 1주 3립으로 파종한다면 1,000m²에 필요한 종자량은?

① 4kg
② 8kg
③ 12kg
④ 16kg

- 1m²당 파종하는 종자의 수
  1m²/(0.6m × 0.1m) = 약 16.67주
  ∴ 16.67주 × 3립 = 약 50립
- 1,000m²에 심는 총종자 수
  = 1,000m² × 50립 = 50,000립
- 필요한 종자량
  = 50,000립 × 0.24g = 12,000g = 12kg

124

작물의 가식은 정식까지 잠시 이식해 두는 것으로 가식의 효과가 아닌 것은?

① 묘상절약 ② 수량 증대
③ 재해 방지 ④ 웃자람 방지

해설

가식의 효과

묘상 절약, 활착 증진, 불량묘 도태, 이식성 향상, 웃자람 방지 효과, 재해 방지 효과 등이 있다.

125

이식의 효과에 대한 설명으로 옳지 않은 것은?

① 토지이용효율을 증대시켜 농업 경영을 집약화할 수 있다.
② 채소는 경엽의 도장이 억제되고 생육이 양호해져 숙기가 빨라진다.
③ 육묘 과정에서 가식 후 정식하면 새로운 잔뿌리가 밀생하여 활착이 촉진된다.
④ 당근 같은 직근계 채소는 어릴 때 이식하면 정식 후 근계의 발육이 좋아진다.

해설

무, 당근, 우엉 등 직근을 가진 작물은 단근이 되어 생육이 불량하다.

126

오이 묘를 본포에 이식할 때 포기 사이를 넓게 띄어서 구덩이를 파고 이식하는 방법은?

① 조식 ② 점식
③ 혈식 ④ 난식

해설

① 조식(條植) : 골에 줄을 지어 이식
　　예 파, 맥류 등
② 점식(點植) : 포기를 일정 간격을 두고 띄어서 이식
　　예 콩, 수수, 조 등
④ 난식(亂植) : 일정한 질서가 따로 없이 점점이 이식
　　예 콩밭에 들깨나 조 등

127

생력작업을 위한 기계화재배의 전제조건이 아닌 것은?

① 대규모 경지정리
② 적응재배체계의 확립
③ 집단재배
④ 제초제의 미사용

해설

생력화를 위한 조건

경지정리, 넓은 면적을 공동 관리에 의한 집단재배, 제초제 이용, 적응 재배 체계 확립(기계화에 맞고 제초제 피해가 적은 품종으로 교체)

128

다음 중 파종 전처리로 사용되는 제초제는?

① paraquat ② 2,4-D
③ alachlor ④ simazine

해설

파종 전처리 사용 제초제

paraquat(그라목손), 글리포세이트(근사미), TOK, PCP, EDPD, G-315 (론스타)

129

식물의 생산량(수량)은 가장 소량으로 존재하는 무기성분에 의해 지배받는다는 최소율 법칙을 주장한 학자는?

① Liebig
② Muller
③ Millardet
④ Leeuwenho

해설

리비히(J. V. Liebig, 1842)
독일의 식물영양학자 리비히는 생산량은 가장 소량으로 존재하는 무기성분에 의해 지배받는다는 '최소양분율'과 식물이 빨아먹는 것은 부식이 아니라 부식이 분해되어서 나온 무기영양소를 먹는다는 '무기양분설'을 주장했다.

130

비료의 3요소 개념을 명확히 하고 N, P, K가 중요 원소임을 밝힌 사람은?

① Aristoteles
② Lawes
③ Liebig
④ Boussinault

해설

① Aristoteles : 유기질설 또는 부식설을 주장하였다.
③ Liebig : 무기영양설, 최소율의 법칙을 주장하였다.
④ Boussingault : 콩과 작물이 공중질소를 고정한다는 사실을 증명하였다.

131

벼의 비료 3요소 흡수 비율로 옳은 것은?

① 질소 5 : 인산 1 : 칼륨 1.5
② 질소 5 : 인산 2 : 칼륨 4
③ 질소 4 : 인산 2 : 칼륨 3
④ 질소 3 : 인산 1 : 칼륨 4

해설

작물별 N, P, K의 흡수 비율(N : P : K)
• 벼 : 5 : 2 : 4
• 맥류 : 5 : 2 : 3
• 옥수수 : 4 : 2 : 3
• 콩 : 5 : 1 : 1.5
• 고구마 : 4 : 1.5 : 5
• 감자 : 3 : 1 : 4

132

비료의 3요소 중 칼륨의 흡수 비율이 가장 높은 작물은?

① 고구마
② 콩
③ 옥수수
④ 보리

133

질소 농도가 0.2%인 수용액 20L를 만들어서 엽면시비를 하려 할 때 필요한 요소비료의 양은?(단, 요소비료의 질소 함량은 46%이다)

① 약 3.96g
② 약 8.7g
③ 약 40.0g
④ 약 86.96g

해설

• $0.2\% = \dfrac{N}{20,000g}$ ($\because$ 20L = 20kg = 20,000g)

  $\therefore N = 20,000g \times 0.2\% = 40g$

• 요소비료 $\times$ 46% = 40g

  $\therefore$ 요소비료 = 40g ÷ 0.46 = 약 86.96g

134

비료의 엽면흡수에 영향을 미치는 요인 중 맞는 것은?

① 잎의 이면보다 표피에서 더 잘 흡수된다.

② 잎의 호흡작용이 왕성할 때에 잘 흡수된다.

③ 살포액의 pH는 알칼리인 것이 흡수가 잘된다.

④ 엽면시비는 낮보다는 밤에 실시하는 것이 좋다.

해설

엽면시비 시 흡수에 영향을 미치는 요인
- 잎의 표면보다 얇은 이면에서 더 잘 흡수된다.
- 잎의 호흡작용이 왕성할 때 흡수가 더 잘되므로 줄기의 정부로부터 가까운 잎에서 흡수율이 높다.
- 노엽보다는 성엽이, 밤보다는 낮에 흡수가 더 잘된다.
- 살포액의 pH는 미산성인 것이 흡수가 잘된다.
- 살포액에 전착제를 가용하면 흡수가 잘된다.
- 작물에 피해가 나타나지 않는 범위 내에서 살포액의 농도가 높을 때 흡수가 빠르다.
- 석회의 시용은 흡수가 억제되고 고농도 살포의 해를 경감시킨다.
- 물의 생리작용이 왕성한 기상조건에서 흡수가 빠르다.

135

작물이 생육하고 있는 포장의 표토를 잘게 쪼아서 부드럽게 하는 것을 중경이라 한다. 중경의 장점이 아닌 것은?

① 토양통기 조장 ② 비효 증진

③ 풍식 조장 ④ 잡초 제거

해설

중경의 장점
- 종자의 발아와 토양통기 조장
- 비료의 효과 증진
- 토양수분의 증발 억제
- 한발기의 가뭄해(旱害) 경감
- 잡초 방제

136

잡초의 해로운 작용이 아닌 것은?

① 유해물질의 분비

② 병충해의 전파

③ 품질의 저하

④ 작물과 공생

해설

잡초의 효과

이로운 작용	해로운 작용
• 토양침식의 방지	• 작물과의 경쟁
• 잡초의 자원식물화(사료작물, 구황식물, 약료식물 등)	• 유해물질 분비
	• 병충해 전파
• 내성식물 육성을 위한 유전자원	• 품질 저하
	• 가축피해 저하
• 토양물리환경 개선	• 미관 손상

137

다음 중 다년생 방동사니과에 해당하는 것으로만 나열된 것은?

① 여뀌, 물달개비

② 올방개, 매자기

③ 개비름, 명아주

④ 망초, 별꽃

해설

우리나라의 주요 논잡초

구분	1년생	다년생
화본과	강피, 물피, 돌피, 뚝새풀	나도겨풀
방동사니과	참방동사니, 알방동사니, 바람하늘지기, 바늘골	너도방동사니, 올방개, 올챙이고랭이, 매자기
광엽잡초	물달개비, 물옥잠, 여뀌바늘, 자귀풀, 가막사리	가래, 벗풀, 올미, 개구리밥, 미나리

138

우리나라의 논에 발생하는 주요 잡초이며, 1년생 광엽잡초에 해당하는 것은?

① 나도겨풀
② 너도방동사니
③ 올방개
④ 물달개비

① 나도겨풀 : 화본과 다년생 잡초
② · ③ 너도방동사니, 올방개 : 방동사니과 다년생 잡초

139

다음 중 과실에 봉지를 씌워서 병해충을 방제하는 것은?

① 경종적 방제
② 물리적 방제
③ 생태적 방제
④ 생물적 방제

해설

해충의 방제법

• 법적 방제법 : 국가의 명령에 의한 강제성을 띤 방제법
  예 국제검역, 국내검역
• 생태적 방제법 : 해충의 생태를 고려하여 발생 및 가해를 경감시키기 위해 환경조건을 변경하거나 숙주자체가 내충성을 지니게 하는 방법
  예 윤작, 재배밀도 조절, 혼작, 미기상의 개변, 잠복소의 제공
• 물리적 방제법 : 포살, 등화유살, 온도 · 습도 · 광선, 기타 물리적 수단(예 봉지씌우기 등)을 이용한 방제법
• 화학적 방제법 : 약제를 이용한 방법
  예 살충제, 소화중독제, 접촉제, 훈증제, 기피제, 유인제, 불임제 등

140

앞 작물의 그루터기를 그대로 남겨서 풍식과 수식을 경감시키는 농법은?

① 녹색필름 멀칭
② 스터블멀칭
③ 볏짚 멀칭
④ 투명필름 멀칭

해설

스터블멀칭 농법

반건조 지방의 밀 재배에 있어서 토양을 갈아엎지 않고 경운하여 앞 작물의 그루터기를 그대로 남겨 풍식과 수식을 경감시키는 농법이다.

141

다음 멀칭용 플라스틱필름 중에서 지온의 상승효과가 가장 큰 것은?

① 자외선이 잘 투과되는 것
② 청색광이 잘 투과되는 것
③ 적색광이 잘 투과되는 것
④ 적외선이 잘 투과되는 것

해설

지온의 상승효과가 가장 큰 것 : 적외선(770nm 이상)이 잘 투과되는 것

142

다음 중 투명플라스틱필름의 멀칭 효과가 아닌 것은?

① 지온 상승
② 잡초 발생 억제
③ 토양 건조 방지
④ 비료의 유실 방지

해설

멀칭필름의 종류와 효과

• 투명필름 : 지온 상승효과가 가장 크며 저온기에 재배하는 작물에 효과가 좋지만, 잡초가 많이 발생하는 단점이 있어 겨울에 많이 사용된다.
• 흑색필름 : 지온 상승효과가 투명필름보다는 적고, 잡초 발생을 억제하는 데 효과적이며, 여름에 많이 사용된다.
• 녹색필름 : 지온 상승효과가 투명필름보다는 적고 흑색필름보다는 많으며, 잡초 방제효과도 있다.

143

답압을 해서는 안 되는 경우는?

① 월동 중 서릿발이 설 경우
② 월동 전 생육이 왕성할 경우
③ 유수가 생긴 이후일 경우
④ 분얼이 왕성해질 경우

해설

답압시기
• 생육이 왕성할 때만 하고, 땅이 질거나 이슬 맺혔을 때는 하지 않는다.
• 유수가 생긴 이후에는 꽃눈이 다 떨어지기 때문에 피한다.
• 월동하기 전에 답압을 하는데, C/N율이 낮아져야만 개화가 되지 않는다.
• 월동 중간에 답압하면 서릿발이 서는 것을 억제한다.
• 월동이 끝난 후에 답압하면 건조해를 억제한다.

144

과수재배에서 기본적인 정지법 중 그림과 같이 주간을 일찍 자르고 3~4본의 주지를 발달시켜 술잔 모양으로 만드는 정지법은?

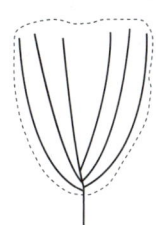

① 개심형
② 원추형
③ 변칙주간형
④ 울타리형

해설

② 원추형(주간형 또는 배심형) : 수형이 원추상태가 되도록 하는 정지방법
③ 변칙주간형(지연개심형) : 원추형과 배상형의 장점을 취한 것으로 초기에는 수년간 원추형으로 재배하다 후에 주간의 선단을 잘라 주지가 바깥쪽으로 벌어지도록 하는 정지법
④ 울타리형 : 가지를 2단 정도 길게 직선으로 친 철사 등에 유인하여 결속하는 방법

145

관리가 편리하고 통풍, 통광이 양호하나 결과(結果)수가 적어지는 결점이 있는 정지법은?

① 원추형
② 변칙주간형
③ 배상형
④ 울타리형

해설

배상형
짧은 원줄기 상에 3~4개의 원가지를 거의 동일한 위치에서 발생시켜 외관이 술잔모양으로 되는 수형

146

다음 중 적심의 효과가 가장 크게 나타나는 작물은?

① 벼
② 옥수수
③ 담배
④ 조

해설

적심의 깊이에 의해 니코틴이나 기타 잎 안의 성분 축적량이 좌우되므로 담배 재배상 중요한 작업이다.

147

다음 중 3년생 가지에 결실하는 것으로만 나열된 것은?

① 감, 밤
② 포도, 감귤
③ 사과, 배
④ 호두, 살구

해설

과수의 결실 습성
• 1년생 가지에 결실하는 과수 : 포도, 감, 밤, 무화과, 호두, 참다래, 감귤 등
• 2년생 가지에 결실하는 과수 : 복숭아, 자두, 살구, 매실, 양앵두 등
• 3년생 가지에 결실하는 과수 : 사과, 배 등

148

작물에서 낙과를 방지하기 위한 조치로 가장 거리가 먼 것은?

① 환상박피
② 방한
③ 합리적인 시비
④ 병해충 방제

해설

환상박피한 윗부분은 유관속이 절단되어 C/N율이 높아지고 개화·결실이 조장된다.

149

생리적 낙과를 방지하기 위한 방법으로 가장 적절하지 못한 것은?

① 질소비료의 과다 및 과소를 피한다.
② 건조 시 멀칭, 관수 및 중경 등을 실시한다.
③ 과수에서 차광처리를 한다.
④ 낙과를 방지하기 위하여 NAA 및 IAA 등의 호르몬 처리가 유효하다.

해설

생리적 낙과 방지 방법

• 합리적 시비 : 질소를 비롯한 비료분이 과다 및 과소하지 않도록 합리적 시비를 한다.
• 건조 및 과습의 방지 : 멀칭, 관수 및 중경 등을 실시하여 토양건조 및 과습을 방지한다.
• 수광태세 향상 : 재식밀도의 조절, 정지, 전정에 의하여 광합성을 조장한다.
• 생장조절제 살포 : 옥신(NAA, IAA, 2,4-D) 등을 살포한다.
• 방한 : 동상해가 없도록 한다.
• 방풍시설 : 방풍시설로 바람에 의한 낙과를 방지한다.
• 병해충 방제 : 병충해는 낙과의 원인이므로 방제한다.
• 수분매조 : 주품종과 친화성이 있는 수분수를 20~30% 혼식한다.

150

다음 병충해 방제 중 경종적 방제법이 아닌 것은?

① 시비법의 개선
② 소각 및 담수
③ 종자의 선택
④ 생육기의 조절

해설

소각 및 담수는 물리적 방제법이다.

151

생물학적 방제법에 속하지 않는 것은?

① 기생성 곤충
② 중간기주식물 제거
③ 병원미생물
④ 길항미생물

해설

중간기주식물 제거는 경종적 방제법에 속한다.

152

꽃등에, 딱정벌레 등 천적을 이용하여 작물의 병충해를 방제하는 방법은?

① 법적 방제
② 생물학적 방제
③ 화학적 방제
④ 물리적 방제

해설

생물학적 방제

해충을 포식하거나 기생하는 곤충, 미생물 등 천적을 이용하여 병충해를 방제하는 것이다.

153

제초제로서 처음 사용한 약제는?

① MCP

② MH

③ 2,4-D

④ 2,4,5-T

1940년 초 이사디(2,4-D)와 MCPA가 제초제로 개발되면서 이후 제초제가 사용되었다.

154

유기농업은 친환경농업의 한 유형으로 실시되고 있다. 그 내용에 해당하지 않는 것은?

① 토양분석에 따른 화학비료의 정밀 시용

② 작부체계 내 두과 작물의 재배

③ 병해충 저항성 작물 품종의 이용

④ 윤작에 의한 토양비옥도 개선

유기농업
비료, 농약 등 합성된 화학자재를 일체 사용하지 않고 유기물, 미생물 등 천연자원을 사용하여 안전한 농산물 생산과 농업생태계를 유지·보전하는 농업이다.

155

작물이 여름철에 0℃ 이상의 저온을 만나서 입는 피해는?

① 냉해(冷害)　　　② 동해(冬害)

③ 한해(寒害)　　　④ 상해(霜害)

저온해
작물이 여름철에 0℃ 이상의 저온을 만나서 입는 피해는 냉해이고, 동해는 기온이 동사점 이하로 내려가 조직이 동결되는 장해이다.

156

작물의 생육 중 냉온을 만나면 일어나는 현상으로 옳지 않은 것은?

① 질소, 인산, 가리, 규산, 마그네슘 등의 양분흡수가 저해된다.

② 물질의 동화와 전류가 저해된다.

③ 질소동화가 저해되어 암모니아 축적이 적어진다.

④ 호흡이 감퇴되어 원형질 유동이 감퇴·정지하여 모든 대사기능이 저해된다.

③ 질소동화가 저해되어 암모니아의 축적이 많아져서 독소물질로 작용하게 된다.

작물의 냉해 생리
• 뿌리에서 수분흡수는 저해되고 증산은 과다해져 위조(萎凋)를 유발한다.
• 질소, 인산, 칼륨, 규산, 마그네슘 등의 양분흡수가 저해된다.
• 물질의 동화와 전류가 저해된다.
• 질소동화가 저해되어 암모니아의 축적이 많아진다.
• 호흡이 감퇴되어 모든 대사기능이 저해된다.

157

작물의 냉해에 대한 설명으로 틀린 것은?

① 병해형 냉해는 단백질의 합성이 증가되어 체내에 암모니아의 축적이 적어지는 형의 냉해이다.

② 혼합형 냉해는 지연형 냉해, 장해형 냉해, 병해형 냉해가 복합적으로 발생하여 수량이 급감하는 형의 냉해이다.

③ 장해형 냉해는 유수형성기부터 개화기까지, 특히 생식세포의 감수분열기에 냉온으로 불임현상이 나타나는 형의 냉해이다.

④ 지연형 냉해는 생육 초기부터 출수기에 걸쳐서 여러 시기에 냉온을 만나서 출수가 지연되고, 이에 따라 등숙이 지연되어 후기의 저온으로 인하여 등숙 불량을 초래하는 형의 냉해이다.

해설

냉해의 구분

지연형 냉해	• 생육 초기부터 출수기에 걸쳐서 여러 시기에 냉온을 만나서 출수, 등숙이 지연된다. • 후기의 저온으로 인하여 등숙 불량을 초래한다.
장해형 냉해	• 유수형성기부터 출수개화기까지, 특히 생식세포의 감수분열기에 냉온으로 불임현상이 나타난다. • 융단조직(tapete)이 비대하고 화분이 불충실하여 불임이 발생한다.
병해형 냉해	• 냉온하에서 증산작용이 감퇴하여 규산흡수가 저하되며 표피세포의 규질화가 불량하여 병원균 침입이 용이해진다. • 광합성이 감퇴하여 당분 생성이 적어져 암모니아로부터의 단백질 합성이 저해되어 체내 가용성 질소 화합물의 축적이 증대된다.
혼합형 냉해	지연형·장해형·병해형 냉해가 복합적으로 발생하여 수량이 급하한다.

158

다음 중 벼에서 장해형 냉해를 가장 받기 쉬운 생육시기는?

① 묘대기   ② 최고분열기

③ 감수분열기   ④ 출수기

해설

장해형 냉해

유수형성기부터 개화기까지, 특히 생식세포의 감수분열기에 냉온의 영향을 받아 화분, 배낭 등 생식기관이 정상적으로 형성되지 못하거나 화분방출, 수정장해 등의 불임현상이 초래되는 유형의 냉해를 말한다.

159

벼 병해형 냉해의 증상으로 틀린 것은?

① 화분의 수정장해   ② 규산흡수의 저해

③ 광합성의 감퇴   ④ 단백질합성의 저하

해설

병해형 냉해

벼는 냉온에서 생육이 부진하여 규산의 흡수가 저해되면 광합성 및 질소대사의 이상(단백질합성의 저하)으로 도열병이 침입하여 쉽게 전파된다.

※ 장해형 냉해는 화분방출, 수정장해를 유발하여 불임현상이 초래된다.

160

장해형 냉해에 대한 설명으로 옳은 것은?

① 출수기 이후 등숙기간 동안의 냉온으로 등숙률이 낮아진다.

② 융단조직이 비대해진다.

③ 수수감소 및 출수지연 등의 장해를 받는다.

④ 질소의 다비를 통해 피해를 경감시킬 수 있다.

해설

유수형성기부터 개화기까지, 특히 생식세포의 감수분열기에 냉온으로 불임현상이 나타나며, 융단조직(tapete)이 비대하고 화분이 불충실하여 불임이 발생한다.

161

냉해 대책의 입지조건 개선에 대한 내용으로 틀린 것은?

① 방풍림을 제거하여 공기를 순환시킨다.
② 객토 등으로 누수답을 개량한다.
③ 암거배수 등으로 습답을 개량한다.
④ 지력을 배양하여 건실한 생육을 꾀한다.

해설

① 방풍림, 방풍울타리 등을 설치하여 냉풍을 막는다.

162

토양의 과습에 의한 습해의 직접적인 피해는?

① 양분흡수 저해
② 호흡장해
③ 유해가스 피해
④ 유기산 피해

해설

토양이 과습하여 토양의 산소가 부족하면 직접적인 피해로 뿌리의 호흡장해가 생긴다.

163

작물의 내습성에 관여하는 요인을 잘못 설명한 것은?

① 뿌리의 피층세포가 사열로 되어있는 것은 직렬로 되어있는 것보다 내습성이 약하다.
② 목화한 것은 환원성 유해물질의 침입을 막아서 내습성이 강하다.
③ 부정근의 발생력이 큰 것은 내습성이 약하다.
④ 뿌리가 황화수소 등에 대하여 저항성이 큰 것은 내습성이 강하다.

해설

③ 부정근의 발생력이 큰 작물은 습해에 강하다.

164

내습성이 가장 약한 작물로만 나열된 것은?

① 벼, 택사, 미나리
② 밭벼, 옥수수, 율무
③ 감자, 고추, 메밀
④ 당근, 양파, 파

해설

작물의 내습성

골풀, 미나리, 벼 > 밭벼, 옥수수, 율무 > 토란 > 유채, 고구마 > 보리, 밀 > 감자, 고추 > 토마토, 메밀 > 파, 양파, 당근, 자운영

165

습해의 대책으로 적합하지 않은 것은?

① 배수시설을 설치한다.
② 밭에서는 휴립휴파 재배를 한다.
③ 과산화석회(CaO_2)를 종자에 분의하여 파종한다.
④ 미숙유기물과 황산근비료를 시용하여 입단형성을 촉진시킨다.

해설

습해의 대책

• 배수시설을 개선하거나 이랑을 높게 만들어 토양수분의 배출을 원활하게 한다.
• 세사를 객토하거나 토양개량제를 사용하여 토양구조를 개선한다.
• 밭에서는 휴립휴파, 논에서는 휴립재배한다.
• 미숙유기물과 황산근 비료 시용은 피하고, 과산화석회(CaO_2)를 시용한다.
• 내습성 작물 및 품종을 선택한다.

166

벼의 관수해(冠水害)에 대한 설명으로 가장 옳은 것은?

① 출수개화기에 약하다.
② 관수상태에서 벼의 잎은 도장이 억제될 수 있다.
③ 수온과 기온이 높으면 피해가 적다.
④ 청수보다 탁수에서 피해가 적다.

해설

② 관수 중의 벼 잎은 급히 도장하여 이상 신장을 유발하기도 한다.
③ 수온이 높을수록 호흡기질의 소모가 많아져 침수의 해가 더 커진다.
④ 탁수가 청수보다 산소 농도가 낮고 유해물질이 많으므로 더 피해가 크다.

167

벼의 침관수 피해가 가장 크게 나타나는 조건은?

① 고수온, 유수, 청수
② 고수온, 정체수, 탁수
③ 저수온, 정체수, 탁수
④ 저수온, 유수, 청수

해설

벼의 침관수 피해
• 수온이 높을수록 호흡기질의 소모가 많아져 피해가 더 커진다.
• 정체수가 유수보다 산소도 적고 수온도 높기 때문에 피해가 심하다.
• 탁수가 청수보다 산소함유량이 적고 유해물질이 많으므로 더 피해가 크다.

168

다음은 벼의 침수피해에 대한 내용이다. (가), (나)에 알맞은 내용은?

> < 벼의 침수피해 >
> • 분얼 초기에는 (가).
> • 수잉기~출수개화기에는 (나).

① (가) : 크다, (나) : 크다
② (가) : 크다, (나) : 작다
③ (가) : 작다, (나) : 작다
④ (가) : 작다, (나) : 크다

해설

벼의 침수피해는 분얼 초기에 작고, 수잉기~출수개화기에 커진다.

169

수해를 입은 뒤 사후대책에 대한 설명으로 틀린 것은?

① 물이 빠진 직후 덧거름을 준다.
② 철저한 병해충 방제 노력이 있어야 한다.
③ 퇴수 후 새로운 물을 갈아 댄다.
④ 김을 매어 토양표면의 흙 앙금을 헤쳐 준다.

해설

① 침수 후에는 반드시 병해충 방제를 해야 한다.

170

가뭄해에 대한 밭의 재배대책이 될 수 있는 것은?

① 뿌림골을 높게 한다.

② 재식밀도를 높게 한다.

③ 질소질 비료를 사용한다.

④ 봄철의 보리밭이 건조할 때는 답압을 한다.

해설

밭작물의 재배대책
- 뿌림골을 낮게 한다(휴립구파).
- 뿌림골을 좁히거나 파종 시 재식밀도를 성기게 한다.
- 질소의 다용을 피하고 퇴비, 인산, 칼륨을 증시한다.
- 봄철의 맥류 재배 포장이 건조할 때 답압을 한다(모세관현상 유도).

171

내건성이 강한 작물의 특성으로 옳은 것은?

① 세포액의 삼투압이 낮다.

② 작물의 표면적/체적비가 크다.

③ 원형질막의 수분투과성이 크다.

④ 잎 조직이 치밀하지 못하고 울타리 조직의 발달이 미약하다.

해설

내건성이 강한 작물의 형태적 특징
- 표면적에 대한 체적의 비가 작고 왜소하며 잎이 작다.
- 지상부에 비해 뿌리가 잘 발달되어 있고 길다.
- 저수능력이 크고, 다육화 경향이 있다.
- 기동세포가 발달하여 탈수되면 잎이 말려 표면적이 작아진다.
- 잎조직이 치밀하고 울타리 조직이 발달되어 있다.
- 표피에 각피(角皮)가 잘 발달하였으며, 기공이 작고 수효가 많다.
- 세포가 작고, 세포의 삼투압과 원형질의 점성이 높으며, 원형질막의 수분투과성이 크다.

172

내건성이 큰 작물의 세포적 특성이 아닌 것은?

① 세포가 작다.

② 세포의 삼투압이 높다.

③ 원형질막의 수분투과성이 크다.

④ 원형질의 점성이 낮다.

해설

④ 원형질의 점성이 높다.

173

다음 중 동상해 대책으로 틀린 것은?

① 방풍시설 설치

② 파종량 경감

③ 토질개선

④ 품종선정

해설

② 맥류의 파종량을 늘린다.

174

다음 중 봄철 늦추위가 올 때 동상해의 방지책으로 옳지 않은 것은?

① 발연법
② 송풍법
③ 연소법
④ 냉수온탕법

해설

④ 냉수온탕법은 종자소독법에 속한다.

동상해의 대책 : 관개법, 송풍법, 피복법, 발연법, 연소법, 살수빙결법 등

175

작물 내동성의 생리적 요인으로 틀린 것은?

① 원형질 수분투과성이 크면 내동성이 증대된다.
② 원형질의 점도가 낮은 것이 내동성이 크다.
③ 당분함량이 많으면 내동성이 증가한다.
④ 전분함량이 많으면 내동성이 증가한다.

해설

작물의 내동성에 관여하는 생리적 요인

• 세포 내의 수분(자유수)함량이 많으면 세포 내 결빙이 생기기 쉬우므로 내동성이 감소한다.
• 세포 내의 가용성 당분함량이 높으면 세포의 삼투압이 커지고, 원형질 단백의 변성을 막으므로 내동성도 증가한다.
• 세포액의 삼투압이 커지면 빙점이 낮아지고, 세포 내 결빙이 적어지며 세포 외 결빙에 의한 탈수 저항성이 커지므로 원형질이 기계적 변형을 덜 받게 되어 내동성이 증가한다.
• 원형질에 전분함량이 많으면 당분함량은 저하되며, 전분립은 원형질의 기계적 견인력에 의한 파괴를 크게 하므로 전분함량이 많으면 내동성은 감소한다.
• 원형질 친수성 콜로이드가 많으면 세포 내의 결합수가 많아지고 자유수는 적어져서 원형질의 탈수 저항성이 커지며 세포 외 결빙이 경감되므로 내동성이 커진다.
• 친수성 콜로이드가 많고 세포액의 농도가 높으면 조직즙의 굴절률을 높여 주므로 내동성이 증가한다.
• 원형질의 점도가 낮고 연도(軟度)가 크면, 세포 외 결빙에 의해서 세포가 탈수될 때나 융해 시 세포가 물을 다시 흡수할 때 원형질의 변형이 적으므로 내동성이 크다.
• 세포 내의 무기성분[칼슘이온(Ca^{2+}), 마그네슘이온(Mg^{2+}) 등]은 세포 내 결빙을 억제하는 작용이 있다.

176

맥류의 형태와 파종 방법에 따른 내동성과의 관계에 대한 설명으로 가장 거리가 먼 것은?

① 파종을 깊게 하면 내동성이 강하다.
② 엽색이 진한 것이 내동성이 강하다.
③ 중경(中莖)이 덜 발달하여 생장점이 깊게 놓이면 내동성이 강하다.
④ 직립성인 것이 포복성인 것보다 내동성이 강하다.

해설

④ 포복성 작물은 직립성인 것보다 내동성이 강하다.

177

작물재배에서 도복을 유발시키는 재배조건으로 가장 적합한 것은?

① 밀식과 질소 다용
② 소식과 이식재배
③ 토입과 배토
④ 칼륨과 규산질 증시

해설

도복의 유발조건

• 유전적 조건 : 키가 크고 대가 약한 품종, 무거운 이삭, 빈약한 근계 발달
• 재배조건 : 밀식, 질소 과용, 칼륨 및 규산의 부족, 조직 중 리그닌 및 당류함량 부족
• 환경조건 : 도복의 위험기에 강우·강풍, 병충해의 발생[잎집무늬마름병(紋枯病), 가을멸구, 맥류 줄기녹병]

178

다음 중 작물의 도복과 가장 관련성이 큰 형질은?

① 잎
② 숙기
③ 키
④ 가지수

해설

키가 크고 대가 약한 품종일수록 도복이 심하다.

179

도복의 대책에 대한 설명으로 틀린 것은?

① 칼리, 인, 규소의 시용을 충분히 한다.
② 키가 작은 품종을 선택한다.
③ 벼의 유효분얼종지기에 옥신을 처리한다.
④ 맥류는 복토를 깊게 한다.

해설

도복의 방지대책
- 키가 작고 대가 튼튼한 품종, 질소 내비성 품종을 선택한다.
- 질소 과용을 피하고 칼리, 인산, 규산, 석회 등을 충분히 시용한다.
- 재식밀도가 과도하지 않게 파종량을 조절해야 한다.
- 맥류는 복토를 다소 깊게 하고, 직파재배보다 이식재배를 한다.
- 벼의 마지막 김매기 때 배토하고, 맥류는 답압·토입·진압 등은 하며, 콩은 생육 전기에 배토를 한다.
- 병충해를 방제한다.
- 벼에서 유효분얼종지기에 2,4-D, PCP 등의 생장조절제 처리를 한다.

180

풍속이 2~4m/s 이상일 때 식물체에서 일어나는 생리적 장해 현상이 아닌 것은?

① 작물 체온이 낮아진다.
② 수분·수정이 저해된다.
③ CO_2의 흡입량이 과다하게 증대된다.
④ 습도가 낮으면 백수현상이 나타난다.

해설

③ 풍속이 강해지면 기공이 닫혀 CO_2의 흡수가 감소되고 광합성이 감퇴한다.

181

풍해의 기계적 장해에 해당하는 것은?

① 벼에서 수분 및 수정이 저해되어 불임립이 발생한다.
② 상처가 나면 호흡이 증대되어 체내의 양분 소모가 증대된다.
③ 증산이 커져서 식물이 건조해진다.
④ 기공이 닫혀 광합성이 감퇴한다.

해설

풍해
- 기계적 장해 : 방화곤충의 활동제약 등에 의한 수분·수정 저해, 낙과, 가지의 손상 등
- 생리적 장해 : 상처부위의 과다 호흡에 의한 체내 양분의 소모, 증산 과다에 의한 건조피해 발생, 광합성의 감퇴, 작물 체온의 저항에 의한 냉해 유발 등

182

맥류의 수발아를 방지하기 위한 대책으로 옳은 것은?

① 수확을 지연시킨다.
② 지베렐린을 살포한다.
③ 만숙종보다 조숙종을 선택한다.
④ 휴면기간이 짧은 품종을 선택한다.

해설

③ 맥류는 조숙종이 만숙종보다 수발아 위험이 적다.

수발아의 방지대책
- 품종 선택 : 맥류는 조숙종이 만숙종보다 수발아 위험이 적고, 밀은 초자질립, 백립, 다부모종 등이 수발아가 심함
- 맥종 선택 : 보리가 밀보다 수발아 위험이 적음
- 발아 억제제 살포 : 출수 후 20일경 종피가 굳어지기 전 0.5~1.0%의 MH액 살포
- 조기수확
- 도복방지

183

다음 중 화곡류의 성숙과정으로 옳은 것은?

① 유숙 – 호숙 – 황숙 – 완숙 – 고숙
② 호숙 – 황숙 – 완숙 – 고숙 – 유숙
③ 황숙 – 완숙 – 고숙 – 유숙 – 고숙
④ 완숙 – 고숙 – 유숙 – 고숙 – 황숙

해설

화곡류(禾穀類)의 성숙과정
• 유숙 : 곡립이 점점 커져 액상의 저장물질이 차기 시작하는 단계로, 곡립을 눌렀을 때 우유빛 액체가 나온다.
• 호숙 : 곡립 내 저장물질이 점차 고형화되어 눌렀을 때 반죽(dough)처럼 느껴진다.
• 황숙 : 수확 직전의 단계로 곡립이 노란색으로 변하고 내부의 수분이 줄어들면서 단단해지는 단계이다.
• 완숙 : 완전히 성숙하여 수분함량이 낮아지고 저장물질이 완전히 고형화된 상태로, 곡립이 단단해지고, 수확이 가능한 상태이다.
• 고숙 : 완숙 이후에 수확하지 않았을 때 곡립이 과도하게 마르거나 떨어져 저장물질이 손실될 수 있는 단계이다.

184

십자화과 작물의 성숙과정으로 옳은 것은?

① 녹숙 – 백숙 – 갈숙 – 고숙
② 백숙 – 녹숙 – 갈숙 – 고숙
③ 녹숙 – 백숙 – 고숙 – 갈숙
④ 백숙 – 녹숙 – 고숙 – 갈숙

해설

십자화과 작물의 성숙과정
• 백숙 : 종자가 백색이고, 내용물이 물과 같은 상태의 과정이다.
• 녹숙 : 종자가 녹색이고, 내용물이 손톱으로 쉽게 입출되는 상태의 과정이다.
• 갈숙 : 꼬투리가 녹색을 상실해 가며, 종자는 고유의 성숙색이 되고, 손톱으로 파괴하기 어려운 과정이다. 보통 갈숙에 도달하면 성숙했다고 본다.
• 고숙 : 고숙하면 종자는 더욱 굳어지고, 꼬투리는 담갈색이 되어 취약해진다.

185

다음 중 과실 성숙과 가장 관련이 있는 것은?

① ethylene   ② ABA
③ BA   ④ IAA

해설

숙성 과정에서 발생하는 에틸렌(ethylene)은 과실의 성숙과 착색, 채소의 노화를 촉진하며 생리장해와 특이성분을 유발시킨다.

186

작물의 종류에 따른 수확 방법으로 옳지 않은 것은?

① 화곡류는 예취한다.
② 고구마는 굴취한다.
③ 무는 발취한다.
④ 목초는 적취한다.

해설

④ 목초는 예취한다.

187

일반농가에서 가장 일반적으로 쓰이는 방법으로, 낫으로 수확한 벼를 단으로 묶어 세우거나 펼쳐서 햇볕으로 건조하는 방법은?

① 상온통풍건조   ② 천일건조
③ 열풍건조   ④ 실리카겔건조

해설

① 상온통풍건조 : 상온의 공기 또는 약간의 가열한 공기를 곡물층에 통풍하여 건조하는 방법이다.
③ 열풍건조 : 열풍건조기를 이용하여 건조시키는 방법으로 우기나 일기상태가 나쁠 때 유리한 건조법이다.
④ 실리카겔건조 : 실리카겔은 다공질 구조로 내부 표면적이 크기 때문에 뛰어난 제습 능력을 갖고 있다.

188

농산물을 저장할 때 일어나는 변화에 대한 설명으로 옳지 않은 것은?

① 호흡급등형 과실은 에틸렌에 의해 후숙이 촉진된다.
② 감자와 마늘은 저장 중 맹아에 의해 품질 저하가 발생한다.
③ 곡물은 저장 중에 전분이 분해되어 환원당함량이 증가한다.
④ 신선농산물은 수확 후 호흡에 의한 수분 손실이 증산에 의한 손실보다 크다.

해설
④ 신선농산물은 수확 후 호흡에 의한 수분 손실보다 증산에 의한 손실이 크다.

189

곡물의 저장 과정에서 일어나는 변화에 대한 설명으로 옳지 않은 것은?

① 저장 중 호흡 소모와 수분 증발 등으로 중량이 감소한다.
② 저장 중 발아율이 저하된다.
③ 저장 중 지방의 자동산화에 의해 산패가 일어나 유리지방산의 증가로 묵은 냄새가 난다.
④ 저장 중 α-아밀레이스에 의해 전분이 분해되어 환원당함량이 감소한다.

해설
④ 곡물은 저장 중 전분이 분해되어 환원당함량이 증가한다.

190

과실을 수확한 직후부터 수일간 서늘한 곳에 보관하여 몸을 식히는 것이며, 저장·수송 중 부패를 최소화하기 위해 실시하는 것은?

① 후숙   ② 큐어링
③ 예랭   ④ 음건

해설
예랭
수확한 생산물의 품온을 낮추어 수분 손실을 줄임으로써 과실을 신선하게 유지하고 저장·유통 중 부패를 최소화하여 신선도를 유지하게 한다.

191

수확물의 상처에 코르크층을 발달시켜 병균의 침입을 방지하는 조치를 나타내는 용어는?

① 큐어링
② 예랭
③ CA저장
④ 후숙

해설
큐어링(curing)
양파와 같은 인경채류나 고구마와 같은 근채류의 저장 전 따뜻하고 습기가 많은 곳에 두어 수확과정에서 발생한 상처조직에 코르크층을 발달시켜 병균의 침입을 방지하는 방법이다.

192

엽채류의 안전저장 조건으로 가장 옳은 것은?

① 온도 : 0~4℃, 상대습도 : 90~95%

② 온도 : 5~7℃, 상대습도 : 80~90%

③ 온도 : 0~4℃, 상대습도 : 70~80%

④ 온도 : 5~7℃, 상대습도 : 70~80%

해설

작물별 안전저장 조건(온도, 상대습도)

• 과실 : 0~4℃(바나나 13℃ 이상), 80~85%

• 식용감자 : 3~4℃(가공용 7~10℃), 85~90%

• 고구마 : 13~15℃, 85~90%

• 엽채류 : 0~4℃, 90~95%

• 쌀 : 15℃, 약 70%(쌀의 수분함량 15%)

• 고춧가루 : 수분함량 11~13%(10% 이하는 건조ㆍ탈색, 19% 이상은 갈변)

193

다음 중 상대습도가 70%일 때 쌀의 안전저장 온도 조건으로 가장 적절한 것은?

① 5℃

② 10℃

③ 15℃

④ 20℃

해설

쌀의 안전저장 조건 : 온도 15℃, 상대습도 약 70%, 수분함량 15%

194

작물의 수확 후 관리에 대한 설명으로 옳은 것은?

① 가공용 감자의 저장을 위한 최적온도는 3~4℃이다.

② 고춧가루의 저장 적수분함량은 10% 이하이다.

③ 고구마의 안전저장온도는 13~15℃, RH 85~90% 이다.

④ 고품질 쌀을 위한 저장 적수분함량은 15% 이하, 최적온도는 10℃이다.

해설

① 가공용 감자의 저장을 위한 최적온도는 7~10℃이다.

② 고춧가루의 저장 적수분함량은 11~13%이다.

④ 고품질 쌀을 위한 저장 적수분함량은 15~16%, 최적온도는 15℃이다.

195

(가)에 알맞은 내용은?

제현과 현백을 합하여 벼에서 백미를 만드는 전 과정을 (가)(이)라고 한다.

① 지대

② 마대

③ 도정

④ 수확

해설

도정(搗精)

• 벼에서 쌀(백미)을 얻기 위해 왕겨와 쌀겨층을 제거하는 가공과정을 말한다.

• 제현 : 벼에서 왕겨(과피)를 벗겨 현미를 만드는 과정이다.

• 현백(정백) : 현미에서 쌀겨층(종피 및 호분층)을 벗겨 백미를 만드는 과정이다.

196

벼 도정 시 정곡환산율은 중량과 용량으로 각각 몇 %인가?

① 42%, 80% ② 52%, 70%

③ 62%, 60% ④ 72%, 50%

> **해설**
>
> 100kg 벼를 쌀로 도정하면 72kg의 쌀이 생산된다.

197

벼의 수량구성요소로 가장 옳은 것은?

① 단위면적당 수수×1수영화수×등숙비율×1립중
② 식물체 수×입모율×등숙비율×1립중
③ 감수분열기 기간×1수영화수×식물체 수×1립중
④ 1수영화수×등숙비율×식물체 수

> **해설**
>
> **작물별 수량구성요소**
> • 화곡류 = 단위면적당 수수(이삭수)×1수영화수 ×등숙비율×1립중
> • 과실 = 나무당 과실수×과실의 크기(무게)
> • 고구마 · 감자 = 단위면적당 식물체수×식물체당 덩이뿌리수×덩이뿌리의 무게
> • 사탕무 = 단위면적당 식물체수×덩이뿌리의 무게×성분함량

198

벼의 수량 구성요소 중 연차변이계수가 가장 작은 요소는?

① 천립중
② 1수 영화수
③ 등숙비율
④ 수수

> **해설**
>
> 벼의 수량구성요소 중 연차변이계수는 단위면적당 수수(이삭수)가 가장 크고, 1수 영화수, 등숙비율, 천립중의 순으로 작아진다.

199

벼의 수량구성요소에 대한 설명으로 옳지 않은 것은?

① 수량구성요소 중 수량에 가장 큰 영향을 미치는 것은 단위면적당 수수이다.
② 수량구성요소는 상호 밀접한 관계를 가지며 상보성을 나타낸다.
③ 수량구성요소 중 천립중이 연차간 변이계수가 가장 작다.
④ 단위면적당 영화수가 증가하면 등숙비율이 증가한다.

> **해설**
>
> ④ 단위면적당 영화수가 증가하면 등숙비율은 감소하고, 등숙비율이 낮으면 천립중은 증가한다.

200

1m^{2}의 현미 무게가 1kg이고 이때 현미의 수분함량이 17%이다. 수분함량이 15%일 때 10a의 현미 수량은?

① 약 293kg ② 약 488kg

③ 약 512kg ④ 약 976kg

> **해설**
>
> 수분함량 15%일 때 10a당 현미의 수량 = $1kg \times \dfrac{100-17}{100-15}$
>
> = 약 0.976kg
>
> 0.976kg×1,000 = 약 976kg(∵ 10a = 1,000m^2)
>
> ※ **벼의 수량 계산**
>   예취, 탈곡한 현미(정조)의 수분함량을 x%라 할 때 14%로 환산 시 다음과 같이 계산한다.
>
> 14% 환산 10a당 현미의 수량 = 10a당 현미의 무게 $\times \dfrac{100-x}{100-14}$

001

다음 중 화성암이며, 우리나라 토양의 주요 모재가 되는 암석으로 가장 옳은 것은?

① 현무암
② 반려암
③ 석회암
④ 화강암

해설

우리나라 토양은 대부분 산성토양이고, 모재는 화강암이다.

002

화성암 중 중성암으로만 짝지어진 것은?

① 석영반암, 휘록암
② 안산암, 섬록암
③ 현무암, 반려암
④ 화강암, 섬록반암

해설

화성암의 분류

화학적 분류(SiO₂) 조직적 분류	염기성암 (40~55%)	중성암 (55~65%)	산성암 (65~75%)
화산암	현무암	안산암	유문암
반심성암	휘록암	섬록반암	석영반암
심성암	반려암	섬록암	화강암

003

6대 조암광물에 속하지 않는 것은?

① 석영
② 장석
③ 휘석
④ 석회석

해설

지각을 구성하는 화성암의 6대 조암광물
석영, 장석, 운모, 각섬석, 휘석, 감람석

004

다음 중 제주도 토양의 모암인 현무암에 대한 설명으로 가장 옳은 것은?

① 지하 깊은 곳에 있는 고온으로 용용된 암장이 냉각 · 고결된 암석
② 지표면에서 냉각된 반정질이거나 혹은 비정질의 심성암
③ 화산암으로서 반려암과 같은 성분으로 되어 있으며, 암색을 띠는 세립질의 치밀한 염기성암
④ 중성화성암으로서 주성분은 사장석이며 때로는 감람석과 석영을 함유하는 중점질의 식질토양

해설

① 반려암(심성암)에 대한 설명이다.
② 지표면에서 냉각된 것은 화산암에 해당한다.
④ 안산암(화산암)에 대한 설명이다.

005

토양을 구성하는 주요 광물 중 석영의 입자밀도(particle-density)는?

① $5.00g \cdot cm^{-3}$
② $4.75g \cdot cm^{-3}$
③ $3.85g \cdot cm^{-3}$
④ $2.65g \cdot cm^{-3}$

해설

토양광물의 입자밀도(g/cm³)
• 석영 : 2.65
• 장석 : 2.5~2.76
• 백운모 : 2.8~3.1
• 각섬석 : 2.9~3.3
• 휘석 : 3.2~3.6
• 점토 : 2.6 정도

1 ④ 2 ② 3 ④ 4 ③ 5 ④ 정답

006

토양을 구성하는 산화물의 함량 순서로 옳은 것은?

① Fe_2O_3(산화철) > Al_2O_3(반토) > SiO_2(규산) > CaO (석회)

② SiO_2(규산) > Al_2O_3(반토) > Fe_2O_3(산화철) > CaO (석회)

③ SiO_2(규산) > Al_2O_3(반토) > CaO(석회) > Fe_2O_3 (산화철)

④ CaO(석회) > SiO_2(규산) > Al_2O_3(반토) > Fe_2O_3 (산화철)

해설

토양을 구성하는 주요 산화물의 함량
SiO_2(규산) > Al_2O_3(반토, 알루미나) > Fe_2O_3(산화철) > CaO(석회) > MgO(고토) > Na_2O(소다) > K_2O(칼륨)

007

다음 중 모암이 토양으로 변화하는 풍화작용에 대한 설명으로 틀린 것은?

① 모암에서 모재로 되는 과정은 풍화작용을 따른다.

② 모재에서 토양으로 되는 과정은 풍화작용과 토양생성작용을 따른다.

③ 풍화작용은 물리적, 화학적, 생물적 풍화작용으로 구분된다.

④ 물리적, 화학적, 생물적 풍화작용은 각각 일어나며, 그 결과는 토양의 질로 나타난다.

해설

④ 풍화작용은 동시에 상호작용하며 일어나고 그 결과는 토양의 질 뿐만 아니라 물리적·화학적 성질, 구조, 성분 등 다양한 특성에 영향을 미친다.

008

1차 광물의 풍화에 대한 안정성이 큰 순서대로 나열한 것은?

① 석영 > 운모 > 각섬석 > 감람석

② 운모 > 석영 > 감람석 > 각섬석

③ 각섬석 > 감람석 > 석영 > 운모

④ 감람석 > 각섬석 > 운모 > 석영

해설

광물의 풍화에 대한 저항성
석영 > 백운모 > 장석(정장석) > 흑운모 > 각섬석 > 휘석 > 감람석 > 방해석 > 석고

009

토양생성에 관여하는 풍화작용 중 성질이 다른 하나는?

① 산화작용   ② 가수분해작용

③ 수화작용   ④ 침식작용

해설

토양생성에 관여하는 풍화작용

물리적 풍화작용	온도변화, 동결-융해, 압력 감소, 식물 뿌리의 침투, 침식작용 등
화학적 풍화작용	가수분해작용, 수화작용, 탄산화작용, 산화·환원작용, 용해, 킬레이트화작용 등
생물적 풍화작용	식물 뿌리의 침투, 미생물·유기산의 활동, 동물의 굴착 활동 등

010

기온의 변화는 암석의 물리적 풍화를 촉진시킨다. 그 원인으로 가장 적절한 것은?

① 팽창수축 현상   ② 산화환원 현상

③ 염기용탈 현상   ④ 동형치환 현상

해설

물리적 풍화작용
온도변화에 의한 암석 자체의 팽창과 수축, 암석의 틈에 스며든 물의 동결-융해에 따른 팽창과 수축 등으로 일어난다.

011

다음 반응식이 나타내는 화학적 풍화작용은?

$$KAlSi_3O_8 + H_2O \leftrightarrow HAlSi_3O_8 + K^+ + OH^-$$

① 산화(oxidation)

② 가수분해(hydrolysis)

③ 수화(hydration)

④ 킬레이트화(chelation)

가수분해작용

- 장석($KAlSi_3O_8$)의 칼륨이온(K^+)이 물(H_2O)과 반응해 용출된다.
- 생성된 $HAlSi_3O_8$는 점토광물(예 카올리나이트)의 전구체로, 추가 풍화를 거쳐 최종적으로 점토가 된다.
- 부산물인 수산화이온(OH^-)은 주변 환경의 pH를 상승시켜 다른 광물의 용해를 촉진한다.

012

다음 중 정적토에 해당하는 것은?

① 이탄토

② 붕적토

③ 수적토

④ 선상퇴토

풍화산물의 이동과 퇴적 방식에 따른 분류

구분	모재	운반체 및 퇴적환경
정적토	잔적토	풍화산물이 이동하지 않고 원래 장소에 잔류
	이탄토	습지나 저지대에 유기물이 퇴적
운적토	붕적토	중력에 의해 경사지에서 아래로 이동하여 퇴적 예 산사태, 토석류 등
	풍적토	바람에 의해 운반·퇴적 예 황토(loess), 사구, 화산성토 등
	선상퇴토	빗물(중력과 수력)에 의해 운반·퇴적
	수적토 (하성충적토)	하천에 의해 운반·퇴적 예 홍함평야, 삼각주, 하안단구 등
	해성토	바닷물에 의해 운반·퇴적 예 해안, 갯벌 등
	호성토	호수에 의해 운반·퇴적
	빙적토	빙하에 의해 운반·퇴적 예 표퇴토, 종퇴석, 저퇴토, 표력토 등

013

습지에 식물 잔재물이 집적하여 형성된 모재는?

① 이탄모재

② 호성모재

③ 하성모재

④ 빙적모재

① 이탄모재 : 산소가 부족한 습지 환경에서 식물 잔재물의 분해가 느려 이탄(peat)이 축적되며 형성된 모재

② 호성모재 : 호수에 의해 운반·퇴적된 무기물질로 형성된 모재

③ 하성모재 : 하천에 의해 운반·퇴적된 모재

④ 빙적모재 : 빙하에 의해 운반·퇴적된 모재

014

바람에 의하여 생성되는 풍적토가 아닌 것은?

① 뢰스(loess)

② 사구

③ 하성토

④ 화산회토

풍화물 운반체별 토양의 종류

- 중력 : 붕적토
- 바람 : 풍적토(뢰스, 사구, 화산회토 등)
- 빗물 : 선상퇴토
- 물
  - 하천 : 수적토(하성충적토)
  - 바닷물 : 해성토
  - 호수 : 호성토
  - 빙하 : 빙적토

015

토양생성에 관여하는 주요 5가지 요인으로 나열된 것은?

① 모재, 기후, 지형, 수분, 부식

② 모재, 부식, 기후, 지형, 식생

③ 모재, 기후, 지형, 시간, 부식

④ 모재, 지형, 기후, 식생, 시간

토양생성에 관여하는 주요 5가지 요인 : 모재, 지형, 기후, 식생, 시간

016

기후가 토양의 특성에 미치는 영향에 대한 설명으로 틀린 것은?

① 강수량이 많을수록 토양생성 속도가 빠르고 토심이 깊어진다.
② 고온다습한 기후에서는 철산화물 광물이 많은 토양이 생성된다.
③ 한랭하고 강수량이 많으면 유기물함량이 적은 토양이 생성된다.
④ 건조한 기후 지대에서는 염류성 또는 알칼리성 토양이 생성된다.

해설
③ 한랭하고 강수량이 많으면 유기물함량이 많은 토양이 생성된다.

017

토양생성작용에 해당하지 않는 것은?

① 점토화작용   ② 인산화작용
③ 염류화작용   ④ 이탄집적작용

해설

토양생성작용
포드졸화작용, 라테라이트화작용, 글레이화작용, 염류화작용, 석회화작용, 점토화작용, 부식 및 이탄집적작용 등

018

지하수의 영향을 가장 많이 받는 토양생성작용은?

① 포드졸화작용   ② 라테라이트화작용
③ 석회화작용   ④ 글레이화작용

해설

글레이(glei)화작용
지하수위가 높은 저습지나 배수가 불량한 곳에서 환원상태가 발달하여 회색 또는 청회색을 띠는 환원층이 생성되는 현상이다.

019

토양생성작용 중 일반적으로 한랭습윤지대의 침엽수림 식생환경에서 생성되는 작용은?

① 포드졸화작용
② 라테라이트화작용
③ 글레이화작용
④ 염류화작용

해설

포드졸(podzol)화작용
한랭습윤지대의 침엽수림, 담수하의 논토양 등에서 산성부식질의 영향으로 Fe, Al 등이 하층으로 이동해 표층은 회백색을 띠고 하층은 암갈색을 띤다.

020

토양층위에 대한 설명으로 틀린 것은?

① A층 : 용탈층으로 가용성 염류용탈이 일어난다.
② B층 : A층에서 용탈된 물질이 집적된다.
③ C층 : 토양생성작용을 거의 받지 않는 모재층이다.
④ O층 : 유기물 층위로 A층 아래에 위치한다.

해설

토양단면의 구조

구분	설명
O층 (유기물층)	토양표면의 유기물층으로 식물 성장에 중요한 역할을 한다. • Oi층 : 약간 분해된 미부숙 유기물층 • Oe층 : 중간 정도 부숙된 유기물층 • Oa층 : 잘 부숙된 유기물층, 많이 분해된 유기물층
A층(무기물층, 부식층)	유기물과 점토성분이 용탈(가용성 염기류 용탈)된 부식이 혼합된 무기물층
E층 (최대용탈층)	점토, Fe, Al 등이 용탈된 용탈층
B층(집적층)	O, A, E층으로부터 용탈된 점토, Fe, Al 등이 집적된 집적층
C층(모재층)	토양생성작용을 거의 받지 않은 모재층
R층(모암층)	굳어져 있는 암반층으로 D층이라고도 함

021

토양을 이루는 기본 토층으로, 미부숙유기물이 집적된 층과 점토나 유기물이 용탈된 토층을 나타내는 각각의 기호는?

① 미부숙유기물이 집적된 층 : Oi, 점토나 유기물이 용탈된 토층 : E

② 미부숙유기물이 집적된 층 : Oe, 점토나 유기물이 용탈된 토층 : C

③ 미부숙유기물이 집적된 층 : Oa, 점토나 유기물이 용탈된 토층 : B

④ 미부숙유기물이 집적된 층 : H, 점토나 유기물이 용탈된 토층 : C

해설

• Oi층 : 'O'는 유기물층(Organic horizon)을 의미하고, 'i'는 미부숙 (약간만 분해된) 유기물이 집적된 상태를 나타낸다.
• E층 : 'E'는 용탈(eluviation)층으로, 점토나 유기물이 빗물 등에 의해 아래로 빠져나가 밝은 색을 띠는 층이다.

022

어떤 토층을 Btg라는 기호로 표시하였다. 이 토층의 특성은?

① 석고가 집적된 무기물 표층

② 규산염점토가 집적된 강환원 집적층

③ 염류가 집적된 동결집적층

④ 탄산염과 나트륨의 집적층

해설

Btg 토층의 의미

• B : 집적층(무기물 집적층, 주로 심토)
• t : 규산염점토가 집적된 층
• g : 강환원(gleization) 환경에서 형성된 층
① 석고 집적층은 y로 표시한다.
③ 염류 집적층은 z, 동결층은 f로 표시한다.
④ 탄산염 집적층은 k, 나트륨 집적층은 n으로 표시한다.

023

토양조사의 주요 목적이 아닌 것은?

① 토지 가격의 산정   ② 합리적인 토지이용

③ 적합한 재배작물 선정   ④ 토지생산성 관리

해설

토양조사의 목적 : 합리적인 토지이용에 따른 생산성 향상

024

다음 중 군 단위 정도의 범위 또는 개개의 농장, 목장 등에 이용하고자 실시하는 조사로서 분류단위는 토양통이 사용되며 1 : 25,000 축척도를 사용하는 토양조사는 무엇인가?

① 개략토양조사   ② 반정밀토양조사

③ 정밀토양조사   ④ 상내토양조사

해설

토양조사 방법

구분	개략토양조사	정밀토양조사	세부정밀 토양조사
목적	광범위 토지의 대략적 특성 파악	농업·토지 이용 등 실용적 정보 제공	특정 용도를 위한 상세조사
축척	1 : 50,000	1 : 25,000	1 : 5,000
최소 작도면적	6.25ha	1.56ha	10a
토양 구분	대토양군 및 토양군	토양통, 토양구 및 토양상	토양통, 토양구, 토양상 및 현토지 이용
활용	전국적인 토양생성 및 대토양군별 분포 파악	군 및 면 단위 영농지도 계획	농가별 세부영농계획

025

정밀토양조사의 목적으로 가장 거리가 먼 것은?

① 농업용수 개발
② 영농계획 수립
③ 재배작물 선정
④ 토양개량

정밀토양조사의 목적
• 토양의 물리적·화학적 특성 조사 및 분석
• 토양 분류 및 토양도 작성
• 영농계획 수립
• 재배작물 선정
• 비료 사용 개선
• 토양개량 및 토양관리 방안 제시

026

토양을 조사하고 분류할 때 기본적으로 토양의 단면 특성을 파악해야 한다. 이 때 조사해야 할 특성에 해당하지 않는 것은?

① 토양층위의 발달
② 토성
③ 토양미생물 구성
④ 토양구조

토양단면조사 내용
토양층위의 측정, 토색, 반문, 토성, 토양구조, 토양의 견결도, 토양단면 내의 특수 생성물(결핵 및 반층), 토양반응, 유기물과 식물의 뿌리, 토양 중의 동물, 공극 등

027

토양조사에 있어서 매우 중요한 일의 하나가 토양단면의 형태조사이다. 다음 중 단면을 만들 때 고려해야 할 사항으로 옳은 것은?

① 시갱(pit)을 하는 데 깊이는 일반적으로 100cm를 기준으로 한다.
② 시갱을 하기 힘든 곳에서는 기존의 자연적 단면 또는 도로를 만들 때 들어난 단면을 이용하여 조사해서는 안 된다.
③ 토양생성인자를 고려하여 될 수 있는 한 대표적인 장소를 선정하여 시갱한다.
④ 시갱할 때 지하수위가 높아 물이 고이는 곳은 수면 위로 들어난 곳만 조사한다.

① 시갱(pit)을 하는 데 깊이는 일반적으로 150cm를 기준으로 한다.
② 시갱을 하기 힘든 곳에서는 기존의 자연적 단면 또는 도로를 만들 때 들어난 단면을 이용하여 조사한다.
④ 시갱할 때 지하수위가 높아 물이 고이는 곳은 물을 퍼내고 신속히 조사해야 한다.

028

토양조사 시 토양의 수리전도도를 직접 측정하지 않고 배수성을 판정하는 방법은?

① pH를 측정한다.
② 토양색을 본다.
③ 유기물함량을 측정한다.
④ 토양구조를 본다.

토양색은 토양을 구성하는 광물 성분과 수분함량에 따라 달라지며, 배수·통기·유기물함량 등을 간접적으로 판단하는 지표로 활용된다.

029

다음 중 신토양분류법의 분류체계 순서로 옳은 것은?

① 목 – 대토양군 – 통 – 아목
② 목 – 아목 – 대군 – 통
③ 아목 – 목 – 대군 – 통
④ 대군 – 목 – 통 – 아목

해설

신토양분류법(soil taxonomy)의 분류체계
목(order) – 아목(suborder) – 대군(great group) – 아군(subgroup) – 속(family) – 통(series)

030

토양의 형태론적 분류체계에서 가장 하위단위가 되는 토양통(soil series)에 대한 설명으로 틀린 것은?

① 동일한 토양통에서 표토의 토성은 항상 같다.
② 동일한 토양통에서 동일한 모재로 이루어져 있다.
③ 동일한 토양통은 토층의 순서 및 발달정도가 비슷하다.
④ 동일한 토양통은 유사한 지질학적 및 토양생성학적 요소를 가진다.

해설

① 표토의 토성은 서로 다를 수도 있다.

031

우리나라 토양통을 토지이용형태 기준으로 구분할 때 토양통 수가 가장 많은 토지이용형태는?

① 과수원토양　　　② 밭토양
③ 논토양　　　　　④ 산림토양

해설

우리나라 토양통 수 : 논 > 밭 > 임지

032

다음에서 설명하는 것은?

> 하상지에서와 같이 퇴적 후 경과시간이 짧거나 산악지와 같은 급경사이기 때문에 침식이 심하여 층위의 분화 발달 정도가 극히 미약한 토양이다.

① 반숙토
② 미숙토
③ 성숙토
④ 과숙토

해설

엔티졸(Entisols, 미숙토)
• 토양생성 및 발달이 매우 미약하여 층위의 분화가 거의 없는 새로운 토양이다.
• 우리나라에서는 하상지, 산악지, 급경사지 등에서 흔히 발견된다.
• 관악통, 낙동통

033

표층에서 용탈된 점토가 B층에 집적되며 주요 감식토층이 argillic 차표층인 토양목은?

① Alfisol
② Vertisol
③ Andisol
④ Entisol

해설

알피졸(Alfisols, 완숙토)
• 표층에서 용탈된 점토가 B층에 집적되는 특성을 가지며 argillic horizon(Bt층)이 발달해 있고, 염기포화도가 35% 이상인 토양이다.
• 주로 온대~아열대의 삼림(특히 활엽수림) 또는 사바나 지역에서 형성된다.
• 평창통, 덕평통

034

다음 설명에 해당하는 것은?

> 팽창형 점토광물을 가진 토양으로서 수분상태에 따라 팽창과 수축이 매우 심하게 일어난다.

① Ultisol
② Spodosol
③ Entisol
④ Vertisol

해설

버티졸(Vertisols, 과팽창토)
- 팽창형 점토광물을 많이 함유한 토양으로, 수분상태에 따라 팽창과 수축이 매우 심하게 일어난다.
- 생산성은 높지만 관리가 까다롭다.
- 우리나라에는 없고 사바나, 초지, 목초지 등에서 주로 발달한다.

035

다음 생성론적 분류체계 중 비성대성 토양에 해당하지 않는 것은?

① 암쇄토
② 레고솔
③ 툰드라
④ 충적토

해설

툰드라
이끼 등 지의류 식물, 작은 초본류 식물, 키 작은 관목 등의 식물이 자라는 맨땅이나 바위 지대(식생의 영향을 받는 성대성 토양)이다.
※ 비성대성 토양(무대토양) : 암쇄토, 레고솔, 충적토

036

토성(土性)을 가장 잘 설명한 것은?

① 토양의 유기물과 무기물의 함량비이다.
② 토양 무기입자의 입경 조성비율에 따라 토양을 분류한 것이다.
③ 토양입자의 화학적 성질을 뜻한다.
④ 토양입자의 용수량, 모관력, 통기성 등 물리적 성질을 뜻한다.

해설
② 토성은 무기입자(모래, 미사, 점토)의 조성 비율에 의하여 결정된다.

037

토양비옥도와 생산성에 기여하는 토성의 기본적 특성에 대한 설명으로 틀린 것은?

① 식물생육에 있어서 양분, 수분함량, 뿌리활착 및 신장에 영향을 미친다.
② 토성에 따라 수분 보유능에 차이가 발생한다.
③ 비옥도에 관련되는 토양 물리화학성과 생물성에 직간접적으로 영향을 미친다.
④ 토성은 토양 pH가 변화하는 원인의 대부분을 차지한다.

해설
④ 토성을 결정할 때 자갈의 함량, 유기물함량, pH는 고려하지 않는다.

038

토양에 대한 설명으로 틀린 것은?

① 토양에서 전토층(regolith)과 진토층(solum)의 차이는 전토층은 C층을 포함한다는 점이다.

② 토양이라고 부를 수 있는 최소 단위의 토양 표본은 페돈(pedon)이라고 일컫는다.

③ 토양 3상의 구성 비율 중 고상의 비율이 높은 토양은 뿌리의 자람이 쉬우나 식물을 지지하는 힘은 약해진다.

④ 우리나라의 토양의 모암은 대부분 화강암 및 화강편마암 계통이다.

039

토성을 구분하거나 결정할 때 이용되는 것으로 거리가 먼 것은?

① 토성삼각도
② 촉감법
③ Stokes 공식
④ Munsell 기호

040

미국농무부법(USDA법)에 의한 자갈의 입경기준으로 옳은 것은?

① 2.0mm 이상
② 2.0~1.0mm
③ 1.0~0.5mm
④ 0.5mm 이하

041

토양의 입경 구분 시 입자의 지름이 가장 작은 것부터 큰 순으로 나열된 것은?

① 미사 < 점토 < 세사 < 조사 < 자갈
② 미사 < 점토 < 조사 < 세사 < 자갈
③ 점토 < 미사 < 세사 < 조사 < 자갈
④ 점토 < 세사 < 조사 < 미사 < 자갈

042

다음 중 단위 g당 표면적이 가장 큰 것은?

① 모래　　　　　　② 자갈
③ 미사　　　　　　④ 점토

점토는 토양입자 중에서 입자의 크기가 가장 작으며, 단위 g당 표면적
(비표면적)이 가장 크다.

043

토양의 결정성 광물을 확인하는 방법으로 가장 많이 이용
되고 있는 방법은?

① X-선 회절법
② 적외선분광법
③ 시차열분석법
④ 유도결합플라즈마분광법

X-선 회절법
토양의 결정성 광물을 확인하는 방법으로 가장 많이 이용되고 있는
방법이다.

044

유효인산 추출 방법이 아닌 곳은?

① Olsen법
② Lancaster법
③ Bray법
④ Kjeidahi법

유효인산의 정량 : Truog법, Bray No.1 및 No.2법, Olsen법, Lancaster
법 등

045

토성을 나타내는 기호 중 미사질식양토를 나타내는 것은?

① SiL　　　　　　② SiCL
③ L　　　　　　　④ CL

① SiL : 미사질양토
③ L : 양토
④ CL : 식양토

토성을 나타내는 기호

구분	기호	구분	기호
사토(Sand)	S	사질식양토 (Sandy Clay Loam)	SCL
양질사토 (Loamy Sand)	LS	미사질식양토 (Silty Clay Loam)	SiCL
사질양토 (Sandy Loam)	SL	식양토 (Clay Loam)	CL
양토(Loam)	L	사질식토 (Sandy Clay)	SC
미사질양토 (Silt Loam)	SiL	미사질식토 (Silty Clay)	SiC
미사토(Silt)	Si	식토(Clay)	C

046

총수분퍼텐셜이 −0.1MPa로 동일하다면 토양의 중량수
분함량이 가장 많은 토양은?

① 식토
② 사양토
③ 사질식양토
④ 미사질양토

식토
보수·보비력은 좋지만 통기·통수성은 불량하다. 식토는 점토가 많
이 함유되어 응집력이 강하다.
※ 토양의 보비·보수력의 크기 순서 : 식토 > 식양토 > 양토 > 사양
토 > 사토

047

다음 토양의 구조 중에서 공극량이 가장 적은 것은?

① 단립구조 밀상태(사열)

② 입단구조 조상태(정렬)

③ 단립구조 조상태(정렬)

④ 입단구조 밀상태(사열)

해설

토양 구조에 따른 공극량

 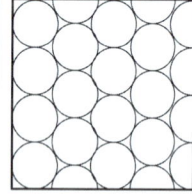

(a) 조상태(정렬)　　(b) 밀상태(사열)

[단립구조]

 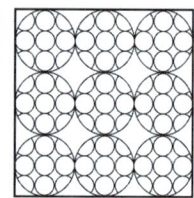

(a) 밀상태(사열)　　(b) 조상태(정렬)

[입단구조]

048

다음 중 토양의 구조 가운데 작물생육에 가장 적합한 구조는?

① 입단구조　　　　② 단립(單粒)구조

③ 주상구조　　　　④ 혼합구조

해설

입단구조는 통기성·투수성이 양호하고 양분과 수분의 유지 및 보유력이 우수하여 작물의 생육에 적당하다.

049

토양 입단구조의 중요성에 대한 설명으로 가장 거리가 먼 것은?

① 토양의 통기성과 통수성에 영향을 미친다.

② 토양침식을 억제한다.

③ 토양 내에 호기성 미생물의 활성을 증대시킨다.

④ Na 이온은 토양의 입단화를 촉진시킨다.

해설

④ 나트륨이온은 토양의 입단화를 파괴시킨다.

입단구조의 특징

• 대공극과 소공극이 고르게 분포한다.

• 통기성·투수성이 양호하고 양분과 수분의 유지 및 보유력이 우수하여 작물의 생육에 적당하다.

• 토양침식을 억제하고 토양 내 호기성 미생물의 활성을 증대시킨다.

• 나트륨이온(Na^+)은 토양의 입단화를 파괴시킨다.

050

토양의 입단화를 증가시키는 방안은?

① 윤작을 실시한다.

② 건조와 습윤을 반복하는 물관리를 한다.

③ 토양을 훈증소독한다.

④ 철저한 로타리 경운을 실시한다.

해설

입단 생성 촉진요인

• 점토, 유기물, 석회, 고토 등 입단구조를 형성하는 인자를 사용한다.

• 자운영, 헤어리베치, 알팔파 등 콩과 녹비작물을 재배한다.

• 토양피복, 윤작, 심근성 작물재배 등 작부체계를 개선한다.

• 토양개량제를 사용한다.

• 수화도가 낮은 양이온성 물질을 토양에 준다.

051

토양의 구조를 분류하는 특성이 아닌 것은?

① 모양(type)

② 위치(position)

③ 크기(class)

④ 발달정도(grade levels)

해설

토양구조란 입단의 크기, 모양, 배열방식에 따라 달라지는 물리적 구성상태를 말한다.

052

다음 설명에 해당하는 토양구조는?

- 우리나라 논토양에서 많이 발견된다.
- 용적밀도가 크고 공극률이 급격히 낮아지며 대공극이 없어진다.
- 모재의 특성을 그대로 간직하고 있는 것이 특징이며, 물이나 빙하의 아래에 위치하기도 한다.

① 판상구조

② 괴상구조

③ 각주상구조

④ 구상구조

해설

판상구조

접시와 같은 모양이거나 수평배열의 토괴로 구성된 구조로 토양생성과정 중에 발달하거나 인위적인 요인에 의하여 만들어지며, 모재의 특성을 그대로 간직하고 있다.

053

토양구조 중 우리나라 해성토(간척지)의 심토에서 흔히 볼 수 있는 구조는?

① 입상구조

② 괴상구조

③ 주상구조

④ 판상구조

해설

주상구조

가로, 세로크기가 다른 외관이 각주상, 원주상으로 중점토양, 알칼리의 심토에서 발견되며, 우리나라의 경우 해성토의 심토에서 흔히 볼 수 있다.

054

토양이 건조하여 딱딱하게 굳어지는 성질을 무엇이라 하는가?

① 이쇄성

② 소성

③ 수화성

④ 강성

해설

토양의 견지성(consistency)

- 강성(rigidity) : 토양이 건조하여 딱딱하게 굳어지는 성질로, 건조한 상태의 토양입자는 van der Waals 힘에 의해 결합되어 있다.
- 이쇄성(friability) : 적당한 수분 상태에서 토양에 힘을 가하면 쉽게 부스러지는 상태로, 경운하면 힘이 적게 들고, 입단이 잘 파괴되지 않는다.
- 가소성(소성, plasticity) : 토양에 물을 가하면 나타나는 성질로, 힘을 가하면 파괴되지 않고 모양이 변하고, 힘을 제거해도 원형으로 돌아오지 않는다.

055

토양에 물을 가하면 이 성질을 나타내는데, 이 상태의 토양에 힘을 가했을 때 파괴되는 일이 없이 모양이 변화되고, 힘이 제거된 후에도 원형으로 돌아가지 않는 토양의 성질은?

① 강성(견결성)

② 이쇄성(취쇄성 또는 송성)

③ 응집성

④ 가소성(소성)

해설

가소성(소성, plasticity)

토양에 물을 가하면 가소성을 가지게 되는데, 어느 정도 이상의 수분 상태에서는 토양이 형태를 유지하지 못하고 유동상태로 변한다. 또한 일정 수분함량 이하에서는 힘을 가하게 되면 형태를 유지하지 못하고 부스러진다.

056

토양의 소성지수를 산정하는 계산 방법으로 가장 옳은 것은?

① 소성지수 = 소상상한 - 점토활성도

② 소성지수 = 점토향량 - 소성상한

③ 소성지수 = 소상하한 - 소성상한

④ 소성지수 = 소성상한 - 소성하한

해설

소성지수

• 소성지수(PI) = 소성상한(LL) - 소성하한(PL)

• 소성하한(소성한계) : 소성을 나타내는 최소수분

• 소성상한(액성한계) : 소성을 나타내는 최대수분

057

토양의 견지성(consistency)에서 가소성(plasticity)을 실험한 결과이다. 소성지수(PI)를 계산하였을 때, 토성이 가장 사질화에 가까운 것은?

① 액성한계(LL) : 55, 소성한계(PL) : 37

② 액성한계(LL) : 52, 소성한계(PL) : 35

③ 액성한계(LL) : 50, 소성한계(PL) : 34

④ 액성한계(LL) : 48, 소성한계(PL) : 33

해설

④ 48 - 33 = 15

① 55 - 37 = 18

② 52 - 35 = 17

③ 50 - 34 = 16

※ 점토가 많을수록 소성지수(PI)는 커진다.

058

토괴 내 작은 공극으로 크기는 0.005~0.03mm이며, 식물이 흡수하는 물을 보유하고 세균이 자라는 공간은?

① 대공극　　　　　　　　② 중곡극

③ 소공극　　　　　　　　④ 극소공극

해설

크기에 따른 토양공극의 분류

구분	크기(mm)	기능
대공극	0.08~5 이상	뿌리가 뻗는 공간으로 작은 토양생물의 이동통로이다.
중공극	0.03~0.08	물이 빠진 후에 남아 있는 물로 모세관현상에 의하여 유지되는 물이 있고, 곰팡이와 뿌리털이 자라는 공간
소공극 (모세관 공극)	0.005~0.03	토괴 내의 작은 공극으로 식물이 흡수하는 물을 보유하고 세균이 자라는 공간
미세공극	0.0001~ 0.005	작물이 이용하지 못하며 미생물의 일부만 자랄 수 있는 공간이다.
극소공극	0.0001 이하	미생물도 자랄 수 없는 공간이다.

059

토양의 입자밀도와 용적밀도로 알 수 있는 토양의 성질은?

① 공극량

② 점토의 종류

③ 공극의 크기분포

④ 입상(粒狀) 등 토양구조

해설

토양의 입자밀도와 용적밀도를 알면 토양 내에 존재하는 고체입자와 전체부피(고체＋공극) 간의 비율을 계산할 수 있다. 이 두 값을 이용해 토양의 공극률(공극량, porosity)을 구할 수 있다.

$$토양공극률(\%) = \left(1 - \frac{용적밀도}{입자밀도}\right) \times 100$$

060

토양의 용적밀도가 1.3g/cm^{3}이고, 입자밀도가 2.6g/cm^{3}인 경우의 토양공극률은 얼마인가?

① 13%   ② 25%

③ 50%   ④ 75%

해설

$$토양공극률(\%) = \left(1 - \frac{용적밀도}{입자밀도}\right) \times 100$$

$$= \left(1 - \frac{1.3}{2.6}\right) \times 100 = 50\%$$

061

토양의 용적밀도가 1.25g/cm^{3}이다. 20cm 깊이에서 1ha 면적의 토양무게는?

① 2,500,000kg   ② 250,000kg

③ 1,250,000kg   ④ 125,000kg

해설

토양무게 = 용적밀도 × 체적 = 용적밀도 × (면적 × 깊이)
  = 1.25g/cm^3 × (10,000m^2 × 0.2m) × 1,000
    (∵ 1ha = 10,000m^2)
  = 2,500,000kg

062

토양온도에 대한 설명으로 틀린 것은?

① 토양의 온도는 지표면에서 일어나는 열의 흡수와 방출의 결과이다.
② 사토보다는 식토에서 온도변화가 크다.
③ 토양온도가 올라가면 유기물의 분해가 빨라진다.
④ 부식은 토양의 온도를 상승시킨다.

해설

② 사토일수록 비열이 작고 토양수분이 적으므로 식토보다 온도변화가 크다.

063

다음 중 토양색을 결정하는 주요 인자로 거리가 가장 먼 것은?

① 철   ② 규소

③ 망가니즈   ④ 유기물

해설

토양색을 결정하는 주요 인자
유기물(부식화), 철·망가니즈의 산화−환원 상태, 수분함량, 통기성, 모암, 조암광물, 풍화 정도 등

064

산화철(Fe_2O_3)에 수화도가 높은 경우 토양색깔은 어느 쪽에 가까운가?

① 적색   ② 황색

③ 청색   ④ 흑색

해설

산화철의 수화도에 따른 토양색
• 수화도 증가 : 황색 또는 황갈색
• 수화도 감소 : 적색 또는 적갈색

065

작물의 필수원소 중 공중으로부터 흡수될 수 있는 원소는?

① N, P, K   ② Ca, Mg, S

③ Cl, B, H   ④ C, O, H

해설

작물의 필수원소 중 C, O, H는 공기와 물을 통해 자연적으로 흡수가 흡수되고 나머지 원소들은 주로 토양에서 공급된다.

066

식물의 양분흡수 이용능력에 직접적으로 영향을 주는 요인으로 거리가 먼 것은?

① 뿌리의 표면적
② 뿌리의 호흡작용
③ 근권의 탄산가스 농도
④ 양분 활성화와 관련되는 뿌리분비물의 종류와 양

해설

식물의 양분흡수 이용능력에 직접적으로 영향을 주는 요인

식물 뿌리의 표면적, 뿌리의 치환용량, 뿌리의 호흡작용과 뿌리의 양분개발을 위한 분비물의 생성량 등

067

다음 중 점토광물의 일반적 구조에 관한 설명으로 가장 적합한 것은?

① 규반질 광물로서 Si^{4+}나 K^+가 고정된 구조
② 2 : 1 격자형 광물로서 알루미나판 2개가 결합된 구조
③ 토양생성 과정에서 재합성된 1차 광물의 구조
④ 판상격자를 가지고 있으며 규산판과 알루미나판이 결합된 구조

해설

점토광물

주로 규산염 광물로, 규소-산소 4면체(SiO_4)와 알루미늄-산소 8면체$[Al_2(OH)_6]$를 기본 단위로 하는 층상구조를 가지고 있으며, 이러한 4면체와 8면체는 판(sheet) 형태로 연결되어 층(layer)을 이루고 있다.

068

비팽창형의 2 : 1 격자광물이며 음전하의 부족한 양을 채우기 위하여 결정단위 사이에 K 원소가 고정되어 있는 광물은?

① montmorillonite
② vermiculite
③ illite
④ kaolinite

해설

일라이트(illite)

• 비팽창형의 2 : 1 격자광물로, 음전하의 부족한 양을 채우기 위하여 결정단위 사이에 칼륨(K)이 고정되어 있다.
• 점토광물의 규소판에 있는 규소(Si)가 알루미늄(Al)으로 가장 많이 치환되어 있다.

069

다음 점토광물 중 수분함량에 따라 부피가 가장 크게 변하는 것은?

① 스멕타이트
② 카올리나이트
③ 버미큘라이트
④ 일라이트

해설

스멕타이트(smectite)

• 팽창형 2 : 1형 점토광물로, 알루미늄 8면체의 알루미늄(Al)이 마그네슘(Mg)으로 동형치환된 것이 몬모릴로나이트(montmorillonite)이다.
• 결합력이 약해 물분자의 출입이 자유로우며 팽창과 수축이 심하게 발생한다.
• 이온의 흡착정도는 광물의 음전하량에 의하여 결정되지만, 몬모릴로나이트는 상대적으로 다른 광물에 비하여 표면노출이 심하여 이온흡착능력이 크다.

070

강우 시 유거수에 의한 침식이 가장 잘 일어날 수 있을 것으로 추정되는 팽창형 광물은?

① montmorillonite
② illite
③ chlorite
④ kaolinite

해설

몬모릴로나이트(montmorillonite)
• 2 : 1의 대표적인 8면체 점토광물로 알루미늄 8면체의 알루미늄(Al) 1/6 정도가 마그네슘(Mg)과 동형치환된 광물이다.
• 중간결합이 약해 물이 흡착될 경우 가장 많이 팽창한다.
• 강우 시 유거수에 의한 침식이 가장 잘 일어나는 팽창형 광물이다.

071

다음 특성을 가지는 점토광물은?

• 대표적인 알루미늄의 수산화물이다.
• ultisols이나 oxisols 같이 심하게 풍화된 토양에 많이 존재한다.
• 동형치환이 전혀 없으며 토양의 pH에 따라 순양전하를 가질 수도 있다.

① montmorillonite
② allophane
③ hematite
④ gibbsite

해설

깁사이트(gibbsite)
• 대표적인 알루미늄(Al)의 수산화물로, 점토광물 단위 구조에서 알루미늄 8면체에 대한 규소 4면체의 비율이 가장 낮다.
• 얼티졸(ultisols)이나 옥시졸(oxisols) 같이 심하게 풍화된 토양에 많이 존재한다.
• 동형치환이 전혀 없으며 토양의 pH에 따라 순양전하를 가질 수도 있다.

072

점토광물의 표면에 영구음전하가 존재하는 원인은 동형치환과 변두리전하에 의한 것이다. 이중 점토광물의 변두리전하에만 의존하여 영구음전하가 존재하는 점토광물은?

① kaolinite
② montmorillonite
③ vermiculite
④ allophane

해설

카올리나이트(kaolinite)
• 우리나라 토양에 가장 많이 분포한다고 알려져 있으며, 1 : 1 비팽창형에 속한다.
• 동형치환이 거의 발생하지 않아 점토광물의 변두리전하에만 의존하여 영구음전하가 존재한다.
• 칼륨(K) 원소함량이 많은 장석이 염기물질의 신속한 용탈작용을 받았을 때 가장 먼저 생성되는 점토광물이다.

073

다음 중 양이온교환용량이 가장 높은 토양 콜로이드는?

① vermiculite
② sesquioxides
③ kaolinite
④ hydrous mica

해설

토양 콜로이드의 양이온교환용량(me/100g)

토양 콜로이드	CEC	토양교질물	CEC
부식(humus)	100~300	hydrous mica	25~40
vermiculite	80~150	kaolinite	3~15
montmorillonite	60~100	sesquioxides	0~3

074

토양 내 양이온치환용량(CEC)이 크다는 것은 무엇을 의미하는가?

① 비옥한 토양
② 토양의 완충능력 저하
③ 사토함량 풍부
④ 비료성분의 용탈 증대

해설

양이온치환용량이 크면 유효 영양성분인 K^+, NH_4^+, Ca^{2+}, Mg^{2+} 등의 양분 보유량이 많으므로 비옥한 토양이다.

075

가장 효과적으로 양이온치환용량을 높일 수 있는 토양관리법은?

① 토양유기물함량을 낮춘다.
② 수소이온농도를 증가시킨다.
③ 토양에 점토를 보충한다.
④ 토양에 통기성을 좋게 한다.

해설

토양의 양이온치환용량을 높이는 방법
• 산성토양의 개량
• 유기물 시용
• 점토함량이 높은 토양으로 개량

076

토양분석 결과 교환성 K^+이온이 $0.4cmol_c/kg$이었다면 이 토양 1kg 속에는 몇 g의 교환성 K^+이온이 들어 있는가?(단, K의 원자량은 39로 한다)

① 0.078g
② 0.156g
③ 0.234g
④ 0.312g

해설

$0.4cmol_c/kg \times 39g/mol$
$= 0.004mol \times 39g/mol (\because 1cmol = 0.01mol)$
$= 0.156g$

077

토양용액 중 양이온들의 농도가 모두 일정할 때 다음 중 이액순위가 가장 높은 이온과 가장 낮은 이온으로 짝지어진 것은?

① $Mg^{2+} - K^+$
② $H^+ - Li^+$
③ $Ca^{2+} - Mg^{2+}$
④ $H^+ - Ca^{2+}$

해설

교환성이온의 이액 순서
$Al^{3+} > H^+ > Ca^{2+} > Mg^{2+} > K^+ = NH_4^+ > Na^+ > Li^+$

078

건조한 토양 1,000g에 Ca^{2+}, $2cmol_c/kg$이 치환 위치에 있다면 가장 효과적으로 치환할 수 있는 조건을 가진 물질과 농도는 다음 중 어떤 것인가?

① Al^{3+}, $1cmol_c/kg$
② Mg^{2+}, $2cmol_c/kg$
③ Na^+, $1cmol_c/kg$
④ K^+, $2cmol_c/kg$

해설

• 양이온 교환침입력(이액 순서) : $Al^{3+} > Ca^{2+} > Mg^{2+} > K^+ > Na^+$
• 전하량과 염분농도 : 전하량이 같더라도 농도가 낮으면 치환효과가 떨어지고, 전하량이 낮으면 더 많은 양을 사용해야 하므로 비효율적이다.

079

토양의 pH가 5일 때 토양용액 중에 가장 많이 존재하는 인의 형태는?

① H_3PO_4
② HPO_4^{2-}
③ $H_2PO_4^-$
④ PO_4^{3-}

해설

토양의 pH 조건에 따른 인(P)의 이온 형태

토양의 pH	인(P)의 이온 형태
pH 2.1	H_3PO_4와 $H_2PO_4^-$이 1:1로 존재
pH 4~7	주로 $H_2PO_4^-$ 형태로 존재
pH 7.2	$H_2PO_4^-$와 HPO_4^{2-}가 1:1로 존재
pH 12.3	HPO_4^{2-}와 PO_4^{3-}이 1:1로 존재

080

석회를 시용할 때 가장 먼저 떨어져 나오는 것은?

① H^+ ② Mg^{2+}

③ Na^+ ④ K^+

해설

석회를 토양에 시용하면 토양에 Ca^{2+}를 공급하고, 토양 콜로이드에 흡착되어 있던 H^+와 반응하여 토양 pH를 높여준다.

081

토양산도와 가장 밀접한 관계가 있는 것은?

① 토양의 색   ② 토성

③ 염기포화도   ④ 토양의 구조

해설

염기포화도는 pH와 깊은 관계가 있는데, 교질물의 종류와 함량이 일정한 토양에서는 pH가 증가하면 염기포화도가 증가하고, pH가 감소하면 염기포화도가 감소하는 경향이 있다.

082

어떤 토양의 흡착이온을 분석한 결과 Mg = 2cmol/kg, Na = 1cmol/kg, Al = 2cmol/kg, H = 4cmol/kg, K = 2cmol/kg이었다. 이 토양의 CEC가 12cmol/kg이고 염기포화도는 75%로 계산되었다. 이 토양의 치환성칼슘의 양은 몇 cmol/kg으로 추정되는가?

① 1   ② 2

③ 3   ④ 4

해설

$$염기포화도(\%) = \frac{교환성양이온(H^+와\ Al^{3+}을\ 제외한\ 양이온)의\ 총량}{CEC} \times 100$$

$$75\% = \frac{(2+1+2+Ca^{2+})}{12} \times 100$$

∴ 치환성칼슘의 양 = 4cmol_c/kg

083

다음 중 토양 pH의 중요성에 대한 설명으로 가장 적절하지 않은 것은?

① 토양의 pH는 무기성분의 용해도를 크게 지배하지 않는다.

② 토양의 pH가 강산성으로 되면 망가니즈의 농도가 높아진다.

③ 강우량이 적은 지역에서는 염류의 집적으로 토양의 pH가 높아진다.

④ 토양이 산성으로 되면 질소를 고정하는 근류균의 활성이 떨어진다.

해설

토양 pH는 토양 내 무기성분(양분, 중금속, 미량원소 등)의 용해도에 큰 영향을 미친다. pH가 낮아지면(산성화) 알루미늄, 망가니즈 등 금속이온의 용해도가 증가하여 독성이 나타날 수 있고, pH가 높아지면 미량원소의 용해도가 떨어져 결핍이 발생하기 쉽다.

084

다음 중 토양의 화학적 반응에 의해 가장 많이 영향을 받는 것은?

① 토양 삼상의 비율

② 토성

③ 토양 pH

④ 토양의 구조

해설

토양 pH(potential of hydrogen ion, 수소이온농도지수)

수소이온(H^+)농도와 수산화이온(OH^-)농도의 비율에 따라 결정하여 1~14의 수치로 표시한다.

085

토양 내 치환성염기 정량에 가장 적합한 추출용액은?

① 1N-CH_3COONH_4(pH 7.0)

② 1N-$(CH_3COO)_2Ca$(pH 7.0)

③ 1N-CH_3COOK(pH 7.0)

④ 1N-CH_3COONa(pH 7.0)

해설

염기치환용량 분석
토양 10g을 1N-CH_3COONH_4(pH 7.0)용액 250mL로 24시간 침출한 후 토양교질에 흡착된 NH_4를 케탈법으로 측정한다.

086

토양용액에 해리되는 수소이온에 의해 나타나는 토양산도로 가장 적절한 것은?

① 가수산성   ② 교환산성

③ 활산성   ④ 잠산성

해설

토양산성의 분류
• 활산성 : 토양용액에 해리된 수소이온(H^+)농도에 의해 나타나는 산성
• 잠산성(치환산성) : 토양교질물에 흡착되어 있는 수소이온(H^+)과 알루미늄이온(Al^{3+})이 염화칼륨(KCl) 용액으로 치환되어 용출된 수소이온에 의한 산성
• 가수산성 : 식초산석회와 같은 약산염으로 용출되는 수소이온농도에 의한 산성

087

식초산석회와 같은 약산의 염으로 용출되는 수소이온에 기인한 토양의 산성을 무엇이라 하는가?

① 활산성   ② 가수산성

③ 치환산성   ④ 잔류산성

해설

가수산성
산성초기에 나타나는 산성으로서, 치환산도보다 항상 높은 값을 나타낸다.

088

우리나라 토양의 산성 원인 중 가장 거리가 먼 것은?

① 강우량이 많아 토양염기와 식물양분의 용탈

② 모암이 산성암인 화강암과 화강편마암

③ 농경지에 화학비료의 적정 시용

④ 주요 점토광물의 양이온교환용량이 낮아 토양염기가 쉽게 용탈

해설

우리나라 산성토양의 원인
• 강우량이 많아 토양염기와 식물양분이 용탈
• 산성화된 퇴적물의 발달
• 과다한 질소질 화학비료(황산암모늄, 염화칼륨, 황산칼륨, 인분뇨 등)의 사용
• 주요 점토광물의 CEC가 낮아 치환성염기(Ca^{2+}, Mg^{2+}, K^+, Na^+)의 용탈
• 질산화 과정에서 미포화교질(H^+)의 증가

089

산성토양에 대한 설명으로 틀린 것은?

① 작물의 뿌리로부터 침입한 수소이온은 효소작용을 방해한다.

② 인산이 활성알루미늄과 결합하여 결핍이 초래된다.

③ 용성인비는 산성토양에서도 작물생육에 효과가 크다.

④ 산성이 강해지면 일반적으로 세균은 늘고 사상균은 줄어든다.

해설

④ 세균이 줄어들어 질소고정이나 질산화작용이 부진하게 되며 사상균은 늘어난다.

090

다음 중 pH 5.0 이하인 강산성 토양에서 식물생육을 저해하고, 인산결핍을 초래하는 성분은?

① Al
② Ca
③ K
④ Mg

해설

산성토양이 되면 Al과 Mn이온들이 용출되어 작물에 해작용을 한다.

091

토양이 산성화되면 일어나는 현상으로 틀린 것은?

① 콩과 작물의 생육은 저하된다.
② 미생물 활동이 저하된다.
③ Mo, S의 유효도가 증가한다.
④ Al, Cu, Mn 이온 과다로 작물생육이 저하된다.

해설

③ Mo은 산성에서는 유효도가 낮으나, 중성~알칼리성에서 유효도가 증가한다.

※ 산성에서 유효도가 커지는 원소 : Fe, Cu, Zn, Al, Mn, B 등

092

토양 산성화의 방지책으로 적절치 않은 것은?

① 토양의 나지기간을 단축시켜야 한다.
② 산성화학비료의 연용을 적당히 하고, 석회는 한꺼번에 다량시용 하는 것이 좋다.
③ 토양 중 유기물함량을 높인다.
④ 중성~알칼리성화학비료를 사용하고, 토양의 완충능을 증대시키기 위하여 퇴비·구비·녹비 등을 충분히 시용한다.

해설

② 석회는 매년 계획적으로 시용한다.

093

산성토양에서 석회물질을 시용하여 얻을 수 있는 혜택과 가장 거리가 먼 것은?

① Ca 성분 공급효과
② 토양산도 교정효과
③ 토양생물의 활성 증진효과
④ 토양교질물의 변두리 음전하량 증가효과

해설

산성토양의 석회시용효과
• 토양의 산도를 교정
• 불용성 양분의 유효화 증진
• 유기물 분해 촉진
• 알루미늄 독성 억제

094

석회로 산성토양을 중화했을 때 결핍되기 가장 쉬운 영양성분은?

① 몰리브덴
② 마그네슘
③ 질소
④ 망가니즈

해설

석회로 산성토양을 중화했을 때 결핍되기 쉬운 영양성분 : 망가니즈, 아연 등

095

다음 중 농경지 토양에서 석회요구량 검정 방법으로 가장 적절하지 않은 것은?

① TDR법
② 완충곡선법
③ ORD법
④ 교환산도법

해설

TDR(Time Domain Reflectometry)법은 토양수분함량 측정 방법이다.

※ 석회소요량검정법 : 완충곡선법(ORD형 간이토양검정기 이용), 완충용액법, pH 측정법, 치환산도법, 가수산도법 등

096

산성토양에 석회를 시용할 경우 석회소요량의 결정은 어디에 의하는가?

① 활산도에 의해 결정
② 토성에 의해 결정
③ 유기물함량에 의해 결정
④ 치환산도에 의해 결정

치환산도

토양교질물에 흡착되어 있는 수소이온(H^+)과 알루미늄이온(Al^{3+})이 염화칼륨(KCl) 용액으로 치환되어 용출된 수소이온의 양을 의미하며, 산성토양의 중화에 필요한 석회량을 결정하는 핵심지표이다.

097

염류나트륨성 토양에 대한 내용으로 옳은 것은?

① pH $<$ 8.5, EC $>$ 4dS/m, ESP $>$ 15, SAR $>$ 13
② pH $<$ 8.5, EC $>$ 4dS/m, ESP $<$ 15, SAR $>$ 13
③ pH $>$ 8.5, EC $>$ 4dS/m, ESP $>$ 15, SAR $>$ 13
④ pH $<$ 8.5, EC $>$ 4dS/m, ESP $>$ 15, SAR $<$ 13

염해토양의 분류기준

토양 분류	pH	EC(dS/m)	ESP(%)	SAR(%)
일반토양	6.5~7.2	$<$ 4	$<$ 15	$<$ 13
염류토양	$<$ 8.5	$>$ 4	$<$ 15	$<$ 13
염류나트륨성 토양	$<$ 8.5	$>$ 4	$>$ 15	$>$ 13
나트륨성토양	$>$ 8.5~10	$<$ 4	$>$ 15	$>$ 13

※ 전기전도도(EC), 치환성나트륨비율(ESP) 나트륨흡착비(SAR)

098

토양과 평형을 이루는 용액의 Ca^{2+}, Mg^{2+} 및 Na^+의 농도는 각각 6mmol/L, 10mmol/L 및 36mmol/L이다. 이로부터 구할 수 있는 나트륨흡착비(SAR)는?

① 2.25
② 9.0
③ $9\sqrt{2}$
④ 69.2

$$나트륨흡착비 = Na^+농도 / \sqrt{Ca^{2+}농도 + Mg^{2+}농도}$$
$$= 36 / \sqrt{6+10} = 36/4 = 9$$

099

환원상태에서 황화물이 되어 난용성으로 됨으로써 장해가 경감되는 중금속이 아닌 것은?

① Cd
② As
③ Ni
④ Zn

토양환경조건에 따른 중금속의 상태 변화

• 산성에서 용해도가 감소하며 장해가 경감되는 것 : Mo
• 알칼리성에서 용해도가 감소하여 장해가 경감되는 것 : Cu, Zn, Mn, Cd, Fe
• 환원상태에서 용해도가 감소하여 장해가 경감되는 것 : Cd, Zn, Cu, Pb, Ni
• 산화상태에서 독성이 저하되는 것 : As(아비산에서 비산으로 됨으로써 독성이 저하됨)

100

토양의 산화환원전위 값으로 알 수 있는 것은?

① 광합성 상태
② 논과 밭의 함수율
③ 미생물의 종류와 전기적 힘
④ 토양에 존재하는 무기이온들의 화학적 형태

해설

토양의 산화환원전위(Eh)

토양 내에서 무기이온(C, N, Mn, Fe, S 등)의 산화-환원상태, 즉 각 원소가 어떤 화학적 형태(예 Fe^{2+}/Fe^{3+}, NH_4^+/NO_3^- 등)로 존재하는지를 알 수 있는 지표로 Eh 값이 높으면 산화상태, 낮으면 환원상태를 나타낸다.

101

토양 유효토심의 제한요인으로 볼 수 없는 것은?

① 암반
② 지하수위
③ 모래 및 자갈
④ 식생

해설

토양의 유효토심의 제한요인 : 암반, 지하수위, 모래 및 자갈
※ 유효토심 : 작물의 생육에 있어서 뿌리의 신장에 제한을 받지 않는 토양의 깊이

102

식물에 이용되는 유효수분으로 토양입자 사이의 작은 공극 안에 표면장력에 의하여 흡수·유지되어 있는 토양수는?

① 중력수
② 모관수
③ 흡습수
④ 결합수

해설

① 중력수 : 중력에 의해서 비모관공극에 스며 내리는 물로 작물이 이용 가능한 수분이다.
③ 흡습수 : 분자 간 인력에 의해서 토양입자 표면에 피막상으로 응축한 수분으로 작물이 이용하지 못한다.
④ 결합수 : 점토광물에 결합되어 있어 분리시킬 수 없는 수분으로 작물이 이용하지 못한다.

103

토양수분의 토양수분장력(pF) 크기 순서로 옳은 것은?

① 흡습수 > 중력수 > 모관수
② 중력수 > 모관수 > 흡습수
③ 흡습수 > 모관수 > 중력수
④ 모관수 > 중력수 > 흡습수

해설

토양수분의 수분장력

결합수(pF 7.0 이상) > 흡습수(pF 4.5~7.0) > 모관수(pF 2.7~4.5) > 중력수(pF 0~2.7)

104

udic 토양의 수분상태는?

① 연중 습한 상태
② 연중 물로 포화되어 있는 논토양 같은 상태
③ 여름에 건조하며 겨울에 습한 상태
④ 여름과 겨울이 습하고 봄과 가을에 건조한 상태

해설

토양수분상태의 구분

• 우딕(udic, 습윤) : 연중 습한 상태
• 애퀵(aquic, 물) : 연중 일정기간 포화상태 유지, 주로 환원상태로 유지
• 우스틱(ustic, 건조) : 우딕과 애퀵의 중간정도의 수분상태
• 애리딕(aridic, 건조) : 연중 대부분 건조상태
• 세릭(xeric, 건조) : 지중해성 수분건조, 즉 겨울에 습하고 여름에는 건조함

105

토양수분퍼텐셜(soil water potential)의 구성종류가 아닌 것은?

① 중력퍼텐셜　　　　② 압력퍼텐셜
③ 부피퍼텐셜　　　　④ 삼투퍼텐셜

수분퍼텐셜(Ψ_w) = 삼투퍼텐셜(Ψ_s) + 압력퍼텐셜(Ψ_p)
　　　　　　　　 + 중력퍼텐셜(Ψ_g) + 매트릭퍼텐셜(Ψ_m)

106

다음 중 −3.1MPa에 해당하는 것은?

① 포화상태　　　　　② 포장용수량
③ 위조점　　　　　　④ 흡습계수

흡습계수(−3.1MPa)
• 건조한 토양이 공기 중의 습도와 평형을 이룰 때 흡착된 수분량을 건조토양의 증량백분율로 환산한 값
• 식물이 전혀 이용할 수 없는 상태

107

토양에서 토양수분이 이동할 때 불포화이동(unsaturated flow)이란?

① 중력에 따라 물이 이동하는 것
② 수분장력이 높은 곳에서 낮은 곳으로 이동하는 것
③ 증발, 식물의 흡수 또는 관개 등에 의하여 생긴 수분퍼텐셜 차이에 따라 물이 이동하는 것
④ 토양의 공극 전체를 통하여 이동하는 것

토양수분의 불포화이동
• 불포화 상태의 토양에서 물은 모세관 현상에 의해 토양입자 사이의 미세한 공극을 따라 이동한다.
• 불포화 상태의 토양에서 물은 수분포텐셜이 높은 곳에서 낮은 곳으로 이동한다.

108

다음은 토양수분의 이동에 관한 설명이다. ( ) 안에 들어갈 내용으로 옳은 것은?

> 지하수는 작은 공극으로 이루어지는 모세관을 따라 위로 이동하게 되며, 올라갈 수 있는 높이는 모세관의 지름에 (㉠)하고 표면장력의 (㉡)에 비례한다.

① ㉠ 비례, ㉡ 2배
② ㉠ 반비례, ㉡ 2배
③ ㉠ 비례, ㉡ 3배
④ ㉠ 반비례, ㉡ 3배

모세관 현상에서 액체의 상승 높이(h)는 $\dfrac{2\gamma\cos\theta}{\rho gr}$로 구할 수 있다.

모세관 지름(r)이 커질수록 상승 높이는 감소하고, 표면장력(γ)이 클수록 상승 높이는 증가함을 알 수 있다.

109

반지름이 0.003cm인 모세관에 의하여 상승하는 물기둥의 높이는?

① 0.5cm　　　　　　② 5cm
③ 50cm　　　　　　④ 500cm

모세관 현상에서 액체의 상승 높이(h)

$h = \dfrac{2\gamma\cos\theta}{\rho gr}$

여기서, γ : 표면장력[0.0728N/m = 0.0728kg/s² (∵ 1N = 1kg × 1m/s²)]
　　　　θ : 접촉각(cos0° = 1)
　　　　ρ : 물의 밀도(1,000kg/m³)
　　　　g : 중력가속도(9.81m/s²)
　　　　r : 모세관 반지름

∴ 모세관 상승 높이 = $\dfrac{2 \times 0.0728 \times 1}{1,000 \times 9.81 \times 0.00003}$

　　　　　　　　 = 0.495m
　　　　　　　　 = 약 50cm

110

토양수분함량 측정법이 아닌 것은?

① 전기저항법　　　　② 중성자법

③ tensiometer　　　　④ 침강법

토양수분 측정 방법

- 직접법 : 중량법
- 간접법 : 중성자산란법, TDR법, 전기저항법, tensiometer법, psychrometry법 등

111

토양공극 내의 상대습도를 측정하는 방법은?

① constant volume법　　　② psychrometer법

③ chardakov법　　　　　　④ 빙점강하법

psychrometer법

토양공극 내 상대습도를 측정하여 퍼텐셜을 측정하는 방법이다.

112

토양수분 증발의 억제수단이 아닌 것은?

① 비닐이나 종이로서 피복을 하여준다.

② 지표면을 얇게 메어준다.

③ 잡초를 제거한다.

④ 바람유통이 원활하도록 한다.

토양수분 증발의 억제수단

- 비닐이나 종이로서 피복을 하여 준다.
- 지표면을 얇게 경운하여 모세관을 끊어 수분증발을 억제한다.
- 잡초를 제거한다.
- 방풍림 설치 등 바람유통이 없도록 한다.

113

통기성이 양호한 조건에서 유기물이 완전히 분해될 때 탄소는 어떤 형태로 변하는가?

① 유기산

② 이산화탄소

③ 메탄가스

④ 에너지와 물

토양 내 유기물이 산화상태에서 분해되었을 때 최종생산물

- 유기물인 탄수화물 → 무기물인 물과 이산화탄소
- 단백질 → 암모니아

114

식물체 구성성분 중 부식을 형성하는 주체로만 짝지어진 것은?

① 셀룰로스와 왁스류

② 아미노산과 셀룰로스

③ 셀룰로스와 단백질

④ 리그닌과 단백질

식물체 구성성분

구분	식물체(건물)	부식(토양유기물)
단백질	1~15	28~35
헤미셀룰로스	10~20	0~2
셀룰로스	20~50	2~10
리그닌	10~30	35~50
타닌, 지방, 왁스	1~8	1~8

115

부식물질을 산, 알칼리 시약에 대한 용해성으로 구분할 때 해당되지 않는 물질은?

① 아미노산　　　　② 부식산
③ 풀빅산　　　　　④ 휴민

부식(humus)은 이화학적 특성에 따라 부식산(humic acid), 풀빅산(fulvic acid), 부식탄(humin) 등으로 구분한다.

116

부식의 기능들을 올바르게 나열한 것은?

① 양이온교환용량 증대, 인산 집적량 증대, 보수력 증대
② 인산 집적량 증대, 보수력 증대, 완충능 증대
③ 보수력 증대, 완충능 증대, 유해물질의 독성 감소
④ 완충능 증대, 유해물질의 독성 감소, 가소성과 응집력 증대

부식의 기능

물리적 기능	• 보수력의 증대 • 토양물리적 성질 개선 • 토양온도 상승 • 토양입단의 형성 • 내압밀성 증가
화학적 기능	• 보비력 증대 • 완충능 증대 • 유해물질(금속이온)의 독성 감소 • 광합성 작용촉진 • 유효인산의 고정억제 • 양분의 유효화
토양미생물학적 기능	• 토양미생물의 활동을 촉진 • 미생물과 작물생육 촉진

117

부식이 토양의 보비력을 증가시키는 가장 큰 이유는?

① 토양 입단구조를 발달시키기 때문에
② 미생물의 활성을 촉진하기 때문에
③ 염기치환용량이 크기 때문에
④ 토양 완충능을 증가시키기 때문에

부식은 치환성염기와 암모니아를 흡착하는 능력, 즉 염기치환용량(CEC)이 크다.

118

유기물의 퇴비화 과정 중에서 분해가 용이한 물질부터 순서대로 나열된 것은?

① 당질 → 헤미셀룰로스 → 셀룰로스 → 리그닌
② 당질 → 리그닌 → 헤미셀룰로스 → 셀룰로스
③ 리그닌 → 셀룰로스 → 헤미셀룰로스 → 당질
④ 당질 → 셀룰로스 → 헤미셀룰로스 → 리그닌

유기물질의 분해 순서

당질(starch), 단백질(pectin) → 헤미셀룰로스(hemicellulose) → 셀룰로스(cellulose) → 리그닌(lignin), 유지, 왁스

119

토양 중에서 잘 분해되지 않게 하는 리그닌의 주요 구성성분은?

① 페놀　　　　　　② 아미노산
③ 글루코스　　　　④ 유기산

리그닌

• 토양 내 유기물의 구성성분으로서 페놀(phenol)이 복잡하게 결합된 고분자 물질이다.
• 미생물 분해에 대한 저항성이 높은 부식의 기본골격이다.

120

유기물의 부식화 과정에 가장 크게 영향을 미치는 요인은?

① 온도

② 유기물에 함유된 탄소와 질소의 함량비

③ 토양의 수소이온농도

④ 토양광물의 모재

해설

부식화에 관여하는 요인

유기물의 탄질률, 온도, 공기, 지형, 시간, 산도(pH), 재료의 성질 등

121

토양에서 유기물의 분해에 미치는 요인에 대한 설명으로 틀린 것은?

① 토양이 심한 산성이나 알칼리성이면 유기물의 분해 속도가 매우 느리다.

② 혐기조건보다는 호기조건에서 분해가 빨리 일어난다.

③ 페놀이 많이 함유되어 있는 유기물이 분해가 빠르다.

④ 탄질비가 높은 유기물이 분해가 느리다.

해설

③ 페놀(phenol)을 많이 함유한 유기물(리그닌, 탄닌 등)은 분해 속도가 느리다.

유기물의 분해 속도에 영향을 미치는 요인

• 탄질률이 클수록 분해 속도가 느리다.

• 고온에서 분해 속도가 빠르고 부식 집적량이 적다.

• 리그닌 및 페놀함량이 많으면 느리다.

• 호기성 조건이 혐기성 조건보다 빠르다.

• 중성보다 강산성에서 늦다.

122

밀짚의 분해를 촉진하는 방법으로 가장 적절한 것은?

① 외부로부터 산소를 공급한다.

② 외부로부터 질소를 공급한다.

③ 탄질률이 600인 가문비나무 톱밥을 혼합한다.

④ 외부로부터 탄소를 공급한다.

해설

밀짚과 같이 탄질률이 높은 유기물은 토양 미생물이 분해할 때 질소가 부족해 분해 속도가 매우 느려지므로 외부로부터 질소를 공급하는 것이 가장 효과적이다.

123

미생물의 에너지원과 영양원으로 작용하는 물질로 알맞게 짝지어진 것은?

① 규소 – 붕소

② 탄소 – 질소

③ 염소 – 인

④ 비소 – 철

해설

탄소는 에너지원, 질소는 영양원으로서, 이를 이용하여 미생물 증식이 이루어진다.

124

탄질률(C/N ratio)과 부식화의 관계를 바르게 설명한 것은?

① 탄질률이 높은 유기물일수록 토양 중에서 분해가 잘 된다.

② 탄질률이 낮으면 분해될 때 질소기아현상이 유발된다.

③ 탄질률이 높은 유기물은 요소를 첨가해야 분해가 잘 된다.

④ 유기물이 분해되어 평형상태일 때 탄질률은 약 20 : 1 이 된다.

해설

탄질률(C/N율)과 부식화의 관계
- 유기물 중 탄소(C)와 질소(N)의 함량비로 적절한 비율을 유지해야 미생물의 활동이 원활히 이루어진다.
- 탄질률이 낮으면 질소함량이 많아 미생물의 증식이 빠르고, 유기물의 분해가 빠르다.
- 탄질률이 높으면 질소함량이 적어 유기물의 분해가 느리다(질소기아현상).

125

유기물의 집적이 가장 잘 이루어질 수 있는 토양은?

① 저온다습한 토양

② 배수가 양호한 토양

③ 호기성 미생물이 많은 토양

④ 지하수위가 낮은 토양

해설

저온다습한 토양에서 유기물의 집적이 가장 잘 이루어진다.

126

다음 중 토양유기물 분해에 적절한 조건이 아닌 것은?

① 혐기성 조건일 때

② 온도가 25~35℃ 일 때

③ 토양산도가 중성에 가까울 때

④ 토양수분이 -0.1~-0.7 bar 수준일 때

해설

① 혐기성 조건보다 호기성 조건에서 분해 속도가 빠르다.

127

토양에 투입된 신선한 유기화합물의 분해에 대한 설명으로 틀린 것은?

① 일반적으로 처음엔 분해가 느리게 일어나다가 가속화되는 경향이 있다.

② 호기성 분해보다 혐기성 분해에 의해 생성된 유기화합물의 에너지가 더 높다.

③ 토양토착형 미생물이 토양발효형 미생물보다 우선적으로 분해에 관여한다.

④ 분해가 가속화되는 시기에 심지어 토양부식의 양이 줄기도 한다.

해설

③ 유기물 분해는 토양발효형이 우선적으로 분해에 관여한다.

128

다음 중 호수나 바다의 부영양화(富營養化)를 일으키는 결정적 원소로만 나열된 것은?

① N, K   ② N, S

③ N, P   ④ P, K

해설

부영양화(eutrophication)
다량의 영양염류(주로 N, P)가 유입되어 용존산소(DO) 고갈 및 어패류 질식사, 수질악화, 악취 등이 발생하는 현상

124 ③   125 ①   126 ①   127 ③   128 ③   **정답**

129

토양의 완충력(buffer capacity)이란?

① pH의 변화에 저항하려는 성질

② 양분의 효과를 오래 나타내려는 성질

③ 풍화작용에 의해 토양이 생성되려는 성질

④ 토양수분을 유지하려는 성질

해설

토양의 완충력(buffer capacity)

외부로부터 산이나 염기와 같은 물질이 유입되었을 때 토양 pH가 급격하게 변하는 것을 막는 능력

130

유기물이 토양물리성에 미치는 영향이 아닌 것은?

① 보수력 증가

② 입단화 촉진

③ 완충능 감소

④ 온도 상승

해설

③ 완충능 증대

유기물이 토양물리성에 미치는 영향

• 입단화 촉진

• 공극률 증가

• 통기성·배수성 향상

• 용적밀도 감소

• 보수력·보비력 증가

• 완충능 증대

131

다음 중 유기물의 탄질비에 대한 설명으로 옳은 것은?

① 일반적으로 토양의 탄질비는 30 정도이다.

② 토양에 질소질 비료를 주면 탄질비가 올라간다.

③ 유기물이 분해되는 동안 탄질비는 변하지 않는다.

④ 탄질비가 높은 유기물이 토양에 공급되면 질소기아 현상이 생길 가능성이 높다.

해설

① 일반적인 토양의 탄질비는 약 10 정도이다.

② 토양에 질소질 비료를 주면 토양 내 질소함량이 증가하여 탄질비는 낮아진다.

③ 유기물이 분해되면서 탄소는 이산화탄소 등으로 방출되고, 질소는 상대적으로 덜 소실되어 탄질비는 점차 낮아진다.

132

질소기아현상에 대한 설명으로 틀린 것은?

① 대체로 탄질비가 30 이상일 때 나타난다.

② 토양미생물과 식물 사이의 질소경쟁으로 나타난다.

③ 탄질비가 15 이하가 되면 해소된다.

④ 볏짚을 사용하면 해소될 수 있다.

해설

④ 볏짚은 탄질률이 높기 때문에 질소기아를 가중시킨다.

질소기아현상

탄질비가 30 이상으로 높은 유기물을 비료로 사용했을 때 이를 분해하려는 토양미생물이 토양 내 기존의 질소를 흡수하게 되고 작물이 이용할 수 있는 질소가 부족해져 일시적인 질소 결핍 증상이 나타나는 것

133

토양 내 질소의 고정화 반응과 무기화반응이 동등하게 일어날 수 있는 C/N율의 범위는?

① 5~15 　　　　　② 20~30

③ 40~50 　　　　　④ 60~70

해설

토양 내 질소의 고정화·무기화반응
- C/N율 > 30 : 고정화
- C/N율 20~30 : 무기화=고정화
- C/N율 < 20 : 무기화

134

다음 중 C/N율이 가장 높은 것은?

① 활엽수의 톱밥 　　　② 알팔파

③ 호밀껍질(성숙기) 　　④ 옥수수찌꺼기

해설

탄질률(C/N율)

활엽수의 톱밥(400) > 밀짚(80) > 옥수수찌꺼기(57) > 호밀껍질(성숙기)(37) > 블루그래스(31) > 가축의 분뇨(20) > 알팔파(13)

135

퇴비 제조의 목적으로 틀린 것은?

① 유기물의 탄질률을 약 20으로 하여 사용 후의 급격한 분해와 질소기아를 방지한다.

② 유기물 중의 해충, 잡초종자를 고열로 죽인다.

③ 유기물에 포함되는 무효태양분을 퇴비화함으로써 유효화한다.

④ 악취를 없애므로 취급이 편리하고 가스 발생 등이 없어서 안심하고 사용할 수 있다.

해설

③ 퇴비화만으로 모든 무효태 양분이 유효태로 전환되는 것은 아니다.

136

퇴비화 과정에서 나타나는 현상이 아닌 것은?

① 잡초종자가 사멸된다.

② 원료물질에 비해 이분해성 유기물이 늘어난다.

③ 식물에 피해를 줄 수 있는 독성화합물이 분해된다.

④ 토양병원균 활성을 억제할 수 있는 일부 미생물들이 활성화된다.

해설

② 퇴비화 과정에서 수분이 증발되고 유기물은 원료물질에 비하여 이분해성 유기물인 셀룰로스와 헤미셀룰로스가 점차 감소하게 된다.

137

토양유기물의 함량을 유지하거나 높이는 방법으로 틀린 것은?

① 토양 경운을 가급적 자주 한다.

② 녹비작물을 재배 후 환원한다.

③ 무경운 재배를 한다.

④ 가축분 퇴비를 시용한다.

해설

토양유기물함량 증가 대책
- 유기물 자원 투입 : 유기비료 사용, 녹비재배, 피복작물 재배
- 윤작 및 혼작, 최소경운 또는 무경운 재배
- 토양 pH 조절
- 토양생물 활성 증진

138

지표면 피복의 직접적인 효과 및 피복재료에 대한 설명으로 거리가 먼 것은?

① 지표면 피복은 유거수의 유거속도를 줄인다.

② 지표면을 피복하면 토양 보온효과가 있다.

③ 지표면 피복은 강우에 의한 토양입자의 분산을 경감시킨다.

④ 탄질률이 낮은 재료를 지표면에 피복하면 토양 질소의 함량이 감소한다.

해설

④ 질소함량이 많은 경우에는 탄질률이 낮고, 질소함량이 적은 경우에는 탄질률이 높다.

139

다음 중 작물에게 가장 심각한 피해를 주는 토양 선충은?

① 부생성 선충

② 포식성 선충

③ 곤충 기생성 선충

④ 식물 내부기생성 선충

해설

식물기생성 선충의 분류

• 식물체의 외부에서 가해하는 외부 기생성 선충

• 선충이 식물조직의 내부에 침투하여 가해하는 내부기생성 선충

• 선충의 머리부분이 식물조직에 삽입되어 영양분을 섭취하는 반내부 기생성 선충

이들 중에서 가장 많은 종류와 더불어 식물에 가장 많은 피해를 주는 선충그룹은 내부기생성 선충이다.

140

( ) 안에 알맞은 것은?

( )은/는 사상균의 포자를 운반하거나 유기물을 토양과 혼합시키고, ( )의 분비물은 미생물의 서식지가 된다.

① 선충   ② 조류

③ 내생균근   ④ 진드기

해설

진드기

돌아다니면서 몸에 붙어 있는 곰팡이(사상균) 포자를 운반해주고, 배설물은 곰팡이의 양분이 되는 특이한 공생관계가 펼쳐진다.

141

다음 중 토양생물 개체수(/m²)가 많은 것부터 적은 순서로 올바르게 나열한 것은?(단, 토양 15cm 깊이 기준이다)

① 사상균 > 세균 > 방선균 > 조류

② 세균 > 방선균 > 선충 > 조류

③ 방선균 > 세균 > 사상균 > 조류

④ 세균 > 방선균 > 사상균 > 조류

해설

• 세균(bacteria) : 토양에서 가장 많은 수를 차지하는 미생물

• 방선균(actinomycetes) : 세균 다음으로 흔하게 발견되며, 독특한 냄새와 항생물질 생산 능력이 있음

• 사상균(곰팡이류, fungi) : 세균과 방선균보다는 적지만 중요한 역할을 수행하는 미생물

• 조류(algae) : 주로 토양 표면이나 빛이 투과하는 얕은 층에 분포하며, 다른 미생물에 비해 개체수가 적음

142

토양생물의 활성을 측정하는 방법으로 거리가 먼 것은?

① 개체수(CFU) ② 생체량(Biomass)

③ 호흡량 ④ 토양 EC

해설

토양생물의 활성 측정 방법

• 개체수(CFU) 측정
• 탈수소효소활성(DHA) 측정
• 기질유도호흡(SIR) 및 CO_2 발생량 측정
• 미생물생체량측정(CFE)
• 효소활성측정

143

다음 중 토양 내에서 조류(藻類)의 작용에 해당되지 않는 것은?

① 유기물 생성 ② 산소의 공급

③ 황산의 고정 ④ 양분의 동화

해설

조류(algae, 藻類)

• 독립영양체로서의 성질 때문에 광이나 수분조건이 양호한 토양표면에서 주로 발생된다.
• 이산화탄소를 이용하여 광합성을 하고 산소를 방출한다.
• 대기로부터 이산화탄소를 이용하여 유기물을 생성하고 질소를 고정할 수 있다.

144

난분해성 리그닌의 분해능력이 가장 뛰어난 미생물은?

① 세균 ② 사상균

③ 방사상균 ④ 조류

해설

사상균(곰팡이, 버섯균, 효모)

난분해성 리그닌의 분해능력이 가장 뛰어나며 산성토양에서 활동이 가장 왕성하다.

145

흙냄새의 일종인 geosmins와 같은 물질을 분비하며, 대부분 알칼리성에는 내성이 있지만 산성에 약한 미생물은?

① 곰팡이 ② 근균

③ 방선균 ④ 세균

해설

방선균(actionomycetes)

• 세포 내 미세구조는 세포핵이 없는 원핵생물로 그람양성균이다.
• 실모양의 균사상태로 자라면서 포자를 형성한다.
• 토양미생물의 10~50%를 구성하며, 흙냄새의 일종인 지오스민(geosmin)을 분비한다.
• 알칼리성에는 내성이 있지만 산성에 약하고, 생육에 가장 알맞은 토양 pH는 6.0~7.0이다.

146

식물뿌리와 공생관계를 형성하는 균으로 '사상균뿌리'라는 의미를 지닌 균은?

① 근류균 ② 방선균

③ 균근균 ④ 효모

해설

균근(mycorrhizae)

• 사상균 중 담자균이 식물의 뿌리에 붙어서 식물과 공생관계를 갖는다.
• 뿌리에 보호막을 형성하여 가뭄에 대한 저항성을 높이고 가뭄 피해를 감소시킨다.
• 토양 중에서 이동성이 낮은 인산, 아연, 철 등을 흡수하여 뿌리 역할을 수행한다.

147

균근(mycorrhizae)의 기능이 아닌 것은?

① 한발에 대한 저항성 증가
② 인산의 흡수 증가
③ 토양의 입단화 촉진
④ 식물체에 탄수화물 공급

해설

균근균은 공생관계를 통해 탄수화물을 식물로부터 직접 얻는다.

148

다음 중 자급영양세균이 아닌 것은?

① 나이트로소모나스($Nitrosomonas$)
② 나이트로박터($Nitrobacter$)
③ 티오바실루스($Thiobacillus$)
④ 아조토박터($Azotobacter$)

해설

화학자급영양균
- 질화세균
  - 질산균(아질산산화균) : $Nitrobacter$, $Nitrospina$
  - 아질산균(암모니아산화균) : $Nitrosomonas$, $Nitrosococcus$ 등
- 황산화세균 : $Thiobacillus$
- 수소산화세균
- 철산화세균

149

혐기성균에 의해서만 일어날 수 있는 질소대사는?

① 암모니아화성작용
② 질산화성작용
③ 탈질작용
④ 산화적 탈아미노산반응

해설

탈질작용은 $Pseudomonas$, $Paracoccus$와 같은 혐기성 세균에 의해 일어나며 산소 농도가 10% 미만인 환경에서 발생한다.

150

암모니아화작용에 대한 설명으로 옳은 것만 모두 고른 것은?

> ㄱ. 유기태질소가 토양미생물로 분해되어 무기태질소인 암모니아가 되는 작용이다.
> ㄴ. 이 작용을 일으키는 주요 미생물은 세균과 곰팡이다.
> ㄷ. 이 작용은 40~60℃에서 왕성하게 일어난다.
> ㄹ. 암모니아태질소(NH_4^+-N)는 주로 토양의 콜로이드에 흡착되기 어려워 쉽게 용탈된다.

① ㄱ, ㄹ
② ㄱ, ㄴ
③ ㄱ, ㄴ, ㄷ
④ ㄱ, ㄴ, ㄷ, ㄹ

해설

암모니아태질소(NH_4^+-N)는 토양 내 음이온(-)과 결합하여 흡착이 잘되지만, 질산태질소(NO_3^--N)는 음이온이므로 토양과의 흡착력이 약하다.

151

토양에서 일어나는 질소변환과정에 대한 다음 설명 중에서 가장 옳은 것은?

① 질산화작용은 NH_4^+이 NO_3^-로 산화되는 과정이다.
② 암모니아화반응은 공기 중의 N_2가 암모니아로 전환되는 과정이다.
③ 탈질작용은 유기물로부터 무기태질소가 방출되는 과정이다.
④ 질소고정은 NH_4^+이나 NH_3^-로부터 단백질이 합성되는 과정이다.

해설

토양에서 일어나는 질소변환과정
- 질소고정 : $N_2 \rightarrow NH_3$
- 질산화작용 : $NH_4^+ \rightarrow NO_2^- \rightarrow NO_3^-$
- 질산환원작용 : $NO_3^- \rightarrow NO_2^- \rightarrow NH_4^+$
- 암모니아화작용 : 유기태질소 $\rightarrow NH_4^+$
- 탈질작용 : $NO_3^- \rightarrow N_2$

152

토양미생물이 고등식물에 끼치는 유익작용이 아닌 것은?

① 암모니아화성작용
② 질산화작용
③ 황산염의 환원
④ 미생물 간의 길항작용

토양미생물의 유익작용
• 유리질소의 고정
• 질산화작용
• 길항작용
• 유기물의 분해
• 무기물의 산화
• 근권 형성
• 균근의 형성
• 무기물 유실 경감
• 입단 형성
• 생장촉진물질 분비

153

공기유통이 양호한 밭토양에서 식물이 흡수할 수 있는 질소의 주요 형태는?

① NO_3^-
② NH_3
③ $(NH_2)_2CO$
④ N_2O

작물이 흡수하는 원소의 형태

원소	흡수형태	원소	흡수형태
질소(N)	NH_4^+, NO_3^-	망가니즈(Mn)	Mn^{2+}
인(P)	$H_2PO_4^-$, HPO_4^{2-}	아연(Zn)	Zn^{2+}
칼륨(K)	K^+	구리(Cu)	Cu^{2+}
칼슘(Ca)	Ca^{2+}	몰리브덴(Mo)	MoO_4^{2-}
마그네슘(Mg)	Mg^{2+}	붕소(B)	$H_2BO_3^-$
황(S)	SO_4^-	염소(Cl)	Cl^-
철(Fe)	Fe^{2+}, Fe^{3+}	규소(Si)	SiO_3^{2-}

154

미량원소 중 토양 pH가 낮아지면 유효도가 감소하는 원소는?

① Fe
② Mn
③ Mo
④ Zn

산도(pH)
• 염기성토양에서 유효도가 큰 성분 : P, Ca, Mg, K, Mo 등
• 산성토양에서 유효도가 큰 원소 : Fe, Cu, Zn, Al, Mn, B 등

155

점토광물 중 카올리나이트의 음전기 생성 주작용은?

① 동형치환작용
② 변두리전하 생성작용
③ 알루미늄이온 해리작용
④ pH 의존전하 작용

카올리나이트는 변두리전하에 의하여 음전하가 생성된다.

156

점토광물의 영구음전하 생성요인은?

① 동형치환
② 가변전하
③ 변두리전하
④ 잠시적 전하

동형치환에 의해서 생성된 음전하는 pH 등이 토양환경에 따라 변하지 않으므로 영구적 전하이다.

157

비료의 반응에 대한 설명으로 옳은 것은?

① 생리적 반응이란 비료 수용액의 고유 반응을 말한다.
② 식물에 대하여 중요한 비료 반응은 화학적 반응이다.
③ 용성인비, 토마스인비, 나뭇재는 화학적, 생리적으로 염기성비료이다.
④ 유기질 비료는 분해 시 생성되는 젖산, 초산 등의 유기산으로 인하여 반응이 일정한 생리적 산성비료이다.

① 비료 수용액의 고유반응은 화학적 반응이다.
② 식물에 있어서 중요한 반응은 생리적 반응으로 토양 속에서 분해되어 식물에 흡수된 뒤 나타나는 반응을 말한다.
④ 유기질 비료는 분해산물에 따라 산성 또는 알칼리성으로 나타난다.

비료의 반응에 따른 분류

구분	화학적 반응	생리적 반응
산성 비료	황산암모늄, 염화암모늄, 인산암모늄, 인산칼륨, 인산칼리, 과인산석회, 중과인석회 등	황산암모늄(유안), 황산칼륨, 염화암모늄, 염화칼륨 등
중성 비료	요소, 염화칼륨, 황산칼륨, 칠레초석(질산나트륨=질산소다), 질산암모늄 등	질산나트륨, 질산칼슘, 요소, 인산암모늄, 과인산석회(과석), 중과인석회(중과석) 등
염기성 비료	생석회, 소석회, 석회질소, 용성인비, 탄산석회, 규산질 비료 등	칠레초석, 질산칼슘, 석회질소, 용성인비, 토마스인비, 나뭇재, 탄산석회 등

158

다음 중 생리적 산성비료는?

① 황산암모늄   ② 석회질소
③ 질산암모늄   ④ 요소

생리적 산성비료 : 황산암모늄(유안), 염화암모늄(염안), 황산칼륨, 염화칼륨 등

159

다음 중 생리적 염기성비료는?

① 염화칼륨   ② 황산칼륨
③ 질산칼슘   ④ 황산암모늄

생리적 염기성비료 : 칠레초석, 질산칼슘, 석회질소, 용성인비, 토마스인비, 나뭇재, 탄산석회 등

160

비료의 배합으로 가장 유리한 배합 조성이 아닌 것은?

① 어박, 깻묵류 + 회(灰)류
② 퇴비, 인분, 잠박(부숙) + 과인산석회
③ 황산암모늄 + 칠레초석
④ 암모늄태질소 + 석회

④ 암모늄태질소(NH_4^+-N)비료를 석회와 같은 염기성비료와 혼합하면 암모니아 가스가 발생하여 질소 성분이 휘발되어 비료성분 손실을 유발한다.

비료의 배합이 유리한 경우
• 어박, 깻묵류 + 회(灰)류
• 퇴비, 인분, 잠박(부숙) + 과인산석회
• 골분, 인광 + 퇴비혼합
• 황산암모늄 + 칠레초석, 질산칼륨, 질산석회
• 부숙인분 + 과인산석회 + 황산칼륨

161

비료의 배합으로 가장 불리한 배합 조성은?

① 황산암모늄 + 석회
② 녹비 + 석회
③ 칠레초석 + 황산암모늄
④ 어비류 + 탄산칼륨

① 황산암모늄 + 석회 → 암모니아 가스로 휘발

162

석회 물질과 혼용하여도 문제가 없는 비료는?

① $(NH_2)_2CO$

② $(NH_4)_2SO_4$

③ KNO_3

④ NH_4Cl

해설

암모늄태질소비료를 석회 물질과 혼용하면 비료성분의 손실이 발생하므로 혼용하여도 문제가 없는 질산태질소비료를 이용한다.

- 암모늄태(NH_4^+)질소 : 황산암모늄[$(NH_4)_2SO_4$], 염화암모늄(NH_4Cl), 질산암모늄(NH_4NO_3)
- 질산태(NO_3)질소 : 질산암모늄(NH_4NO_3), 질산칼륨(KNO_3), 질산나트륨($NaNO_3$)

163

다음 반응에 따른 직접적인 결과로 옳은 것은?

$$CaH_4(PO_4)_2 + 2CaCO_3 \rightarrow Ca_3(PO_4)_2 + 2H_2O + 2CO_2$$

① 토양의 산성화

② 가용성 인산의 감소

③ 인산 용탈에 의한 손실 증가

④ 이산화탄소 발생에 따른 작물 피해

해설

과인산석회[$CaH_4(PO_4)_2$]·중과인산석회·토머스인비와 같은 가용성 인산비료에 석회질소와 같은 칼슘($CaCO_3$)을 함유하는 비료 또는 석회질비료를 혼합하면 불용성 인산인 인산3칼슘[$Ca_3(PO_4)_2$]으로 변화되어 비효가 저하된다.

164

질소성분 100kg을 토양에 처리하여 작물로 회수된 질소양이 50kg이었고, 시비하지 않은 토양에서는 작물로 20kg의 질소가 회수되었다. 이때 이 질소비료의 질소이용효율은?

① 20% ② 30%

③ 50% ④ 70%

해설

질소비료 이용효율(%)

$$= \frac{비료\ 처리구\ 회수량 - 무시비구\ 회수량}{시비한\ 질소량} \times 100$$

$$= \frac{50kg - 20kg}{100kg} \times 100$$

$$= 30\%$$

165

다음 중 우리나라 밭토양에 대한 일반적 특성으로 옳은 것은?

① 구릉지와 대지가 총 60%로서 가장 많은 분포를 차지한다.

② 화산회토양은 제주에 분포하며, 배수성이 좋아 수량이 높다.

③ 양분 천연공급량은 적고, 유기물 분해는 논토양 보다 느리다.

④ 세립질 토양이 전면적의 48% 정도를 차지하며, 이들 토양은 투수성이 불량하다.

해설

① 곡간지 및 산록지와 같은 경사지에 많이 분포한다.

② 배수성이 매우 좋으나 이로 인해 오히려 가뭄 피해를 입기 쉽고, 수분 보유력이 낮아 재배에 불리한 경우가 많다.

③ 양분의 천연공급이 없고, 유기물의 분해가 빠르다.

166

다음 중 우리나라 밭토양의 특성에 해당하는 것은 모두 몇 가지인가?

ㄱ. 곡간지 및 산록지와 같은 경사지에 많이 분포한다.
ㄴ. 세립질과 역질(礫質) 토양이 많다.
ㄷ. 저위생산성인 토양이 많다.
ㄹ. 화학성이 불량하다.

① 1 　　　　　　　　② 2
③ 3 　　　　　　　　④ 4

해설
우리나라 밭토양의 특성
• 주로 곡간지 및 산록지와 같은 경사지에 분포한다.
• 세립질(식토, 식양토) 토양이 약 48%로 투수성이 불량한 곳이 많다.
• 저위생산성인 토양이 많고, 화학성이 불량하다.
• 양분의 천연공급이 없고, 유기물 분해가 빠르다.
• 보통밭(식양토, 양토, 사양토), 사질밭(모래·자갈 많음), 미숙밭(토심 얕음), 중점밭(점토함량 높음), 고원밭(산지, 토심 얕음), 화산회밭(제주·울릉도, 화산회 기원) 등으로 구분된다.

167

논토양의 특성으로 옳은 것은?

① 지하수위가 낮고, 담수기간이 길다.
② 담수환경에서는 호기성 미생물의 활동이 왕성해진다.
③ 담수기간이 길 때 종종 청회색의 글레이층이 형성된다.
④ 미생물의 호흡작용으로 토층 내 산화화합물이 축적된다.

해설
글레이층
담수기간이 길어지면 토양 내 산소 공급이 부족해지고, 환원상태가 형성되어 청회색을 띠는 토양층(글레이층)이 형성된다.

168

담수 논토양의 일반적인 특성 변화로 가장 옳은 것은?

① 호기성 미생물 활동이 증가한다.
② 인산성분의 유효도가 증가한다.
③ 토양의 색은 적갈색으로 변한다.
④ 토양이 산성화된다.

해설
① 호기성 미생물의 활동이 정지되고, 혐기성 미생물의 활동이 증가한다.
③ 담수기간이 길 때 종종 청회색의 글레이층이 형성된다.
④ 담수 후 대부분의 논토양은 중성으로 변한다.

169

특이산성토양에 가장 많이 축적되어 있는 화합물은?

① Ca 　　　　　　　② S
③ P 　　　　　　　④ K

해설
특이산성토양
주로 강 하류의 배수가 불량한 지역에서 황화합물(황철석, FeS_2 등)이 많이 축적된 퇴적물을 모재로 하여 생성된 토양으로, 유기물과 황의 함량이 높고 석회(Ca) 성분이 적다.

170

다음 중 특이산성토양의 특성에 대한 설명으로 옳지 않은 것은?

① 활성 알루미늄의 함량이 높다.
② 미생물 활동으로 유기물 분해가 잘 된다.
③ 강 하류의 배수 불량한 지역에 주로 분포한다.
④ 토양을 건조시키면 황이 산화되어 pH 3.5 정도까지 낮아진다.

해설
② pH가 3.5 이하로 매우 강산성이기 때문에 미생물의 활동이 극히 저하되어 유기물의 분해가 매우 느리다.

171

우리나라 밭토양을 지형별로 분류했을 때 그 비율이 가장 높은 것은?

① 곡간지(谷間地)
② 산악지(山岳址)
③ 홍적대지(洪積臺地)
④ 선상지(扇狀地)

해설

밭 면적 중 74%가 곡간지, 구릉지 및 산록지에 산재되어 있으며, 평탄지는 불과 9%에 지나지 않는다.

172

밭토양의 유형별 개량 방법으로 가장 알맞게 짝지어진 것은?

① 보통밭 : 모래 객토, 심경, 유기물 시용
② 사질밭 : 모래 객토, 심경, 유기물 시용
③ 미숙밭 : 심경, 유기물 시용, 석회 시용, 인산 시용
④ 중점밭 : 미사 객토, 심경, 배수, 유기물 시용

해설

밭토양의 유형별 개량 방법

- 보통밭 : 심경, 유기물 시용, 석회 시용
- 사질밭 : 객토, 유기물 시용, 석회 시용
- 미숙밭 : 심경, 유기물 시용, 석회 시용, 인산 시용
- 중점밭 : 심경, 배수, 유기물 시용, 석회 시용, 인산 시용
- 화산회밭 : 유기물 시용, 석회 시용, 인산 시용
- 시설원예지 : 심경, 객토, 배수, 유기물 시용, 석회 시용

173

토양에 존재하는 주요 원소들 중 환원형태로만 나열된 것은?

① CH_3COOH, NO_3^-
② Fe^{2+}, Mn^{2+}
③ SO_4^{2-}, Fe^{3+}
④ CO_2, S

해설

논밭토양에서 주요 원소의 형태

구분	논(환원)상태	밭(산화)상태
탄소(C)	CO, CH_4	CO_2
질소(N)	NH_4^+, N_2	NO_3^-
망가니즈(Mn)	Mn^{2+}	Mn^{3+}, Mn^{4+}
철(Fe)	Fe^{2+}	Fe^{3+}
황(S)	H_2S, S^{2-}	SO_4^{2-}

174

논토양과 밭토양에 대한 비교 설명으로 옳은 것은?

① 밭토양은 물 또는 바람에 의한 침식이 논토양보다 작다.
② 산화상태인 밭토양의 유기물 분해 속도가 논토양보다 빠르다.
③ 논토양에 비해 밭토양의 지하수위가 대체로 높다.
④ 논토양의 비옥도는 일반적으로 밭토양보다 불량하다.

해설

① 밭토양은 물 또는 바람에 의한 침식이 논토양보다 크다.
③ 논토양에 비해 밭토양의 지하수위가 대체로 낮다.
④ 밭토양은 논토양보다 부식함량이 적고 비옥도가 낮다.

175

지력을 향상시키고자 할 때 가장 부적절한 방법은?

① 작목을 교체 재배한다.
② 화학비료를 가급적 많이 사용한다.
③ 논밭을 전환하면서 재배한다.
④ 녹비작물을 재배한다.

해설

② 화학비료를 과도하게 주면 지력이 쇠퇴하고 화학비료 속에 녹아 있는 질산이나 인산에 의해 지하수나 수질이 오염될 수 있다.

176

논토양에서 산화층과 환원층이 형성되는 것을 무엇이라 하는가?

① 탈질작용
② 토층의 분화
③ 포드졸화작용
④ 생성론적 토양분류

해설

논토양의 토층분화

• 산화층 : 담수층 아래의 토양표층은 물에 닿아 있어 산소함량이 비교적 높고, 호기성미생물의 활동이 활발하며, 산화제2철(Fe_2O_3)로 인해 적갈색을 띤다.
• 환원층 : 산화층 아래의 작토층으로 산소 공급이 제한되고, 혐기성 미생물의 활동으로 유기물이 분해되면서 산소를 소비해 환원상태가 되며, 산화제1철(FeO)로 인해 청회색을 띤다.

177

담수 시 환원층 논토양의 색으로 가장 적합한 것은?

① 적색
② 황색
③ 적황색
④ 암회색

해설

환원층의 토양색은 산화제1철(FeO)로 인해 암회색(청회색)을 띤다.

178

논토양의 질산(NO_3^-)이 환원층에서는 주로 어떻게 변화하는가?

① pH 값에 따라 산화 또는 환원된다.
② 토양입자에 흡착된다.
③ 환원되어 질소가스(N_2)로 휘산한다.
④ 환원되어 암모늄(NH_4^+)으로 된다.

해설

③ 미생물이 산소가 부족한 혐기성 조건에서 NO_3^-가 NO_2^-로 환원되고, 최종적으로 질소가스(N_2)로 환원되어 대기 중으로 휘산된다.

179

논토양에서 NH_4^+ 형태의 질소에 비하여 NO_3^- 형태의 질소의 이용 효율이 낮은 이유로 옳은 것은?

① NO_3^- 형태의 질소는 토양에 강하게 흡착되어 이용되기 어렵기 때문이다.
② NO_3^- 형태의 질소는 탈질작용을 통하여 손실되기 때문이다.
③ NO_3^- 형태의 질소는 금속성 음이온과 쉽게 결합하여 침전되기 때문이다.
④ 미생물은 NO_3^- 형태의 질소를 우선적으로 흡수하여 부동화시키기 때문이다.

해설

② 논토양은 담수상태로 혐기성 환경이 형성된다. 이 조건에서 NH_4^+는 양이온으로 토양입자에 흡착되어 이동성이 낮고, 혐기성 조건에서도 안정적으로 잔류하는 반면, NO_3^-은 탈질작용을 통해 N_2O 또는 N_2가스로 환원되어 대기 중으로 유실된다.

180

다음 중 탈질작용에 관한 설명으로 틀린 것은?

① 혐기적인 환경조건에서도 형성된다.

② 토양 내에 있는 탈질균에 의한 반응이다.

③ 물이 담겨져 있지 않은 논토양에서 주로 일어난다.

④ 대부분의 토양에서 N_2까지 환원되기 전에 N_2O의 형태로 가장 많이 손실된다.

해설

③ 탈질작용은 물이 차 있는 논에서와 같이 산소가 부족하고 유기물이 많은 곳에서 일어나기 쉽다.

181

논토양에 질소비료를 줄 때, 적절한 비료 형태와 비료를 가장 효과적으로 주는 방법이 짝지어진 것은?

① 암모니아태질소비료 – 심층시비

② 질산태질소비료 – 표층시비

③ 암모니아태질소비료 – 표층시비

④ 질산태질소비료 – 심층시비

해설

암모니아태질소비료를 논토양에 심층시비하면 비료의 암모니아 휘산 및 탈질에 의한 손실을 줄이고, 뿌리 근처에서 오랫동안 질소를 공급할 수 있어 질소의 이용효율과 벼의 수량이 크게 증가한다.

182

질소 흡수는 저해되지 않으나 칼륨성분은 저해가 많이 일어나는 논토양의 유형은?

① 습답　　　　　　② 염해답

③ 미숙답　　　　　④ 사질답

해설

습답은 전층이 환원층으로 토색은 청회색을 띠며, 탈질현상이 있을 수 있다.

183

습한 논토양에서 건토효과가 올 때 나타나는 현상은?

① 떼알 형성량이 많다.

② 유화수소 생성이 많아진다.

③ 메탄 생성이 많아진다.

④ 가급태 질소가 많아진다.

해설

건토효과

토양을 건조시킨 후 가수하면 미생물의 활동이 촉진되어 유기태질소의 무기화(가급태질소)가 촉진된다.

184

염해지 토양의 특성에 대한 설명으로 옳지 않은 것은?

① 전기전도도가 일반 경작지보다 높다.

② 유기물함량이 일반 경작지보다 많다.

③ 마그네슘, 칼슘의 함량이 일반 경작지보다 많다.

④ 석회함량이 일반 경작지보다 적다.

해설

염해지 토양의 특성

• 나트륨(Na), 염소(Cl), 마그네슘(Mg) 등의 염류함량이 매우 높다.

• 전기전도도(EC)가 높다.

• 석회함량이 많다.

• 유기물함량이 적다.

185

염해지 토양의 개량 방법으로 가장 적절하지 않은 것은?

① 물로 염분을 세척한다.　② 암거배수를 한다.

③ CaSO4를 시용한다.　　④ 유기물을 시용한다.

해설

염해지 토양의 개량 방법

- 담수 제염
- 배수시설(명거배수 또는 암거배수) 설치
- 심경 및 심토 파쇄
- 토양개량제(퇴비, 유기물, 제올라이트 등) 시용
- 내염성 작물 재배

186

우리나라 경작지 토양 중 통상적으로 영양염류의 함량이 가장 높은 곳은?

① 시설재배지　　　　　② 과수원

③ 논　　　　　　　　④ 밭

해설

시설재배는 토양의 비옥도를 고려하지 않고 연중 수 차례 화학비료와 퇴비를 이용하고, 같은 작물을 반복적으로 재배함으로써 염류집적 문제가 쉽게 나타난다.

187

시설토양에 대한 설명으로 가장 거리가 먼 것은?

① 염류용탈이 심하여 꾸준한 비료 공급이 필요하다.

② 기온이 낮은 시기에 재배하는 경우가 많아 토양미생물 활성에 불리한 환경이다.

③ 염류집적 토양의 경우 관수를 하여도 물의 흡수가 방해된다.

④ 대체로 토양 내 인산집적이 뚜렷하게 나타난다.

해설

시설토양은 화학비료로 인해 염류집적이 생기므로 비료의 합리적인 선택과 균형시비가 필요하다.

188

간척지토양의 염분 성분 중 나트륨(Na)을 제거하는 데 가장 효과적인 재료는?

① 석고

② 제올라이트

③ 돈분 부숙퇴비

④ 규산질 비료

해설

석고, 토양개량제, 생짚 등을 시용하여 토양의 물리성을 개량한다.

189

토양오염원에서 비점오염원에 해당하는 것은?

① 폐기물매립지

② 대단위 가축사육장

③ 산성비

④ 송유관

해설

토양오염의 원인 물질

구분	분류	오염물질
점오염원	• 지하저장탱크 • 유기폐기물처리장 • 일반폐기물처리장 • 지표저류시설 • 정화조 • 부적절한 관정	• BTEX, LNAPL, DNAPL • 유기화학물질, 중금속 • 유기물, TCE, PCE • 암모니아성 질소, 박테리아
비점오염원	• 농약과 비료 • 산성비	• 질산염 • 알루미늄 등

190

다음 중금속 중 최근에 부숙돈분뇨 액비화 과정과 토양 시용에서 그 함량이 높아 문제가 되었던 중금속은?

① 구리
② 카드뮴
③ 수은
④ 니켈

해설

구리(Cu)

돼지 사료 첨가제로 사용되는 경우가 많아 돈분뇨에 축적될 수 있으며, 액비화 과정을 거쳐 토양에 시용될 때 그 함량이 높아져 토양오염의 원인이 될 수 있다.

191

토양 중금속에 대한 설명으로 틀린 것은?

① 비소는 5가양이온보다 3가양이온의 독성이 더 크다.
② 크로뮴은 3가양이온보다 6가양이온의 독성이 더 크다.
③ 인산 시용은 카드뮴의 유효도를 증가시킨다.
④ 토양 중 납의 천연함량은 약 10ppm 정도이다.

해설

③ 인산은 카드뮴(Cd)과 결합하여 불용성 화합물을 만들어 유효도가 감소하게 된다.

192

다음 중 토양오염우려기준(단위 : mg/kg)이 가장 높은 것은?

① 카드뮴
② 아연
③ 6가크로뮴
④ 수은

해설

토양오염우려기준(토양환경보전법 시행규칙 [별표 3])

(단위 : mg/kg)

구분	1지역	2지역	2지역
카드뮴	4	10	60
수은	4	10	20
6가크로뮴	5	15	40
아연	300	600	2,000

193

일반적으로 흐르는 물에 의한 삭마작용(削摩作用)을 어떤 침식작용이라 하는가?

① 우곡침식
② 입단파괴침식
③ 평면침식
④ 유수침식

해설

토양침식의 종류

• 수식 : 물에 의한 침식작용으로 빗물에 의한 우식과 흐르는 물에 의한 유수침식이 있다.
• 풍식 : 바람에 의해 암석이나 토양이 깎여나가거나 운반되는 침식작용이다.
• 빙식 : 빙하의 움직임에 의해 암석이나 지형이 깎여나가거나 변형되는 침식작용이다.

194

유수에 의해 토양이 침식될 때 토양 내 양분과 가용성 염류, 유기물이 같이 씻겨 내려가는 토양침식을 일컫는 용어는?

① 우곡침식   ② 평면침식

③ 유수침식   ④ 비옥도침식

해설

수식의 기구

- 우적침식(입단파괴침식) : 강한 비가 내릴 때 빗방울의 타격으로 토양입단이 파괴되고 공극을 메우면 투수력이 감소되어 투수되지 못한 빗물이 지표로 유출되어 침식을 가속시키는 것
- 표면침식(비옥도침식) : 흐르는 물에 의해 토양표면이 침식될 때 토양 내 양분과 가용성 염류, 유기물 등이 함께 손실되는 침식
- 면상침식(평면침식) : 강우로 인해 토층이 포화상태가 되고 경사지 전면에 평면적으로 고르게 나타나는 침식
- 세류침식(우곡침식) : 빗물이 지형을 따라 흘러 작은 도랑을 만들며 침식하며, 비가 올 때만 물이 흐르는 작은 골짜기가 되는 형태
- 계곡침식(구상침식) : 세류침식이 지속되어 골의 깊이와 폭이 커져 큰 개울을 형성하거나 지형을 변화시키는 침식으로 수식 중 침식정도가 가장 큼

195

물에 의한 토양침식의 종류가 아닌 것은?

① 면상침식   ② 세류침식

③ 구상침식   ④ 약동침식

해설

약동(saltation)

바람에 의한 토양침식 중 지름이 0.1~0.5mm인 토양입자가 지표면으로부터 30cm 이하에서 구르거나 튀는 모양으로 이동하는 것을 말한다.

196

토양유실예측공식(USLE)에 들어가는 항목이 아닌 것은?

① 토양침식성인자

② 경사도와 경사장인자

③ 강우인자

④ 조도인자

해설

토양유실량 예측공식(USLE)

$A = R \times K \times LS \times P \times C$

여기서, A : 토양유실량

       R : 강우침식능인자(강우의 낙하에너지와 유거수의 양, 속도에 따라 결정)

       K : 토양침식성인자(토양조직, 토양구조, 유기물함량, 투수성 등)

       LS : 경사장(L) 및 경사도(S)인자

       P : 보전관리인자

       C : 작부인자

197

다음 중 토양 풍식과 수식현상에 공통으로 작용하는 두 가지 과정으로 옳은 것은?

① 비산(splash) – 약동(saltation)

② 분리(datachment) – 이탈(transfer)

③ 약동(saltation) – 분리(datachment)

④ 이탈(transfer) – 비산(splash)

해설

- 풍식 : 약동 → 포행 → 부유
- 수식 : 분산탈리 → 이동 → 운반 → 퇴적

198

풍식(wind erosion)에 대한 설명으로 옳은 것은?

① 풍식은 건조지역보다 습윤지역에서 잘 일어난다.

② 우리나라에서는 해안 모래바닥에서 주로 일어난다.

③ 풍식의 정도는 바람의 속도에 반비례한다.

④ 토양입자는 물에서보다 공기 중에서 입자 상호 간 충돌이 많다.

해설

② 우리나라에서는 동해안, 제주도 등에서 자주 일어난다.

199

토양침식을 방지하는 방법으로 가장 효율성이 낮은 것은?

① 피복재배

② 잦은 경운

③ 등고선 재배법

④ 건초류의 표면피복

해설

토양침식 방지 대책

• 식물피복 유지 : 초생재배, 피복재배

• 토양구조 개선 : 유기물 첨가, 최소 경운

• 지형 및 물관리 : 등고선 경작, 계단식 경작, 배수로 설치

• 기타 : 멀칭, 옹벽 설치 등

200

재배기간 중 토양유실이 가장 큰 작물은?

① 옥수수

② 보리

③ 헤어리베치

④ 목초

해설

옥수수, 참깨, 고추, 조 등과 같은 작물은 토양유실이 심하고, 목초(클로버, 헤어리베치 등), 감자, 고구마 등과 같은 작물은 토양유실이 매우 적다.

001

친환경농업이 출현하게 된 배경으로 거리가 먼 것은?

① 국제교역에서도 환경문제가 중요한 쟁점으로 부각

② 미국 및 유럽 등의 식량과잉으로 세계농업정책이 증산위주에서 소비와 교역중심으로 전환하였다.

③ 최빈국들를 제외한 대부분 국가에서도 친환경농업의 정착이 유도되고 있다.

④ 고투입 현대농법으로 농업환경이 지속가능한 농업생산을 지지하고 있다.

해설

④ 유기농업, 대체농업, 저투입농업 등 농업환경이 지속가능한 농업생산을 지지하고 있다.

유기농업의 배경
• 관행농업의 한계와 문제점 인식 : 환경오염, 유전적 다양성 감소 등
• 국제적 · 사회적 변화 : 기후변화와 환경규제, 소비자 인식 변화 등
• 생태계 순환과 지속가능성 강조
• 건강한 먹거리와 환경보호에 대한 사회적 요구
• 유기농업, 대체농업, 저투입농업 등 지속가능한 농업의 실현

002

유기농업에 대한 내용으로 가장 거리가 먼 것은?

① 녹색혁명에 의한 관행(慣行)농업

② 생태학적 자원순환체제 농업

③ 지속가능한 농업(sustainable agriculture)

④ 환경보전형 농업

해설

관행농업은 화학비료와 유기합성농약을 사용하여 작물을 재배하는 관행적인 농업 형태를 말한다.

003

유기농업의 핵심원리가 아닌 것은?

① 유기체의 상호독립성

② 생물의 종 다양성

③ 건강한 토양과 비옥도 유지

④ 농장 외부자재 투입의 비의존성

해설

유기농업의 핵심원리

건강한 토양과 비옥도 유지, 생물의 종 다양성, 유기체의 상호의존성, 농장 외부자재 투입의 비의존성, 농업체계의 한 부분으로 생태계 전체를 완전하게 관리하는 총체적 생산체계가 핵심원리이다.

004

「부엽토와 지렁이」라는 책의 저술자로 유기농법의 이론적 근거를 최초로 제공한 사람과, 관련된 내용으로 옳은 것은?

① 다윈(Darwin, C.)은 만일 지렁이가 없다면 식물은 죽어 사라질 것이라고 주장하였다.

② 러셀(Russel, E. J.)은 지렁이 수와 유기물 시용량은 상관관계가 있다고 주장하였다.

③ 프랭클린 킹(Franklin King)은 유축순환농업을 전통적 농업생산의 이상적 모델로 삼았다.

④ 하워드(Howard, A.)는 「부엽토와 지렁이」 이후에 1940년 농업성전(An Agricultural Testament)을 저술하였다.

해설

찰스다윈(C. Darwin)

「부엽토와 지렁이」에서 지렁이가 토양의 비옥도 유지와 자연 생태계에서 차지하는 중요성을 과학적으로 밝혔다. '만일 지렁이가 없다면 식물은 죽어 사라질 것'이라고 주장하며 유기농법의 이론적 근거를 최초로 제공하였다.

005

우리나라의 연도별 유기농업 관련 정책으로 틀린 것은?

① 1991년 : 농림부에 유기농업발전 기획단 설치
② 1997년 : 환경농업육성법 제정
③ 1998년 : 친환경농업 원년 선포
④ 2004년 : 친환경농업 직접지불제 도입

④ 1999년 친환경농업 직접지불제 도입

006

미국의 소규모 유기농가들은 대규모 유기농가들과 싸워야 하는 어려운 처지가 되었다. 이 때문에 일부 소규모 농가들은 진정한 유기농법을 주장하며 전국시장 대신 농장 근처의 지역에만 유기농산물을 공급하며 신선함과 품질을 강조하고 있는 운동은?

① CSA   ② FDA
③ SPS   ④ CMS

CSA(Community Supported Agriculture, 지역공동체지원농업)
미국의 소규모 유기농가들이 대규모 유기농가와의 경쟁에서 벗어나기 위해 전국시장이 아닌 농장 인근 지역에만 유기농산물을 공급하며 신선함과 품질, 생산자와 소비자의 신뢰를 강조하는 운동이다.

007

IFOAM은 무엇인가?

① 유기농업운동연맹
② 국제유기농업운동연맹
③ 스위스 연방 유기농업연구소
④ 독일 유기농업재단

IFOAM(국제유기농업운동연맹)
지구의 환경을 보전하고 인류의 건강을 지키기 위하여 시작된 유기농업이 전 세계로 확산되면서 1972년 창설되었다.

008

유엔식량농업기구(FAO)와 세계보건기구(WHO) 합동식품규격사업단에서 설립하였으며 유기농산물을 비롯한 유기식품의 생산과 가공, 저장, 운송, 판매 등에 관한 국제기준을 정하는 곳은?

① HACCP 기준원칙
② IFOAM
③ IOAS
④ CODEX

CODEX(Codex Alimentarius Commiwssion, 국제식품규격위원회)
• 유엔식량농업기구(FAO)와 세계보건기구(WHO) 합동식품규격사업단에서 설립하였다.
• 소비자의 건강을 보호하고 식품 무역에서의 공정한 거래 관행 확보를 목적으로 하고 있다.
• 유기농산물을 비롯한 유기식품의 생산과 가공, 저장, 운송, 판매 등에 관한 국제기준을 제정한다.

009

지력을 토대로 자연의 물질순환 원리에 따르는 농업은?

① 생태농업   ② 정밀농업
③ 자연농업   ④ 무농약농업

자연농업(natural farming)
자연의 순환 원리에 따라, 인위적 개입과 화학자재(비료, 농약 등)를 최소화하고 토착 미생물과 천연자재를 활용하는 농업방식이다.

010

한 포장 내에서 위치에 따라 종자, 비료, 농약 등을 달리함으로써 환경문제를 최소화하면서 생산성을 최대로 하려는 농업은?

① 자연농업　　　② 정밀농업
③ 유기농업　　　④ 생태농업

정밀농업(precision farming)
정보통신기술(ICT) 등을 활용하여 작물의 생육환경을 정밀하게 관리하고 환경영향을 최소화하며 생산성을 극대화하는 방식이다.

011

지역폐쇄시스템에서 작물양분과 병해충종합 관리 기술을 이용하여 생태계 균형 유지에 중점을 두는 농업은?

① 자연농업　　　② 생태농업
③ 정밀농업　　　④ 대전식 농업

생태농업(ecological farming)
생태학적 원리(양분 순환, 토양 재생 등)를 적용해, 자연 생태계와 조화를 이루며 지속 가능한 농업을 실현하는 방식이다.

012

친환경농업과 가장 거리가 먼 용어는?

① 순환농업　　　② 지속적농업
③ 생태농업　　　④ 관행농업

관행농업
화학비료와 농약을 사용하고, 고도의 기계화를 통해 농산물을 생산하는 일반적인 농업 방식

013

화학합성농약으로 병해충을 제거할 수 없는 3대 문제점(3R)이 아닌 것은?

① 저항성 증대(Resistance)
② 재활용 운동(Recycling)
③ 격발현상(Resurgence)
④ 잔류독성피해(Residue)

화학합성농약으로 병해충을 제거할 수 없는 3대 문제점(3R)
• 저항성 증대(Resistance)
• 잔류독성피해(Residue)
• 격발현상(Resurgence) : 병해충이 일시에 폭발적으로 발생하는 현상

014

친환경농업의 목적에 해당하지 않는 것은?

① 환경보전을 통한 지속적 농업의 발전
② 안전한 농산물을 요구하는 국민의 기대에 부응
③ 농작물의 수량을 높이기 위해 과다 시비
④ 친환경농업을 통한 경관보전

친환경농업의 목적
• 환경보전을 통한 지속적 농업의 발전
• 안전한 농산물을 요구하는 국민의 기대에 부응
• 친환경농업을 통한 경관보전
• 농업 생산의 경제성 확보

015

다음 친환경농업을 위한 작물육종 목표 중 가장 중요한 것은?

① 병해충 저항성
② 수량안정성 및 다수성
③ 조숙성
④ 단기생육성

해설

친환경농업을 위한 작물육종 목표

환경스트레스 · 환경재해 저항성, 병해충 저항성, 생력화 가능, 이모작 · 다모작, 환경생태조건 부합, 자연에너지와 영양원을 최대한 이용할 수 있는 품종 개발

016

지렁이분에 대한 설명으로 틀린 것은?

① 양분함량이 높다.
② 수분 보유력이 좋다.
③ 일반 퇴비 제조 방법에 비하여 경제적이다.
④ 지렁이분 여과액을 엽면시비나 식물강화제로 이용한다.

해설

③ 일반 퇴비제조 방법에 비하여 많은 기간과 노력을 요한다.

017

퇴비화 과정에서 미생물이 활동하는 가장 적당한 온도는?

① 40~45℃   ② 55~60℃
③ 65~70℃   ④ 75~80℃

해설

유기물 분해에 가장 효율적인 온도 범위는 45~65℃로 호열성미생물의 활동이 가장 왕성하여 퇴비화가 가장 빠르게 진행되는 최적온도이다.

018

다음은 퇴비화 과정 중 부숙되기 위한 충분한 열이 발생되지 않는 경우의 원인과 해결법이다. 그 연결이 틀린 것은?

① 지나치게 건조함 – 젖은 퇴비재료의 투입
② 지나치게 습윤함 – 마른 재료를 투입하거나 다시 혼합
③ 추운 날씨와 작은 규모의 퇴비 더미 – 퇴비 더미 규모를 키우거나 퇴비재료를 더 혼입
④ pH가 5 이하임 – 산성을 띠는 재료를 투입

해설

④ pH가 5 이하일 때 석회 등 알칼리성 물질을 투입해 pH를 중성(6.5~8.0)으로 조절한다.

퇴비화의 조건 : 영양(C/N율 30~35 정도), 초기 수분함량 50~60%, 온도 45~65℃, 산소, pH 6.5~8.0, 시간 등

019

다음 중 퇴비 더미에서 암모니아가스가 발생하기 가장 용이한 조건은?

① pH 3.0 이하
② pH 5.5 이하
③ pH 7.0
④ pH 8.0 이상

해설

암모니아가스는 강알칼리일수록 발생하기 용이하다.

020

퇴비를 판정하는 검사 방법이 아닌 것은?

① 관능적 판정
② 유기물학적 판정
③ 화학적 판정
④ 생물학적 판정

해설

퇴비의 품질 평가 방법
• 기계적 방법 : 콤백(CoMMe-100) 측정법, 솔비타(solvita) 측정법
• 화학적 방법 : 탄질률 측정, pH측정, 질산태질소 측정
• 생물학적 방법 : 발아시험법, 지렁이독성시험법, 유식물시험법
• 물리적 방법 : 온도측정법, 돈모장력법
• 관능검사법 : 관능검사(색깔·형상, 냄새, 수분·촉감 등)

021

퇴비의 검사에 대한 설명으로 틀린 것은?

① 관능적 방법은 발효가 끝난 퇴비의 형태, 색깔, 고유한 냄새를 검사하여 판단하는 것이다.
② 화학적 방법은 탄질률검사법과 pH 검사법이 있다.
③ 생물학적 방법 중 지렁이법은 부숙이 완료된 시료에 지렁이를 넣어 그 행동을 보고 퇴비의 양부를 판단하는 방법이다.
④ 물리적 방법 중 유식물시험법은 유해물질에 민감한 어린 묘를 실험퇴비에 이식하여 그 양부를 물리적으로 판정하는 방법이다.

해설

④ 유식물시험법은 생물학적 검사 방법이다.

022

퇴비의 검사 방법 중 생물학적 검사 방법이 아닌 것은?

① 발아시험법
② 지렁이법
③ 유식물시험법
④ 온도측정법

해설

④ 온도측정법은 물리적인 방법이다.

023

양질의 퇴비를 판정하는 방법으로 틀린 것은?

① 가축분뇨는 냄새가 약할수록 좋은 것으로 본다.
② 퇴비에 물기가 거의 없어야 좋은 것으로 본다.
③ 퇴비는 부서진 형상보다 그 형상을 유지할수록 좋은 것으로 본다.
④ 퇴비의 색은 흑갈색~흑색에 가까울수록 좋은 것으로 본다.

해설

③ 완숙퇴비가 되면 원료의 형태 구분이 어렵고 잘 부서진다.
양질의 퇴비 판정(관능검사)
• 색깔 : 흑갈색~흑색에 가까울수록 좋은 것으로 본다.
• 형상 : 원료의 형태 구분이 어렵고 잘 부서진다.
• 냄새 : 악취가 사라지거나 퇴비 고유의 향긋한 냄새가 난다.
• 수분 : 손으로 움켜쥐면 손가락 사이로 물기가 스미지 않고, 부서기가 털어질 정도이다.

024

유기농림산물 재배를 위한 퇴비의 중금속 검사 성분이 아닌 것은?

① 셀레늄
② 카드뮴
③ 6가크로뮴
④ 니켈

해설

퇴비에 함유된 중금속의 위해성기준(비료관리법 시행령 [별표 1])
비소, 카드뮴, 수은, 납, 크로뮴, 구리, 니켈, 아연

025

유기농업에 사용하는 퇴비에 대한 설명으로 틀린 것은?

① 토양진단 후 퇴비 사용량을 결정한다.
② 토양전염병을 억제하는 효과를 나타낸다.
③ 식물체에 양분과 미량원소를 지속적으로 공급해준다.
④ 퇴비화 후에는 분해가 어려운 부식성 물질의 비율이 감소한다.

026

퇴비의 대용품으로써 사용되고 있는 유기물은?(단, 보조제 제외)

① 피트모스　　　　② 마닌
③ 고란　　　　　　④ VS제

027

지력(地力)에 관한 설명으로 옳은 것은?

① 넓고 평탄하여 사용하기에 편리한 정도에 따라 달라진다.
② 토지 감정에 의한 가격평가에 따라 달라진다.
③ 물리성, 화학성, 미생물성에 따라 그 정도가 달라진다.
④ 흙의 견고성에 따라 그 정도가 달라진다.

028

유기농에서 토양관리와 지력배양 방법이 아닌 것은?

① 유기질 비료의 과다 시비
② 동식물 폐기물 재활용
③ 재생 불가능한 자원 최소화
④ 토양생물학적 활동 촉진

029

지력을 유지·증진시키기 위한 재배적 조치와 거리가 먼 것은?

① 식물피복을 통한 토양유실 방지
② 잦은 경운
③ 윤작재배
④ 충분한 양분관리

030

유기농법으로 토양을 개량시켰을 때의 장점이 아닌 것은?

① 물리적 개량으로 토양에 공기와 수분의 침투가 용이하여 뿌리 증식이 왕성해진다.
② 화학적 개선으로 토양이 중성에 가까워지면서 작물의 양분흡수와 생육이 양호해진다.
③ 유기질 비료를 통하여 오염물질이 많이 투입되어 작물에까지 잔류독성함량이 많아진다.
④ 미생물상의 개선으로 토양의 유효균이 증식되면서 병균 활동을 억제시킨다.

해설

유기질 비료는 토양의 유기물함량을 높여 토양개량 효과가 있으며, 지효성으로 비료효과의 조절이 가능하고 과잉 사용해도 장해가 잘 일어나지 않는다.

031

벼 친환경재배 시 규산질 비료 시용을 권장하는 이유로 가장 적합한 것은?

① 다량원소를 공급함으로써 병충해 저항성을 높인다.
② 토양의 이학적 성질을 개선하고 균형시비효과를 얻을 수 있다.
③ 벼의 수광자세를 개선하여 건실한 생육을 조장한다.
④ 질소질 비료의 흡수를 촉진하여 벼가 건강히 자라도록 한다.

해설

벼 재배 시 규산질 비료를 시용하여 얻을 수 있는 효과
• 병충해에 대한 내성 증가
• 내도복성 증가
• 수광자세를 좋게 하여 동화율 향상

032

본답 점토함량이 10%인 논을 작토깊이 18cm, 점토함량 15%로 조절하고자 25% 객토원으로 객토하려 할 때 필요한 객토시용(톤/10a)량은 얼마인가?(단, 작토와 객토원의 가비중은 1.2, 상수는 10으로 한다)

① 72톤   ② 82톤
③ 92톤   ④ 102톤

해설

객토량(톤/10a)

$$= \frac{(개량목표\ 점토함량 - 대상지\ 점토함량) \times 개량목표\ 깊이}{객토원\ 점토함량 - 대상지\ 점토함량} \times 가비중 \times 상수$$

$$= \frac{(15\% - 10\%) \times 18cm}{25\% - 10\%} \times 1.2 \times 10$$

$$= 6 \times 1.2 \times 10$$

$$= 72톤$$

033

녹비작물로 적합하지 않은 작물은?

① 자운영   ② 클로버류
③ 브로콜리   ④ 베치류

해설

녹비작물의 종류
• 화본과 : 호밀, 녹비보리, 풋베기귀리, 수수, 옥수수, 들묵새 등
• 두과 : 헤어리베치, 자운영, 클로버류, 알팔파, 버즈풋트레포일, 클로탈라리아, 루피너스 등
• 기타 : 파셀리아, 황화초, 유채, 메밀, 해바라기, 코스모스 등

034

녹비작물로 헤어리베치를 재배하는 경우 헤어리베치의 생초 2,000kg에 함유되어 있는 질소량은 몇 kg인가?(단, 헤어리베치의 수분함량 85%, 건초의 질소함량 4%를 기준으로 계산)

① 6　　　　　　　　② 8
③ 10　　　　　　　④ 12

해설

- 건물량 : 2,000kg × (1 − 0.85) = 300kg
- 건물 중 질소함량 : 300kg × 0.04 = 12kg

035

동물성 부산물 중 유기농허용자재가 아닌 것은?

① 가축 및 모피제품 부산물　② 육골분
③ 혈분　　　　　　　　④ 깃털분

해설

토양개량과 작물생육을 위해 사용 가능한 물질(친환경농어업법 시행규칙 [별표 1])

사용 가능 물질	사용 가능 조건
혈분·육분·골분·깃털분 등 도축장과 수산물 가공공장에서 나온 동물부산물	화학물질의 첨가나 화학적 제조공정을 거치지 않아야 하고, 항생물질이 검출되지 않을 것

036

국화과의 식물로 꽃이 피기 위해서는 서늘한 온대 기후가 알맞기 때문에 열대지방에서는 산간지역에 재배하여 건조한 꽃에서 추출하여 살충제로 사용하는 물질은?

① pyrethrin　　　　② tuberin
③ lactucin　　　　　④ elaterin

해설

피레트린(pyrethrin)

국화과에 다년생 식물인 제충국에서 추출할 수 있는 천연유기합성물로 살충 성분이 있어 천연살충제로 이용되며, 인체와 가축에는 독성이 없어 안전하게 이용할 수 있다.

037

농림축산식품부 소관 친환경농어업 육성 및 유기식품 등의 관리·지원에 관한 법률 시행규칙상 병해충 관리를 위하여 사용이 가능한 물질은?(단, 사용 가능 조건을 모두 만족한다)

① 사람의 배설물
② 버섯재배 퇴비
③ 난황
④ 벌레 유기체

해설

①·②·④ 사람의 배설물, 버섯재배 퇴비, 벌레 유기체 : 토양개량과 작물생육을 위해 사용 가능한 물질(친환경농어업법 시행규칙 [별표 1])

038

유기농산물 및 유기임산물의 병해충 관리를 위하여 사용이 가능한 물질 중 사용 가능 조건이 '토양에 직접 살포하지 않을 것'에 해당하는 것은?

① 생석회(산화칼슘)
② 보르도액
③ 수산화동
④ 산염화동

해설

병해충 관리를 위해 사용 가능한 물질(친환경농어업법 시행규칙 [별표 1])

사용 가능 물질	사용 가능 조건
생석회(산화칼슘)	토양에 직접 살포하지 않을 것
보르도액, 수산화동, 산염화동	토양에 구리가 축적되지 않도록 필요한 최소량만을 사용할 것

039

농림축산식품부 소관 친환경농어업 육성 및 유기식품 등의 관리·지원에 관한 법률 시행규칙상 병해충 관리를 위하여 사용 가능한 물질 중 사용 가능 조건이 '달팽이 관리용으로만 사용할 것'인 것은?

① 벤토나이트　　② 규산나트륨
③ 규조토　　　　④ 인산철

병해충 관리를 위해 사용 가능한 물질(친환경농어업법 시행규칙 [별표 1])

사용 가능 물질	사용 가능 조건
벤토나이트	천연에서 유래하고 단순 물리적으로 가공한 것만 사용할 것
규산나트륨	천연규사와 탄산나트륨을 이용하여 제조한 것일 것
규조토	천연에서 유래하고 단순 물리적으로 가공한 것일 것
인산철	달팽이 관리용으로만 사용할 것

040

병해충 관리를 위하여 사용이 가능한 물질 중 사용 가능 조건이 국립농산물품질관리원장이 정하여 고시한 품질규격에 적합해야 하는 것은?

① 제충국　　　　② 담배잎차
③ 키토산　　　　④ 누룩곰팡이

병해충 관리를 위해 사용 가능한 물질(친환경농어업법 시행규칙 [별표 1])

사용 가능 물질	사용 가능 조건
제충국 추출물	제충국(Chrysanthemum cinerariaefolium)에서 추출된 천연물질일 것
담배잎차(순수 니코틴은 제외)	물로 추출한 것일 것
키토산	국립농산물품질관리원장이 정하여 고시하는 품질규격에 적합할 것
누룩곰팡이속 (Aspergillus spp.)의 발효 생산물	미생물의 배양과정이 끝난 후에 화학물질의 첨가나 화학적 제조공정을 거치지 않을 것

041

유기농업허용자재 중에서 병해충의 방제효과가 가장 낮은 것은?

① 제충국　　　　② 데리스
③ 페로몬　　　　④ 목탄

목탄(나무 숯 및 나뭇재)은 토양개량과 작물생육을 위해 사용 가능한 물질로, 병해충 방제 효과는 매우 낮거나 거의 없다.

병해충 관리를 위해 사용 가능한 물질(친환경농어업법 시행규칙 [별표 1])

사용 가능 물질	사용 가능 조건
제충국 추출물	제충국(Chrysanthemum cinerariaefolium)에서 추출된 천연물질일 것
데리스(Derris) 추출물	데리스(Derris spp., Lonchocarpus spp. 및 Tephrosia spp.)에서 추출된 천연물질일 것
성 유인물질 (페로몬)	• 작물에 직접 처리하지 않을 것 • 덫에만 사용할 것

042

유기농업 과수재배에 사용하는 석회유황합제 제조에 이용되는 원료 2가지는?

① 생석회, 황산구리
② 패화석, 황산아연
③ 생석회, 유황
④ 규조토, 유황

석회유황합제

생석회와 유황 가루를 끓인 물로 살균과 살충효과가 있으므로 과수농장에서 병충해 예방을 위하여 많이 사용하는 약제이다.

043

광물성 유기농업자재가 아닌 것은?

① 유지류
② 식염류
③ 칼슘염류
④ 인산염류

사료로 직접 사용되거나 배합사료의 원료로 사용 가능한 물질(친환경농어업법 시행규칙 [별표 1])

구분	사용 가능 조건
식물성	곡류(곡물), 곡물부산물류(강피류), 박류(단백질류), 서류, 식품가공부산물류, 조류(藻類), 섬유질류, 제약부산물류, 유지류, 전분류, 콩류, 견과·종실류, 과실류, 채소류, 버섯류, 그 밖의 식물류
동물성	단백질류, 낙농가공부산물류, 곤충류, 플랑크톤류, 무기물류, 유지류
광물성	식염류, 인산염류 및 칼슘염류, 다량광물질류, 혼합광물질류

044

유기배합사료 보조용 보조사료 중 효소제에 해당하는 것은?

① 락토바실러스
② 프로테아제
③ 산화마그네슘
④ 나이아신

② 프로테아제 : 효소제(단백질분해효소)
① 락토바실러스 : 미생물제제(유산균)
③ 산화마그네슘 : 완충제
④ 나이아신 : 비타민제

045

식품첨가물 또는 가공보조제로 사용이 가능한 물질에서 식품첨가물로 사용 시 허용범위가 소시지, 난백의 저온살균, 유제품, 과립음료에 해당하는 것은?

① 구연산삼나트륨
② 무수아황산
③ 산탄검
④ 염화마그네슘

식품첨가물 또는 가공보조제로 사용 가능한 물질(친환경농어업법 시행규칙 [별표 1])

명칭	식품첨가물로 사용 시 사용 가능 범위	가공보조제로 사용 시 사용 가능 범위
구연산 삼나트륨	소시지, 난백의 저온살균, 유제품, 과립음료	사용 불가
무수아황산	과일주	사용 불가
산탄검	지방제품, 과일 및 채소제품, 케이크, 과자, 샐러드류	사용 불가
염화마그네슘	두류 제품	응고제

046

농학상 분류단위인 품종과 계통에 대한 설명으로 틀린 것은?

① 영양계란 삽목, 접목 등 무성생식에 의해 단일개체에서 유래된 유전적으로 동일한 집단이다.
② 계통이란 자연교잡 등에 의해 품종 내 유전적 변화가 일어나 변이체가 발생되고, 이 변이체가 증식된 것이다.
③ 순계란 계통 중에서 유전적으로 고정된 동형접합체이다.
④ 품종은 유전적 차이는 있으나 타 품종과 구별되는 특성은 가지지 않는 개체집단이다.

④ 품종(品種) : 하나의 종(種) 내에서 특정한 형질이 다른 집단과 명확히 구별되는 특성(구별성)을 가지고, 그 특성이 균일하며(균일성) 세대가 진전되어도 변하지 않는(안정성) 개체군이다.

047

품종 내에 유전적 변화가 일어나 새로운 특성을 지닌 변이체가 생기게 될 때 이 변이체의 자손을 무엇이라 하는가?

① 종
② 아종
③ 계통
④ 품종

해설

계통(系統)
한 품종 내에서 특정 형질을 보유하면서 세대를 거듭해 유지되는 개체군으로, 계통 내 개체들은 유전적으로 매우 유사하거나 동일하다.

048

품종의 분류 중 내력에 따른 분류로 옳은 것은?

① 조생종, 중생종, 만생종
② 재래품종, 육성품종, 도입품종
③ 육성품종, 종, 아종
④ 일반품종, 식용품종, 특수품종

해설

내력(유래)에 따른 품종의 분류
재래품종(지방품종), 육성품종(개량품종), 도입품종(외래품종)

049

우량품종의 3대 구비조건으로 옳은 것은?

① 유전성, 적응성, 내병성
② 균등성, 우수성, 영속성
③ 다수성, 내비성, 유전성
④ 우수성, 지역성, 유전성

해설

우량품종의 조건
• 우수성 : 품종이 가진 양적, 질적형질이 일반품종에 비해 우수해야 한다.
• 균일성 : 품종 고유의 특성이 고르게 발현되어야 한다.
• 영속성 : 우수한 특성과 균일성이 당대에 그치지 않고 영속적으로 이어져야 우량품종이라 할 수 있다.

050

유기농업에서 저항성 품종의 개발 효과와 거리가 먼 것은?

① 재배의 안전성 향상
② 기능성 농산물 생산
③ 수량성 증대
④ 생산비 절감

해설

저항성 품종
• 병충해, 잡초, 환경 스트레스에 강한 유전적 특성을 가진 품종이다.
• 농약 사용 감소, 재배의 안전성 향상, 수량성 증대, 생산비 절감 등의 장점이 있다.

051

품종의 퇴화 원인이 아닌 것은?

① 자연교잡
② 돌연변이
③ 영양번식
④ 새로운 유전자형의 분리

해설

품종 퇴화의 원인
• 유전적 퇴화 : 자연교잡, 돌연변이, 이형종자의 혼입, 이형유전자형의 분리 등
• 생리적 퇴화 : 효소활성 저하, 호흡 저하, 저장양분 고갈, 기후·토양·재배환경 등
• 병리적 퇴화 : 병해충 감염, 바이러스 등에 의한 종자의 퇴화(씨감자)

052

작물의 특성을 유지하기 위한 방법이 아닌 것은?

① 영양번식에 의한 보존재배
② 격리재배
③ 원원종재배
④ 자연교잡

품종 특성의 유지 방법
- 영양번식 : 특정 유전자형의 특성을 그대로 유지하는 방법으로, 품종 특성을 가장 확실하게 보존하는 방법
- 격리재배 : 서로 다른 품종의 작물이 자연적으로 교잡되는 것을 막기 위해 일정한 거리를 두고 재배하는 방법
- 종자갱신 : 퇴화를 방지하면서 채종한 새로운 종자를 농가에 보급
- 원원종재배 : 순수한 종자를 생산하고 보급하기 위한 가장 기본적인 단계로, 품종 특성을 유지하며 재배하는 것

054

육종의 과정으로 옳은 것은?

① 육종목표 설정 → 변이작성 → 우량계통 육성 → 생산성 검정 → 지역적응성 검정 → 종자증식 → 신품종 보급
② 육종목표설정 → 변이작성 → 우량계통 육성 → 지역적응성 검정 → 생산성 검정 → 종자증식 → 신품종보급
③ 육종목표설정 → 우량계통 육성 → 변이작성 → 지역적응성 검정 → 생산성 검정 → 종자증식 → 신품종 보급
④ 육종목표 설정 → 지역적응성 검정 → 우량계통 육성 → 변이작성 → 생산성 검정 → 종자증식 → 신품종 보급

육종과정
육종목표 설정 → 육종재료 및 육종 방법 결정 → 변이작성 → 우량계통 육성 → 생산성 검정 → 지역적응성 검정 → 신품종 결정 및 등록 → 종자증식 → 신품종 보급

053

다음 중 육종의 목표가 아닌 것은?

① 생산성의 증대
② 고품질의 생산
③ 경영의 합리화
④ 기존 종의 유지

일반적인 재배식물의 육종목표
- 생산성의 증대
- 고품질의 생산
- 생산의 안정화
- 경영의 합리화
- 새로운 종의 창성

055

유기농업용 종자의 육종법으로 적당하지 않은 것은?

① 1대잡종육종
② 생물공학적 육종
③ 영양계선발
④ 순환선발

유기농업에서는 유전자변형 기술을 이용한 육종법을 사용할 수 없다.

056

타식성작물로만 나열된 것은?

① 밀, 보리　　　　　② 콩, 완두
③ 딸기, 양파　　　　④ 토마토, 가지

타식성작물 : 옥수수, 호밀, 메밀, 딸기, 양파, 마늘, 시금치, 호프, 아스파라거스 등
※ 타식성작물 중 자웅이주 : 시금치, 삼, 호프, 아스파라거스 등

057

기본 집단에서 개체별이 아니라 처음부터 집단을 대상으로 선발을 계속하여 우수한 계통을 분리하는 육종 방법은?

① 순계분리법　　　　② 교잡육종법
③ 계통분리법　　　　④ 집단육종법

분리육종법
• 순계분리법 : 자식성 작물에 적용, 기본집단에서 우수한 개체를 선발하여 우량한 순계(동형접합체)를 가려내는 방법
• 계통분리법 : 타식성 작물에 적용, 기본집단에서 집단을 대상으로 선발을 계속하여 우수한 계통을 분리하는 육종 방법
• 영양계분리법: 영양번식 작물이나 재래품종에서 우수한 아조변이를 선발·증식시켜 품종화하는 방법

058

인공교배를 실시하지 않는 육종법은?

① 계통육종법　　　　② 1수1렬법
③ 여교잡육종법　　　④ 집단육종법

② 1수1렬법 : 선발한 개체의 종자를 각각 한 줄에 심어 후대의 성적을 평가·선발하는 방법으로 인공교배는 실시하지 않는다.
• 분리육종법 : 순계분리법, 계통분리법, 영양계분리법, 1수1렬법
• 교잡육종법 : 계통육종법, 집단육종법, 파생계통육종법, 여교배육종법, 1개체1계통육종법

059

F_2에서 F_6 또는 F_7까지 대부분의 개체가 고정될 때까지는 선발을 하지 않고 자연도태하며, 개체가 유전적으로 고정되었을 때 계통육종법과 같은 방법으로 선발하는 종자육종법은?

① 순계분리법　　　　② 교잡육종법
③ 집단육종법　　　　④ 여교배육종법

교잡육종법
• 계통육종법 : F_2부터 개체선발 → F_3 계통육종
• 집단육종법 : F_2~F_6 집단재배 → F_7 이후 개체선발
• 파생계통육종법 : F_2~F_3 질적형질 개체선발 → F_4~F_5 파생계통 집단재배 → F_6 양적형질 개체선발
• 여교배육종법 : 우량품종에 결점이 있을 때 그 결점을 보완할 수 있는 품종과 교배한 후 다시 우량품종과 반복적으로 교배하여 우량품종의 특성을 유지하면서 결점을 개선하는 방법
• 1개체1계통육종법 : F_2~F_4 매 세대 각 개체별 1립씩 채종하여 집단재배 → F_5~F_6 계통선발

060

우량품종에 한두 가지 결점이 있을 때 이를 보완하는 데 효과적인 육종 방법으로 양친 A와 B를 교배한 F_1을 양친 중 어느 하나와 다시 교배하는 것은?

① 여교배육종　　　　② 파생계통육종
③ 1개체1계통육종　　④ 순환선발

여교배육종법
• $(A \times B) \times A$ 또는 $(A \times B) \times B \to [(A \times B) \times A] \times A$
• 우량품종에 결점이 있을 때 그 결점을 보완할 수 있는 품종과 교배한 후 다시 우량품종과 반복적으로 교배하여 우량품종의 특성을 유지하면서 결점을 개선하는 방법

061

잡종강세 이용에 있어 단교잡법에 대한 일반적인 설명으로 틀린 것은?

① 관여하는 계통이 2개이므로 우량한 조합의 선정이 용이하다.
② 잡종강세 현상이 뚜렷하다.
③ 종자의 발아력이 강하다.
④ 1대잡종종자의 생산량이 적다.

해설
③ 종자생산량이 적고 발아력이 떨어진다.

063

잡종강세를 이용한 F_1종자가 보급되기 위해 갖추어야 할 점이 아닌 것은?

① 1회 교잡으로 많은 종자가 생산 가능할 것
② 교잡 과정이 간편할 것
③ 단위면적당 재배에 요하는 종자량이 많을 것
④ F_1을 재배하는 이익이 F_1을 생산하는 경비보다 클 것

해설
③ 단위면적당 종자소요량이 적을 것

064

유기농업의 종자로 사용할 수 없는 육종 방법은?

① 분리육종　　　　　　② 교배육종
③ 동질배수체육종　　　④ 잡종강세육종

해설
동질배수체육종에서는 염색체 수를 인위적으로 늘리기 위해 주로 콜히친과 같은 화학약품을 처리하여 배수체(3배체, 4배체 등)를 만든다. 유기농업에서는 화학약품의 인위적 처리는 금지되어 있으므로, 동질배수체육종으로 얻은 종자는 사용할 수 없다.

062

잡종강세에 대한 설명으로 틀린 것은?

① 잡종강세는 F_3 세대에서 가장 크게 발현된다.
② 다른 계통으로 교잡을 시키면 우수한 형질이 나타난다.
③ 잡종강세 식물은 불량환경에 저항력이 강한 경향이 있다.
④ 잡종강세 식물은 생장발육이 왕성하다.

해설
① 잡종강세는 F_1에서 가장 두드러지게 나타나고, 세대가 거듭될수록 점차 그 강세의 정도가 감소한다.

065

생육이 불량하고 완전불임으로 실용성이 없지만 염색체를 배가하면 곧바로 동형접합체를 얻을 수 있는 것은?

① 이질배수체　　　　　② 반수체
③ 동질배수체　　　　　④ 돌연변이체

해설
반수체
반수체를 배가시키면 반복적인 자가수분 없이도 빠르게 순계(동형접합체)를 만들 수 있어 육종기간을 크게 단축할 수 있다.

066

식물집단에서 무작위 교배가 이루어지고, 돌연변이와 자연선택 및 개체의 이주가 일어나지 않으며, 각 개체의 생존율과 번식률이 동등할 때 그 집단은 유전적 평형을 유지하게 되는데, 이를 무슨 법칙이라고 하는가?

① 연관의 법칙
② 엔트로피의 법칙
③ 멘델의 법칙
④ Hardy-Weinberg 법칙

해설

Hardy-Weinberg 법칙

멘델집단(이상적 집단)에서 세대를 거듭해도 대립유전자(allele)와 유전자형(genotype)의 빈도가 변하지 않고 평형상태를 유지한다는 유전학의 기본 원리이다.

067

다음 중 (가), (나), (다)에 알맞은 내용은?

> • 벼는 배우자의 염색체수가 n = (가)이다.
> • 연관에서 우성유전자(또는 열성유전자)끼리 연관 되어있는 유전자 배열을 (나)이라 하고, 우성유전자와 열성유전자가 연관되어 있는 유전자 배열을 (다)이라고 한다.

① (가) : 12, (나) : 상인, (다) : 상반
② (가) : 20, (나) : 상인, (다) : 상반
③ (가) : 12, (나) : 상반, (다) : 상인
④ (가) : 20, (나) : 상반, (다) : 상인

해설

(가) 벼의 염색체 수는 n = 12, 2n = 24이고 AA게놈에 속한다.
(나) 상인연관 : 각각의 대립유전자 중 우성끼리 또는 열성끼리 연관되어 있는 경우(A와 B, a와 b가 연관(AB/ab)되어 있을 경우) AB : ab = 1 : 1
(다) 상반연관 : 각각의 대립 유전자 중 우성과 열성 유전자가 연관되어 있는 경우로, A와 b, a와 B가 연관(Ab/aB)되어 있을 경우 Ab : aB = 1 : 1

068

자가불화합성을 이용하는 것으로만 나열된 것은?

① 멜론, 고추
② 토마토, 옥수수
③ 무, 배추
④ 수박, 밀

해설

F_1 종자의 채종

• 웅성불임성 : 양파, 고추, 당근, 파, 상추, 쑥갓, 옥수수, 벼, 밀 등
• 자가불화합성 : 무, 배추, 양배추, 순무, 브로콜리 등
• 인공교배 : 수박, 오이, 참외, 멜론, 토마토, 피망, 가지 등

069

종자의 증식·보급체계로 옳은 것은?

① 기본식물 양성 → 원원종 생산 → 원종 생산 → 보급종 생산
② 원종 생산 → 원원종 생산 → 보급종 생산 → 기본식물 양성
③ 원원종 생산 → 원종 생산 → 기본식물 양성 → 보급종 생산
④ 보급종 생산 → 원종 생산 → 원원종 생산 → 기본식물 양성

해설

종자증식·보급체계

070

우리나라 원예의 경영적 특징으로 거리가 먼 것은?

① 노동집약적

② 시간집약적

③ 자본집약적

④ 토지집약적

해설

우리나라 원예의 경영적 특징

- 노동집약적 : 파종, 병충해 방제, 수확, 선별, 포장 등 많은 과정에서 노동 투입이 필요하다.
- 자본집약적 : 시설원예, 스마트팜, 자동화, 온실 등 첨단설비와 기술 도입에 많은 자본이 소요된다.
- 토지집약적 : 우리나라는 토지가 협소하므로 한정된 면적에서 생산성을 극대화하기 위해 토지를 집약적으로 활용한다.
- 기술집약적 : 최신품종 개발, 고품질 생산, 병해충 방제 기술, 신선도 유지, ICT 융복합 등 첨단 재배기술과 관리기술이 적용된다.

071

토양의 질적 수준 및 토양비옥도 유지 · 증진 수단의 실천 기술이 아닌 것은?

① 연작   ② 간작

③ 녹비   ④ 윤작

해설

유기원예작물 토양관리 방법

- 토양의 물리 · 화학성 개선
- 유기물 관리 및 토양 미생물 활성화
- 피복작물 및 녹비작물 재배
- 적절한 경운 및 물관리
- 윤작(돌려짓기)과 혼작 및 간작
- 토양검정 및 맞춤 시비
- 토양생물 다양성 증진

072

윤작의 효과로 틀린 것은?

① 질소고정

② 잔비량의 억제

③ 토양구조 개선

④ 병충해의 경감

해설

윤작의 효과

- 지력유지 및 증강(질소고정, 토양구조 개선, 잔비량의 증가 등)
- 기지현상의 회피
- 병충해 및 잡초 발생의 억제
- 토양보호
- 토지이용도의 향상
- 수확량 증대
- 노력분배의 합리화
- 농업경영의 안정성 증대

073

시설재배 시에 발생하는 연작장해의 설명으로 틀린 것은?

① 시설의 이용률을 높이기 위하여 같은 작물을 반복해서 재배할 때 발생한다.

② 특정 병원 미생물이나 해충의 밀도가 높아지면서 병해충피해가 커진다.

③ 특정 양분이 지속적으로 흡수 이용되기 때문에 양분 결핍장해가 나타나고, 미량요소는 풍부한 반면 다량요소의 결핍이 자주 나타난다.

④ 연작장해를 예방하기 위해 합리적인 작부체계를 도입하고, 병충해를 철저히 예방하여야 한다.

해설

③ 시설재배 연작장해의 주요 원인은 비료성분인 다량요소의 과잉 축적이다.

074

시설원예 토양의 특성이 아닌 것은?

① 염류농도가 높다.
② 토양의 공극률이 높다.
③ 특정 성분의 양분이 결핍되기 쉽다.
④ 토양전염성 병해충의 발생이 높다.

해설

시설원예 토양의 특성
• 염류집적 및 염류농도(EC) 상승
• 양분 불균형 및 특정 성분 결핍
• 토양전염성 병해충 및 연작장해 증가
• 토양 물리성 악화(공극률 저하, 용적밀도 증가)
• 유기물함량 감소 및 미생물 다양성 저하

075

시설토양의 염류집적의 원인이 아닌 것은?

① 과도한 화학비료의 사용
② 강우의 차단과 특이한 실내환경
③ 모세관작용에 의한 지하염류의 상승으로 지표면에 염류 축적
④ 인공관수에 의한 염류의 지하용탈 및 지표유실의 빈번

해설

④ 인공관수(스프링클러, 점적관수 등)는 주로 표면에만 이루어져 염류가 하층으로 용탈되지 않고 표토에 머무르게 된다.

시설토양의 염류집적의 원인
• 연작
• 과도한 비료와 퇴비의 반복 시용
• 강우 차단 및 불량한 관배수
• 시설 내부의 특수 환경

076

염류농도장해의 가시적 증상이 아닌 것은?

① 새순부터 잎이 마르기 시작한다.
② 잎이 농녹색을 띠기 시작한다.
③ 잎 끝이 타면서 말라 죽는다.
④ 칼슘과 마그네슘 결핍증이 나타난다.

해설

염류농도장해의 가시적 증상
• 잎에 생기가 없고, 낮에 시들었다가 저녁에 회복한다.
• 잎의 색이 진해지고 표면에 윤기가 난다.
• 잎의 가장자리가 안으로 말리며, 가장자리부터 황화(노랗게 변함)와 괴사(마름)가 시작된다.
• 뿌리털이 거의 없고 짧으며, 갈색으로 변한다.

077

시설원예 토양의 염류 과잉집적에 의한 작물의 생육장해 문제를 해결하는 방법이 아닌 것은?

① 윤작을 한다.
② 연작재배한다.
③ 미량원소를 공급한다.
④ 퇴비, 녹비 등을 적정량 시용한다.

해설

② 연작은 염류집적을 가속화한다.

시설토양의 염류집적 해결 방법
• 미량원소 공급
• 합리적 시비(토양검증에 의한 시비)
• 담수처리 · 관수
• 객토 및 심경(깊이갈이)
• 유기물 및 미생물 활용
• 윤작, 흡비작물 · 피복작물 재배
• 토양소독 및 pH 조절

078

연작 시 발생 가능한 토양전염성 병해와 그 작물이 알맞게 짝지어진 것은?

① 고추 – 흰가루병
② 가지 – 덩굴쪼김병
③ 콩 – 모자이크병
④ 감자 – 둘레썩음병

해설

연작 시 많이 발생하는 토양전염성 병해
• 박과 작물(수박, 오이, 참외 등) : 덩굴쪼김병
• 가지과 작물(고추, 가지, 토마토 등) : 풋마름병, 역병
• 감자 : 둘레썩음병, 더뎅이병

079

다음 중 연작의 해가 가장 적은 것은?

① 토란
② 당근
③ 고추
④ 오이

해설

연작피해가 적은 작물 : 벼, 맥류, 옥수수, 고구마, 무, 양파, 당근, 호박, 양배추, 딸기 등

080

주로 동서 방향으로 설치하는 온실로, 남쪽 지붕의 길이가 전 지붕 길이의 4분의 3을 차지하도록 하며, 양쪽 지붕의 길이가 서로 달라 부등변식 온실이라고 하는 것은?

① 양지붕형 온실
② 더치라이트형 온실
③ 스리쿼터형 온실
④ 벤로형 온실

해설

스리쿼터형(three-quarter type, 3/4형) 온실
양지붕형과 외지붕형의 복합 형태로, 온실의 방향은 동서 방향이 일반적이고, 남쪽 지붕의 길이가 전 지붕 길이의 3/4을 차지하며, 양쪽 지붕의 길이가 서로 달라 부등변식 온실이라고도 한다.

081

기둥과 기둥 사이에 배치하여 벽을 지지해 주는 수직재에 해당하는 것은?

① 샛기둥
② 서까래
③ 중도리
④ 왕도리

해설

시설의 구조
• 서까래 : 지붕의 하중을 받는 경사재
• 중도리 : 서까래를 받치는 수평재
• 대들보(왕도리) : 용마루에 놓이는 수평재
• 측면보(갖도리, 처마도리) : 기둥 상단을 연결하는 수평재
• 버팀대, 가새 : 기둥과 기둥 사이의 경사재로, 온실 모서리에 받는 큰 풍압을 지지하는 부재
• 기둥 : 지붕의 하중을 주로 담당하는 수직재
• 샛기둥 : 기둥과 기둥 사이의 수직재

082

현재 우리 농민들이 많이 사용하고 있는 시설의 기초피복재는?

① 염화비닐필름
② 종이초산필름
③ 경질폴리에스테르필름
④ 폴리에틸렌필름

해설

폴리에틸렌(PE)필름
다른 연질필름보다 자외선과 적외선 투과율이 높고, 가시광선 투과율은 비슷하다. 보온성은 떨어지지만 다른 필름보다 가격이 싸기 때문에 현재 우리나라에서 가장 많이 사용되고 있다.

083

유리섬유를 첨가하지 않은 아크릴 수지 100%의 경질판은?

① FRP판
② FRA판
③ MMA판
④ PC판

해설

MMA판
유리섬유를 첨가하지 않은 아크릴수지 100%의 경질판으로 보온성이 높지만 열에 의한 팽창과 수축이 매우 크다.

084

피복재의 역학적 특성 중 피복재가 늘어나는 정도를 나타내는 용어는?

① 방진성　　　　② 폐기성
③ 신장률　　　　④ 굴절률

피복재의 역학적 특성

- 인장강도 : 잡아당기는 힘(인장력)에 견디는 정도
- 인열강도 : 찢어지는 힘(인열력)에 견디는 정도
- 신장률 : 힘을 받았을 때 늘어나는 정도를 백분율로 나타낸 값
- 충격강도(내충격성) : 우박, 낙하물, 강풍 등 갑작스러운 충격에 견디는 힘
- 굴곡강도 : 피복재가 휘어질 때 버티는 힘
- 경도 : 피복재 표면이 긁힘이나 마모에 견디는 정도
- 열팽창계수 : 온도 변화에 따라 피복재가 팽창하거나 수축하는 정도

085

시설(green house) 설치 시 외부 피복자재의 구비조건으로 적합하지 않은 것은?

① 열전도율이 커야 함
② 광 투과율이 높아야 함
③ 열선 투과율이 낮아야 함
④ 보온성이 좋아야 함

① 열전도율이 낮아야 한다.

피복자재의 구비조건

- 광선 투과율이 높아야 한다.
- 열전도율이 낮아야 한다.
- 보온성과 내구성이 좋아야 한다.
- 팽창과 수축력이 작아야 한다.
- 외부 충격에 강해야 한다.
- 가격이 저렴해야 한다.

086

다음 중 시설재배를 위한 시설의 기본 구비조건에 대한 설명으로 틀린 것은?

① 내구연한이 길고 시설비가 적게 들어야 한다.
② 재배면적을 최대한 활용할 수 있어야 한다.
③ 최악의 기상조건에도 견딜 수 있어야 한다.
④ 환경조건이 좋으면 재배가 저절로 된다.

시설재배를 위한 시설의 구비조건

내구성과 경제성, 재배면적의 효율적 활용, 기상재해에 대하 저항성, 환경조절 능력, 작물보호기능, 관리의 편의성, 에너지 효율 및 환경친화성

087

다음에서 설명하는 온실은?

> 시설의 지붕과 벽에 일정한 간격의 이중구조를 만들고 야간이 되면 이 구조에 발포폴리스티렌립을 전동송배풍기를 이용하여 충전시켜 보온효율을 높인 시설로, 외기온이 영하로 내려가지 않는 한 호온성 과채류 등을 무가온 상태로 재배할 수 있다.

① 에어하우스
② 펠릿하우스
③ 이동식하우스
④ 비가림하우스

펠릿하우스(pellet house)

발포폴리스티렌립(스타이로폼펠릿)을 활용해 보온성을 높이고 내부 온도를 안정적으로 유지하는 스마트팜형 온실 시설로, 온실 내부 온도를 외부보다 15~20℃ 정도 높게 유지할 수 있다.

088

시설의 온도관리에 대한 설명 중 가장 합리적인 것은?

① 주야간 모두 낮게 관리한다.

② 주간은 높고 야간은 낮게 관리한다.

③ 주야간 모두 높게 관리한다.

④ 야간에 온도를 높게 관리한다.

해설

시설의 온도관리

주간에는 작물의 광합성 및 생육이 활발하게 이루어지므로 적정생육 온도에 맞추어 높게 유지하고, 야간에는 온도를 낮게 관리해 작물의 호흡량을 줄여 과도한 양분 소모를 방지한다.

089

동상해의 재배적 대책으로 틀린 것은?

① 채소는 보온재배를 한다.

② 맥류의 경우 이랑을 없애 뿌림골을 낮게 하며, 개화 시기를 앞당긴다.

③ 한지(寒地)에서 맥류의 파종량을 늘린다.

④ 맥류의 경우 칼리질 비료를 증시하고, 퇴비를 종자 위에 준다.

해설

② 맥류 재배에서 이랑을 세워 뿌림골을 깊게 한다(고휴구파).

090

다음 중 밭작물 재배 시 한해(旱害)에 대한 재배대책으로 틀린 것은?

① 뿌림골을 좁히거나 재식밀도를 성기게 한다.

② 뿌림골을 높게 한다.

③ 질소의 다용을 피한다.

④ 퇴비·인산·칼륨을 증시한다.

해설

② 뿌림골을 낮게 한다.

091

다음 중 고온장해에 대한 설명으로 가장 적절하지 않은 것은?

① 당분이 감소한다.

② 광합성보다 호흡작용이 우세해진다.

③ 단백질의 합성이 저해된다.

④ 암모니아의 축적이 적어진다.

해설

④ 암모니아의 축적이 많아진다.

고온장해

- 광합성보다 호흡작용 우세
- 유기물의 과잉 소모 및 당분의 감소
- 질소대사의 이상(단백질의 합성 저해 및 암모니아의 축적)
- 철분의 침전으로 황백화현상 발생
- 증산 과다로 위조 유발

092

다음에서 설명하는 등(lamp)은?

- 각종 금속용화물이 증기압 중에 방전함으로써 금속 특유의 발광을 나타내는 현상을 이용한 등이다.
- 분광분포가 균형을 이루고 있으며, 적색광과 원적색광의 에너지 분포가 자연광과 유사하다.

① 형광등   ② 수은등

③ 메탈할라이드등   ④ 고압나트륨등

해설

보광시설의 종류

- 백열등 : 전류가 텅스텐 필라멘트를 가열할 때 발생하는 빛을 이용하는 등
- 형광등 : 유리관 속에 수은과 아르곤을 넣고 안쪽 벽에 형광 물질을 바른 전등
- 수은등 : 고압의 수은 증기 속의 아크방전에 의해서 빛을 내는 전등
- 메탈할라이드등 : 각종 금속용화물이 증기압 중에 방전함으로써 금속 특유의 발광을 나타내는 현상을 이용한 등
- 나트륨등 : 나트륨 증기 속에서 아크방전에 의해 방사되는 빛을 이용한 등
- LED등 : 반도체의 양극에 전압을 가해 식물생육에 필요한 특수한 파장의 단색광만을 방출하는 인공광원

093

고립상태일 때의 광포화점이 80~100%에 해당하는 것은?

① 콩　　　　　　　　② 감자

③ 벼　　　　　　　　④ 옥수수

해설

고립상태에서의 광포화점

작물	광포화점
음생식물	10% 정도
구약나물	25% 정도
콩	20~23%
감자, 담배, 강낭콩, 보리, 귀리	30% 정도
벼, 목화	40~50%
밀, 알팔파	50% 정도
고구마, 사탕무, 무, 사과나무	40~60%
옥수수	80~100%

094

인공광에서 수은등에 대한 설명으로 가장 적절한 것은?

① 고압의 수은 증기 속의 아크방전에 의해서 빛을 내는 전등이다.

② 각종 금속용화물이 증기압 중에 방전함으로써 금속 특유의 발광을 나타내는 현상을 이용한 등이다.

③ 나트륨 증기 속에서 아크방전에 의해 방사되는 빛을 이용한 등이다.

④ 반도체의 양극에 전압을 가해 식물생육에 필요한 특수한 파장의 단색광만을 방출하는 인공광원이다.

해설

② 메탈할라이드등, ③ 나트륨등, ④ LED등

095

파이프에 직접 작은 구멍을 내어 살수하는 방법은?

① 일류관개　　　　　② 다공관관개

③ 보더관개　　　　　④ 지하관개

해설

① 일류관개 : 등고선에 따라 수로를 내고 임의의 장소로부터 월류하도록 하는 방법

③ 보더관개 : 완경사의 포장을 알맞게 구획하고 상단의 수로로부터 전체 표면에 물을 흘려 펼쳐서 대는 방법

④ 지하관개 : 지표면 아래에 설치한 관이나 암거(暗渠)를 통해 작물의 뿌리 근권에 직접 물을 공급하는 관개 방식

096

일정한 수압을 가진 물을 송수관으로 보내고 그 선단에 부착한 각종 노즐을 이용하여 다양한 각도와 범위로 물을 뿌리는 방법은?

① 점적관수　　　　　② 지중관수

③ 살수관수　　　　　④ 저면급수

해설

관수 방법

• 살수관수

　– 소형노즐 살수법 : 염화비닐관에 일정 간격으로 소형노즐을 부착하고 압력을 가해 살수하는 방법

　– 다공튜브 살수법 : 두께가 얇은 염화비닐관에 분출구멍을 2열 병렬로 뚫어 사용하는 방법

• 점적관수 : 일정 간격으로 설치한 미세한 구멍 또는 가는 튜브의 선단으로부터 소량씩 지표면 또는 지중에 물방울을 낙하시켜 관수하는 방법

• 지중관수 : 다공질 관을 10~15cm 정도 깊이의 지중에 매설하여 토양수의 모세관현상을 이용하는 방식으로 항상 일정한 수분을 근군역에 공급할 수 있는 방식

• 저면관수 : 정식된 화분(pot)의 저면(바닥면)으로부터 수분을 흡수시키는 방식으로, 베드상에 모래나 부직포 등을 부설하고 여기에 물을 흘려주면 시트나 화분 속 배양토의 모세관 흡수에 의해 작물의 뿌리에 수분을 공급해 주는 방법

097

토양공기에 대한 설명으로 가장 적절하지 않은 것은?

① 토양공기의 조성은 대기의 조성과 동일하다.
② 토양공기 유통의 중요한 기작은 확산작용이다.
③ 토양 중 산소는 미생물의 분포에 큰 영향을 준다.
④ 토양 중 통기성은 토양 내 양분의 화학성에 영향을 준다.

① 토양공기의 조성은 대기의 조성과 차이가 있다.

098

시설 내 이산화탄소 환경에 관한 설명으로 틀린 것은?

① 해가 뜬 후 시설 내 이산화탄소 농도는 급격히 감소한다.
② 밤에도 이산화탄소가 계속 방출되어 시설 외부보다 농도가 상승한다.
③ 이산화탄소의 농도는 식물의 위치에 따라 차이가 있다.
④ 낮에는 잎·줄기가 무성한 부분에서 이산화탄소의 농도가 높고, 공기가 움직이는 통로 부분은 농도가 낮다.

④ 낮에는 잎·줄기가 무성한 부분에서 광합성으로 인해 이산화탄소를 많이 소모하여 농도가 더 낮고, 통로나 환기구 근처는 외부 공기가 유입되어 공기 순환이 잘 되어 상대적으로 이산화탄소 농도가 높다.

099

대기에 비해 토양공기 중의 탄산가스와 산소의 농도를 비교한 것으로 옳은 것은?

① 탄산가스 농도가 높고, 산소의 농도는 낮다.
② 탄산가스 농도가 낮고 산소의 농도는 높다.
③ 탄산가스와 산소의 농도는 높다.
④ 탄산가스와 산소의 농도는 낮다.

대기와 토양공기 조성의 차이

구분	질소	산소	이산화탄소
대기	78%	21%	0.03%
토양공기	75~80%	15~20%	0.1~10%

100

다음 중 작물의 재배에 적합한 토성의 범위가 가장 넓은 것은?

① 밀
② 담배
③ 팥
④ 아마

작물의 재배에 적합한 토성의 범위
• 콩, 팥 : 사토~식토
• 메밀, 옥수수 : 사양토~식양토
• 아마, 담배 : 사양토~양토
• 알팔파, 티머시 : 양토~식토
• 밀 : 식양토~식토

101

작물의 재배에 적합한 재배적지 토성이 사양토~식양토에 해당하는 것은?

① 알팔파
② 티머시
③ 밀
④ 옥수수

①·② 알팔파, 티머시 : 양토~식토
③ 밀 : 식양토~식토

102

유기물이 토양미생물에 의해 분해되는 정도는 무엇에 의하여 결정되나?

① 유기물이 갖고있는 탄소와 칼륨의 함량비율
② 유기물이 갖고있는 탄소와 인의 함량비율
③ 유기물이 갖고있는 탄소와 질소의 함량비율
④ 유기물이 갖고있는 질소와 칼륨의 함량비율

해설

탄질률(C/N율)과 부식화의 관계
유기물 중 탄소(C)와 질소(N)의 함량비로 적절한 비율을 유지해야 미생물의 활동이 원활히 이루어진다.

103

수경재배의 특징으로 틀린 것은?

① 자원을 절약하고 환경을 보존한다.
② 근권환경이 단순하여 관리하기가 쉽다.
③ 재배관리의 생력화와 자동화가 편리하다.
④ 양액의 완충능력이 강하다.

해설

④ 수경재배는 완충능력이 약해 환경 변화에 민감하다.
수경재배의 특징
• 자원 절약 및 환경 보존
• 근권환경 관리 용이
• 재배 관리의 생력화 및 자동화 편리
• 공간활용 효율성
• 빠른생장과 고수확

104

다음 중 베드의 바닥에 일정한 크기의 구배를 만들어 얇은 막상의 양액이 흐르도록 하고, 그 위에 작물의 뿌리가 일부가 닿게 하여 재배하는 방식으로 뿌리의 일부는 공중에 노출되고, 나머지는 흐르는 양액에 닿아 공중산소와 수중산소를 다 같이 이용할 수 있는 것은?

① 분무경
② 박막수경
③ 환류방식 담액수경
④ 등량교환방식 담액수경

해설

박막수경(NFT ; nutrient film technique)
경사진 재배 베드에 1~2mm 깊이의 얇은 막 상태로 배양액을 소량씩 흘려보내면서 작물을 재배하는 방식으로, 작물 뿌리의 하부에서는 물과 양분을 흡수하고 대기 중에 노출된 상부에서는 공기 중의 산소를 흡수한다.

105

고형배지경 중 유기배지경에 해당하는 것은?

① 암면경
② 펄라이트경
③ 코코넛코이어경
④ 사경

해설

고형배지경의 종류
• 무기배지경 : 사경(모래), 역경(자갈), 암면경, 펄라이트경 등
• 유기배지경 : 훈탄경, 코코넛코이어경 또는 코코피트경, 피트 등

106

병원체와 작물병의 분류가 잘못 연결된 것은?

① 곰팡이 : 벼 도열병, 벼 잎집무늬마름병
② 바이러스 : 벼 오갈병, 벼 줄무늬잎마름병
③ 세균 : 채소 무름병, 감자 둘레썩음병
④ 곰팡이 : 감자 더뎅이병, 과수 근두암종병

해설

④ 감자 더뎅이병 : 곰팡이, 과수 근두암종병 : 세균

107

유기농업 현장에서 강조되는 완충지대(buffer zone)의 설명으로 틀린 것은?

① 천적의 번식 및 활동이 가능한 지대
② 저항성 식물의 재배가 가능한 지대
③ 다양한 식물의 생육이 가능한 지대
④ 생물종의 다양성이 유지되는 지대

해설

완충지대(buffer zone)
• 천적의 번식 및 활동이 가능한 지대
• 다양한 식물의 생육이 가능한 지대
• 생물종의 다양성이 유지되는 지대

108

유기농업의 병충해 방제법으로 볼 수 없는 것은?

① 경종적 방제법
② 생물학적 방제법
③ 기계적 방제법
④ 화학적 방제법

해설

해충 및 병원균 관리를 위해 예방적 방법, 기계적·물리적·생물학적 방법을 우선 사용해야 하고, 불가피한 경우 법에서 정한 물질을 사용할 수 있으며 그 밖의 화학적 방법이나 방사선 조사 방법을 사용하지 않아야 한다.

109

다음 중 유기농업의 병충해 방제에 있어 경종적 방제법으로 볼 수 없는 것은?

① 품종의 선택
② 병원미생물 이용
③ 종자의 선택
④ 수확물의 건조

해설

유기농업의 병충해 방제 방법
• 경종적 방제 : 토지 선정, 품종 선택, 종자 선택, 윤작, 재배양식의 변경, 혼식, 생육시기의 조절, 시비법의 개선, 청결한 관리, 수확물의 건조, 중간기주식물 제거 등
• 물리적 방제 : 봉지 씌우기, 유아등 설치, 방충망 설치, 침수법, 온탕침법, 태양열소독, 온도처리 등
• 생물학적 방제 : 기생성 곤충, 포식성 곤충, 병원미생물, 길항미생물 등

110

생물학적 방제법에서 기생성 곤충에 해당하는 것은?

① 침파리
② 풀잠자리
③ 꽃등에
④ 무당벌레

기생성 천적 : 기생벌류(고치벌, 좀벌, 맵시벌, 혹벌 등), 기생파리류(침파리, 왕눈등에), 기생성 선충 등

111

생물학적 방제법에서 포식성 곤충에 해당하는 것은?

① 꼬마벌
② 고치벌
③ 맵시벌
④ 풀잠자리

포식성 천적 : 풀잠자리목, 무당벌레목, 딱정벌레목, 애꽃노린재, 침노린재, 칠레이리응애, 팔라시스이리응애, 꽃등에, 혹파리, 거미류 등

112

유기농업에서의 작물의 해충 방제는 천적을 이용하는 기술이 도입되어 많이 이용하고 있다. 다음 중 대상 해충과 천적이 잘못 연결된 것은?

① 진딧물 – 무당벌레
② 가루깍지벌레 – 풀잠자리
③ 온실가루이 – 온실가루이좀벌
④ 점박이응애 – 칠레이리응애

② 가루깍지벌레 : 가루깍지좀벌
① 진딧물 : 콜레마니진디벌, 진디혹파리, 풀잠자리, 꽃등에류, 무당벌레
③ 온실가루이 : 온실가루이좀벌, 황온좀벌
④ 점박이응애 : 칠레이리응애

113

미생물농약의 단점으로 옳은 것은?

① 환경에 대한 안전성이 높다.
② 병해충이 내성을 가지기 어렵다.
③ 재배환경 등 환경요소에 영향을 받기 쉽다.
④ 인축에 해가 거의 없고, 작물의 피해를 주는 사례가 거의 없다.

미생물농약의 장단점

장점	• 환경에 대한 안전성이 높다. • 방제대상 병해충은 내성이나 저항성 가지기 어렵다. • 인축에 해가 거의 없고, 작물의 피해를 주는 사례가 거의 없다. • 병충해에 선택적으로 작용하며 유용생물에 악영향을 거의 주지 않는다. • 화학농약으로 방제가 어려운 시기에 병충해 문제를 해결할 수 있다.
단점	• 화학농약에 비해 방제효과가 불안정하고 서서히 나타난다. • 재배환경 등 환경요소에 영향을 받기 쉽다. • 사용적기를 놓치면 효과가 낮아진다. • 화학농약과의 혼용여부를 반드시 살펴 사용하여야 효과적이다. • 대량생산 체계가 잘 갖추어지지 않은 등 생산비가 높아 가격이 비싸다.

114

페로몬의 이용분야와 목적에 해당하지 않는 것은?

① 대량유살
② 교미교란
③ 발생예찰
④ 돌연변이유발

성 페로몬의 활용
• 대량유살 : 해충을 대량으로 포획할 수 있다.
• 교미교란 : 암수 성비 불균형을 유도하여 피해를 줄인다.
• 발생예찰 : 발생시기와 발생량, 방제적기를 예측할 수 있다.
• 해충유인 : 특정 해충에 대해 유인하여 포살할 수 있다.
• 생물자극 : 해충의 활력과 활동을 조장하고 살충효과를 증대시킨다.

115

다음 설명 중 IPM을 가장 올바르게 설명하고 있는 것은?

① 경종적 방제 + 물리적 방제 + 화학적 방제로 경제적 피해수준 이하로 줄이는 병해충 관리법

② 경종적 방제 + 물리적 방제 + 화학적 방제 + 생물적 방제를 종합하여 경제적 피해수준 이하로 줄이는 병해충 관리법

③ 농약을 사용하지 않고 경종적 방제 + 물리적 방제 + 생물적 방제로 피해를 경제적 수준 이하로 낮추는 병해충 관리법

④ 친환경농자재만을 사용해서 병충해 피해를 경제적 피해수준 이하로 낮추는 병해충 관리법

해설

병해충종합관리(IPM ; Integrated Pest Management)
농약의 무분별한 사용을 줄여 해충 방제의 부작용을 최소한으로 하고, 경종적 · 물리적 · 화학적 · 생물적 방제를 조화롭게 활용하여 해충밀도를 경제적 피해허용수준 이하로 유지하는 것을 목표로 하는 방법

116

병해충종합관리(IPM)에 병해충의 밀도를 허용 가능한 피해수준 이하로 억제하기 위한 전략으로 틀린 것은?

① 인축에 대하여 해가 적을 것

② 자연생태계를 가장 적게 교란시킬 것

③ 병해충의 밀도를 지속적으로 감소시킬 것

④ 목적하지 않는 생물개체군에게 가장 해가 많을 것

해설

병해충의 밀도를 허용 가능한 경제적 피해수준 이하로 억제하기 위한 전략

• 인축에 대하여 해가 적을 것
• 자연생태계를 가장 적게 교란시킬 것
• 병해충의 밀도를 지속적으로 감소시킬 것
• 최대한으로 환경과 천적을 해치지 않을 것
• 작물의 수량과 가격에 피해가 없을 정도로만 방제할 것

117

1962년 발간된 Rachel L. Carson의 저서로서 무차별한 농약사용이 환경과 인간에게 얼마나 위해한지 경종을 울리게 된 계기가 되었다. 이후 일반인, 학자, 정부관료들의 사고에 변화를 유도하여 IPM 사업이 발아하게 된 저서의 이름은?

① 토양비옥도   ② 농업성전

③ 농업과정   ④ 침묵의 봄

해설

「침묵의 봄」은 레이첼 카슨(Rachel L. Carson)이 살충제의 일종인 DDT에 대한 현실을 접하고 경각심을 갖게 되면서 집필되었다.

118

병해 친환경방제의 첫걸음은 사전예방이며 예방을 하려면 발병조건을 알아야 한다. 다음 중 벼도열병의 발병요인으로 옳은 것은?

① 일조량이 적고 비교적 저온다습할 때 많이 발생한다.

② 규산질 비료를 과다하게 사용할 시 발병이 증가한다.

③ 전염원은 병든 볏짚이며 볍씨로는 전염되지 않는다.

④ 조식, 밀식조건에서 발병이 조장된다.

해설

벼 도열병의 발병요인 및 예방법

• 일조량이 적고 비교적 저온 다습할 때 많이 발생한다.
• 질소질 비료의 과다 등으로 전 생육기간에 걸쳐 발병한다.
• 도열병균은 이병된 볏짚 또는 볍씨에 잠복했다가 표면에 분생포자를 형성하여 다음 해에 1차 전염병원이 되기도 한다.

119

벼 재배 시 발생하는 병해 예방법에 대한 설명으로 틀린 것은?

① 종자전염으로는 줄무늬잎마름병, 오갈병 등이 있으며 유기농업자재 등을 이용하여 소독을 철저히 해야 한다.

② 잎집무늬마름병은 써레질 직후 논 수면에 떠있는 균핵을 제거하고 밀식을 자제하여 포기사이로 통풍이 잘되도록 한다.

③ 줄무늬잎마름병과 검은줄오갈병은 애멸구에 의해 매개되는 바이러스병으로 애멸구의 월동처인 월동 잡초를 제거한다.

④ 추락답에서 많이 발생하는 깨씨무늬병은 종자소독을 철저히 하고 객토, 유기물 시용 등으로 지력을 높이도록 한다.

> **해설**
> ① 줄무늬잎마름병과 오갈병(검은줄오갈병)은 주로 매개충(애멸구)에 의해 전염되는 바이러스병이다. 주로 종자전염으로 발생하는 벼의 병해는 깨씨무늬병, 키다리병, 도열병 등이며 종자소독으로 예방이 가능하다.

120

벼 유기재배에서 병해충 방제법으로 가장 거리가 먼 것은?

① 심수관개(深水灌漑)
② 이앙기 조절에 의한 피해 회피
③ 저항성 품종의 이용
④ 건전종묘 이용

> **해설**
> ① 심수관개는 잡초 방제 방법에 속한다.

121

포장의 해충을 방제하기 위한 기피식물이나 익충 또는 유용 곤충의 밀도를 높이기 위한 대표적인 식물이라고 볼 수 없는 것은?

① 금잔화　　　　　　② 마디꽃
③ 멕시코해바라기　　④ 쑥국화

> **해설**
> 포장의 해충 방제나 유용 곤충 증식을 위한 대표 식물 : 금잔화, 멕시코 해바라기, 쑥국화 등

122

서로 도움이 되는 특성을 지닌 두 가지 작물을 같이 재배할 경우 이들 작물을 가리키는 것으로 다년생 초지에서 초기의 산초량을 높이기 위하여 섞어서 덧뿌려 짓는 작물은?

① 중경작물(中耕作物)　　② 동반작물(同伴作物)
③ 윤작작물(輪作作物)　　④ 대파작물(代播作物)

> **해설**
> 동반작물(同伴作物, companion plant)
> 두 가지 이상의 작물을 같은 장소에 함께 재배하여 서로의 생육을 촉진하거나 병해충을 억제하고 수확량과 품질을 높이는 등 상호 이익을 얻는 관계에 있는 작물을 말한다.

123

병충해의 방제에 있어서 동반작물을 같이 재배하면 병충해를 경감시키고 잡초를 방제할 수 있다. 다음 작물과 동반작물의 조합으로 적절하지 않은 것은?

① 완두콩 – 당근, 양배추, 주키니 호박
② 오이 – 완두, 콜라비, 파, 옥수수
③ 양파 – 당근, 박하, 딸기
④ 상추 – 강낭콩, 감자, 딜, 양배추

> **해설**
> ④ 감자와 상추를 함께 심으면 상추의 생육이 저하되고, 감자에서 발생하는 해충이나 질병이 상추에 영향을 줄 수 있다.

124

주말농장의 감자밭에 동반작물로 마리골드를 심었을 때, 마리골드의 주요 기능은?

① 역병 방제
② 도둑나방 접근 방지
③ 잡초 방제
④ 수정 촉진

해설

마리골드는 뿌리, 잎, 꽃에서 나는 독특한 향기로 인해 선충, 진딧물, 꽃매미 등 다양한 해충을 쫓는 효과가 있다.

125

포장의 해충을 방제하기 위한 기피식물이나 익충 또는 유용곤충의 밀도를 높이기 위한 대표적인 식물이라고 볼 수 없는 것은?

① 금잔화
② 마디꽃
③ 멕시코해바라기
④ 쑥국화

해설

② 마디꽃은 1년생 논잡초이다.
①·③·④ 금잔화, 멕시코해바라기, 쑥국화는 타감작용물질을 가지고 있다.

126

벼의 유기재배에서 벼멸구 피해를 줄이기 위한 실용적 방법이 아닌 것은?

① 벼멸구에 강한 벼종자를 사용한다.
② 논 주위에 유아등을 설치한다.
③ 유기농어업자재를 활용한다.
④ 1포기(株) 당 묘수(苗數)를 되도록 많게 하여 이앙한다.

해설

④ 밀식할 경우 통풍이 불량해지고 습도가 높아져 벼멸구 서식 환경이 좋아지며, 약충 이동이 쉬워진다.

127

유기벼 재배에서 제초제를 사용하지 않고 친환경적 잡초 방제를 할 때, 어느 품종을 선택하는 것이 잡초 발생 억제에 가장 도움이 되겠는가?

① 초기생육이 늦고 키가 작은 품종
② 유효분얼이 빠르고 키가 큰 품종
③ 활착기가 길고 후기 생육이 왕성한 품종
④ 유효분얼기간이 짧고 이삭수가 적은 품종

해설

② 키가 크고 잎이 처지며, 빠른생장, 그리고 분얼 능력이 큰 품종이 잡초와의 경합능력이 크다.

128

다년생 논잡초는?

① 참방동사니
② 매자기
③ 개망초
④ 돌피

해설

①·③·④ 참방동사니, 개망초, 돌피는 1년생 논잡초이다.

생활형에 따른 잡초의 분류

구분		논	밭
1년생	화본과	강피, 물피, 돌피, 뚝새풀	강아지풀, 개기장, 바랭이, 피, 메귀리
	방동사니과	알방동사니, 참방동사니, 바람하늘지기, 바늘골	바람하늘지기, 참방동사니
	광엽초	물달개비, 물옥잠, 사마귀풀, 여뀌, 여뀌바늘, 마디꽃, 등애풀, 생이가래, 곡정초, 자귀풀, 중대가리풀	개비름, 까마중, 명아주, 쇠비름, 여뀌, 자귀풀, 환삼덩굴, 주름잎, 석류풀, 도꼬마리
다년생	화본과	나도겨풀	–
	방동사니과	너도방동사니, 매자기, 올방개, 쇠털골, 올챙이고랭이	–
	광엽초	가래, 벗풀, 올미, 개구리밥, 네가래, 수염가래꽃, 미나리	반하, 쇠뜨기, 쑥, 토끼풀, 메꽃

129

화학 제초제를 사용하지 않고 쌀겨를 투입하여 잡초를 방제하는 경우의 방제 원리로 볼 수 없는 것은?

① 논물이 혼탁해져 광을 차단하여 잡초 발아가 억제된다.
② 쌀겨의 영양분이 미생물에 의해 분해될 때 산소가 일시적으로 고갈되어 잡초의 발아억제에 도움을 준다.
③ 쌀겨에 함유된 제초제 성분이 잡초의 발아를 억제한다.
④ 쌀겨가 분해될 때 생성되는 메탄가스 등이 잡초의 발아를 억제한다.

해설

쌀겨농법
쌀겨를 논에 뿌려 미생물의 분해작용, 유기산 생성, 환원상태 형성, 차광효과, 발아억제물질(ABA) 공급 등 복합적인 작용으로 잡초의 발아와 생장을 억제하는 친환경 잡초 방제법이다.

130

벼 유기재배에서 오리 또는 우렁이를 활용하는 1차적 목적으로 가장 적합한 것은?

① 수량 증대   ② 잡초 방제
③ 토양비옥도 증진   ④ 도복 방지

해설

동물을 이용한 친환경 잡초 방제법 : 오리, 우렁이, 참게, 새우, 달팽이 등을 이용한다.

131

친환경적인 병충해 방제를 위해 최근에 개발, 보급된 난황유의 예방 및 방제에 사용되는 농도와 적용 병해가 가장 적절하게 짝지어진 것은?

구분	예방(%)	방제(%)	적용 병해
㉠	0.1	0.3	탄저병
㉡	0.2	0.4	녹병
㉢	0.3	0.5	흰가루병
㉣	0.4	0.6	잿빛곰팡이병

① ㉠   ② ㉡
③ ㉢   ④ ㉣

해설

병충해 예방 및 방제를 위한 난황유의 농도와 적용 병해
• 예방 농도 0.3%, 방제 농도 0.5%
• 적용 병해 : 흰가루병, 노균병, 진딧물, 응애 등

132

일반적인 메벼의 염수선 비중은?

① 1.06   ② 1.08
③ 1.13   ④ 1.18

해설

볍씨의 염수선 비중
• 몽근 메벼 : 1.13   • 까락메벼 : 1.10
• 몽근 찰벼 : 1.10   • 까락찰벼 : 1.08

133

다음 중 볍씨 소독으로 방제가 어려운 병은?

① 잎마름선충병   ② 키다리병
③ 도열병   ④ 오갈병

해설

④ 오갈병은 매개충으로 전염된다.
볍씨 소독으로 방제 가능한 병 : 깨씨무늬병, 키다리병, 도열병 등

134

볍씨 냉수온탕침법의 방법으로 옳은 것은?

① 20~30℃ 물에 10~20분 침지 후, 55~60℃ 물에 4~5시간 침지한다.

② 20~30℃ 물에 4~5시간 침지 후, 55~60℃ 물에 10~20분 침지한다.

③ 55~60℃ 물에 10~20분 침지 후, 20~30℃ 물에 4~5시간 침지한다.

④ 55~60℃ 물에 4~5시간 침지 후, 20~30℃ 물에 10~20분 침지한다.

해설

물리적인 볍씨 소독 방법
• 온탕소독법 : 마른 볍씨를 60℃의 온탕에서 약 10분간 침지한다.
• 냉수온탕침법 : 20~30℃ 물에 4~5시간 침지 후, 55~60℃ 물에 10~20분 침지한다.

135

대체로 볍씨는 중량의 22.5% 정도의 물을 흡수하면 발아할 수 있는데 종자소독 후 침종은 적산온도 100℃를 기준으로 수온이 15℃인 물에서는 며칠간 실시하는 것이 가장 적정한가?

① 4.5일　　　　② 7일
③ 10일　　　　④ 15일

해설

볍씨의 침종시간은 15℃에서 약 6~7일 정도 소요된다.

136

다음 중 (　)에 알맞은 내용은?

> 벼의 경우 발아, 생육을 촉진할 목적으로 종자의 싹을 약간 틔워서 파종하는데 이를 (　)(이)라고 한다.

① 건열처리　　　　② 온탕침법
③ 프라이밍　　　　④ 최아

해설

최아(催芽)는 침종이 끝난 종자를 파종 직전에 싹을 트게 하는 것이다.

137

마늘의 저온저장 방법으로 가장 적절한 것은?

① 저온저장은 -10~-5℃, 상대습도는 약 50% 알맞다.
② 저온저장은 8~10℃, 상대습도는 약 85%가 알맞다.
③ 저온저장은 3~5℃, 상대습도는 약 65%가 알맞다.
④ 저온저장은 3~5℃, 상대습도는 약 85%가 알맞다.

해설

수확 당시의 마늘 수분함량은 80% 정도이다. 통풍이 잘되는 곳에서 2~3개월간 간이저장·건조하고, 저온저장은 3~5℃, 상대습도는 약 65%가 알맞다.

138

큐어링한 후 고구마의 안전저장온도는?

① 3~5℃　　　　② 7~11℃
③ 13~15℃　　　　④ 18~24℃

해설

고구마의 본 저장은 온도 13~15℃, 습도 85~90%이다.

139

곡물 종자의 수명을 연장시킬 수 있는 구비조건으로 가장 적합한 것은?

① 완숙이면서 건조되었고 저온에 밀폐되어 있다.
② 미숙이면서 건조되었고 고온에 통기가 잘된다.
③ 완숙이면서 수분이 많고 저온에 밀폐되었다.
④ 미숙이면서 수분이 많고 고온에 통기가 잘된다.

해설

저장조건 중에서 중요한 것은 온도와 습도인데 대체로 건조하거나 저온인 상태에서는 곡물 종자의 수명이 연장된다.

140

종자 발아의 4요소?

① 온도, 양분, 산소, 수분
② 수분, 산소, 빛, 양분
③ 온도, 빛, CO_2, 수분
④ 온도, 수분, 산소, 빛

해설

종자발아의 3요소(+ 4요소)
수분, 온도, 산소(+ 광)

141

육묘의 장점이 아닌 것은?

① 조기수확
② 토지이용도의 증대
③ 노력절감
④ 조기추대

해설

육묘는 조기 수확 및 증수 효과를 얻을 수 있으며, 경지 이용도 향상과 함께 종자 발아율 상승 및 소요량을 절감할 수 있다.

142

다음 육묘용 설비와 자재의 설명으로 옳지 않은 것은?

① 전열온상은 단상 110V, 220V, 3상 220V 등으로 구분한다.
② 전기발열판 온상은 전열온상의 결점을 보완한 편리하고 경제적인 온상이다.
③ 온수온상은 온도조절이 가능하고 온도분포가 균일하며, 설치비용이 적게 들고 이동이 편리하다.
④ 플러그 묘는 기계화작업으로 일시에 대량생산이 가능하고, 본포에서 뿌리의 활착이 양호하여 영농현장에 널리 보급되고 있다.

해설

온수온상은 온도조절이 가능하고 온도분포가 균일한 장점이 있지만, 설치비용이 많이 들고 이동이 곤란하다는 단점이 있다.

143

유기수도작 재배에서 모의 구비조건으로 틀린 것은?

① 줄기가 가늘고 잎이 작은 것
② 발근력이 강하며 이앙 후 활착이 빠른 것
③ 적당한 묘령에 도달해 있을 것
④ 병충해가 없고 영양이 적당하며 균일하게 자란 것

해설

유기수도작 재배에서 모의 구비조건
• 초장이 너무 크지 않고 적당한 묘령에 도달해 있을 것
• 줄기가 굵고 잎 폭이 넓은 것
• 생리적으로 아무런 이상이 없고 질소와 전분함량이 충분한 것
• 아래 잎이 마르지 않고 잎이 늘어지지 않은 것
• 병충해가 없고 영양이 적당하며 균일하게 자란 것
• 발근력이 강하며 이앙 후 활착이 빠른 것

144

벼 육묘에 있어 자가상토의 최적산도(pH)는?

① 3.0~4.0   ② 4.5~5.5
③ 6.0~7.0   ④ 7.5~8.5

145

다음에서 설명하는 육묘방식은?

> • 못자리 초기부터 물을 대고 육묘하는 방식이다.
> • 물이 초기의 냉온을 보호하고, 모가 균일하게 비교적 빨리 자라며, 잡초, 병충해, 쥐, 새의 피해도 적다.

① 물못자리   ② 밭못자리
③ 보온밭못자리   ④ 상자육묘

해설

① 물못자리 : 모판에 물을 채워 모를 키우는 방식
② 밭못자리 : 밭이나 마른 논에 설치하여 물 없이 모를 키우는 방식
③ 보온밭못자리 : 밭못자리에 비닐 등을 덮어 보온하여 모를 키우는 방식
④ 상자육묘 : 상자에 모를 키우는 방식

146

직파재배의 장점으로 틀린 것은?

① 입모 안정
② 노동력 절감 및 노력분산
③ 관개용수 절약
④ 단기성 품종 활용 시 작부체계 도입이 유리

해설

직파재배는 입모율이 떨어지고 도복이 심하다.

147

중경의 장점으로 틀린 것은?

① 토양통기의 조장   ② 단근 억제
③ 토양수분의 증발 경감   ④ 비효증진 효과

해설

중경의 장단점

장점	• 발아 및 토양통기의 조장 • 토양수분의 증발 경감 • 잡초의 제거 및 비효증진 효과
단점	• 단근 • 풍식 조장(토양유실) • 동상해 조장

148

다음에서 설명하는 것은?

> • 포도나무의 정지법으로 흔히 이용되는 방법이다.
> • 가지를 2단 정도로 길게 직선으로 친 철사에 유인하여 결속시킨다.

① 울타리형 정지   ② 변칙주간형 정지
③ 원추형 정지   ④ 배상형 정지

해설

② 변칙주간형 : 주간형의 단점인 높은 수고와 수관 내부의 광부족을 시정한 수형
③ 원추형(주간형, 배심형) : 수형이 원추상태가 되도록 하는 정지 방법
④ 배상형 : 짧은 원줄기 상에 3~4개의 원가지를 거의 동일한 위치에서 발생시켜 외관이 술잔모양으로 되는 수형

149

포도나무의 정지법으로 흔히 이용되는 방법이며, 가지를 2단 정도로 길게 직선으로 친 철사에 유인하여 결속시킨 것은?

① 절단형 정지   ② 변칙주간형 정지
③ 원추형 정지   ④ 울타리형 정지

해설

울타리형 정지
지지대에 유인 줄을 설치하고 교목성 과수나 덩굴성 과수를 울타리처럼 심은 후, 그에 적합하게 가지를 자르거나 유인하는 방법이다.

150

짧은 원줄기상에 3~4개의 원가지를 발달시켜 수형이 술잔 모양으로 되게 하는 정지법이며, 개심형이라고도 하는 것은?

① 덕형   ② 울타리형
③ 원추형   ④ 배상형

해설

배상형은 원가지의 부담이 커서 가지가 늘어지기 쉽고, 또 결과수가 적어지는 결점이 있다.

151

다음에서 설명하는 것은?

> 감자재배에서 한 포기로부터 여러 개의 싹이 나올 경우, 그중 충실한 것을 몇 개 남기고 나머지는 제거하는 작업을 말한다.

① 휘기   ② 적심
③ 제얼   ④ 적아

해설

생육형태 조절 방법
- 절상 : 눈이나 가지의 바로 위에 가로로 깊은 칼금을 넣어 눈이나 가지의 발육을 조장하는 것
- 적아 : 눈이 트려고 할 때 필요하지 않은 눈을 손끝으로 따주는 것
- 제얼 : 한 포기로부터 여러 개의 싹이 나올 경우, 그중 충실한 것을 몇 개 남기고 나머지는 제거하는 작업
- 휘기 : 정부우세성을 이동시켜 기부에서 가지가 발생하도록 하는 것

152

포기를 일정한 간격을 두고 띄어서 점점이 이식하는 방법은?

① 조식   ② 대전3포식
③ 점식   ④ 난식

해설

이식의 양식
- 조식 : 골에 줄지어 이식하는 방법
  - 예 파, 맥류
- 점식 : 포기를 일정한 간격을 두고 띄어서 점점이 이식
  - 예 콩, 수수, 조
- 혈식 : 포기를 많이 띄어서 구덩이를 파고 이식하는 방법
  - 예 양배추, 토마토, 박과
- 난식 : 일정한 질서 없이 점점이 이식

153

포기를 많이 띄워서 구덩이를 파고 이식하는 방법은?

① 조식   ② 이앙식
③ 혈식   ④ 노포크식

해설

① 조식 : 골에 줄지어 이식하는 방법
② 이앙식 : 못자리에서 일정기간 모를 키운 후 본답에 옮겨 재배하는 방법
④ 노포크식 : 농지를 4구획으로 나누고, '춘파보리-추파밀-순무-클로버'를 순환 재배하여 곡류 생산과 심근성작물 재배는 물론, 지력 증진을 위한 윤작 방식

154

파, 맥류에서 실시되며 골에 줄지어 이식하는 방법은?

① 점식   ② 혈식
③ 조식   ④ 난식

해설

① 점식 : 포기를 일정한 간격을 두고 띄어서 점점이 이식
② 혈식 : 포기를 많이 띄어서 구덩이를 파고 이식하는 방법
④ 난식 : 일정한 질서 없이 점점이 이식

155

건답직파의 특성이 아닌 것은?

① 비가 올 때에는 파종이 어렵다.
② 담수직파보다 잡초 발생량이 적다.
③ 담수직파보다 출아일수가 길다.
④ 도복 발생량이 감소한다.

해설

건답직파의 특성
- 노동력 및 기계작업 효율 향상
- 초기 생육 및 입모 확보의 어려움
- 뜸모 및 도복 발생 감소
- 잡초 발생 증가
- 토양 및 기상 조건의 영향 큼

156

다음 중 (가), (나), (다)에 알맞은 내용은?

> 벼 재배양식별 잡초발생량과 벼 수량감소는 (가)가 가장 심하고, 그 다음은 (나)이다. 직파재배는 기계이앙재배보다 수량이 (다)한다.

① 가 : 마른논직파재배 나 : 무논직파재배 다 : 증가
② 가 : 무논직파재배 나 : 마른논직파재배 다 : 증가
③ 가 : 무논직파재배 나 : 마른논직파재배 다 : 감소
④ 가 : 마른논직파재배 나 : 무논직파재배 다 : 감소

해설
- 마른논직파(건답직파) : 쓰러짐에는 강하나 잡초가 많이 발생하고 파종 시 날씨의 영향을 받는 것이 단점이다.
- 무논직파(담수직파) : 건답직파에 비해 파종이나 잡초발생에서 유리하나 호우, 강풍에 벼가 잘 쓰러지는 것이 단점이다.
- 벼 직파재배는 매우 오래된 안정적인 농법임에도 이앙재배에 비해 쌀 수량이 낮고 품질이 떨어지는 것이 단점이다.

157

혼작에 대한 설명으로 틀린 것은?

① 적당한 작물을 혼작하면 단위면적당 총수확량을 늘릴 수 있다.
② 경지에 다양한 작물을 지배함으로써 단일작물에 대한 의존도를 낮추고, 농작물을 이상적으로 계속 수확할 수 있다.
③ 콩과 작물과 혼작하면 생육 후기에 비콩과 작물과 질소경합으로 작물생육이 떨어진다.
④ 작물들이 서로 다른 작물의 생장을 방해해 생장부진이나 병해충 피해를 유발할 수 있다.

해설
③ 콩과 작물의 근립균이 질소를 고정하고 흙을 풍성하게 해 준다.

158

다음 중 동일한 포장에서 같은 종류의 작물을 계속 재배하는 것을 무엇이라 하는가?

① 돌려짓기   ② 이어짓기
③ 사이짓기   ④ 답전윤환

해설
재배 방법
- 돌려짓기(윤작) : 한 경작지에 여러 가지의 다른 농작물을 해마다 번갈아가며 재배하는 방식
- 이어짓기(연작) : 동일한 포장에서 같은 종류의 작물을 계속 재배하는 것
- 사이짓기(간작) : 한 종류의 작물이 자라고 있는 이랑 또는 포기 사이에 한정된 기간 다른 작물을 심는 농법
- 엇갈아짓기(교호작) : 두 종류 이상의 작물을 한 포장에 이랑별로 번갈아 심어서 재배하는 방식
- 둘레짓기(주위작) : 포장의 주위(둘레)에 포장 내의 주작물과는 다른 작물을 재배하는 방식
- 답전윤환 : 논을 담수한 논 상태와 배수한 밭 상태로 돌려가면서 이용하는 방법

159

답전윤환의 효과로 틀린 것은?

① 벼를 재배하다가 채소를 재배하면 채소의 기지현상이 회피된다.
② 담수상태나 배수상태가 서로 교체되므로 잡초발생이 감소된다.
③ 입단화가 되고 건토효과가 진전되며 미량원소 등이 용탈된다.
④ 밭기간 동안에는 논기간에 비하여 환원성인 유해물질의 생성이 억제된다.

해설
답전윤환의 효과
- 지력의 유지·증진
- 기지의 회피
- 잡초발생의 억제
- 토양 보호
- 작물의 수량 증가

160

최근 국제 사료가 급등하고 우리나라 남북지방을 중심으로 논을 이용한 조사료용 청보리(총체보리) 재배면적이 증가하고 있다. 청보리 재배의 장점이 아닌 것은?

① 국내에서 종자 구입이 가능하다.

② 사료가치가 양호하다.

③ 비육용 소의 후기 급여 시 육질개선 효과가 높다.

④ 완숙기에 수확한 다음 후작물인 벼를 이앙을 하여도 수량에 영향이 없다.

해설

청보리 + 벼 작부체계 시 벼이앙 적기(중부지역 5월 하순, 남부지역 6월 상순)를 고려할 때 중부지역에서는 호숙기~황숙기 초기, 남부지역에서는 황숙기 초기가 적당하다.

161

과수원에 피복작물을 재배하고자 할 때 고려할 조건으로 가장 거리가 먼 것은?

① 종자가 저렴하고, 쉽게 구할 수 있을 것

② 생육이 빨라 단기간에 피복이 가능할 것

③ 대기로부터 질소를 고정하고 이를 토양에 공급할 것

④ 토양 산성화 개선에 효과적일 것

해설

과수원에 피복작물을 재배하고자 할 때 고려할 조건

• 종자가 저렴하고, 쉽게 구할 수 있으며, 수확이 용이하고, 저장과 번식이 쉬운 것
• 생육이 빨라 단기간에 피복이 가능할 것
• 대기로부터 질소를 고정하고 이를 토양에 공급할 것
• 병충해에 강할 것
• 다량의 유기물과 건물을 생산할 것
• 조밀한 근권구조를 지니고 있어 척박한 토양을 회복시킬 수 있을 것
• 단일재배 시 또는 다른 작물과 혼식하였을 때에도 관리하기 쉬울 것
• 사료작물이나 곡류, 즉 식량으로 이용할 수 있을 것

162

토양피복의 목적으로 가장 적합한 것은?

① 공기유동 촉진　　② 병해충 발생 촉진

③ 지온 저하 촉진　　④ 토양수분 유지

해설

토양피복의 목적

토양수분 유지, 토양의 유실 방지, 잡초 발생 억제 및 지온 상승 방지, 작물에 양분 공급, 토양유기물 함량 증가

163

특정한 물질을 분비하여 주위 식물의 발아와 생육을 억제시키는 작물은?

① 식충작물(insectivorous crop)

② 보육작물(nurse crop)

③ 주작물(main crop)

④ 타감작물(allelopathic crop)

해설

타감작물(他感作物)

식물이 자신의 생존을 위해 주변 식물의 생장이나 발아를 억제하는 화학물질을 분비하는 식물

164

벼의 전체 생육기간 중 요구되는 적산온도 범위로 가장 적합한 것은?

① 1,000~1,500℃　　② 1,500~2,500℃

③ 3,500~4,500℃　　④ 4,500~5,500℃

해설

벼의 적산온도

여름작물 중에서 생육기간이 긴 벼의 적산온도는 3,500~4,500℃이다.

165

다음 중 저위도지대에서 재배해야하는 벼 기상생태형으로 가장 옳은 것은?

① blt형 ② blT형
③ bLt형 ④ Blt형

해설

저위도 지방인 열대지방은 기본영양생장형(Blt)을, 고위도 지방에서는 온도가 낮기 때문에 감온형(blT) 품종을 선택해야 한다.

166

유기수도작에서 벼의 수량을 구성하는 4요소가 아닌 것은?

① 단위면적당 벼 포기수
② 1개의 이삭에 달리는 벼 알수
③ 전체 벼 알 중 여문 벼 알의 비율
④ 평균 벼 알 무게(평균 1립중)

해설

벼의 수량 = 단위면적당 이삭수 × 1수 영화수 × 등숙비율 × 1립중

167

볍씨의 발아최적온도 범위로 가장 적합한 것은?

① 16~20℃ ② 21~25℃
③ 26~30℃ ④ 30~34℃

해설

볍씨의 발아온도

최저온도 8~13℃, 최적온도 30~34℃, 최고온도 40~44℃

168

다음 중 출수에 대한 설명으로 옳은 것은?

① 이삭이 지엽의 잎집으로부터 나오는 것
② 분얼수가 최종 이삭수와 같아지는 시기
③ 분얼수가 최고에 달할 때
④ 어린 이삭의 세포가 분화되어 길이 1mm 정도까지의 시기

해설

벼의 생육단계

• 발아기 : 볍씨가 싹을 틔우는 시기
• 묘대기 : 못자리에서 모를 키우는 기간(이앙재배 시), 직파재배에는 해당 없음
• 이앙 및 착근기 : 본 논에 모를 심고, 뿌리가 활착(착근)하여 양분과 수분을 흡수하기 시작하는 시기
• 분얼기 : 새로운 줄기(분얼)가 발생하여 포기 수가 늘어나는 시기로, 유효분얼(이삭이 되는 분얼)과 무효분얼(이삭이 되지 않는 분얼)로 구분됨
• 유수형성기 : 어린 이삭(유수)이 분화되기 시작하는 시기로, 출수 약 30일 전부터 시작
• 수잉기 : 이삭이 급격히 성장하여 길이가 완성되는 시기로 이삭이 패기 직전까지
• 출수 · 개화기 : 이삭이 줄기 밖으로 나오고(출수), 꽃이 피는(개화) 시기
• 결실기(등숙기) : 수정이 이루어지고 벼알이 여물어 가는 시기로, 유숙기(우유상), 호숙기(풀상), 황숙기(황색), 완숙기(완전 성숙)로 세분됨
• 성숙기 : 벼알이 완전히 익어 수확 가능한 상태가 됨

169

벼 뿌리의 생장에 가장 큰 영향을 미치는 근권 토양환경요인은?

① 산소 ② 유기물
③ 토성 ④ 온도

해설

식물뿌리는 토양에서 수분과 무기양분, 산소를 흡수하면서 탄산가스나 유기물을 생성하고 아미노산, 유기산, 탄수화물, 핵산유도체, 생육인자, 효소, 옥신 등을 분비한다.

170

Fe, Mn, Ca 등이 작토에서 용탈되어 결핍된 논토양을 무엇이라 하는가?

① 노후답 ② 간척지답
③ 습답 ④ 사력질답

해설

노후답

Fe, Mn, Ca 등이 작토에서 용탈되어 결핍된 논토양

171

간척지답에서 염해가 우려되는 농도는?

① 0.1% 이상 ② 0.01% 이상
③ 0.02% 이상 ④ 0.05% 이상

해설

간척지답

염화나트륨으로 염농도가 0.1% 이상이면 염해의 우려가 있고, 벼재배 토양 한계염분농도는 0.3% 이하이다.

172

동물이 누려야 할 복지로 거리가 먼 것은?

① 도축장까지의 안전 운반을 위한 합성 진정제 접종의 자유
② 행동 표현의 자유
③ 갈증, 허기, 영양결핍으로부터의 자유
④ 공포, 스트레스로부터의 자유

해설

동물복지의 기본 5대 자유
• 배고픔과 갈증, 영양불량으로부터의 자유
• 불안과 스트레스로부터의 자유
• 정상적인 행동을 표현할 자유
• 통증, 질병, 상해로부터의 자유
• 불편함으로부터의 자유

173

동물복지(animal welfare) 개선을 위한 조치로 잘못된 것은?

① 양질의 유전자변형사료 공급
② 적절한 사육공간 제공
③ 스트레스 최소화와 질병 예방
④ 건강증진을 위한 가축관리

해설

① 안전성이 확보되지 않은 유전자변형사료는 동물의 건강에 부정적인 영향을 미칠 수 있다.

동물복지 개선을 위한 조치
• 적절한 사육공간 제공
• 양질의 사료 및 깨끗한 물 공급
• 스트레스 최소화 및 질병 예방
• 건강증진을 위한 가축관리
• 동물학대 및 유기 · 유실 예방
• 동물복지 인증 및 표시제도 확대
• 동물보호시설 및 인프라 확충
• 동물복지정책 전담조직 신설

174

유기축산의 적절한 사육환경 기준으로 옳지 않은 것은?

① 유기배합사료급여
② 적절한 사육밀도 유지
③ 치료용 동물용의약품의 정기사용
④ 생축의 스트레스 최소화

해설

유기축산물의 동물복지 및 질병관리(유기식품 및 무농약농산물 등의 인증에 관한 세부실시요령 [별표 1])

동물용의약품은 규칙 [별표 4] 제3호에서 허용하는 경우에만 사용하고 농장에 비치되어 있는 유기축산물 질병 · 예방관리 프로그램에 따라 사용하여야 한다.

175

유기축산 젖소 관리에서 착유우의 이상적인 건유기간으로 옳은 것은?

① 10~15일 ② 20~30일
③ 50~60일 ④ 80~100일

해설
유기축산 젖소관리에서 착유우의 이상적인 건유기간 : 50~60일 정도

176

유기축산에서 가축인공수정의 장점이 아닌 것은?

① 우수한 종모축의 정액을 여러 마리의 암컷에 확대하여 수정할 수 있다.
② 가축의 개량이 촉진되고 생산성을 향상시킨다.
③ 방목하는 암가축에게 인공수정을 쉽게 할 수 있다.
④ 인공수정용 냉동정액을 원거리까지 수송이 가능하다.

해설
③ 방목 상태에서는 정확한 발정시기를 파악하기 힘들고, 가축을 포획하기 어려워 인공수정이 어렵다.

177

유기축산에 사용하는 가축 중에서 자축의 수가 평균적으로 가장 많은 가축은?

① 한우 ② 젖소
③ 돼지 ④ 염소

해설
유기축산에 사용하는 가축 중에서 자축의 수가 가장 많은 가축
닭 > 돼지 > 한우

178

유기가축과 비유기가축의 병행사육 시 준수사항으로 틀린 것은?

① 입식시기가 경과한 비유기가축은 유기가축 축사로 입식을 허용한다.
② 유기가축과 비유기가축은 서로 독립된 축사(건축물)에서 사육하고 구별이 가능하도록 각 축사 입구에 표지판을 설치하여야 한다.
③ 유기가축과 비유기가축의 생산부터 출하까지 구분관리 계획을 마련하여 이행하여야 한다.
④ 인증가축은 비유기가축 사료, 금지물질 저장, 사료공급·혼합 및 취급 지역에서 안전하게 격리되어야 한다.

해설
① 입식시기가 경과한 비유기가축을 유기가축축사로 입식하여서는 아니 된다.

179

유기양계에서 필요하거나 허용되는 사육장 및 사육조건이 아닌 것은?

① 가금의 크기와 수에 적합한 홰의 크기
② 톱밥·모래 등 깔짚으로 채워진 축사
③ 높은 수면공간
④ 닭을 사육하는 케이지

해설
유기축산물의 사육장 및 사육조건(유기식품 및 무농약농산물 등의 인증에 관한 세부실시요령 [별표 1])
• 축사조건 : 가금류의 축사는 짚·톱밥·모래 또는 야초와 같은 깔짚으로 채워진 건축공간이 제공되어야 하고, 가금의 크기와 수에 적합한 홰의 크기 및 높은 수면공간을 확보하여야 하며, 산란계는 산란상자를 설치하여야 한다.
• 방목조건 : 가금은 개방조건에서 사육되어야 하고, 기후조건이 허용하는 한 야외 방목장에 접근이 가능하여야 하며, 케이지에서 사육하지 아니할 것

180

친환경관련법에서 유기축산물의 축사조건으로 틀린 것은?

① 음수는 접근이 용이할 것

② 영양상태를 조절하기 위해 사료와 거리를 둘 것

③ 충분한 자연환기와 햇빛이 제공될 수 있을 것

④ 공기순환, 온도·습도, 먼지 및 가스농도가 가축건강에 유해하지 아니한 수준 이내로 유지되어야 하고, 건축물은 적절한 단열·환기시설을 갖출 것

유기축산물의 축사조건(유기식품 및 무농약농산물 등의 인증에 관한 세부실시요령 [별표 1])

축사는 다음과 같이 가축의 생물적 및 행동적 욕구를 만족시킬 수 있어야 한다.

(가) 사료와 음수는 접근이 용이할 것

(나) 공기순환, 온도·습도, 먼지 및 가스농도가 가축건강에 유해하지 아니한 수준 이내로 유지되어야 하고, 건축물은 적절한 단열·환기시설을 갖출 것

(다) 충분한 자연환기와 햇빛이 제공될 수 있을 것

181

유기축산물 사육장 및 사육조건에 대한 내용이다. (   ) 안에 알맞은 내용은?

> 번식돈은 임신 말기 또는 포유기간을 제외하고 군사를 하여야 하고, 자돈 및 육성돈은 케이지에서 사육하지 아니할 것. 다만, 자돈 압사 방지를 위하여 포유기간에는 모돈과 조기 이유한 자돈의 생체중이 (   )kg까지는 케이지에서 사육할 수 있다.

① 25 　　　　　　② 35

③ 45 　　　　　　④ 55

유기축산물의 사육장 및 사육조건(유기식품 및 무농약농산물 등의 인증에 관한 세부실시요령 [별표 1])

번식돈은 임신 말기 또는 포유기간을 제외하고는 군사를 하여야 하고, 자돈 및 육성돈은 케이지에서 사육하지 아니할 것. 다만, 자돈 압사 방지를 위하여 포유기간에는 모돈과 조기에 젖을 뗀 자돈의 생체중이 25kg까지는 케이지에서 사육할 수 있다.

182

한·육우 유기가축 1마리당 갖추어야 하는 가축사육시설의 소요면적에 대한 내용이다. (   ) 안에 알맞은 내용은?

시설형태	번식우
방사식	( )m²/마리

㉠ 성우 1마리 = 육성우 2마리

㉡ 성우(14개월령 이상), 육성우(6개월~14개월 미만), 송아지(6개월령 미만)

㉢ 포유 중인 송아지는 마릿수에서 제외

① 20

② 15

③ 10

④ 5

유기축산물의 사육장 및 사육조건 – 한·육우(유기식품 및 무농약농산물 등의 인증에 관한 세부실시요령 [별표 1])

시설형태	번식우	비육우	송아지
방사식	10m²/마리	7.1m²/마리	2.5m²/마리

• 성우 1마리 = 육성우 2마리

• 성우(14개월령 이상), 육성우(6개월~14개월 미만), 송아지(6개월령 미만)

• 포유중인 송아지는 마릿수에서 제외

183

다음 중 일반농가가 유기축산으로 전환하거나 유기가축이 아닌 가축을 유기농장으로 입식하여 유기축산물을 생산·판매하려는 경우 축종과 최소사육기간이 잘못 연결된 것은?

① 오리(식육) : 입식 후 출하 시까지 최소 6주 이상
② 육계(식육) : 입식 후 출하 시까지 최소 3주 이상
③ 돼지(식육) : 입식 후 출하 시까지 최소 3개월 이상
④ 육우(식육) : 입식 후 출하 시까지 최소 12개월 이상

유기축산물의 전환기간(친환경농어업법 시행규칙 [별표 4])

가축의 종류	생산물	전환기간(최소사육기간)
한우·육우	식육	입식 후 12개월
젖소	시유 (시판우유)	• 착유우는 입식 후 3개월 • 새끼를 낳지 않은 암소는 입식 후 6개월
면양·염소	식육	입식 후 5개월
	시유 (시판우유)	• 착유양은 입식 후 3개월 • 새끼를 낳지 않은 암양은 입식 후 6개월
돼지	식육	입식 후 5개월
육계	식육	입식 후 3주
산란계	알	입식 후 3개월
오리	식육	입식 후 6주
	알	입식 후 3개월
메추리	알	입식 후 3개월
사슴	식육	입식 후 12개월

184

유기축산 농가인 길동농장이 육계 병아리를 5월 1일에 입식시켰다면 언제부터 출하하는 경우에 유기축산물 육계(식육)로 인증이 가능한가?

① 5월 2일   ② 5월 16일
③ 5월 22일   ④ 6월 22일

5월 1일 입식 후 3주인 5월 22일이다.

185

유기축산물 인증기준의 구비조건 중에서 1년 이상 기록한 경영 관련 자료를 보관하고 인증기관이 열람을 요구할 경우 응하여야 할 사항이 아닌 것은?

① 가축입식과 번식내용
② 사료 생산 및 구입 방법
③ 질병발생 및 예방 관리
④ 자연교배하였다는 수의사의 확인서

축산물(양봉의 산물·부산물을 포함) 생산자의 경영 관련 자료(친환경농어업법 시행규칙 [별표 5])

1) 가축입식 등 구입사항과 번식에 관한 사항을 기록한 자료 : 일자별 가축 구입 마릿수·번식 마릿수, 가축 연령 및 가축 인증에 관한 사항
2) 사료의 생산·구입 및 공급에 관한 사항을 기록한 자료 : 사료명, 사료의 종류, 일자별 생산량·구입량·공급량, 사용 가능한 사료임을 증명하는 서류
3) 예방 또는 치료목적의 질병관리에 관한 사항을 기록한 자료 : 자재명, 일자별 사용량, 사용목적, 자재구매영수증
4) 동물용의약품·동물용의약외품 등 자재 구매·사용·보관에 관한 사항을 기록한 자료 : 약품명, 일자별 구매·사용량·보관량, 구매영수증
5) 질병의 진단 및 처방에 관한 자료 : 수의사법에 따라 발급받은 진단서 또는 발급·등록된 처방전
6) 퇴비·액비의 발생·처리 사항을 기록한 자료 : 기간별 발생량·처리량, 처리 방법
7) 축산물의 생산량·출하량, 출하처별 거래 내용 및 도축·가공업체에 관하여 기록한 자료 : 일자별 생산량, 일자별·출하처별 출하량, 일자별 도축·가공량, 도축·가공업체명
8) 1)부터 7)까지의 규정에 따른 자료의 기록 기간은 최근 1년간으로 하되, 가축의 종류별 전환기간 등을 고려하여 국립농산물품질관리원장이 정한 바에 따라 그 기간을 단축하거나 연장할 수 있다.

186

한우사육농가의 조수입이 7,000만원, 생산비가 3,500만원(경영비 3,000만원, 자가노력비 500만원)이라고 할 때 소득은 얼마인가?

① 3,000만원 ② 3,500만원
③ 4,000만원 ④ 4,500만원

해설

소득 = 조수입 − 경영비
    = 7,000만원 − 3,000만원
    = 4,000만원

187

유기축산물 생산을 위한 유기사료의 분류 시에 조사료가 아닌 것은?

① 배합사료 ② 건초
③ 볏짚 ④ 사일리지

해설

① 배합사료는 곡류, 대두박, 밀기울 등 여러 가지 원료를 혼합해 만든 농후사료(농축사료)에 해당한다.

조사료(粗飼料) : 영양소 공급 능력에 비해 부피가 크며, 섬유소 함량이 높다.

예 볏짚, 야초, 목초, 사일리지, 건초 등

188

고간류 사료 중에서 우리나라에서 가장 많이 이용하는 조사료는?

① 보릿짚 ② 옥수수대
③ 밀짚 ④ 볏짚

해설

고간류는 건초 대용의 주요 사료이다. 고간류 중에서 볏짚이 그 대부분을 차지하며 영양가도 다른 고간류에 비하여 우수하다.

189

조사료 종류별로 한우 및 젖소의 1일 조사료의 기본 섭취량으로 가장 적절하지 않은 것은?(단, 체중을 기준으로 한다)

① 한우 300kg의 건초 섭취량 = 6~9kg
② 젖소 400kg의 생초 섭취량 = 2~2.4kg
③ 한우 500kg의 볏짚 섭취량 = 5~7.5kg
④ 젖소 600kg의 사일리지 섭취량 = 30~36kg

해설

② 젖소 400kg의 생초 섭취량 : 40~60kg

조사료의 종류별 1일 섭취량(체중 기준)

• 건초 : 2~3%
• 생초 : 10~15%
• 볏짚 : 1~1.5%
• 사일리지 : 5~6%
• 청예작물 : 8~10%
• 근채류 : 6~8%

190

친환경관련법상 인증기준의 세부사항에서 유기축산물의 사료 및 영양관리에 대한 내용이다. (　) 안에 알맞은 것은?

> 유기축산물의 생산을 위한 가축에게는 (　)% 비식용유기가공품(유기사료)을 급여하여야 하며, 유기사료 여부를 확인하여야 한다.

① 100 ② 90
③ 80 ④ 70

해설

유기축산물의 사료 및 영양관리(친환경농축산물 및 유기식품 등의 인증에 관한 세부실시요령 [별표 1])

유기축산물의 생산을 위한 가축에게는 100% 유기사료를 급여하여야 하며, 유기사료 여부를 확인하여야 한다.

191

유기축산물 사료 및 영양관리에 대한 내용이다. 다음 중 내용이 틀린 것은?

> 다음에 해당되는 물질을 사료에 첨가해서는 아니 된다.
> 가) 가축의 대사기능 촉진을 위한 합성화합물
> 나) 반추가축에게 포유동물에서 유래한 사료(우유 및 유제품 포함)는 어떠한 경우에도 첨가해서는 아니 된다.
> 다) 합성질소 또는 비단백태질소화합물
> 라) 항생제 · 합성항균제 · 성장촉진제, 구충제, 항콕시듐제 및 호르몬제

① 가)   ② 나)
③ 다)   ④ 라)

해설

유기축산물의 사료 및 영양관리(유기식품 및 무농약농산물 등의 인증에 관한 세부실시요령 [별표 1])
다음에 해당되는 물질을 사료에 첨가해서는 아니 된다.
가) 가축의 대사기능 촉진을 위한 합성화합물
나) 반추가축에게 포유동물에서 유래한 사료(우유 및 유제품을 제외)는 어떠한 경우에도 첨가해서는 아니 된다.
다) 합성질소 또는 비단백태질소화합물
라) 항생제 · 합성항균제 · 성장촉진제, 구충제, 항콕시듐제 및 호르몬제
마) 그 밖에 인위적인 합성 및 유전자조작에 의해 제조 · 변형된 물질

192

유기농업에서 소각을 권장하지 않는 이유에 관한 설명으로 틀린 것은?

① 재가 함유하고 있는 양분은 빗물에 쉽게 씻겨 유실된다.
② 많은 양의 탄소, 질소와 황이 고체형태로 잔류한다.
③ 식물체는 태우는 것보다 토양유기물의 원료로 더 유용하게 쓰일 수 있다.
④ 소각함으로써 익충과 토양생물에 피해를 준다.

해설

② 소각 시 질소, 황, 탄소 등이 가스화되어 영양분이 손실된다.

193

다음 중 광합성 자급영양생물에 해당하는 것은?

① 질화세균
② cyanobacteria
③ 황산화세균
④ 수소산화세균

해설

탄소원과 에너지원에 따른 미생물 분류

영양원별		대표적 미생물
자급 영양생물	광합성 자급영양균	green bacteria(녹색세균), cyanobacteria(남세균, 남조류), purpli bacteria(홍색세균, 자색세균)
	화학 자급영양균	질화세균, 황산화세균, 수소산화세균, 철산화세균 등
타급 영양생물	광종속영양균	홍색황세균
	화학종속영양균	부생성세균, 대부분의 공생세균

194

유기축산물에서 초식가축의 자급사료기반 구비요건으로 가장 적절한 것은?

① 유기적 방식으로 재배 · 생산되는 목초지
② 공장형 미발효 축분을 이용한 사료
③ 일반농법으로 재배되는 조사료 재배지
④ 성장촉진용 호르몬제를 사용한 사료

해설

유기축산물의 자급사료기반(친환경농어업법 시행규칙 [별표 4])
초식가축의 경우에는 유기적 방식으로 재배 · 생산되는 목초지 또는 사료작물 재배지를 확보할 것

195

가축전염병 예방법에서 제1종 가축전염병이 아닌 것은?

① 결핵병　　　　　② 구제역
③ 돼지열병　　　　④ 우폐역

해설

제1종 가축전염병(가축전염병 예방법 제2조 제2호 가목)
우역, 우폐역, 구제역, 가성우역, 블루텅병, 리프트계곡열, 럼피스킨병, 양두, 수포성구내염, 아프리카마역, 아프리카돼지열병, 돼지열병, 돼지수포병, 뉴캣슬병, 고병원성조류인플루엔자

197

유기축산물의 동물복지 및 질병관리에 대한 내용으로 틀린 것은?

> 가축의 질병은 다음과 같은 조치를 통하여 예방하여야 하며, 질병이 없는데도 동물용의약품을 투여해서는 아니 된다.
> 가) 가축의 품종과 계통의 적절한 선택
> 나) 무기물 급여를 통한 면역기능 증진
> 다) 비타민 급여를 통한 면역기능 증진
> 라) 다만, 생균제(효소제 포함)는 사용해서는 아니 된다.

① 가　　　　　② 나
③ 다　　　　　④ 라

해설

유기축산물의 동물복지 및 질병관리(유기식품 및 무농약농산물 등의 인증에 관한 세부실시요령 [별표 1])
가축의 질병은 다음과 같은 조치를 통하여 예방하여야 하며, 질병이 없는데도 동물용의약품을 투여해서는 아니 된다.
• 가축의 품종과 계통의 적절한 선택
• 질병발생 및 확산방지를 위한 사육장 위생관리
• 생균제(효소제 포함), 비타민 및 무기물 급여를 통한 면역기능 증진
• 지역적으로 발생되는 질병이나 기생충에 저항력이 있는 종 또는 품종의 선택

196

소나 돼지와 같은 우제류에 발생하는 심각한 전염병인 구제역의 병원체 종류는?

① 세균　　　　　② 바이러스
③ 진균　　　　　④ 원충

해설

구제역
발굽이 2개인 소와 돼지 등 우제류 가축이 구제역 바이러스에 노출되어 감염되는 제1종 법정전염병이다.
※ 바이러스에 의한 가축전염병 : 구제역, 돼지열병, 아프리카돼지열병, 고병원성조류인플루엔자, 뉴캣슬병, 광견병 등

198

가축 질병의 조기 발견 대상에 해당되지 않는 것은?

① 가축이 기운이 없어 자주 누워서 눈을 감고 식욕이 감퇴한다.
② 피부가 탄력성이 없고, 털은 거치나 탈모는 없다.
③ 콧등이 마르고 눈과 콧구멍의 점막이 충혈되거나 누런색이다.
④ 거품을 내고 침을 흘리며 침에서 악취가 난다.

해설

② 피부에 탄력이 없고 거친 털과 탈모가 있을 경우 가축질병을 의심해야 한다.

199

농림축산식품부 소관 친환경농어업 육성 및 유기식품 등의 관리·지원에 관한 법률 시행규칙상 유기축산을 위한 가축의 동물복지 및 질병관리에 관한 설명으로 옳지 않은 것은?

① 가축의 질병을 예방하고 질병이 발생한 경우 수의사의 처방에 따라 치료하여야 한다.
② 면역력과 생산성 향상을 위해서 성장촉진제 및 호르몬제를 사용할 수 있다.
③ 가축의 꼬리 부분에 접착밴드를 붙이거나 꼬리, 이빨, 부리 또는 뿔을 자르는 행위를 하여서는 아니 된다.
④ 동물용의약품을 사용한 경우에는 전환기간을 거쳐야 한다.

해설
② 성장촉진제, 호르몬제의 사용은 치료목적으로만 사용할 것(친환경농어업법 시행규칙 [별표 4])

200

유기축산을 위한 축사시설 준비과정에서 중요하게 고려하여야 할 사항으로 틀린 것은?

① 햇빛의 채광이 양호하도록 시설하여 건강한 성장을 도모한다.
② 공기의 유입이나 통풍이 양호하도록 설계하여 호흡기 질병이나 먼지피해를 입지 않도록 배려한다.
③ 가축의 분뇨가 외부로 유출되거나 토양에 침투되어 악취 등의 위생문제 및 지하수 오염 등을 일으키지 않도록 만전을 기한다.
④ 축사건립에 많은 투자를 피하고, 좁은 면적에 다수의 가축을 밀집 사육시킴으로써 경영의 효율성을 제고한다.

해설
④ 축사건립에 많은 투자를 하고, 좁은 면적에 다수의 가축을 밀집 사육하지 않는다.

001

최초의 유기표준안을 제정한 영국의 토지조합(Soil association)이라는 단체를 만들었고, 「살아있는 토양(The Living soil)」이라는 책을 저술한 영국 유기농업의 선구자는?

① Rudolf Steiner
② Albert Howard
③ Eve Balfour
④ John Henry

해설

이브 밸푸어(Eve Balfour)

유기농업의 선구자이자 유기농 운동의 핵심 인물로, 화학비료와 농약에 기반한 농업과 유기농업을 비교하는 최초의 장기적인 과학실험인 하우글리 실험(Haughley experiment)을 시작하였으며, 저서 「살아있는 토양」을 통해 유기농업의 필요성을 주장하고 지속 가능한 농업을 장려하는 국제조직인 토양협회(Soil association)를 설립하였다.

002

유기농법을 적용할 경우 예상되는 결과와 거리가 먼 것은?

① 화학비료를 사용하지 않아 과용된 비료에 의한 환경오염을 줄일 수 있다.
② 잔류농약으로 인한 위험이 줄어든다.
③ 농약과 비료를 사용하지 않아 장기적으로 고품질 농산물의 안정적 생산량 유지가 어렵다.
④ 부가가치를 증가시켜 고가로 판매할 수 있어 경쟁력 있는 농업으로 발전할 수 있다.

해설

③ 유기농법은 화학비료와 농약을 사용하지 않아 환경오염을 줄이고, 잔류농약의 위험을 감소시키며, 부가가치가 높아 고가 판매로 경쟁력이 증가할 수 있다.

003

다음 중 유기식품(organic food)이 아닌 것은?

① 유기농축산물
② 유기가공식품
③ 비식용유기가공품
④ 무농약농산물

해설

정의(친환경농어업법 시행규칙 제2조 제2호, 제3호)
• '친환경농축산물'이란 친환경농업을 통해 얻는 것으로서 다음의 어느 하나에 해당하는 것을 말한다.
  – 유기농산물·유기축산물 및 유기임산물(이하 '유기농축산물')
  – 무농약농산물
• '유기식품'이란 유기농축산물과 유기가공식품(유기농축산물을 원료 또는 재료로 하여 제조·가공·유통되는 식품)을 말한다.

004

유기가공식품에 사용하는 원재료에 대한 설명으로 틀린 것은?

① 동일 원재료에 대해서 유기농산물과 비유기농산물을 혼합한 경우에는 함량을 표기해야 한다.
② 유기가공식품의 제조·가공 및 취급과정에서 전리 방사선을 사용할 수 없다.
③ 유전자변형식품 또는 식품첨가물을 사용하거나 검출되어서는 아니 된다.
④ 당해 식품에 사용하는 용기·포장은 재활용이 가능하거나 생물분해성 재질이어야 한다.

해설

① 유기가공에 사용할 수 있는 원료, 식품첨가물, 가공보조제 등은 모두 유기적으로 생산된 것이어야 한다(유기식품 및 무농약농산물 등의 인증에 관한 세부실시요령 [별표 1]).

005

유기가공식품의 가공에 대한 설명으로 틀린 것은?

① 유기가공식품의 순수성은 전체 가공과정에서 철저히 유지되어야 한다.
② 식품 또는 가공보조제별로 가공보조제의 사용조건을 제한한다.
③ 미생물효소제제 중 유전자변형미생물 및 효소제제는 제외한다.
④ 유기사료 또는 유기농사료는 유기농축산물로 표시한다.

해설

④ 유기사료 또는 유기농사료는 유기사료, 유기농사료, 유기농○○, 유기○○ 등(○○은 사료의 일반적 명칭)으로 표시할 수 있다(친환경농어업법 시행규칙 [별표 6]).

006

과채류에 해당하는 것은?

① 다래　　　　　　② 락교
③ 연근　　　　　　④ 오이

해설

과채류

채소류 중 오이, 토마토, 가지, 호박 등과 같이 열매의 이용을 목적으로 하는 채소이다.

007

유기기호식품에 속하는 것은?

① 과채류　　　　　② 빵, 면류
③ 인스턴트식품　　④ 차류

해설

유기식품의 유형

• 유기농산식품 : 과채류, 빵·면류, 인스턴트식품 등
• 유기축산식품 : 고기 및 우유, 고기 및 우유가공품, 가금류가공품 등
• 유기기호식품 : 음료(과일·채소류 음료, 탄산음료유, 두유류, 유산균음료, 혼합음료 등), 주류, 차류, 과자류 등

008

다음 중 발효식품에 속하지 않는 것은?

① 템페
② 포도주
③ 홍차
④ 옥수수수염차

해설

발효식품의 종류 : 장류(간장, 된장, 고추장 등), 김치류, 젓갈류, 주류(맥주, 포도주 등), 식초류, 유제품(치즈, 요구르트), 콩 발효식품(낫토, 템페 등) 등

009

식품 등의 표시기준에 의한 식용유지류 제품의 트랜스지방이 100g당 얼마 미만일 경우 '0'으로 표시할 수 있는가?

① 2g　　　　　　② 4g
③ 5g　　　　　　④ 8g

해설

지방, 트랜스지방, 포화지방 세부표시 방법(식품 등의 표시기준 [별지 1])

트랜스지방 0.5g 미만은 '0.5g 미만'으로 표시할 수 있으며, 0.2g 미만은 '0'으로 표시할 수 있다. 다만, 식용유지류 제품은 100g당 2g 미만일 경우 '0'으로 표시할 수 있다.

010

식품가공에서 쓰이는 1%는 몇 ppm인가?

① 100　　　　　　② 1,000
③ 10,000　　　　④ 100,000

해설

• 1ppm = 1/1,000,000
• 1% = 1/100
∴ 1% = (1/100) × 1,000,000 = 10,000ppm

011

유기가공식품에서 허용되지 않는 가공 방법은?

① 분쇄   ② 합성
③ 가열   ④ 발효

해설

유기가공식품의 가공 방법(유기식품 및 무농약농산물 등의 인증에 관한 세부실시요령 [별표 1])
• 기계적 · 물리적 방법 : 절단, 분쇄, 혼합, 성형, 가열, 냉각, 가압, 감압, 건조, 분리(여과, 원심분리, 압착, 증류), 절임, 훈연 등
• 생물학적 방법 : 발효, 숙성 등

012

식품 동결건조의 기본원리는?

① 승화   ② 기화
③ 액화   ④ 응고

해설

동결건조
식품을 빙점 이하의 온도에서 동결 후 승화(sublimation)시켜 수분을 제거하는 방법이다.

013

유기과채류 가공식품 제조 방법으로 틀린 것은?

① 과채류는 비타민 등 영양분 손실이 적게 가공하는 것이 좋다.
② 채소류는 알칼리성이기 때문에 산성 첨가물을 최대로 사용하여 가공하는 것이 좋다.
③ 잼류는 펙틴, 산, 당분이 적당한 원료를 사용하여 가공하는 것이 좋다.
④ 부패 및 변질이 잘되지 않는 원료를 사용하여 가공하는 것이 좋다.

해설

② 채소류에 산성 첨가물을 과다 첨가하면 젖산균 등 유효균의 발육이 제한을 받게 된다.

014

감의 떫은맛을 제거하기 위하여 사용하는 탈삽 방법이 아닌 것은?

① 알코올탈삽법
② 온탕탈삽법
③ 이산화탄소탈삽법
④ 유황탈삽법

해설

탈삽법(떫은맛을 제거하는 요령)
• 알코올탈삽법 : 밀폐된 용기에 감을 알코올과 함께 저장한다.
• 온탕탈삽법 : 약 40℃의 온수에 일정시간 담가두는 방법으로 화학약품을 사용하지 않고 효소의 활동만을 이용하므로 유기식품 제조에 가장 적합하다.
• 이산화탄소탈삽법(가스탈삽법) : 밀폐된 용기에 이산화탄소를 채워 넣는다.
• 동결탈삽법 : 떫은 감을 −20℃ 부근에서 냉동하여 그대로 저장한다.
• 기타 : 피막탈삽법 등

015

샐러드오일 제조 시 고융점 유지인 스테아린을 제거하기 위해 사용하는 공정은?

① 탈납(dewaxing)
② 동유처리(winterization)
③ 용매분별(solvent fractionation)
④ 경화처리(hydrogenation)

해설

동유처리
유지를 5℃ 정도의 저온에서 냉각하여 고융점의 글리세라이드(glyceride), 왁스 등의 고체화한 지방을 제거하는 공정이다.

016

전분질 곡류와 단백질 곡류의 혼합, 조분쇄, 가열, 열교환, 성형, 팽화 등의 기능을 단일장치 내에서 행할 수 있는 가공조작법은?

① 농축

② 분쇄

③ 압착

④ 압출성형

017

부가가치세가 과세되는 가공조작은?

① 껍질벗기기

② 맛내기

③ 소금절이기

④ 말리기

018

현미는 벼의 도정 시 무엇을 제거한 것인가?

① 왕겨

② 배아

③ 과피

④ 종피

019

찰옥수수는 일반 옥수수에 비해서 젤화가 잘 일어나지 않고 걸쭉한 상태를 나타내는데 이는 찰옥수수의 어떤 성분 때문인가?

① 단백질

② 아밀로펙틴

③ 수분

④ 포도당

020

김치 제조 원리에 적용되는 작용과 가장 거리가 먼 것은?

① 삼투작용

② 효소작용

③ 산화작용

④ 발효작용

021

김치의 염지 방법 중 배추의 폭을 젖히면서 사이사이에 마른 소금을 뿌리는 것은?

① 염수법　　　　　　② 건염법
③ 습염법　　　　　　④ 통풍법

김치류 제조 시 절임 방법
• 염수법(鹽水法) : 약 10~15%의 염수(소금물)에 채소를 담가 절이는 방법으로, 염지법(鹽漬法) 또는 물간법이라고도 한다.
• 건염법(乾鹽法) : 소금을 직접 채소에 뿌려 절이는 방법으로, 살염법(撒鹽法) 또는 마른간법이라고도 한다.

022

김치의 발효에 관계하는 미생물이 아닌 것은?

① *Streptoccoccus mutans*
② *Leuconostoc mesenteroiides*
③ *Lactobacillus plantarum*
④ *Pediococcus cerevisiae*

김치의 발효에 관계하는 미생물
• 초기 : *Leuconostoc mesenteroides*
• 중기 : *Streptococcus faecalis*
• 중기 이후 : *Lactobacillus plantarum*, *Lactobacillus brevis*, *Pediococcus cerevisiae*

023

다음 중 김치의 식품가치에 중요한 성분은?

① 단백질, 젖산균　　　② 젖산균, 식이섬유
③ 식이섬유, 지질　　　④ 지질, 단백질

김치는 발효식품으로 젖산균(유산균, 프로바이오틱스 등)이 풍부하여 장건강·면역력 증진 등 다양한 건강 효과를 제공하고, 식이섬유가 풍부해 장운동 촉진, 변비 예방, 포만감 증가 등으로 식품가치가 높다.

024

대두유 또는 난황에서 분리한 인지질 함유 복합지질을 식용에 적합하도록 정제한 것 또는 이를 주원료로 하여 가공한 식품은?

① 레시틴 식품
② 배아 식품
③ 감마리놀렌산 식품
④ 옥타코사놀 식품

② 배아 식품 : 곡류의 씨눈(배아, 胚芽)을 주원료로 하여 제조·가공한 식품이다.
③ 감마리놀렌산 식품 : 식물성 종자유에서 추출한 감마리놀렌산(오메가-6 불포화지방산)을 주원료로 가공한 식품이다.
④ 옥타코사놀 식품 : 밀의 씨눈, 사탕수수, 현미 등에 소량 들어 있는 옥타코사놀(폴리코사놀의 한 종류)을 추출하여 만든 식품이다.

025

두부 제조 원리에 대한 설명으로 옳은 것은?

① 글리시닌(glycinin)의 산성용액에서 용해 및 인산에 의한 응고
② 글리시닌(glycinin)의 염류용액에서 용해 및 칼슘염에 의한 응고
③ 글리시닌(glycinin)의 산성용액에서 석출 및 인산에 의한 용해
④ 글리시닌(glycinin)의 염류용액에서 석출 및 칼슘염에 의한 용해

두부 제조 원리
글리시닌(glycinin)과 같은 콩 단백질이 염류용액(염수, 간수 등)에 잘 녹는 성질을 이용하여 용해시킨 후 칼슘염(염화칼슘, 황산칼슘 등)과 같은 응고제를 첨가하면 글리시닌이 응고되어 두부가 만들어진다.

026

시간이 지남에 따라 빵이 굳어지며 품질이 저하되는 노화 현상을 방지할 수 있는 방법으로 적합하지 않은 것은?

① 미생물의 생육을 억제하기 위해 냉장 보관한다.
② amylose와 complex를 형성하도록 유화제를 첨가한다.
③ 탈수제로 작용하는 설탕을 첨가한다.
④ 80℃ 이상에서 수분함량을 15% 이하로 급속히 제거한다.

해설
① 냉장 보관은 전분의 재결정화 속도를 높여 빵이 더 빨리 딱딱해지므로 피해야 한다.
전분의 노화 방지 방법
• 유화제 첨가
• 유지방, 당류 등 첨가
• 아밀라아제 등 효소 첨가
• 실온 밀폐 보관 또는 냉동 보관
• 재가열

027

케이크 제조공정 중 multi-stage mixing에 사용되는 creaming step은 fat과 sugar를 함께 혼합하여 크림을 만드는 과정이다. 이 step의 목적이 아닌 것은?

① 미세한 texture를 가지게 한다.
② 공정 중 기다리는 시간(sitting time)을 연장할 수 있게 한다.
③ 공기를 fat에 가두어 운동성을 줄인다.
④ 공기를 직접 혼입할 수 있게 한다.

해설
④ 설탕과 지방의 혼합 과정에서 자연스럽게 공기가 포획된다.
케이크 제조 시 크리밍(creaming) 공정
• 버터(지방)와 설탕을 섞는 과정에서 지방에 공기 방울을 가두어 반죽에 공기를 유입시킨다.
• 설탕 결정이 지방을 긁어내면서 케이크의 부드럽고 미세한 조직(texture)과 팽창성을 높이게 된다.

028

밀단백질(wheat protein)의 대부분을 차지하며, 밀의 저장단백질(storage protein)이라 할 수 있는 것은?

① 글로블린(globulin)
② 라이신(lysine)
③ 글루텐(gluten)
④ 알부민(albumin)

해설
밀단백질의 대부분(약 80~85%)은 글루텐(gluten) 형성 단백질로 구성되어 있다.

029

면류 제조에 대한 설명으로 옳은 것은?

① 면류에 사용하는 소금은 반죽의 점탄성을 강하게 해 줄 뿐 아니라, 수분 활성 저하를 통해 반죽이나 생면의 보존성을 높여 준다.
② 면류 제조 시에 부원료로 콩가루를 사용하는 이유는 콩가루에 들어 있는 글루텐이 반죽에 의하여 면의 탄력성, 점착성, 가소성을 높여 주기 때문이다.
③ 밀가루는 강력분, 중력분, 박력분의 3가지로 구분할 수 있는데 이는 밀가루 내의 탄수화물함량으로 등급을 나눈 것이다.
④ 밀가루 반죽의 적정온도는 밀가루의 종류, 가수량, 가염량에 관계없이 일정하다.

해설
② 콩가루에는 글루텐이 없으며, 주로 단백질과 식이섬유를 보충하는 역할을 한다.
③ 밀가루 내의 단백질함량(글루텐함량)에 따라 강력분, 중력분, 박력분으로 구분한다.
④ 밀가루 반죽의 적정온도는 밀가루 종류, 가수량, 가염량 등에 따라 달라진다.

030

제면 시 첨가하는 소금의 주요 역할이 아닌 것은?

① 탄력을 높인다.
② 면의 균열을 방지한다.
③ 보존효과를 부여한다.
④ 산화를 방지한다.

해설

제면 시 첨가하는 소금의 주요 역할
• 글루텐 형성 촉진
• 면의 조직감 및 점탄성 증진
• 미생물 번식 억제 및 보존성 향상
• 삶는 과정에서 면의 불어남(팽윤) 억제
• 감칠맛 부여

031

잼 및 젤리 제조 시 젤리화에 필요한 요인으로 바르게 짝
지어진 것은?

① 섬유소, 당, 산
② 당, 산, 덱스트린
③ 산, 덱스트린, 섬유소
④ 당, 산, 펙틴

해설

젤리화 3요소
• 당 : 60~65%
• 산(acid) : pH 3(3.0~3.5)
• 펙틴(pectin) : 1.0~1.5%

032

과일잼의 젤리화에 알맞은 pH는?

① pH 1
② pH 3
③ pH 5
④ pH 7

해설

젤리화가 가장 잘 일어나는 pH 범위는 2.8~3.5이며, 맛과 품질을 고
려할 때 pH 3.0~3.5가 적당하다.

033

통조림 제조의 주요 공정을 순서대로 바르게 나열한
것은?

① 살균 - 탈기 - 밀봉 - 냉각
② 탈기 - 냉각 - 살균 - 밀봉
③ 탈기 - 밀봉 - 살균 - 냉각
④ 밀봉 - 살균 - 탈기 - 냉각

해설

통조림 제조 공정
원료 준비 및 처리 → 조리 → 충전 → 탈기 → 밀봉 → 살균 → 냉각 →
검사 및 포장

034

통조림과 병조림의 제조 중 탈기의 효과가 아닌 것은?

① 산화에 의한 맛, 색, 영양가 저하 방지
② 저장 중 통 내부의 부식 방지
③ 호기성 세균 및 곰팡이의 발육 억제
④ 단백질에서 유래된 가스성분 생성

해설

탈기(degassing)의 효과
• 내용물의 산화에 의한 맛, 색, 영양가 저하 방지
• 용기 내부의 부식 방지
• 호기성 세균 및 곰팡이의 발육 억제
• 제품의 보존기간 향상
• 냉각 시 용기 내부 진공 형성
• 가열살균 시 열팽창에 의한 변형(찌그러짐) 방지

035

유기과실통조림을 제조하기 위하여 사용할 수 있는 가장 적합한 박피 방법은?

① 증기박피법
② 알칼리박피법
③ 산박피법
④ 염화암모늄박피법

증기박피법

과일에 고온의 증기를 짧은 시간 접촉시켜 껍질을 제거하는 방법이다.
②·③·④ 알칼리박피법, 산박피법, 염화암모늄박피법 등은 화학약품(수산화나트륨, 산, 염류 등)을 사용하므로 유기식품가공에서 사용할 수 없다.

036

유기축산물 생산 시 유기양돈에서 생산할 수 있는 육가공제품은?

① 치즈
② 버터
③ 햄
④ 요거트

햄

돼지고기의 뒤 넓적다리나 엉덩이 살을 소금에 절인(염지) 후, 훈연하여 만든, 독특한 풍미와 방부성을 가진 가공식품

축산물가공품(축산물 위생관리법 제2조 제8~10호)

식육가공품	햄류, 소시지류, 베이컨류, 건조저장육류, 양념육류, 그 밖에 식육을 원료로 하여 가공한 것
유가공품	우유류, 저지방우유류, 분유류, 조제유류(調製乳類), 발효유류, 버터류, 치즈류, 그 밖에 원유 등을 원료로 하여 가공한 것
알가공품	난황액(卵黃液), 난백액(卵白液), 전란분(全卵粉), 그 밖에 알을 원료로 하여 가공한 것

037

시판되는 우유 제조 시 균질을 하는 주된 이유는?

① 미생물 사멸
② 크림 분리 방지
③ 향미의 개선
④ 단백질의 콜로이드(colloid)화

우유 제조 시 균질화의 목적

• 크림층(layer)의 분리 방지
• 점도의 향상
• 우유조직의 연성화
• 커드 텐션을 감소시킴으로써 소화기능 향상

038

고기의 훈연효과로 가장 거리가 먼 것은?

① 육질의 연화
② 저장성 증대
③ 고기의 내부 살균
④ 독특한 맛과 향의 생성

훈연(smoking)의 효과

식품의 풍미 증진, 육질의 연화, 훈연색상을 부여함으로써 외관 개선, 저장성(보존성) 향상 등

039

햄, 베이컨, 소시지 제조 시 훈연에 의해 저장성이 좋아지는 원인은?

① 혈액응고, 수분감소
② 수분감소, 첨가보존제 활성화
③ 첨가보존제 활성화, 가열
④ 가열, 연기성분

해설
• 가열 : 미생물과 효소 불활성화
• 연기성분 : 연기의 항균·항산화 성분이 식품 표면에 흡착되어 미생물 증식 억제 및 지방의 산화 방지

040

건조소시지(dry sausage)에 관한 설명으로 틀린 것은?

① 원료육의 불포화지방산함량이 높을수록 좋다.
② 원료육의 pH는 가급적 낮은 것이 좋다.
③ 이탈리아의 살라미가 이에 해당한다.
④ 장기간 건조하는 특징을 갖고 있다.

해설
① 건조소시지는 장기간 건조·숙성하는 과정에서 지방의 산화가 쉽게 일어나며, 원료육의 불포화지방산이 많을수록 산화에 매우 취약해져 지방이 쉽게 산패(변질)되고, 이취(off-flavor)가 발생할 수 있다.

041

치즈에 대한 설명으로 틀린 것은?

① 원료유 처리, 응고와 발효, 커드처리, 숙성의 과정으로 만들어진다.
② 치즈 스타터는 산 생성 역할을 한다.
③ 가열 목적은 수분함량 조절과 이상발표 억제이다.
④ 커드 절단 시 가온은 유산발효를 억제시키기 위해 실시한다.

해설
④ 커드 가온(scalding of curd) 목적은 유청을 제거하고 치즈 조직을 치밀하게 하여 단단한 치즈를 만드는 것이다.

042

치즈 제조 시 사용하는 레닛(rennet)에 포함된 레닌(rennin)의 기능은?

① 카파카세인(κ-casein)의 분해에 의한 카세인(casein) 안정성 파괴
② 알파카세인(α-casein)의 분해에 의한 카세인(casein) 안정성 파괴
③ 베타락토글로불린(β-lactoglobulin)의 분해에 의한 유청단백질 안정성 파괴
④ 알파락토알부민(α-lactalbumin) 분해에 의한 유청단백질 안정성 파괴

해설
레닌(rennin)이 카파카세인(κ-casein)을 분해하면 안정성이 파괴되고 응집·침전하여 커드(curd, 응고체)가 형성된다.

043

전지분유에 대한 설명으로 틀린 것은?

① 충전 시 충분한 냉각이 필요하며, 건조한 곳에서 취급되어야 한다.
② 물에 쉽게 용해될 수 있도록 인스턴트화시켜 탈지분유보다 저장이 용이하다.
③ 공기가 통하지 않도록 포장한다.
④ 제빵, 제과용으로 많이 사용된다.

해설

② 인스턴트화 여부와 저장성은 직접적인 관련이 없으며, 전지분유는 지방이 많아 탈지분유보다 저장성이 떨어진다.

전지분유와 탈지분유(식품의 기준 및 규격 제5. 19.)
• 전지분유 : 원유에서 수분을 제거하여 분말화한 것(원유 100%).
• 탈지분유 : 탈지유(유지방 0.5% 이하)에서 수분을 제거하여 분말화한 것(탈지유 100%)

044

인스턴트 분유의 특성에 해당하지 않는 것은?

① 습윤성(wettability)
② 침투성(penetrability)
③ 침강성(sinkability)
④ 응집성(agglutinability)

해설

인스턴트 분유의 특성
습윤성, 침투성, 침강성, 용해성, 분산성

045

버터 제조 공정 순서로 옳은 것은?

① 원료유 → 크림 분리 → 접종 → 살균 → 교반 → 가염 → 숙성 → 연압 → 충진
② 원유 → 크림 분리 → 살균 → 접종 → 숙성 → 교반 → 가염 → 연압 → 충진
③ 원료유 → 크림 분리 → 접종 → 숙성 → 교반 → 살균 → 가염 → 연압 → 충진
④ 원료유 → 크림분리 → 살균 → 접종 → 교반 → 숙성 → 연압 → 가염 → 충진

해설

버터 제조 공정

원유 → 크림분리 → 살균 → 접종 → 숙성 → 교반(교동) → 가염 → 연압 → 충진

046

아이스크림 제조 시 균질의 목적이 아닌 것은?

① 지방응집 방지
② 산화취 방지
③ 숙성기간 단축
④ 증용률 향상

해설

아이스크림 제조 시 균질의 목적
• 숙성 시 크림층 형성 및 지방 분리 방지
• 증량률(over run) 향상
• 숙성기간 단축
• 안정제의 소요량 감소
• 동결 중 지방 응집 방지

047

식품의 기준 및 규격상 음료류에 속하지 않는 것은?

① 사과를 이용하여 만든 농축과일즙

② 식물성 원료를 발효시켜 만든 유산균음료

③ 포도를 발효시켜 만든 와인

④ 채소를 이용하여 만든 농축채소즙

해설

과일 · 채소류 음료의 종류(식품의 기준 및 규격 제5. 9.)

• 농축과 · 채즙(또는 과 · 채분) : 과일즙, 채소즙 또는 이들을 혼합하여 50% 이하로 농축한 것 또는 이것을 분말화한 것을 말한다(다만, 원료로 사용되는 제품은 제외).

• 과 · 채주스 : 과일 또는 채소를 압착, 분쇄, 착즙 등 물리적으로 가공하여 얻은 과 · 채즙(농축과 · 채즙, 과 · 채즙 또는 과일분, 채소분, 과 · 채분을 환원한 과 · 채즙, 과 · 채퓨레 · 페이스트 포함) 또는 이에 식품 또는 식품첨가물을 가한 것(과 · 채즙 95% 이상)을 말한다.

• 과 · 채음료 : 농축과 · 채즙(또는 과 · 채분) 또는 과 · 채주스 등을 원료로 하여 가공한 것(과일즙, 채소즙 또는 과 · 채즙 10% 이상)을 말한다.

048

차류에 대한 설명 중 틀린 것은?

① 녹차는 가공 과정에서 찻잎을 증기 등으로 가열하여 그 속의 효소를 불활성화시켜 고유의 녹색을 보존시킨 차이다.

② 유기차는 유기농으로 재배한 참나무의 어린싹이나 어린잎을 재료로 유기 가공 기준에 맞게 제조한 유기기호음료이다.

③ 홍차는 발효가 일어나지 않도록 찻잎에 열을 가하면서 향이 강해지도록 볶아서 색깔이 붉게 나도록 만든다.

④ 우롱차는 찻잎을 햇볕에 쪼여 조금 시들게 하고 찻잎성분의 일부를 산화시킴으로써 방향이 생긴 후 볶아만든 반발효차이다.

해설

③ 홍차는 찻잎을 시들게 한 후 찻잎성분을 충분히 산화시켜 붉은색과 독특한 향을 얻는 완전발효차이다.

049

꿀을 넣어 반죽하여 기름에 튀기고 다시 꿀에 담가 만든 과자류는?

① 다식류　　　　　② 산자류

③ 유밀과류　　　　④ 전과류

해설

③ 유밀과류 : 밀가루, 메밀가루에 꿀과 기름을 넣어 반죽해 기름에 튀긴 뒤 꿀에 담근 것 예 약과

① 다식류 : 볶은 곡물가루나 송화가루 등에 꿀과 조청을 넣고 반죽하여 다식판에 찍어 낸 것

② 산자류 : 말린 찹쌀반죽을 기름에 튀겨 매화 또는 튀긴 밥풀을 묻힌 것

④ 전과(煎果)류 : 수분이 적은 식물의 뿌리, 줄기, 열매를 설탕, 꿀, 조청에 조린 만든 것

050

다음 중 동물근원 천연첨가물이 아닌 것은?

① casein　　　　　② cellulase

③ beeswax　　　　④ gelatin

해설

① · ③ · ④ 카세인(casein), 밀납(beeswax), 젤라틴(gelatin)은 동물근원 천연첨가물이다.

천연첨가물

미생물근원 천연첨가물	폴리라이신(polylysine), 니신(nisin), 펙티나아제(pectinase), 셀룰라아제(cellulase), 풀루라나아제(pullulanase), 글루코아밀레이스(glucoamylase), 코지산(kojic acid, 누룩) 등
동물근원 천연첨가물	레시틴(lecithin), 레닛(rennet, 우유응고효소), 카세인(casein), 밀납(beeswax), 젤라틴(gelatin), 라이소자임(lysozyme), 프로타민(protamine) 등
식물근원 천연첨가물	프로테아제(protease), 토코페롤, 감색소(착색료), 디아스타제(diastase), 히노키티올(hinokitiol), 쌀겨왁스, 양파색소, 포도과피색소 등

051

다음 중 동물근원 천연첨가물은?

① 코지산
② 프로타민
③ 폴리라이신
④ 히노키티올

해설

프로타민(protamine)
연어 등의 어류 정소(생식샘)에서 추출한 단백질로, 대표적인 동물근원 천연첨가물이다.
① 코지산(kojic acid) : 미생물(누룩곰팡이)근원
③ 폴리라이신(polylysine) : 미생물(방선균)근원
④ 히노키티올(hinokitiol) : 식물(히노키 등 침엽수)근원

053

천연첨가물 중 폴리라이신(polylysine)에 대한 설명으로 틀린 것은?

① 방선균의 배양액으로부터 분리한 것으로 계면활성 성질을 가진 보존료이다.
② 리신이 결합된 직쇄상의 폴리펩타이드이다.
③ 흡습성이 강한 엷은 황색의 분말로 약간 쓴맛을 가지고 있다.
④ pH가 산성일 때만 항균력이 나타나므로 과실을 이용한 가공품에만 사용한다.

해설

④ pH 4~8 범위에서 항균력이 유지되며, 고온처리(120℃에서 20분) 후에도 항균력이 변하지 않아 다양한 식품(면류, 유제품, 제과·제빵, 음료 등)에 사용한다.

폴리라이신(polylysine)
• 미생물(주로 방선균)의 발효에 의해 생산되는 천연 폴리펩타이드 계열의 항균제이다.
• L-라이신이 직선으로 결합된 구조로, 광범위한 항균력, pH·열 안정성이 우수해 식품첨가물로 널리 사용된다.

052

식품첨가물과 특징의 연결이 틀린 것은?

① 폴리라이신 : 미생물근원 첨가물
② 토코페롤 : 천연항산화제
③ 라이소자임 : 동물근원 첨가물
④ 레시틴 : 식물근원 첨가물

해설

④ 레시틴 : 동물근원 천연첨가물

054

천연첨가물 중 미생물의 단백질이나 DNA의 합성을 저해함으로써 그람양성균에 대한 항균력을 가지는 물질은?

① 코지산   ② 니신
③ 벤토나이트   ④ 유산균

해설

니신(nisin)
유산균(*Lactococcus lactis*)이 생산하는 천연 항균물질로 세포막에 구멍을 내거나 세포벽 합성을 방해하여 그람양성균을 억제한다.

055

동물, 식물, 미생물의 다양한 분비물에 존재하며 특히 달걀에서 많이 생산되는 것으로서 그람양성세균의 세포벽을 분해하기 때문에 그람양성세균에 항균력이 있는 것은?

① 키토산(chitosan)

② 프로타민(protamin)

③ 폴리라이신(polylysine)

④ 라이소자임(lysozyme)

해설

라이소자임(lysozyme)

달걀 흰자, 눈물, 침, 우유 등 동물의 체액과 조직에 풍부하게 함유되어 있다. 세균의 세포벽을 분해하여 세균을 사멸시켜 그람양성균에 효과가 강하다.

056

다음 중 유기식품에 사용할 수 있는 것은?

① 방사선 조사 처리된 건조채소

② 유전자변형 옥수수

③ 유전자가 변형되지 않은 식품가공용 미생물

④ 비유기가공식품과 함께 저장·보관된 과일

해설

미생물 및 효소제제

식품가공에서 사용되는 모든 미생물 및 효소제제를 가리키지만, 유전공학·유전자 변형 미생물이나 유전공학에서 유래된 효소는 제외된다.

057

포도주 제조과정에서 아황산염을 첨가하는 이유는?

① 유해균 증식 억제, 포도색소 산화 방지

② 곰팡이 증식 촉진, 포도색소 산화 방지

③ 효모 증식 억제, 포도색소 산화 촉진

④ 세균 증식 촉진, 포도색소 산화 촉진

해설

포도주 제조 과정에서 아황산염(무수아황산)의 용도

• 유해 미생물(잡균, 박테리아 등)의 증식 억제

• 포도주 내 색소(안토시아닌 등)의 산화 및 갈변을 막고, 와인의 색상과 풍미를 보호

058

두부응고제, 영양강화제로 사용되는 첨가물은?

① 겔화제(gelling agent)

② 과산화수소(hydrogen peroxide)

③ 염화칼슘(calcium chloride)

④ 글루콘산(gluconic acid)

해설

유기가공식품 생산 시 두부응고제로 사용 가능한 식품첨가물 : 염화마그네슘, 염화칼슘, 조제해수염화마그네슘, 황산칼슘

059

유기가공식품 생산 및 취급(유통, 포장 등) 시 사용 가능한 재료에 대한 설명으로 틀린 것은?

① 무수아황산은 식품첨가물로서 과일주에 사용 가능하다.
② 구연산은 과일, 채소제품에 사용 가능하다.
③ 질소는 식품첨가물이나 가공보조제로 모두 사용 가능하다.
④ 과산화수소는 식품첨가물로 사용하고, 식품의 세척과 소독에도 사용 가능하다.

해설

④ 과산화수소는 식품첨가물로 사용할 수 없고, 가공보조제로서 식품 표면의 세척·소독제로만 사용 가능하다(친환경농어업법 시행규칙 [별표 1]).

060

유기가공식품 생산 시 밀가루에 사용되는 식품첨가물은?

① 초산나트륨
② 제일인산칼슘
③ 염화마그네슘
④ 이산화황

해설

식품첨가물 또는 가공보조제로 사용 가능한 물질(친환경농어업법 시행규칙 [별표 1])

명칭	식품첨가물로 사용 시 사용 가능 범위	가공보조제로 사용 시 사용 가능 범위
제일인산칼륨	밀가루	사용 불가
염화마그네슘	두류 제품	응고제
무수아황산	과일주	사용 불가

061

유기가공식품 생산 및 취급 시 발효채소제품에 사용이 가능한 식품첨가물은?

① 알긴산
② 젖산
③ L-주석산나트륨
④ 수산화나트륨

해설

식품첨가물 또는 가공보조제로 사용 가능한 물질(친환경농어업법 시행규칙 [별표 1])

명칭	식품첨가물로 사용 시 사용 가능 범위	가공보조제로 사용 시 사용 가능 범위
젖산	발효채소제품, 유제품, 식용케이싱	유제품의 응고제 및 치즈 가공 중 염수의 산도 조절제
알긴산	제한 없음	사용 불가
L-주석산나트륨	케이크, 과자	제한 없음
수산화나트륨	곡류 제품	설탕 가공 중의 산도 조절제, 유지 가공

062

유기가공식품 중 설탕 가공 시 산도 조절제로 사용할 수 있는 보조제는?

① 황산
② 탄산칼륨
③ 염화칼슘
④ 밀납

해설

식품첨가물 또는 가공보조제로 사용 가능한 물질(친환경농어업법 시행규칙 [별표 1])

명칭	식품첨가물로 사용 시 사용 가능 범위	가공보조제로 사용 시 사용 가능 범위
황산	사용 불가	설탕 가공 중의 산도 조절제
탄산칼륨	곡류 제품, 케이크, 과자	포도 건조
염화칼슘	과일 및 채소제품, 두류 제품, 지방제품, 유제품, 육제품	응고제
밀납	사용 불가	이형제

063

유기가공식품 제조 시 식품첨가물로 사용할 때 허용범위에 제한이 없는 첨가물이 아닌 것은?

① 구아검
② 구연산칼륨
③ DL-사과산
④ 주정(발효주정)

식품첨가물 또는 가공보조제로 사용 가능한 물질(친환경농어업법 시행규칙 [별표 1])

명칭	식품첨가물로 사용 시 사용 가능 범위	가공보조제로 사용 시 사용 가능 범위
주정(발효주정)	사용 불가	제한 없음
구아검	제한 없음	사용 불가
구연산칼륨	제한 없음	사용 불가
DL-사과산	제한 없음	사용 불가

065

미생물 살균을 위한 초고압처리의 주요 영향인자가 아닌 것은?

① 온도　　　　　　② 습도
③ 압력　　　　　　④ 처리시간

초고압처리에 영향을 주는 주요 인자 : 압력, 온도, 시간 등의 공정변수와 수분함량, pH, 미생물의 균종, 생육조건 및 단계 등

064

초고압처리의 미생물 살균 원리와 거리가 먼 것은?

① 세포막 구성 단백질의 변성
② 세포생육의 필수아미노산 흡수억제
③ 세포막 투과성 억제
④ 세포막 누출량 증가

초고압에 의한 식품살균(HPP)
• 높은 압력을 가하여 식품의 조직에 손상을 주지 않고 미생물을 불활성화시켜 식품의 영양성분, 맛과 향을 유지시키는 살균법이다.
• 세포막의 투과성을 높여 세포액의 누출이 많아져 구성 단백질의 변성을 일으키는 단점이 있다.

066

분자 내에 자성 쌍극자를 다량 함유한 DNA나 단백질 등의 생물분자에 5~10tesla 정도의 자기장을 5~500kHz로 처리하여 분자 내 공유결합을 파괴시켜 미생물을 사멸하는 방법은?

① 고강도 광펄스살균
② 고전압펄스전기장살균
③ 마이크로파살균
④ 진동자기장펄스살균

진동자기장펄스살균
식품을 비닐팩으로 봉합 후 0~50℃의 온도에서 5~500kHz의 진동수를 가진 자기장을 25~100ms 동안 1~100펄스로 처리하는 방법이다.

067

고전압펄스전기장처리법에 대한 설명으로 옳은 것은?

① 고전압과 저전압을 번갈아 가하면서 우유 지방구를 균질화하는 방법이다.

② 세포막 내외의 전위차를 크게 형성함으로써 미생물의 세포막을 파괴하여 미생물을 저해시키는 방법이다.

③ 고전압을 반복적으로 가하면서 농산물을 파쇄하여 성분추출을 용이하게 하는 방법이다.

④ 고압에 의해 세포 내 고분자 물질의 입체구조를 변화시킴으로써 세포를 사멸시키는 방법이다.

해설

고전압펄스법

- 고전압을 시료에 가하여 세포막 내외의 전위차를 크게 형성함으로써 미생물의 세포막을 파괴하여 미생물을 저해시키는 방법이다.
- 미생물 살균 시 유해물질의 식품 유입으로 인한 안전성 등 위생상 문제점이 있다.

068

막 분리공정 중 주로 저분자 물질과 고분자 물질의 분리에 사용되는 방법은?

① 역삼투 　　　　② 투석

③ 전기투석 　　　④ 한외여과

해설

한외여과(ultrafiltration)

- 반투과성 막을 이용해 액체 속의 고분자 물질(단백질, 콜로이드, 미생물 등)과 저분자 물질(물, 무기염류 등)을 분리하는 방법이다.
- 주로 압력차를 추진력으로 사용하며, 단백질 농축, 전분 및 당류의 분리, 치즈 제조에 사용한다.

069

한외여과에 대한 설명으로 틀린 것은?

① 고분자 물질로 만들어진 막의 미세한 공극을 이용한다.

② 물과 같이 분자량이 작은 물질은 막을 통과하나 분자량이 큰 고분자 물질의 경우 통과하지 못한다.

③ 단백질 농축, 전분 및 당류의 분리, 치즈 제조에 사용된다.

④ 삼투압보다 높은 압력을 용액 중에 작용시켜 용매가 반투막을 통과하게 한다.

해설

④는 역삼투압여과에 대한 설명이다.

070

유기가공식품의 제조·가공에 사용이 부적절한 여과법은?

① 마이크로여과

② 감압여과

③ 역삼투압여과

④ 가압여과

해설

역삼투압여과(reverse osmosis)

고압을 이용해 반투막을 통과시키는 기술로 화학적·공업적 방법에 해당한다.

유기가공식품에 사용 가능한 가공 방법(유기식품 및 무농약농산물 등의 인증에 관한 세부실시요령 [별표 1])

- 기계적·물리적 방법 : 절단, 분쇄, 혼합, 성형, 가열, 냉각, 가압, 감압, 건조, 분리(여과, 원심분리, 압착, 증류), 절임, 훈연 등
- 생물학적 방법 : 발효, 숙성 등

071

식품의 기준 및 규격상 일반적인 냉동식품의 보존온도 기준은?

① −10℃ 이하　　　② −16℃ 이하

③ −18℃ 이하　　　④ −25℃ 이하

해설

냉장과 냉동(식품의 기준 및 규격 제1. 3.)

냉장은 0~10℃, 냉동은 −18℃ 이하를 말한다.

072

식품의 냉장 보관 시 고려해야 할 사항으로 틀린 것은?

① 식품의 종류에 따라 냉장온도를 달리한다.

② 과일과 채소의 경우 대체로 −5℃ 정도가 가장 적당하다.

③ 냉장실 내부 온도는 일정하게 유지되어야 한다.

④ 육류, 우유 등은 빙결온도 이상의 냉장온도 중 미생물 활동을 억제할 수 있는 온도에서 저장한다.

해설

② 과일과 채소의 경우 얼지 않는 최저온도에서 저장하는 것이 가장 오랫동안 저장할 수 있다.

식품의 냉장 보관 시 고려해야 할 사항

• 식품 종류에 따른 적정온도 유지

• 식품별 분리·밀폐 보관

• 냉장실 적정 적재량 유지

• 보관 기간과 신선도 확인

• 식품별 적정 위치 보관

073

저온저장 중에 일어나는 식품의 품질변화 중 화학적 변화와 거리가 먼 것은?

① 지질의 변화　　　② 비타민의 감소

③ 색과 향미의 변화　④ 수분의 감소

해설

저온저장 중 일어나는 식품의 품질변화

• 물리적 변화 : 수분의 증발 및 중량 감소, 수축·연화, 조직파괴, 드립(drip) 발생 등

• 화학적 변화 : 지방산화, 효소적 갈변, 엽록소 파괴, 비타민 파괴, 녹말의 노화, 단백질 불용화 등

• 생물학적 변화 : 저온장해, 미생물 번식 등

074

식품의 동결 중 발생하는 최대빙결정 생성대에 관한 설명 중 틀린 것은?

① 최대빙결정 생성대에서는 식품 수분함량의 약 80%가 빙결정으로 석출된다.

② 빙결정에 의한 미생물의 세포막 손상으로 저온 미생물에 의한 부패염려가 없다.

③ 최대빙결정 생성대의 통과속도에 따라 급속동결과 완만동결로 구분된다.

④ 호화전분을 함유한 식품은 노화로의 전이를 억제하기 위하여 신속히 통과시키는 것이 좋다.

해설

② 빙결정에 의해 미생물 활동이 억제되지만 저온 미생물은 생존할 수 있으므로 장기보관 시 미생물 부패 가능성이 있다.

최대빙결정 생성대

• 식품을 냉동할 때 수분이 가장 많이 얼음결정(빙결정)으로 변하는 온도 구간

• 일반적으로 −1℃~−5℃ 사이로, 식품 내 수분의 약 80%가 빙결정으로 석출

• 최대빙결정 생성대의 통과속도에 따라 급속동결(25~35분 이내)과 완만동결(35분 이상)로 구분

• 호화된 전분은 노화(재결정화)를 방지하기 위해 최대빙결정 생성대를 신속히 통과시켜야 함

075

15℃의 물 2kg을 −20℃의 얼음으로 만드는 데 필요한 냉동부하는?(단, 이때 물과 얼음의 비열은 각각 1, 0.5 cal/g℃이며, 용해잠열은 79.6cal/g이다)

① 418.4kcal
② 418.4cal
③ 209.2kcal
④ 209.2cal

해설

냉동부하 = 물의 양 × 비열 × 온도차
- 15℃(물) → 0℃(물)
  2kg × 1cal/g · ℃ × (15℃ − 0℃) = 30kcal
- 0℃(물) → 0℃(얼음)
  2kg × 79.6cal/g = 159.2kcal
- 0℃(얼음) → −20℃(얼음)
  2kg × 0.5cal/g · ℃ × [0℃ − (−20℃)] = 20kcal
∴ 30 + 159.2 + 20 = 209.2kcal

076

식품미생물의 내열성과 살균에 대한 설명으로 옳지 않은 것은?

① 식품의 수분활성도가 낮아질수록 내열성이 증가하는 경향이 있다.
② 식품 중 소금의 농도가 증가할수록 세균포자의 내열성이 점차 줄어드는 경향이 있다.
③ 식품의 pH가 알칼리성이 될수록 미생물의 내열성이 급격히 증가한다.
④ 가열살균 시 습열 혹은 건열에 따라 살균온도와 시간이 차이가 나게 된다.

해설

③ 식품의 pH가 알칼리성이 될수록 고온에서 가열살균하는 것이 좋다.

077

미생물의 가열살균 방법이 아닌 것은?

① 원적외선살균
② 자외선살균
③ 마이크로파살균
④ 전기저항가열살균

해설

식품의 저장을 위한 가공 방법
- 비가열처리 저장 : 초고압법, 고전압펄스법, 한외여과법, 냉장·냉동법 등
- 가열처리 저장 : 저온·고온살균법, 초음파가열법, 마이크로웨이브가열법, 전기저항가열법, 원적외선살균법 등

078

가열살균법과 온도, 시간의 연결이 적절하지 않은 것은?

① 고온단시간살균, 72~75℃, 15~20초
② 저온장시간살균, 63~65℃, 10~15분
③ 초고온살균, 130~150℃, 0.5~5초
④ 건열살균, 150~180℃, 1~2시간

해설

가열살균 방법
- 저온장시간살균(LTLT) : 60~65℃에서 30분
- 고온단시간살균(HTST) : 72~75℃에서 15~20초
- 초고온살균(UHT) : 130~150℃에서 0.5~5초
- 건열살균 : 150~180℃에서 1~2시간

079

식품의 저장 방법 중 에너지 주입에 의한 가열처리 저장 방법은?

① 농축법(concentration)
② 한외여과법(ultra-filtration)
③ 냉장·냉동법(chilling or freezing)
④ 저온살균법(pasteurization)

해설

저온살균법
외부에서 에너지를 주입(가열)하여 식품을 일정 온도로 올려 미생물과 효소를 불활성화시켜 저장성을 높이는 대표적인 가열처리 저장 방법이다.

080

상업적 살균(commercial sterilization)에 대한 설명으로 옳은 것은?

① 모든 미생물을 사멸하되 사멸 비용을 최소화하는 것이다.
② 일정한 유통조건에서 일정한 기간 동안 위생적 품질이 유지될 수 있는 정도로 미생물을 사멸하는 것이다.
③ 병원성 미생물의 사멸을 목적으로 한다.
④ 식품의 종류에 상관없이 같은 방법으로 살균하는 것이다.

해설

상업적 살균(commercial sterilization)
모든 미생물을 완전히 사멸하는 것이 아니라 식품의 정상적인 저장 및 유통 조건에서 변패되지 않고 소비자의 건강에 위해를 끼치지 않는 정도까지 미생물을 제어하는 방법이다.

081

UHT법이라도 하며, 우유를 130~150℃의 고온가압하에서 0.5~5초간 살균하는 방법은?

① 저온살균법
② 고온단시간살균법
③ 초고온순간살균법
④ 초음파가열법

해설

초고온살균(UHT ; ultra high-temperature sterilization)
• 130~150℃에서 0.5~5초간 살균
• 액체(우유, 과일주스 등)나 반액체성(유아식 등) 식품의 무균포장에 이용

082

초음파 진동자에서 발생되는 초음파를 이용하여 액체의 가열 및 건조 시 액체 내에 포함되어 있는 고형물의 분산을 극대화함으로써, 전체적으로 균일한 가열 및 건조 효과를 얻을 수 있는 가열 방법은?

① 저온살균법
② 고온단시간살균법
③ 초고온순간살균법
④ 초음파가열법

해설

초음파(ultrasonic wave)가열법
• 초음파가 매질(액체, 고체 등)을 통과할 때 발생하는 진동 에너지가 매질 내부에서 마찰열로 전환되어 온도를 상승시키는 방법
• 내부까지 균일하게 가열 가능, 액체 내 고형물 분산에 효과적

083

마이크로파(microwave)가열의 특성이 아닌 것은?

① 신속한 가열이다.

② 식품의 내부에서 열이 발생하여 가열된다.

③ 밀폐 및 진공 상태에서의 가열이 어렵다.

④ 마이크로파의 침투깊이에는 제한이 있다.

> **해설**
>
> **마이크로웨이브(microwave)가열법**
> - 식품에 마이크로파(2,450MHz 등 고주파 전자기파)를 쏘아, 식품 내부의 극성 분자(특히 물 분자)가 빠르게 진동·회전하게 하여 식품 내부에서 열이 발생하도록 하는 방식이다.
> - 가열 속도가 빠르고 온도 제어가 용이하다.
> - 포장된 상태로도 가열이 가능하다.

084

식품가열에 사용되는 마이크로 주파수는?

① 715MHz
② 1,850MHz
③ 2,450MHz
④ 3,615MHz

> **해설**
>
> 2,450MHz 등 고주파 전자기파를 이용한다.

085

무균충전 시스템과의 조합으로 상온 저장·유통이 가능하며, 고추장, 된장, 과일, 어육소시지, 어묵 등의 가공과 냉동식품의 해동에 응용이 가능한 살균 방법은?

① 전기저항가열법
② 적외선조사법
③ 고온살균법
④ 한외여과법

> **해설**
>
> **전기저항가열법**
> - 식품에 직접 전류를 흘려 식품 자체의 전기저항에 의해 내부에서 열이 발생하도록 하는 가열 방식이다.
> - 식품 전체에 전류가 흐르므로 균일한 가열이 가능하여 냉동식품의 해동에 활용할 수 있다.
> - 무균충전 시스템과 결합하면 고추장, 된장, 소시지, 어묵 등 다양한 식품을 실온에서 장기 유통할 수 있다.

086

미생물의 살균에 대한 설명으로 틀린 것은?

① 사멸 방법으로 주로 열처리를 이용한다.

② D값이란 일정 온도에서 일군의 미생물이 90% 사멸될 때까지 걸리는 시간이다.

③ z값이란 D값을 1/10로 감소시키는 데 소요되는 시간이다.

④ 보툴리누스 포자를 열처리하려면 D값의 12배만큼 처리해야 한다.

> **해설**
>
> ③ z값 : D값을 1/10로 감소시키기 위해 높여야 하는 온도(℃)

087

Bacillus polymixa 포자의 D값은 100℃에서 0.5분이며 z값은 9℃이다. 초기 미생물수가 10^6인 식품을 109℃에서 0.15분간 가열하였을 때 식품에 잔류하는 미생물의 수는?

① 10
② 10^2
③ 10^3
④ 10^4

> **해설**
>
> - 미생물의 사멸속도
>
> $$D = \frac{t}{\log N_0 - \log N}$$
>
> 여기서, D값 : 일정 온도에서 미생물의 90%가 사멸하는 데 걸리는 시간(분)
> t : 가열시간(분)
> N_0 : 초기의 미생물 농도
> N : 일정 온도에서 t시간 가열했을 때 시료 중의 생존균수
>
> - 109℃에서의 D값(∵ $z = 9$℃, 온도가 9℃ 상승하면 D값은 1/10로 감소)
>
> $$D_{109} = \frac{0.15분}{\log 10^6 - \log N} = 0.05분$$
>
> $\log 10^6 - \log N = 3$
> $\therefore\ N = 10^3$

088

*Clostridium botulinum*의 z값은 10℃이다. 121℃에서 가열하여 균의 농도를 100,000분의 1로 감소시키는 데 20분이 걸렸다면 살균온도를 131℃로 하여 동일한 사멸률을 보이려면 몇 분을 가열해야 하는가?

① 1분
② 2분
③ 3분
④ 4분

• 121℃에서의 D값

$$D_{121} = \frac{20분}{\log 1 - \log 10^{-5}} = \frac{20분}{\log 10^5} = \frac{20분}{5} = 4분$$

• 131℃에서의 D값(∵ z = 10℃, 온도가 10℃ 상승하면 D값은 1/10로 감소)

$$D_{131} = D_{121} \times 1/10 = 4분 \times 1/10 = 0.4분$$

※ Z값 : D값을 1/10로 감소시키기 위해 높여야 하는 온도(℃)

∴ 동일한 사멸률(1/100,000 = 10^5)을 얻기 위한 가열시간
  = $D_{131} \times 5 = 0.4분 \times 5 = 2분$

089

식품포장에 대한 설명 중 틀린 것은?

① 식품의 품질 보존은 포장재료의 물리적 성질과 화학적 성질에 크게 좌우되며, 포장 후의 환경조건에 의해서도 좌우된다.
② 포장식품의 성분 변화는 포장 후의 온도, 습도, 광선 등이 일정하더라도, 포장재료의 성질에 따라 달라질 수 있다.
③ 폴리에틸렌 포장재료는 유리병에 비하여 투수, 투광, 기체 투과성이 높으므로 포장식품의 품질 보존이 유리하다.
④ 가공식품에 있어서 흡습, 방습에 의한 물성과 성분 변화를 방지하기 위해서는 투수성이 없는 포장재를 사용하는 것이 바람직하다.

③ 폴리에틸렌 포장재료는 유리병에 비하여 기체 투과성, 내습성이 높으므로 포장식품의 품질 보존에 유리하지 않다.

090

식품포장재료의 일반적인 구비요건으로 적합하지 않은 것은?

① 식품의 성분과 상호작용이 없어야 한다.
② 유해한 성분을 함유하지 않아야 한다.
③ 적정한 물리적 강도를 가지고 있어야 한다.
④ 식품 종류와 관계없이 투습도가 높고 기체를 통과시키지 않아야 한다.

④ 포장재의 투습도와 기체 차단성은 식품의 종류와 특성, 저장 목적에 따라 달라져야 한다.

식품포장재료의 구비요건

• 위생성 : 유해한 성분을 함유하지 않아야 한다.
• 보호성 : 외부 환경으로부터 식품을 효과적으로 보호하여 품질과 신선도를 유지해야 한다.
• 안전성 : 식품의 성분과 상호작용이 없어야 하고, 적정한 물리적 강도를 가지고 있어야 한다.
• 상품성 : 소비자에게 신선한 이미지를 제공하고, 외관을 개선할 수 있어야 한다.
• 간편성 : 소비자가 취급하기에 간편하고 용이해야 한다.
• 경제성 : 적절한 가격이어야 하고, 생산·유통·보관이 용이해야 한다.

091

식품포장지로 사용되는 골판지에 대한 설명으로 틀린 것은?

① 골의 높이와 골의 수에 따라 A, B, C, D, E, F로 구분한다.
② A, C, B의 순서로 골의 높이가 높다.
③ 단위길이당 골의 수가 가장 적은 것은 A이다.
④ 골의 형태는 U형과 V형이 있다.

① 골(골심지)의 종류는 A골, B골, C골, E골로 구분한다.

092

샐러드 원료용으로서 호흡작용이 왕성한 농산물을 슬라이스 형태로 절단하여 MA 포장할 때 가장 적합한 포장재질은?

① 폴리에틸렌(PE)
② 폴리아미드(PA)
③ 폴리에스테르(PET)
④ 폴리염화비닐리덴(PVDC)

해설

폴리에틸렌(PE ; polyethylene)
적당한 산소 및 이산화탄소 투과성을 가져 호흡작용이 왕성한 농산물의 MA 포장용으로 적합하다.

093

다음 중 습도 및 산소 차단성이 모두 우수한 플라스틱 포장재는?

① 무연신 폴리프로필렌(CPP)
② 저밀도 폴리에틸렌(LDPE)
③ 염화비닐리덴(PVDC)
④ 에틸렌비닐알코올 공중합체(EVOH)

해설

염화비닐리덴(PVDC)
산소 및 수분 차단성, 향미 보존력이 모두 우수하여 육류, 치즈, 제과류 등 다양한 식품의 포장재로 널리 사용된다.

094

필름표면에 계면활성제를 처리하여 첨가제 분산에 의한 필름의 장력을 증가시켜 결로현상이 일어나지 않게 하는 기능성 포장재는?

① 항균필름
② 방담필름
③ 미제공필름
④ 키토산필름

해설

방담필름
필름에 첨가제를 분산하여 장력을 증가시킴으로서 결로현상이 일어나지 않게 하여 부패균의 발생을 방지하고, 저장 중인 원예산물의 신선도를 유지시켜 준다.

095

포장재로서 유리의 단점이 아닌 것은?

① 충격과 열에 의해 깨지기 쉽다.
② 기체 투과성 및 투습성이 높다.
③ 빛이 투과하여 내용물이 변하기 쉽다.
④ 수송 및 포장에 경비가 많이 든다.

해설

② 유리는 기체 투과성 및 투습성이 매우 낮아(차단성이 매우 우수) 내용물의 품질 보존에 탁월하다.

포장재로서 유리의 단점
- 충격과 열에 의해 깨지기 쉬움
- 빛이 투과하여 내용물이 변하기 쉬움
- 다른 포장재에 비해 무거운 무게
- 운송비가 높고 취급이 불편함
- 표면 인쇄 및 가공의 한계

096

진공포장 방법에 대한 설명 중 틀린 것은?

① 쇠고기 등을 진공포장하면 변색작용을 촉진하게 된다.
② 호흡작용이 왕성한 신선 농산물의 장기유통용으로는 적합하지 않다.
③ 가스 및 수증기 투과도가 높은 셀로판, EVA, PE 등이 이용된다.
④ 포장지 내부의 공기 제거로 박피 청과물의 갈변작용이 억제된다.

③ 진공포장에는 가스 및 수증기 투과도가 낮은 재질을 사용해야 하며, 셀로판이나 단일 EVA, PE 등은 가스 차단성이 낮아 반드시 EVOH와 같은 차단층과 함께 사용해야 한다.

진공포장
• 포장 내부의 공기를 제거 후 진공상태로 밀봉하는 방법이다.
• 진공포장에는 가스 및 수증기 투과도가 낮은(가스 차단성이 우수한) 재질을 사용해야 한다.
• 주요 부패 미생물인 호기성균의 성장과 산화를 지연시켜 저장성을 높인다.

097

레토르트 포장기법에 대한 설명으로 틀린 것은?

① 고온살균을 하므로 재질의 특성은 높은 살균온도에 견디는 내열성이 중요하다.
② 식품의 유통기한은 산소의 투과에 의한 품질변화에 의하여 결정된다.
③ 식품을 포장하고 고온고압에서 살균한 후 밀봉한다.
④ 주로 사용되는 재료는 PET, AL, PP이다.

레토르트(retort) 살균 포장
식품을 내열성 파우치(레토르트 파우치) 등에 담아 밀봉한 뒤, 고온고압(약 120℃)에서 살균하는 방법으로, 상온에서도 장기보존이 가능하다. 레토르트 파우치, 레토르트 용기, 레토르트 팩(로켓) 등이 있다.

098

유연포장재료에 식품을 넣어 통조림처럼 살균하는 포장으로 약 135℃ 정도의 고온에서 가열하여도 견뎌내는 포장 방법은?

① 진공포장
② 가스치환포장
③ 저온살균포장
④ 레토르트 파우치포장

① 진공포장 : 용기 중의 공기를 탈기하여 밀봉하는 방법
② 가스치환포장 : 용기 중의 공기를 탈기하여 N_2, CO_2가스와 치환 후 밀봉하는 방법
③ 저온살균포장 : 식품을 포장한 후 60~80℃ 정도에서 일정시간 가열살균하는 방법

099

무균포장에 대한 설명으로 틀린 것은?

① 식품은 신선도를 고려하여 살균을 할 필요가 없다.
② 포장재도 살균하여야 한다.
③ 유통과정 중 오염을 방지할 수 있도록 밀봉하여야 한다.
④ 포장과정에서 무균적 환경을 유지하여야 한다.

① 식품의 신선도와 품질을 유지하면서도 식중독균이나 부패 미생물이 제거될 정도로 살균을 실시해야 한다.

무균포장
살균한 식품을 무균환경에서 미리 살균한 용기에 충진하고 밀봉하여 저장성을 연장하는 방법

100

무균포장실에서 멸균공기의 기류방식 중 청정한 무균실 제조에 가장 적합한 방법은?

① 수직층류형
② 수평층류형
③ 국소층류형
④ 수평난류형

해설

① 수직층류형 : 천장에서 바닥방향으로 일정한 층류의 공기가 흘러 먼지나 미생물을 신속히 제거하고, 공기의 난기류를 최소화해 청정도를 유지하므로 무균작업환경에 적합하다.
② 수평층류형 : 공기가 벽면에서 수평으로 흐르며, 작업자나 장비가 공기 흐름을 방해할 경우 오염 위험 증가한다.
③ 국소층류형 : 특정 구역만 청정도를 유지하므로 전체 무균실 관리에는 부적합하다.
④ 수평난류형 : 공기 흐름이 불규칙해 먼지 축적 가능성이 높다.

101

특정 온도에서 농산물의 호흡률과 포장 필름(film)의 적절한 투과성에 의해 포장 내부의 가스 조성이 적절하게 유지되도록 하여 농산물을 신선하게 보관하는 방법은?

① MA(Modified Atmosphere) 저장
② CA(Controlled Atmosphere) 저장
③ 가스충전포장
④ 무균밀봉포장

해설

MA 포장

• 포장 내부의 공기를 제거한 뒤 질소(N_2), 이산화탄소(CO_2) 등 식품에 맞는 혼합가스를 주입한다.
• 호흡작용과 증산작용, 에틸렌 생성을 모두 억제하여 식품의 신선도와 저장성을 높인다.

102

과일이나 채소의 신선도 유지를 위한 가스치환 방법은 공기를 주로 어떤 성분으로 바꾸어 포장하는가?

① 산소, 질소
② 산소, 일산화탄소
③ 일산화탄소, 헬륨
④ 질소, 이산화탄소

해설

• 질소(N_2) : 포장재 내부의 공기를 질소로 치환하여 산소 농도를 낮춤으로써 산화반응을 늦추고 미생물의 성장을 억제한다.
• 이산화탄소(CO_2) : 미생물의 성장을 억제하고, 일부 과일 및 채소의 호흡률을 낮추어 신선도를 유지한다.

103

생선, 육류 등의 가스충진(gas flushing) 포장에 대한 설명으로 틀린 것은?

① 산소, 질소, 탄산가스 등이 주로 사용된다.
② 세균의 발육을 억제하기 위해서는 주로 탄산가스가 사용된다.
③ 가스충진포장에 사용되는 포장 재료는 기체투과도가 낮은 재료를 사용하여야 한다.
④ 가스충진포장을 한 제품의 경우 일반적으로 상온에 저장하여도 무방하다.

해설

④ 가스충진포장은 미생물 증식을 억제하지만 상온보관 시 잔존 미생물이나 내성균이 성장해 부패할 수 있으므로 저온저장(5℃ 이하)이 필수적이다.

104

식품미생물의 증식에 관한 설명으로 틀린 것은?

① 온도 : 일반적으로 중온균은 20~40℃에서 잘 자란다.

② pH : 세균은 일반적으로 중성 부근에서 잘 자란다.

③ 산소 : 반드시 산소가 있어야 자랄 수 있다.

④ 수분활성도 : 수분활성도를 떨어뜨리면 세균, 효모, 곰팡이 순으로 생육이 어려워진다.

해설

③ 혐기성 미생물은 산소가 없는 상태에서도 잘 자란다.

위해 미생물의 증식 조건

• 온도 : 대부분의 병원성 미생물은 10~60℃에서 잘 자라며, 특히 중온균은 20~40℃에서 가장 잘 자란다.

• 수분 : 수분이 많은 식품에서 증식이 용이하다.

• pH : 대부분 중성(pH 6~7) 부근에서 잘 자라지만, 일부는 산성이나 알칼리성 환경에서도 생존할 수 있다.

• 산소 : 산소가 필요한 호기성균과 산소 없이도 자라는 혐기성균이 있다.

105

최적성장온도가 20~40℃이며, 병원성 세균이 많이 존재하는 온도대에 속하는 미생물은?

① 고온균
② 중온균
③ 저온균
④ 초저온균

해설

병원성 미생물의 최적성장온도

• 저온균 10~20℃

• 중온균 25~40℃

• 고온균 45~60℃

106

세균의 생육곡선에서 시기별로 순서가 바르게 된 것은?

① 대수기 – 유도기 – 사멸기 – 정지기

② 유도기 – 정지기 – 대수기 – 사멸기

③ 유도기 – 대수기 – 정지기 – 사멸기

④ 정지기 – 유도기 – 대수기 – 사멸기

해설

세균의 생육곡선 4단계

• 유도기 : 미생물이 새로운 환경에 접종되어 적응하는 준비 단계

• 대수기 : 미생물이 환경에 적응한 후 최대속도로 분열하며, 세포수가 기하급수적으로 증가

• 정지기 : 영양분 고갈, 대사산물 축적, 산소 부족 등으로 인해 증식과 사멸이 균형을 이루는 시기

• 사멸기 : 환경 악화로 인해 사멸 속도가 증식 속도를 넘어 생균수가 점차 감소

107

균 1개가 30분마다 분열하는 경우, 5시간 후에는 몇 개가 되는가?

① 10
② 512
③ 1,024
④ 2,048

해설

• 분열 횟수 = 5시간 × 2회 = 10회(∵ 1시간당 2회 분열)

• 증식 후 개수 = 초기 개수 × 2^n

여기서, n : 분열 횟수

∴ $1 × 2^{10} = 1,024$개

108

식중독의 원인에 대한 설명으로 옳지 않은 것은?

① 빵이나 음료보다 식육과 어패류가 부패를 잘 일으킨다.
② 식중독의 주된 원인으로 냉장 및 냉동 보관온도 미준수가 있다.
③ 과일이나 채소를 통해서는 식중독이 발생되지 않는다.
④ 조리온도와 조리시간을 충분히 하지 못할 경우 식중독이 발생할 수 있다.

해설

③ 채소와 과일은 제대로 세척하지 않거나 날것으로 섭취하는 경우가 많아 세균에 오염될 위험이 높으며, 식중독 발생 비율도 매우 높다.

식중독의 원인
• 미생물(세균, 바이러스 등), 곰팡이, 기생충 등
• 동물성·식물성 자연독
• 농약, 중금속, 식품첨가물 등의 화학물질
• 보관온도 미준수, 조리도구 교차오염, 불충분한 가열·조리, 개인위생 등 관리 부주의
• 주요 원인식품
  - 식육, 어패류, 계란 등 동물성 단백질 식품과 그 가공품
  - 채소, 과일, 김밥, 도시락 등도 주요 원인식품에 포함
  - 미리 조리된 후 실온에 오래 방치된 음식 등

109

다음 중 감염형 식중독균이 아닌 것은?

① 살모넬라균
② 황색포도상구균
③ 캠필로박터균
④ 리스테리아균

해설

미생물 식중독의 종류

구분		원인균 및 물질
세균성	감염형	살모넬라, 장염비브리오균, 비브리오 불니피쿠스, 리스테리아 모노사이토제네스, 병원성 대장균, 바실러스 세레우스(설사형), 여시니아, 캠필로박터 등
	독소형	황색포도상구균, 클로스트리디움 퍼프린젠스(웰치균), 클로스트리디움 보툴리눔, 바실러스 세레우스(구토형) 등
바이러스성		노로바이러스, 로타바이러스, 아스트로바이러스, 장관아데노바이러스, A형간염바이러스, E형간염바이러스 등
원충성		이질아메바, 람블편모충, 작은와포자충, 원포자충, 쿠도아 등

110

장염비브리오균에 대한 설명으로 틀린 것은?

① 호염성의 감염형 식중독균이다.
② 열 저항성이 매우 크다.
③ 그람음성의 무포자 간균이다.
④ 편모를 가진다.

해설

장염비브리오균(*Vibrio parahaemolyticus*)
• 호염성 세균, 그람음성, 무포자 간균, 중온균(생육적온 37℃), 편모를 가진다.
• 감염원 : 어패류 및 가공제품, 조리기구나 손을 통한 2차 감염 등
• 증상 : 복통, 메스꺼움, 구토, 설사, 발열 등의 급성위장염 형태

111

근해산 해산어패류를 생식하였을 때 발생하는 패혈증의 원인은?

① *Morganella morganii*
② *Staphylococcus aureus*
③ *Vibrio parahaemolyticus*
④ *Vibrio vulnificus*

해설

비브리오 패혈증
• 원인균 : *Vibrio vulnificus*
• 감염원 : 따뜻한 해수지역에서 채취된 해산물, 어패류 그 외 사람피부의 상처 등을 통한 감염

112

미호기성 환경에서 생육하는 고온성균으로 오염된 식육이나 조리되지 않은 닭고기 등에서 분리되는 식중독균은?

① 병원성 대장균(E. coli O157 : H7)
② 살모넬라균(*Salmonella typhimurium*)
③ 캠필로박터균(*Campylobacter jejuni*)
④ 비브리오균(*Vibrio parahaemolyticus*)

해설

캠필로박터 식중독
- 원인균 : *Campylobacter jejuni*, *Campylobacter coli*
- 원인식품 : 오염된 식육이나 조리되지 않은 닭고기 등
- 예방법 : 식품과 음식물은 가열 후 섭취한다.

113

미국산 쇠고기와 아이스크림, 냉동만두, 냉동피자 등에서 유래되는 식중독의 원인균은?

① 살모넬라
② 장염비브리오
③ 리스테리아
④ 캠필로박터

해설

리스테리아 식중독
- 원인균 : *Listeria monocytogenes*
- 원인식품 : 미국산 쇠고기, 냉장 · 냉동식품, 유제품, 가금류 등
- 예방법 : 호냉균이므로 냉장고에서 오래 보관된 식품은 피해야 한다.

114

다음 중 발열이 거의 없는 감염병은?

① 세균성 이질
② 장티푸스
③ 콜레라
④ 파라티푸스

해설

③ 콜레라에 감염되면 발열이 거의 없고, 설사와 탈수증세를 보인다.
①·③·④ 세균성 이질, 장티푸스, 파라티푸스의 주된 증상은 발열과 설사이다.

115

포도상구균 식중독에 대한 설명으로 옳은 것을 모두 나열한 것은?

> (ㄱ) 장관독(enteotoxin)에 의한 독소형 식중독이다.
> (ㄴ) 증상으로 심한 고열이 발생한다.
> (ㄷ) 잠복기는 보통 3시간 전후이다.
> (ㄹ) 독소는 60℃, 20분 열처리로 파괴된다.

① (ㄱ), (ㄴ)
② (ㄱ), (ㄷ)
③ (ㄴ), (ㄷ)
④ (ㄴ), (ㄹ)

해설

황색포도상구균(*Staphylococcus aureus*)
- 독소(enterotoxin)를 생성하여 식중독을 유발한다.
- 급성위장염 형태(구역질, 구토, 복통, 설사)의 증상이 나타나며, 치명률은 낮다.
- 독소는 내열성이 커서 100℃ 온도에서 1시간 이상 가열하여도 파괴되지 않는다.
- 건조한 상태에서도 생존할 수 있다.

116

음식물을 섭취하기 직전에 끓여 먹었는데도 식중독이 발생하였다면 추정할 수 있는 식중독의 원인균은?

① *Clostridium botulinum*
② *Saimoneala enteritidis*
③ *Staphylococcus aureus*
④ *Vibrio parahaemolyticus*

해설

황색포도상구균(*Staphylococcus aureus*)의 독소는 내열성이 커서 100℃ 온도에서 1시간 이상 가열하여도 파괴되지 않는다.

117

바실러스 세레우스에 의해 유발되는 식중독과 관련이 없는 것은?

① 전분 분해작용이 강하고 토양 등 자연계에 널리 분포하고 있다.

② 아포형성균이며 통성혐기성 균이다.

③ 균체 외 독소는 생산하지 않는다.

④ 쌀밥이나 볶음밥에서 분리할 수 있다.

해설

③ 바실러스 세레우스는 균체 외 독소를 생산한다.

※ 바실러스 세레우스(*Bacillus cereus*)가 생산하는 설사형 독소는 장내에서 생성되는 열, 산, 알칼리, 단백질 가수분해효소에 민감한 반면, 구토형 독소는 예외적으로 열(126℃에서 90분 이상 동안), 산, 알칼리, 단백질 가수분해효소에 저항력을 갖는다.

118

*Clostridium perfringens*와 관계가 없는 것은?

① 아포를 형성하는 그람양성의 간균이다.

② 혐기적 환경에서만 증식하는 편성혐기성균이다.

③ 섭취 직전에 완전히 재가열하더라도 식중독을 예방할 수 없다.

④ 육류와 그 가공품을 위시하여 기름에 튀긴 식품 등에 증식한다.

해설

③ 섭취 직전에 음식물을 완전히 재가열하면 열에 약한 독소와 균의 영양세포가 사멸되어 식중독을 예방할 수 있다.

클로스트리디움 퍼프린젠스(*Clostridium perfringens*, 웰치균)

• 아포(포자)를 형성하는 그람양성의 간균이다.

• 주로 혐기적(산소가 없는) 환경에서 잘 증식하는 편성혐기성균이다.

• 육류와 그 가공품, 기름에 튀긴 식품 등에서 잘 증식하며, 조리된 음식을 상온에 오래 방치할 때 발생한다.

• 섭취 직전에 음식물을 완전히 재가열하면 열에 약한 독소와 균의 영양세포가 사멸되어 식중독을 예방할 수 있다.

119

다음 중 가장 내열성이 강한 식중독 원인은?

① *Staphylococcus aureus* 영양세포

② *Bacillus cereus* 포자

③ *Salmonella typhimurium* 영양세포

④ *Clostridium botulinum* 포자

해설

보툴리누스균과 포도상구균

균	독소 내열성	균체 내열성
Staphylococcus aureus	○	×
Clostridium botulinum	×	○

120

노로바이러스의 특성으로 옳은 것은?

① 사람의 장에서만 증식되어 세포배양이 어렵다.

② 기온이 낮은 동절기에만 발생한다.

③ 실온에서 장기간 생존하지 않는다.

④ 물리·화학적으로 매우 불안정한 구조이다.

해설

노로바이러스

• 사람의 장관 내에서만 증식할 수 있다.

• 자연환경에서 장기간 생존 가능하다.

• 사람의 분변에 오염된 물이나 식품이 원인이며, 겨울철 많이 발생한다.

• 감염 시 구토, 설사를 유발한다.

• 예방을 위해 어패류를 충분히 가열하여 섭취한다.

121

세균성 식중독의 예방법으로 바람직하지 않은 것은?

① 식품과 접촉하는 도구는 세척과 소독을 철저히 한다.
② 식품을 종류, 가열 전후 등에 따라 분리 보관한다.
③ 저온저장하여 균의 증식을 최대한 억제한다.
④ 2차 감염을 철저하게 예방하기 위해 예방접종을 한다.

해설

세균성 식중독 예방 방법
• 흐르는 물에 비누로 30초 이상 손 씻기
• 육류는 중심온도 75℃ 이상, 어패류는 85℃ 이상에서 1분 이상 충분히 가열하여 섭취
• 식재료와 조리기구는 구분 사용하여 교차오염 방지
• 신선한 재료 사용 및 세척소독 후 사용
• 냉장식품은 5℃ 이하, 냉동식품은 −18℃ 이하로 보관
• 조리된 음식은 가능한 즉시 섭취

122

대장균군 검사에 사용되지 않는 배지는?

① 표준한천배지
② 유당배지
③ BGLB 배지
④ 데스옥시콜레이트 유당한천배지

해설

대장균군 검사
• 정성시험 : 대장균의 존재 여부 판정, 유당배지법, BGLB배지법, 데스옥시콜레이트 유당한천배지법 등
• 정량시험 : 대장균군의 수 측정, 최확수법(락토오스브로스배지법, BGLB배지법), 데스옥시콜레이트 유당한천배지법, 건조필름법 등

123

식품 중의 대장균군 검사 결과 MPN값이 50이 나왔다면 검체 100mL 중에 존재하는 대장균군의 수는 몇 개인가?

① 5
② 50
③ 500
④ 5,000

해설

대장균군수 단위는 MPN/100mL이므로 대장균수는 50이 된다.

124

식물성 자연독 성분을 함유한 식품이 잘못 연결된 것은?

① gossypol – 정제가 불충분한 목화씨 기름
② solanine – 감자
③ cicutoxin – 독미나리
④ lycorin – 미국 자리공

해설

리코린(lycorin)과 피토라카톡신(phytolacatoxin)
• 리코린(lycorin) : 꽃무릇 독성분으로 독성이 강한 알칼로이드
• 피토라카톡신(phytolacatoxin) : 미국 자리공의 독성분

125

조개류의 독성물질에 대한 설명으로 옳은 것을 모두 고르면?

> (ㄱ) saxitoxin은 복어독과 유사한 마비증상을 보인다.
> (ㄴ) 조개 독성물질은 조개의 체내에서 생성된다.
> (ㄷ) venerupin 중독은 바지락 중독이라고도 불린다.
> (ㄹ) saxitoxin의 치사율은 50% 정도이다.

① (ㄱ), (ㄴ)
② (ㄴ), (ㄷ)
③ (ㄱ), (ㄷ)
④ (ㄷ), (ㄹ)

해설

조개류의 독성물질

구분	삭시톡신(saxitoxin)	베네루핀(venerupin)
조개류	섭조개(홍합), 굴, 바지락 등	모시조개, 바지락, 굴, 고동 등
독소	열에 안정한 신경마비성 독소	열에 안정한 간독소
치사율	10%	50%
유독시기	5~9월	2~4월
중독증상	혀, 입술의 마비, 호흡곤란	출혈반점, 간기능 저하, 토혈, 혈변, 혼수

126

맥각 중독을 일으키는 성분은?

① ergotoxine
② citrinin
③ zearalenone
④ slaframine

해설

맥각독 : ergotoxine, ergotamine, ergometrine 등
② citrinin : 신장독
③ zearalenone : 발정유인물질
④ slaframine : 유연물질

127

전분질 식품을 높은 온도로 가열할 때 생성되는 물질로 감자튀김 등에서 발견되어 문제가 된 독성물질은?

① 나이트로사민(N-nitrosamine)
② 아크릴아마이드(acrylamide)
③ 아플라톡신(aflatoxin)
④ 솔라닌(solanine)

해설

아크릴아마이드(acrylamide)

감자나 빵처럼 탄수화물이 많은 식품을 고온에서 튀기거나 구울 때 발생하는 유해물질로 식품에 들어 있는 아스파라긴이라는 아미노산과 일부 당류가 120℃ 이상에서 가열되는 과정에서 생긴다.

128

식품과 관련된 위해인자의 설명으로 틀린 것은?

① 유기염소제 살충제는 염소를 함유하고 있으면서 강력한 살충효과를 나타내지만 분해기간이 길어 자연에 오랫동안 잔류된다.
② 주석은 통조림 용기에 도금에 사용하고 있으며, PVC의 안정제로 octyl 주석이 사용된다.
③ 다이옥신은 염화비닐 등 염소가 들어간 물질을 불완전 연소시켜야 배출이 억제된다.
④ 카드뮴은 일본에서 이타이이타이병을 일으킨 물질로 중독되면 골연화증이 유발된다.

해설

다이옥신

• 무색, 무취의 맹독성 화학물질로 쓰레기 소각과정에서 발생되는 환경호르몬(내분비교란물질)이다.
• 물에는 잘 녹지 않고 지방에 잘 녹기 때문에 몸속에 들어가면 소변으로 배설되지 않고 지방조직에 축적된다.

129

원소기호는 Sn이며, 과일 통조림으로부터 유래하여 구토, 설사, 복통 등을 일으킬 수 있는 금속은?

① 주석
② 아연
③ 구리
④ 수은

해설

주석(Sn)

통조림의 납땜 작업 시 오염되면 구토, 설사, 복통 등을 일으킬 수 있다.

130

단백질 식품 중 어육과 식육의 부패 정도를 나타내는 화학적 지표 검사항목은?

① 휘발성염기질소(VBN)
② 경도(hardness)
③ 과산화물가(peroxide value)
④ 생균수

해설

단백질 식품의 부패 판정

• 관능검사 항목 : 시각, 후각, 미각 및 촉각
• 물리적 검사 항목 : 경도, 점성, 탄성, 색 등
• 화학적 검사 항목 : 수소이온농도(pH), 휘발성염기질소, 트라이메탈아민(TMA), 히스타민 등
• 미생물적 검사 항목 : 생균수

131

식품의 이물을 검사하는 방법이 아닌 것은?

① 진공법
② 체분별법
③ 여과법
④ 와일드만 플라스크법

해설

식품의 이물 검사법 : 체분별법, 여과법, 와일드만 플라스크법, 침강법, 금속성이물 검사 등

132

식품의 원료관리, 제조, 가공, 조리, 소분, 유통, 판매의 모든 과정에서 위해한 물질이 식품에 섞이거나 오염되는 것을 방지하기 위하여 각 과정의 위해요소를 중점적으로 관리하는 기준을 무엇이라 하는가?

① HACCP   ② SSOP
③ GMP   ④ GAP

해설

HACCP(Hazard Analysis and Critical Control Point, 식품 및 축산물 안전관리인증기준)

식품위생법 및 건강기능식품에 관한 법률에 따른 식품안전관리인증기준과 축산물 위생관리법에 따른 축산물 안전관리인증기준으로서, 식품(건강기능식품을 포함)·축산물의 원료관리, 제조·가공·조리·선별·처리·포장·소분·보관·유통·판매의 모든 과정에서 위해한 물질이 식품 또는 축산물에 섞이거나 식품 또는 축산물이 오염되는 것을 방지하기 위하여 각 과정의 위해요소를 확인·평가하여 중점적으로 관리하는 기준을 말한다.

② SSOP : 위생표준작업 절차
③ GMP : 우수의약품 제조 및 품질관리기준(우수제조관리기준)
④ GAP : 농산물 우수관리 인증제도

133

HACCP에서 정의하는 중요관리점(CCP)이란?

① 식품의 원료 관리, 제조·가공·조리 및 유통의 모든 과정에서 위해한 물질이 식품에 혼입되거나 식품이 오염되는 것을 사전에 방지하기 위하여 각 과정을 중점적으로 관리하는 기준

② 한계기준을 적절히 관리하고 있는지 여부를 확인하기 위하여 수행하는 일련의 계획된 관찰이나 측정 등의 행위

③ 식품의 위해요소를 예방·제거하거나 허용 수준 이하로 감소시켜 해당 식품의 안전성을 확보할 수 있는 중요한 단계 또는 공정

④ 위해요소관리가 허용범위 이내로 충분히 이루어지고 있는지 여부를 판단할 수 있는 기준이나 기준치

① HACCP, ② 모니터링, ④ 한계기준

134

다음 중 HACCP의 7가지 원칙에 해당되지 않는 것은?

① 위해요소 분석
② 검증절차 및 방법 수립
③ 제품의 특징 기술
④ 개선조치 방법 수립

HACCP의 7원칙
1. 모든 잠재적 위해요소 분석
2. 중요관리점(CCP) 결정
3. CCP 한계기준 설정
4. CCP 모니터링체계 확립
5. 개선조치 방법 수립
6. 검증절차 및 방법 수립
7. 문서화 및 기록유지 방법 설정

135

HACCP 관리체계를 구축하기 위한 준비단계를 알맞은 순서대로 제시한 것은?

① HACCP 팀 구성 → 제품설명서 작성 → 모든 잠재적 위해요소 분석 → 중요관리점(CCP) 설정 → 중요관리점 한계기준 설정

② HACCP 팀 구성 → 모든 잠재적 위해요소 분석 → 중요관리점(CCP) 설정 → 중요관리점 한계기준 설정 → 제품설명서 작성

③ 모든 잠재적 위해요소 분석 → 중요관리점(CCP) 설정 → 중요관리점 한계기준 설정 → HACCP 팀 구성 → 제품설명서 작성

④ 모든 잠재적 위해요소 분석 → HACCP 팀 구성 → 중요관리점(CCP) 설정 → 중요관리점 한계기준 설정 → 제품설명서 작성

HACCP 시스템의 12절차와 7원칙

절차 1		HACCP 팀 구성
절차 2		제품설명서 작성
절차 3	준비단계	사용용도 확인
절차 4		공정흐름도 작성
절차 5		공정흐름도 현장 확인
절차 6	원칙 1	모든 잠재적 위해요소 분석
절차 7	원칙 2	중요관리점(CCP) 결정
절차 8	원칙 3	중요관리점의 한계기준 설정
절차 9	원칙 4	중요관리점별 모니터링체계 확립
절차 10	원칙 5	개선조치 방법 수립
절차 11	원칙 6	검증절차 및 방법 수립
절차 12	원칙 7	문서화 및 기록유지 방법 설정

136

HACCP의 선행요건 중 제조시설 및 기계 · 기구류 등 설비관리에 해당하지 않는 것은?

① 내수성, 내열성, 내약품성, 내부식성 등의 재질 바닥자재 설치
② 온도변화를 측정 · 기록하는 장치를 구비
③ 주기적으로 점검하여 유지 · 보수 등 개선 조치 실시
④ 기구 및 용기류는 용도별로 구분하여 사용 · 보관

해설

제조시설 및 기계 · 기구류 등 설비관리(식품 및 축산물 안전관리인증기준 [별표 1])
• 식품과 접촉하는 취급시설 · 설비는 인체에 무해한 내수성 · 내부식성 재질로 열탕 · 증기 · 살균제 등으로 소독 · 살균이 가능하여야 하며, 기구 및 용기류는 용도별로 구분하여 사용 · 보관하여야 한다.
• 온도를 높이거나 낮추는 처리시설에는 온도변화를 측정 · 기록하는 장치를 설치 · 구비하거나 일정한 주기를 정하여 온도를 측정하고, 그 기록을 유지하여야 하며 관리계획에 따른 온도가 유지되어야 한다.
• 식품취급시설 · 설비는 정기적으로 점검 · 정비를 하여야 하고 그 결과를 보관하여야 한다.

137

HACCP의 효과와 거리가 먼 것은?

① 사전 예방 체계 가능
② 중요관리점의 모니터링 효율성 향상
③ 기록관리를 통한 책임소재의 명확성 확보
④ 수입식품에 대한 효과적 관리시스템 구축

해설

HACCP의 효과
• 체계적인 위생관리 체계의 구축
• 위생적이고 안전한 식품의 제조
• 위생관리의 효율성 도모
• 집중적인 위생관리
• 회사의 이미지 제고와 신뢰성 향상
• 안전한 식품을 소비자에게 제공

138

다음 중 HACCP의 위해요소 중 화학적 위해요소가 아닌 것은?

① 중금속
② 농약
③ 항생물질
④ 세균(박테리아)

해설

HACCP 위해요소분석표에 따른 위해요소 분류(식품 및 축산물 안전관리인증기준 [별표 2])

생물학적 위해요소 (biological hazards)	제품에 내재하면서 인체의 건강을 해할 우려가 있는 병원성 미생물, 부패미생물, 병원성 대장균(군), 효모, 곰팡이, 기생충, 바이러스 등
화학적 위해요소 (chemical hazards)	제품에 내재하면서 인체의 건강을 해할 우려가 있는 중금속, 농약, 항생물질, 항균물질, 사용기준 초과 또는 사용 금지된 식품첨가물 등 화학적 원인물질
물리적 위해요소 (physical hazards)	제품에 내재하면서 인체의 건강을 해할 우려가 있는 인자 중에서 돌조각, 유리조각, 플라스틱 조각, 쇳조각 등

139

식품의 HACCP 관리에서 일반적인 위해요소의 종류가 옳게 연결된 것은?

① 생물학적 위해요소 – 세균
② 물리적 위해요소 – 첨가물
③ 물리적 위해요소 – 자연독
④ 생물학적 위해요소 – 항생제

해설

② · ③ · ④ 첨가물, 자연독, 항생제 : 화학적 위해요소

140

식품을 취급하는 작업장의 구비조건 중 잘못된 것은?

① 작업장의 입지로는 폐수·오물처리가 편리하고 공기가 맑고 깨끗하며, 교통이 편리한 곳이 좋다.
② 바닥 표면은 내구성의 재질로서 미끄러지지 않고 쉽게 균열이 가지 않는 재질로 하여야 한다.
③ 벽과 바닥이 맞닿는 모서리는 청소를 용이하게 하기 위하여 90°로 각을 유지하는 것이 좋다.
④ 작업실의 벽 및 천장은 내수성이 있어야 하며 결로가 생기지 않도록 하여야 한다.

해설
③ 바닥과 벽이 만나는 모서리 부분은 최소 반경이 2.5cm 이상의 곡면이 되도록 설계하는 것이 좋다.

141

식품공장에서 식품을 다루는 작업자의 위생과 관련된 설명으로 틀린 것은?

① 작업장에서 깨끗한 장갑을 착용하는 경우에는 손을 씻지 않아도 된다.
② 일반 작업구역에서 비오염 작업구역으로 이동할 때는 반드시 손을 씻고 소독하여야 한다.
③ 신발은 작업 전용 신발을 신어야 하고 같은 신발을 신은 채 화장실에 출입하지 않아야 한다.
④ 피부감염, 화농성 질환이 있거나 설사를 하는 경우 식품 제조 작업을 중단하는 것이 좋다.

해설
① 장갑 표면이나 장갑을 착용하는 과정에서 오염이 발생할 수 있으므로 반드시 손을 먼저 깨끗이 씻고 소독한 후 장갑을 착용해야 하며, 장갑을 착용했다고 해서 손 씻기를 생략해서는 안 된다.

142

HACCP 지정 식품처리장의 손세척 및 소독 방법으로 잘못된 것은?

① 자동세정을 원칙으로 한다.
② 청정구역으로 들어갈 경우 손세정 후 자동건조장치 사용을 원칙으로 한다.
③ 손소독 장치를 설치하는 것이 바람직하다.
④ 손을 말릴 수 있는 물품으로 면타올을 준비해야 한다.

해설
④ 면타올(수건)은 반복 사용 시 교차오염의 위험이 있어 적합하지 않다.
종사자의 손세척 및 소독 방법
예비세척 → 액상비누 사용 → 거품내기 → 손가락 사이 씻기 → 손바닥·손톱 씻기 → 헹구기 → 손건조(종이타올 또는 손 건조기 사용) → 손소독[75% 에틸알코올, 손 소독기(자동분무기)]

143

유기식품 생산시설의 위생관리를 위한 세척 방식이 아닌 것은?

① 검경   ② 진동
③ 컴프레서공기세척   ④ CIP(Clean In Place)

해설
① 검경 : 세균 따위를 현미경으로 검사하는 것

144

생산물의 품질관리를 위해 유기식품 가공시설에서 사용하는 소독제로 부적합한 것은?

① 차아염소산수   ② 염산 희석액
③ 이산화염소수   ④ 오존수

해설
유기농산물을 세척하거나 소독하는 경우 허용물질 중 과산화수소, 오존수, 이산화염소수, 차아염소산수를 사용할 수 있으나, 유기농산물에 잔류되지 않도록 관리계획을 수립하고 이행하여야 한다(유기식품 및 무농약농산물 등의 인증에 관한 세부실시요령 [별표 1]).

145

시장의 구성요소인 3M에 해당하지 않는 것은?

① 물적 재화(merchandise)

② 시장(market)

③ 화폐적 재화(money)

④ 사람(man)

해설

시장의 구성요소(3M)

마케팅은 사람(man)이 물적 재화(merchandise)를 화폐적 재화(money)와 교환하는 행위이다.

146

유기식품의 마케팅 조사에 있어 자료수집을 위한 대인면접법의 특징에 대한 설명으로 옳은 것은?

① 조사비용 저렴

② 신속한 정보획득 가능

③ 면접자의 감독과 통제 용이

④ 표본분포의 통제 가능

해설

대인면접법의 장단점

장점	• 높은 응답 신뢰성 및 정확성 • 비언어적 정보 관찰 가능 • 질문과 응답의 유연성·심층성 • 복잡한 질문 설명 가능 • 대리응답 방지
단점	• 준비 과정 복잡 • 시간, 비용 소요 큼 • 조사자의 편견 개입 • 익명성 보장 미흡 • 민감한 질문에 응답을 얻기 어렵다. • 표본의 대표성 한계

147

친환경농산물의 도매상과 대형 유통업체 같은 소매상 등의 활동 내용을 분석하여 그 특징을 밝히는 연구 방법은 어디에 속하는가?

① 기능별 연구 ② 기관별 연구

③ 상품별 연구 ④ 관리적 연구

해설

마케팅의 기관별 연구 방법

생산자, 대리점, 도매상, 소매상, 마케팅 조성기관 등과 같은 특정 유통기관의 성격, 진화 및 기능 등을 중점적으로 연구하는 방법이다.

148

원가의 3요소가 아닌 것은?

① 재료비 ② 노무비

③ 감가상각비 ④ 경비

해설

원가의 3요소 : 재료비, 노무비, 경비

149

일반 쌀의 가격이 상승했을 때, 유기농쌀의 수요가 증가한다고 하면 두 종류의 쌀은 어떤 관계인가?

① 보완관계 ② 결합관계

③ 보합관계 ④ 대체관계

해설

농업생산의 관계

• 보완관계 : 다른 부문의 생산을 돕는 경우
  예 축산과 사료작물 등
• 결합관계 : 생산물의 상호관계
  예 우유와 젖소고기 등
• 보합관계 : 생산수단이나 경영자원의 공동이용 가능
  예 쌀과 보리 등
• 경합관계 : 경쟁관계이며 대체관계
  예 고추와 담배, 양파와 마늘 등

150

유기농오이 한 개의 가격이 1,000원에서 1,300원으로 상승함에 따라 소비량이 100개에서 40개로 줄어들었다. 이 경우 유기농오이 수요의 가격탄력성을 산출하면?

① 0.2   ② −0.2

③ 2.0   ④ −2.0

해설

$$수요의\ 가격탄력성 = \frac{수요량변화율}{가격변화율}$$

$$= \frac{\dfrac{100-40}{100}}{\dfrac{1,000-1,300}{100}} = -2.0$$

151

대형유통업체에서 정상가로 판매하다가 시즌 마지막에 세일 같은 저가격전략을 사용하는 가격전략을 무엇이라 하는가?

① 상시저가격전략(EDLP : Everyday Low Price)

② High/Low 가격전략

③ 단수가격전략(Odd-price)

④ 로스리더(loss leader)가격전략

해설

High/Low 가격전략(고저가격전략)

촉진용 상품을 대량구매하여 일부는 가격인하용으로 판매하여 저가격이미지를 구축하고, 일부는 정상가격으로 판매하여 높은 이윤을 달성하고자 하는 가격정책으로 백화점 등에서 활용되고 있는 가격전략이다.

152

제품의 브랜드가 가지는 기능과 거리가 먼 것은?

① 상징기능   ② 광고기능

③ 가격표시기능   ④ 출처표시기능

해설

브랜드의 기능

상징기능, 광고기능, 출처 표시기능, 품질보증기능, 광고기능, 재산보호기능

153

마케팅믹스 4p의 구성요소가 아닌 것은?

① 제품(product)   ② 가격(price)

③ 장소(place)   ④ 원칙(principle)

해설

마케팅의 4요소(4P)

제품(product), 가격(price), 유통(place), 촉진(promotion)

154

신제품 기획 시 제품의 디자인 및 제품의 특성은 마케팅 4P's mix 중 어디에 해당되는가?

① promotion   ② price

③ place   ④ product

해설

마케팅 4P's mix

• 제품(product) : 상품, 상품 구색, 상품 이미지, 상표, 포장 등의 개발

• 가격(price) : 상품가격의 수준과 범위, 가격 결정기법, 판매조건 등을 계획

• 유통(place) : 유통경로의 설계, 물류와 재고관리, 도매상과 소매상 관리를 계획하는 것

• 촉진(promotion) : 상품의 판매를 촉진하기 위한 광고, 인적 판매, 홍보, 판매촉진 등의 수단을 계획, 통제하는 것

155

다음 [보기]에서 사용하는 마케팅 전략은?

┤보기├

유기농사과주스를 판매하는 영농조합법인은 유기농재료로 가공되어 잔류농약 걱정이 전혀 없고, 사과주스를 마시면 피부미용과 맛 두 가지를 한 번에 잡을 수 있음을 상품광고에 적극 활용하고 있다.

① S(strength)-O(opportunity)전략
② S(strength)-T(threat)전략
③ W(weakness)-O(opportunity)전략
④ W(weakness)-T(threat)전략

해설

SWOT분석과 전략

• SO전략(확대전략) : 내부의 강점(strength)을 살리고 기회(opportunity)를 포착하는 전략
• ST전략(회피전략) : 내부의 강점을 살리되 위협(threat)은 회피하는 전략
• WO전략(우회전략) : 내부의 약점(weakness)을 극복하면서 외부의 기회를 포착하는 전략
• WT전략(방어전략) : 내부의 약점을 극복하고 외부의 위협을 회피하는 전략

156

제품의 차원에서 품질보증, 구매 후 서비스, 배달, 설치 등을 포함하고 있는 것은?

① 확장제품
② 핵심제품
③ 유형제품
④ 서비스제품

해설

제품구성의 3단계

• 핵심제품 : 소비자가 제품을 구매함으로써 얻고자 하는 가장 기본적이고 본질적인 혜택
• 유형제품 : 핵심제품을 구체적이고 물리적으로 실현한 제품 자체, 즉 소비자가 실제로 보고, 만지고, 사용할 수 있는 제품의 속성
• 확장제품 : 유형제품 외에 소비자에게 추가로 제공되는 부가적 서비스와 혜택

157

소비자가 건강, 환경문제 등을 고려하여 유기식품을 구매한다면, 이는 어떤 유형의 마케팅에 해당하는가?

① 생산지향적 마케팅
② 판매지향적 마케팅
③ 시장지향적 마케팅
④ 사회복지지향적 마케팅

해설

마케팅관리 이념

• 생산지향적 마케팅 : 기업은 생산 효율성을 높이고 유통망을 확대하는 데 초점을 둔다.
• 제품지향적 마케팅 : 소비자들이 품질, 성능, 디자인이 뛰어난 제품을 선호한다고 가정하고, 기업은 지속적인 제품 개선에 주력한다.
• 판매지향적 마케팅 : 기업의 적극적인 판매 노력과 촉진활동이 없으면 소비자들이 제품을 충분히 구매하지 않을 것이라고 가정한다.
• 시장지향적 마케팅 : 기업의 목표를 달성하기 위해서는 표적시장의 욕구와 욕망을 파악하고 이를 경쟁자보다 효과적이고 효율적인 방법으로 충족시켜 주어야 한다고 보는 관점이다.
• 사회복지지향적 마케팅 : 기업의 마케팅 활동이 기업의 이익과 소비자의 욕구 충족뿐만 아니라 사회 전체의 복지 향상에도 기여해야 한다고 강조하며 지속 가능한 비즈니스를 위한 마케팅 전략을 수립한다.

158

제품수명주기(product life cycle) 4단계 중 대량생산과 극심한 경쟁으로 인해 가격인하, 품질향상, 판매촉진비용의 증가가 필요한 단계는?

① 도입기　　　　② 성장기
③ 성숙기　　　　④ 쇠퇴기

해설

제품수명주기(PLC)별 마케팅관리

도입기	• 신제품이 시장에 처음 소개되는 단계로 경쟁은 거의 없거나 적음 • 강력한 홍보, 체험마케팅, 유통망 개척, 가격정책 선택 필요
성장기	• 제품에 대한 인지도가 높아지고 판매량이 빠르게 증가하는 단계로 경쟁자들이 서서히 등장하기 시작 • 시장 점유율 확대, 제품 개선, 공격적 판촉, 가격전략
성숙기	• 시장수요가 최고조에 달하면서 생산량이 크게 증가하고, 많은 경쟁사들이 시장에 진입하여 경쟁이 매우 치열해지는 단계 • 가격인하, 품질향상, 판매촉진비용의 증가, 제품 다양화 필요
쇠퇴기	• 시장수요가 감소하고 판매량과 이익이 점차 줄어드는 단계로 경쟁 강도가 낮아짐 • 수명 연장 또는 퇴진 전략, 비용절감, 충성고객 집중 필요

159

현재의 유기식품에 대해 흥미와 관심이 적은 무관심 수요의 경우 대응할 수 있는 마케팅관리 유형은?

① 전환마케팅　　　　② 재마케팅
③ 유지마케팅　　　　④ 자극마케팅

해설

수요의 종류에 따른 마케팅관리 유형
• 부정적 수요 : 전환마케팅
• 무수요 : 자극마케팅
• 잠재수요 : 개발마케팅
• 감소수요 : 재마케팅
• 불규칙수요 : 동시화마케팅
• 완전수요 : 유지마케팅
• 초과수요 : 디마케팅
• 불건전수요 : 대항마케팅

160

우리나라 유기식품 시장을 확대하기 위한 바람직한 전략이 아닌 것은?

① 유기식품의 안전성 강조 및 차별화 전략
② 유기식품 가격의 고가 통제 전략
③ 유기식품 도매시장 상장 확대 등 유통경로 다양화 전략
④ 유기식품의 광고・홍보 확대와 소비촉진 행사 추진

해설

우리나라 유기식품 시장 확대를 위한 전략
• 유기식품의 차별화 및 가치 홍보
• 신시장 발굴 및 소비계층 다변화
• 유통경로 다양화 및 유통 효율화
• 원료 공급망 및 생산기반 강화
• 광고・홍보 확대 및 소비 촉진 행사 추진
• 기업-농업인 상생협력 및 산업 생태계 조성
• 가격 경쟁력 제고

161

유기농식품의 구입 전후에 안전성 문제를 해소할 수 있는 방법으로 가장 거리가 먼 것은?

① 유기농인증마크 부착
② 생산과정 정보 제공
③ 유통과정 정보 제공
④ 지역브랜드마크 부착

해설

유기농식품의 구입 전후 안전성 문제 해소 방법
• 유기농인증마크 부착
• 생산과정 및 유통과정 정보 제공
• 원재료, 첨가물 등 제품정보(표시사항) 제공

162

소득증대에 따른 식품 소비형태의 변화추이로 옳은 것은?

① 양과 영양을 중시한다.

② 맛과 건강기능을 추구한다.

③ 식품의 소비 비율이 줄어든다.

④ 가공식품과 편의식품의 소비가 줄어든다.

해설

소득증대에 따른 식품 소비형태의 변화
- 양과 기본 영양보다 맛과 건강기능, 안전성과 같은 질적 만족 추구
- 가공식품, 편의식품, 외식비 지출 증가
- 총지출 중 식료품비 비율(엥겔계수) 감소

163

농산물의 유통환경 중 거시환경에 해당하는 것은?

① 농기업   ② 원료공급자

③ 경쟁사   ④ 규제법률

해설

유통환경의 구성요소
- 미시환경 : 내부에서 직접적으로 영향을 미치는 환경을 말하며 고객, 경쟁사, 유통기관, 중간상인, 원료공급업자 등이 포함된다.
- 거시환경 : 외부에서 발생하는 요인으로 통제할 수 없지만 오랜 기간에 걸쳐 영향을 미치는 환경요소를 말하며 인구통계적 환경, 경제적 환경, 사회·문화적 환경, 기술적 환경, 정치·법률적 환경, 생태적 환경이 속한다.

164

유기농산물의 유통경로로 가장 활용되지 않는 경로는?

① 생산자(단체) – 소비자(단체)

② 생산자(단체) – 생협소비자단체 – 소비자

③ 생산자(단체) – 산지시장 – 도매시장 – 소비자

④ 생산자(단체) – 전문직판장 – 소비자

해설

유기농산물의 유통경로
- 생산자(단체) – 소비자(단체) : 생산자와 소비자 간 직거래
- 생산자(단체) – 생협소비자단체 – 소비자 : 생산자조직(단체)과 소비자조직(생협)의 거래를 통하여 소비자 회원이 되어 구입
- 생산자(단체) – 전문직판장 – 소비자 : 농협 또는 유기농산물 전문 유통업체의 전문매장, 대형유통업체를 통한 소비자 구매
- 인터넷을 이용한 구매 : 생산자 입장에서는 소비자와 직거래를 하거나 생산자 단체나 중간 물류업체 또는 직접 소비자단체에 공급하기도 하고, 가공용으로 가공식품 회사에 납품

165

농산물의 일반적인 유통경로는?

① 중계 – 분산 – 가공

② 중계 – 분산 – 수집

③ 수집 – 중계 – 분산

④ 분산 – 가공 – 중계

해설

농산물 유통경로

생산자 → 수집(농업협동조합) → 중계(도매시장) → 분산(도매상, 소매상) → 소비자

166

유통경로상 도매업으로 분류될 수 있는 것은?

① 편의점　　　　② 할인점
③ 백화점　　　　④ 대리점

해설

도매상과 소매상

• 도매상 : 상인도매상, 대리점, 제조업자 도매상
• 소매상
  – 점포소매상 : 전문점, 백화점, 슈퍼마켓, 편의점, 할인점, 양판점, 상설할인매장, 회원제 창고형 도소매업
  – 무점포소매상 : 자동판매기, 직접마케팅, 텔레비전 마케팅, 전자마케팅, 방문판매

167

유기농산물 유통의 주요 기능과 거리가 먼 것은?

① 표준화 · 등급화, 시장정보 등 거래 조성기능
② 유기농산물 생산기반 조성기능
③ 구매, 판매 등 소유권 이전기능
④ 운송, 저장, 가공 등의 물질적 유통기능

해설

유통의 체계

• 유통기능
  – 상적유통기능 : 구매 및 판매를 통한 소유권 이전
  – 물적유통기능 : 운송, 보관, 하역, 포장, 유통가공, 정보유통 등
• 유통조성기능 : 표준화 · 등급화, 금융, 보험 등

168

농산물 유통과정에서 일어나는 유통조성기능에 해당되는 것은?

① 운송　　　　② 등급화
③ 가공　　　　④ 판매

해설

유통조성기능

상적유통과 물적유통이 원활히 이루어질 수 있도록 지원하는 부가적인 기능으로, 표준화 · 등급화, 금융, 보험 등이 있다.

169

농산물 표준화의 잠재적 효용가치가 아닌 것은?

① 마케팅비용의 감소
② 중간상의 이윤을 높임
③ 시장유통활동의 능률화
④ 가격형성의 효율화

해설

농산물 표준화의 잠재적 효용가치

• 유통 효율성 증대 및 비용 절감
• 거래의 공정성 및 투명성 확보
• 상품성 및 신뢰도 향상
• 소비자 효용 증대
• 농가소득 증대 및 부가가치 창출
• 쓰레기 및 환경 부담 감소

170

유통은 4가지의 효용을 창출한다. 공급은 일시적으로 집중되고 수요는 연중 평준화되어 있는 특성을 해소함으로써 발생되는 효용은?

① 형태효용　　　　② 장소효용
③ 시간효용　　　　④ 소유효용

해설

유통경로에 따른 4가지 유통 효용

• 장소효용(수송기능) : 상품을 생산지에서 소비지로 이동시켜 소비자가 원하는 장소에서 상품을 이용할 수 있도록 함으로써 창출되는 효용
• 시간효용(저장기능) : 상품을 생산된 시점에 저장 · 보관하여 소비자가 필요할 때 소비 · 사용할 수 있도록 함으로써 창출되는 효용
• 형태효용(가공기능) : 상품을 가공, 포장, 선별 등의 과정을 통해 소비자가 원하는 형태로 제공함으로써 창출되는 효용
• 소유권효용(거래기능) : 상품의 소유권이 생산자에서 소비자로 이전되어, 소비자가 상품을 자유롭게 사용할 수 있게 됨으로써 창출되는 효용

171

농산물 유통 시 고려해야 하는 특성이 아닌 것은?

① 계절에 따른 생산물의 변동성

② 농산물 자체의 부패·변질성

③ 전국적으로 분산되어 생산되는 분산성

④ 짧은 유통경로로 인한 낮은 유통마진율

> **해설**
>
> ④ 농산물 유통은 유통경로가 여러 단계이므로 유통비용이 많이 든다.
>
> **농산물 유통 시 고려해야 하는 농산물의 특성**
> • 계절적 편재성
> • 부피와 중량성
> • 농산물 자체의 부패·변질성
> • 양과 질의 불균일성
> • 용도의 다양성
> • 수요·공급의 비탄력성
> ※ 비탄력성(inelasticity) : 가격이 변해도 수요나 공급이 크게 변하지 않는 특성

172

다음 중 농산물 유통의 특성을 잘못 설명한 것은?

① 농산물은 같은 품종이라 하더라도 크기와 품질이 같지 않아 표준화 및 규격화가 어렵다.

② 영세한 생산 규모와 복잡한 유통경로는 많은 유통비용을 유발한다.

③ 농산물은 저장 및 보관하는 데 많은 면적과 공간을 차지한다.

④ 농산물의 수요와 공급은 탄력적이므로 가격의 등락이 크다.

> **해설**
>
> ④ 농산물의 수요와 공급은 비탄력적이기 때문에 약간의 수급 변화에도 가격의 등락 현상이 크게 나타난다.

173

유기농감귤을 유통하는 과정에서 발생할 수 있는 물리적 위험은?

① 오렌지의 수입 급증에 따른 유기농 감귤 가격 하락

② 소비자 기호 변화에 따른 유기농감귤 소비 감소

③ 태풍 및 집중호우에 따른 유기농감귤 파손율 증가

④ 급격한 경제상황 악화에 따른 유기농감귤시장 축소

> **해설**
>
> **유통과정에서 발생할 수 있는 위험**
> • 물리적 위험 : 파손, 부패, 감모, 화재, 동해, 풍수해, 열해, 지진 등
> • 경제적 위험(시장위험) : 농산물의 가치 하락, 소비자의 기호나 유행 변화로 인한 수요의 감소, 경쟁조건의 변화, 법령의 개정이나 제정, 예측의 착오

174

유통비용 중 직접비용이 아닌 것은?

① 저장비   ② 운송비

③ 포장비   ④ 점포임대료

> **해설**
>
> **유통비용의 구성**
> • 직접비용 : 운송비, 포장비, 하역비, 저장비, 가공비 등
> • 간접비용 : 점포임대료, 일반관리비, 인건비, 제세공과금 등

175

친환경농산물의 유통비용을 줄이는 방안으로 적절하지 않은 것은?

① 물적유통의 효율성을 증대시킨다.

② 직거래 등으로 유통단계를 줄인다.

③ 고급 백화점에서 한정 상품으로 판매한다.

④ 로컬푸드와 같은 산지거래를 활성화한다.

해설

친환경농산물의 유통비용을 줄이기 위한 방법

• 유통단계 축소 및 직거래 활성화

• 산지유통 규모화 및 전문화(공동출하, APC 등)

• 온라인 도매시장, 디지털 유통 활성화

• 물류 효율화(표준화, 하역 기계화 등)

• 소매단계 포장·인건비 절감(무포장 유통 등)

• 소비지 유통환경 개선

176

다음 중 유기농산물 생산자들이 유통부분을 수직적으로 통합하여 효율성을 제고함으로써 절감되는 비용은?

① 고정비용　　　　② 유통비용

③ 거래비용　　　　④ 물류비용

해설

거래비용은 거래과정에서 발생하는 재화와 용역의 가격을 제외한 모든 비용으로 거래비용이 크다면 수직적 통합(내부화)이 유리하다.

177

유통경로의 수직적 통합(vertical integration)에 대한 설명으로 옳은 것은?

① 두 가지 이상의 기능을 동시에 수행한다.

② 비용이 상당히 많이 드는 단점이 있다.

③ 관련된 유통기능을 통제할 수 있는 장점이 있다.

④ 동일한 경로 단계에 있는 구성원이 수행하던 기능을 직접 실행한다.

해설

유통경로의 수직적 통합

하나의 경로 구성원이 유통기능의 일부 또는 전부를 통합하여 직접 수행하거나 통제하는 것이다.

178

유통마진에 대한 설명으로 틀린 것은?

① 소비자가 지불한 가격과 생산자가 수취한 가격의 차이이다.

② 농산물의 중간유통과정에서 발생하는 효용 부가활동과 기능에 대한 비용에서 이윤을 제외한 금액이다.

③ 유통마진율은 소비자 지불가격 중에서 유통마진이 차지하는 비율이다.

④ 측정하는 방법으로는 마케팅빌, 지불수취가격차가 있다.

해설

② 유통마진에는 유통비용과 해당 유통 주체의 이윤이 포함된다.

• 유통마진 = 소비자 지불가격 − 생산자 수취가격
　　　　　 = 산지단계 마진 + 도매단계 마진 + 소매단계 마진
　　　　　 = 유통비용 + 상업이윤

• 유통마진율(%) = $\dfrac{\text{소비자 지불가격} - \text{생산자 수취가격}}{\text{소비자 지불가격}} \times 100$

179

수박 한 통의 유통단계별 가격은 농가 수취가격 5,000원, 위탁상가격 6,000원, 도매가격 6,500원, 소비자가격 8,500원이다. 수박 총거래량이 100개라고 하면, 유통마진의 가치(VMM)는 얼마인가?

① 350,000원   ② 200,000원

③ 150,000원   ④ 100,000원

해설

• 유통마진 = 소비자 지불가격 − 생산자 수취가격
            = 8,500원 − 5,000원
            = 3,500원

• 유통마진의 가치(VMN) = 유통마진 × 총거래량
                      = 3,500원 × 100개
                      = 350,000원

180

어떤 유기농산물의 생산자 수취가격이 2,000원, 납품업체 공급가격이 2,200원, 소비자 지불가격이 2,500원일 때 총유통마진율은?

① 10%   ② 11%

③ 20%   ④ 25%

해설

$$유통마진율(\%) = \frac{소비자\ 지불가격 - 생산자\ 수취가격}{소비자\ 지불가격} \times 100$$

$$= \frac{2,500 - 2,000}{2,500} \times 100$$

$$= 20\%$$

181

유기농오이 10kg 한 상자의 생산자가격이 10,000원이고, 유통마진율이 20%라고 할 때 소비자가격은 얼마인가?

① 12,000원   ② 12,500원

③ 13,000원   ④ 13,500원

해설

$$소비자가격 = \frac{생산자가격}{1 - 유통마진율} = \frac{10,000원}{1 - 0.2} = 12,500원$$

182

다음 기사를 참고하였을 때 생협의 유통방식에 해당하지 않는 것은?

> 최근 배춧값이 급등하면서 생협의 직거래 체계가 새삼스레 주목받았다. 단순히 시장가격의 논리만으로 접근해 '생협의 물품이 질 좋고 값싸다'는 식으로만 접근하는 것은 곤란하다. 생협의 가격결정방식은 일반 시장의 논리와 달라서, 매년 품목에 따라 일반 시장보다 싸기도 하고 비싸기도 하다. 정확하게 말하자면 안정적인 생협의 가격 체계를 기준으로 볼 때 시장가격이 상황에 따라 불안정하게 오르내리는 것이다. 따라서 생협이 취급하는 물품의 안정성 못지않게 생협이 만들어가는 '비시장적 호혜경제'의 영역에 주목해야 한다.

① 수급방식 – 생산계약

② 사업방식 – 계통출하

③ 가격결정방식 – 협의가격

④ 사업범위 – 생산·유통·가공·소비

해설

② 사업방식 : 공동구매와 생산자 직거래

183

틈새시장(niche market)의 특성과 거리가 먼 것은?

① 시장세분화 단계에서 미개척 분야를 파고드는 전략이다.

② 경쟁구도가 잡혀 있는 시장에 진입하는 것이다.

③ 소비자의 기호가 다양해지면서 틈새시장의 전략적 채택이 증가하고 있다.

④ 틈새시장을 개척하기 위해서는 차별화된 제품이나 독특한 유통 방법 등 특화된 영역이 창출되어야 한다.

② 경쟁이 약하거나 없는 시장을 공략하는 것이 틈새시장 전략의 본질이다.

184

구매자가 어떤 상품에 대하여 지불할 용의가 있는 최고가격은?

① 준거가격(reference price)

② 유보가격(reservation price)

③ 최저수용가격(lowest acceptable price)

④ 로스어버전(loss aversion)

① 준거가격 : 어떤 제품이 있을 때 구매자가 '이 정도 가격이면 될 것이다'라고 마음속에 설정한 기준이 되는 가격

③ 최저수용가격 : 너무 싸서 안 사다가도 좋아하는 연예인이 선전한다든지 품질이 좋은 것이 판명나는 계기가 있다면 구매를 하기도 한다. 즉, 소비자가 제품의 질을 의심하지 않고 구매할 수 있는 가장 낮은 가격을 말한다.

④ 손실회피성 : 구매자들이 이득보다 손실에 더 민감하게 반응하는 현상 즉, 가격인하보다 가격인상에 더 민감하게 반응한다.

185

지역농산물 이용촉진 등 농산물 직거래 활성화에 관한 법률상 농산물 직거래에 해당하지 않는 것은?(단, 그 밖에 대통령령으로 정하는 농산물 거래 행위는 제외한다)

① 생산자로부터 농산물의 판매를 위탁받아 농산물직판장을 통해 소비자에게 판매하는 행위

② 생산자로부터 농산물을 구입한 자가 이를 소비자에게 직접 판매하는 행위

③ 소비자로부터 농산물의 구입을 위탁받아 생산자로부터 이를 직접 구입하는 행위

④ 생산자로부터 농산물의 판매를 위탁받아 소비자에게 판매하는 행위

정의(지역농산물 이용촉진 등 농산물 직거래 활성화에 관한 법률 제2조 제3호)

'농산물 직거래'란 생산자와 소비자가 직접 거래하거나, 중간 유통단계를 한 번만 거쳐 거래하는 것으로서 다음의 어느 하나에 해당하는 행위를 말한다.

가. 자신이 생산한 농산물을 소비자에게 직접 판매하는 행위

나. 생산자로부터 농산물의 판매를 위탁받아 소비자에게 판매하는 행위

다. 생산자로부터 농산물을 구입한 자가 이를 소비자에게 직접 판매하는 행위

라. 소비자로부터 농산물의 구입을 위탁받아 생산자로부터 이를 직접 구입하는 행위

마. 그 밖에 대통령령으로 정하는 농산물 거래 행위

186

공산품 유통에서는 찾아보기 어려운 농산물의 특별한 유통체계는?

① 전자상거래 ② 도매유통

③ 소매유통 ④ 산지유통

공산품은 산지유통의 거래가 없지만 농산물은 주산단지의 산지유통이 일반화되어 있다.

187

농산물의 계약 생산 및 유통에 대한 일반적인 설명으로 틀린 것은?

① 농가의 농산물 판로를 보장한다.
② 공급지역에 제한이 없으며, 폭넓은 시장 수요가 형성되어 있다.
③ 수취가격을 안정시킨다.
④ 생산성을 높인다.

해설
② 특정한 지역과 업자(소비자)간의 계약에 의해 생산·유통되므로 생산 및 공급지역에 제한을 받는다.

188

농산물 전자상거래에 대한 설명으로 틀린 것은?

① 농산물의 표준화 및 등급화가 용이하여 전자상거래가 활성화될 수 있다.
② 품질 보존에 한계가 있으므로 전자상거래가 가능한 품목이 제한되어 있다.
③ 전자상거래에 필요한 정보의 수집 및 분산 시스템을 구축하여야 한다.
④ 소량으로 주문이 이루어질 경우 규모의 비경제성이라는 문제점이 발생한다.

해설
① 농산물은 재배환경, 품종, 수확시기 등에 따라 품질과 형태가 다양하기 때문에 표준화·규격화가 어렵고, 이는 전자상거래 활성화의 제약 요인으로 작용할 수 있다.
농산물 전자상거래의 특징
• 유통단계 축소 및 비용 절감
• 시간·공간의 제약 극복
• 소비자 편의성 증대
• 디지털 마케팅 활성화
• 품질 보존과 표준화의 어려움
• 물류 및 배송 인프라 구축 필요
• 정보화 기반 및 신뢰 부족
• 규모의 비경제성

189

공판(공동판매)의 장점이 아닌 것은?

① 대량 물량 취급에 따른 단위 물량별 비용 절감
② 시장점유율 확대에 따른 시장교섭력 강화
③ 대규모 거래를 위한 생산지역 특화 및 전문화
④ 공동출하에 따른 수송비의 절감

해설
공동판매의 장점
• 공동출하에 따른 비용(수송비, 노동력)을 절감할 수 있다.
• 시장교섭력을 높여 농가의 수취가격 상승에 기여한다.
• 농산물의 출하조절이 쉬워진다.

190

선물거래가 가능한 농산물의 조건으로 가장 거리가 먼 것은?

① 연간 절대거래량이 많은 품목일 것
② 장기저장성이 있는 품목일 것
③ 선도거래가 선행되지 않은 품목일 것
④ 표준규격화가 어렵고 등급이 다양한 품목일 것

해설
선물거래가 가능한 농산물의 조건
• 표준화·규격화가 용이할 것
• 실물 거래량이 많을 것
• 장기저장이 가능할 것
• 가격 변동성이 충분할 것
• 가격 정보가 공개적이고 신뢰성있게 제공될 것
• 정부 등 외부의 통제가 적을 것

191

유기축산물의 유통에 있어서 콜드체인 시스템을 가장 잘 설명한 것은?

① 높은 유통마진을 추구하는 기업이 매장에서의 재고를 감소시키기 위한 시스템이다.

② 유기축산물의 신선도 유지와 장기 저장을 위한 급속 예랭시스템이다.

③ 유통과정 중 농축산물의 변질, 부패 등을 방지하기 위한 저온유통시스템이다.

④ 동절기에 주로 생산되는 유기축산물에 대하여 동절기에 한하여 저온유통시키는 시스템이다.

해설

콜드체인시스템(cold-chain system)
온도 변화에 민감한 제품의 생산, 저장, 운송, 판매 등 유통 전 과정에서 적정 저온을 지속적으로 유지해 품질과 안전성을 확보하는 저온유통체계이다.

192

유기식품의 저장과 운송에 대한 설명으로 틀린 것은?

① 유기제품과 비유기제품이 섞이지 않게 조심한다.

② 유기농법에서 허용되지 않는 물질과 접촉되지 않도록 한다.

③ 제품 중 일부만 인증되는 경우 별도로 저장, 취급해야 된다.

④ 유기제품을 벌크(bulk)로 저장할 경우는 표시를 별도로 하지 않아도 된다.

해설

④ 비포장(bulk) 유기제품은 관행생산제품과 분리시켜 저장해야 하며, 그 표시도 분명히 해야 한다.

193

유기식품을 취급하는 자가 지켜야 할 사항으로 틀린 것은?

① 취급과정에서 방사선은 해충방제, 식품보존, 병원체의 제거 또는 위생관리 등을 위해 사용할 수 없다.

② 유기식품을 저장·운송·취급할 때는 유기제품에 표시를 한 경우 비유기제품과 혼입할 수 있다.

③ 최종 제품에 합성농약 성분이 검출되지 않도록 하여야 한다.

④ 인증품에는 제조단위번호(인증품 관리번호), 표준바코드 또는 전자태그(RFID tag)를 표시하여야 한다.

해설

② 소분·저장·포장·운송·수입 또는 판매 등의 취급과정에서 인증품에 인증 종류가 다른 인증품 및 인증품이 아닌 제품이 혼입(混入 : 한데 섞거나 섞여 들어가는 것)되지 않도록 관리하고, 인증받은 내용과 같은 내용으로 표시할 것(친환경농어업법 시행규칙 [별표 4])

194

현재 우리나라에서 시행하는 친환경농축산물 관련 인증제도에 해당하지 않는 것은?

① 유기농산물 인증

② 무농약농산물 인증

③ 저농약농산물 인증

④ 유기축산물 인증

해설

친환경농산물 중 저농약농산물 인증제도는 더이상 소비자 신뢰를 얻기 어렵고 혼선을 초래한다는 이유에서 2009년 7월부터 신규 인증이 중단되고 2016년 완전폐지 되었다.

195

소비자에게 판매 가능한 최대기간으로써 식품에 표시된 보관 방법을 준수할 경우 섭취하여도 안전에 이상이 없는 기한은?

① 품질안전한계기간
② 소비기간
③ 유통기한
④ 권장소비기한

해설

① '품질안전한계기간'이라 함은 식품에 표시된 보관 방법을 준수할 경우 특정한 품질의 변화 없이 섭취가 가능한 최대 기간으로서 소비기한 설정실험 등을 통해 산출된 기간을 말한다(식품, 식품첨가물, 축산물 및 건강기능식품의 소비기한 설정기준 제2조 제1호).
④ '권장소비기한'이라 함은 영업자 등이 소비기한 설정 시 참고할 수 있도록 제시하는 섭취하여도 안전에 이상이 없는 기한을 말한다(식품, 식품첨가물, 축산물 및 건강기능식품의 소비기한 설정기준 제2조 제3호).

196

농산물 표준규격화에 대한 설명으로 틀린 것은?

① 표준규격화는 기본적인 척도 또는 한계를 결정하는 것을 의미한다.
② 표준규격화는 유통효율성을 향상시키고 유통비용을 절감시킨다.
③ 표준규격화의 기준은 산지 및 생산자에 따라 적절하게 변화되어야 한다.
④ 표준규격화는 소비자의 다양한 욕구를 충족시키는 데 도움이 된다.

해설

농산물 표준규격화
전국적으로 통일된 기준에 맞게 농산물을 선별·포장해 등급을 분류하고 규격 포장재로 출하하는 것으로, 이를 통해 유통효율성을 높이고 공정거래를 촉진하며, 소비자의 다양한 욕구를 충족시키는 데 도움이 된다.

197

농산물 표준규격 관리의 필요성에 대한 설명으로 틀린 것은?

① 품질에 따른 가격차별화로 정확한 정보제공 및 공정거래 촉진
② 유통의 효율성 제고
③ 선별·포장출하로 소비지에서의 쓰레기 발생 억제
④ 수송, 적재 등 유통비용 증가

해설

④ 표준규격화는 유통효율성을 향상시키고 유통비용을 절감시킨다.

198

농산물 표준규격의 거래단위에 관한 내용으로 (   ) 안에 알맞은 것은?

> (   )kg 미만 또는 최대거래단위 이상은 거래 당사자 간의 협의 또는 시장 유통여건에 따라 다른 거래단위를 사용할 수 있다.

① 3
② 5
③ 7
④ 10

해설

거래단위(농산물 표준규격 제3조 제2항)
제1항에 따라 설정되지 않은 5kg 미만 또는 최대거래단위 이상은 거래 당사자 간의 협의 또는 시장 유통 여건에 따라 다른 거래단위를 사용할 수 있다.

199

농산물 표준규격에 근거하여 토마토의 표준거래단위에 해당되지 않는 것은?(단, 5kg 이상을 기준으로 한다)

① 5kg

② 7.5kg

③ 15kg

④ 20kg

해설

토마토의 표준거래단위(농산물 표준규격 [별표 1])

5kg, 7.5kg, 10kg, 15kg

200

우수농산물관리제도 도입의 필요성이 아닌 것은?

① 식품안전성에 대한 소비자 요구의 증대

② 식품안전에 관련된 국제동향에 대응

③ 자연환경보호 및 농업의 지속성 확보

④ 친환경농업의 종료에 따른 대안 필요

해설

④ 우수농산물관리제도는 친환경농업과 별개로 농산물의 안전성 확보를 위한 제도이다.

우수농산물관리제도(GAP ; Good Agricultural Practices)의 필요성

• 소비자의 안전한 먹거리 요구 증대
• 농산물의 안전성 확보 및 소비자 신뢰 제고
• 국제적 기준 및 수출 경쟁력 확보
• 농업환경보호 및 지속가능한 농업 실현
• 생산·유통이력관리 및 문제 발생 시 신속 대응

CHAPTER
05 유기농업 관련 규정

001

친환경농어업 육성 및 유기식품 등의 관리 · 지원에 관한 법률의 제정 목적으로 가장 거리가 먼 것은?

① 농어업의 환경보전기능 증대
② 농어업으로 인한 환경오염의 감축
③ 친환경농어업을 실천하는 농어업인의 육성
④ 고품질 농산물의 생산 증대

해설

목적(친환경농어업법 제1조)
이 법은 농어업의 환경보전기능을 증대시키고 농어업으로 인한 환경오염을 줄이며, 친환경농어업을 실천하는 농어업인을 육성하여 지속가능한 친환경농어업을 추구하고 이와 관련된 친환경농수산물과 유기식품 등을 관리하여 생산자와 소비자를 함께 보호하는 것을 목적으로 한다.

002

친환경농어업법의 제정 목적으로 거리가 먼 것은?

① 농어업의 환경보전기능 증대
② 친환경농어업 실천 농가의 소득보전
③ 친환경농어업 실천 농업인 육성
④ 농어업으로 인한 환경오염 감소

해설

목적(친환경농어업법 제1조)

003

친환경농어업 육성 및 유기식품 등의 관리 · 지원에 관한 법률상 다음 내용은 무엇의 정의에 해당하는가?

> 합성농약, 화학비료, 항생제 및 항균제 등 화학자재를 사용하지 아니하거나 사용을 최소화한 건강한 환경에서 농산물 · 수산물 · 축산물 · 임산물을 생산하는 것을 말한다.

① 친환경농수산물 ② 유기
③ 비식용유기가공품 ④ 친환경농어업

해설

'친환경농어업'이란 생물의 다양성을 증진하고, 토양에서의 생물적 순환과 활동을 촉진하며, 농어업생태계를 건강하게 보전하기 위하여 합성농약, 화학비료, 항생제 및 항균제 등 화학자재를 사용하지 아니하거나 사용을 최소화한 건강한 환경에서 농산물 · 수산물 · 축산물 · 임산물을 생산하는 산업을 말한다(친환경농어업법 제2조 제1호).

004

친환경농어업 육성 및 유기식품 등의 관리 · 지원에 관한 법률에서 친환경농수산물을 정의하는 각 목으로 틀린 것은?

① 유기농수산물
② 무항생제축산물
③ 활성처리제 비사용 수산물
④ 화학자재 최소화 농수산물

해설

정의(친환경농어업법 제2조 제2호)
'친환경농수산물'이란 친환경농어업을 통하여 얻는 것으로 다음의 어느 하나에 해당하는 것을 말한다.
가. 유기농수산물
나. 무농약농산물
다. 무항생제수산물 및 활성처리제 비사용 수산물

006

다음에서 설명하는 것은?

> 사람이 직접 섭취하지 아니하는 방법으로 사용하거나 소비하기 위하여 유기농수산물을 원료 또는 재료로 사용하여 유기적인 방법으로 생산, 제조·가공 또는 취급되는 가공품을 말한다. 다만, 식품위생법에 따른 기구, 용기·포장, 약사법에 따른 의약외품 및 화장품법에 따른 화장품은 제외한다.

① 유기식품　　　　② 허용물질
③ 유기농어업자재　④ 비식용유기가공품

해설

정의(친환경농어업법 제2조 제5호).

007

(　)에 알맞은 내용은?

> 친환경 관련 법상 (　)(이)란 농수산물, 식품, 비식용 가공품 또는 농어업용 자재를 저장, 포장[소분(小分) 및 재포장을 포함한다], 운송, 수입 또는 판매하는 활동을 말한다.

① 사업자　　　② 민간단체활동
③ 취급　　　　④ 농업유통

해설

정의(친환경농어업법 제2조 제8호).

008

친환경농어업 육성 및 유기식품 등의 관리·지원에 관한 법률에서 정의한 용어로 옳지 않은 것은?

① '유기농어업자재'란 합성농약, 화학비료 및 항생·항균제 등 화학자재를 사용하지 아니하거나 사용을 최소화하고 농업·수산업·축산업·임업 부산물의 재활용 등을 통하여 농업생태계와 환경을 유지·보전하면서 안전한 농·수·축·임산업을 생산하는 자재를 말한다.
② '친환경농수산물'이란 친환경농어업을 통하여 얻은 유기농수산물, 무농약농산물, 무항생제축산물, 무항생제수산물 및 활성처리제 비사용 수산물을 말한다.
③ '취급'이란 농수산물, 식품, 비식용가공품 또는 농어업용자재를 저장, 포장, 운송, 수입 또는 판매하는 활동을 말한다.
④ '허용물질'이란 유기식품 등, 무농약농수산물·무농약원료가공식품 및 무항생제수산물등 또는 유기농어업자재를 생산, 제조·가공 또는 취급하는 모든 과정에서 사용 가능한 것으로서 농림축산식품부령 또는 해양수산부령으로 정하는 물질을 말한다.

해설

① '유기농어업자재'란 유기농수산물을 생산, 제조·가공 또는 취급하는 과정에서 사용할 수 있는 허용물질을 원료 또는 재료로 하여 만든 제품을 말한다(친환경농어업법 제2조 제6호).
② 친환경농어업법 제2조 제2호
③ 친환경농어업법 제2조 제8호
④ 친환경농어업법 제2조 제7호

009

친환경농어업 육성 및 유기식품 등의 관리·지원에 관한 법률상 민간단체의 역할에 대한 설명이다. ( )에 대한 내용으로 가장 거리가 먼 것은?

친환경농어업 관련 기술연구와 친환경농수산물, 유기식품 등, 무농약원료가공식품 또는 유기농어업자재 등의 생산·유통·소비를 촉진하기 위하여 구성된 민간단체는 국가와 지방자치단체의 친환경농어업·유기식품 등·무농약농산물·무농약원료가공식품 및 무항생제수산물 등에 관한 육성시책에 협조하고 그 회원들과 사업자 등에게 필요한 ( ) 등을 함으로써 친환경농어업·유기식품 등·무농약농산물·무농약원료가공식품 및 무항생제수산물 등의 발전을 위하여 노력하여야 한다.

① 교육
② 훈련
③ 기술개발
④ 친환경농작물 평가항목개발

해설

민간단체의 역할(친환경농어업법 제5조)

010

친환경농어업 육성 및 유기식품 등의 관리·지원에 관한 법률에서 농업의 근간이 되는 흙의 소중함을 국민에게 알리기 위하여 매년 몇 월 며칠을 흙의 날로 정하는가?

① 1월 19일
② 3월 11일
③ 4월 15일
④ 8월 13일

해설

흙의 날(친환경농어업법 제5조의2 제1항)
농업의 근간이 되는 흙의 소중함을 국민에게 알리기 위하여 매년 3월 11일을 흙의 날로 정한다.

011

농림축산식품부장관 또는 해양수산부장관은 관계 중앙행정기관의 장과 협의하여 친환경농어업 발전을 위한 친환경농업 육성계획 또는 친환경어업 육성계획을 몇 년마다 세워야 하는가?

① 1년　　　　　　　② 2년
③ 3년　　　　　　　④ 5년

해설

친환경농어업 육성계획(친환경농어업법 제7조 제1항)
농림축산식품부장관 또는 해양수산부장관은 관계 중앙행정기관의 장과 협의하여 5년마다 친환경농어업 발전을 위한 친환경농업 육성계획 또는 친환경어업 육성계획을 세워야 한다. 이 경우 민간단체나 전문가 등의 의견을 수렴하여야 한다.

012

친환경농어업 육성 및 유기식품 등의 관리·지원에 관한 법률상 친환경농어업 육성계획에 포함되어야 할 항목이 아닌 것은?

① 농어업 분야의 환경보전을 위한 정책목표 및 기본 방향
② 농어업의 환경오염 실태 및 개선대책
③ 합성농약, 화학비료 및 항생제·항균제 등 화학자재 사용량 감축 방안
④ 친환경농산물 규격 표준화 방안

해설

친환경농어업 육성계획(친환경농어업법 제7조 제2항)
육성계획에는 다음의 사항이 포함되어야 한다.
1. 농어업 분야의 환경보전을 위한 정책목표 및 기본방향
2. 농어업의 환경오염 실태 및 개선대책
3. 합성농약, 화학비료 및 항생제·항균제 등 화학자재 사용량 감축 방안
3의2. 친환경 약제와 병충해 방제 대책
4. 친환경농어업 발전을 위한 각종 기술 등의 개발·보급·교육 및 지도 방안
5. 친환경농어업의 시범단지 육성 방안
6. 친환경농수산물과 그 가공품, 유기식품 등 및 무농약원료가공식품의 생산·유통·수출 활성화와 연계강화 및 소비 촉진 방안
7. 친환경농어업의 공익적 기능 증대 방안
8. 친환경농어업 발전을 위한 국제협력 강화 방안
9. 육성계획 추진 재원의 조달 방안
10. 인증기관의 육성 방안
11. 그 밖에 친환경농어업의 발전을 위하여 농림축산식품부령 또는 해양수산부령으로 정하는 사항

013

친환경농어업 육성 및 유기식품 등의 관리·지원에 관한 법률에 따라 국가와 지방자치단체가 농어업 자원의 보전과 환경개선을 위하여 추진하여야 하는 시책으로 가장 거리가 먼 것은?

① 온실가스 발생의 최소화
② 농경지의 개량
③ 농어업 용수의 오염 방지
④ 농수산물 규격의 표준화

해설

농어업 자원보전 및 환경개선(친환경농어업법 제10조 제1항)
국가와 지방자치단체는 농지, 농어업 용수, 대기 등 농어업 자원을 보전하고 토양개량, 수질 개선 등 농어업 환경을 개선하기 위하여 농경지 개량, 농어업 용수 오염 방지, 온실가스 발생 최소화 등의 시책을 적극적으로 추진하여야 한다.

014

농어업 자원·환경 및 친환경농어업 등에 관한 실태조사·평가에 대한 내용이다. (   )에 대한 내용으로 가장 거리가 먼 것은?

(   )은 농어업 자원보전과 농어업 환경개선을 위하여 농림축산식품부령 또는 해양수산부령으로 정하는 바에 따라 농경지의 비옥도(肥沃度), 중금속, 농약성분, 토양미생물 등의 변동사항의 사항을 주기적으로 조사·평가하여야 한다.

① 환경부장관
② 농림축산식품부장관
③ 해양수산부장관
④ 지방자치단체의 장

해설

농어업 자원·환경 및 친환경농어업 등에 관한 실태조사·평가(친환경농어업법 제11조 제1항 제1호)

015

친환경농어업 육성 및 유기식품 등의 관리·지원에 관한 법률에 따라 농어업 자원·환경 및 친환경농어업 등에 관한 실태조사·평가를 수행할 때 주기적으로 조사·평가하여야 할 항목이 아닌 것은?

① 농경지의 비옥도, 중금속 등의 변동 사항
② 농어업 용수로 이용되는 지표수와 지하수의 수질
③ 친환경농어업 발전을 위한 각종 기술 등의 개발·보급·교육 및 지도방안
④ 수자원 함양, 토양보전 등 농어업의 공익적 기능 실태

해설

농어업 자원·환경 및 친환경농어업 등에 관한 실태조사·평가(친환경농어업법 제11조 제1항)
농림축산식품부장관·해양수산부장관 또는 지방자치단체의 장은 농어업 자원보전과 농어업 환경개선을 위하여 농림축산식품부령 또는 해양수산부령으로 정하는 바에 따라 다음의 사항을 주기적으로 조사·평가하여야 한다.
1. 농경지의 비옥도(肥沃度), 중금속, 농약성분, 토양미생물 등의 변동 사항
2. 농어업 용수로 이용되는 지표수와 지하수의 수질
3. 농약·비료·항생제 등 농어업투입재의 사용 실태
4. 수자원 함양(涵養), 토양보전 등 농어업의 공익적 기능 실태
5. 축산분뇨 퇴비화 등 해당 농어업 지역에서의 자체 자원 순환사용 실태
5의2. 친환경농어업 및 친환경농수산물의 유통·소비 등에 관한 실태
6. 그 밖에 농어업 자원보전 및 농어업 환경개선을 위하여 필요한 사항

016

친환경농어업 육성 및 유기식품 등의 관리·지원에 관한 법률 시행령상 농림축산식품부장관·해양수산부장관 또는 지방자치단체의 장이 관련 법률에 따라 친환경농어업에 대한 기여도를 평가하고자 할 때 고려하는 사항이 아닌 것은?

① 친환경농수산물 또는 유기농어업자재의 생산·유통·수출 실적
② 친환경농어업 기술의 개발·보급 실적
③ 유기농어업자재의 사용량 감축 실적
④ 축산분뇨를 퇴비 및 액체비료 등으로 자원화한 실적

해설

친환경농어업에 대한 기여도(친환경농어업법 시행령 제2조)
농림축산식품부장관·해양수산부장관 또는 지방자치단체의 장은 친환경농어업 육성 및 유기식품 등의 관리·지원에 관한 법률에 따른 친환경농어업에 대한 기여도를 평가하려는 경우에는 다음의 사항을 고려해야 한다.
1. 농어업 환경의 유지·개선 실적
2. 유기식품 및 비식용유기가공품(이하 '유기식품 등'), 친환경농수산물 또는 유기농어업자재의 생산·유통·수출 실적
3. 유기식품 등, 무농약농산물, 무농약원료가공식품, 무항생제수산물 및 활성처리제 비사용 수산물의 인증 실적 및 사후관리 실적
4. 친환경농어업 기술의 개발·보급 실적
5. 친환경농어업에 관한 교육·훈련 실적
6. 농약·비료 등 화학자재의 사용량 감축 실적
7. 축산분뇨를 퇴비 및 액체비료 등으로 자원화한 실적

017

친환경농어업 육성 및 유기식품 등의 관리·지원에 관한 법률 시행령상 유기식품 등에 대한 인증을 하는 경우 유기농산물·축산물·임산물의 비율이 유기수산물의 비율보다 클 때의 소관은?

① 한국농수산대학장
② 한국농촌경제연구원장
③ 해양수산부장관
④ 농림축산식품부장관

해설

유기식품 등 인증의 소관(친환경농어업법 시행령 제3조 제1호)
유기농산물·축산물·임산물의 비율이 유기수산물의 비율보다 큰 경우 : 농림축산식품부장관

018

친환경농어업 육성 및 유기식품 등의 관리·지원에 관한 법률상 친환경농수산물 분류 및 인증에 관한 내용으로 틀린 것은?

① 친환경농수산물은 유기농산물과 무농약농산물, 무항생제수산물 및 활성처리제비사용수산물로 분류한다.
② 유기식품 등의 인증대상과 유기식품 등의 생산, 제조·가공 또는 취급에 필요한 인증기준 등은 대통령령으로 정한다.
③ 농림축산식품부장관은 유기식품 등의 산업육성과 소비자 보호를 위하여 유기식품 등에 대한 인증을 할 수 있다.
④ 해양수산부장관은 유기식품 등의 인증과 관련하여 인증심사원 등 필요한 인력·조직·시설 및 인증업무규정을 갖춘 기관 또는 단체를 인증기관으로 지정할 수 있다.

해설

② 유기식품 등의 인증대상과 유기식품 등의 생산, 제조·가공 또는 취급에 필요한 인증기준 등은 농림축산식품부령 또는 해양수산부령으로 정한다(친환경농어업법 제34조 제2항).

019

친환경농어업 육성 및 유기식품 등의 관리·지원에 관한 법률에 따른 유기식품 등의 인증 신청 및 심사에 대한 내용으로 틀린 것은?

① 유기식품 등을 생산, 제조·가공 또는 취급하는 자는 유기식품 등의 인증을 받으려면 해양수산부장관 또는 지정받은 인증기관에 농림축산식품부령 또는 해양수산부령으로 정하는 서류를 갖추어 신청하여야 한다.
② 해양수산부장관 또는 인증기관은 관련법에 따른 인증 신청자의 신청을 받은 경우 유기식품 등의 인증기준에 맞는지를 심사한 후 그 결과를 신청인에게 알려 주고 그 기준에 맞는 경우에는 인증을 해 주어야 한다.
③ 유기식품 등의 인증을 받은 사업자는 동일한 인증기관으로부터 연속하여 2회를 초과하여 인증(갱신을 포함한다)을 받을 수 없다.
④ 관련법에 따른 인증심사 결과에 대하여 이의가 있는 자는 농산물품질관리사에게 재심사를 신청할 수 있다.

해설

④ 인증심사 결과에 대하여 이의가 있는 자는 인증심사를 한 해양수산부장관 또는 인증기관에 재심사를 신청할 수 있다(친환경농어업법 제20조 제5항).
① 친환경농어업법 제20조 제1항
② 친환경농어업법 제20조 제3항
③ 친환경농어업법 제20조 제4항

020

유기식품 등의 인증 및 인증절차 등에서 인증의 유효기간으로 가장 적절한 것은?

① 인증의 유효기간은 인증을 받을 날부터 6개월로 한다.
② 인증의 유효기간은 인증을 받을 날부터 1년으로 한다.
③ 인증의 유효기간은 인증을 받을 날부터 2년으로 한다.
④ 인증의 유효기간은 인증을 받을 날부터 3년으로 한다.

해설

인증의 유효기간 등(친환경농어업법 제21조 제1항)
유기식품 인증의 유효기간은 인증을 받은 날부터 1년으로 한다.

021

농림축산식품부장관·해양수산부장관 또는 인증기관은 인증사업자가 적법하지 않을 경우에는 그 인증을 취소하거나 인증표시의 제거·정지 또는 시정조치를 명할 수 있다. 다음 중 반드시 인증을 취소하여야 하는 경우는?

① 거짓이나 그 밖의 부정한 방법으로 인증을 받은 경우
② 제19조 제2항에 따른 인증기준에 맞지 아니한 경우
③ 정당한 사유 없이 제31조 제7항에 따른 명령에 따르지 아니한 경우
④ 전업(轉業), 폐업 등의 사유로 인증품을 생산하기 어렵다고 인정하는 경우

해설

인증의 취소 등(친환경농어업법 제24조 제1항)
농림축산식품부장관·해양수산부장관 또는 인증기관은 인증사업자가 다음의 어느 하나에 해당하는 경우에는 그 인증을 취소하거나 인증표시의 제거·정지 또는 시정조치를 명할 수 있다. 다만, 제1호에 해당할 때에는 인증을 취소하여야 한다.
1. 거짓이나 그 밖의 부정한 방법으로 인증을 받은 경우
2. 제19조 제2항에 따른 인증기준에 맞지 아니한 경우
3. 정당한 사유 없이 제31조 제7항에 따른 명령에 따르지 아니한 경우
4. 전업(轉業), 폐업 등의 사유로 인증품을 생산하기 어렵다고 인정하는 경우

022

( )에 알맞은 내용은?

> ( )은 농림축산식품부령 또는 해양수산부령으로 정하는 기준에 적합한 자에게 유기식품 등의 인증 신청 및 심사 등에 따른 인증심사 업무를 수행하는 심사원의 자격을 부여할 수 있다.

① 국립종자원장
② 농업기술센터장
③ 농림축산식품부장관
④ 환경부장관

해설

인증심사원(친환경농어업법 제26조의2 제1항)
농림축산식품부장관 또는 해양수산부장관은 농림축산식품부령 또는 해양수산부령으로 정하는 기준에 적합한 자에게 인증심사, 재심사 및 인증 변경승인, 인증 갱신, 유효기간 연장 및 재심사, 인증사업자에 대한 조사 업무를 수행하는 심사원의 자격을 부여할 수 있다.

023

친환경농산물 인증기관 지정 관련 평가업무를 위임·위탁할 수 없는 기관은?

① 한국농수산대학
② 한국농촌경제연구원
③ 한국식품연구원
④ 한국농수산식품유통공사

해설

인증기관 지정 등의 평가(친환경농어업법 시행령 제6조)
1. 정부출연연구기관 등의 설립·운영 및 육성에 관한 법률에 따른 한국농촌경제연구원 또는 한국해양수산개발원
2. 과학기술분야 정부출연연구기관 등의 설립·운영 및 육성에 관한 법률에 따른 한국식품연구원
3. 고등교육법에 따른 학교 또는 그 소속 법인
4. 한국농수산대학교 설치법에 따른 한국농수산대학교
5. 그 밖에 친환경농어업 또는 유기식품 등에 관하여 전문성이 있다고 인정되어 농림축산식품부장관 또는 해양수산부장관이 고시하는 기관 또는 단체

024

친환경농축산물 및 유기식품 등의 관리·지원에 관한 법률에 대한 내용으로 ( ) 안에 알맞은 내용은?

> 농림축산식품부장관 또는 해양수산부장관은 인증심사원이 거짓이나 그 밖의 부정한 방법으로 인증심사 업무를 수행한 경우 그 자격을 취소하여야 하는데, 이에 따라 인증심사원 자격이 취소된 자는 취소된 날부터 ( )이 지나지 아니하면 인증심사원 자격을 부여받을 수 없다.

① 2년
② 3년
③ 5년
④ 7년

해설

인증심사원(친환경농어업법 제26조의2 제4항)
제3항에 따라 인증심사원 자격이 취소된 자는 취소된 날부터 3년이 지나지 아니하면 인증심사원 자격을 부여받을 수 없다.

025

친환경농축산물 및 유기식품 등의 관리 · 지원에 관한 법률상 인증심사원에 관한 내용 중 거짓이나 그 밖의 부정한 방법으로 인증심사 업무를 수행한 경우 인증심사원이 받는 처벌은?

① 자격취소
② 3개월 이내의 자격정지
③ 12개월 이내의 자격정지
④ 24개월 이내의 자격정지

해설

인증심사원(친환경농어업법 제26조의2 제3항 제2호)
농림축산식품부장관 또는 해양수산부장관은 인증심사원이 다음의 어느 하나에 해당하는 때에는 그 자격을 취소하거나 6개월 이내의 기간을 정하여 자격을 정지하거나 시정조치를 명할 수 있다. 다만, 제1호부터 제3호까지에 해당하는 경우에는 그 자격을 취소하여야 한다.
1. 거짓이나 그 밖의 부정한 방법으로 인증심사원의 자격을 부여받은 경우
2. 거짓이나 그 밖의 부정한 방법으로 인증심사 업무를 수행한 경우
3. 고의 또는 중대한 과실로 인증기준에 맞지 아니한 유기식품 등을 인증한 경우
3의2. 경미한 과실로 인증기준에 맞지 아니한 유기식품 등을 인증한 경우
4. 제1항에 따른 인증심사원의 자격 기준에 적합하지 아니하게 된 경우
5. 인증심사 업무와 관련하여 다른 사람에게 자기의 성명을 사용하게 하거나 인증심사원증을 빌려 준 경우
6. 제26조의4 제1항에 따른 교육을 받지 아니한 경우
7. 제27조 제2항 각 호에 따른 준수사항을 지키지 아니한 경우
8. 정당한 사유 없이 제31조 제1항에 따른 조사를 실시하기 위한 지시에 따르지 아니한 경우

026

친환경농어업 육성 및 유기식품 등의 관리 · 지원에 관한 법률에서 규정한 인증 등에 관한 부정행위에 해당하지 않는 것은?

① 거짓이나 그 밖의 부정한 방법으로 유기식품 등의 인증을 받거나 인증기관으로 지정받는 행위
② 인증을 받지 아니한 제품에 유기표시나 이와 유사한 표시를 하는 행위
③ 인증품에 인증을 받지 아니한 제품 등을 섞어서 판매하거나 섞어서 판매할 목적으로 보관, 운반 또는 진열하는 행위
④ 인증을 받은 유기식품을 다시 포장하지 아니하고 그대로 저장, 운송, 수입 또는 판매하는 자가 취급자 인증을 신청하지 아니하는 행위

해설

④ 유기식품 등을 생산, 제조 · 가공 또는 취급하는 자는 유기식품 등의 인증을 받으려면 해양수산부장관 또는 지정받은 인증기관에 농림축산식품부령 또는 해양수산부령으로 정하는 서류를 갖추어 신청하여야 한다. 다만, 인증을 받은 유기식품 등을 다시 포장하지 아니하고 그대로 저장, 운송, 수입 또는 판매하는 자는 인증을 신청하지 아니할 수 있다(친환경농어업법 제20조 제1항).
① 친환경농어업법 제30조 제1항 제1호
② 친환경농어업법 제30조 제1항 제8호
③ 친환경농어업법 제30조 제1항 제5호

027

유기식품 등, 인증사업자 및 인증기관의 사후관리에서 인증사업자 또는 인증기관의 지위를 승계할 수 있는 조건으로 가장 거리가 먼 것은?

① 인증사업자가 사망한 경우 그 제품 등을 계속하여 생산, 제조·가공 또는 취급하려는 상속인
② 인증사업자나 인증기관이 그 사업을 양도한 경우 그 양수인
③ 인증사업자가 의식불명인 경우 국가에서 2년간 운영 후 생산, 제조·가공 또는 취급하려는 상속인에게 승계
④ 인증사업자나 인증기관이 합병한 경우 합병 후 존속하는 법인이나 합병으로 설립되는 법인

> **해설**
>
> **인증기관 등의 승계(친환경농어업법 제33조 제1호)**
> 다음의 어느 하나에 해당하는 자는 인증사업자 또는 인증기관의 지위를 승계한다.
> 1. 인증사업자가 사망한 경우 그 제품 등을 계속하여 생산, 제조·가공 또는 취급하려는 상속인
> 2. 인증사업자나 인증기관이 그 사업을 양도한 경우 그 양수인
> 3. 인증사업자나 인증기관이 합병한 경우 합병 후 존속하는 법인이나 합병으로 설립되는 법인

028

친환경농어업 육성 및 유기식품 등의 관리·지원에 관한 법률상 유기농어업자재 공시의 유효기간은 공시를 받은 날로부터 몇 년인가?

① 1년 ② 2년
③ 3년 ④ 5년

> **해설**
>
> **공시의 유효기간 등(친환경농어업법 제39조 제1항)**
> 공시의 유효기간은 공시를 받은 날부터 3년으로 한다.

029

공시기관의 지정취소 등에서 정당한 사유 없이 1년 이상 계속하여 공시업무를 하지 아니한 경우에 농림축산식품부장관으로부터 무엇을 받을 수 있는가?

① 6개월 이내의 기간을 정하여 그 업무의 전부 또는 일부의 정지 또는 시정조치
② 7개월 이내의 기간을 정하여 그 업무의 전부 또는 일부의 정지 또는 시정조치
③ 9개월 이내의 기간을 정하여 그 업무의 전부 또는 일부의 정지 또는 시정조치
④ 12개월 이내의 기간을 정하여 그 업무의 전부 또는 일부의 정지 또는 시정조치

> **해설**
>
> **공시기관의 지정취소 등(친환경농어업법 제47조 제1항 제4호)**
> 농림축산식품부장관 또는 해양수산부장관은 공시기관이 다음의 어느 하나에 해당하는 경우에는 지정을 취소하거나 6개월 이내의 기간을 정하여 그 업무의 전부 또는 일부의 정지 또는 시정조치를 명할 수 있다. 다만, 제1호부터 제3호까지의 경우에는 그 지정을 취소하여야 한다.
> 4. 정당한 사유 없이 1년 이상 계속하여 공시업무를 하지 아니한 경우

030

친환경관련법상 공시기관의 지정취소 등에 관한 사항으로 내용이 틀린 것은?

① 거짓이나 그 밖의 부정한 방법으로 지정을 받은 경우 그 지정을 취소하여야 한다.
② 공시기관이 파산, 폐업 등으로 인하여 공시업무를 수행할 수 없는 경우 그 지정을 취소하여야 한다.
③ 업무정지 명령을 위반하여 정지기간 중에 공시업무를 한 경우 그 지정을 취소하여야 한다.
④ 정당한 사유 없이 3개월 이상 계속하여 공시업무를 하지 아니한 경우 그 지정을 취소하여야 한다.

031

다음 ( ) 안에 해당하지 않는 자는?

> ( )은 친환경농어업 육성 및 유기식품 등의 관리·지원에 관한 법률에 따른 인증품의 구매를 촉진하기 위하여 공공기관의 장 및 농업 관련 단체의 장 등에게 그 인증품을 우선구매하도록 요청할 수 있다.

① 농림축산식품부장관　　② 해양수산부장관
③ 농협조합장　　　　　　④ 지방자치단체의 장

해설

우선구매(친환경농어업법 제55조 제2항)
농림축산식품부장관·해양수산부장관 또는 지방자치단체의 장은 이 법에 따른 인증품의 구매를 촉진하기 위하여 다음의 어느 하나에 해당하는 기관 및 단체의 장에게 인증품의 우선구매 등 필요한 조치를 요청할 수 있다.
1. 중소기업제품 구매촉진 및 판로지원에 관한 법률에 따른 공공기관
2. 국군조직법에 따라 설치된 각군 부대와 기관
3. 영유아보육법에 따른 어린이집, 유아교육법에 따른 유치원, 초·중등교육법 또는 고등교육법에 따른 학교
4. 농어업 관련 단체 등

032

친환경농어업 육성 및 유기식품 등의 관리·지원에 관한 법률 시행령에 따라 인증기관의 지정은 위임규정에 의해 누구에게 위임되어 있는가?

① 법무부장관
② 식품의약품안전처장
③ 농촌진흥청장
④ 국립농산물품질관리원장

해설

권한의 위임 또는 위탁(친환경농어업법 시행령 제7조 제4항 제12호)
농림축산식품부장관은 다음의 권한 중 농업·축산업·임업, 농산물·축산물·임산물 및 농림축산물 가공품(제3조 제2호에 해당하는 경우는 제외)에 관한 권한을 국립농산물품질관리원장에게 위임한다.
12. 인증기관의 지정

033

친환경농어업 육성 및 유기식품 등의 관리·지원에 관한 법률상 인증기관의 지정을 받지 아니하고 인증업무를 행한 자에 대한 벌칙에 해당하는 것은?

① 1년 이하의 징역 또는 1천만원 이하의 벌금
② 2년 이하의 징역 또는 2천만원 이하의 벌금
③ 3년 이하의 징역 또는 3천만원 이하의 벌금
④ 4년 이하의 징역 또는 4천만원 이하의 벌금

해설

벌칙(친환경농어업법 제60조 제2항 제1호)

034

친환경관련법상 인증품 또는 공시를 받은 유기농어업자재에 인증 또는 공시를 받은 내용과 다르게 표시를 한 자는 어떤 벌칙을 받는가?

① 6개월 이하의 징역 또는 1천만원 이하의 벌금에 처한다.
② 1년 이하의 징역 또는 1천만원 이하의 벌금에 처한다.
③ 2년 이하의 징역 또는 3천만원 이하의 벌금에 처한다.
④ 3년 이하의 징역 또는 3천만원 이하의 벌금에 처한다.

해설

벌칙(친환경농어업법 제60조 제2항 제6호)

035

친환경농어업 육성 및 유기식품 등의 관리 · 지원에 관한 법률에 의해 1년 이하의 징역 또는 1천만원 이하의 벌금에 처할 수 있는 경우는?

① 인증기관의 지정을 받지 아니하고 인증업무를 하거나 공시 등 기관의 지정을 받지 아니하고 공시 등 업무를 한 자
② 인증을 받지 아니한 제품과 제품을 판매하는 진열대에 유기표시, 무농약표시, 친환경 문구 표시 및 이와 유사한 표시(인증품으로 잘못 인식할 우려가 있는 표시 및 이와 관련된 외국어 또는 외래어 표시를 포함한다)를 한 자
③ 인증심사업무 또는 공시업무의 정지기간 중에 인증 심사업무 또는 공시업무를 한 자
④ 인증품에 인증을 받지 아니한 제품 등을 섞어서 판매하거나 섞어 판매할 목적으로 보관, 운반 또는 진열한 자

해설

벌칙(친환경농어업법 제60조 제3항 제2호)

036

친환경농어업 육성 및 유기식품 등의 관리 · 지원에 관한 법률에서 인증에 관한 규정을 위반하여 3년 이하의 징역 또는 3천만원 이하의 벌금에 처하게 되는 자가 아닌 것은?

① 인증심사업무 결과를 기록하지 아니한 자
② 인증품 또는 공시를 받은 유기농어업자재에 인증 또는 공시를 받은 내용과 다르게 표시를 한 자
③ 인증품에 인증을 받지 아니한 제품 등을 섞어서 판매하거나 섞어서 판매할 목적으로 보관, 운반 또는 진열한 자
④ 인증기관의 지정취소 처분을 받았음에도 인증업무를 한 자

해설

① 500만원 이하의 과태료를 부과한다(친환경농어업법 제62조 제2항 제6호).
② 친환경농어업법 제60조 제2항 제6호
③ 친환경농어업법 제60조 제2항 제8호
④ 친환경농어업법 제60조 제2항 제3호

037

친환경농어업 육성 및 유기식품 등의 관리 · 지원에 관한 법률에 의해 500만원 이하의 과태료에 처할 수 있는 경우가 아닌 것은?

① 인증을 받지 아니한 사업자가 인증품의 포장을 해체하여 재포장한 후 유기표시를 한 자
② 인증기관의 인증 결과 및 사후관리 결과를 거짓으로 보고한 자
③ 수입한 제품을 신고하지 아니하고 판매하거나 영업에 사용한 자
④ 인증기관의 임원 등이 인증심사업무를 한 자

해설

③ 1년 이하의 징역 또는 1천만원 이하의 벌금에 처한다(친환경농어업법 제60조 제3항 제1호).
① 친환경농어업법 제62조 제2항 제1호
② 친환경농어업법 제62조 제2항 제4호
④ 친환경농어업법 제62조 제2항 제5호

038

친환경농어업 육성 및 유기식품 등의 관리 · 지원에 관한 법률상 인증을 받지 아니한 사업자가 인증품의 포장을 해체하여 재포장한 후 유기표시를 하였을 경우의 과태료 기준은 얼마인가?

① 2,000만원 이하
② 1,500만원 이하
③ 1,000만원 이하
④ 500만원 이하

해설

과태료(친환경농어업법 제62조 제2항 제1호)

039

친환경 관련 법상 해당 인증기관의 장으로부터 승인을 받지 아니하고 인증받은 내용을 변경한 자의 과태료는?

① 1,000만원 이하의 과태료

② 300만원 이하의 과태료

③ 200만원 이하의 과태료

④ 100만원 이하의 과태료

해설

과태료(친환경농어업법 제62조 제3항 제1호)

040

'공시사업자는 공시를 받은 제품을 생산하거나 수입하여 판매한 실적을 농림축산식품부령 또는 해양수산부령으로 정하는 바에 따라 정기적으로 그 공시심사를 한 공시기관의 장에게 알려야 한다'를 위반하여 인증품 또는 공시를 받은 유기농어업자재의 생산, 제조·가공 또는 취급 실적을 공시기관의 장에게 알리지 아니한 자의 과태료는?

① 100만원 이하의 과태료

② 300만원 이하의 과태료

③ 500만원 이하의 과태료

④ 1천만원 이하의 과태료

해설

과태료(친환경농어업법 제62조 제4항 제1호)

041

친환경농어업 육성 및 유기식품 등의 관리·지원에 관한 법률 시행령에서 과태료의 부과기준에 대한 내용이다. (   )에 알맞은 내용은?

> [일반기준]
> 위반행위 횟수에 따른 과태료의 가중된 부과기준은 최근 (   )간 같은 위반행위로 과태료 부과처분을 받은 경우에 적용한다. 이 경우 기간의 계산은 위반행위에 대해 과태료 부과처분을 받은 날과 그 처분 후 다시 같은 위반행위를 하여 적발된 날을 기준으로 한다.

① 3개월 　　　　② 6개월

③ 1년 　　　　　④ 2년

해설

과태료의 일반기준(친환경농어업법 시행령 [별표 2])

042

과태료의 부과기준에 관한 내용 중 과태료를 체납하고 있는 위반행위자의 경우를 제외하고 위반행위가 사소한 부주의나 오류로 인한 것으로 인정되는 경우 부과권자는 과태료를 어느 정도의 범위 내에서 줄일 수 있는가?

① 5분의 1 　　　② 2분의 1

③ 7분의 1 　　　④ 4분의 1

해설

과태료의 일반기준(친환경농어업법 시행령 [별표 2])

부과권자는 다음의 어느 하나에 해당하는 경우에는 제2호에 따른 과태료 금액의 2분의 1 범위에서 그 금액을 줄일 수 있다. 다만, 과태료를 체납하고 있는 위반행위자의 경우에는 그렇지 않다.

1) 위반행위가 사소한 부주의나 오류로 인한 것으로 인정되는 경우

2) 위반행위자가 법 위반상태를 시정하거나 해소하기 위한 노력이 인정되는 경우

3) 위반행위자가 자연재해·화재 등으로 재산에 현저한 손실이 발생하거나 사업여건의 악화로 사업이 중대한 위기에 처한 경우

043

친환경농어업 육성 및 유기식품 등의 관리·지원에 관한 법률 시행령상 판매·유통 중인 인증품에 대한 조사행위를 거부·방해 또는 기피할 경우 2회 위반 시에 부과되는 과태료 금액은?

① 100만원
② 300만원
③ 500만원
④ 1,000만원

해설

과태료의 개별기준(친환경농어업법 시행령 [별표 2])

위반행위	과태료(단위 : 만원)		
	1회 위반	2회 위반	3회 이상 위반
정당한 사유 없이 법 제31조 제1항(법 제34조 제5항에서 준용하는 경우를 포함)에 따른 조사를 거부·방해하거나 기피한 경우	150	300	500

044

유기식품 등의 인증을 받은 사업자가 인증받은 내용을 변경할 때에는 그 인증을 한 해양수산부장관 또는 인증기관으로부터 농림축산식품부령 또는 해양수산부령으로 정하는 바에 따라 인증 변경승인을 받아야 한다. 이를 위반하여 해당 인증기관의 장으로서 승인을 받지 않고 인증받은 내용을 변경한 자 중 2회 위반한 자의 과태료는?

① 50만원
② 100만원
③ 200만원
④ 300만원

해설

과태료의 개별기준(친환경농어업법 시행령 [별표 2])

위반행위	과태료(단위 : 만원)		
	1회 위반	2회 위반	3회 이상 위반
법 제20조 제8항(법 제34조 제4항에서 준용하는 경우를 포함)을 위반하여 해당 인증기관으로부터 승인을 받지 않고 인증받은 내용을 변경한 경우	100	200	300

045

친환경농축산물에 해당하지 않는 것은?

① 유기농산물
② 유기축산물
③ 유전자변형농산물
④ 유기임산물

해설

정의(친환경농어업법 시행규칙 제2조 제2호)

'친환경농축산물'이란 친환경농업을 통해 얻는 것으로서 다음의 어느 하나에 해당하는 것을 말한다.
가. 유기농산물·유기축산물 및 유기임산물
나. 무농약농산물

046

농림축산식품부 소관 친환경농어업 육성 및 유기식품 등의 관리·지원에 관한 법률 시행규칙상 '유기식품 등'에 해당되지 않는 것은?

① 유기농축산물
② 유기가공식품
③ 비식용유기가공품
④ 수산물가공품

해설

'유기식품 등'이란 유기식품 및 비식용유기가공품(유기농축산물을 원료 또는 재료로 사용하는 것으로 한정)을 말한다(친환경농어업법 시행규칙 제2조 제4호).

047

농림축산식품부 소관 친환경농어업 육성 및 유기식품 등의 관리·지원에 관한 법률 시행규칙에서 규정한 허용물질 중 유기농산물의 토양개량과 작물생육을 위하여 사용 가능한 물질은?(단, 사용 가능한 조건을 만족한다)

① 천적
② 님(Neem) 추출물
③ 담배잎차
④ 랑베나이트

해설

①·②·③ 천적, 님 추출물, 담배잎차 : 병해충 관리를 위해 사용 가능한 물질(친환경농어업법 시행규칙 [별표 1])

048

농림축산식품부 소관 친환경농어업 육성 및 유기식품 등의 관리·지원에 관한 법률 시행규칙에서 규정한 허용물질 중 유기농산물의 토양개량과 작물생육을 위하여 사용이 가능한 물질은?

① 황산칼륨(천연에서 유래, 단순 물리적으로 가공한 것)
② 천적(생태계 교란종이 아닐 것)
③ 님(Neem) 추출물(님에서 추출된 천연물질일 것)
④ 담배잎차(순수니코틴은 제외, 물로 추출한 것일 것)

해설

②·③·④ 천적, 님 추출물, 담배잎차 : 병해충 관리를 위해 사용 가능한 물질(친환경농어업법 시행규칙 [별표 1])

049

유기농산물 및 유기임산물의 토양개량과 작물생육을 위하여 사용이 가능한 물질 중 해수의 사용 가능 조건에 대한 내용으로 틀린 것은?

① 천연에서 유래할 것
② 입면(笠面) 시비용으로 사용할 것
③ 충분한 발효와 희석을 거쳐 사용할 것
④ 토양에 염류가 쌓이지 않도록 필요한 최소량만을 사용할 것

해설

해수의 사용 가능 조건(친환경농어업법 시행규칙 [별표 1])
(가) 천연에서 유래할 것
(나) 엽면시비용(葉面施肥用)으로 사용할 것
(다) 토양에 염류가 쌓이지 않도록 필요한 최소량만을 사용할 것

050

다음 중 유기농산물 및 유기임산물의 토양개량과 작물생육을 위하여 사용이 가능한 물질에서 사용 가능 조건이 다른 것은?

① 대두박　　　　　② 골분
③ 깻묵　　　　　　④ 식물성 유박(油粕)류

해설

토양개량과 작물생육을 위해 사용 가능한 물질(친환경농어업법 시행규칙 [별표 1])

사용 가능 물질	사용 가능 조건
혈분·육분·골분·깃털분 등 도축장과 수산물 가공공장에서 나온 동물부산물	화학물질의 첨가나 화학적 제조공정을 거치지 않아야 하고, 항생물질이 검출되지 않을 것
대두박(콩에서 기름을 짜고 남은 찌꺼기), 쌀겨 유박(油粕 : 식물성 원료에서 원하는 물질을 짜고 남은 찌꺼기), 깻묵 등 식물성 유박류	• 유전자를 변형한 물질이 포함되지 않을 것 • 최종제품에 화학물질이 남지 않을 것 • 아주까리 및 아주까리 유박을 사용한 자재는 비료관리법에 따른 공정규격설정 등의 고시에서 정한 리친(ricin)의 유해성분 최대량을 초과하지 않을 것

051

유기농산물 및 유기임산물의 토양개량과 작물생육을 위하여 사용이 가능한 물질 중 사람의 배설물이 있다. 사람의 배설물의 사용 가능 조건에 해당하지 않는 것은?

① 미생물의 배양과정이 끝난 후에 화학물질의 첨가나 화학적 제조공정을 거치지 않을 것
② 완전히 발효되어 부숙된 것일 것
③ 고온발효 : 50℃ 이상에서 7일 이상 발효된 것
④ 저온발효 : 6개월 이상 발효된 것일 것

해설

사람의 배설물(오줌만인 경우는 제외)의 사용 가능 조건(친환경농어업법 시행규칙 [별표 1])
(1) 완전히 발효되어 부숙된 것일 것
(2) 고온발효 : 50℃ 이상에서 7일 이상 발효된 것
(3) 저온발효 : 6개월 이상 발효된 것일 것
(4) 엽채류 등 농산물·임산물 중 사람이 직접 먹는 부위에는 사용하지 않을 것

052

농림축산식품부 소관 친환경농어업 육성 및 유기식품 등의 관리·지원에 관한 법률 시행규칙상 토양개량과 작물생육을 위하여 사용 가능한 물질 중 사용 가능 조건이 고온발효로 50℃ 이상에서 7일 이상 발효된 것에 해당해야 사용이 가능한 물질은?

① 사람의 배설물 ② 대두박
③ 혈분 ④ 골분

해설

사람의 배설물(오줌만인 경우는 제외)의 사용 가능 조건(친환경농어업법 시행규칙 [별표 1])
(1) 완전히 발효되어 부숙된 것일 것
(2) 고온발효 : 50℃ 이상에서 7일 이상 발효된 것
(3) 저온발효 : 6개월 이상 발효된 것일 것
(4) 엽채류 등 농산물·임산물 중 사람이 직접 먹는 부위에는 사용하지 않을 것

053

친환경관련법상 유기식품 등에 사용 가능한 물질에서 토양개량과 작물생육을 위하여 사용이 가능한 물질 중 짚, 왕겨, 산야초가 있다. 짚, 왕겨, 산야초의 사용 가능 조건은?

① 충분한 발효와 희석을 거쳐 사용할 것
② 6개월 이상 발효된 것일 것
③ 50℃ 이상에서 7일 이상 발효된 것
④ 비료화하여 사용할 경우에는 화학물질 첨가나 화학적 제조공정을 거치지 않을 것

해설

짚, 왕겨, 쌀겨 및 산야초의 사용 가능 조건(친환경농어업법 시행규칙 [별표 1])
비료화하여 사용할 경우에는 화학물질 첨가나 화학적 제조공정을 거치지 않을 것

054

농림축산식품부 소관 친환경농어업 육성 및 유기식품 등의 관리·지원에 관한 법률 시행규칙에 따라 토양개량과 작물생육을 위해 사용이 가능한 물질이면서 병해충 관리를 위하여 사용이 가능한 물질은?

① 보르도액
② 황산칼륨
③ 님 추출물
④ 미생물 및 미생물 추출물

해설

① · ③ 보르도액, 님 추출물 : 병해충 관리를 위해 사용 가능한 물질(친환경농어업법 시행규칙 [별표 1])
② 황산칼륨 : 토양개량과 작물생육을 위해 사용 가능한 물질(친환경농어업법 시행규칙 [별표 1])

055

친환경관련법령상 유기농산물 및 유기임산물을 위해 토양개량과 작물생육을 위하여 사용 가능한 구아노(guano : 바닷새, 박쥐 등의 배설물)의 사용 가능 조건은?

① 유전자를 변형한 물질이 포함되지 않을 것
② 고온발효(50℃ 이상에서 7일 이상 발효)된 것
③ 화학물질 첨가나 화학적 제조공정을 거치지 않을 것
④ 충분히 부숙된 것

해설

구아노(guano : 바닷새, 박쥐 등의 배설물)의 사용 가능 조건(친환경농어업법 시행규칙 [별표 1])
화학물질 첨가나 화학적 제조공정을 거치지 않을 것

056

농림축산식품부 소관 친환경농어업 육성 및 유기식품 등의 관리 · 지원에 관한 법률 시행규칙에 따라 유기농산물 및 유기임산물의 병해충 관리를 위해 사용 가능한 물질과 사용 가능 조건이 옳게 짝지어진 것은?

① 담배잎차(순수니코틴은 제외) – 에탄올로 추출한 것일 것
② 라이아니아(Ryania) 추출물 – 쿠아시아(*Quassia amara*)에서 추출된 천연물질일 것
③ 목초액 – 산업표준화법에 따른 한국산업표준의 목초액(KS M 3939) 기준에 적합할 것
④ 젤라틴 – 크롬(Cr)처리를 한 것일 것

해설

병해충 관리를 위해 사용 가능한 물질(친환경농어업법 시행규칙 [별표 1])

사용 가능 물질	사용 가능 조건
담배잎차(순수니코틴은 제외)	물로 추출한 것일 것
라이아니아(Ryania) 추출물	라이아니아(*Ryania speciosa*)에서 추출된 천연물질일 것
젤라틴(gelatine)	크롬(Cr)처리 등 화학적 제조공정을 거치지 않을 것

057

농림축산식품부 소관 친환경농어업 육성 및 유기식품 등의 관리 · 지원에 관한 법률 시행규칙상 병해충 관리를 위하여 사용이 가능한 물질은?(단, 사용 가능 조건을 모두 만족한다)

① 사람의 배설물
② 버섯재배 퇴비
③ 난황
④ 벌레 유기체

해설

①·②·④ 사람의 배설물, 버섯재배 퇴비, 벌레 유기체 : 토양개량과 작물생육을 위해 사용 가능한 물질(친환경농어업법 시행규칙 [별표 1])

058

농림축산식품부 소관 친환경농어업 육성 및 유기식품 등의 관리 · 지원에 관한 법률 시행규칙에서 규정한 유기농산물의 병해충 관리를 위하여 사용할 수 없는 물질은?

① 제충국 추출물
② 데리스 추출물
③ 님(Neem) 추출물
④ 순수니코틴

해설

④ 담배잎차(순수니코틴은 제외)(친환경농어업법 시행규칙 [별표 1])

병해충 관리를 위해 사용 가능한 물질(친환경농어업법 시행규칙 [별표 1])

사용 가능 물질	사용 가능 조건
제충국 추출물	제충국(*Chrysanthemum cinerariaefolium*)에서 추출된 천연물질일 것
데리스(Derris) 추출물	데리스(*Derris spp.*, *Lonchocarpus spp.* 및 *Tephrosia spp.*)에서 추출된 천연물질일 것
님(Neem) 추출물	님(*Azadirachta indica*)에서 추출된 천연물질일 것
담배잎차(순수니코틴은 제외)	물로 추출한 것일 것

059

농림축산식품부 소관 친환경농어업 육성 및 유기식품 등의 관리 · 지원에 관한 법률 시행규칙상 유기농산물 및 유기임산물의 병해충 관리를 위하여 사용이 가능한 물질이 아닌 것은?

① 쿠아시아(Quassia) 추출물
② 라이아니아(Ryania) 추출물
③ 제충국 추출물
④ 메틸알콜

해설

병해충 관리를 위해 사용 가능한 물질(친환경농어업법 시행규칙 [별표 1])

사용 가능 물질	사용 가능 조건
쿠아시아(Quassia) 추출물	쿠아시아(*Quassia amara*)에서 추출된 천연물질일 것
라이아니아(Ryania) 추출물	라이아니아(*Ryania speciosa*)에서 추출된 천연물질일 것
제충국 추출물	제충국(*Chrysanthemum cinerariaefolium*)에서 추출된 천연물질일 것
에틸알콜	발효주정일 것

060

농림축산식품부 소관 친환경농어업 육성 및 유기식품 등의 관리·지원에 관한 법률 시행규칙상 병해충 관리를 위하여 사용이 가능한 물질 중 사용 가능 조건이 '물로 추출한 것일 것'에 해당하는 것은?

① 난황(卵黃, 계란노른자 포함)
② 젤라틴(gelatine)
③ 식초 등 천연산
④ 담배잎차(순수니코틴은 제외)

해설

병해충 관리를 위해 사용 가능한 물질(친환경농어업법 시행규칙 [별표 1])

사용 가능 물질	사용 가능 조건
난황(卵黃, 계란노른자 포함)	화학물질의 첨가나 화학적 제조공정을 거치지 않을 것
젤라틴(gelatine)	크롬(Cr)처리 등 화학적 제조공정을 거치지 않을 것
식초 등 천연산	화학물질의 첨가나 화학적 제조공정을 거치지 않을 것

061

농림축산식품부 소관 친환경농어업 육성 및 유기식품 등의 관리·지원에 관한 법률 시행규칙상 유기농산물 및 유기임산물 병해충 관리를 위한 사용 가능 물질 중 사용 가능 조건으로 틀린 것은?

① 미생물의 배양과정이 끝난 후에 화학물질의 첨가나 화학적 제조공정을 거치지 않은 누룩곰팡이의 발효 생산물
② 님(*Azadirachta indica*)에서 추출된 천연물질인 님(Neem) 추출물
③ 잔류농약이 검출되지 않은 해수 및 천일염
④ 식품의약품안전처에서 고시한 품질규격에 적합한 키토산

해설

④ 키토산은 국립농산물품질관리원장이 정하여 고시하는 품질규격에 적합할 것(친환경농어업법 시행규칙 [별표 1])

062

유기·무농약농산물의 병해충 관리를 위하여 사용이 가능한 물질이 아닌 것은?

① 구리염, 부르고뉴액
② 산화칼슘, 수산화칼슘
③ 데리스 추출물, 쿠아시아 추출물
④ 염화질소, 염화암모늄

해설

병해충 관리를 위해 사용 가능한 물질(친환경농어업법 시행규칙 [별표 1])

사용 가능 물질	사용 가능 조건
데리스(Derris) 추출물	데리스(*Derris spp.*, *Lonchocarpus spp.* 및 *Tephrosia spp.*)에서 추출된 천연물질일 것
쿠아시아(Quassia) 추출물	쿠아시아(*Quassia amara*)에서 추출된 천연물질일 것
구리염, 보르도액, 수산화동, 산염화동, 부르고뉴액	토양에 구리가 축적되지 않도록 필요한 최소량만을 사용할 것
생석회(산화칼슘) 및 소석회(수산화칼슘)	토양에 직접 살포하지 않을 것

063

유기농산물 및 유기임산물의 병해충 관리를 위하여 사용이 가능한 물질에서 생석회(산화칼슘)이 사용 가능 조건은?

① 토양에 직접 살포하지 않을 것
② 감의 숙성을 위하여 사용할 것
③ 단순 물리적으로 가공한 것만 사용할 것
④ 천연규사를 이용하여 제조한 것일 것

해설

생석회(산화칼슘) 및 소석회(수산화칼슘)의 사용 가능 조건(친환경농어업법 시행규칙 [별표 1])
토양에 직접 살포하지 않을 것

064

농림축산식품부 소관 친환경농어업 육성 및 유기식품 등의 관리·지원에 관한 법률 시행규칙상 에틸렌을 이용하여 숙성시키는 과일이 아닌 것은?

① 감
② 바나나
③ 사과
④ 키위

해설

에틸렌의 사용 가능 조건(친환경농어업법 시행규칙 [별표 1])
키위, 바나나와 감의 숙성을 위해 사용할 것

065

농림축산식품부 소관 친환경농어업 육성 및 유기식품 등의 관리·지원에 관한 법률 시행규칙상 유기농산물 및 유기임산물 생산 시 병충해 관리를 위해 사용 가능한 물질 중 사용 가능 조건이 '달팽이 관리용으로만 사용'인 것은?

① 과망가니즈산칼륨
② 황
③ 맥반석
④ 인산철

해설

병해충 관리를 위해 사용 가능한 물질(친환경농어업법 시행규칙 [별표 1])

사용 가능 물질	사용 가능 조건
과망가니즈산칼륨	과수의 병해 관리용으로만 사용할 것
황	액상화할 경우에만 수산화나트륨을 황 사용량 이하로 최소화하여 사용할 것. 이 경우 인증품 생산계획서에 기록·관리하고 사용해야 한다.
맥반석 등 광물질 가루	• 천연에서 유래하고 단순 물리적으로 가공한 것일 것 • 사람의 건강 또는 농업환경에 위해요소로 작용하는 광물질(예 석면광 및 수은광 등)은 사용하지 않을 것
인산철	달팽이 관리용으로만 사용할 것

066

농림축산식품부 소관 친환경농어업 육성 및 유기식품 등의 관리·지원에 관한 법률 시행규칙상 유기축산물에서 사료로 직접 사용되거나 배합사료의 원료로 사용 가능한 물질은 식물성, 동물성, 광물성으로 구분된다. 다음 중 식물성에 해당하지 않는 것은?

① 조류(藻類)
② 식품가공부산물류
③ 유지류
④ 식염류

해설

④ 식염류 : 광물성
사료로 직접 사용되거나 배합사료의 원료로 사용 가능한 물질(친환경농어업법 시행규칙 [별표 1])

구분	사용 가능 물질
식물성	곡류(곡물), 곡물부산물류(강피류), 박류(단백질류), 서류, 식품가공부산물류, 조류(藻類), 섬유질류, 제약부산물류, 유지류, 전분류, 콩류, 견과·종실류, 과실류, 채소류, 버섯류, 그 밖의 식물류
동물성	단백질류, 낙농가공부산물류, 곤충류, 플랑크톤류 무기물류, 유지류
광물성	식염류, 인산염류 및 칼슘염류, 다량광물질류, 혼합광물질류

067

유기축산물 및 비식용 유기가공품에서 사료로 직접 사용되거나 배합사료의 원료로 사용 가능 물질 중 사용 가능 조건이 다른 것은?

① 서류
② 콩류
③ 전분류
④ 무기물류

해설

①·②·③ 서류, 콩류, 전분류 : 식물성(친환경농어업법 시행규칙 [별표 1])

068

유기축산물 및 비식용유기가공품의 사료로 직접 사용되거나 배합사료의 원료로 사용 가능한 물질 중 사용 가능 조건이 '수산물(골뱅이분을 포함)은 양식하지 않은 것일 것'에 해당하는 것은?

① 무기물류　　　　② 단백질류
③ 유지류　　　　　④ 곤충류

사료로 직접 사용되거나 배합사료의 원료로 사용 가능한 물질(친환경농어업법 시행규칙 [별표 1])

구분	사용 가능 물질	사용 가능 조건
동물성	단백질류, 낙농가공부산물류	• 수산물(골뱅이분을 포함한다)은 양식하지 않은 것일 것 • 포유동물에서 유래된 사료(우유 및 유제품은 제외)는 반추가축[소·양 등 반추(反芻)류 가축]에 사용하지 않을 것
	곤충류, 플랑크톤류	• 사육이나 양식과정에서 합성농약이나 동물용의약품을 사용하지 않은 것일 것 • 야생의 것은 잔류농약이 검출되지 않은 것일 것
	무기물류	사료관리법에 따라 농림축산식품부장관이 정하여 고시하는 기준에 적합할 것
	유지류	• 사료관리법에 따라 농림축산식품부장관이 정하여 고시하는 기준에 적합할 것 • 반추가축에 사용하지 않을 것

069

농림축산식품부 소관 친환경농어업 육성 및 유기식품 등의 관리·지원에 관한 법률 시행규칙상 유기축산물 생산과정 중 사료의 품질저하 방지 또는 사료의 효용을 높이기 위해 사료에 첨가하여 사용 가능한 물질에 해당하지 않는 것은?(단, 사용 가능 조건을 모두 만족한다)

① 당분해효소　　　② 항응고제
③ 규조토　　　　　④ 박테리오파지

사료의 품질저하 방지 또는 사료의 효용을 높이기 위해 사료에 첨가하여 사용 가능한 물질(친환경농어업법 시행규칙 [별표 1])

구분	사용 가능 물질
천연 보존제	산미제, 항응고제, 항산화제, 항곰팡이제
효소제	당분해효소, 지방분해효소, 인분해효소, 단백질분해효소
미생물제제	유익균, 유익곰팡이, 유익효모, 박테리오파지

070

사료의 품질저하 방지 또는 사료의 효용을 높이기 위해 사료에 첨가하여 사용 가능한 물질이 아닌 것은?

① 초목 추출물　　　② DL-알라닌
③ 이노시톨　　　　④ 버섯 추출액

사료의 품질저하 방지 또는 사료의 효용을 높이기 위해 사료에 첨가하여 사용 가능한 물질(친환경농어업법 시행규칙 [별표 1])

구분	사용 가능 물질
천연 추출제	초목 추출물, 종자 추출물, 세포벽 추출물, 동물 추출물, 그 밖의 추출물
아미노산제	아민초산, DL-알라닌, 염산L-라이신, 황산L-라이신, L-글루탐산나트륨, 2-디아미노-2-하이드록시메티오닌, DL-트립토판, L-트립토판, DL메티오닌 및 L-트레오닌과 그 혼합물
비타민제 (프로비타민 포함)	비타민 A, 프로비타민 A, 비타민 B_1, 비타민 B_2, 비타민 B_6, 비타민 B_{12}, 비타민 C, 비타민 D, 비타민 D_2, 비타민 D_3, 비타민 E, 비타민 K, 판토텐산, 이노시톨, 콜린, 나이아신, 바이오틴, 엽산과 그 유사체 및 혼합물

071

농림축산식품부 소관 친환경농어업 육성 및 유기식품 등의 관리 · 지원에 관한 법률 시행규칙에 따른 유기가공식품에 사용이 가능한 물질 중 식품첨가물과 가공보조제 모두 허용 범위의 제한 없이 사용이 가능한 것은?

① 비타민 C
② 산소
③ DL-사과산
④ 산탄검

해설

식품첨가물 또는 가공보조제로 사용 가능한 물질(친환경농어업법 시행규칙 [별표 1])

명칭	식품첨가물로 사용 시 사용 가능 범위	가공보조제로 사용 시 사용 가능 범위
비타민 C	제한 없음	사용 불가
산소	제한 없음	제한 없음
DL-사과산	제한 없음	사용 불가
산탄검	지방제품, 과일 및 채소제품, 케이크, 과자, 샐러드류	사용 불가

072

농림축산식품부 소관 친환경농어업 육성 및 유기식품 등의 관리 · 지원에 관한 법률 시행규칙에 따른 유기가공식품 제조 시 식품첨가물 또는 가공보조제로 사용 가능한 물질이 아닌 것은?

① 과일주의 무수아황산
② 두류 제품의 염화칼슘
③ 통조림의 글루탐산나트륨
④ 유제품의 구연산삼나트륨

해설

식품첨가물 또는 가공보조제로 사용 가능한 물질(친환경농어업법 시행규칙 [별표 1])

명칭	식품첨가물로 사용 시 사용 가능 범위	가공보조제로 사용 시 사용 가능 범위
무수아황산	과일주	사용 불가
염화칼슘	과일 및 채소제품, 두류 제품, 지방제품, 유제품, 육제품	응고제
구연산삼 나트륨	소시지, 난백의 저온살균, 유제품, 과립음료	사용 불가

073

농림축산식품부 소관 친환경농어업 육성 및 유기식품 등의 관리 · 지원에 관한 법률 시행규칙상 유기가공식품 생산 시 사용이 가능한 식품첨가물 또는 가공보조제가 아닌 것은?

① 이산화탄소
② 알긴산칼륨
③ 젤라틴
④ 아질산나트륨

해설

식품첨가물 또는 가공보조제로 사용 가능한 물질(친환경농어업법 시행규칙 [별표 1])

명칭	식품첨가물로 사용 시 사용 가능 범위	가공보조제로 사용 시 사용 가능 범위
이산화탄소	제한 없음	제한 없음
알긴산칼륨	제한 없음	사용 불가
젤라틴	사용 불가	포도주, 과일 및 채소 가공

074

농림축산식품부 소관 친환경농어업 육성 및 유기식품 등의 관리 · 지원에 관한 법률 시행규칙상 유기가공식품의 식품첨가물 또는 가공보조제로 사용 가능한 물질이 아닌 것은?

① 탄산칼슘
② 탄산칼륨
③ 탄산바륨
④ 탄산나트륨

해설

식품첨가물 또는 가공보조제로 사용 가능한 물질(친환경농어업법 시행규칙 [별표 1])

명칭	식품첨가물로 사용 시 사용 가능 범위	가공보조제로 사용 시 사용 가능 범위
탄산칼슘	식물성 제품, 유제품 (착색료로는 사용하지 말 것)	제한 없음
탄산칼륨	곡류 제품, 케이크, 과자	포도 건조
탄산나트륨	케이크, 과자	설탕 가공 및 유제품의 중화제

075

농림축산식품부 소관 친환경농어업 육성 및 유기식품 등의 관리·지원에 관한 법률 시행규칙상 유기가공식품을 제조하기 위해 허용된 취급물질 중 첨가물이 아닌 가공보조제로만 사용되는 물질은?

① 염화칼륨   ② 구연산
③ 수산화나트륨   ④ 카나우바왁스

해설

식품첨가물 또는 가공보조제로 사용 가능한 물질(친환경농어업법 시행규칙 [별표 1])

명칭	식품첨가물로 사용 시 사용 가능 범위	가공보조제로 사용 시 사용 가능 범위
염화칼륨	과일 및 채소 제품, 비유화소스류, 겨자 제품	사용 불가
구연산	제한 없음	제한 없음
수산화나트륨	곡류 제품	설탕 가공 중의 산도 조절제, 유지 가공
카나우바 왁스	사용 불가	이형제

076

농림축산식품부 소관 친환경농어업 육성 및 유기식품 등의 관리·지원에 관한 법률 시행규칙에 따른 유기가공식품의 생산에 사용 가능한 가공보조제와 그 사용 가능 범위가 옳게 짝지어진 것은?

① 오존수 – 식품 표면의 세척·소독제
② 백도토 – 설탕 가공
③ 과산화수소 – 응고제
④ 수산화칼륨 – 여과보조제

해설

식품첨가물 또는 가공보조제로 사용 가능한 물질(친환경농어업법 시행규칙 [별표 1])

명칭	가공보조제로 사용 시 사용 가능 범위
오존수	식품 표면의 세척·소독제
백도토	청징(clarification) 또는 여과보조제
과산화수소	식품 표면의 세척·소독제
수산화칼륨	설탕 및 분리대두단백 가공 중의 산도 조절제

077

농림축산식품부 소관 친환경농어업 육성 및 유기식품 등의 관리·지원에 관한 법률 시행규칙에 따른 유기가공식품의 생산에 사용 가능한 가공보조제와 그 사용 가능 범위가 옳게 짝지어진 것은?

① 밀납 – 이형제
② 백도토 – 설탕 가공
③ 과산화수소 – 응고제
④ 수산화칼슘 – 여과보조제

해설

식품첨가물 또는 가공보조제로 사용 가능한 물질(친환경농어업법 시행규칙 [별표 1])

명칭	가공보조제로 사용 시 사용 가능 범위
백도토	청징(clarification) 또는 여과보조제
과산화수소	식품 표면의 세척·소독제
수산화칼슘	설탕 및 분리대두단백 가공 중의 산도 조절제

078

유기가공식품 식품첨가물 또는 가공보조제로 사용이 가능한 물질 중 가공보조제로 사용 시 허용되는 것은?

① 레시틴   ② 구연산
③ 로커스트콩검   ④ 무수아황산

해설

식품첨가물 또는 가공보조제로 사용 가능한 물질(친환경농어업법 시행규칙 [별표 1])

명칭	가공보조제로 사용 시 사용 가능 범위
구연산	제한 없음
레시틴	사용 불가
로커스트콩검	사용 불가
무수아황산	사용 불가

079

농림축산식품부 소관 친환경농어업 육성 및 유기식품 등의 관리·지원에 관한 법률 시행규칙에서 가공보조제로 사용이 가능한 물질 중 응고제로 허용되지 않는 것은?

① 황산칼슘　　　　　② 염화칼슘
③ 탄산나트륨　　　　④ 염화마그네슘

해설

식품첨가물 또는 가공보조제로 사용 가능한 물질(친환경농어업법 시행규칙 [별표 1])

명칭	가공보조제로 사용 시 사용 가능 범위
탄산나트륨	설탕 가공 및 유제품의 중화제
황산칼슘	응고제
염화칼슘	응고제
염화마그네슘	응고제

080

농림축산식품부 소관 친환경농어업 육성 및 유기식품 등의 관리·지원에 관한 법률 시행규칙상 유기가공식품 제조 시 가공보조제로 사용 가능한 물질 중 응고제로 활용 가능한 물질로만 구성된 것은?

① 염화칼슘, 탄산칼륨, 수산화칼륨
② 염화칼슘, 황산칼슘, 염화마그네슘
③ 염화칼슘, 수산화나트륨, 탄산나트륨
④ 염화칼슘, 수산화칼륨, 수산화나트륨

해설

가공보조제로 사용 시 응고제로 사용 가능한 물질(친환경농어업법 시행규칙 [별표 1])

염화마그네슘, 염화칼슘, 조제해수 염화마그네슘, 황산칼슘

081

유기식품에 사용 가능한 허용물질의 선정기준으로 틀린 것은?

① 해당 물질이 사용목적에 필요하거나 필수적일 것
② 해당 물질의 제조, 사용 및 폐기 등의 과정에서 환경에 해로운 영향을 주지 않을 것
③ 해당 물질이 사람과 동물의 건강과 삶의 질에 중대한 영향을 미치지 않을 것
④ 천연에서 유래한 것 또는 재생 가능한 자원이나 화학적 방법으로 얻어진 것

해설

④ 해당 물질이 천연(식물, 동물, 광물 및 미생물 등)에서 유래하고, 생물학적(퇴비화 및 발효 등)·물리적 방법으로 제조되었을 것(친환경농어업법 시행규칙 [별표 2])

082

허용물질의 선정기준 및 절차 중 허용물질의 신규 선정, 개정 또는 폐지 절차에 대한 내용이다. (   )에 알맞은 내용은?

> 국립농산물품질관리원장은 선정 신청을 받은 물질에 대해 (   ) 이상의 분야별 학계 전문가, 생산자단체 및 소비자단체 등을 포함한 전문가심의회를 구성하여 평가를 실시하고, 평가 과정에 기초평가를 실시한 전문가를 출석시켜 그 의견을 들을 수 있으며, 그 결과가 인체 및 농업환경에 위해성이 없어 유기농업에 적합하다고 판단되는 경우에 해당 물질을 허용물질로 선정할 것

① 3명　　　　　② 4명
③ 5명　　　　　④ 7명

해설

허용물질의 선정기준 및 절차(친환경농어업법 시행규칙 [별표 2])

083

농림축산식품부 소관 친환경농어업 육성 및 유기식품 등의 관리·지원에 관한 법률 시행규칙상 유기식품 등의 인증대상에 해당하지 않은 자는?

① 무농약가공품을 제조·가공하는 자
② 유기가공식품을 제조·가공하는 자
③ 비식용유기가공품을 제조·가공하는 자
④ 유기농축산물을 생산하는 자

해설

유기식품 등의 인증대상(친환경농어업법 시행규칙 제10조 제1항)
1. 유기농축산물을 생산하는 자
2. 유기가공식품을 제조·가공하는 자
3. 비식용유기가공품을 제조·가공하는 자
4. 제1호부터 제3호까지에 해당하는 품목을 취급하는 자

084

유기식품 및 무농약농산물 등의 인증에 관한 세부실시요령에 따른 취급자 인증품의 정의로 옳은 것은?

① 포장된 인증품을 해체한 후 소포장하는 인증품
② 인증을 받은 유기식품
③ 포장하지 않고 판매하는 인증품
④ 인증품의 포장단위를 변경하거나 단순 처리하여 포장한 인증품

해설

취급자 인증품 : 인증품의 포장단위를 변경하거나 단순 처리하여 포장한 인증품(유기식품 및 무농약농산물 등의 인증에 관한 세부실시요령 제5조 제5호)

085

유기식품 및 무농약농산물 등의 인증에 관한 세부실시요령상 작물별 생육기간에 대한 설명으로 틀린 것은?

① 3년생 미만 작물 : 파종일부터 첫 수확일까지
② 3년 이상 다년생 작물(인삼, 더덕 등) : 파종일부터 3년의 기간을 생육기간으로 적용
③ 낙엽수(사과, 배, 감 등) : 생장(개엽 또는 개화) 개시기부터 첫 수확일까지
④ 상록수(감귤, 녹차 등) : 개화가 완료된 날부터 7년의 기간을 생육기간으로 적용

해설

작물별 생육기간(유기식품 및 무농약농산물 등의 인증에 관한 세부실시요령 [별표 1의2])
가. 3년생 미만 작물 : 파종일부터 첫 수확일까지
나. 3년 이상 다년생 작물(인삼, 더덕 등) : 파종일부터 3년의 기간을 생육기간으로 적용
다. 낙엽수(사과, 배, 감 등) : 생장(개엽 또는 개화) 개시기부터 첫 수확일까지
라. 상록수(감귤, 녹차 등) : 직전 수확이 완료된 날부터 다음 첫 수확일까지

086

농림축산식품부 소관 친환경농어업 육성 및 유기식품 등의 관리·지원에 관한 법률 시행규칙에서 사용되는 용어의 정의로 그 내용이 틀린 것은?

① 재배포장이란 작물을 재배하는 일정구역을 말한다.
② 관행농업이란 화학비료와 합성농약을 사용하여 작물을 재배하는 일반 관행적인 농업 형태를 말한다.
③ 유기사료란 식용유기가공품 인증기준에 맞게 재배·생산된 사료만을 말한다.
④ 동물용의약품이란 동물질병의 예방·치료 및 진단을 위하여 사용하는 의약품을 말한다.

해설

③ 유기사료란 비식용유기가공품의 인증기준에 맞게 제조·가공 또는 취급된 사료를 말한다(친환경농어업법 시행규칙 [별표 4]).

087

농림축산식품부 소관 친환경농어업 육성 및 유기식품 등의 관리·지원에 관한 법률 시행규칙 중에서 사용되는 용어의 정의로 그 내용이 틀린 것은?

① 재배포장이란 작물을 재배하는 일정구역을 말한다.
② 돌려짓기(윤작)이란 동일한 재배포장에서 동일한 작물을 연이어 재배하지 아니하고, 서로 다른 종류의 작물을 순차적으로 조합·배열하는 방식의 작부체계를 말한다.
③ 유기사료란 식용유기가공품 인증기준에 맞게 재배·생산된 사료만을 말한다.
④ 동물용의약품이란 동물질병의 예방·치료 및 진단을 위하여 사용하는 의약품을 말한다.

해설
③ 유기사료란 비식용유기가공품의 인증기준에 맞게 제조·가공 또는 취급된 사료를 말한다(친환경농어업법 시행규칙 [별표 4]).

088

농림축산식품부 소관 친환경농어업 육성 및 유기식품 등의 관리·지원에 관한 법률 시행규칙에서 정의하는 휴약기간이란?

① 동일한 재배포장에서 동일한 작물을 연이어 재배하지 않고, 서로 다른 종류의 작물을 순차적으로 조합·배열하여 차례로 심는 것을 말한다.
② 비식용유기가공품의 인증기준에 맞게 제조·가공 또는 취급된 사료를 말한다.
③ 사육되는 가축에 대해 그 생산물이 식용으로 사용되기 전에 동물용의약품의 사용을 제한하는 일정기간을 말한다.
④ 축사시설, 방목 장소 등 가축사육을 위한 시설 또는 장소를 말한다.

해설
① 돌려짓기(윤작), ② 유기사료, ④ 사육장

089

농림축산식품부 소관 친환경농어업 육성 및 유기식품 등의 관리·지원에 관한 법률 시행규칙상의 용어 정의로 틀린 것은?

① 재배포장이란 작물을 재배하는 일정구역을 말한다.
② 돌려짓기(윤작)란 동일한 재배포장에서 동일한 작물을 연이어 재배하는 것을 말한다.
③ 휴약기간이란 사육되는 가축에 대해 그 생산물이 식용으로 사용되기 전에 동물용의약품의 사용을 제한하는 일정기간을 말한다.
④ 생산자단체란 5명 이상의 생산자로 구성된 작목반, 작목회 등 영농조직, 협동조합 또는 영농단체를 말한다.

해설
② 돌려짓기(윤작)란 동일한 재배포장에서 동일한 작물을 연이어 재배하지 않고, 서로 다른 종류의 작물을 순차적으로 조합·배열하여 차례로 심는 것을 말한다(친환경농어업법 시행규칙 [별표 4]).

090

농림축산식품부 소관 친환경농어업 육성 및 유기식품 등의 관리·지원에 관한 법률 시행규칙상 토양을 이용하지 않고 통제된 시설공간에서 빛(LED, 형광등), 온도, 수분, 양분 등을 인공적으로 투입하여 작물을 재배하는 시설을 일컫는 말은?

① 윤작　　　　　　　② 식물공장
③ 재배포장　　　　　④ 경축순환농법

해설
④ 경축순환농법(耕畜循環農法)이란 친환경농업을 실천하는 자가 경종과 축산을 겸업하면서 각각의 부산물을 작물재배 및 가축사육에 활용하고, 경종작물의 퇴비소요량에 맞게 가축사육 마리수를 유지하는 형태의 농법을 말한다(유기식품 및 무농약농산물 등의 인증에 관한 세부실시요령 [별표 1]).

091

유기식품 및 무농약농산물 등의 인증에 관한 세부실시요령상 인증기준의 세부사항의 용어 정의에 대한 설명으로 틀린 것은?

① 병행생산이란 인증을 받은 자가 인증 받은 품목과 같은 품목의 일반농산물·가공품 또는 인증종류가 다른 인증품을 생산하거나 취급하는 것을 말한다.

② 합성농약으로 처리된 종자란 종자를 소독하기 위해 합성농약으로 분의(粉依 : 가루묻힘), 도포(塗布), 침지(浸漬 : 약재에 담금) 등의 처리를 한 종자를 말한다.

③ 싹을 틔워 직접 먹는 농산물이란 물을 이용한 온·습도 관리로 종실(種實)의 싹을 틔워 종실·싹·줄기·뿌리를 먹는 농산물(본잎이 전개된 것 포함)을 말한다.

④ 배지(培地)란 버섯류, 양액재배농산물 등의 생육에 필요한 양분의 전부 또는 일부를 공급하거나 작물체가 자랄 수 있도록 하기 위해 조성된 토양 이외의 물질을 말한다.

> **해설**
> ③ 싹을 틔워 직접 먹는 농산물이란 물을 이용한 온·습도 관리로 종실(種實)의 싹을 틔워 종실·싹·줄기·뿌리를 먹는 농산물(본잎이 전개된 것 제외)을 말한다. 예 발아농산물, 콩나물, 숙주나물 등(유기식품 및 무농약농산물 등의 인증에 관한 세부실시요령 [별표 1])

092

유기식품 등의 인증기준 등에서 사용하는 용어의 정의에 대한 내용이다. (   )에 알맞은 내용은?

> '생산자단체'란 (   ) 이상의 생산자로 구성된 작목반, 작목회 등 영농조직, 협동조합 또는 영농단체를 말한다.

① 2명　　　　　② 3명
③ 4명　　　　　④ 5명

> **해설**
> 용어의 뜻(친환경농어업법 시행규칙 [별표 4])

093

유기식품 및 무농약농산물 등의 인증에 관한 세부실시요령상 (가)에 알맞은 내용은?

> '어린잎채소'라 함은 생육기간(15일 내외)이 짧아 본잎이 (가)엽 내외로 재배되어 주로 생식용으로 이용되는 어린 채소류를 말한다.

① 1　　　　　　② 4
③ 7　　　　　　④ 9

> **해설**
> 용어의 정의(유기식품 및 무농약농산물 등의 인증에 관한 세부실시요령 [별표 1])

094

유기식품 등의 인증기준 등에서 유기농산물 및 유기임산물의 재배포장, 용수, 종자에 관한 구비요건 내용이다. (   ) 안에 알맞은 내용은?

> 재배포장은 최근 (   ) 인증취소 처분을 받지 않은 재배지로서 토양환경보전법 시행규칙에 따른 토양오염우려기준을 초과하지 않으며, 주변으로부터 오염 우려가 없거나 오염을 방지할 수 있을 것

① 3개월간　　　　② 6개월간
③ 1년간　　　　　④ 2년간

> **해설**
> 유기농산물 및 유기임산물의 재배포장, 용수, 종자(친환경농어업법 시행규칙 [별표 4])

095

유기농산물 및 유기임산물에서 재배포장, 용수, 종자의 구비요건에 대한 설명이다. (   )에 알맞은 내용은?

> 종자는 최소한 (   ) 이상 유기농산물 및 유기임산물 재배 방법의 규정에 따라 재배된 것을 사용하며, 유전자변형농산물인 종자는 사용하지 아니할 것

① 1세대　　　　　② 2세대
③ 3세대　　　　　④ 4세대

해설

유기농산물 및 유기임산물의 재배포장, 용수, 종재(친환경농어업법 시행규칙 [별표 4])

096

농림축산식품부 소관 친환경농어업 육성 및 유기식품 등의 관리·지원에 관한 법률 시행규칙상 유기농산물 및 유기임산물의 인증기준에 대한 내용으로 틀린 것은?

① 병해충 및 잡초는 유기농업에 적합한 방법으로 방제·관리할 것
② 장기간의 적절한 돌려짓기(윤작)을 실시할 것
③ 재배용수는 관련 법에 따른 먹는 물의 수질기준 이상만 사용할 것
④ 화학비료, 합성농약 또는 합성농약 성분이 함유된 자재를 사용하지 않을 것

해설

③ 재배용수는 환경정책기본법에 따른 농업용수 이상의 수질기준에 적합해야 하며, 농산물의 세척 등에 사용되는 용수는 먹는 물 수질기준 및 검사 등에 관한 규칙에 따른 먹는 물의 수질기준에 적합할 것(친환경농어업법 시행규칙 [별표 4])

097

농림축산식품부 소관 친환경농어업 육성 및 유기식품 등의 관리·지원에 관한 법률 시행규칙상 유기농산물 및 유기임산물의 잔류합성농약 기준으로 옳은 것은?

① 1/5 이하
② 1/10 이하
③ 1/20 이하
④ 검출되지 아니하여야 한다.

해설

유기농산물 및 유기임산물의 생산물 품질관리 등(친환경농어업법 시행규칙 [별표 4])
합성농약 또는 합성농약 성분이 함유된 자재를 사용하지 않으며, 합성농약 성분은 식품위생법에 따라 식품의약품안전처장이 고시한 농약 잔류허용기준의 20분의 1 이하이어야 하고, 같은 고시에서 잔류허용기준을 정하지 않은 경우에는 0.01mg/kg 이하일 것

098

유기농산물 재배포장에 대한 내용이다. (가)에 알맞은 내용은?

> 재배포장의 토양은 주변으로부터 오염 우려가 없거나 오염을 방지할 수 있어야 하고, 토양환경보전법 시행규칙 [별표 3]에 따른 1지역의 토양오염우려기준을 초과하지 아니하며, 합성농약 성분이 검출되어서는 아니 된다. 다만, 관행농업 과정에서 토양에 축적된 합성농약 성분의 검출량이 (   )인 경우에는 예외를 인정한다.

① 0.1mg/kg 이하
② 0.05mg/kg 이하
③ 0.01mg/kg 이하
④ 0.001mg/kg 이하

해설

유기농산물의 재배포장, 용수, 종재(유기식품 및 무농약농산물 등의 인증에 관한 세부실시요령 [별표 1])

099

유기식품 및 무농약농산물 등의 인증에 관한 세부실시요령에 의한 유기농산물의 인증기준 세부사항에서 재배포장은 유기농산물을 처음 수확 하기 전 몇 년 이상의 전환기간 동안 관련법에 따른 재배 방법을 준수하여야 하는가?(단, 토양에 직접 심지 않는 작물의 재배포장은 제외한다.)

① 3개월　　　　　② 6개월
③ 1년　　　　　　④ 3년

해설

유기농산물의 재배포장, 용수, 종자(유기식품 및 무농약농산물 등의 인증에 관한 세부실시요령 [별표 1])

재배포장은 유기농산물을 처음 수확 하기 전 3년 이상의 전환기간 동안 관련 법에 따른 재배방법을 준수한 구역이어야 한다. 다만, 토양에 직접 심지 않는 작물(싹을 틔워 직접 먹는 농산물, 어린잎 채소 또는 버섯류)의 재배포장은 전환기간을 적용하지 아니한다.

100

친환경관련법상 인증기준의 세부사항에서 유기농산물 재배 방법 구비요건에 대한 설명 중 (　　)에 알맞은 내용은?

> 나) (　　) 이내의 주기로 식물분류학상 '과(科)'가 다른 작물을 재배하되 재배작물에 두과 작물, 녹비작물 또는 심근성작물을 포함한다.
> 다) (　　) 이내의 주기로 담수 재배작물과 밭 재배작물을 조합하여 답전윤환한다.

① 1년　　　　　　② 2년
③ 3년　　　　　　④ 5년

해설

유기농산물의 윤작 방법(유기식품 및 무농약농산물 등의 인증에 관한 세부실시요령 [별표 1])

101

유기식품 및 무농약농산물 등의 인증에 관한 세부실시요령상 유기농산물의 인증기준에서 병해충 및 잡초의 방제·조절 방법으로 거리가 먼 것은?

① 무경운
② 적합한 돌려짓기(윤작) 체계
③ 덫과 같은 기계적 통제
④ 포식자와 기생동물의 방사 등 천적의 활용

해설

유기농산물의 병해충 및 잡초 방제·조절 방법(유기식품 및 무농약농산물 등의 인증에 관한 세부실시요령 [별표 1])

가) 적합한 작물과 품종의 선택
나) 적합한 돌려짓기(윤작) 체계
다) 기계적 경운
라) 재배포장 내의 혼작·간작 및 공생식물의 재배 등 작물체 주변의 천적활동을 조장하는 생태계의 조성
마) 멀칭·예취 및 화염제초
바) 포식자와 기생동물의 방사 등 천적의 활용
사) 식물·농장퇴비 및 돌가루 등에 의한 병해충 예방 수단
아) 동물의 방사
자) 덫·울타리·빛 및 소리와 같은 기계적 통제

102

농림축산식품부 소관 친환경농어업 육성 및 유기식품 등의 관리·지원에 관한 법률 시행규칙상 유기축산물 인증기준으로 틀린 것은?

① 사료작물 재배지는 예외적으로 화학비료를 사용할 수 있다.
② 축사는 국립농산물품질관리원장이 정하는 사육밀도를 유지·관리하여야 한다.
③ 경영 관련 자료의 기록 기간은 최근 1년간으로 한다.
④ 반추가축에게 담근먹이(사일리지)만 공급해서는 아니 된다.

해설

① 초식가축의 경우에는 유기적 방식으로 재배·생산되는 목초지 또는 사료작물 재배지를 확보할 것(친환경농어업법 시행규칙 [별표 4])

103

유기축산물의 사육장 및 사육조건에서 유기가축 1마리당 갖추어야 하는 가축사육 시설의 소요면적(단위 : m²)이 있는데, (가)에 알맞은 내용은?

돼지(m²/마리)					
구분	웅돈	번식돈			
		임신돈	분만돈	종부대기돈	후보돈
소요면적	(가)	3.1	4.0	3.1	3.1

① 3.5   ② 8.2

③ 10.4   ④ 45.5

> 해설

유기축산물의 사육장 및 사육조건(유기식품 및 무농약농산물 등의 인증에 관한 세부실시요령 [별표 1])

웅돈 (m²/ 마리)	번식돈(m²/마리)				비육돈(m²/마리)			
	임신돈	분만돈	종부 대기돈	후보돈	자돈		육성돈	비육돈
					초기	후기		
10.4	3.1	4.0	3.1	3.1	0.2	0.3	1.0	1.5

104

유기가축 1마리당 갖추어야 하는 가축사육 시설의 소요면적(단위 : m²)에 대한 내용이다. (   )의 내용으로 알맞은 것은?

구분	소요면적
면양, 산양	( )m²/마리

① 0.5   ② 1.3

③ 2.7   ④ 3.1

> 해설

유기축산물의 사육장 및 사육조건(유기식품 및 무농약농산물 등의 인증에 관한 세부실시요령 [별표 1])

구분	소요면적
면양, 염소	1.3m²/마리

105

유기식품 및 무농약농산물 등의 인증에 관한 세부실시요령상 유기축산물 인증 부분의 사육장 및 사육조건의 인증기준으로 옳은 것은?

① 산란계의 경우 자연일조시간을 포함하여 총 14시간을 넘지 않는 범위 내에서 인공광으로 일조시간을 연장할 수 있다.

② 가금은 기후 등 사육여건을 감안하여 케이지 사육이 허용된다.

③ 반추가축은 축사면적 3배 이상의 방목지를 확보해야 한다.

④ 비육우의 방사식 사육에서 사육시설의 소요면적은 마리당 10m²이다.

> 해설

② 가금은 개방조건에서 사육되어야 하고, 기후조건이 허용하는 한 야외 방목장에 접근이 가능하여야 하며, 케이지에서 사육하지 아니할 것

③ 반추가축은 축사면적 2배 이상의 방목지 또는 운동장을 확보해야 한다.

④ 비육우의 방사식 사육에서 사육시설의 소요면적은 마리당 7.1m²이다.

106

농림축산식품부 소관 친환경농어업 육성 및 유기식품 등의 관리·지원에 관한 법률 시행규칙에 따라 유기가축이 아닌 가축을 유기농장으로 입식하여 유기축산물을 생산·판매하려는 경우에는 일정 전환기간 이상을 유기축산물 인증기준에 따라 사육하여야 한다. 다음 중 축종, 생산물, 전환기간에 대한 기준으로 틀린 것은?

① 한우 – 식육용 – 입식 후 12개월 이상
② 육우 송아지 – 식육용 – 6개월령 미만의 송아지 입식 후 12개월
③ 젖소 – 시유생산용 – 3개월 이상
④ 돼지 – 식육용 – 입식 후 5개월 이상

유기축산물의 전환기간(친환경농어업법 시행규칙 [별표 4])

가축의 종류	생산물	전환기간(최소사육기간)
한우·육우	식육	입식 후 12개월
젖소	시유 (시판우유)	• 착유우는 입식 후 3개월 • 새끼를 낳지 않은 암소는 입식 후 6개월
면양·염소	식육	입식 후 5개월
	시유 (시판우유)	• 착유양은 입식 후 3개월 • 새끼를 낳지 않은 암양은 입식 후 6개월
돼지	식육	입식 후 5개월
육계	식육	입식 후 3주
산란계	알	입식 후 3개월
오리	식육	입식 후 6주
	알	입식 후 3개월
메추리	알	입식 후 3개월
사슴	식육	입식 후 12개월

107

일반농가가 유기축산으로 전환하여 유기축산물을 생산·판매하려는 경우에는 전환기간 이상을 유기축산물 인증기준에 따라 사육하여야 하는데 한우·육우의 식육 생산물을 위한 최소사육기간으로 옳은 것은?

① 입식 후 3개월
② 입식 후 6개월
③ 입식 후 9개월
④ 입식 후 12개월

한우·육우의 전환기간(친환경농어업법 시행규칙 [별표 4])
입식 후 12개월

108

친환경관련법상 일반농가가 유기축산으로 전환하려고 유기가축이 아닌 가축을 유기농장으로 입식하여 유기축산물을 생산·판매하려는 경우에는 전환기간 이상을 유기축산물 인증기준에 따라 사육하여야 하는데, 다음 중 틀린 것은?

① 한우(식육) : 입식 후 12개월
② 젖소(시유) : 착유우의 최소사육기간은 90일
③ 사슴(식육) : 입식 후 6개월
④ 돼지(식육) : 입식 후 5개월

③ 사슴(식육) : 입식 후 12개월(친환경농어업법 시행규칙 [별표 4])

109

친환경관련법상 일반농가가 유기축산으로 전환할 때 유기가축이 아닌 가축을 유기농장으로 입식하여 유기축산물을 생산·판매하려는 경우에는 전환기간 이상을 유기축산물 인증기준에 따라 사육하는데, 내용이 틀린 것은?

① 한우(식육) : 입식 후 12개월
② 오리(식육) : 입식 후 3주
③ 사슴(식육) : 입식 후 12개월
④ 돼지(식육) : 입식 후 5개월

해설

② 오리(식육) : 입식 후 6주(친환경농어업법 시행규칙 [별표 4])

110

친환경관련법상 인증기준의 세부사항에서 일반농가가 유기축산으로 전환하여 젖소의 시유를 생산·판매하려는 경우 최소사육기간에 해당하는 것은?

① 착유우는 10일, 새끼를 낳지 않은 암소는 3개월
② 착유우는 30일, 새끼를 낳지 않은 암소는 3개월
③ 착유우는 60일, 새끼를 낳지 않은 암소는 6개월
④ 착유우는 90일, 새끼를 낳지 않은 암소는 6개월

해설

젖소(시유)의 전환기간(친환경농어업법 시행규칙 [별표 4])
• 착유우는 입식 후 3개월
• 새끼를 낳지 않은 암소는 입식 후 6개월

111

농림축산식품부 소관 친환경농어업 육성 및 유기식품 등의 관리·지원에 관한 법률 시행규칙상 유기축산물의 인증기준에서 규정하고 있는 요건으로 틀린 것은?

① 유기축산물 인증을 받은 가축과 일반가축은 어떤 경우에도 병행해서 사육하지 아니한다.
② 반추가축에게 담근먹이(사일리지)만 급여하지 아니한다.
③ 가축에게 생활용수 수질기준에 적합한 음용수를 상시 급여한다.
④ 유전자변형농산물 또는 유전자변형농산물에서 유래한 물질은 급여하지 아니한다.

해설

① 유기축산물 인증을 받거나 받으려는 가축과 유기가축이 아닌 가축(무항생제축산물 인증을 받거나 받으려는 가축을 포함)을 병행하여 사육하는 경우에는 철저한 분리 조치를 할 것(친환경농어업법 시행규칙 [별표 4])

112

유기축산물의 사료 및 영양관리에서 유기가축에는 몇 % 유기사료를 급여하는 것을 원칙으로 하여야 하는가?(단, 극한 기후조건 등의 경우에는 국립농산물품질관리원장이 정하여 고시하는 바에 따라 유기사료가 아닌 사료를 급여하는 것을 허용할 수 있는 경우는 제외한다)

① 70%   ② 85%
③ 90%   ④ 100%

해설

유기축산물의 사료 및 영양관리(친환경농어업법 시행규칙 [별표 4])
유기가축에게는 100% 유기사료를 공급하는 것을 원칙으로 할 것. 다만, 극한 기후조건 등의 경우에는 국립농산물품질관리원장이 정하여 고시하는 바에 따라 유기사료가 아닌 사료를 공급하는 것을 허용할 수 있다.

113

농림축산식품부 소관 친환경농어업 육성 및 유기식품 등의 관리·지원에 관한 법률 시행규칙상 유기축산물 생산을 위한 사료 및 영양관리 내용으로 옳은 것은?

① 반추가축에게 담근먹이만 급여할 것
② 가축에게 농업용수의 수질기준에 적합한 음용수를 상시 급여할 것
③ 합성농약 또는 합성농약 성분이 함유된 동물용의약품 등의 자재를 사용하지 않을 것
④ 유기가축에게는 50% 이상의 유기사료를 공급하는 것을 원칙으로 할 것

해설

유기축산물의 사료 및 영양관리(친환경농어업법 시행규칙 [별표 4])
1) 유기가축에게는 100% 유기사료를 공급하는 것을 원칙으로 할 것. 다만, 극한 기후조건 등의 경우에는 국립농산물품질관리원장이 정하여 고시하는 바에 따라 유기사료가 아닌 사료를 공급하는 것을 허용할 수 있다.
2) 반추가축에게 담근먹이(사일리지)만을 공급하지 않으며, 비반추가축도 가능한 조사료(粗飼料 : 생초나 건초 등의 거친 먹이)를 공급할 것
3) 유전자변형농산물 또는 유전자변형농산물에서 유래한 물질은 공급하지 않을 것
4) 합성화합물 등 금지물질을 사료에 첨가하거나 가축에 공급하지 않을 것
5) 가축에게 환경정책기본법에 따른 생활용수의 수질기준에 적합한 먹는 물을 상시 공급할 것
6) 합성농약 또는 합성농약 성분이 함유된 동물용의약품 등의 자재를 사용하지 않을 것

114

유기축산물의 사료 및 영양관리의 구비요건으로 틀린 것은?

① 반추가축에게 사일리지만 급여하지 않으며, 비반추가축도 가능한 조사료를 급여할 것
② 유전자변형농산물 또는 유전자변형농산물에서 유래한 물질은 급여하지 아니할 것
③ 합성화합물 등 금지물질을 사료에 첨가하거나 가축에 급여하지 아니할 것
④ 유기가축에는 90% 이상 유기사료를 급여하는 것을 원칙으로 할 것

해설

④ 유기가축에게는 100% 유기사료를 공급하는 것을 원칙으로 할 것(친환경농어업법 시행규칙 [별표 4])

115

친환경관련법상 유기축산물 사료 및 영양관리에 대한 설명 중 틀린 것은?

① 유기축산물의 생산을 위한 가축에게는 100% 비식용유기가공품(유기사료)을 급여하여야 한다.
② 반추가축에게 사일리지(silage)만 급여하고, 비반추가축은 가능한 조사료 급여를 권장하지 않는다.
③ 가축의 대사기능 촉진을 위한 합성화합물을 사료에 첨가해서는 아니 된다.
④ 합성질소 또는 비단백태질소화합물을 사료에 첨가해서는 아니 된다.

해설

② 반추가축에게 담근먹이(사일리지)만을 공급하지 않으며, 비반추가축도 가능한 조사료를 공급할 것(친환경농어업법 시행규칙 [별표 4])

116

농림축산식품부 소관 친환경농어업 육성 및 유기식품 등의 관리 · 지원에 관한 법률 시행규칙에 따른 유기축산물의 사료 및 영양관리 기준에 대한 설명으로 틀린 것은?

① 유기가축에게는 100% 유기사료를 급여하여야 한다.
② 필요에 따라 가축의 대사기능 촉진을 위한 합성화합물을 첨가할 수 있다.
③ 반추가축에게 사일리지만 급여해서는 아니되며 비반추 가축에게도 가능한 조사료 급여를 권장한다.
④ 가축에게 관련법에 따른 생활용수의 수질기준에 적합한 신선한 음수를 상시 급여할 수 있어야 한다.

해설
② 합성화합물 등 금지물질을 사료에 첨가하거나 가축에 공급하지 않을 것(친환경농어업법 시행규칙 [별표 4])

117

유기식품 및 무농약농산물 등의 인증에 관한 세부실시요령에 따른 유기축산물 인증기준의 일반원칙에 해당하지 않는 것은?

① 가축의 건강과 복지증진 및 질병예방을 위하여 사육전기간 동안 적절한 조치를 취하여야 하며, 치료용 동물용의약품을 절대 사용할 수 없다.
② 초식가축은 목초지에 접근할 수 있어야 하고, 그 밖의 가축은 기후와 토양이 허용되는 한 노천구역에서 자유롭게 방사할 수 있도록 하여야 한다.
③ 가축의 생리적 요구에 필요한 적절한 사양관리체계로 스트레스를 최소화하면서 질병예방과 건강유지를 위한 가축관리를 하여야 한다.
④ 가축 사육두수는 해당 농가에서의 유기사료 확보능력, 가축의 건강, 영양균형 및 환경영향 등을 고려하여 적절히 정하여야 한다.

해설
① 가축 질병방지를 위한 적절한 조치를 취하였음에도 불구하고 질병이 발생한 경우에는 가축의 건강과 복지유지를 위하여 수의사의 처방 및 감독 하에 치료용 동물용의약품을 사용할 수 있다(유기식품 및 무농약농산물 등의 인증에 관한 세부실시요령 [별표 1]).

118

유기축산물 사료 및 영양관리에서 사료에 첨가해서는 아니 되는 물질에 대한 설명으로 가장 적절하지 않은 것은?

① 합성질소 또는 비단백태질소화합물을 첨가해서는 아니 된다.
② 구충제, 항콕시듐제 및 호르몬제를 첨가해서는 아니 된다.
③ 유전자조작에 의해 제조·변형된 물질을 첨가해서는 아니 된다.
④ 우유 및 유제품을 포함하여 반추가축에게 포유동물에서 유래한 사료는 어떠한 경우에도 첨가해서는 아니 된다.

해설

유기축산물의 사료 및 영양관리(유기식품 및 무농약농산물 등의 인증에 관한 세부실시요령 [별표 1])
다음에 해당되는 물질을 사료에 첨가해서는 아니 된다.
가) 가축의 대사기능 촉진을 위한 합성화합물
나) 반추가축에게 포유동물에서 유래한 사료(우유 및 유제품을 제외)는 어떠한 경우에도 첨가해서는 아니 된다.
다) 합성질소 또는 비단백태질소화합물
라) 항생제·합성항균제·성장촉진제, 구충제, 항콕시듐제 및 호르몬제
마) 그 밖에 인위적인 합성 및 유전자조작에 의해 제조·변형된 물질

119

무항생제축산물 인증에 관한 세부실시요령상 무항생제축산물 생산을 위하여 사료에 첨가하면 안 되는 것으로 틀린 것은?

① 우유
② 항생제
③ 합성항균제
④ 항콕시듐제

해설

반추가축에게 포유동물에서 유래한 사료(우유 및 유제품을 제외)는 어떠한 경우에도 첨가해서는 아니 된다(유기축산물의 사료 및 영양관리(유기식품 및 무농약농산물 등의 인증에 관한 세부실시요령 [별표 1]).

120

농림축산식품부 소관 친환경농어업 육성 및 유기식품 등의 관리·지원에 관한 법률 시행규칙상 유기축산물 생산을 위한 동물복지 및 질병관리에 관한 내용으로 틀린 것은?

① 동물용의약품을 사용하는 경우에는 수의사의 처방에 따라 사용하고 처방전 또는 그 사용명세가 기재된 진단서를 갖춰 둘 것
② 가축의 질병을 치료하기 위해 불가피하게 동물용의약품을 사용한 경우에는 동물용의약품을 사용한 시점부터 전환기간 이상의 기간 동안 사육한 후 출하할 것
③ 호르몬제의 사용은 수의사의 처방에 따라 성장촉진의 목적으로만 사용할 것
④ 가축의 꼬리 부분에 접착밴드를 붙이거나 꼬리, 이빨, 부리 또는 뿔을 자르는 등의 행위를 하지 않을 것

해설

③ 성장촉진제, 호르몬제의 사용은 치료목적으로만 사용할 것(친환경농어업법 시행규칙 [별표 4])

121

유기축산물의 동물복지 및 질병관리에 대한 내용으로 틀린 것은?

> 가축의 질병은 다음과 같은 조치를 통하여 예방하여야 하며, 질병이 없는데도 동물용의약품을 투여해서는 아니 된다.
> 가) 가축의 품종과 계통의 적절한 선택
> 나) 무기물 급여를 통한 면역기능 증진
> 다) 비타민 급여를 통한 면역기능 증진
> 라) 다만, 생균제(효소제 포함)는 사용해서는 아니 된다.

① 가
② 나
③ 다
④ 라

해설

유기축산물의 동물복지 및 질병관리(유기식품 및 무농약농산물 등의 인증에 관한 세부실시요령 [별표 1])

122

친환경관련법상 유기식품 등의 인증기준 등의 유기축산물에서 운송·도축·가공 과정의 품질관리의 구비요건에 대한 내용이다. ( ) 안에 알맞은 내용은?

동물용의약품 성분은 식품위생법 제7조 제1항에 따라 식품의약품안전처장이 정하여 고시하는 동물용의약품 잔류허용기준의 ( )을 초과하여 검출되지 않을 것

① 2분의 1
② 5분의 1
③ 10분의 1
④ 20분의 1

해설

유기축산물의 운송·도축·가공 과정의 품질관리(친환경농어업법 시행규칙 [별표 4])

123

무항생제축산물의 운송·도축·가공과정의 품질관리에 대한 내용에서 동물용의약품은 식품의약품안전처장이 고시한 동물용의약품 잔류허용기준의 몇을 초과하여 검출되지 아니하여야 하는가?

① 15분의 1
② 10분의 1
③ 5분의 1
④ 3분의 1

해설

무항생제축산물의 운송·도축·가공과정의 품질관리(무항생제축산물 인증에 관한 세부실시요령 [별표 1])
식품의약품안전처장이 고시한 농약의 잔류 허용기준을 초과하거나 동물용의약품의 잔류허용기준의 10분의 1을 초과하여 검출된 경우 무항생제축산물로 판매하지 않을 것

124

유기양봉제품의 전환기간에 대한 내용이다. ( )의 내용으로 알맞은 것은?

양봉의 산물·부산물을 생산·판매하려는 경우에는 유기양봉 산물·부산물의 인증기준을 ( ) 이상 준수할 것

① 6개월
② 1년
③ 2년
④ 3년

해설

유기양봉 산물·부산물의 전환기간(친환경농어업법 시행규칙 [별표 4])

125

유기식품 및 무농약농산물 등의 인증에 관한 세부실시요령상 유기양봉제품의 전환기간에 대한 내용이다. ( )의 내용으로 알맞은 것은?

전환기간( ) 동안에 밀랍은 유기적으로 생산된 밀랍으로 모두 교체되어야 한다. 인증기관은 전환기간 동안에 모든 밀랍이 교체되지 않은 경우 전환기간을 연장할 수 있다.

① 6개월
② 1년
③ 2년
④ 3년

해설

유기축산물 중 유기양봉의 산물·부산물의 전환기간(유기식품 및 무농약농산물 등의 인증에 관한 세부실시요령 [별표 1])

126

유기양봉제품의 일반원칙 및 사육조건에 대한 내용이다. (가)에 알맞은 내용은?

> 벌통은 관행농업지역(유기양봉 및 유기양봉 생산물의 품질에 영향을 미치지 않을 정도로 관리가 가능한 지역의 경우는 제외), 오염된 비농업지역, 골프장, 축사와 GMO 또는 환경오염물질에 의한 잠재적인 오염 가능성이 있는 지역으로부터 반경 (가) 이내의 지역에는 놓을 수 없다(단, 꿀벌이 휴면상태일 때는 적용하지 않는다).

① 3km
② 4km
③ 5km
④ 6km

해설
유기축산물 중 유기양봉의 산물·부산물 일반기준(유기식품 및 무농약농산물 등의 인증에 관한 세부실시요령 [별표 1])

127

유기양봉산물의 품질관리 중 다음 중 ( )에 해당하지 않는 것은?

> 이온화방사선은 ( ), ( ), ( ) 또는 ( )의 목적으로 사용할 수 없다. 다만, 이물탐지용 방사선(X선)은 제외한다.

① 해충방제
② 식품보전
③ 병원의 제거
④ 발아 억제

해설
유기축산물 중 유기양봉의 산물·부산물의 생산물 품질관리(유기식품 및 무농약농산물 등의 인증에 관한 세부실시요령 [별표 1])
이온화방사선은 해충방제, 식품보전, 병원의 제거 또는 위생의 목적으로 사용할 수 없다. 다만, 이물탐지용 방사선(X선)은 제외한다.

128

유기가공식품 제조 시 가공 방법으로 적합하지 않은 것은?

① 원료의 특성에 적합한 기계를 이용한 기계적 가공
② 첨가제와 보조제를 최대한 활용한 화학적 가공
③ 열, 건조 처리 등 물리적 가공
④ 미생물을 이용한 발효 등 생물학적 가공

해설
② 식품을 화학적으로 변형시키거나 반응시키는 일체의 첨가물, 보조제, 그 밖의 물질은 사용할 수 없다(유기식품 및 무농약농산물 등의 인증에 관한 세부실시요령 [별표 1]).

129

농림축산식품부 소관 친환경농어업 육성 및 유기식품 등의 관리·지원에 관한 법률 시행규칙상 유기가공식품 생산 시 지켜야 할 사항이 아닌 것은?

① 인증품에 인증품이 아닌 제품을 혼합하거나 인증품이 아닌 제품을 인증품으로 판매하지 않을 것
② 유전자변형생물체에서 유래한 원료 또는 재료를 사용하지 않을 것
③ 사업자는 유기가공식품의 취급과정에서 대기, 물, 토양의 오염이 최소화되도록 문서화된 유기취급계획을 수립할 것
④ 해충 및 병원균 관리를 위하여 우선적으로 방사선 조사 방법을 사용할 것

해설
④ 해충 및 병원균 관리를 위해 예방적 방법, 기계적·물리적·생물학적 방법을 우선 사용해야 하고, 불가피한 경우 시행규칙 [별표 1]에서 정한 물질을 사용할 수 있으며, 그 밖의 화학적 방법이나 방사선 조사 방법을 사용하지 않을 것(친환경농어업법 시행규칙 [별표 4])

130

농림축산식품부 소관 친환경농어업 육성 및 유기식품 등의 관리·지원에 관한 법률 시행규칙에 따른 유기가공식품 인증기준에 관한 설명으로 옳은 것은?

① 유기가공식품의 해충 및 병원균 관리를 위해 방사선조사 방법을 사용할 것
② 유기사업자는 유기식품의 가공 및 유통과정에서 원료의 양분을 훼손하지 아니할 것
③ 유기가공식품의 가공원료는 제조 시 원재료 이외의 어떠한 물질도 혼합하지 아니할 것
④ 모든 원료·재료와 최종생산물의 관리, 가공시설·기구 등의 관리 및 제품의 포장·보관·수송 등의 취급과정에서 유기적 순수성이 유지되도록 관리할 것

해설

① 해충 및 병원균 관리를 위해 예방적 방법, 기계적·물리적·생물학적 방법을 우선 사용해야 하고, 불가피한 경우 시행규칙 [별표 1]에서 정한 물질을 사용할 수 있으며, 그 밖의 화학적 방법이나 방사선조사 방법을 사용하지 않을 것(친환경농어업법 시행규칙 [별표 4])
② 사업자는 유기가공식품·비식용유기가공품의 제조, 가공 및 취급과정에서 원료·재료의 유기적 순수성이 훼손되지 않도록 할 것(친환경농어업법 시행규칙 [별표 4])
③ 제품 생산을 위해 비유기원료·재료의 사용이 필요한 경우에는 다음 표의 구분에 따라 유기원료의 함량과 비유기원료·재료의 사용조건을 준수할 것(친환경농어업법 시행규칙 [별표 4])

131

농림축산식품부 소관 친환경농어업 육성 및 유기식품 등의 관리·지원에 관한 법률 시행규칙 중 유기가공식품·비식용유기가공품의 인증기준으로 틀린 것은?

① 사업자는 유기가공식품·비식용유기가공품의 취급과정에서 대기, 물, 토양의 오염이 최소화되도록 문서화된 유기취급계획을 수립할 것
② 자체적으로 실시한 품질검사에서 부적합이 발생한 경우에는 농림축산식품부에 통보하고, 농림축산식품부가 분석 성적서 등의 제출을 요구할 때에는 이에 응할 것
③ 사업자는 유기가공식품·비식용유기가공품의 제조, 가공 및 취급과정에서 원료·재료의 유기적 순수성이 훼손되지 않도록 할 것
④ 유기식품·유기가공품에 시설이나 설비 또는 원료·재료의 세척, 살균, 소독에 사용된 물질이 함유되지 않도록 할 것

해설

② 자체적으로 실시한 품질검사에서 부적합이 발생한 경우에는 국립농산물품질관리원장 또는 인증기관에 통보하고, 국립농산물품질관리원 또는 인증기관이 분석 성적서 등의 제출을 요구할 때에는 이에 응할 것(친환경농어업법 시행규칙 [별표 4])

132

유기가공식품·비식용유기가공품에서 생산물의 품질관리 등에 대한 내용이다. (   )에 가장 적절한 내용은?(단, 유기가공식품의 경우만 해당한다)

> 합성농약 성분은 검출되지 않을 것. 다만, 비유기원료 또는 재료의 오염 등 비의도적인 요인으로 합성농약 성분이 검출된 것으로 입증되는 경우에는 (   )한다.

① 0.1mg/kg 이하까지 허용
② 0.05mg/kg 이하까지 허용
③ 0.01mg/kg 이하까지 허용
④ 0.001mg/kg 이하까지 허용

해설

유기가공식품·비식용유기가공품 생산물의 품질관리 등(친환경농어업법 시행규칙 [별표 4])

133

유기식품 및 무농약농산물 등의 인증에 관한 세부실시요령에 따른 유기가공식품 인증기준에 대한 설명으로 옳은 것은?

① 95% 유기가공식품의 경우 제품에 인위적으로 첨가하는 소금과 물을 포함한 제품 중량의 5% 비율 내에서 비유기원료를 사용할 수 있다.
② 95% 유기가공식품의 경우 제품에 인위적으로 첨가하는 소금과 물을 제외한 제품 중량의 5% 비율 내에서 비유기원료를 사용할 수 있다.
③ 해당 식품 중 사용량이 10% 이하인 재료는 방사선 처리된 것을 사용할 수 있다.
④ 해당 식품 중 사용량이 5% 이하인 재료는 유전자재조합 식품 또는 식품첨가물을 사용할 수 있다.

해설

유기가공식품의 가공원료(유기식품 및 무농약농산물 등의 인증에 관한 세부실시요령 [별표 1])

1) 유기가공에 사용할 수 있는 원료, 식품첨가물, 가공보조제 등은 모두 유기적으로 생산된 것으로 다음의 어느 하나에 해당되어야 한다.
   가) 법에 따라 인증을 받은 유기식품
   나) 법에 따라 동등성 인정을 받은 유기가공식품
2) 1)에도 불구하고 다음의 요건에 따라 비유기원료를 사용할 수 있다. 다만, 유기원료와 같은 품목의 비유기원료는 사용할 수 없다.
   가) 95% 유기가공식품 : 상업적으로 유기원료를 조달할 수 없는 경우 제품에 인위적으로 첨가하는 소금과 물을 제외한 제품 중량의 5% 비율 내에서 비유기원료(시행규칙 [별표 1]에 따른 식품첨가물을 포함)의 사용
   나) 70% 유기가공식품 : 제품에 인위적으로 첨가하는 물과 소금을 제외한 제품 중량의 30% 비율 내에서 비유기원료(시행규칙 [별표 1]에 따른 식품첨가물을 포함)의 사용

134

농림축산식품부 소관 친환경농어업 육성 및 유기식품 등의 관리·지원에 관한 법률 시행규칙의 유기가공식품 인증기준에서 유기가공에 사용할 수 있는 가공원료의 기준으로 틀린 것은?

① 해당 식품의 제조·가공에 사용한 원재료의 85% 이상이 친환경농어업법에 의거한 인증을 받은 유기농산물일 것

② 유기가공에 사용되는 원료, 식품첨가물, 가공보조제 등은 모두 유기적으로 생산된 것일 것

③ 제품 생산을 위해 비유기원료의 사용이 필요한 경우 국립농산물품질관리원장이 정하여 고시하는 기준에 따라 비유기원료를 사용할 것

④ 유전자변형생물체 및 유전자변형생물체에서 유래한 원료는 사용하지 아니할 것

해설

유기가공식품·비식용유기가공품의 가공원료·재료(친환경농어업법 시행규칙 [별표 4])

1) 가공에 사용되는 원료·재료(첨가물과 가공보조제를 포함)는 모두 유기적으로 생산된 것일 것

2) 1)에도 불구하고 제품 생산을 위해 비유기원료·재료의 사용이 필요한 경우에는 유기원료의 함량과 비유기원료·재료의 사용조건을 준수할 것

3) 유전자변형생물체 및 유전자변형생물체에서 유래한 원료 또는 재료를 사용하지 않을 것

4) 가공원료·재료의 1)부터 3)까지의 규정에 따른 적합성 여부를 정기적으로 관리하고, 가공원료·재료에 대한 납품서·거래인증서·보증서 또는 검사성적서 등 국립농산물품질관리원장이 정하여 고시하는 증명자료를 보관할 것

135

유기식품 및 무농약농산물 등의 인증에 관한 세부실시요령상 유기가공식품 중 유기원료 비율의 계산법이다. 다음 각 문자가 나타내는 것으로 틀린 것은?(단, $G = I_o + I_c + I_a + WS$이다)

$$\frac{I_o}{G - WS} = \frac{I_o}{I_o + I_c + I_a} \geq 0.95(0.70)$$

① G : 제품(포장재, 용기 제외)의 중량

② I_o : 유기원료(유기농산물 + 유기축산물 + 유기수산물 + 유기가공식품)의 중량

③ I_a : 비유기식품첨가물(가공보조제 포함)의 중량

④ I_c : 비유기원료(유기인증 표시가 없는 원료)의 중량

해설

④ I_a : 비유기식품첨가물(가공보조제 제외)의 중량

유기원료 비율의 계산법(유기식품 및 무농약농산물 등의 인증에 관한 세부실시요령 [별표 1])

$$\frac{I_o}{G - WS} = \frac{I_o}{I_o + I_c + I_a} \geq 0.95(0.70)$$

여기서, G : 제품(포장재, 용기 제외)의 중량($G = I_o + I_c + I_a + WS$)

I_o : 유기원료(유기농산물 + 유기축산물 + 유기수산물 + 유기가공식품)의 중량

I_c : 비유기원료(유기인증 표시가 없는 원료)의 중량

I_a : 비유기식품첨가물(가공보조제 제외)의 중량

WS : 인위적으로 첨가한 물과 소금의 중량

136

유기식품 및 무농약농산물 등의 인증에 관한 세부실시요령상 유기가공식품에 유기원료 비율의 계산법이다. 내용이 틀린 것은?

$$\frac{I_o}{G-WS} = \frac{I_o}{I_o + I_c + I_a} \geq 0.95$$

① G : 제품(포장재, 용기 제외)의 중량($G = I_o + I_c + I_a + WS$)

② WS : I_o(유기원료의 중량)/I_c(비유기원료의 중량)

③ I_o : 유기원료(유기농산물 + 유기축산물 + 유기가공식품)의 중량

④ I_c : 비유기원료(유기식품인증표시가 없는 원료)의 중량

해설

② WS : 인위적으로 첨가한 물과 소금의 중량

137

유기식품 및 무농약농산물 등의 인증에 관한 세부실시요령상 유기가공식품의 인증기준에 있어 유기원료 비율의 계산법으로 틀린 것은?

① 원료별로 단위가 달라 중량과 부피가 병존하는 때에는 최종제품의 단위로 통일하여 계산한다.

② 계산 시 제외되는 물과 소금은 의도적으로 투입되는 것에 한하며, 가공되지 않은 원료에 원래 포함되어 있는 물과 소금은 함량 계산에 포함한다.

③ 농축, 희석 등 가공된 원료 또는 첨가물은 가공 이전의 상태로 환원한 중량 또는 부피로 계산한다.

④ 비율 계산은 유기가공식품의 생산에 투입된 모든 원료의 중량, 첨가물의 중량, 포장재 및 용기의 중량을 포함하여 계산한다.

해설

④ 유기가공식품 인증을 받은 식품첨가물은 유기원료에 포함시켜 계산한다(유기식품 및 무농약농산물 등의 인증에 관한 세부실시요령 [별표 1]).

138

애완용동물 유기사료 중 가공원료에 대한 사항이다. ( )의 내용으로 알맞은 것은?

> 반려동물 사료의 경우 다음의 요건에 따라 비유기원료를 사용할 수 있다. 다만, 유기원료와 같은 품목의 비유기원료는 사용할 수 없다.
> 가) 95% 유기사료 : 상업적으로 유기원료를 조달할 수 없는 경우 제품에 인위적으로 첨가하는 소금과 물을 제외한 제품 중량의 ( ) 비율 내에서 비유기원료의 사용
> 나) 70% 유기사료 : 제품에 인위적으로 첨가하는 소금과 물을 제외한 제품 중량의 30% 비율 내에서 비유기원료의 사용

① 1%   ② 5%

③ 10%   ④ 15%

해설

반려동물 유기사료의 가공원료(유기식품 및 무농약농산물 등의 인증에 관한 세부실시요령 [별표 1])

139

유기식품 및 무농약농산물 등의 인증에 관한 세부실시요령에서 규정하고 있는 무농약농산물의 인증기준으로 틀린 것은?

① 재배포장의 토양은 토양오염우려기준을 초과하지 아니하여야 한다.

② 재배포장은 최근 3년간 인증취소 처분을 받지 않은 재배지이어야 한다.

③ 합성농약 또는 합성농약 성분이 함유된 자재를 사용하지 아니하여야 한다.

④ 장기간의 적절한 돌려짓기(윤작) 계획에 따른 두과작물(콩과 작물) · 녹비작물(풋거름 작물) 또는 심근성 작물(깊은뿌리작물)을 재배하도록 권장한다.

해설

② 재배포장은 최근 1년간 인증기준 위반으로 인증취소 처분을 받은 재배지가 아니어야 한다(유기식품 및 무농약농산물 등의 인증에 관한 세부실시요령 [별표 1]).

140

유기식품 및 무농약농산물 등의 인증에 관한 세부실시요령상 무농약농산물 생산에 필요한 인증기준 내용이 틀린 것은?

① 재배포장 주변에 공동방제구역 등 오염원이 있는 경우 이들로부터 적절한 완충지대나 보호시설을 확보하여야 한다.

② 재배포장의 토양은 토양비옥도가 유지 및 개선되도록 노력하여야 하며, 염류의 검출량은 0.01mg/kg 이하여야 한다.

③ 화학비료는 농촌진흥청장·농업기술원장 또는 농업기술센터소장이 재배포장별로 권장하는 성분량의 3분의 1 이하를 범위 내에서 사용시기와 사용자재에 대한 계획을 마련하여 사용하여야 한다.

④ 가축분뇨 퇴·액비를 사용하는 경우에는 완전히 부숙시켜서 사용하여야 하며, 이의 과다한 사용, 유실 및 용탈 등으로 인하여 환경오염을 유발하지 아니하도록 하여야 한다.

해설

② 재배포장의 토양은 토양비옥도가 유지 및 개선되도록 노력하여야 하며, 염류가 과도하게 집적된 경우 개선계획을 마련하여 이행하여야 한다(유기식품 및 무농약농산물 등의 인증에 관한 세부실시요령 [별표 1]).

141

유기식품 등의 인증기준 등에서 취급자의 작업장 시설기준 구비요건에 해당하는 것은?

① 최근 6개월간 인증취소 처분을 받지 않은 작업장일 것
② 최근 9개월간 인증취소 처분을 받지 않은 작업장일 것
③ 최근 1년간 인증취소 처분을 받지 않은 작업장일 것
④ 최근 2년간 인증취소 처분을 받지 않은 작업장일 것

해설

취급자의 작업장 시설기준(친환경농어업법 시행규칙 [별표 4])

142

농림축산식품부 소관 친환경농어업 육성 및 유기식품 등의 관리·지원에 관한 법률 시행규칙상 유기식품 등의 인증신청 시 제출해야 하는 서류가 아닌 것은?

① 인증품 생산계획서
② 인증품 제조·가공 및 취급계획서
③ 식품제조업 허가증 또는 영업신고서
④ 친환경농업에 관한 교육이수 증명자료

해설

유기식품 등의 인증 신청(친환경농어업법 시행규칙 제12조)

유기식품 등의 인증을 받으려는 자는 인증신청서에 다음의 서류를 첨부하여 인증기관에 제출해야 한다.

1. 인증품 생산계획서 또는 별지 제8호서식에 따른 인증품 제조·가공 및 취급계획서
2. 경영 관련 자료
3. 사업장의 경계면을 표시한 지도
4. 유기식품 등의 생산, 제조·가공 또는 취급에 관련된 작업장의 구조와 용도를 적은 도면(작업장이 있는 경우로 한정)
5. 친환경농업에 관한 교육이수 증명자료(전자적 방법으로 확인이 가능한 경우는 제외)

143

친환경관련법상 경영 관련 자료에 대한 내용이다. (가)에 알맞은 내용은?

> 농산물, 임산물의 재배포장의 재배사항을 기록한 자료 중 품목명, 파종·식재일, 수확일 자료의 기록 기간은 최근 (가)간으로 하되(무농약농산물은 최근 1년간으로 하되, 신규 인증의 경우에는 인증 신청 이전의 기록을 생략할 수 있다) 재배품목과 재배포장의 특성 등을 감안하여 국립농산물품질관리원장이 정하는 바에 따라 3개월 이상 3년 이하의 범위에서 그 기간을 단축하거나 연장할 수 있다.

① 6개월 　　　　　　② 9개월
③ 2년 　　　　　　④ 3년

농산물·임산물 생산자의 경영 관련 자료(친환경농어업법 시행규칙 [별표 5]) 규정에 따른 자료의 기록 기간은 최근 2년간(무농약농산물의 경우에는 최근 1년간)으로 하되, 재배품목과 재배포장의 특성 등을 고려하여 국립농산물품질관리원장이 정하는 바에 따라 3개월 이상 3년 이하의 범위에서 그 기간을 단축하거나 연장할 수 있다.

144

농림축산식품부 소관 친환경농어업 육성 및 유기식품 등의 관리·지원에 관한 법률 시행규칙상 경영 관련 자료에서 농산물·임산물 생산자에 대한 내용이다. (　　)에 알맞은 내용은?

> 합성 농약 및 화학비료의 구매·사용·보관에 관한 사항을 기록한 자료(자재명, 일자별 구매량, 사용처별 사용량·보관량, 구매영수증) 기록 기간은 최근 2년간(무농약농산물의 경우에는 최근 1년간)으로 하되, 재배품목과 재배포장의 특성 등을 고려하여 국립농산물품질관리원장이 정하는 바에 따라 (　　)의 범위에서 그 기간을 단축하거나 연장할 수 있다.

① 3개월 이상 3년 이하 　　② 6개월 이상 3년 이하
③ 9개월 이상 3년 이하 　　④ 12개월 이상 3년 이하

해설
경영 관련 자료(친환경농어업법 시행규칙 [별표 5])

145

농림축산식품부 소관 친환경농어업 육성 및 유기식품 등의 관리·지원에 관한 법률 시행규칙의 유기축산물 인증기준에서 경영 관련 자료로 1년 이상 보관하여야 하는 자료가 아닌 것은?

① 질병관리에 관한 사항
② 가축구입사항 및 번식 내용
③ 사료의 생산·구입 및 급여 내용
④ 공장형 퇴비 생산 내용

해설
축산물(양봉의 산물·부산물을 포함) 생산자의 경영 관련 자료(친환경농어업법 시행규칙 [별표 5])
1) 가축입식 등 구입사항과 번식에 관한 사항을 기록한 자료
2) 사료의 생산·구입 및 공급에 관한 사항을 기록한 자료
3) 예방 또는 치료목적의 질병관리에 관한 사항을 기록한 자료
4) 동물용의약품·동물용의약외품 등 자재 구매·사용·보관에 관한 사항을 기록한 자료
5) 질병의 진단 및 처방에 관한 자료
6) 퇴비·액비의 발생·처리 사항을 기록한 자료
7) 축산물의 생산량·출하량, 출하처별 거래 내용 및 도축·가공업체에 관하여 기록한 자료
8) 1)부터 7)까지의 규정에 따른 자료의 기록 기간은 최근 1년간으로 하되, 가축의 종류별 전환기간 등을 고려하여 국립농산물품질관리원장이 정한 바에 따라 그 기간을 단축하거나 연장할 수 있다.

146

유기식품 등의 인증심사 절차 등에 관한 내용이다. (　　) 안에 알맞은 내용은?

> 인증기관은 인증 신청을 받거나 인증 변경승인 신청, 인증의 갱신 또는 유효기간의 연장승인 신청을 받은 경우에는 (　　) 이내에 신청인에게 인증심사 일정과 인증심사원 명단을 알리고, 법에 따른 인증심사를 해야 한다.

① 3일 　　　　　　② 5일
③ 10일 　　　　　　④ 15일

해설
유기식품 등의 인증심사 등(친환경농어업법 시행규칙 제13조 제1항)

147

유기식품 및 무농약농산물 등의 인증에 관한 세부실시요령상 현장검사에 관한 내용으로 틀린 것은?

① 작물이 생육 중인 시기, 가축이 사육 중인 시기, 인증품을 제조·가공 또는 취급 중인 시기에는 현장심사를 할 수 없다.

② 인증품 생산계획서 또는 인증품 제조·가공 및 취급계획서에 기재된 사항대로 생산, 제조·가공 또는 취급하고 있는지 여부를 심사하여야 한다.

③ 생산관리자가 예비심사를 하였는지와 예비심사한 내역이 적정한지 여부를 심사하여야 한다.

④ 인증심사원은 인증기준의 적합 여부를 확인하기 위해 필요한 경우 규정된 절차·방법에 따라 토양, 용수, 생산물 등에 대한 조사·분석을 실시한다.

해설

① 현장심사는 작물이 생육 중인 시기, 가축이 사육 중인 시기, 인증품을 제조·가공 또는 취급 중인 시기(시제품 생산을 포함한다)에 실시하고 신청한 농산물, 축산물, 가공품의 생산이 완료되는 시기에는 현장심사를 할 수 없다(유기식품 및 무농약농산물 등의 인증에 관한 세부실시요령 [별표 2]).

148

유기식품 및 무농약농산물 등의 인증에 관한 세부실시요령상 인증심사 일반에서 인증심사원의 지정에 대한 내용이다. 다음 내용 중 틀린 것은?

> 인증기관의 장은 인증심사원이 다음의 각 호의 어느 하나에 해당되는 경우 해당 신청 건에 대한 인증심사원으로 지정하여서는 아니 된다.
> 가) 자신이 신청인이거나 신청인 등과 민법 제777조 각 호에 해당하는 친족관계인 경우
> 나) 신청인과 경제적인 이해관계가 있는 경우
> 다) 동일 신청인을 연속하여 1년 동안 심사한 경우
> 라) 기타 공정한 심사가 어렵다고 판단되는 경우

① 가) ② 나)
③ 다) ④ 라)

해설

인증심사원의 지정(유기식품 및 무농약농산물 등의 인증에 관한 세부실시요령 [별표 2])

149

유기식품 및 무농약농산물 등의 인증에 관한 세부실시요령상 인증심사의 인증심사원으로 지정할 수 있는 경우는?

① 자신이 신청인이거나 신청인 등과 관련법에 해당하는 친족관계인 경우

② 인증기관 임직원과 이해관계가 있는 경우

③ 신청인과 경제적인 이해관계가 있는 경우

④ 최근 3년 이내에 신청인과 경제적인 이해관계가 없는 경우

해설

인증심사원의 지정(유기식품 및 무농약농산물 등의 인증에 관한 세부실시요령 [별표 2])
인증기관은 인증심사원이 다음의 어느 하나에 해당되는 경우 해당 신청 건에 대한 인증심사원으로 지정하여서는 아니 된다.
가) 자신이 신청인이거나 신청인 등과 민법에 해당하는 친족관계인 경우
나) 신청인과 경제적인 이해관계가 있는 경우
다) 기타 공정한 심사가 어렵다고 판단되는 경우

150

유기식품 및 무농약농산물 등의 인증에 관한 세부실시요령상 친환경농산물의 인증심사를 위한 현장심사에 관한 내용으로 틀린 것은?

① 농림산물의 검사항목 중 용수는 수역별 농업용수 또는 먹는 물 기준이 설정된 성분을 검사한다.
② 축산물 생산을 위한 사료에 합성농약 성분과 동물용의 약품 성분으로 국립농산물품질관리원장이 정하는 성분 또는 사용이 의심되는 성분과 GMO 검사를 실시한다.
③ 현장심사는 신청한 농산물, 축산물, 가공품의 생산이 완료되는 시기에는 실시할 수 없다.
④ 최근 3년 이내에 검사가 이루어지지 않은 용수를 사용하는 경우에는 반드시 수질검사를 실시해야 한다.

해설

④ 최근 5년 이내에 검사가 이루어지지 않은 용수를 사용하는 경우에는 반드시 수질검사를 실시해야 한다(유기식품 및 무농약농산물 등의 인증에 관한 세부실시요령 [별표 2]).

151

유기식품 및 무농약농산물 등의 인증에 관한 세부실시요령상 인증심사의 절차 및 방법 세부사항에 대한 내용이다. ( )에 알맞은 내용은?

현장심사의 검사가 필요한 경우
가) 농림산물
　(1) 재배포장의 토양·용수 : 오염되었거나 오염될 우려가 있다고 판단되는 경우
　　- 용수 : 최근 (A) 이내에 검사가 이루어지지 않은 용수를 사용하는 경우(재배기간 동안 지속적으로 관개하거나 작물 수확기에 생산물에 직접 관수하는 경우에 한함)

① 1년 　　　　　② 3년
③ 5년 　　　　　④ 7년

해설

인증심사의 절차 및 방법의 세부사항(유기식품 및 무농약농산물 등의 인증에 관한 세부실시요령 [별표 2])

152

유기식품 및 무농약농산물 등의 인증에 관한 세부실시요령에 따라 친환경농산물 인증심사 과정에서 농림산물 현장심사에서 퇴비의 중금속 검사성분으로 옳은 것은?

① 카드뮴, 구리, 비소, 수은, 납, 불소, 아연, 니켈
② 카드뮴, 구리, 비소, 수은, 납, 시안, 아연, 니켈
③ 카드뮴, 구리, 비소, 수은, 납, 6가크롬, 아연, 니켈
④ 카드뮴, 구리, 비소, 수은, 납, 벤젠, 아연, 니켈

해설

인증심사의 절차 및 방법의 세부사항(유기식품 및 무농약농산물 등의 인증에 관한 세부실시요령 [별표 2])
퇴비 : 합성농약 및 잔류항생물질로 국립농산물품질관리원장이 정하는 성분, 퇴비의 중금속 검사성분(카드뮴, 구리, 비소, 수은, 납, 6가크롬, 아연, 니켈)

153

유기식품 및 무농약농산물 등의 인증에 관한 세부실시요령에 따라 친환경농산물 인증심사 과정에서 재배포장 토양검사용 시료채취 방법으로 옳은 것은?

① 토양시료 채취는 인증심사원 입회하에 인증 신청인이 직접 채취한다.
② 토양시료 채취 지점은 재배필지별로 최소한 5개소 이상으로 한다.
③ 시료수거량은 시험연구기관이 정한 양으로 한다.
④ 채취하는 토양은 모집단의 대표성이 확보될 수 있도록 S자형 또는 Z자형으로 채취한다.

해설

① 토양시료 채취는 신청인, 신청인 가족 참여 하에 인증 인증심사원이 직접 채취한다.
② 토양시료 채취 지점은 재배필지별로 최소한 6개소 이상으로 한다.
④ 채취하는 토양은 모집단의 대표성이 확보될 수 있도록 Z자형 또는 W자형으로 채취한다.

154

유기식품 및 무농약농산물 등의 인증에 관한 세부실시요령상 인증심사의 절차 및 방법에서 재배포장의 토양시료 수거지점은 최소한 몇 개소 이상으로 선정해야 하는가?

① 3개소　　　　　② 5개소
③ 7개소　　　　　④ 10개소

시료수거 방법(유기식품 및 무농약농산물 등의 인증에 관한 세부실시요령 [별표 2])
재배포장의 토양은 대상 모집단의 대표성이 확보될 수 있도록 Z자형 또는 W자형으로 최소한 10개소 이상의 수거지점을 선정하여 수거한다.

156

농림축산식품부 소관 친환경농어업 육성 및 유기식품 등의 관리 · 지원에 관한 법률 시행규칙상 인증신청자가 심사 결과에 대한 이의가 있어 인증심사를 실시한 기관에 재심사를 신청하고자 할 때 인증심사 결과를 통지받은 날부터 얼마 이내에 관련 자료를 제출해야 하는가?

① 7일　　　　　② 10일
③ 20일　　　　　④ 30일

인증의 갱신 등의 재심사(친환경농어업법 시행규칙 제18조 제1항)
재심사를 신청하려는 자는 심사 결과를 통지받은 날부터 7일 이내에 인증 갱신 · 유효기간 연장 재심사 신청서에 재심사 신청사유를 증명하는 자료를 첨부하여 심사를 한 인증기관에 제출해야 한다.

157

농림축산식품부 소관 친환경농어업 육성 및 유기식품 등의 관리 · 지원에 관한 법률 시행규칙상 인증사업자의 준수사항에 대한 내용으로 (　) 안에 알맞은 것은?

> 인증사업자는 관련 법에 따라 매년 1월 20일까지 별지 서식에 따른 실적 보고서에 인증품의 전년도 생산, 제조 · 가공 또는 취급하여 판매한 실적을 적어 해당 인증기관에 제출하거나 관련 법에 따라 (　)에 등록해야 한다.

① 식품의약품안전처 홈페이지
② 한국농어촌공사 홈페이지
③ 유기농업자재 정보시스템
④ 친환경인증관리 정보시스템

인증사업자의 준수사항(친환경농어업법 시행규칙 제20조 제1항)

155

다음 중 (　) 안에 알맞은 내용은?

> 인증의 유효기간 연장승인을 신청하려는 인증사업자는 그 유효기간이 끝나기 (　) 전까지 인증신청서에 해당 서류를 첨부하여 인증을 한 인증기관에 제출해야 한다.

① 1개월　　　　　② 2개월
③ 3개월　　　　　④ 6개월

인증의 갱신 등(친환경농어업법 시행규칙 제17조 제1항)

158

농림축산식품부 소관 환경농어업 육성 및 유기식품 등의 관리·지원에 관한 시행규칙에 의해 인증사업자는 법에 따라 인증심사와 관련된 유기식품 등의 원료 또는 재료, 자재의 사용에 관한 자료 및 서류 및 인증품의 생산, 제조·가공 또는 취급하여 판매한 실적에 관한 자료 및 서류를 그 생산년도 다음 해부터 몇 년간 보관하여야 하는가?

① 1년　　　　　　② 2년
③ 3년　　　　　　④ 5년

해설
인증사업자의 준수사항(친환경농어업법 시행규칙 제20조 제2항)
인증사업자는 법에 따라 인증심사와 관련된 다음의 자료 및 서류를 그 생산연도의 다음 해부터 2년간 보관해야 한다.
1. 인증심사와 관련된 유기식품 등의 원료 또는 재료, 자재의 사용에 관한 자료 및 서류
2. 인증품의 생산, 제조·가공 또는 취급하여 판매한 실적에 관한 자료 및 서류

159

농림축산식품부 소관 친환경농어업 육성 및 유기식품 등의 관리·지원에 관한 법률 시행규칙상 유기식품 등의 표시기준으로 틀린 것은?

① 표시 도형 내부의 '유기'의 글자는 품목에 따라 '유기식품', '유기농', '유기농산물', '유기축산물', '유기가공식품', '유기사료', '비식용유기가공품'으로 표기할 수 있다.
② 도형 표시 방법에서 표시 도형의 가로의 길이(사각형의 왼쪽 끝과 오른쪽 끝의 폭 : W)를 기준으로 세로의 길이는 0.95×W의 비율로 한다.
③ 표시 도형의 색상은 녹색을 기본 색상으로 하되, 포장재의 색깔 등을 고려하여 파란색, 빨간색 또는 검은색으로 할 수 있다.
④ 표시 도형의 국민 및 영문 모두 글자의 활자체는 명조체로 하고, 글자 크기는 표시 도형의 크기에 따라 조정한다.

해설
④ 표시 도형의 국문 및 영문 모두 활자체는 고딕체로 한다(친환경농어업법 시행규칙 [별표 6]).

160

농림축산식품부 소관 친환경농어업 육성 및 유기식품 등의 관리·지원에 관한 법률 시행규칙상 유기식품 등의 유기표시기준에 있어 유기표시 도형 내부 또는 하단에 사용할 수 없는 글자는?

① ORGANIC
② MAFRA KOREA
③ ECO FRIENDLY
④ 농림축산식품부

해설
유기표시 도형(친환경농어업법 시행규칙 [별표 6])
표시 도형 내부에 적힌 '유기', '(ORGANIC)', 'ORGANIC'의 글자 색상은 표시 도형 색상과 같게 하고, 하단의 '농림축산식품부'와 'MAFRA KOREA'의 글자는 흰색으로 한다.

161

농림축산식품부 소관 친환경농어업 육성 및 유기식품 등의 관리·지원에 관한 법률 시행규칙상 유기식품 등의 유기표시기준으로 틀린 것은?

① 표시 도형의 국문 및 영문 모두 활자체는 고딕체로 하고, 글자 크기는 표시 도형의 크기에 따라 조정한다.
② 표시 도형의 색상은 녹색을 기본 색상으로 하되, 포장재의 색깔 등을 고려하여 파란색, 빨간색 또는 검은색으로 할 수 있다.
③ 표시 도형의 크기는 지정된 크기만을 사용하여야 한다.
④ 표시 도형의 위치는 포장재 주표시면의 옆면에 표시하되, 포장재 구조상 옆면 표시가 어려운 경우에는 표시 위치를 변경할 수 있다.

해설
③ 표시 도형의 크기는 포장재의 크기에 따라 조정할 수 있다(친환경농어업법 시행규칙 [별표 6]).

162

유기식품 등의 유기표시기준에서 비식용 유기가공품의 표시문자로 틀린 것은?

① 유기사료

② 유기식품사료

③ 유기농사료

④ 유기○○(○○은 사료의 일반적 명칭)

해설

유기표시 글자(친환경농어업법 시행규칙 [별표 6])

구분	표시 글자
유기농축산물	• 유기, 유기농산물, 유기축산물, 유기임산물, 유기식품, 유기재배농산물 또는 유기농 • 유기재배○○(○○은 농산물의 일반적 명칭, 유기축산○○, 유기○○ 또는 유기농○○
유기가공식품	• 유기가공식품, 유기농 또는 유기식품 • 유기농○○ 또는 유기○○
비식용 유기가공품	• 유기사료 또는 유기농 사료 • 유기농○○ 또는 유기○○(○○은 사료의 일반적 명칭). 다만, '식품'이 들어가는 단어는 사용할 수 없다.

163

농림축산식품부 소관 친환경농어업 육성 및 유기식품 등의 관리·지원에 관한 법률 시행규칙에 의한 유기농축산물의 유기표시 글자로 적절하지 않은 것은?

① 유기농한우

② 유기재배사과

③ 유기축산돼지

④ 친환경재배포도

해설

유기표시 글자(친환경농어업법 시행규칙 [별표 6])

164

농림축산식품부 소관 친환경농어업 육성 및 유기식품 등의 관리, 지원에 관한 법률 시행규칙에 의한 유기식품 등의 인증정보 표시 방법으로 [보기] 중 인증품 또는 인증품의 포장, 용기에 표시하는 사항이 아닌 것으로만 나열된 것은?

┌보기┐

㉠ 인증사업자의 성명 또는 업체명

㉡ 생산자의 주민등록번호

㉢ 소비자 상담이 가능한 판매원의 전화번호

㉣ 생산연도(과일류에 한함)

㉤ 생산지

㉥ 인증번호와 인증기관명

① ㉠, ㉡

② ㉡, ㉣

③ ㉡, ㉢, ㉤

④ ㉠, ㉣, ㉥

해설

유기식품 등의 표시(친환경농어업법 시행규칙 제21조 제2항)

유기표시를 하려는 인증사업자는 유기표시와 함께 인증사업자의 성명 또는 업체명, 전화번호, 사업장 소재지, 인증번호 및 생산지 등 유기식품 등의 인증정보를 [별표 7]의 유기식품 등의 인증정보 표시 방법에 따라 표시해야 한다.

165

유기식품 등의 인증정보 표시 방법으로 옳지 않은 것은?

① 전화번호는 해당 제품의 품질관리와 관련하여 대표자의 전화번호를 표시한다.

② 사업장 소재지는 해당 제품을 포장한 작업장의 주소를 번지까지 표시한다.

③ 인증번호는 해당 사업자의 인증서에 기재된 인증번호를 표시한다.

④ 생산지는 농수산물의 원산지 표시에 관한 법률 제5조에 따른 원산지 표시 방법에 따라 표시한다.

해설

인증품 또는 인증품의 포장·용기에 표시하는 방법(친환경농어업법 시행규칙 [별표 7])

1) 인증사업자의 성명 또는 업체명 : 인증서에 기재된 명칭(단체로 인증받은 경우에는 단체명)을 표시하되, 단체로 인증받은 경우로서 개별 생산자명을 표시하려는 경우에는 단체명 뒤에 개별 생산자명을 괄호로 표시할 수 있다.

2) 전화번호 : 해당 제품의 품질관리와 관련하여 소비자 상담이 가능한 판매원의 전화번호를 표시한다.

3) 사업장 소재지 : 해당 제품을 포장한 작업장의 주소를 번지까지 표시한다.

4) 인증번호 : 해당 사업자의 인증서에 기재된 인증번호를 표시한다.

5) 생산지 : 농수산물의 원산지 표시 등에 관한 법률에 따른 원산지 표시 방법에 따라 표시한다.

166

농림축산식품부 소관 친환경농어업 육성 및 유기식품 등의 관리·지원에 관한 법률 시행규칙상 70% 이상이 유기농축산물인 제품의 제한적 유기표시 허용기준으로 틀린 것은?

① 유기 또는 이와 유사한 용어를 제품명 또는 제품명의 일부로 사용할 수 없다.

② 표시장소는 주표시면을 제외한 표시면에 표시할 수 있다.

③ 원재료명 표시란에 유기농축산물의 총함량 또는 원료·재료별 함량을 g 혹은 kg으로 표시해야 한다.

④ 최종제품에 남아 있는 원료 또는 재료의 70% 이상의 유기농축산물이어야 한다.

해설

70% 이상이 유기농축산물인 제품의 제한적 유기표시의 허용기준(친환경농어업법 시행규칙 [별표 8])

1) 최종제품에 남아 있는 원료 또는 재료(물과 소금은 제외)의 70% 이상이 유기농축산물이어야 한다.

2) 유기 또는 이와 유사한 용어를 제품명 또는 제품명의 일부로 사용할 수 없다.

3) 표시장소는 주 표시면을 제외한 표시면에 표시할 수 있다.

4) 원재료명 표시란에 유기농축산물의 총함량 또는 원료·재료별 함량을 백분율(%)로 표시해야 한다.

167

유기농축산물의 함량에 따른 제한적 유기표시의 허용기준에 70% 미만이 유기농축산물인 제품에 대한 내용으로 틀린 것은?

① 특정 원료 또는 재료로 유기농축산물만을 사용한 제품이어야 한다.
② 표시장소는 원재료명 표시란에만 표시할 수 있다.
③ 원재료명 표시란에 유기농축산물의 총함량 또는 원료·재료별 함량을 백분율(%)로 표시해야 한다.
④ 해당 원재료명의 일부로 '유기'라는 용어를 표시할 수 없다.

해설

70% 미만이 유기농축산물인 제품의 제한적 유기표시의 허용기준(친환경농어업법 시행규칙 [별표 8])
1) 특정 원료 또는 재료로 유기농축산물만을 사용한 제품이어야 한다.
2) 해당 원료·재료명의 일부로 '유기'라는 용어를 표시할 수 있다.
3) 표시장소는 원재료명 표시란에만 표시할 수 있다.
4) 원재료명 표시란에 유기농축산물의 총함량 또는 원료·재료별 함량을 백분율(%)로 표시해야 한다.

168

유기식품 및 무농약농산물 등의 인증에 관한 세부실시요령상 인증번호 부여 방법에서 국립농산물품질관리원이 인증한 경우의 인증종류별 번호로 틀린 것은?

① 유기농림산물(1) ② 무농약농산물(3)
③ 유기가공식품(8) ④ 수입자(8)

해설

인증종류별 번호(유기식품 및 무농약농산물 등의 인증에 관한 세부실시요령 [별표 3])
가. 유기농림산물 : 1
나. 유기축산물 및 유기양봉의 산물·부산물 : 2
다. 무농약농산물 : 3
라. 취급자 : 6
마. 무농약원료가공식품 : 7
바. 유기가공식품 : 8
사. 비식용유기가공품(양축용 유기사료·반려동물 유기사료) : 9

169

농림축산식품부 소관 친환경농어업 육성 및 유기식품 등의 관리·지원에 관한 법률 시행규칙상 유기표시가 된 인증품을 또는 동등성이 인정된 인증을 받은 유기가공식품을 판매나 영업에 사용할 목적으로 수입하려는 자가 수입신고서에 반드시 첨부해야 할 서류가 아닌 것은?

① 인증서 사본
② 인증기관이 발생한 거래인증서 원본
③ 동등성 인정 협정을 체결한 국가의 인증기관이 발행한 인증서 사본 및 수입증명서 원본
④ 잔류농약검사 성적서

해설

수입 유기식품의 신고(친환경농어업법 시행규칙 제22조 제1항)
법에 따라 인증품인 유기식품 또는 동등성이 인정된 인증을 받은 유기가공식품의 수입신고를 하려는 자는 식품의약품안전처장이 정하는 수입신고서에 다음의 구분에 따른 서류를 첨부하여 식품의약품안전처장에게 제출해야 한다. 이 경우 수입되는 유기식품의 도착 예정일 5일 전부터 미리 신고할 수 있으며, 미리 신고한 내용 중 도착항, 도착 예정일 등 주요 사항이 변경되는 경우에는 즉시 그 내용을 문서(전자문서를 포함)로 신고해야 한다.
1. 인증품인 유기식품을 수입하려는 경우 : 인증서 사본 및 거래인증서 원본(전자문서로 발급된 경우에는 그 전자문서)
2. 동등성이 인정된 인증을 받은 유기가공식품을 수입하려는 경우 : 동등성 인정 협정을 체결한 국가의 인증기관이 발행한 인증서 사본 및 수입증명서(Import Certificate) 원본(전자문서로 발급된 경우에는 그 전자문서)

170

( )에 알맞은 내용은?

> 유기식품을 수입신고하려는 자는 식품의약품안전처장이 정하는 수입신고서에 인증서 사본 및 인증기관이 발행한 거래인증서 원본을 첨부하여 식품의약품안전처장에게 제출해야 한다. 이 경우 수입되는 유기식품의 도착 예정일 ( ) 전부터 미리 신고할 수 있으며, 미리 신고한 내용 중 도착항, 도착 예정일 등 주요 사항이 변경되는 경우에는 즉시 그 내용을 문서로 신고해야 한다.

① 30일 ② 15일
③ 10일 ④ 5일

해설

수입 유기식품의 신고(친환경농어업법 시행규칙 제22조 제1항)

171

유기식품 및 무농약농산물 등의 인증에 관한 세부실시요령상 수입 비식용유기가공품(유기사료)의 적합성조사 방법 중 정밀검사에 대한 내용이다. (가)에 알맞은 내용은?

> 최근 (가) 이내에 정밀검사(신고하려는 제품과 제조국·제조업자·제품명이 같은 제품에 대해 실시한 정밀검사에 한함)를 받은 적이 없는 제품을 수입하려는 경우에 물리적·화학적 또는 미생물학적 방법으로 비식용유기가공품 인증 및 표시기준에 적합여부를 판단하는 검사

① 1년　　　　　　　② 2년
③ 3년　　　　　　　④ 4년

수입 비식용유기가공품(유기사료)의 적합성조사 방법(유기식품 및 무농약농산물 등의 인증에 관한 세부실시요령 [별표 4의2])

172

농림축산식품부 소관 친환경농어업 육성 및 유기식품 등의 관리·지원에 관한 법률 시행규칙상 인증취소 등의 세부기준 및 절차의 일반기준에 대한 내용이다. (　)에 알맞은 내용은?

> 위반행위의 횟수에 따른 행정처분의 가중된 부과기준은 최근 ( )년간 같은 위반행위로 행정처분을 받은 경우에 적용한다.

① 1　　　　　　　② 2
③ 3　　　　　　　④ 5

인증취소 등의 세부기준 및 절차의 일반기준(친환경농어업법 시행규칙 [별표 9])
위반행위의 횟수에 따른 행정처분의 가중된 부과기준은 최근 3년간 같은 위반행위로 행정처분을 받은 경우에 적용한다. 이 경우 기간의 계산은 위반행위에 대해 행정처분을 받은 날과 그 처분 후 다시 같은 위반행위를 하여 적발된 날을 기준으로 한다.

173

인증취소 등의 세부기준 및 절차의 일반기준에 대한 내용이다. (가)에 알맞은 내용은?

> '인증취소는 위반행위가 발생한 인증번호 전체(인증서에 기재된 인증품목, 인증면적 및 인증종류 전체를 말한다)를 대상으로 적용한다'의 규정에도 불구하고 생산자단체로 인증을 받은 경우 구성원 수 대비 위반행위자 비율이 (가)% 이하인 때에는 위반행위를 한 구성원에 대해서만 인증취소를 할 수 있다. 이 경우 위반행위자의 수는 인증 유효기간 동안 누적하여 계산한다.

① 20　　　　　　　② 30
③ 40　　　　　　　④ 50

인증취소 등의 세부기준 및 절차 – 일반기준(친환경농어업법 시행규칙 [별표 9])

174

농림축산식품부 소관 친환경농어업 육성 및 유기식품 등의 관리·지원에 관한 법률 시행규칙상 인증취소 등 행정처분의 기준 및 절차에서 인증신청서, 첨부서류, 인증심사에 필요한 서류를 거짓으로 작성하여 인증을 받은 경우 1차 행정처분기준은?

① 해당 인증품의 인증표시 제거·정지
② 시정명령
③ 인증취소
④ 해당 제품의 광고 금지 및 인증표시 제거·정지

인증취소 등의 세부기준 및 절차 – 인증사업자(친환경농어업법 시행규칙 [별표 9])

위반행위	위반횟수별 행정처분기준		
	1차	2차	3차
인증신청서, 첨부서류 또는 그 밖에 인증심사에 필요한 서류를 거짓으로 작성하여 인증을 받은 경우	인증취소	–	–

175

친환경관련법상 유기재배 인증농가 위반사례 중 행정처분기준이 인증취소에 해당하지 않는 것은?

① 거짓이나 그 밖의 부정한 방법으로 인증을 받은 경우
② 전업, 폐업 등의 사유로 인증품을 생산하기 어렵다고 인정하는 경우
③ 인증품이 아닌 제품을 인증품으로 표시한 것으로 인정된 경우
④ 인증신청서, 첨부서류, 또는 그 밖에 인증심사에 필요한 서류를 거짓으로 작성하여 인증을 받은 경우

해설

③ 인증품이 아닌 제품을 인증품으로 표시한 것으로 인정된 경우 : 해당 제품의 인증표시의 제거 · 정지
인증취소 등의 세부기준 및 절차 – 인증사업자(친환경농어업법 시행규칙 [별표 9])

위반행위	위반횟수별 행정처분기준		
	1차	2차	3차
인증신청서, 첨부서류 또는 그 밖에 인증심사에 필요한 서류를 거짓으로 작성하여 인증을 받은 경우	인증취소	–	–
거짓이나 그 밖의 부정한 방법으로 인증을 받은 경우	인증취소	–	–
전업, 폐업 등의 사유로 인증품을 생산하기 어렵다고 인정하는 경우	인증취소	–	–

176

농림축산식품부 소관 친환경농어업 육성 및 유기식품 등의 관리 · 지원에 관한 법률 시행규칙에서 유기가공품으로 인증을 받은 자가 인증품의 표시 방법을 위반하였을 경우 행정처분기준은?

① 판매정지 1개월
② 표시사용정지 1개월
③ 유기가공식품 인증취소
④ 해당 인증품의 세부 표시사항의 변경

해설

인증취소 등의 세부기준 및 절차 – 인증품 등(친환경농어업법 시행규칙 [별표 9])

위반행위	행정처분기준
유기식품 등의 표시 또는 무농약농산물 · 무농약원료가공식품의 표시 방법을 위반한 경우	해당 인증품의 세부 표시사항의 변경

177

농림축산식품부 소관 친환경농어업 육성 및 유기식품 등의 관리 · 지원에 관한 시행규칙상 인증품에 대한 검사결과 잔류물질이 검출되어 인증기준에 맞지 아니한 때의 행정처분기준은?

① 해당 인증품의 세부 표시사항의 변경
② 인증품 판매금지 7일
③ 해당 인증품의 인증표시 제거
④ 표시정지 3개월

해설

인증취소 등의 세부기준 및 절차 – 인증품 등(친환경농어업법 시행규칙 [별표 9])

위반행위	행정처분기준
인증품 등에서 합성농약 성분 또는 동물용의약품 성분이 식품의약품안전처장이 정하여 고시하는 농약 또는 동물용의약품 잔류허용기준을 초과해 검출된 경우	해당 인증품 등의 판매금지 · 판매정지 · 회수 · 폐기

178

친환경관련법상 인증기관의 지정기준에서 인력에 대한 내용이다. (   )의 내용으로 알맞은 것은?

> 인증심사원을 상근인력으로 (   ) 이상 확보하고, 인증심사 업무를 수행하는 상설 전담조직을 갖출 것. 다만, 인증기관의 지정 이후에는 인증업무량 등에 따라 국립농산물품질관리원장이 정하는 바에 따라 인증심사원을 추가로 확보할 수 있어야 한다.

① 3명
② 5명
③ 7명
④ 9명

해설

인증기관의 지정기준 – 인력 및 조직(친환경농어업법 시행규칙 [별표 10])

179

유기식품 등의 인증기관에 대한 내용 중 국립농산물품질 관리원장이 인증기관을 지정하려는 경우에는 해당 연도의 1월 31일까지 해당 연도의 지정 신청기간 등 인증기관 지정에 관한 사항을 며칠 이상 공고하여야 하는가?

① 5일
② 10일
③ 15일
④ 20일

해설

인증기관의 지정 신청(친환경농어업법 시행규칙 제34조 제1항)
국립농산물품질관리원장은 법에 따라 인증기관을 지정하려는 경우에는 해당 연도의 1월 31일까지 지정 신청기간 등 인증기관의 지정에 관한 사항을 국립농산물품질관리원의 인터넷 홈페이지 및 친환경 인증관리 정보시스템 등에 10일 이상 공고해야 한다.

180

농림축산식품부 소관 친환경농어업 육성 및 유기식품 등의 관리·지원에 관한 법률 시행규칙에 대한 내용이다. (   )에 알맞은 내용은?

> 유기식품 등의 인증기관에 대한 내용에서 인증기관은 지정받은 내용 중 인증기관 명칭, 인력 및 대표자 사항이 변경된 경우에는 변경된 날부터 (   ) 이내에 별지 서식의 인증기관 지정내용 변경신고서에 지정내용이 변경되었음을 증명할 수 있는 서류를 첨부하여 국립농산물품질관리원장에게 제출하여야 한다.

① 1개월
② 3개월
③ 6개월
④ 12개월

해설

인증기관의 지정내용 변경신고 등(친환경농어업법 시행규칙 제38조 제1항)
인증기관은 법에 따라 지정받은 내용 중 다음의 어느 하나에 해당하는 사항이 변경된 경우에는 변경된 날부터 1개월 이내에 별지 서식에 따른 인증기관 지정내용 변경신고서에 지정내용이 변경되었음을 증명하는 서류를 첨부하여 국립농산물품질관리원장에게 제출해야 한다.
1. 인증기관의 명칭, 인력 및 대표자
2. 주사무소 및 지방사무소의 소재지

181

친환경관련법상 인증심사원의 자격기준에서 국가기술자격법에 따른 농업·임업·축산, 식품 분야의 산업기사 자격을 취득한 사람은 친환경인증심사 또는 친환경농산물 관련 분야에서 최소 몇 년 이상의 경력이 있어야 하는가?

① 1년
② 2년
③ 3년
④ 5년

인증심사원의 자격기준(친환경농어업법 시행규칙 [별표 11])

자격	경력
국가기술자격법에 따른 농업·임업·축산 또는 식품 분야의 기사 이상의 자격을 취득한 사람	–
국가기술자격법에 따른 농업·임업·축산 또는 식품 분야의 산업기사 자격을 취득한 사람	친환경인증심사 또는 친환경농산물 관련 분야에서 2년(산업기사가 되기 전의 경력을 포함) 이상 근무한 경력이 있을 것
수의사법에 따라 수의사 면허를 취득한 사람	–

182

농림축산식품부 소관 친환경농어업 육성 및 유기식품 등의 관리·지원에 관한 법률 시행규칙상 인증심사원의 자격취소 및 정지기준의 개별기준에서 [보기]의 내용으로 1회 적발되었을 경우의 행정처분은?

┤보기├

인증심사 업무와 관련하여 다른 사람에게 자기의 성명을 사용하게 하거나 인증심사원증을 빌려 준 경우

① 자격정지 3개월
② 자격정지 6개월
③ 자격정지 1년
④ 자격취소

인증심사원의 자격취소, 자격정지 및 시정조치 명령의 개별기준(친환경농어업법 시행규칙 [별표 12])

위반행위	위반횟수별 행정처분기준		
	1회 위반	2회 위반	3회 이상 위반
인증심사 업무와 관련하여 다른 사람에게 자기의 성명을 사용하게 하거나 인증심사원증을 빌려 준 경우	자격정지 6개월	자격취소	–

183

인증기관에 대한 행정처분기준에 대한 설명이다. 다음 중 1회 위반에 따른 행정처분기준이 다른 하나는?

① 부정한 방법으로 인증기관의 지정을 받은 경우
② 업무정지 기간 중 계속하여 인증업무를 한 경우
③ 고의 또는 중대한 과실로 인증품의 유효기간 연장 절차를 지키지 아니한 경우
④ 거짓으로 인증기관의 지정을 받은 경우

해설

인증기관에 대한 행정처분의 개별기준(친환경농어업법 시행규칙 [별표 13])

위반행위	행정처분기준		
	1회 위반	2회 위반	3회 이상 위반
거짓이나 그 밖의 부정한 방법으로 지정을 받은 경우	지정취소	–	–
업무정지 명령을 위반하여 정지기간 중 인증을 한 경우	지정취소	–	–
고의 또는 중대한 과실로 법에 따른 인증심사 및 재심사의 처리 절차·방법 또는 인증 갱신 및 인증품의 유효기간 연장의 절차·방법 등을 지키지 않은 경우	업무정지 6개월	지정취소	–

184

인증기관의 지정취소 등에 관한 내용 중 정당한 사유 없이 1년 이상 계속하여 인증을 하지 아니한 경우 인증기관이 받는 처벌은?

① 지정취소
② 3개월 이내의 업무 일부 정지
③ 3개월 이내의 업무 전부 정지
④ 12개월 이내의 업무 전부 정지

해설

인증기관에 대한 행정처분의 개별기준(친환경농어업법 시행규칙 [별표 13])

위반행위	행정처분기준		
	1회 위반	2회 위반	3회 이상 위반
정당한 사유 없이 1년 이상 계속하여 인증을 하지 않은 경우	지정취소	–	–

185

친환경관련법상 인증품 및 인증사업자에 대한 조사 종류에 해당되지 않는 것은?

① 인증품 판매장 또는 인증사업자의 사업장 중 일부를 선정하여 실시하는 정기조사
② 특정 업체의 위반사실에 대한 신고가 접수되어 실시하는 수시조사
③ 농촌진흥청장이 필요하다고 인정하는 경우에 실시하는 특별조사
④ 국립농산물품질관리원장이 필요하다고 인정하는 경우에 실시하는 특별조사

해설

인증품 등 및 인증사업자 등의 사후관리(친환경농어업법 시행규칙 제45조 제1항)

법에 따라 국립농산물품질관리원장 또는 인증기관이 매년 실시하는 판매·유통 중인 인증품 및 제한적으로 유기표시를 허용한 식품 및 비식용가공품(이하 '인증품 등')과 인증사업자에 대한 조사는 다음의 구분에 따라 실시한다.

1. 정기조사 : 인증품 판매·유통 사업장, 법에 따라 제한적으로 유기표시를 허용한 식품 및 비식용가공품의 생산, 제조·가공, 취급 또는 판매·유통 사업장 또는 인증사업자의 사업장 중 일부를 선정하여 정기적으로 실시
2. 수시조사 : 특정 업체의 위반사실에 대한 신고·민원·제보 등이 접수되는 경우에 실시
3. 특별조사 : 국립농산물품질관리원장이 필요하다고 인정하는 경우에 실시

186

유기식품 및 무농약농산물 등의 인증에 관한 세부실시요령상 인증품 등의 사후관리 조사요령 중 생산과정조사에 대한 내용으로 틀린 것은?

① 사무소장 또는 인증기관은 인증서 교부 이후 인증을 받은 자의 농장소재지 또는 작업장 소재지를 방문하여 생산과정조사를 실시하여야 한다.

② 정기조사의 경우 인증기관은 각 인증 건별로 인증서 교부일부터 3년이 지나기 전까지 1회 이상의 생산과정조사를 실시한다.

③ 생산과정조사의 신뢰도가 낮아지지 않도록 조사대상, 조사시간, 이동거리 등을 감안하여 인증기관에서는 1일 조사대상 인증사업자수를 적정하게 선정하여 조사하여야 한다.

④ 조사시기는 해당 농산물의 생육기간 또는 생산기간 중에 실시하되 가급적 인증기준 위반의 우려가 가장 높은 시기에 실시하고 인증 갱신 신청서가 접수되기 이전에 조사를 완료하여야 한다.

해설

생산과정조사(유기식품 및 무농약농산물 등의 인증에 관한 세부실시요령 [별표 5])

1) 정기조사 : 인증기관은 각 인증 건별로 인증서 교부일부터 10개월이 지나기 전까지 1회 이상의 생산과정조사를 실시한다. 단체 인증의 경우 표본농가 수 이상을 조사한 경우 1회 조사로 간주하며, 2)부터 4)까지의 조사는 정기조사 횟수에 포함하지 않는다.

2) 수시조사 : 사무소장은 인증사업자의 위반사실에 대한 신고·민원 등을 접수하거나 관계기관으로부터 위반사실을 통보 받으면 해당 인증사업자에 대한 생산과정조사를 실시한다. 이 경우 해당 인증기관으로 하여금 관련 조사에 참여하게 할 수 있다.

3) 특별조사 : 사무소장 또는 인증기관은 국립농산물품질관리원장이 필요하다고 인정하여 생산과정조사를 지시하는 경우 특별조사를 실시한다.

4) 불시심사 : 인증기관은 인증사업자에 대해 불시심사를 실시한다.

187

유기식품 및 무농약농산물 등의 인증에 관한 세부실시요령에 따라 인증품 등의 사후관리 조사요령 중 생산과정조사에 대한 설명으로 틀린 것은?

① 해당 관할구역의 국립농산물품질관리원 사무소장 또는 인증기관의 장은 인증서 교부 이후 인증을 받은 자의 농장 또는 작업장 소재지를 방문하여 생산과정 조사를 실시하여야 한다.

② 인증 건별로 연3회 이상 생산과정조사를 실시한다.

③ 국립농산물품질관리원장의 특별조사 계획이 있는 경우에는 조사주기와 상관없이 생산과정 조사를 실시한다.

④ 조사시기는 해당 농산물의 생육기간(축산물은 사육기간) 또는 생산기간 중에 실시하되 가급적 인증기준 위반의 우려가 가장 높은 시기(일반재배에서 농약을 주로 사용하는 시기 등)에 실시한다.

해설

② 인증기관은 각 인증 건별로 인증서 교부일부터 10개월이 지나기 전까지 1회 이상의 생산과정조사를 실시한다. 단체 인증의 경우 [별표 2] 제2호 표본농가 수 이상을 조사한 경우 1회 조사로 간주하며, 수시조사, 특별조사, 불시심사는 정기조사 횟수에 포함하지 않는다(유기식품 및 무농약농산물 등의 인증에 관한 세부실시요령 [별표 5]).

188

유기식품 및 무농약농산물 등의 인증에 관한 세부실시요령상 인증품 사후관리 조사요령에서 유통과정조사에 대한 내용으로 틀린 것은?

① 조사주기는 등록된 유통업체 중 조사 필요성이 있는 업체를 대상으로 연 1회 이상 자체 조사계획을 수립하여 실시한다.

② 사무소장은 인증품 판매장·취급작업장을 방문하여 인증품의 유통과정조사를 실시한다.

③ 사무소장은 전년도 조사업체 내역, 인증품 유통실태조사 등을 통해 관내 인증품 유통업체 목록을 인증관리 정보시스템에 등록·관리한다.

④ 조사시기는 가급적 인증품의 유통물량이 많은 시기에 실시하고 최근 1년 이내에 행정처분을 받았거나 인증품 부정유통으로 적발된 업체가 인증품을 취급하는 경우에는 행정처분일로부터 1년 이내에 유통과정조사를 실시한다.

> **해설**
>
> ① 정기조사 : 조사주기는 등록된 유통업체(취급인증사업자 포함) 중 조사 필요성이 있는 업체를 대상으로 연 2회 이상 자체 조사계획을 수립하여 실시(유기식품 및 무농약농산물 등의 인증에 관한 세부실시요령 [별표 5])

189

유기가공식품 동등성 인정 및 관리요령에서 유기가공식품을 관리하는 외국의 정부가 유기가공식품의 생산, 제조·가공 또는 취급과 관련된 법적 요구사항이 유기가공식품에 일관되게 적용되는지를 확인하는 일련의 활동을 일컫는 말은?

① 일관성 검증시스템 ② 일관성 평가시스템
③ 동등성 검증시스템 ④ 적합성 평가시스템

> **해설**
>
> 정의(유기가공식품 동등성 인정 및 관리요령 제2조 제4호)

190

친환경관련법상 무농약농산물 등의 인증대상이 아닌 것은?

① 무농약농산물을 생산하는 자

② 무농약원료가공식품을 제조하는 자

③ 무농약원료가공식품을 가공하는 자

④ 무비료농산물을 생산하는 자

> **해설**
>
> **무농약농산물·무농약원료가공식품의 인증대상(친환경농어업법 시행규칙 제53조 제1항)**
>
> 무농약농산물·무농약원료가공식품의 인증대상은 다음과 같다.
> 1. 무농약농산물을 생산하는 자
> 2. 무농약원료가공식품을 제조·가공하는 자
> 3. 제1호 또는 제2호에 해당하는 품목을 취급하는 자

191

무농약원료가공식품에서 생산물의 품질관리 등에 대한 내용이다. (   )에 가장 적절한 내용은?

> 합성농약 성분은 검출되지 않을 것. 다만, 식품첨가물의 오염 등 불가항력적인 요인으로 합성농약 성분이 검출된 것으로 입증되는 경우에는 (   )한다.

① 0.1mg/kg 이하까지 허용

② 0.05mg/kg 이하까지 허용

③ 0.01mg/kg 이하까지 허용

④ 0.001mg/kg 이하까지 허용

> **해설**
>
> **무농약원료가공식품 생산물의 품질관리 등(친환경농어업법 시행규칙 [별표 14])**
>
> 합성농약 성분은 검출되지 않을 것. 다만, 식품첨가물의 오염 등 비의도적인 요인으로 합성농약 성분이 검출된 것으로 입증되는 경우에는 0.01mg/kg 이하까지만 허용한다.

192

무농약농산물 등의 표시기준에서 작도법에 대한 내용이다. ( ) 안에 알맞은 내용으로 틀린 것은?

> 표시 도형의 색상은 녹색을 기본 색상으로 하고, 포장재의 색깔 등을 고려하여 ( )으로 할 수 있다.

① 파란색　　　　　② 빨간색
③ 노란색　　　　　④ 검은색

해설

무농약농산물·무농약원료가공식품의 작도법(친환경농어업법 시행규칙 [별표 15])
표시 도형의 색상은 녹색을 기본색상으로 하고, 포장재의 색깔 등을 고려해 파란색, 빨간색 또는 검은색으로 할 수 있다.

193

다음은 유기농업자재의 공시기준에서 식물에 대한 시험성적서 심사사항 중 유식물 등에 대한 약해(略解)·비해(肥害) 시험의 검토기준에 해당하는 내용이다. (가), (나)에 알맞은 내용은?

> 농약피해(藥害)·비료피해(肥害)의 정도는 시험성적 모두가 기준량에서 (가) 이하이거나, 2배량에서 (나) 이하이어야 한다.

① (가) : 0, (나) : 1
② (가) : 1, (나) : 2
③ (가) : 2, (나) : 3
④ (가) : 3, (나) : 2

해설

유기농업자재의 공시기준 – 유식물(幼植物) 등에 대한 농약피해(藥害)·비료피해(肥害) 시험성적(친환경농어업법 시행규칙 [별표 17])
1) 다섯 종류 이상의 작물에 대해 적합하게 시험한 성적이어야 한다.
2) 농약피해·비료피해의 정도는 시험성적 모두가 기준량에서 0 이하이거나, 2배량에서 1 이하이어야 한다.

194

유기농업자재의 공시 또는 품질인증기준에서 약효(藥效)·약해(藥害) 시험성적의 검토기준에 대한 설명 중 ( ) 안에 알맞은 내용은?

> 품질인증을 받으려는 유기농업자재 중 병해충 관리 대상 자재에 적용하며, 동일 작물·병해충에 대하여 적합하게 시험한 ( ) 이상의 포장 시험성적서를 제출하여야 한다.

① 1개　　　　　② 2개
③ 3개　　　　　④ 4개

해설

유기농업자재의 공시기준 – 농약효과(藥效)·농약피해 시험성적(효능·효과를 표시하려는 경우로 한정)(친환경농어업법 시행규칙 [별표 17])
1) 병해충 관리를 목적으로 하는 자재에 적용하고, 동일 작물·병해충에 대해서 적합하게 시험한 2개 이상의 재배포장 시험성적서를 제출해야 하며, 작물에 대한 재배포장 시험은 농약관리법에 따른 작물에 대한 농약효과·농약피해 시험법을 준용한다. 다만, 적용대상 병해충 및 농작물의 종류를 추가하려는 경우에는 1개의 재배포장 시험성적서를 제출할 수 있다.
2) 농약효과 시험 결과 통계적으로 무처리구 대비 방제가(防除價, 병해충에 대한 농약의 방제효과를 표시하는 수치)를 고려해 방제효과가 인정되어야 하고, 기준량과 2배량 모두에서 농약피해가 없어야 한다.

195

유기농업자재 공시를 갱신하려는 공시사업자는 유효기간 만료 몇 개월 전까지 별지서식의 유기농업자재 공시 갱신 신청서에 유기농업자재 공시 생산계획서의 서류를 첨부하여 공시기관의 장에게 제출하여야 하는가?(단, 변경사항이 있는 경우이다)

① 12개월   ② 9개월
③ 5개월   ④ 3개월

해설

유기농업자재 공시의 갱신(친환경농어업법 시행규칙 제66조 제1항)
공시사업자가 법에 따라 유기농업자재 공시의 갱신을 신청하려는 경우에는 공시의 유효기간이 끝나기 3개월 전까지 별지서식에 따른 유기농업자재 공시 갱신신청서에 다음의 자료·서류 및 시료를 첨부하여 공시를 한 공시기관(같은 항 단서에 해당하는 경우에는 다른 공시기관)에 제출해야 한다. 다만, 제1호부터 제3호까지의 자료·서류 및 시료는 변경사항이 없는 경우에는 제출하지 않을 수 있다.
1. 별지에 따른 유기농업자재 생산계획서
2. 별표에 따른 제출 자료 및 서류
3. 시료 500g(mL). 다만, 병해충 관리용 시료는 100g(mL)으로 한다.
4. 유기농업자재 공시서

196

유기농업자재 관련 행정처분기준에 대한 내용이다. (   ) 안에 알맞은 내용은?

> 위반행위가 둘 이상인 경우로서 그에 해당하는 각각의 처분기준이 다른 경우에는 그 중 무거운 처분기준에 따르되, 각각의 처분기준이 업무정지인 경우에는 각각의 처분기준을 합산한 기간을 넘지 않는 범위에서 무거운 처분기준의 (   )까지 그 기간을 늘릴 수 있다.

① 2분의 1   ② 4분의 1
③ 5분의 1   ④ 9분의 1

해설

유기농업자재 관련 행정처분 일반기준(친환경농어업법 시행규칙 [별표 20])

197

농림축산식품부 소관 친환경농어업 육성 및 유기식품 등의 관리·지원에 관한 법률 시행규칙상 공시사업자 등이 공시를 받은 원료와 다른 원료를 사용하거나 제조 조성비를 다르게 한 경우, 1회 위반 시 행정처분은?

① 업무정지 1개월
② 지정취소
③ 공시취소 및 유기농업자재의 회수·폐기
④ 판매금지 및 유기농업자재의 회수·폐기

해설

유기농업자재 관련 행정처분 개별기준 – 공시사업자 등(친환경농어업법 시행규칙 [별표 20])

위반행위	위반횟수별 행정처분기준		
	1회 위반	2회 위반	3회 이상 위반
공시를 받은 원료·재료와 다른 원료·재료를 사용하거나 제조 조성비를 다르게 한 경우	판매금지 및 유기농업자재의 회수·폐기	공시취소 및 유기농업자재의 회수·폐기	–

198

농림축산식품부 소관 친환경농어업 육성 및 유기식품 등의 관리·지원에 관한 법률 시행규칙에서 유기농업자재와 관련하여 공시기관이 정당한 사유 없이 1년 이상 계속하여 공시업무를 하지 않은 행위가 최근 3년 이내에 2회 적발된 경우 행정처분 내용은?

① 업무정지 1개월   ② 업무정지 3개월
③ 업무정지 6개월   ④ 지정취소

해설

유기농업자재 관련 행정처분 개별기준 – 공시기관(친환경농어업법 시행규칙 [별표 20])

위반행위	위반횟수별 행정처분기준		
	1회 위반	2회 위반	3회 이상 위반
정당한 사유 없이 1년 이상 계속하여 공시업무를 하지 않은 경우	업무정지 1개월	업무정지 3개월	지정취소

199

유기농업자재 표시기준의 작도법에서 공시기관명의 글자
색은?

① 흰색

② 파란색

③ 검정색

④ 청록색

유기농업자재 공시를 나타내는 도형 표시 방법(친환경농어업법 시행
규칙 [별표 21])
문자의 글자체는 나눔 명조체, 글자색은 연두색(PANTONE 376C)으
로 한다. 다만, 공시기관명은 청록색(PANTONE 343C)으로 한다.

200

친환경관련법상 공시기관의 지정기준의 인력에 대한
내용이다. (   )에 알맞은 내용은?(단, 보수교육을 포
함한다)

> 공시업무는 최근 (   ) 이내에 국립농산물품질관리원장이
> 정하는 교육을 이수한 심사원만이 수행하도록 해야 한다.

① 3년

② 2년

③ 1년

④ 6개월

공시기관의 지정기준 – 인력(친환경농어업법 시행규칙 [별표 22])

PART 03

최근
기출복원문제

제1과목 | 재배원론

01
우리나라 원산지인 작물로만 나열된 것은?

① 감, 인삼
② 벼, 참깨
③ 담배, 감자
④ 고구마, 옥수수

해설

우리나라가 원산지인 작물 : 감(한국, 중국), 인삼(한국), 팥(한국, 중국)

02
다음 중 식물학상 과실로 과실이 나출된 식물은?

① 벼
② 겉보리
③ 쌀보리
④ 귀리

해설

식물학상 과실
• 과실이 나출된 것 : 밀, 쌀보리, 옥수수, 메밀, 들깨, 호프, 삼, 차조기, 박하, 제충국, 상추, 우엉, 쑥갓, 미나리, 근대, 시금치, 비트 등
• 과실이 영(穎)에 쌓여 있는 것 : 벼, 겉보리, 귀리 등

03
노후답의 재배대책으로 가장 거리가 먼 것은?

① 저항성 품종을 선택한다.
② 조식재배를 한다.
③ 무황산근 비료를 시용한다.
④ 덧거름 중점의 시비를 한다.

해설

② 조기재배를 한다.

04
뿌림골을 만들고 그곳에 줄지어 종자를 뿌리는 방법은?

① 산파
② 점파
③ 적파
④ 조파

해설

④ 조파(줄뿌림) : 일정한 거리로 뿌림골을 만들고 그 곳에 줄지어 종자를 뿌리는 방식
① 산파(흩어뿌림) : 포장 전면에 종자를 흩어 뿌리는 방식
② 점파(점뿌림) : 일정한 간격을 두고 하나 내지 수 개의 종자를 띄엄 띄엄 파종하는 방식
③ 적파 : 일정한 간격을 두고 여러 개의 종자를 한 곳에 파종하는 것

05
작물의 수해에 대한 설명으로 옳은 것은?

① 수온이 높은 것이 낮은 것에 비하여 피해가 심하다.
② 유수가 정체수보다 피해가 심하다.
③ 벼 분얼 초기는 다른 생육단계보다 침수에 약하다.
④ 화본과 목초, 옥수수는 침수에 약하다.

해설

② 정체수가 유수보다 산소가 적고 수온이 높기 때문에 침수피해가 심하다.
③ 벼의 침수피해는 수잉기~출수개화기에 가장 크다.
④ 화본과 목초, 옥수수는 침수에 강하다.

정답 1 ① 2 ③ 3 ② 4 ④ 5 ①

06

고무나무와 같은 관상수목을 높은 곳에서 발근시켜 취목하는 영양번식 방법은?

① 삽목　　　　　　　② 분주
③ 고취법　　　　　　④ 성토법

해설

고취법(高取法, 양취법)

고무나무와 같은 관상수목에서 많이 사용하는 영양번식(무성번식) 방법의 하나로, 나무의 높은 위치에 있는 가지에서 뿌리를 내리게 한 뒤 새로운 개체로 분리하는 취목법이다.

07

( )에 알맞은 내용은?

> 감자 영양체를 20,000rad 정도의 ( )에 의한 γ선을 조사하면 맹아 억제효과가 크므로 저장기간이 길어진다.

① ^{13}C　　　　　　② ^{17}C
③ ^{60}Co　　　　　　④ ^{52}K

해설

^{60}Co, ^{137}Cs 등에 의한 γ선의 조사는 살균, 살충 등의 효과가 있어 육류, 통조림 등의 식품 저장에 이용된다.

08

다음 중 땅속줄기(지하경)로 번식하는 작물은?

① 마늘　　　　　　　② 생강
③ 토란　　　　　　　④ 감자

해설

① 마늘 : 비늘줄기(인경)
③ · ④ 토란, 감자 : 덩이줄기(괴경)

09

다음 중 T/R률에 대한 설명으로 옳은 것은?

① 감자나 고구마의 경우 파종기나 이식기가 늦어질수록 T/R률이 작아진다.
② 일사가 적어지면 T/R률이 작아진다.
③ 토양함수량이 감소하면 T/R률이 감소한다.
④ 질소를 다량 시용하면 T/R률이 작아진다.

해설

토양 내에 수분이 많거나 질소 과다시용, 일조 부족과 석회시용 부족 등의 경우는 지상부에 비해 지하부의 생육이 나빠져 T/R률이 커지게 된다.

10

식물체의 부위 중 내열성이 가장 약한 곳은?

① 완성엽(完成葉)
② 중심주(中心柱)
③ 유엽(幼葉)
④ 눈(芽)

해설

주피, 완피, 완성엽은 내열성이 가장 크고, 눈 · 어린잎은 비교적 강하며, 미성엽이나 중심주는 내열성이 가장 약하다.

11

다음 중 침수에 의한 피해가 가장 큰 벼의 생육 단계는?

① 분얼성기
② 최고분얼기
③ 수잉기
④ 고숙기

해설

벼의 생육단계 중 수잉기(이삭이 패기 직전, 감수분열기 포함)는 외부 환경에 가장 민감한 시기로 저온, 침수 등에 의한 피해가 가장 크게 나타난다.

12

다음 중 상추, 양배추, 당근 등의 추대 및 개화를 시키기 위해 저온처리 대신에 사용할 수 있는 호르몬은?

① 지베렐린
② 에틸렌
③ 시토키닌
④ 옥신

해설

지베렐린(gibberellin, 도장호르몬)
• 휴면타파(발아 촉진), 화성의 유도 및 촉진, 경엽의 신장 촉진, 단위 결과의 유기, 성분의 변화 및 수량 증대 등
• 화성유도 시 저온장일이 필요한 식물의 저온이나 장일을 대신한다.

13

다음 중 단일식물에 해당하는 것으로만 나열된 것은?

① 양파, 상추
② 샐비어, 콩
③ 시금치, 양귀비
④ 아마, 감자

해설

단일식물 : 국화, 벼, 콩, 수수, 옥수수, 담배, 목화, 샐비어 등

14

순무의 착색에 관계하는 안토시안의 생성을 가장 조장하는 광파장은?

① 적색광
② 녹색광
③ 적외선
④ 자외선

해설

안토시안(anthocyan, 화청소)
사과, 포도, 딸기 등의 착색에 관여하며 비교적 저온에서 자외선이나 자색광에 의해 생성이 촉진된다.

15

벼의 비료 3요소 흡수 비율로 옳은 것은?

① 질소 5 : 인산 1 : 칼륨 1
② 질소 3 : 인산 1 : 칼륨 3
③ 질소 5 : 인산 2 : 칼륨 4
④ 질소 4 : 인산 2 : 칼륨 3

해설

작물별 N, P, K의 흡수 비율(N : P : K)
• 벼 : 5 : 2 : 4
• 맥류 : 5 : 2 : 3
• 옥수수 : 4 : 2 : 3
• 콩 : 5 : 1 : 1.5
• 고구마 : 4 : 1.5 : 5
• 감자 : 3 : 1 : 4

16

다음 중 작물의 주요 온도에서 최적온도가 가장 낮은 작물은?

① 옥수수

② 완두

③ 보리

④ 벼

해설

③ 보리 : 20℃

① 옥수수 : 30~32℃

② 완두 : 30℃

④ 벼 : 30~32℃

17

등고선에 따라 수로를 내고 임의의 장소로부터 월류하도록 하는 방법은?

① 등고선관개

② 보더관개

③ 일류관개

④ 고랑관개

해설

① 등고선관개 : 경사지에서 등고선을 따라 수로를 설치해 물을 공급하는 방법

② 보더관개 : 완경사의 포장을 알맞게 구획하고 전체 표면에 물을 흘려 펼쳐서 대는 방법

④ 고랑관개 : 이랑을 세우고 고랑에 물을 흘려서 대는 방법

18

광합성에서 C₄ 작물에 속하지 않는 것은?

① 사탕수수 　　　　② 옥수수

③ 벼 　　　　④ 수수

해설

C₃ 식물과 C₄ 식물

• C₃ 식물 : 벼, 밀, 보리, 콩, 해바라기 등

• C₄ 식물 : 사탕수수, 옥수수, 수수, 피, 기장, 버뮤다그래스 등

19

앞 작물의 그루터기를 그대로 남겨서 풍식과 수식을 경감시키는 농법은?

① 녹색필름 멀칭

② 스터블멀칭

③ 볏짚 멀칭

④ 투명필름 멀칭

해설

스터블멀칭 농법

반건조 지방의 밀 재배에 있어서 토양을 갈아엎지 않고 경운하여 앞 작물의 그루터기를 그대로 남겨 풍식과 수식을 경감시키는 농법이다.

20

녹체춘화형 식물로만 나열된 것은?

① 완두, 잠두 　　　　② 봄무, 잠두

③ 사리풀, 양배추 　　　　④ 완두, 추파맥류

해설

• 종자춘화형 : 무, 배추, 완두, 잠두, 봄무, 추파맥류 등

• 녹체춘화형 : 양배추, 양파, 당근, 우엉, 국화, 사리풀 등

21

토양 중에 서식하는 조류(藻類)의 역할로 가장 거리가 먼 것은?

① 사상균과 공생하여 지의류 형성
② 유기물의 생성
③ 산소 공급
④ 산성토양을 중성으로 개량

해설

토양 중 조류(藻類, algae)의 주요 역할
• 광합성을 통한 산소 공급 및 유기물 생성
• 사상균(곰팡이)과 공생하여 지의류 형성

22

토양의 입자밀도가 2.60g/cm³이라 하면 용적밀도가 1.17g/cm³인 토양의 고상비율은?

① 40% ② 45%
③ 50% ④ 55%

해설

토양의 고상비율 = $\dfrac{\text{용적밀도}}{\text{입자밀도}} \times 100 = \dfrac{1.17}{2.6} \times 100 = 45\%$

23

식물 세포벽을 구성하는 유기물 구성성분 중 분해 속도가 가장 느리며 아직도 그 구조가 완전히 밝혀지지 않은 물질은?

① 셀룰로스 ② 단백질
③ 리그닌   ④ 지방류

해설

리그닌
• 토양 내 유기물의 구성성분으로서 페놀(phenol)이 복잡하게 결합된 고분자 물질이다.
• 미생물 분해에 대한 저항성이 높은 부식의 기본골격이다.

24

토양에 질소성분 100kg을 시비한 작물로 흡수된 질소의 양이 50kg이었고, 시비하지 않은 토양에서 작물이 20kg의 질소를 흡수하였다. 이 작물의 질소비료 이용효율은?

① 20%
② 30%
③ 50%
④ 70%

해설

질소비료 이용효율(%)

$= \dfrac{\text{비료 처리구 회수량} - \text{무시비구 회수량}}{\text{시비한 질소량}} \times 100$

$= \dfrac{50kg - 20kg}{100kg} \times 100$

$= 30\%$

25

표층에서 용탈된 점토가 B층에 집적되며 주요 감식토층이 argillic 차표층인 토양목은?

① Alfisol
② Vertisol
③ Andisol
④ Entisol

해설

알피졸(Alfisols, 완숙토)
• 표층에서 용탈된 점토가 B층에 집적되는 특성을 가지며 argillic horizon(Bt층)이 발달해 있고, 염기포화도가 35% 이상인 토양이다.
• 주로 온대~아열대의 삼림(특히 활엽수림) 또는 사바나 지역에서 형성된다.

26

토양분석 결과 교환성 K^+이온이 0.4cmol$_c$/kg이었다면 이 토양 1kg 속에는 몇 g의 교환성 K^+이온이 들어 있는가?(단, K의 원자량은 39로 한다)

① 0.078g
② 0.156g
③ 0.234g
④ 0.312g

0.4cmol$_c$/kg × 39g/mol
= 0.004mol × 39g/mol($\because$ 1cmol = 0.01mol)
= 0.156g

27

토양미생물의 질소대사 작용 중 다음과 같은 작용을 무엇이라고 하는가?

$$NO_3^- \rightarrow NO_2^- \rightarrow NH_4^+$$

① 질산화작용
② 암모니아화성작용
③ 탈질작용
④ 질산환원작용

질산환원작용

토양 내에서 미생물이나 식물의 효소에 의해 질산태질소(NO_3^-)가 아질산태질소(NO_2^-)로, 다시 암모늄태질소(NH_4^+)로 환원되는 과정이다.

28

신토양분류법(soil taxonomy)의 분류체계에서 가장 하위 분류단위는?

① 토양목
② 토양통
③ 토양대군
④ 토양속

신토양분류법 분류체계

목(order) – 아목(suborder) – 대군(great group) – 아군(subgroup) – 속(family) – 통(series)

29

농약과 같은 유기화학물질이 토양에서 용탈되는 데 관여하는 인자로 가장 거리가 먼 것은?

① 유기화학물질의 증기압
② 점토 양
③ 토양유기물 양
④ 유기화학물질의 용해도

② 점토가 많으면 농약이 토양입자에 흡착되어 용탈이 감소한다.
③ 유기물함량이 높으면 농약의 흡착력이 증가해 용탈이 줄어든다.
④ 물에 잘 녹는 물질일수록 토양수분과 함께 쉽게 이동하여 용탈 가능성이 높다.

30

토양의 소성지수를 계산한 결과 A토양은 25이고, B토양은 20이었다. 두 토양을 올바르게 비교 설명한 것은?

① A토양이 B토양보다 소성상태에서 수분을 많이 보유한다.
② B토양이 A토양보다 소성상태에서 총 유기물함량이 많다.
③ A토양은 B토양보다 적은 수분량으로 소성상태를 유지한다.
④ B토양은 A토양보다 점토함량이 많은 토양이다.

소성지수(PI ; Plasticity Index)가 클수록 점토함량이 많고, 소성상태에서 보유할 수 있는 수분의 양이 많다.

31

다음 미생물 중 산성토양에서도 잘 생육하는 것은?

① *Mucor*
② *Streptosporangium*
③ *Micromonospora*
④ *Nocaridia*

① *Mucor*는 대표적인 사상균(곰팡이류)으로 산성토양에서도 잘 생육한다.
② · ③ · ④ *Streptosporangium*, *Micromonospora*, *Nocaridia*는 방선균에 속하며, 대부분 알칼리성 조건에 더 잘 적응하고 산성토양에서는 생육이 불리하다.

32

토양에 대한 설명으로 틀린 것은?

① 토양에서 전토층(regolith)과 진토층(solum)의 차이는 전토층은 C층을 포함한다는 점이다.
② 토양이라고 부를 수 있는 최소 단위의 토양 표본은 페돈(pedon)이라고 일컫는다.
③ 토양 3상의 구성 비율 중 고상의 비율이 높은 토양은 뿌리의 자람이 쉬우나 식물을 지지하는 힘은 약해진다.
④ 우리나라의 토양의 모암은 대부분 화강암 및 화강편마암 계통이다.

③ 고상의 비율이 높으면 수분과 공기가 들어갈 수 있는 공간이 작아 뿌리가 뻗기에 불리하다.

33

경작지의 유기물함량을 높이는 방법으로 적절하지 않은 것은?

① 작물의 잔사(residue)를 토양에 돌려준다.
② 토양침식을 막는다.
③ 필요 이상으로 땅을 자주 경운하지 않는다.
④ 토양표면의 녹비작물을 제거한다.

④ 목초 및 녹비작물을 재배한다.

34

황산칼륨비료에는 어떤 원소가 들어 있는가?

① K, O, S
② C, O, K
③ C, K, S
④ H, S, K

황산칼륨의 화학식은 K_2SO_4로 K, S, O가 포함되어 있다.

35

1차 광물의 풍화에 대한 안정성이 큰 순서대로 나열한 것은?

① 석영 > 운모 > 각섬석 > 감람석
② 운모 > 석영 > 감람석 > 각섬석
③ 각섬석 > 감람석 > 석영 > 운모
④ 감람석 > 각섬석 > 운모 > 석영

광물의 풍화에 대한 저항성
석영 > 백운모 > 장석(정장석) > 흑운모 > 각섬석 > 휘석 > 감람석 > 방해석 > 석고

36

주요 화성암 중 심성암이면서 염기성암인 것은?

① 반려암   ② 화강암

③ 유문암   ④ 안산암

해설

화성암의 분류

조직적 분류 \ 화학적 분류(SiO_2)	염기성암 (40~55%)	중성암 (55~65%)	산성암 (65~75%)
화산암	현무암	안산암	유문암
반심성암	휘록암	섬록반암	석영반암
심성암	반려암	섬록암	화강암

37

토양 중 수소이온(H^+)이 생성되는 원인으로 틀린 것은?

① 탄산과 유기산의 분해에 의한 수소이온 생성

② 질산화작용에 의한 수소이온 생성

③ 교환성염기의 집적에 의한 수소이온 생성

④ 식물 뿌리에 의한 수소이온 생성

해설

③ 교환성염기의 제거에 의한 수소이온 생성

38

다음 중 토양의 구조 가운데 작물생육에 가장 적합한 구조는?

① 입단구조

② 단립(單粒)구조

③ 주상구조

④ 혼합구조

해설

입단구조는 통기성·투수성이 양호하고 양분과 수분의 유지 및 보유력이 우수하여 작물의 생육에 적당하다.

39

토양입자와의 결합력이 작아 용탈되기 가장 쉬운 성분은?

① Ca^{2+}

② Mg^{2+}

③ PO_4^{3-}

④ NO_3^-

해설

토양 무기양분의 흡착강도

• 토양교질은 음전하를 띠고 있어 음이온은 잘 흡착되지 않고 용탈되기 쉽다.

• 양이온 : $Al^{3+} > H^+ > Ca^{2+} > Mg^{2+} > K^+ > NH_4^+ > Na^+ > Li^+$

• 음이온 : $PO_4^{3-} > SO_4^{2-} > NO_3^- = Cl^-$

40

습도가 높은 대기 중에 토양을 놓아두었을 때 대기로부터 토양에 흡착되는 수분으로서 −3.1MPa 이하의 퍼텐셜을 갖는 것은?

① 흡습수

② 모관수

③ 중력수

④ 지하수

해설

흡습수(pF 4.5~7.0)

분자 간 인력에 의해서 토양입자 표면에 피막상으로 응축한 수분으로 작물이 이용하지 못한다.

41

친환경농업에 해당되지 않는 것은?

① 녹색혁명농업
② 생명동태농업(Bio-dynamic농업)
③ IPM(Itegrated Pest Management)
④ 유기농업

해설

녹색혁명(綠色革命)

20세기 후반, 급증하는 인구의 식량문제를 해결하기 위해 품종개량, 화학비료, 살충제·제초제 등을 농업에 적극 활용함으로써 농작물의 생산성을 높이고 수확량을 늘린 농업정책 및 기술혁신을 말한다.

42

녹비작물의 토양 혼입과 관련한 설명으로 옳은 것은?

① 녹비작물의 수확적기는 종실의 완숙기이다.
② 녹비작물의 토양 내 분해속도는 늦은 시기에 수확한 것이 어린 시기에 수확한 것보다 빠르다.
③ 녹비작물을 완숙기에 수확했다면 길게 절단하여 토양에 혼입하는 것이 좋다.
④ 녹비작물을 토양에 혼입한 후 후작물을 파종하는 시기는 혼입 후 2~3주 이내가 좋다.

해설

① 토양에 혼입하기 가장 좋은 시기는 녹비작물의 개화기이다.
② 녹비작물의 토양 내 분해속도는 늦은 시기에 수확한 것이 어린 시기에 수확한 것보다 느리다.
③ 녹비작물이 너무 크거나 거센 노화조직일 경우에는 가능한 한 이를 조각내어 토양에 혼입하는 것이 분해 속도를 촉진할 수 있다.

43

유기종자의 조건으로 거리가 먼 것은?

① 병충해 저항성이 높은 종자
② 화학비료로 전량 시비하여 재배한 작물에서 채종한 종자
③ 농약으로 종자소독을 하지 않은 종자
④ 유기농법으로 재배한 작물에서 채종한 종자

해설

유기종자의 조건

• 병충해 저항성이 높은 종자
• 잡초 경합력이 높은 품종
• 1년간 유기농법으로 재배한 작물에서 채종한 종자
• 화학적 소독을 거치지 않은 종자
• 상업용 종자가 아닌 종자
• 건실하고, 오염되지 않은 고품질의 유기종자
• 유기농산물 인증기준에 맞게 생산 및 관리된 종자

44

답전윤환의 효과로 틀린 것은?

① 벼를 재배하다가 채소를 재배하면 채소의 기지현상이 회피된다.
② 담수상태나 배수상태가 서로 교체되므로 잡초발생이 감소된다.
③ 입단화가 되고 건토효과가 진전되며 미량원소 등이 용탈된다.
④ 밭기간 동안에는 논기간에 비하여 환원성인 유해물질의 생성이 억제된다.

해설

답전윤환의 효과

• 지력의 유지·증진
• 기지의 회피
• 잡초발생의 억제
• 토양 보호
• 작물의 수량 증가

45

인공광에서 수은등에 대한 설명으로 가장 적절한 것은?

① 고압의 수은 증기 속의 아크방전에 의해서 빛을 내는 전등이다.

② 각종 금속용화물이 증기압 중에 방전함으로써 금속 특유의 발광을 나타내는 현상을 이용한 등이다.

③ 나트륨 증기 속에서 아크방전에 의해 방사되는 빛을 이용한 등이다.

④ 반도체의 양극에 전압을 가해 식물생육에 필요한 특수한 파장의 단색광만을 방출하는 인공광원이다.

해설

② 메탈할라이드등
③ 나트륨등
④ LED등

47

건답직파의 특성이 아닌 것은?

① 비가 올 때에는 파종이 어렵다.

② 담수직파보다 잡초 발생량이 적다.

③ 담수직파보다 출아일수가 길다.

④ 도복 발생량이 감소한다.

해설

건답직파의 특성
• 노동력 및 기계작업 효율 향상
• 초기 생육 및 입모 확보의 어려움
• 뜸모 및 도복 발생 감소
• 잡초 발생 증가
• 토양 및 기상 조건의 영향 큼

46

시설토양의 염류집적의 원인이 아닌 것은?

① 과도한 화학비료의 사용

② 강우의 차단과 특이한 실내환경

③ 모세관작용에 의한 지하염류의 상승으로 지표면에 염류 축적

④ 인공관수에 의한 염류의 지하용탈 및 지표유실의 빈번

해설

④ 인공관수(스프링클러, 점적관수 등)는 주로 표면에만 이루어져 염류가 하층으로 용탈되지 않고 표토에 머무르게 된다.

시설토양의 염류집적의 원인
• 연작
• 과도한 비료와 퇴비의 반복 사용
• 강우 차단 및 불량한 관배수
• 시설 내부의 특수 환경

48

유기축산을 위한 축사시설 준비과정에서 중요하게 고려하여야 할 사항으로 틀린 것은?

① 햇빛의 채광이 양호하도록 시설하여 건강한 성장을 도모한다.

② 공기의 유입이나 통풍이 양호하도록 설계하여 호흡기 질병이나 먼지피해를 입지 않도록 배려한다.

③ 가축의 분뇨가 외부로 유출되거나 토양에 침투되어 악취 등의 위생문제 및 지하수 오염 등을 일으키지 않도록 만전을 기한다.

④ 축사건립에 많은 투자를 피하고, 좁은 면적에 다수의 가축을 밀집 사육시킴으로써 경영의 효율성을 제고한다.

해설

④ 축사건립에 많은 투자를 하고, 좁은 면적에 다수의 가축을 밀집 사육하지 않는다.

49

유기사료 중 조사료에 해당하지 않는 것은?

① 사일리지   ② 건초

③ 볏짚   ④ 옥수수

50

다음 중 고립상태일 때의 광포화점이 가장 낮은 것은?

① 사탕무   ② 콩

③ 고구마   ④ 밀

51

토양미생물의 작용에 대한 설명으로 틀린 것은?

① 식물과 상호영향을 끼치며 번식・생존해 간다.
② 각종 무기물의 흡수와 순환에 중요한 역할을 한다.
③ 미생물 간의 길항작용을 한다.
④ 병해를 일으키지는 않고 예방작용만 한다.

52

마늘의 저온저장방법으로 가장 적절한 것은?

① 저온저장은 -10~-5℃, 상대습도는 약 50% 알맞다.
② 저온저장은 8~10℃, 상대습도는 약 85%가 알맞다.
③ 저온저장은 3~5℃, 상대습도는 약 65%가 알맞다.
④ 저온저장은 3~5℃, 상대습도는 약 85%가 알맞다.

53

다음 중 3년생 가지에 결실하는 것은?

① 사과   ② 감

③ 밤   ④ 포도

54

다음 중 3년 휴작이 필요한 작물로만 나열된 것은?

① 벼, 조   ② 딸기, 양배추

③ 당근, 미나리   ④ 토란, 참외

55

F$_2$~F$_4$ 세대에는 매세대 모든 개체로부터 1립씩 채종하여 집단재배를 하고, F$_4$ 각 개체별로 F$_5$계통재배를 하는 것은?

① 여교배육종　　　　② 파생계통육종
③ 1개체1계통육종　　④ 단순순환선발

1개체1계통육종
F$_2$~F$_4$ 매 세대 각 개체별 1립씩 채종하여 집단재배 → F$_5$~F$_6$ 계통선발

56

광물성 유기농업자재가 아닌 것은?

① 유지류　　　　　② 식염류
③ 칼슘염류　　　　④ 인산염류

광물성 : 식염류, 인산염류 및 칼슘염류, 다량광물질류, 혼합광물질류 (친환경농어업법 시행규칙 [별표 1])

57

전류가 텅스텐 필라멘트를 가열할 때 발생하는 빛을 이용하는 등(lamp)은?

① 백열등　　　　　② 형광등
③ 수은등　　　　　④ 메탈할라이드등

② 형광등 : 유리관 속에 수은과 아르곤을 넣고 안쪽 벽에 형광 물질을 바른 전등
③ 수은등 : 고압의 수은 증기 속의 아크방전에 의해서 빛을 내는 전등
④ 메탈할라이드등 : 각종 금속용화물이 증기압 중에 방전함으로써 금속 특유의 발광을 나타내는 현상을 이용한 등

58

염류농도장해의 가시적 증상이 아닌 것은?

① 새순부터 잎이 마르기 시작한다.
② 잎이 농녹색을 띠기 시작한다.
③ 잎 끝이 타면서 말라 죽는다.
④ 칼슘과 마그네슘 결핍증이 나타난다.

① 가장자리부터 황화(노랗게 변함)와 괴사(마름)가 시작된다.

59

다음 중 고온장해에 대한 내용으로 틀린 것은?

① 유기물의 과잉소모
② 증산 억제
③ 질소대사의 이상
④ 철분의 침전

고온장해
• 광합성보다 호흡작용 우세
• 유기물의 과잉소모 및 당분의 감소
• 질소대사의 이상(단백질의 합성 저해 및 암모니아의 축적)
• 철분의 침전으로 황백화현상 발생
• 증산 과다로 위조 유발

60

유기축산에 사용하는 가축 중에서 자축의 수가 평균적으로 가장 많은 가축은?

① 한우　　　　　② 젖소
③ 돼지　　　　　④ 염소

유기축산에 사용하는 가축 중에서 자축의 수가 가장 많은 가축
닭 > 돼지 > 한우

61

전지분유에 대한 설명으로 틀린 것은?

① 충전 시 충분한 냉각이 필요하며, 건조한 곳에서 취급되어야 한다.

② 물에 쉽게 용해될 수 있도록 인스턴트화시켜 탈지분유보다 저장이 용이하다.

③ 공기가 통하지 않도록 포장한다.

④ 제빵, 제과용으로 많이 사용된다.

해설

② 인스턴트화 여부와 저장성은 직접적인 관련이 없으며, 전지분유는 지방이 많아 탈지분유보다 저장성이 떨어진다.

62

대장균군 검사에 사용되지 않는 배지는?

① 표준한천배지

② 유당배지

③ BGLB 배지

④ 데스옥시콜레이트 유당한천배지

해설

대장균군 검사
- 정성시험 : 대장균의 존재 여부 판정, 유당배지법, BGLB배지법, 데스옥시콜레이트 유당한천배지법 등
- 정량시험 : 대장균군의 수 측정, 최확수법(락토오스브로스배지법, BGLB배지법), 데스옥시콜레이트 유당한천배지법, 건조필름법 등

63

유기농법을 적용할 경우 예상되는 결과와 거리가 먼 것은?

① 화학비료를 사용하지 않아 과용된 비료에 의한 환경오염을 줄일 수 있다.

② 잔류농약으로 인한 위험이 줄어든다.

③ 농약과 비료를 사용하지 않아 장기적으로 고품질 농산물의 안정적 생산량 유지가 어렵다.

④ 부가가치를 증가시켜 고가로 판매할 수 있어 경쟁력 있는 농업으로 발전할 수 있다.

해설

유기농법을 적용할 경우 예상되는 결과
- 환경오염 및 잔류화학물질 위험 감소
- 건강하고 안전한 농산물 생산
- 지속가능한 농업 실현
- 부가가치 및 경쟁력 증가

64

식품포장지로 사용되는 골판지에 대한 설명으로 틀린 것은?

① 골의 높이와 골의 수에 따라 A, B, C, D, E, F로 구분된다.

② 골의 높이는 A > C > B의 순서로 높다.

③ 단위길이당 골의 수가 가장 적은 것은 A이다.

④ 골의 형태는 U형과 V형이 있다.

해설

① 골(골심지)의 종류는 A골, B골, C골, E골로 구분한다.

65

식품포장재료의 일반적인 구비요건으로 적합하지 않은 것은?

① 식품의 성분과 상호작용이 없어야 한다.
② 유해한 성분을 함유하지 않아야 한다.
③ 적정한 물리적 강도를 가지고 있어야 한다.
④ 식품 종류와 관계없이 투습도가 높고 기체를 통과시키지 않아야 한다.

해설
④ 포장재의 투습도와 기체 차단성은 식품의 종류와 특성, 저장 목적에 따라 달라져야 한다.

66

식품의 원료관리, 제조, 가공, 조리, 소분, 유통, 판매의 모든 과정에서 위해한 물질이 식품에 섞이거나 오염되는 것을 방지하기 위하여 각 과정의 위해요소를 중점적으로 관리하는 기준을 무엇이라 하는가?

① HACCP   ② SSOP
③ GMP   ④ GAP

해설
① HACCP : 식품 및 축산물 안전관리인증기준
② SSOP : 위생표준작업 절차
③ GMP : 우수의약품 제조 및 품질관리기준
④ GAP : 농산물 우수관리 인증제도

67

대두유 또는 난황에서 분리한 인지질 함유 복합지질을 식용에 적합하도록 정제한 것 또는 이를 주원료로 하여 가공한 식품은?

① 레시틴 식품
② 배아 식품
③ 감마리놀렌산 식품
④ 옥타코사놀 식품

해설
② 배아 식품 : 곡류의 씨눈(배아, 胚芽)을 주원료로 하여 제조·가공한 식품이다.
③ 감마리놀렌산 식품 : 식물성 종자유에서 추출한 감마리놀렌산(오메가-6 불포화지방산)을 주원료로 가공한 식품이다.
④ 옥타코사놀 식품 : 밀의 씨눈, 사탕수수, 현미 등에 소량 들어 있는 옥타코사놀(폴리코사놀의 한 종류)을 추출하여 만든 식품이다.

68

화농성 질환의 병원균으로 독소형 식중독의 원인균은?

① *Leuconostoc mesenteroides*
② *Steptococcus faecalis*
③ *Staphylococcus aureus*
④ *Bacillus coagulans*

해설
황색포도상구균(*Staphylococcus aureus*)
• 독소(enterotoxin)를 생성하여 식중독을 유발한다.
• 급성위장염 형태(구역질, 구토, 복통, 설사)의 증상이 나타나며, 치명률은 낮다.
• 독소는 내열성이 커서 100℃ 온도에서 1시간 이상 가열하여도 파괴되지 않는다.
• 건조한 상태에서도 생존할 수 있다.

69

농산물 표준규격에 근거하여 토마토의 표준거래단위에 해당되지 않는 것은?(단, 5kg 이상을 기준으로 한다)

① 5kg　　　　　　　② 7.5kg
③ 15kg　　　　　　 ④ 20kg

해설

토마토의 표준거래단위(농산물 표준규격 [별표 1])
2kg, 2.5kg, 4kg, 5kg, 7.5kg, 10kg, 15kg

70

식품 동결건조의 기본원리는?

① 승화　　　　　　　② 기화
③ 액화　　　　　　　④ 응고

해설

동결건조
식품을 빙점 이하의 온도에서 동결 후 승화(sublimation)시켜 수분을 제거하는 방법이다.

71

수박 한 통의 유통단계별 가격은 농가 수취가격 5,000원, 위탁상가격 6,000원, 도매가격 6,500원, 소비자가격 8,500원이다. 수박 총거래량이 100개라고 하면, 유통마진의 가치(VMM)는 얼마인가?

① 350,000원　　　　② 200,000원
③ 150,000원　　　　④ 100,000원

해설

- 유통마진 = 소비자 지불가격 − 생산자 수취가격
  = 8,500원 − 5,000원
  = 3,500원
- 유통마진의 가치(VMN) = 유통마진 × 총거래량
  = 3,500원 × 100개
  = 350,000원

72

식품의 기준 및 규격상의 정의가 틀린 것은?

① 냉동은 −18℃ 이하, 냉장은 0~10℃를 말한다.
② 건조물(고형물)은 원료를 건조하여 남은 고형물로 별도의 규격이 정하여지지 않은 한, 수분함량이 5% 이하인 것을 말한다.
③ 살균이라 함은 따로 규정이 없는 한 세균, 효모, 곰팡이 등 미생물의 영양세포를 불성화시켜 감소시키는 것을 말한다.
④ 유통기간이라 함은 소비자에게 판매가 가능한 기간을 말한다.

해설

② 건조물(고형물)은 원료를 건조하여 남은 고형물로서 별도의 규정으로 정해지지 않은 한, 수분함량이 15% 이하인 것을 말한다(식품의 기준 및 규격 제1. 3.).

73

초고압처리의 미생물 살균 원리와 거리가 먼 것은?

① 세포막 구성 단백질의 변성
② 세포생육의 필수아미노산 흡수억제
③ 세포막 투과성 억제
④ 세포막 누출량 증가

해설

초고압에 의한 식품살균(HPP)
- 높은 압력을 가하여 식품의 조직에 손상을 주지 않고 미생물을 불활성화시켜 식품의 영양성분, 맛과 향을 유지시키는 살균법이다.
- 세포막의 투과성을 높여 세포액의 누출이 많아져 구성 단백질의 변성을 일으키는 단점이 있다.

74

시판되는 우유 제조 시 균질을 하는 주된 이유는?

① 미생물 사멸
② 크림 분리 방지
③ 향미의 개선
④ 단백질의 콜로이드(colloid)화

해설

우유 제조 시 균질화의 목적
• 크림층(layer)의 분리 방지
• 점도의 향상
• 우유조직의 연성화
• 커드 텐션을 감소시킴으로써 소화기능 향상

75

청과물의 호흡작용에 가장 크게 영향을 주는 요인은?

① 습도   ② 온도
③ 빛   ④ 산소

해설

청과물은 온도가 상승함에 따라 효소 활성이 증가하여 호흡과 관련된 생화학 반응 속도가 빨라진다.

76

농산물의 일반적인 유통경로는?

① 중계 – 분산 – 가공
② 중계 – 분산 – 수집
③ 수집 – 중계 – 분산
④ 분산 – 가공 – 중계

해설

농산물 유통경로
생산자 → 수집(농업협동조합) → 중계(도매시장) → 분산(도매상, 소매상) → 소비자

77

농산물 표준화의 잠재적 효용가치가 아닌 것은?

① 마케팅비용의 감소
② 중간상의 이윤을 높임
③ 시장유통활동의 능률화
④ 가격형성의 효율화

해설

농산물 표준화의 잠재적 효용가치
• 유통 효율성 증대 및 비용 절감
• 거래의 공정성 및 투명성 확보
• 상품성 및 신뢰도 향상
• 소비자 효용 증대
• 농가소득 증대 및 부가가치 창출
• 쓰레기 및 환경 부담 감소

78

식품공장에서 식품을 다루는 작업자의 위생과 관련된 설명으로 틀린 것은?

① 작업장에서 깨끗한 장갑을 착용하는 경우에는 손을 씻지 않아도 된다.
② 일반 작업구역에서 비오염 작업구역으로 이동할 때는 반드시 손을 씻고 소독하여야 한다.
③ 신발은 작업 전용 신발을 신어야 하고 같은 신발을 신은 채 화장실에 출입하지 않아야 한다.
④ 피부감염, 화농성질환이 있거나 설사를 하는 경우 식품 제조 작업을 중단하는 것이 좋다.

해설

① 장갑 표면이나 장갑을 착용하는 과정에서 오염이 발생할 수 있으므로 반드시 손을 먼저 깨끗이 씻고 소독한 후 장갑을 착용해야 하며, 장갑을 착용했다고 해서 손 씻기를 생략해서는 안 된다.

79

Bacillus polymixa 포자의 D값은 100℃에서 0.5분이며 z값은 9℃이다. 초기 미생물수가 10^6인 식품을 109℃에서 0.15분간 가열하였을 때 식품에 잔류하는 미생물의 수는?

① 10
② 10^2
③ 10^3
④ 10^4

• 미생물의 사멸속도

$$D = \frac{t}{\log N_0 - \log N}$$

여기서, D값 : 일정 온도에서 미생물의 90%가 사멸하는 데 걸리는 시간(분)

t : 가열시간(분)

N_0 : 초기의 미생물 농도

N : 일정 온도에서 t시간 가열했을 때 시료 중의 생존균수

• 109℃에서의 D값($\because z = 9$℃, 온도가 9℃ 상승하면 D값은 1/10로 감소)

$$D_{109} = \frac{0.15분}{\log 10^6 - \log N} = 0.05분$$

$\log 10^6 - \log N = 3$

$\therefore N = 10^3$

80

유기식품의 품질보증, 구매 후 서비스, 반품 등은 제품의 세 가지 차원 중 어디에 해당되는가?

① 핵심제품
② 유형제품
③ 확장제품
④ 유사제품

제품구성의 3단계

• 핵심제품 : 소비자가 제품을 구매함으로써 얻고자 하는 가장 기본적이고 본질적인 혜택
• 유형제품 : 핵심제품을 구체적이고 물리적으로 실현한 제품 자체, 즉 소비자가 실제로 보고, 만지고, 사용할 수 있는 제품의 속성
• 확장제품 : 유형제품 외에 소비자에게 추가로 제공되는 부가적 서비스와 혜택

제5과목 | 유기농업 관련 규정

81

무항생제축산물 인증에 관한 세부실시요령상 무항생제축산물 생산을 위하여 사료에 첨가하면 안 되는 것으로 틀린 것은?

① 우유
② 항생제
③ 합성항균제
④ 항콕시듐제

유기축산물의 사료 및 영양관리(유기식품 및 무농약농산물 등의 인증에 관한 세부실시요령 [별표 1])

다음에 해당되는 물질을 사료에 첨가해서는 아니 된다.

가) 가축의 대사기능 촉진을 위한 합성화합물
나) 반추가축에게 포유동물에서 유래한 사료(우유 및 유제품을 제외)는 어떠한 경우에도 첨가해서는 아니 된다.
다) 합성질소 또는 비단백태질소화합물
라) 항생제·합성항균제·성장촉진제, 구충제, 항콕시듐제 및 호르몬제
마) 그 밖에 인위적인 합성 및 유전자조작에 의해 제조·변형된 물질

82

농림축산식품부 소관 친환경농어업 육성 및 유기식품 등의 관리·지원에 관한 법률 시행규칙에서 규정한 허용물질 중 유기농산물의 토양개량과 작물생육을 위하여 사용 가능한 물질은?(단, 사용 가능한 조건을 만족한다)

① 천적
② 님(Neem) 추출물
③ 담배잎차
④ 랑베나이트

①·②·③ 천적, 님 추출물, 담배잎차 : 병해충 관리를 위해 사용 가능한 물질(친환경농어업법 시행규칙 [별표 1])

83

농림축산식품부 소관 친환경농어업 육성 및 유기식품 등의 관리·지원에 관한 법률 시행규칙의 인증품 또는 인증품의 포장·용기에 표시하는 방법에서 다음 (   ) 안에 알맞은 내용은?

> 표시사항은 해당 인증품을 포장한 사업자의 인증정보와 일치하여야 하며, 해당 인증품의 생산자가 포장자와 일치하지 않는 경우에는 (   )를 추가로 표시하여야 한다.

① 생산자의 주민등록번호 앞자리
② 생산자의 인증번호
③ 생산자의 국가기술자격 발급번호
④ 인증기관의 주소

해설

유기식품 등의 인증정보 표시 방법(친환경농어업법 시행규칙 [별표 7])

84

농림축산식품부 소관 친환경농어업 육성 및 유기식품 등의 관리·지원에 관한 법률 시행규칙에 따른 유기가공식품의 생산에 사용 가능한 가공보조제와 그 사용 가능 범위가 옳게 짝지어진 것은?

① 오존수 – 식품 표면의 세척·소독제
② 백도토 – 설탕 가공
③ 과산화수소 – 응고제
④ 수산화칼륨 – 여과보조제

해설

식품첨가물 또는 가공보조제로 사용 가능한 물질(친환경농어업법 시행규칙 [별표 1])

명칭	가공보조제로 사용 시 사용 가능 범위
오존수	식품 표면의 세척·소독제
백도토	청징(clarification) 또는 여과보조제
과산화수소	식품 표면의 세척·소독제
수산화칼륨	설탕 및 분리대두단백 가공 중의 산도 조절제

85

농림축산식품부 소관 친환경농어업 육성 및 유기식품 등의 관리·지원에 관한 법률 시행규칙상 인증심사원의 자격취소 및 정지 기준의 개별기준에서 [보기]의 내용으로 1회 적발되었을 경우의 행정처분은?

> **보기**
>
> 인증심사 업무와 관련하여 다른 사람에게 자기의 성명을 사용하게 하거나 인증심사원증을 빌려 준 경우

① 자격정지 3개월
② 자격정지 6개월
③ 자격정지 1년
④ 자격취소

해설

인증심사원의 자격취소, 자격정지 및 시정조치 명령의 개별기준(친환경농어업법 시행규칙 [별표 12])

위반행위	위반횟수별 행정처분기준		
	1회 위반	2회 위반	3회 이상 위반
인증심사 업무와 관련하여 다른 사람에게 자기의 성명을 사용하게 하거나 인증심사원증을 빌려 준 경우	자격정지 6개월	자격취소	–

86

농림축산식품부 소관 친환경농어업 육성 및 유기식품 등의 관리·지원에 관한 법률 시행규칙상 유기가공식품의 식품첨가물 또는 가공보조제로 사용 가능한 물질이 아닌 것은?

① 탄산칼슘
② 탄산칼륨
③ 탄산바륨
④ 탄산나트륨

해설

식품첨가물 또는 가공보조제로 사용 가능한 물질(친환경농어업법 시행규칙 [별표 1])

명칭	식품첨가물로 사용 시 사용 가능 범위	가공보조제로 사용 시 사용 가능 범위
탄산칼슘	식물성 제품, 유제품(착색료로는 사용하지 말 것)	제한 없음
탄산칼륨	곡류 제품, 케이크, 과자	포도 건조
탄산나트륨	케이크, 과자	설탕 가공 및 유제품의 중화제

87

유기식품 및 무농약농산물 등의 인증에 관한 세부실시요령상 인증심사의 인증심사원으로 지정할 수 있는 경우는?

① 자신이 신청인이거나 신청인 등과 관련법에 해당하는 친족관계인 경우
② 인증기관 임직원과 이해관계가 있는 경우
③ 신청인과 경제적인 이해관계가 있는 경우
④ 최근 3년 이내에 신청인과 경제적인 이해관계가 없는 경우

해설

인증심사원의 지정(유기식품 및 무농약농산물 등의 인증에 관한 세부실시요령 [별표 2])

인증기관은 인증심사원이 다음의 어느 하나에 해당되는 경우 해당 신청 건에 대한 인증심사원으로 지정하여서는 아니 된다.

가) 자신이 신청인이거나 신청인 등과 민법에 해당하는 친족관계인 경우
나) 신청인과 경제적인 이해관계가 있는 경우
다) 기타 공정한 심사가 어렵다고 판단되는 경우

88

친환경농어업 육성 및 유기식품 등의 관리 · 지원에 관한 법률에서 농업의 근간이 되는 흙의 소중함을 국민에게 알리기 위하여 매년 몇 월 며칠을 흙의 날로 정하는가?

① 1월 19일　　　　② 3월 11일
③ 4월 15일　　　　④ 8월 13일

해설

흙의 날(친환경농어업법 제5조의2 제1항)

농업의 근간이 되는 흙의 소중함을 국민에게 알리기 위하여 매년 3월 11일을 흙의 날로 정한다.

89

친환경농어업 육성 및 유기식품 등의 관리 · 지원에 관한 법률상 친환경농어업 육성계획에 포함되어야 할 항목이 아닌 것은?

① 농어업 분야의 환경보전을 위한 정책목표 및 기본방향
② 농어업의 환경오염 실태 및 개선대책
③ 합성농약, 화학비료 및 항생제 · 항균제 등 화학자재 사용량 감축 방안
④ 친환경농산물 규격 표준화 방안

해설

친환경농어업 육성계획(친환경농어업법 제7조 제2항)

육성계획에는 다음의 사항이 포함되어야 한다.

1. 농어업 분야의 환경보전을 위한 정책목표 및 기본방향
2. 농어업의 환경오염 실태 및 개선대책
3. 합성농약, 화학비료 및 항생제 · 항균제 등 화학자재 사용량 감축 방안
3의2. 친환경 약제와 병충해 방제 대책
4. 친환경농어업 발전을 위한 각종 기술 등의 개발 · 보급 · 교육 및 지도 방안
5. 친환경농어업의 시범단지 육성 방안
6. 친환경농수산물과 그 가공품, 유기식품 등 및 무농약원료가공식품의 생산 · 유통 · 수출 활성화와 연계강화 및 소비 촉진 방안
7. 친환경농어업의 공익적 기능 증대 방안
8. 친환경농어업 발전을 위한 국제협력 강화 방안
9. 육성계획 추진 재원의 조달 방안
10. 인증기관의 육성 방안
11. 그 밖에 친환경농어업의 발전을 위하여 농림축산식품부령 또는 해양수산부령으로 정하는 사항

90

농림축산식품부 소관 친환경농어업 육성 및 유기식품 등의 관리·지원에 관한 법률 시행규칙상 유기농산물 및 유기임산물의 잔류합성농약 기준으로 옳은 것은?

① 1/5 이하
② 1/10 이하
③ 1/20 이하
④ 검출되지 아니하여야 한다.

해설

유기농산물 및 유기임산물의 생산물 품질관리 등(친환경농어업법 시행규칙 [별표 4])

합성농약 또는 합성농약 성분이 함유된 자재를 사용하지 않으며, 합성농약 성분은 식품위생법에 따라 식품의약품안전처장이 고시한 농약 잔류허용기준의 20분의 1 이하이어야 하고, 같은 고시에서 잔류허용기준을 정하지 않은 경우에는 0.01mg/kg 이하일 것

91

농림축산식품부 소관 친환경농어업 육성 및 유기식품 등의 관리·지원에 관한 법률 시행규칙상 인증신청자가 심사 결과에 대한 이의가 있어 인증심사를 실시한 기관에 재심사를 신청하고자 할 때 인증심사 결과를 통지받은 날부터 얼마 이내에 관련 자료를 제출해야 하는가?

① 7일   ② 10일
③ 20일   ④ 30일

해설

인증의 갱신 등의 재심사(친환경농어업법 시행규칙 제18조 제1항)

재심사를 신청하려는 자는 심사 결과를 통지받은 날부터 7일 이내에 인증 갱신·유효기간 연장 재심사 신청서에 재심사 신청사유를 증명하는 자료를 첨부하여 심사를 한 인증기관에 제출해야 한다.

92

농림축산식품부 소관 친환경농어업 육성 및 유기식품 등의 관리·지원에 관한 법률 시행규칙상 유기표시가 된 인증품을 또는 동등성이 인정된 인증을 받은 유기가공식품을 판매나 영업에 사용할 목적으로 수입하려는 자가 수입신고서에 반드시 첨부해야 할 서류가 아닌 것은?

① 인증서 사본
② 인증기관이 발생한 거래인증서 원본
③ 동등성 인정 협정을 체결한 국가의 인증기관이 발행한 인증서 사본 및 수입증명서 원본
④ 잔류농약검사 성적서

해설

수입 유기식품의 신고(친환경농어업법 시행규칙 제22조 제1항)

법에 따라 인증품인 유기식품 또는 동등성이 인정된 인증을 받은 유기가공식품의 수입신고를 하려는 자는 식품의약품안전처장이 정하는 수입신고서에 다음의 구분에 따른 서류를 첨부하여 식품의약품안전처장에게 제출해야 한다. 이 경우 수입되는 유기식품의 도착 예정일 5일 전부터 미리 신고할 수 있으며, 미리 신고한 내용 중 도착항, 도착 예정일 등 주요 사항이 변경되는 경우에는 즉시 그 내용을 문서(전자문서를 포함)로 신고해야 한다.

1. 인증품인 유기식품을 수입하려는 경우 : 인증서 사본 및 거래인증서 원본(전자문서로 발급된 경우에는 그 전자문서)
2. 동등성이 인정된 인증을 받은 유기가공식품을 수입하려는 경우 : 동등성 인정 협정을 체결한 국가의 인증기관이 발행한 인증서 사본 및 수입증명서(Import Certificate) 원본(전자문서로 발급된 경우에는 그 전자문서)

93

친환경농어업 육성 및 유기식품 등의 관리·지원에 관한 법률상 유기식품 등의 인증 유효기간으로 옳은 것은?

① 인증을 받은 날부터 1년이다.
② 인증을 받은 날부터 2년이다.
③ 인증을 받은 날부터 2년이나, 유기농산물은 1년이다.
④ 인증을 받은 날부터 1년이나, 유기농산물은 2년이다.

해설

인증의 유효기간 등(친환경농어업법 제21조 제1항)

인증의 유효기간은 인증을 받은 날부터 1년으로 한다.

94

농림축산식품부 소관 친환경농어업 육성 및 유기식품 등의 관리·지원에 관한 법률 시행규칙상 공시사업자 등이 공시를 받은 원료와 다른 원료를 사용하거나 제조 조성비를 다르게 한 경우, 1회 위반 시 행정처분은?

① 업무정지 1개월

② 지정취소

③ 공시취소 및 유기농업자재의 회수·폐기

④ 판매금지 및 유기농업자재의 회수·폐기

해설

유기농업자재 관련 행정처분 개별기준 – 공시사업자 등(친환경농어업법 시행규칙 [별표 20])

위반행위	위반횟수별 행정처분기준		
	1회 위반	2회 위반	3회 이상 위반
공시를 받은 원료·재료와 다른 원료·재료를 사용하거나 제조 조성비를 다르게 한 경우	판매금지 및 유기농업자재의 회수·폐기	공시취소 및 유기농업자재의 회수·폐기	–

95

유기식품 및 무농약농산물 등의 인증에 관한 세부실시요령상 유기양봉제품의 전환기간에 대한 내용이다. (　　)의 내용으로 알맞은 것은?

> 전환기간(　　) 동안에 밀랍은 유기적으로 생산된 밀랍으로 모두 교체되어야 한다. 인증기관은 전환기간 동안에 모든 밀랍이 교체되지 않은 경우 전환기간을 연장할 수 있다.

① 6개월

② 1년

③ 2년

④ 3년

해설

유기축산물 중 유기양봉의 산물·부산물의 전환기간(유기식품 및 무농약농산물 등의 인증에 관한 세부실시요령 [별표 1])

96

유기식품 및 무농약농산물 등의 인증에 관한 세부실시요령상 유기축산물 인증 부분의 사육장 및 사육조건의 인증기준으로 옳은 것은?

① 산란계의 경우 자연일조시간을 포함하여 총 14시간을 넘지 않는 범위 내에서 인공광으로 일조시간을 연장할 수 있다.

② 가금은 기후 등 사육여건을 감안하여 케이지 사육이 허용된다.

③ 반추가축은 축사면적 3배 이상의 방목지를 확보해야 한다.

④ 비육우의 방사식 사육에서 사육시설의 소요면적은 마리당 $10m^2$이다.

해설

② 가금류의 축사는 짚·톱밥·모래 또는 야초와 같은 깔집으로 채워진 건축공간이 제공되어야 하고, 가금의 크기와 수에 적합한 홰의 크기 및 높은 수면공간을 확보하여야 하며, 산란계는 산란상자를 설치하여야 한다.
③ 반추가축은 축사면적 2배 이상의 방목지 또는 운동장을 확보해야 한다.
④ 비육우의 방사식 사육에서 사육시설의 소요면적은 마리당 $7.1m^2$이다.

97

농림축산식품부 소관 친환경농어업 육성 및 유기식품 등의 관리·지원에 관한 법률 시행규칙 중에서 사용되는 용어의 정의로 그 내용이 틀린 것은?

① 재배포장이란 작물을 재배하는 일정구역을 말한다.

② 돌려짓기(윤작)이란 동일한 재배포장에서 동일한 작물을 연이어 재배하지 아니하고, 서로 다른 종류의 작물을 순차적으로 조합·배열하는 방식의 작부체계를 말한다.

③ 유기사료란 식용유기가공품 인증기준에 맞게 재배·생산된 사료만을 말한다.

④ 동물용의약품이란 동물질병의 예방·치료 및 진단을 위하여 사용하는 의약품을 말한다.

해설

③ 유기사료란 비식용유기가공품의 인증기준에 맞게 제조·가공 또는 취급된 사료를 말한다(친환경농어업법 시행규칙 [별표 4]).

98

농림축산식품부 소관 친환경농어업 육성 및 유기식품 등의 관리·지원에 관한 법률 시행규칙상 인증기관 지정기준의 인력에 대한 내용으로 (   )에 알맞은 것은?

> 관련 자격을 부여받은 인증심사원을 상근인력으로 (   ) 이상 확보하고, 인증심사업무를 수행하는 상설 전담조직을 갖출 것

① 3명   ② 5명
③ 7명   ④ 9명

해설

인증기관의 지정기준 – 인력 및 조직(친환경농어업법 시행규칙 [별표 10])

99

친환경농어업 육성 및 유기식품 등의 관리·지원에 관한 법률 시행령상 농림축산식품부장관·해양수산부장관 또는 지방자치단체의 장이 관련 법률에 따라 친환경농어업에 대한 기여도를 평가하고자 할 때 고려하는 사항이 아닌 것은?

① 친환경농수산물 또는 유기농어업자재의 생산·유통·수출 실적
② 친환경농어업 기술의 개발·보급 실적
③ 유기농어업자재의 사용량 감축 실적
④ 축산분뇨를 퇴비 및 액체비료 등으로 자원화한 실적

해설

친환경농어업에 대한 기여도(친환경농어업법 시행령 제2조)
농림축산식품부장관·해양수산부장관 또는 지방자치단체의 장은 친환경농어업 육성 및 유기식품 등의 관리·지원에 관한 법률에 따른 친환경농어업에 대한 기여도를 평가하려는 경우에는 다음의 사항을 고려해야 한다.
1. 농어업 환경의 유지·개선 실적
2. 유기식품 및 비식용유기가공품(이하 '유기식품 등'), 친환경농수산물 또는 유기농어업자재의 생산·유통·수출 실적
3. 유기식품 등, 무농약농산물, 무농약원료가공식품, 무항생제수산물 및 활성처리제 비사용 수산물의 인증 실적 및 사후관리 실적
4. 친환경농어업 기술의 개발·보급 실적
5. 친환경농어업에 관한 교육·훈련 실적
6. 농약·비료 등 화학자재의 사용량 감축 실적
7. 축산분뇨를 퇴비 및 액체비료 등으로 자원화한 실적

100

유기식품 및 무농약농산물 등의 인증에 관한 세부실시요령에 따른 유기축산물 인증기준의 일반원칙에 해당하지 않는 것은?

① 가축의 건강과 복지증진 및 질병예방을 위하여 사육 전기간 동안 적절한 조치를 취하여야 하며, 치료용 동물용의약품을 절대 사용할 수 없다.
② 초식가축은 목초지에 접근할 수 있어야 하고, 그 밖의 가축은 기후와 토양이 허용되는 한 노천구역에서 자유롭게 방사할 수 있도록 하여야 한다.
③ 가축의 생리적 요구에 필요한 적절한 사양관리체계로 스트레스를 최소화하면서 질병예방과 건강유지를 위한 가축관리를 하여야 한다.
④ 가축 사육두수는 해당 농가에서의 유기사료 확보능력, 가축의 건강, 영양균형 및 환경영향 등을 고려하여 적절히 정하여야 한다.

해설

① 가축 질병방지를 위한 적절한 조치를 취하였음에도 불구하고 질병이 발생한 경우에는 가축의 건강과 복지유지를 위하여 수의사의 처방 및 감독 하에 치료용 동물용의약품을 사용할 수 있다(유기식품 및 무농약농산물 등의 인증에 관한 세부실시요령 [별표 1]).

제1과목 | 재배원론

01

다음 중 산성토양에서 작물의 적응성이 가장 약한 것은?

① 호밀   ② 땅콩
③ 토란   ④ 시금치

해설

산성토양에서 적응성이 가장 약한 작물 : 알팔파, 자운영, 콩, 팥, 시금치, 사탕무, 셀러리, 부추, 양파 등

02

다음 중 탄산시비의 효과로 옳지 않은 것은?

① 수량 증가   ② 개화 수 증가
③ 착과율 증가   ④ 광합성 속도 감소

해설

탄산시비

CO_2의 농도를 인위적으로 높여 작물의 증수와 광합성, 개화를 위한 시비법으로 수확량 증대, 개화 수 증가 등의 효과가 있다.

03

대기 중 이산화탄소의 농도로 옳은 것은?

① 약 0.03%   ② 약 0.09%
③ 약 0.15%   ④ 약 0.20%

해설

대기의 조성

질소 79%, 산소 21%, 이산화탄소 0.03%

04

다음 중 굴광현상에 가장 유효한 광은?

① 청색광
② 녹색광
③ 황색광
④ 적색광

해설

굴광현상은 청색광(440~480nm)이 가장 유효하다.

05

다음 중 장일효과를 유도하기 위한 야간조파에 효과적인 광의 파장은?

① 300~350nm
② 380~420nm
③ 600~680nm
④ 300nm 이하

해설

야간조파에는 650nm 부근의 적색광이 가장 효과적이다.

정답   1 ④   2 ④   3 ①   4 ①   5 ③

06

다음 중 식물분류학적 방법에서 작물분류로 옳지 않은 것은?

① 벼과 작물
② 콩과 작물
③ 가지과 작물
④ 공예작물

해설

④ 공예작물은 농업상 용도에 의한 분류이다.

07

다음 중 영양번식의 취목에 해당하지 않는 것은?

① 성토법
② 분주
③ 휘묻이
④ 고취법

해설

분주(分株, 포기나누기, division)
어미나무 줄기의 지표면 가까이에서 발생하는 새싹(흡지)을 뿌리와 함께 잘라내어 새로운 개체로 만드는 방법
예 나무딸기, 앵두나무, 대추나무

08

다음 중 종자휴면의 원인과 관련이 없는 것은?

① 경실종자
② 발아억제물질
③ 배의 성숙
④ 종피의 불투기성

해설

종자휴면의 원인
• 종피의 불투수성 · 불투기성
• 종피의 기계적 저항
• 배 · 배유의 미숙
• 발아억제물질의 존재
• 발아촉진물질의 부족

09

다음 중 연작에 의해서 나타나는 기지현상의 원인으로 옳지 않은 것은?

① 토양 비료분의 소모
② 염류의 감소
③ 토양선충의 번성
④ 잡초의 번성

해설

연작에 의해서 나타나는 기지현상의 원인
토양 비료분의 소모, 염류의 집적, 토양물리성의 악화, 토양전염병의 해, 토양선충의 번성, 유독물질의 축적, 잡초의 번성 등

10

다음 중 사과의 축과병, 담배의 끝마름병으로 분열조직에서 괴사를 일으키는 원인으로 옳은 것은?

① 칼슘의 결핍
② 아연의 결핍
③ 붕소의 결핍
④ 망가니즈의 결핍

해설

붕소(B)의 결핍
• 분열조직에 괴사가 일어나고 수정 · 결실이 나빠진다.
• 사탕무 속썩음병, 순무 갈색속썩음병, 셀러리 줄기쪼김병, 담배 끝마름병, 사과 축과병, 알팔파 황색병 등이 발생한다.

11

다음 중 접목부위로 옳게 나열된 것은?

① 대목의 목질부, 접수의 목질부
② 대목의 목질부, 접수의 형성층
③ 대목의 형성층, 접수의 목질부
④ 대목의 형성층, 접수의 형성층

해설

접목

번식시키려는 식물 대목의 형성층과 접수의 형성층이 서로 맞물리도록 접합하여 밀착시킨 후 유합조직이 형성되어 양분과 수분이 이동할 수 있도록 한다.

12

다음 중 내염성 작물로 가장 옳은 것은?

① 감자　　　　　② 완두
③ 목화　　　　　④ 사과

해설

내염성이 강한 작물 : 유채, 목화, 순무, 사탕무, 양배추, 라이그래스 등

13

무기성분 중 벼가 많이 흡수하는 것으로 벼의 잎을 직립하게 하여 수광상태가 좋게 되어 동화량을 증대시키는 효과가 있는 것은?

① 규소　　　　　② 망가니즈
③ 니켈　　　　　④ 붕소

해설

규소(Si)

• 작물의 필수원소에 포함되지 않는다.
• 화곡류 잎의 표피 조직에 침전되어 병에 대한 저항성을 증진시킨다.
• 벼가 많이 흡수하면 잎을 직립하게 하여 수광상태가 좋게 되어 동화량을 증대시키는 효과가 있다.

14

다음 중 중성식물로 옳은 것은?

① 시금치
② 고추
③ 벼
④ 콩

해설

중성(중일성)식물 : 강낭콩, 고추, 토마토, 당근, 셀러리, 조생종 벼 등

15

환상박피 때 화아분화가 촉진되고 과실의 발달이 조장되는 작물의 내적균형 지표로 가장 알맞은 것은?

① C/N율
② S/R율
③ T/R율
④ R/S율

해설

C/N율

식물체 내에 흡수된 탄소(C)와 질소(N)의 비율로 C/N율이 높을 경우 개화가 유도되고, C/N율이 낮을 경우 영양생장이 계속된다.

16

다음 중 건물생산이 최대로 되는 단위면적당 군락엽면적을 뜻하는 용어로 옳은 것은?

① 포장동화능력
② 최적엽면적
③ 보상점
④ 광포화점

해설

최적엽면적(optimum leaf area)
• 군락상태에서 건물생산을 최대로 할 수 있는 엽면적이다.
• 군락의 최적엽면적은 생육시기, 일사량, 수광태세 등에 따라 다르다.
• 최적엽면적지수를 크게 하는 것은 군락의 건물생산능력을 크게 하여 수량을 증대시킨다.

17

다음 중 전분 합성과 관련된 효소로 옳은 것은?

① 아밀레이스
② 포스포릴라아제
③ 프로테아제
④ 라이페이스

해설

② 포스포릴라아제 : 전분의 합성과 분해에 모두 관여하는 효소
① 아밀레이스 : 전분분해효소
③ 프로테아제 : 단백질분해효소
④ 라이페이스(리파아제) : 지질분해효소

18

다음 중 골 사이나 포기 사이의 흙을 포기 밑으로 긁어모아 주는 것을 뜻하는 용어로 옳은 것은?

① 멀칭
② 답압
③ 배토
④ 제경

해설

배토(培土, 북주기)
작물의 생육기간 중 흙을 포기 밑으로 모아주는 작업으로 도복 방지, 무효분얼 억제와 증수, 품질 향상 등의 효과가 있다.

19

다음 중 식물 세포의 크기를 증대시키는 데 직접적으로 관여하는 것으로 가장 옳은 것은?

① 팽압
② 막압
③ 벽압
④ 수분퍼텐셜

해설

팽압
삼투현상으로 세포의 수분이 늘면 세포의 크기를 증대시키려는 압력이 생기는데 이를 팽압이라 하며, 팽압에 의해 식물체제가 유지된다.

20

리비히가 주장하였으며 생산량은 가장 소량으로 존재하는 무기성분에 의해 지배받는다는 이론은 무엇인가?

① 최소양분율
② 유전자중심설
③ C/N율
④ 하디−바인베르크법칙

해설

리비히(J. V. Liebig)의 최소양분율
작물의 생장은 가장 소량으로 존재하는 무기성분, 즉 임계원소의 양에 의해 지배된다는 이론이다.

21

염기포화도에서 고려되는 교환성염기가 아닌 것은?

① Ca^{2+}
② Mg^{2+}
③ Na^+
④ Al^{3+}

해설

교환성염기

- 토양을 알칼리성으로 만드는 경향이 있는 양이온(Ca^{2+}, Mg^{2+}, K^+, Na^+)을 말한다.
- H^+과 Al^{3+}은 토양을 산성화시키는 산성 양이온으로, 염기포화도 계산에서 제외한다.

22

어떤 토양의 흡착이온을 분석한 결과 Mg = 2cmol/kg, Na = 1cmol/kg, Al = 2cmol/kg, H = 4cmol/kg, K = 2cmol/kg이었다. 이 토양의 CEC가 12cmol/kg이고 염기포화도는 75%로 계산되었다. 이 토양의 치환성칼슘의 양은 몇 cmol/kg으로 추정되는가?

① 1
② 2
③ 3
④ 4

해설

$$염기포화도(\%) = \frac{교환성양이온(H^+와\ Al^{3+}을\ 제외한\ 양이온)의\ 총량}{CEC} \times 100$$

$$75\% = \frac{(2+1+2+Ca^{2+})}{12} \times 100$$

∴ 치환성칼슘의 양 = 4cmol$_c$/kg

23

주로 혐기성균에 의해 일어나는 질소대사는?

① 암모니아화성작용
② 질산화성작용
③ 탈질작용
④ 산화적 탈아미노반응

해설

탈질작용은 *Pseudomonas*, *Paracoccus*와 같은 혐기성 세균에 의해 일어나며 산소 농도가 10% 미만인 환경에서 발생한다.

24

유기물의 탄질률과 토양질소에 대한 설명으로 옳은 것은?

① 탄질률 20 이하인 유기물을 사용하면 토양 중의 무기질소 함량이 감소한다.
② 탄질률이 낮은 유기물일수록 토양 무기질소의 부동화를 촉진시킨다.
③ 탄질률이 높은 유기물을 시용하면 질산화작용이 촉진된다.
④ 탄질률이 높은 유기물은 작물의 무기질소 흡수를 방해할 수 있다.

해설

① 탄질률이 낮을수록(질소가 풍부) 분해 과정에서 질소가 방출되어 무기질소가 증가한다.
② 탄질률이 낮은 유기물은 질소가 충분해 미생물이 토양질소를 흡수하지 않으므로 부동화가 일어나지 않는다.
③ 탄질률이 높으면 암모늄 공급이 부족해 질산화작용이 억제된다.

25

식물생장촉진 근권미생물의 기능이 아닌 것은?

① 질소고정

② 식물생장촉진호르몬 생성

③ 시데로포아(siderophore) 생성

④ 타감작용(alleropathy)

해설

④ 타감작용(allelopathy, 상호대립작용) : 특정 식물이 분비하는 화학
　물질이 다른 식물의 생장이나 발아를 억제하는 현상

식물생장촉진 근권미생물(PGPR)의 주요 기능 : 질소고정, 인산가용
화, 철분 공급(시데로포아 생성), 식물생장호르몬(옥신, 사이토키닌,
지베렐린) 생성, 항생물질 분비 등

26

토양 입단구조의 중요성에 대한 설명으로 가장 거리가 먼
것은?

① 토양의 통기성과 통수성에 영향을 미친다.

② 토양침식을 억제한다.

③ 토양 내에 호기성 미생물의 활성을 증대시킨다.

④ Na 이온은 토양의 입단화를 촉진시킨다.

해설

④ 나트륨이온은 토양의 입단화를 파괴시킨다.

27

다음 중 접시와 같은 모양이거나 수평배열의 토괴로 구성
된 구조로 토양생성과정 중에 발달하거나 인위적인 요인
에 의하여 만들어지며, 모재의 특성을 그대로 간직하고
있는 것은?

① 괴상구조　　　　② 각주상구조

③ 원주상구조　　　　④ 판상구조

해설

판상구조

우리나라 논토양에서 많이 발견되며, 모재의 특성을 그대로 간직하고
있는 것이 특징이고 물이나 빙하의 아래에 위치하기도 한다.

28

토양의 생성인자로 가장 거리가 먼 것은?

① 지형(경사도, 경사면)

② 기후(강수, 기온)

③ 생명체(식생, 토양동물)

④ 작물재배(시비, 경운)

해설

토양생성에 관여하는 주요 5가지 요인 : 모재, 지형, 기후, 식생, 시간 등

29

다음 중 탄질률이 가장 높은 것은?

① 옥수수찌꺼기　　　　② 알팔파

③ 블루그래스　　　　④ 활엽수의 톱밥

해설

탄질률(C/N율)

활엽수의 톱밥(400) > 옥수수찌꺼기(57) > 블루그래스(31) > 알팔
파(13)

30

유기물의 토양물리성에 미치는 영향이 아닌 것은?

① 보수력 증가

② 입단화 촉진

③ 완충능 감소

④ 온도 상승

해설

③ 완충능 증대

31

우리나라 토양통을 토지이용형태 기준으로 구분할 때 토양통 수가 가장 많은 토지이용형태는?

① 과수원토양

② 밭토양

③ 논토양

④ 산림토양

해설

우리나라 토양통 수 : 논 > 밭 > 임지

32

다음 중 식물성 유기질 비료로 탄질률이 가장 높은 것은?

① 채종박　　② 대두박

③ 면실박　　④ 미강유박

해설

탄질률(C/N율)

미강유박(15.0) > 채종박(5.6) > 대두박(4.7) > 면실박, 피마자박(4.5)

33

다음 중 양이온교환용량이 가장 높은 토양 콜로이드는?

① vermiculite

② sesquioxides

③ kaolinite

④ hydrous mica

해설

토양 콜로이드의 양이온교환용량(me/100g)

토양 콜로이드	CEC	토양교질물	CEC
부식(humus)	100~300	hydrous mica	25~40
vermiculite	80~150	kaolinite	3~15
montmorillonite	60~100	sesquioxides	0~3

34

화성암 중 중성암으로만 짝지어진 것은?

① 석영반암, 휘록암

② 안산암, 섬록암

③ 현무암, 반려암

④ 화강암, 섬록반암

해설

화성암의 분류

화학적 분류(SiO_2) 조직적 분류	염기성암 (40~55%)	중성암 (55~65%)	산성암 (65~75%)
화산암	현무암	안산암	유문암
반심성암	휘록암	섬록반암	석영반암
심성암	반려암	섬록암	화강암

35

암모늄태질소를 아질산태질소로 산화시키는 데 주로 관여하는 세균은?

① *Nitrobacter*
② *Nitrosomonas*
③ *Micrococcus*
④ *Azotobacter*

질산화작용(nitrification)
- 1단계($NH_4^+ \rightarrow NO_2^-$), 암모니아산화균(아질산균) : *Nitrosomonas*, *Nitrosococcus*, *Nitrosospira* 등
- 2단계($NO_2^- \rightarrow NO_3^-$), 아질산산화균(질산균) : *Nitrobacter*, *Nitrospina*, *Nitrococcus* 등

36

다음 중 풍화가 가장 어려운 광물은?

① 백운모
② 방해석
③ 정장석
④ 흑운모

광물의 풍화에 대한 저항성
석영 > 백운모 > 장석(정장석) > 흑운모 > 각섬석 > 휘석 > 감람석 > 방해석 > 석고

37

다음 중 칼륨 함량이 많은 장석이 염기물질의 신속한 용탈작용을 받았을 때 가장 먼저 생성되는 점토광물은?

① illite
② kaolinite
③ vermiculite
④ chlorite

카올리나이트(kaolinite)
- 우리나라 토양에 가장 많이 분포한다고 알려져 있으며, 1:1 비팽창형에 속한다.
- 동형치환이 거의 발생하지 않아 점토광물의 변두리전하에만 의존하여 영구음전하가 존재한다.
- 칼륨(K) 원소함량이 많은 장석이 염기물질의 신속한 용탈작용을 받았을 때 가장 먼저 생성되는 점토광물이다.

38

토양단면 중 농경지의 표층토(경작층)을 가장 옳게 표시한 것은?

① Bo
② Bt
③ Rz
④ Ap

Ap 토층의 의미
- A : 자연상태의 표층토(유기물 함량이 높고 뿌리가 분포하는 층)
- p : 경운(plowed) 토층 또는 인위 교란층

39

스멕타이트를 많이 포함한 토양에 부숙된 유기물을 가할 때 나타나는 현상이 아닌 것은?

① 수분 보유력이 증가한다.
② 토양 pH가 감소한다.
③ CEC가 증가한다.
④ 입단화 현상이 증가한다.

② 스멕타이트와 유기물 모두 토양의 pH를 완충하거나 상승시키는 경향이 있다.

40

유기물의 분해 속도에 대한 설명으로 틀린 것은?

① 호기성 조건이 혐기성 조건보다 빠르다.
② 리그닌 및 페놀함량이 많으면 느리다.
③ 중성보다 강산성에서 늦다.
④ 탄질률이 클수록 빠르다.

④ 탄질률이 클수록 분해 속도가 느리다.

41

다음 중 C₃ 식물은?

① 옥수수
② 사탕수수
③ 기장
④ 보리

C₃ 식물과 C₄ 식물

• C₃ 식물 : 벼, 밀, 보리, 콩, 해바라기 등
• C₄ 식물 : 사탕수수, 옥수수, 수수, 피, 기장, 버뮤다그래스 등

42

포도나무의 정지법으로 흔히 이용되는 방법이며, 가지를 2단 정도로 길게 직선으로 친 철사에 유인하여 결속시킨 것은?

① 절단형 정지
② 원추형 정지
③ 변칙주간형 정지
④ 울타리형 정지

울타리형 정지

지지대에 유인 줄을 설치하고 교목성 과수나 덩굴성 과수를 울타리처럼 심은 후, 그에 적합하게 가지를 자르거나 유인하는 방법이다.

43

우리나라에서 친환경농업육성법이 제정된 후 정부가 친환경농업 원년을 선포한 연도는?

① 1997년
② 1998년
③ 1999년
④ 2001년

① 1997년 : 친환경농업육성법 제정
③ 1999년 : 친환경농업 직접지불제 도입
④ 2001년 친환경농업 육성 5개년 계획 수립

44

1920년대 영국에서 토마토에 발생했던 해충인 온실가루이를 방제했던 기생성 천적은?

① 칠성풀잠자리
② 온실가루이좀벌
③ 성페로몬
④ 칠레이리응애

② 온실가루이좀벌(기생성 천적) : 온실가루이
① 칠성풀잠자리(포식성 천적) : 진딧물
③ 성페로몬을 이용하여 해충 유인 · 방제
④ 칠레이리응애(기생성 천적) : 점박이응애

45

고온장해에 대한 설명으로 틀린 것은?

① 당분이 감소한다.
② 광합성보다 호흡작용이 우세해진다.
③ 단백질의 합성이 저해된다.
④ 암모니아의 축적이 적어진다.

④ 암모니아의 축적이 많아진다.

고온장해

• 광합성보다 호흡작용 우세
• 유기물의 과잉소모 및 당분의 감소
• 질소대사의 이상(단백질의 합성 저해 및 암모니아의 축적)
• 철분의 침전으로 황백화현상 발생
• 증산 과다로 위조 유발

46

녹비작물의 토양 혼입에 대한 설명으로 틀린 것은?

① 지력을 유지하는 데 필요하다.
② 토양 내 유기물함량이 감소된다.
③ 토양의 무기물 및 미생물 체내 질소가 증가한다.
④ 토양 혼입 시 1개월 이내에 대부분의 녹비작물이 토양 속에서 분해된다.

해설
② 토양 내 유기물함량이 증가된다.

47

동물복지(animal welfare) 개선을 위한 조치로 잘못된 것은?

① 양질의 유전자변형사료 공급
② 적절한 사육 공간 제공
③ 스트레스 최소화와 질병예방
④ 건강증진을 위한 가축관리

해설
① 안전성이 확보되지 않은 유전자변형사료는 동물의 건강에 부정적인 영향을 미칠 수 있다.
동물복지 개선을 위한 조치
• 적절한 사육공간 제공
• 양질의 사료 및 깨끗한 물 공급
• 스트레스 최소화 및 질병 예방
• 건강증진을 위한 가축관리
• 동물학대 및 유기 · 유실 예방
• 동물복지 인증 및 표시제도 확대
• 동물보호시설 및 인프라 확충
• 동물복지정책 전담조직 신설

48

벼 친환경재배 시 규산질 비료 사용을 권장하는 이유로 가장 적합한 것은?

① 다량원소를 공급함으로써 병충해 저항성을 높인다.
② 토양의 이학적 성질을 개선하고 균형시비효과를 얻을 수 있다.
③ 벼의 수광자세를 개선하여 건실한 생육을 조장한다.
④ 질소질 비료의 흡수를 촉진하여 벼가 건강히 자라도록 한다.

해설
벼 재배 시 규산질 비료를 사용하여 얻을 수 있는 효과
• 병충해에 대한 내성 증가
• 내도복성 증가
• 수광자세를 좋게 하여 동화율 향상

49

다음 친환경농업을 위한 작물육종 목표 중 가장 중요한 것은?

① 병해충 저항성
② 수량안정성 및 다수성
③ 조숙성
④ 단기생육성

해설
친환경농업을 위한 작물육종 목표
환경스트레스 · 환경재해 저항성, 병해충 저항성, 생력화 가능, 이모작 · 다모작, 환경생태조건 부합, 자연에너지와 영양원을 최대한 이용할 수 있는 품종 개발

50

다음에서 설명하는 육묘방식은?

> • 못자리 초기부터 물을 대고 육묘하는 방식이다.
> • 물이 초기의 냉온을 보호하고, 모가 균일하게 비교적 빨리 자라며, 잡초, 병충해, 쥐, 새의 피해도 적다.

① 물못자리
② 밭못자리
③ 보온밭못자리
④ 상자육묘

① 물못자리 : 모판에 물을 채워 모를 키우는 방식
② 밭못자리 : 밭이나 마른 논에 설치하여 물 없이 모를 키우는 방식
③ 보온밭못자리 : 밭못자리에 비닐 등을 덮어 보온하여 모를 키우는 방식
④ 상자육묘 : 상자에 모를 키우는 방식

51

녹비작물로 이용하는 헤어리베치 생초 2,000kg에 함유된 질소 성분량은 얼마인가?(단, 헤어리베치의 수분은 85%, 건초 질소함량은 4%를 기준으로 한다)

① 10kg
② 12kg
③ 15kg
④ 16kg

• 건물량 : $2,000kg \times (1 - 0.85) = 300kg$
• 건물 중 질소함량 : $300kg \times 0.04 = 12kg$

52

양질의 퇴비를 판정하는 방법으로 틀린 것은?

① 가축분뇨는 냄새가 약할수록 좋은 것으로 본다.
② 퇴비에 물기가 거의 없어야 좋은 것으로 본다.
③ 퇴비는 부서진 형상보다 그 형상을 유지할수록 좋은 것으로 본다.
④ 퇴비의 색은 흑갈색~흑색에 가까울수록 좋은 것으로 본다.

③ 완숙퇴비가 되면 원료의 형태 구분이 어렵고 잘 부스러진다.
양질의 퇴비 판정(관능검사)
• 색깔 : 흑갈색~흑색에 가까울수록 좋은 것으로 본다.
• 형상 : 원료의 형태 구분이 어렵고 잘 부스러진다.
• 냄새 : 악취가 사라지거나 퇴비 고유의 향긋한 냄새가 난다.
• 수분 : 손으로 움켜쥐면 손가락 사이로 물기가 스미지 않고, 부스러기가 털어질 정도이다.

53

토양의 질적 수준 및 토양비옥도 유지·증진 수단의 실천기술이 아닌 것은?

① 연작
② 간작
③ 녹비
④ 윤작

유기원예작물 토양관리 방법
• 토양의 물리·화학성 개선
• 유기물 관리 및 토양 미생물 활성화
• 피복작물 및 녹비작물 재배
• 적절한 경운 및 물관리
• 윤작(돌려짓기)과 혼작 및 간작
• 토양검정 및 맞춤 시비
• 토양생물 다양성 증진

54

다음 중 CAM 식물은?

① 벼
② 파인애플
③ 담배
④ 명아주

해설

CAM 식물 : 선인장, 파인애플, 용설란 등

55

타식성작물로만 나열된 것은?

① 밀, 보리
② 콩, 완두
③ 딸기, 양파
④ 토마토, 가지

해설

타식성작물 : 옥수수, 호밀, 메밀, 딸기, 양파, 마늘, 시금치, 호프, 아스파라거스 등

56

혼파에 대한 설명으로 적절하지 않은 것은?

① 잡초가 경감된다.
② 산초량이 평준화된다.
③ 공간을 효율적으로 이용할 수 있다.
④ 파종작업이 편리하다.

해설

④ 여러 종자의 크기, 형태, 파종깊이 등이 달라 파종이 번거롭고, 기계화가 어렵다.

57

다음 중 광합성 자급영양생물에 해당하는 것은?

① 질화세균
② 남세균
③ 황산화세균
④ 수소산화세균

해설

자급영양생물
- 광합성 자급영양생물 : 녹색세균, 남세균, 남조류, 홍색세균, 자색세균 등
- 화학 자급영양생물 : 질화세균, 황산화세균, 수소산화세균, 철산화세균 등

58

농림축산식품부 소관 친환경농어업 육성 및 유기식품 등의 관리·지원에 관한 법률 시행규칙상 병해충 관리를 위해 사용 가능한 물질 중 사용 가능 조건이 '달팽이 관리용으로만 사용할 것'인 것은?

① 벤토나이트
② 규산나트륨
③ 규조토
④ 인산철

해설

해충 관리를 위해 사용 가능한 물질(친환경농어업법 시행규칙 [별표 1])

사용 가능 물질	사용 가능 조건
인산철	달팽이 관리용으로만 사용할 것
벤토나이트	천연에서 유래하고 단순 물리적으로 가공한 것만 사용할 것
규산나트륨	천연규사와 탄산나트륨을 이용하여 제조한 것일 것
규조토	천연에서 유래하고 단순 물리적으로 가공한 것일 것

59

다음 중 광포화점이 가장 높은 채소는?

① 생강
② 강낭콩
③ 토마토
④ 고추

광포화점이 높은 수박, 토마토, 토란 등은 강 광조건에서 생육이 촉진되고, 광포화점이 낮은 머위, 생강, 삼엽채 등은 약광하에서도 비교적 생육이 양호하다.

60

포기를 많이 띄워서 구덩이를 파고 이식하는 방법은?

① 조식
② 이앙식
③ 혈식
④ 노포크식

① 조식 : 골에 줄지어 이식하는 방법
② 이앙식 : 못자리에서 일정기간 모를 키운 후 본답에 옮겨 재배하는 방법
④ 노포크식 : 농지를 4구획으로 나누고, '춘파보리-추파밀-순무-클로버'를 순환 재배하여 곡류 생산과 심근성작물 재배는 물론, 지력 증진을 위한 윤작 방식

제4과목 | 유기식품가공 · 유통론

61

친환경농식품 생산자(조직)가 중간상을 대상으로 판매촉진 활동을 해서 그들이 최종 소비자에게 적극적으로 판매하도록 유도하는 촉진전략은?

① 풀(pull) 전략
② 푸시(push) 전략
③ 포지셔닝(positioning) 전략
④ 타케팅(targeting) 전략

푸시(push) 전략

생산자가 도매상, 소매상 등의 중간상(유통업자)에게 제품을 적극적으로 밀어넣어(push) 판매하도록 유도하는 전략이다. 이는 중간상에게 다양한 판매촉진활동(판매지원, 할인, 인센티브 등)을 제공하여 그들이 최종 소비자에게 제품을 적극적으로 홍보하고 판매하도록 장려하는 방식이다.

62

유기가공식품 중 설탕 가공 시 산도조절제로 사용할 수 있는 보조제는?

① 황산
② 탄산칼륨
③ 염화칼슘
④ 밀랍

식품첨가물 또는 가공보조제로 사용 가능한 물질(친환경농어업법 시행규칙 [별표 1])

명칭	식품첨가물로 사용 시 사용 가능 범위	가공보조제로 사용 시 사용 가능 범위
황산	사용 불가	설탕 가공 중의 산도 조절제
탄산칼륨	곡류 제품, 케이크, 과자	포도 건조
염화칼슘	과일 및 채소제품, 두류 제품, 지방제품, 유제품, 육제품	응고제
밀납	사용 불가	이형제

63

생산물의 품질관리를 위해 유기식품 가공시설에서 사용하는 소독제로 부적합한 것은?

① 차아염소산수　　② 염산 희석액
③ 이산화염소수　　④ 오존수

유기농산물을 세척하거나 소독하는 경우 허용물질 중 과산화수소, 오존수, 이산화염소수, 차아염소산수를 사용할 수 있으나, 유기농산물에 잔류되지 않도록 관리계획을 수립하고 이행하여야 한다(유기식품 및 무농약농산물 등의 인증에 관한 세부실시요령 [별표 1]).

64

재고손실률이 5%인 업체의 매출이 1억원이고 장부재고(전산재고)가 1억2천만원인 경우 실사재고(창고재고)는 얼마인가?

① 1억1,000만원　　② 1억1,500만원
③ 1억2,000만원　　④ 1억2,500만원

실사재고 = 장부재고 − 재고손실액
　　　　= 1억2천만원 − (1억 × 0.05)
　　　　= 1억1,500만원

65

자외선 조사(UV radiation)는 다음 어떤 제품의 살균에 가장 효과적이겠는가?

① 오염된 햄버거
② 석영관 내부를 통과하는 물
③ 종이로 포장된 유리관
④ 나무 포장박스에 담긴 파우더

자외선(UV) 살균은 빛이 직접적으로 미생물에 닿아야 하며, 주로 투명한 매체를 통과할 때 가장 효과적이다.

66

다음 중 식품공전상 조미식품이 아닌 것은?

① 조림류　　② 소스류
③ 식초류　　④ 카레(커리)

① 조림류 : 동·식물성원료를 주원료로 하여 식염, 장류, 당류 등을 첨가하고 가열하여 조리거나 볶은 것 또는 이를 조미 가공한 것을 말한다(식품의 기준 및 규격 제5. 14-3.).
조미식품(식품의 기준 및 규격 제5. 13.)
식품을 제조·가공·조리함에 있어 풍미를 돋우기 위한 목적으로 사용되는 것으로 식초, 소스류, 카레, 고춧가루 또는 실고추, 향신료가공품, 식염을 말한다.

67

우리나라 유기식품 시장을 확대하기 위한 바람직한 전략이 아닌 것은?

① 유기식품의 안전성 강조 및 차별화 전략
② 유기식품 가격의 고가 통제 전략
③ 유기식품 도매시장 상장 확대 등 유통경로 다양화 전략
④ 유기식품의 광고·홍보 확대와 소비촉진 행사 추진

우리나라 유기식품 시장 확대를 위한 전략
• 유기식품의 차별화 및 가치 홍보
• 신시장 발굴 및 소비계층 다변화
• 유통경로 다양화 및 유통 효율화
• 원료 공급망 및 생산기반 강화
• 광고·홍보 확대 및 소비 촉진 행사 추진
• 기업-농업인 상생협력 및 산업 생태계 조성
• 가격 경쟁력 제고

68

식품 등의 표시기준에 의한 식용유지류 제품의 트랜스지방이 100g당 얼마 미만일 경우 '0'으로 표시할 수 있는가?

① 2g ② 4g
③ 5g ④ 8g

해설

지방, 트랜스지방, 포화지방 세부표시 방법(식품 등의 표시기준 [별지 1])
트랜스지방 0.5g 미만은 '0.5g 미만'으로 표시할 수 있으며, 0.2g 미만은 '0'으로 표시할 수 있다. 다만, 식용유지류 제품은 100g당 2g 미만일 경우 '0'으로 표시할 수 있다.

69

유기식품을 생산하는 가공시설 내부에 유해생물을 차단하기 위한 방법으로 잘못된 것은?

① 전기장치 ② 끈끈이 덫
③ 페로몬 트랩 ④ 모기약 살포

해설

④ 모기약은 화학합성물질이기 때문에 유기식품 생산시설에서 사용할 수 없다.

70

현미란 벼의 도정 시 무엇을 제거한 것인가?

① 왕겨 ② 배아
③ 과피 ④ 종피

해설

현미
벼에서 왕겨(껍질, 겉껍질)만을 제거한 상태의 쌀을 말한다. 이후 현미에서 과피, 종피, 호분층, 배아 등을 추가로 제거하면 백미가 된다.

71

유기가공식품 생산 및 취급(유통, 포장 등) 시 사용 가능한 재료에 대한 설명으로 틀린 것은?

① 무수아황산은 식품첨가물로서 과일주에 사용 가능하다.
② 구연산은 과일, 채소제품에 사용 가능하다.
③ 질소는 식품첨가물이나 가공보조제로 모두 사용 가능하다.
④ 과산화수소는 식품첨가물로 사용하고, 식품의 세척과 소독에도 사용 가능하다.

해설

④ 과산화수소는 식품첨가물로 사용할 수 없고, 가공보조제로서 식품 표면의 세척·소독제로만 사용 가능하다(친환경농어업법 시행규칙 [별표 1]).

72

유통경로의 수직적 통합(vertical integration)에 대한 설명으로 옳은 것은?

① 두 가지 이상의 기능을 동시에 수행한다.
② 비용이 상당히 많이 드는 단점이 있다.
③ 관련된 유통기능을 통제할 수 있는 장점이 있다.
④ 동일한 경로 단계에 있는 구성원이 수행하던 기능을 직접 실행한다.

해설

유통경로의 수직적 통합
하나의 경로 구성원이 유통기능의 일부 또는 전부를 통합하여 직접 수행하거나 통제하는 것이다.

73

두부응고제, 영양강화제로 사용되는 첨가물은?

① 겔화제(gelling agent)

② 과산화수소(hydrogen peroxide)

③ 염화칼슘(calcium chloride)

④ 글루콘산(gluconic acid)

해설

유기가공식품 생산 시 두부응고제로 사용 가능한 식품첨가물 : 염화마그네슘, 염화칼슘, 조제해수염화마그네슘, 황산칼슘

74

곰팡이독(mycotoxin)에 대한 설명으로 틀린 것은?

① 원인식품은 주로 탄수화물이 풍부한 곡류이다.

② 동물-동물 간, 사람-사람 간의 전염은 되지 않는다.

③ 중독 시 항생물질 등의 약재치료로는 효과가 별로 없다.

④ 대표적인 신경독으로는 ochratoxin이 있다.

해설

④ 오크라톡신(ochratoxin)은 주로 신장독(신장장애)으로 분류되며, 곰팡이 신경독의 대표적인 예로는 파툴린(patulin), 말토리진(maltoryzine), 시트레오비리딘(citreoviridin) 등이 있다.

75

유기식품의 가스충전포장에 일반적으로 사용되는 가스성분 중 호기성뿐만 아니라 혐기성균에 대해서도 정균작용을 나타낼 수 있는 가스성분은?

① 산소　　　　　② 질소

③ 탄산가스　　　④ 아황산가스

해설

③ 탄산가스(CO_2) : 높은 농도에서 다양한 미생물의 증식을 억제하는 효과가 있다.

76

유기가공식품의 제조 · 가공에 사용이 부적절한 여과법은?

① 마이크로여과

② 감압여과

③ 역삼투압여과

④ 가압여과

해설

역삼투압여과(reverse osmosis)

고압을 이용해 반투막을 통과시키는 기술로 화학적 · 공업적 방법에 해당한다.

77

100℃의 물 1g을 냉동하여 0℃의 얼음으로 만들 경우 냉동부하는 얼마인가?(단, 에너지 손실은 없다고 가정하며, 물의 비열은 1cal/g℃, 수증기의 잠열은 540cal/g, 얼음의 잠열은 80cal/g이다)

① 80cal

② 100cal

③ 180cal

④ 720cal

해설

냉동부하 = 물의 양 × 비열 × 온도차

• 100℃(물) → 0℃(물)

　1g × 1cal/g · ℃ × (100℃-0℃) = 100cal

• 0℃(물) → 0℃(얼음)

　1g × 80cal/g = 80cal

∴ 100 + 80 = 180cal

78

포장이 적절하지 못한 식품을 동결하여 저장할 경우 식품 표면에 발생하는 냉동해와 관련 있는 물리 현상은?

① 융해   ② 기화

③ 승화   ④ 액화

해설

냉동변질(freeze burn)
- 냉동식품표면의 수분이 승화하여 발생하는 품질 저하 현상이다.
- 포장 불량, 냉동고 온도 변화 등으로 인해 나타나며, 식품의 맛, 질감, 영양 등에 부정적 영향을 미친다.

79

다음 식품가공 공정 중 혼합조작이 아닌 것은?

① 유화   ② 압착

③ 반죽   ④ 교반

해설

② 압착 : 압력을 가하여 고체로부터 소량의 액체를 분리하는 단위조작
① 유화 : 잘 섞이지 않는 두 액체를 안정적으로 혼합하는 것
③ 반죽 : 다량의 가루에 소량의 액체를 섞어 균일하게 혼합하는 것
④ 교반 : 액체나 가루 등을 휘저어 섞는 조작으로 혼합을 촉진하는 일반적인 방법

80

건조소시지(dry sausage)에 관한 설명으로 틀린 것은?

① 원료육의 불포화지방산함량이 높을수록 좋다.

② 원료육의 pH는 가급적 낮은 것이 좋다.

③ 이탈리아의 살라미가 이에 해당한다.

④ 장기간 건조하는 특징을 갖고 있다.

해설

① 건조소시지는 장기간 건조·숙성하는 과정에서 지방의 산화가 쉽게 일어나며, 원료육의 불포화지방산이 많을수록 산화에 매우 취약해져 지방이 쉽게 산패(변질)되고, 이취(off-flavor)가 발생할 수 있다.

제**5**과목 | **유기농업 관련 규정**

81

친환경농어업 육성 및 유기식품 등의 관리·지원에 관한 법률상 다음 설명은 누구의 역할인가?

> 친환경농어업 관련 기술연구와 친환경농수산물, 유기식품 등, 무농약원료가공식품 또는 유기농어업자재 등의 생산·유통·소비를 촉진하기 위하여 구성되었고, 친환경농어업·유기식품 등·무농약농산물·무농약원료가공식품 및 무항생제수산물 등에 관한 육성시책에 협조하고 그 회원들과 사업자 등에게 필요한 교육·훈련·기술개발·경영지도 등을 함으로써 친환경농어업·유기식품 등·무농약농산물·무농약원료가공식품 및 무항생제수산물 등의 발전을 위하여 노력하여야 한다.

① 국가

② 지방자치단체

③ 사업자

④ 민간단체

해설

민간단체의 역할(친환경농어업법 제5조)

82

친환경농어업 육성 및 유기식품 등의 관리·지원에 관한 법률상 유기농어업자재 공시의 유효기간으로 옳은 것은?

① 공시를 받은 날부터 6개월로 한다.

② 공시를 받은 날부터 1년으로 한다.

③ 공시를 받은 날부터 2년으로 한다.

④ 공시를 받은 날부터 3년으로 한다.

해설

공시의 유효기간 등(친환경농어업법 제39조 제1항)
공시의 유효기간은 공시를 받은 날부터 3년으로 한다.

83

친환경농어업 육성 및 유기식품 등의 관리·지원에 관한 법률 시행령에 따라 인증기관의 지정은 위임규정에 의해 누구에게 위임되어 있는가?

① 법무부장관
② 식품의약품안전처장
③ 농촌진흥청장
④ 국립농산물품질관리원장

권한의 위임 또는 위탁(친환경농어업 육성 및 유기식품 등의 관리·지원에 관한 법률 시행령 제7조 제4항 제12호)
농림축산식품부장관은 법에 따라 다음의 권한 중 농업·축산업·임업, 농산물·축산물·임산물 및 농림축산물 가공품(제3조 제2호에 해당하는 경우는 제외)에 관한 권한을 국립농산물품질관리원장에게 위임한다.
12. 인증기관의 지정

84

농림축산식품부 소관 친환경농어업 육성 및 유기식품 등의 관리·지원에 관한 법률 시행규칙상 유기식품 등의 유기표시기준으로 틀린 것은?

① 표시 도형의 국문 및 영문 모두 활자체는 고딕체로 하고, 글자 크기는 표시 도형의 크기에 따라 조정한다.
② 표시 도형의 색상은 녹색을 기본 색상으로 하되, 포장재의 색깔 등을 고려하여 파란색, 빨간색 또는 검은색으로 할 수 있다.
③ 표시 도형의 크기는 지정된 크기만을 사용하여야 한다.
④ 표시 도형의 위치는 포장재 주 표시면의 옆면에 표시하되, 포장재 구조상 옆면 표시가 어려운 경우에는 표시 위치를 변경할 수 있다.

표시 도형의 크기는 포장재의 크기에 따라 조정할 수 있다(농림축산식품부 소관 친환경농어업 육성 및 유기식품 등의 관리·지원에 관한 법률 시행규칙 [별표 6]).

85

농림축산식품부 소관 친환경농어업 육성 및 유기식품 등의 관리·지원에 관한 법률 시행규칙상 인증취소 등의 세부기준 및 절차의 일반기준에 대한 내용이다. (   )에 알맞은 내용은?

> 위반행위의 횟수에 따른 행정처분의 가중된 부과기준은 최근 (   )년간 같은 위반행위로 행정처분을 받은 경우에 적용한다.

① 1 ② 2
③ 3 ④ 5

인증취소 등의 세부기준 및 절차의 일반기준(친환경농어업법 시행규칙 [별표 9])

86

농림축산식품부 소관 친환경농어업 육성 및 유기식품 등의 관리·지원에 관한 법률 시행규칙 중 유기가공식품·비식용유기가공품의 인증기준으로 틀린 것은?

① 사업자는 유기가공식품·비식용유기가공품의 취급 과정에서 대기, 물, 토양의 오염이 최소화되도록 문서화된 유기취급계획을 수립할 것
② 자체적으로 실시한 품질검사에서 부적합이 발생한 경우에는 농림축산식품부에 통보하고, 농림축산식품부가 분석 성적서 등의 제출을 요구할 때에는 이에 응할 것
③ 사업자는 유기가공식품·비식용유기가공품의 제조, 가공 및 취급 과정에서 원료·재료의 유기적 순수성이 훼손되지 않도록 할 것
④ 유기식품·유기가공품에 시설이나 설비 또는 원료·재료의 세척, 살균, 소독에 사용된 물질이 함유되지 않도록 할 것

② 자체적으로 실시한 품질검사에서 부적합이 발생한 경우에는 국립농산물품질관리원장 또는 인증기관에 통보하고, 국립농산물품질관리원 또는 인증기관이 분석 성적서 등의 제출을 요구할 때에는 이에 응할 것(친환경농어업법 시행규칙 [별표 4])

87

유기식품 및 무농약농산물 등의 인증에 관한 세부실시요령상 인증심사의 절차 및 방법에서 재배포장의 토양시료 수거지점은 최소한 몇 개소 이상으로 선정해야 하는가?

① 3개소
② 5개소
③ 7개소
④ 10개소

해설

시료수거 방법(유기식품 및 무농약농산물 등의 인증에 관한 세부실시요령 [별표 2])
재배포장의 토양은 대상 모집단의 대표성이 확보될 수 있도록 Z자형 또는 W자형으로 최소한 10개소 이상의 수거지점을 선정하여 수거한다.

88

유기식품 및 무농약농산물 등의 인증에 관한 세부실시요령상 유기농산물 생산에 필요한 인증기준 중 병해충 및 잡초의 방제 · 조절 방법으로 적합하지 않은 것은?

① 적합한 작물과 품종의 선택
② 적합한 돌려짓기 체계
③ 멀칭 · 예취 및 화염제초
④ 기계적 · 물리적 및 화학적 방법

해설

유기농산물의 재배 방법(유기식품 및 무농약농산물 등의 인증에 관한 세부실시요령 [별표 1])
병해충 및 잡초는 다음과 같은 방법으로 방제 · 조절하여야 한다.
가) 적합한 작물과 품종의 선택
나) 적합한 돌려짓기(윤작) 체계
다) 기계적 경운
라) 포장 내의 혼작 · 간작 및 공생식물의 재배 등 작물체 주변의 천적 활동을 조장하는 생태계의 조성
마) 멀칭 · 예취 및 화염제초
바) 포식자와 기생동물의 방사 등 천적의 활용
사) 식물 · 농장퇴비 및 돌가루 등에 의한 병해충 예방 수단
아) 동물의 방사
자) 덫 · 울타리 · 빛 및 소리와 같은 기계적 통제

89

농림축산식품부 소관 친환경농어업 육성 및 유기식품 등의 관리 · 지원에 관한 법률 시행규칙에 따라 유기식품 등의 인증을 받은 자가 인증 유효기간 연장승인을 신청하고자 할 때 언제까지 신청해야 하는가?

① 연장신청 없이 판매가능
② 유효기간이 끝나는 날의 7일 전까지
③ 유효기간이 끝나는 날의 1개월 전까지
④ 유효기간이 끝나는 날의 2개월 전까지

해설

인증의 갱신 등(친환경농어업법 시행규칙 제17조 제1항)
인증 갱신신청을 하거나 인증의 유효기간 연장승인을 신청하려는 인증사업자는 그 유효기간이 끝나기 2개월 전까지 별지 서식에 따른 인증신청서에 서류를 첨부하여 인증을 한 인증기관(인증기관에 신청이 불가능한 경우에는 다른 인증기관)에 제출해야 한다. 다만, 제1호 및 제3호부터 제5호까지의 서류는 변경사항이 없는 경우에는 제출하지 않을 수 있다.

90

농림축산식품부 소관 친환경농어업 육성 및 유기식품 등의 관리 · 지원에 관한 법률 시행규칙에 따른 유기가공식품에 사용이 가능한 물질 중 식품첨가물과 가공보조제 모두 허용 범위의 제한 없이 사용이 가능한 것은?

① 비타민 C
② 산소
③ DL-사과산
④ 산탄검

해설

식품첨가물 또는 가공보조제로 사용 가능한 물질(친환경농어업법 시행규칙 [별표 1])

명칭	식품첨가물로 사용 시 사용 가능 범위	가공보조제로 사용 시 사용 가능 범위
산소	제한 없음	제한 없음
비타민 C	제한 없음	사용 불가
DL-사과산	제한 없음	사용 불가
산탄검	지방제품, 과일 및 채소제품, 케이크, 과자, 샐러드류	사용 불가

91

농림축산식품부 소관 친환경농어업 육성 및 유기식품 등의 관리·지원에 관한 법률 시행규칙상 허용물질의 종류와 사용조건이 틀린 것은?

① 염화나트륨(소금)은 채굴한 암염 및 천일염(잔류농약이 검출되지 않아야 함)이어야 한다.
② 사람의 배설물은 1개월 이상 저온발효된 것이어야 한다.
③ 식물 또는 식물 잔류물로 만든 퇴비는 충분히 부숙된 것이어야 한다.
④ 대두박은 유전자를 변형한 물질이 포함되지 않아야 한다.

해설

사람의 배설물(오줌만인 경우는 제외)의 사용 가능 조건(친환경농어업법 시행규칙 [별표 1])
(1) 완전히 발효되어 부숙된 것일 것
(2) 고온발효 : 50℃ 이상에서 7일 이상 발효된 것
(3) 저온발효 : 6개월 이상 발효된 것일 것
(4) 엽채류 등 농산물·임산물 중 사람이 직접 먹는 부위에는 사용하지 않을 것

92

농림축산식품부 소관 친환경농어업 육성 및 유기식품 등의 관리·지원에 관한 법률 시행규칙상 유기축산물 인증기준으로 틀린 것은?

① 사료작물 재배지는 예외적으로 화학비료를 사용할 수 있다.
② 축사는 국립농산물품질관리원장이 정하는 사육밀도를 유지·관리하여야 한다.
③ 경영 관련 자료의 기록 기간은 최근 1년간으로 한다.
④ 반추가축에게 담근먹이(사일리지)만 공급해서는 아니 된다.

해설

① 초식가축의 경우에는 유기적 방식으로 재배·생산되는 목초지 또는 사료작물 재배지를 확보할 것(친환경농어업법 시행규칙 [별표 4])

93

유기식품 및 무농약농산물 등의 인증에 관한 세부실시요령상 현장검사에 관한 내용으로 틀린 것은?

① 작물이 생육 중인 시기, 가축이 사육 중인 시기, 인증품을 제조·가공 또는 취급 중인 시기에는 현장심사를 할 수 없다.
② 인증품 생산계획서 또는 인증품 제조·가공 및 취급계획서에 기재된 사항대로 생산, 제조·가공 또는 취급하고 있는지 여부를 심사하여야 한다.
③ 생산관리자가 예비심사를 하였는지와 예비심사한 내역이 적정한지 여부를 심사하여야 한다.
④ 인증심사원은 인증기준의 적합여부를 확인하기 위해 필요한 경우 규정된 절차·방법에 따라 토양, 용수, 생산물 등에 대한 조사·분석을 실시한다.

해설

① 현장심사는 작물이 생육 중인 시기, 가축이 사육 중인 시기, 인증품을 제조·가공 또는 취급 중인 시기(시제품 생산을 포함한다)에 실시하고 신청한 농산물, 축산물, 가공품의 생산이 완료되는 시기에는 현장심사를 할 수 없다(유기식품 및 무농약농산물 등의 인증에 관한 세부실시요령 [별표 2]).

94

농림축산식품부 소관 친환경농어업 육성 및 유기식품 등의 관리·지원에 관한 법률 시행규칙상 유기축산물 생산을 위한 동물복지 및 질병관리에 관한 내용으로 틀린 것은?

① 동물용의약품을 사용하는 경우에는 수의사의 처방에 따라 사용하고 처방전 또는 그 사용명세가 기재된 진단서를 갖춰 둘 것

② 가축의 질병을 치료하기 위해 불가피하게 동물용의약품을 사용한 경우에는 동물용의약품을 사용한 시점부터 전환기간 이상의 기간 동안 사육한 후 출하할 것

③ 호르몬제의 사용은 수의사의 처방에 따라 성장촉진의 목적으로만 사용할 것

④ 가축의 꼬리 부분에 접착밴드를 붙이거나 꼬리, 이빨, 부리 또는 뿔을 자르는 등의 행위를 하지 않을 것

해설
③ 성장촉진제, 호르몬제의 사용은 치료목적으로만 사용할 것(친환경농어업법 시행규칙 [별표 4])

95

농림축산식품부 소관 친환경농어업 육성 및 유기식품 등의 관리·지원에 관한 법률 시행규칙상 유기농축산물의 함량에 따른 표시기준 중 70% 미만이 유기농축산물인 제품에 대한 내용으로 틀린 것은?

① 특정 원료 또는 재료로 유기농축산물만을 사용한 제품이어야 한다.

② 해당 원료·재료명의 일부로 '유기'라는 용어를 표시할 수 있다.

③ 표시장소는 원재료명 표시란에만 표시할 수 있다.

④ 원재료명 표시란에 유기농축산물의 총함량 또는 원료·재료별 함량을 ppm 및 mol로 표시하여야 한다.

해설
④ 원재료명 표시란에 유기농축산물의 총함량 또는 원료·재료별 함량을 백분율(%)로 표시해야 한다(친환경농어업법 시행규칙 [별표 8]).

96

농림축산식품부 소관 친환경농어업 육성 및 유기식품 등의 관리·지원에 관한 법률 시행규칙상 인증사업자의 준수사항에 대한 내용으로 (   ) 안에 알맞은 것은?

인증사업자는 관련 법에 따라 매년 1월 20일까지 별지 서식에 따른 실적 보고서에 인증품의 전년도 생산, 제조·가공 또는 취급하여 판매한 실적을 적어 해당 인증기관에 제출하거나 관련 법에 따라 (   )에 등록해야 한다.

① 식품의약품안전처 홈페이지

② 한국농어촌공사 홈페이지

③ 유기농업자재 정보시스템

④ 친환경인증관리 정보시스템

해설
인증사업자의 준수사항(친환경농어업법 시행규칙 제20조 제1항)

97

유기식품 및 무농약농산물 등의 인증에 관한 세부실시요령상 유기가공식품에 유기원료 비율의 계산법이다. 내용이 틀린 것은?

$$\frac{I_o}{G - WS} = \frac{I_o}{I_o + I_c + I_a} \geq 0.95$$

① G : 제품(포장재, 용기 제외)의 중량($G = I_o + I_c + I_a + WS$)

② WS : I_o(유기원료의 중량)/I_c(비유기원료의 중량)

③ I_o : 유기원료(유기농산물 + 유기축산물 + 유기가공식품)의 중량

④ I_c : 비유기원료(유기식품인증표시가 없는 원료)의 중량

해설
② WS : 인위적으로 첨가한 물과 소금의 중량(유기식품 및 무농약농산물 등의 인증에 관한 세부실시요령 [별표 1])

98

농림축산식품부 소관 친환경농어업 육성 및 유기식품 등의 관리·지원에 관한 법률 시행규칙에서 유기농업자재와 관련하여 공시기관이 정당한 사유 없이 1년 이상 계속하여 공시업무를 하지 않은 행위가 최근 3년 이내에 2회 적발된 경우 행정처분 내용은?

① 업무정지 1개월　　② 업무정지 3개월
③ 업무정지 6개월　　④ 지정취소

해설

유기농업자재 관련 행정처분 개별기준 – 공시기관(친환경농어업법 시행규칙 [별표 20])

위반행위	위반횟수별 행정처분기준		
	1회 위반	2회 위반	3회 이상 위반
정당한 사유 없이 1년 이상 계속하여 공시업무를 하지 않은 경우	업무정지 1개월	업무정지 3개월	지정취소

99

유기식품 및 무농약농산물 등의 인증에 관한 세부실시요령에 따른 유기가공식품 인증기준에 대한 설명으로 옳은 것은?

① 95% 유기가공식품의 경우 제품에 인위적으로 첨가하는 소금과 물을 포함한 제품 중량의 5% 비율 내에서 비유기원료를 사용할 수 있다.

② 95% 유기가공식품의 경우 제품에 인위적으로 첨가하는 소금과 물을 제외한 제품 중량의 5% 비율 내에서 비유기원료를 사용할 수 있다.

③ 해당 식품 중 사용량이 10% 이하인 재료는 방사선 처리된 것을 사용할 수 있다.

④ 해당 식품 중 사용량이 5% 이하인 재료는 유전자재조합 식품 또는 식품첨가물을 사용할 수 있다.

해설

유기가공식품의 가공원료(유기식품 및 무농약농산물 등의 인증에 관한 세부실시요령 [별표 1])

100

농림축산식품부 소관 친환경농어업 육성 및 유기식품 등의 관리·지원에 관한 법률 시행규칙에 따라 유기농산물의 병해충 관리를 위하여 사용 가능한 물질의 사용 가능 조건으로 옳은 것은?

① 담배잎차 – 물로 추출한 것일 것

② 라이아니아(ryania) 추출물 – 쿠아시아(*Quassia amara*)에서 추출된 천연물질인 것

③ 목초액 – 목재의 지속 가능한 이용에 관한 법률에 따라 국립산림과학원장이 고시한 규격 및 품질 등에 적합일 것

④ 보르도액·수산화동 및 산염화동 – 토양에 구리가 축적될 수 있도록 필요한 양을 충분히 사용할 것

해설

병해충 관리를 위해 사용 가능한 물질(친환경농어업법 시행규칙 [별표 1])

사용 가능 물질	사용 가능 조건
라이아니아(ryania) 추출물	라이아니아(*Ryania speciosa*)에서 추출된 천연물질일 것
목초액	산업표준화법에 따른 한국산업표준의 목초액(KS M 3939) 기준에 적합할 것
보르도액, 수산화동 및 산염화동	토양에 구리가 축적되지 않도록 필요한 최소량만을 사용할 것

최근 기출복원문제

제1과목 | 재배원론

01

작물 수량 삼각형에서 수량 증대 극대화를 위한 요인으로 가장 거리가 먼 것은?

① 유전성
② 재배기술
③ 환경조건
④ 원산지

해설

작물 수량의 삼각형

환경조건 ── 수량 ── 유전성
재배기술

02

맥류의 수발아를 방지하기 위한 대책으로 옳은 것은?

① 수확을 지연시킨다.
② 지베렐린을 살포한다.
③ 만숙종보다 조숙종을 선택한다.
④ 휴면기간이 짧은 품종을 선택한다.

해설

③ 맥류는 조숙종이 만숙종보다 수발아 위험이 적다.

03

작물의 기원지가 중국지역인 것으로만 나열된 것은?

① 조, 피
② 참깨, 벼
③ 완두, 삼
④ 옥수수, 고구마

해설

② 참깨, 벼 : 인도 · 동남아시아
③ 완두, 삼 : 중앙아시아
④ 옥수수, 고구마 : 멕시코 · 중앙아메리카

04

작물의 냉해에 대한 설명으로 틀린 것은?

① 병해형 냉해는 단백질의 합성이 증가되어 체내에 암모니아의 축적이 적어지는 형의 냉해이다.
② 혼합형 냉해는 지연형 냉해, 장해형 냉해, 병해형 냉해가 복합적으로 발생하여 수량이 급감하는 형의 냉해이다.
③ 장해형 냉해는 유수형성기부터 개화기까지, 특히 생식세포의 감수분열기에 냉온으로 불임현상이 나타나는 형의 냉해이다.
④ 지연형 냉해는 생육 초기부터 출수기에 걸쳐서 여러 시기에 냉온을 만나서 출수가 지연되고, 이에 따라 등숙이 지연되어 후기의 저온으로 인하여 등숙 불량을 초래하는 형의 냉해이다.

해설

병해형 냉해

• 냉온하에서 증산작용이 감퇴하여 규산흡수가 저하되며 표피세포의 규질화가 불량하여 병원균 침입이 용이해진다.
• 광합성이 감퇴하여 당분 생성이 적어져 암모니아로부터의 단백질 합성이 저해되어 체내 가용성 질소화합물의 축적이 증대된다.

05

다음 중 수광능률을 높일 수 있는 가장 효과적인 방법은?

① 시비 및 물관리를 잘하여 무기영양상태를 개선해야 한다.

② 단위동화능력이 최대가 되도록 환경조건을 개선해야 한다.

③ 총엽면적을 최대로 늘릴 수 있도록 재배 방법을 개선해야 한다.

④ 총엽면적을 알맞은 한도로 조절하여 군락 내부로 광투사를 좋게 하는 방향으로 수광태세를 개선해야 한다.

> **해설**
> ① 무기영양상태 개선은 수광능률과 직접적 연관성이 적다.
> ② 광합성 효율을 높일 수 있으나 수광능률은 주로 엽면적 구조에 의해 결정된다.
> ③ 엽면적이 지나치게 크면 잎이 서로를 가려 광합성 효율이 떨어진다.

06

작물의 내건성에 대하여 가장 올바르게 설명한 것은?

① 건조할 때에 증산작용이 크다.

② 잎이 작고 왜소한 식물이 내건성이 크다.

③ 잎의 표피에 기공수가 많다.

④ 저수능력이 작고, 근군이 표층에 많이 분포한다.

> **해설**
> ① 건조할 때에는 기공을 닫아 증산을 억제한다.
> ③ 기공수가 적고 크기가 작아 수분 손실을 억제한다.
> ④ 저수능력이 크고, 뿌리가 깊게 발달해 지하수를 흡수한다.

07

다음 중 직근류에 해당하는 것으로만 나열된 것은?

① 감자, 고구마

② 당근, 우엉

③ 토란, 마

④ 생강, 베치

> **해설**
> **직근류** : 무, 당근, 우엉, 토란, 연근 등

08

풍해가 발생하기 시작하는 풍속으로 옳은 것은?

① 9~10km/hr

② 15km/hr 이상

③ 4~6km/hr

④ 1~2km/hr

> **해설**
> 일반적으로 4~6km/hr 이상의 강풍에 의한 피해를 풍해(태풍 피해)라고 한다.

09

다음 중 작물의 도복과 가장 관련성이 큰 형질은?

① 잎   ② 키

③ 숙기   ④ 가지수

> **해설**
> **도복 관련 주요 형질** : 키(줄기의 길이), 절간장, 줄기의 굵기 등

10

박과 채소류 접목의 특징으로 가장 거리가 먼 것은?

① 당도가 증가한다.

② 기형과가 많이 발생한다.

③ 흰가루병에 약하다.

④ 흡비력이 강해진다.

해설

박과 채소류 접목육묘의 장단점

장점	• 토양전염병 발생이 적어진다. • 불량환경에 대한 내성이 증대된다. • 흡비력이 강해진다. • 과습에 잘 견딘다. • 과실 품질이 우수해진다.
단점	• 질소 과다 흡수 우려가 있다. • 기형과 발생이 많다. • 당도가 떨어진다. • 흰가루병에 약하다.

11

땅속줄기로 번식하는 것으로만 나열된 것은?

① 백합, 마늘

② 생강, 박하

③ 감자, 토란

④ 다알리아, 글라디올러스

해설

① 백합, 마늘 : 비늘줄기(인경)

③ 감자, 토란 : 덩이줄기(괴경)

④ 다알리아 : 덩이뿌리(괴근), 글라디올러스 : 알줄기(구경)

12

관개 방법 중 지하에 토관·목관·콘크리트관·플라스틱관 등을 배치하여 통수하고, 간극으로부터 스며 오르게 하는 방법은?

① 일류관개법

② 수반법

③ 개거법

④ 암거법

해설

① 일류관개법 : 등고선을 따라 수로를 내고, 임의의 장소로부터 월류하도록 하는 방법이다.

② 수반법(수반관개) : 밭의 둘레에 두둑을 만들고 그 안에 물을 가두어 두는 저류법(貯溜法).

③ 개거법 : 개방된 수로를 만들어 물을 흘려보내는 방법이다.

지하관개

• 개거법(開渠法) : 개방된 수로에 투수하여 모관상승을 통하여 근권에 공급되게 하는 방법으로, 지하수위가 낮지 않은 사질토 지대에서 이용한다.

• 암거법(暗渠法) : 지하에 토관·목관·콘크리트관·플라스틱관 등을 배치하여 통수하고, 간극으로부터 스며 오르게 하는 방법이다.

• 압입법(壓入法) : 뿌리가 깊은 과수 주변에 구멍을 뚫고 물을 주입하거나 기계적으로 압력을 가하여 물을 침투시키는 방법이다.

13

우리나라의 벼농사는 대부분이 기계화되어 있는데, 이러한 기계화의 가장 큰 장점은?

① 농업노동력과 인건비가 크게 절감된다.

② 유기농재배가 가능하다.

③ 화학비료의 사용을 크게 줄일 수 있다.

④ 재배방식의 개선과 농자재 사용을 줄일 수 있어 소득이 향상된다.

해설

농업기계화의 장점 : 노동력·인건비 절감, 생산성 향상

14

식물의 광합성 속도에는 이산화탄소의 농도뿐 아니라 광의 강도도 관여를 하는데, 다음 중 광이 약할 때에 일어나는 일반적인 현상으로 가장 옳은 것은?

① 이산화탄소 보상점과 포화점이 다 같이 낮아진다.
② 이산화탄소 보상점과 포화점이 다 같이 높아진다.
③ 이산화탄소 보상점이 높아지고 이산화탄소 포화점은 낮아진다.
④ 이산화탄소 보상점이 낮아지고 이산화탄소 포화점은 높아진다.

해설

③ 광이 약한 조건에서는 강한 조건에서보다 이산화탄소 보상점이 높아지고, 이산화탄소 포화점은 낮아진다.
• 이산화탄소 보상점 : 광합성에 의한 유기물의 생성 속도와 호흡에 의한 유기물의 소모 속도가 같아지는 이산화탄소농도
• 이산화탄소 포화점 : 이산화탄소 농도가 증가하면서 광합성량이 증가하다가 어느 수준의 농도에 이르면 더 이상 증가하지 않는 이산화탄소 농도

15

다음 중 비료를 엽면시비할 때 흡수가 가장 잘되는 조건은?

① 미산성용액 살포
② 밤에 살포
③ 잎의 표면에 살포
④ 하위 잎에 살포

해설

① 살포액의 pH는 미산성인 것이 흡수가 잘된다.
엽면시비 시 흡수에 영향을 미치는 요인
• 잎의 표면보다 얇은 이면에서 더 잘 흡수된다.
• 잎의 호흡작용이 왕성할 때 흡수가 더 잘되므로 줄기의 정부로부터 가까운 잎에서 흡수율이 높다.
• 노엽보다는 성엽이, 밤보다는 낮에 흡수가 더 잘된다.
• 살포액의 pH는 미산성인 것이 흡수가 잘된다.
• 살포액에 전착제를 가용하면 흡수가 잘된다.
• 작물에 피해가 나타나지 않는 범위 내에서 살포액의 농도가 높을 때 흡수가 빠르다.
• 석회의 사용은 흡수가 억제되고 고농도 살포의 해를 경감시킨다.
• 물의 생리작용이 왕성한 기상조건에서 흡수가 빠르다.

16

작물이 흡수하여 이용할 수 있는 토양수분 중 포장용수량의 pF값은?

① 2.5
② 3.9
③ 4.2
④ 1.7

해설

유효수분
작물이 흡수하여 이용할 수 있는 토양수분으로 포장용수량(pF 2.5)~영구위조점(pF 4.2) 사이이다.

17

비료의 3요소 중 칼륨의 흡수 비율이 가장 높은 작물은?

① 고구마
② 콩
③ 옥수수
④ 보리

해설

① 고구마 : 4 : 1.5 : 5(N : P : K)
② 콩 : 5 : 1 : 1.5
③ 옥수수 : 4 : 2 : 3
④ 맥류(보리) : 5 : 2 : 3

18

콩의 초형에서 수광태세가 좋아지고 밀식적응성이 커지는 조건으로 가장 거리가 먼 것은?

① 잎자루가 짧고 일어선다.
② 도복이 안 되며, 가지가 짧다.
③ 꼬투리가 원줄기에 적게 달린다.
④ 잎이 작고 가늘다.

해설

③ 꼬투리가 원줄기에 많이 달리고 밑에까지 착생한다.
군락의 수광태세가 좋아지고 밀식 적응성이 큰 콩의 초형
• 키가 크고 도복이 안 되며, 가지는 짧고 적게 치는 것이 좋다.
• 꼬투리가 원줄기에 많이 달리고 밑까지 착생하는 것이 좋다.
• 잎이 작고 가늘며, 잎자루(葉柄)가 짧고 직립하는 것이 좋다.

19

기온의 일변화(변온)에 따른 식물의 생리작용에 대한 설명으로 가장 옳은 것은?

① 낮의 기온이 높으면 광합성과 합성물질의 전류가 늦어진다.
② 기온의 일변화가 어느 정도 커지면 동화물질의 축적이 많아진다.
③ 낮과 밤의 기온이 함께 상승할 때 동화물질의 축적이 최대가 된다.
④ 밤의 기온의 높아야 호흡소모가 적다.

해설
동화물질의 축적
• 낮의 기온이 높으면 광합성과 합성물질의 전류가 촉진된다.
• 밤의 기온은 비교적 낮을 때 호흡 소모가 적다. 따라서 변온이 어느 정도 큰 것이 동화물질의 축적이 많아진다.
• 밤의 기온이 과도하게 내려가면 장해가 발생한다.

20

작물의 내열성에 대한 설명으로 틀린 것은?

① 늙은 잎은 내열성이 가장 작다.
② 내건성이 큰 것을 내열성도 크다.
③ 세포 내의 결합수가 많고, 유리수가 적으면 내열성이 커진다.
④ 당분함량이 증가하면 대체로 내열성은 증대한다.

해설
작물의 내열성
• 작물의 연령이 높아지면 내열성이 커진다.
• 주피 · 완피, 완성엽의 내열성이 가장 크고 눈(芽) · 유엽은 비교적 강하며 미성엽 · 중심주는 가장 약하다.
• 세포 내 수분함량, 세포질의 점성, 염류농도, 당 · 지방 · 단백질함량이 증가하면 내열성은 증가한다.

21

다음 중 정적토에 해당하는 것은?

① 이탄토
② 붕적토
③ 수적토
④ 선상퇴토

해설
풍화산물의 이동과 퇴적 방식에 따른 분류
• 정적토 : 잔적토, 이탄토
• 운적토 : 붕적토, 풍적토, 선상퇴토, 수적토(하성층적토), 해성토, 호성토, 빙적토

22

토양 내 작물이 이용할 수 있는 유효수분에 대한 설명으로 틀린 것은?

① 일반적으로 포장용수량과 위조계수 사이의 수분함량이며 토성에 따라 변한다.
② 식양토가 사양토보다 유효수분의 함량이 크다.
③ 부식함량이 증가하면 일정 범위까지 유효수분은 증가한다.
④ 토양 내 염류는 유효수분의 함량을 높이는 데에 도움을 준다.

해설
④ 토양 내 염류가 높아지면 유효수분의 함량이 줄어든다.

23

토양에 시용한 유기물의 분해를 촉진시키는 조건으로 가장 적절하지 않은 것은?

① 기후 – 고온다습
② 토양 pH – 7.0 근처
③ 토양수분 – 포장용수량 조건
④ 시용유기물 탄질률 – 100 이상

해설
④ 탄질률이 높으면 질소함량이 적어 유기물의 분해가 느리다(질소기아현상).

24

토양미생물인 세균에 대한 설명으로 옳은 것은?

① 세균은 다세포로서 분열에 의해 증식한다.
② 산소에 대한 선호도에 따라 호기성과 혐기성으로 구분한다.
③ 자급영양세균은 유기물을 산화하여 에너지원으로 사용한다.
④ 세균은 대개 광범위한 산도조건하에서 잘 자란다.

해설
② 산소의 필요성에 따라 산소가 필요한 호기성, 산소가 불필요한 혐기성, 산소 유무에 관계없는 통성혐기성 세균으로 분류한다.
① 세균은 단세포 생물이며, 세포분열(이분법)에 의해 증식한다.
③ 자급영양세균(독립영양세균)은 무기물을 이용해 에너지를 얻고, 종속영양세균은 유기물을 산화하여 에너지를 얻는다.
④ 대부분의 세균은 중성(pH 6.5~7.5)에서 가장 잘 자라며, 극단적인 산성이나 알칼리성에서는 생육이 제한된다.

25

토양을 이루는 기본 토층으로, 미부숙유기물이 집적된 층과 점토나 유기물이 용탈된 토층을 나타내는 각각의 기호는?

① 미부숙유기물이 집적된 층 : Oi, 점토나 유기물이 용탈된 토층 : E
② 미부숙유기물이 집적된 층 : Oe, 점토나 유기물이 용탈된 토층 : C
③ 미부숙유기물이 집적된 층 : Oa, 점토나 유기물이 용탈된 토층 : B
④ 미부숙유기물이 집적된 층 : H, 점토나 유기물이 용탈된 토층 : C

해설
• Oi층 : 'O'는 유기물층(Organic horizon)을 의미하고, 'i'는 미부숙(약간만 분해된) 유기물이 집적된 상태를 나타낸다.
• E층 : 'E'는 용탈(eluviation)층으로, 점토나 유기물이 빗물 등에 의해 아래로 빠져나가 밝은 색을 띠는 층이다.

26

담수 논토양의 일반적인 특성 변화로 가장 옳은 것은?

① 호기성 미생물 활동이 증가한다.
② 인산성분의 유효도가 증가한다.
③ 토양의 색은 적갈색으로 변한다.
④ 토양이 산성화된다.

해설
① 호기성 미생물의 활동이 정지되고, 혐기성 미생물의 활동이 증가한다.
③ 담수기간이 길 때 종종 청회색의 글레이층이 형성된다.
④ 담수 후 대부분의 논토양은 중성으로 변한다.

27

토양조사 시 토양의 수리전도도를 직접 측정하지 않고 배수성을 판정하는 방법은?

① pH를 측정한다.
② 토양색을 본다.
③ 유기물함량을 측정한다.
④ 토양구조를 본다.

해설

토양색은 토양을 구성하는 광물 성분과 수분함량에 따라 달라지며, 배수·통기·유기물함량 등을 간접적으로 판단하는 지표로 활용된다.

28

식초산석회와 같은 약산의 염으로 용출되는 수소이온에 기인한 토양의 산성을 무엇이라 하는가?

① 활산성 　　　　② 가수산성
③ 치환산성 　　　④ 잔류산성

해설

가수산성

산성초기에 나타나는 산성으로서, 치환산도보다 항상 높은 값을 나타낸다.

29

빗물이 모여 작은 골짜기를 만들면서 토양을 침식시키는 작용을 무엇이라 하는가?

① 우곡침식 　　　　② 계곡침식
③ 유수침식 　　　　④ 비옥도침식

해설

세류침식(우곡침식)

빗물이 지형을 따라 흘러 작은 도랑을 만들며 침식하며, 비가 올 때만 물이 흐르는 작은 골짜기가 되는 형태이다.

30

입자밀도(particle density)가 2.60g/cm^3, 전용적밀도(bulk density)가 1.30g/cm^{3}인 토양의 공극률은?

① 55%
② 45%
③ 40%
④ 50%

해설

$$토양공극률(\%) = \left(1 - \frac{용적밀도}{입자밀도}\right) \times 100$$

$$= \left(1 - \frac{1.3}{2.6}\right) \times 100$$

$$= 50\%$$

31

탄소함량이 40%이고 질소함량이 0.5%인 볏짚 100kg을 C/N율이 10이고 탄소동화율이 30%인 미생물이 분해시킬 때 식물이 질소기아를 나타내지 않게 하려면 몇 kg의 질소를 가하여 주어야 하는가?

① 0.1kg 　　　　② 0.3kg
③ 0.5kg 　　　　④ 0.7kg

해설

- 볏짚의 탄소 및 질소함량
  - 탄소함량 : 100kg × 0.4 = 40kg
  - 질소함량 : 100kg × 0.005 = 0.5kg
- 미생물이 필요로 하는 탄소 및 질소량
  - 탄소량 : 40kg × 0.3 = 12kg
  - 질소량 : 12kg/10 = 1.2kg(∵ C/N율 10)
- 추가로 필요한 질소량
  = 미생물이 필요로 하는 질소량 − 볏짚의 질소함량
  = 1.2kg − 0.5kg = 0.7kg

32

토양에서 일어나는 질소순환에 대한 설명으로 옳은 것은?

① 토양유기물에 존재하는 질소는 우선 질산태질소로 무기화된다.

② 질산화작용에 관여하는 주요 미생물은 아질산균과 질산균이다.

③ 질산태질소에 비하여 암모니아태질소가 용탈되기 쉽다.

④ 통기성이 좋은 토양에서 질산화작용은 일어나기 어렵다.

해설
① 토양유기물에 존재하는 질소는 우선 암모늄태질소로 무기화된다.
③ 암모니아태질소에 비하여 질산태질소가 용탈되기 쉽다.
④ 통기성이 좋은 토양에서 질산화작용이 활발하게 일어난다.

33

토양의 수분항수에 대한 설명으로 옳지 않은 것은?

① 최대용수량은 모관수가 최대로 포함된 상태로 pF는 0이다.

② 포장용수량은 중력수를 배제하고 남은 상태의 수분으로 pF는 1.0~2.0이다.

③ 초기위조점은 식물이 마르기 시작하는 수분 상태로 pF는 약 3.9이다.

④ 흡습계수는 상대습도 98%(25℃)의 공기 중에서 건조토양이 흡수하는 수분 상태로 pF는 4.5이다.

해설
② 포장용수량의 pF는 2.5~2.7이다.

34

어떤 토양 1g의 표면적이 95.24m일 때, 이 토양의 흡습도는?

① 47.62

② 23.81

③ 31.08

④ 95.24

해설
흡습도는 토양표면적에 비례한다. 토양 1g의 표면적은 흡습도에 $4m^2$를 곱한 것과 같다.

$$흡습도 = \frac{95.24}{4} = 23.81$$

35

밭토양의 유형별 개량 방법으로 가장 알맞게 짝지어진 것은?

① 보통밭 : 모래 객토, 심경, 유기물 사용

② 사질밭 : 모래 객토, 심경, 유기물 사용

③ 미숙밭 : 심경, 유기물 사용, 석회 사용, 인산 사용

④ 중점밭 : 미사 객토, 심경, 배수, 유기물 사용

해설
① 보통밭 : 심경, 유기물 사용, 석회 사용
② 사질밭 : 객토, 유기물 사용, 석회 사용
④ 중점밭 : 심경, 배수, 유기물 사용, 석회 사용, 인산 사용

36

다음 중 수식에 의한 토양침식 방지작물로 가장 효과적인 것은?

① 옥수수

② 감자

③ 클로버

④ 고추

해설
옥수수, 참깨, 고추, 조 등과 같은 작물은 토양유실이 심하고, 목초, 감자, 고구마 등과 같은 작물은 토양유실이 매우 적다.

37

퇴적 후 경과 시간이 짧거나 급경사에서 침식이 심하여 층위의 분화 발달 정도가 미약한 토양통은?

① 백산통　　　　　② 태백통
③ 관악통　　　　　④ 삼각통

해설

미숙토
퇴적 후 경과시간이 짧거나 산악지와 같은 급경사이기 때문에 침식이 심하여 층위의 분화 발달 정도가 극히 미약한 토양이다.
예 관악통, 낙동통

38

손의 감각을 이용한 토성 진단 시 수분이 포함되어 있어도 서로 뭉쳐지는 특성이 없을 뿐만 아니라 손가락을 이용하여 띠를 만들 때에도 띠를 형성하지 못하는 토성은?

① 양토　　　　　② 식양토
③ 사토　　　　　④ 미사질양토

해설

③ 사토 : 엄지와 검지로 문질러도 띠가 생기지 않고, 거의 모래 성분만 거칠게 느껴진다.
① 양토 : 띠의 길이가 2.5cm 이하이고, 모래 성분이 1/2 이하로 느껴진다.
② 식양토 : 띠의 길이가 2.5~5.0cm이고, 끈적이는 느낌이 많은 점토로 고운 모래 기운이 있다.
④ 미사질양토 : 띠의 길이가 2.5cm 이하이고, 모래 성분은 거의 없으며 끈적이는 느낌이 없는 고운 모래가 대부분이다.

39

토양생성인자들의 영향에 대한 설명으로 옳지 않은 것은?

① 경사도가 급한 지형에서는 토심이 깊은 토양이 생성된다.
② 초지에서는 유기물이 축적된 어두운 색의 A층이 발달한다.
③ 안정지면에서는 오래될수록 기후대와 평형을 이룬 발달한 토양단면을 볼 수 있다.
④ 강수량이 많을수록 용탈과 집적 등 토양단면의 발달이 왕성하다.

해설

① 경사도가 급한 지형에서는 빗물에 의한 침식작용이 활발하게 일어나 토양이 쉽게 유실되고, 그 결과로 토심이 얕은 토양이 형성된다.

40

점토광물의 표면에 영구음전하가 존재하는 원인은 동형치환과 변두리전하에 의한 것이다. 이중 점토광물의 변두리전하에만 의존하여 영구음전하가 존재하는 점토광물은?

① kaolinite
② montmorillonite
③ vermiculite
④ allophane

해설

카올리나이트(kaolinite)
• 우리나라 토양에 가장 많이 분포한다고 알려져 있으며, 1:1 비팽창형에 속한다.
• 동형치환이 거의 발생하지 않아 점토광물의 변두리전하에만 의존하여 영구음전하가 존재한다.
• 칼륨(K) 원소함량이 많은 장석이 염기물질의 신속한 용탈작용을 받았을 때 가장 먼저 생성되는 점토광물이다.

41

1962년 발간된 Rachel L. Carson의 저서로서 무차별한 농약사용이 환경과 인간에게 얼마나 위해한지 경종을 울리게 된 계기가 되었다. 이후 일반인, 학자, 정부관료들의 사고에 변화를 유도하여 IPM 사업이 발아하게 된 저서의 이름은?

① 토양비옥도
② 농업성전
③ 농업과정
④ 침묵의 봄

해설

「침묵의 봄」은 레이첼 카슨(Rachel L. Carson)이 살충제의 일종인 DDT에 대한 현실을 접하고 경각심을 갖게 되면서 집필되었다.

42

다음 중 (가), (나), (다)에 알맞은 내용은?

> • 벼는 배우자의 염색체수가 n = (가)이다.
> • 연관에서 우성유전자(또는 열성유전자)끼리 연관되어 있는 유전자 배열을 (나)이라 하고, 우성유전자와 열성유전자가 연관되어 있는 유전자 배열을 (다)이라고 한다.

① (가) : 12, (나) : 상인, (다) : 상반
② (가) : 20, (나) : 상인, (다) : 상반
③ (가) : 12, (나) : 상반, (다) : 상인
④ (가) : 20, (나) : 상반, (다) : 상인

해설

(가) 벼의 염색체 수는 n = 12, 2n = 24이고 AA게놈에 속한다.
(나) 상인연관 : 각각의 대립유전자 중 우성끼리 또는 열성끼리 연관되어 있는 경우(A와 B, a와 b가 연관(AB/ab)되어 있을 경우) AB : ab = 1 : 1
(다) 상반연관 : 각각의 대립 유전자 중 우성과 열성 유전자가 연관되어 있는 경우로, A와 b, a와 B가 연관(Ab/aB)되어 있을 경우 Ab : aB = 1 : 1

43

윤작의 실천 목적으로 적당하지 않은 것은?

① 병충해 회피
② 토양보호
③ 토양비옥도의 향상
④ 인산의 축적

해설

윤작의 실천 목적
• 토양비옥도 유지 및 증진
• 병해충 및 잡초관리
• 토양물리성 개선
• 작물 생산성 향상

44

다음 중 논(환원)상태에 해당하는 것은?

① CO_2
② NO_3^-
③ Mn^{4+}
④ CH_4

해설

논토양과 밭토양에서 원소의 존재 형태

원소	논토양(환원상태)	밭토양(산화상태)
C	CH_4, 유기산물	CO_2
N	N_2, NH_4^+	NO_3^-
Mn	Mn^{2+}	Mn^{4+}, Mn^{3+}
Fe	Fe^{2+}	Fe^{3+}
S	H_2S, S	SO_4^{2-}
P	$Fe(H_2PO_4)_2$, $Ca(H_2PO_4)_2$	인산(H_3PO_4), 인산알루미늄($AlPO_4$)
산화환원 전위(Eh)	낮다	높다

45

시설원예 토양의 염류 과잉집적에 의한 작물의 생육장해 문제를 해결하는 방법이 아닌 것은?

① 윤작을 한다.
② 연작재배한다.
③ 미량원소를 공급한다.
④ 퇴비, 녹비 등을 적정량 시용한다.

해설
② 연작은 염류집적을 가속화한다.

46

유기농업이 추구하는 목적으로 옳지 않은 것은?

① 환경오염의 최소화
② 환경생태계의 보호
③ 생물학적 생산성의 극대화
④ 토양쇠퇴와 유실의 최소화

해설
③ 생물학적 생산성의 최적화

47

유기낙농에서 젖소에게 급여할 사일리지 제조 시 주로 발생하는 균은?

① 질소화성균   ② 진균
③ 방선균   ④ 유산균

해설
사일리지(담근먹이)
혐기성 조건에서 작물(풀이나 옥수수 등)을 발효시켜 만드는 저장사료이다. 발효과정에서 유산균이 당분을 이용하여 젖산을 생성하며, pH를 낮추어 다른 부패균과 잡균의 생장을 억제하고 사일리지의 영양분 손실을 줄여 장기보존이 가능하게 한다.

48

유기종자의 조건으로 거리가 먼 것은?

① 병충해 저항성이 높은 종자
② 화학비료로 전량 시비하여 재배한 작물에서 채종한 종자
③ 농약으로 종자소독을 하지 않은 종자
④ 유기농법으로 재배한 작물에서 채종한 종자

해설
② 화학적 소독을 거치지 않은 종자
유기종자의 조건
• 병충해 저항성이 높은 종자
• 잡초 경합력이 높은 품종
• 1년간 유기농법으로 재배한 작물에서 채종한 종자
• 화학적 소독을 거치지 않은 종자
• 상업용 종자가 아닌 종자
• 건실하고, 오염되지 않은 고품질의 유기종자
• 유기농산물 인증기준에 맞게 생산 및 관리된 종자

49

$F_2 \sim F_4$ 세대에는 매세대 모든 개체로부터 1립씩 채종하여 집단재배를 하고, F_4 각 개체별로 F_5계통재배를 하는 것은?

① 여교배육종   ② 파생계통육종
③ 1개체1계통육종   ④ 단순순환선발

해설
1개체1계통육종
$F_2 \sim F_4$ 매 세대 각 개체별 1립씩 채종하여 집단재배 → $F_5 \sim F_6$ 계통선발

50

다음 과수류 중 기지현상이 문제가 되는 것은?

① 감나무　　　　　　② 복숭아나무

③ 포도나무　　　　　　④ 자두나무

과수류의 기지현상

• 심한 것 : 복숭아나무, 무화과나무, 앵두나무

• 심하지 않은 것 : 사과나무, 포도나무, 감나무, 자두나무

51

어떤 좁은 범위의 특정한 일장에서만 화성이 유도되며, 2개의 뚜렷한 한계일장이 있는 식물은?

① 장일식물　　　　　　② 단일식물

③ 정일성식물　　　　　④ 중성식물

① 장일식물 : 장일상태에서 개화하는 식물

② 단일식물 : 단일상태에서 개화하는 식물

④ 중성식물(중일성식물) : 일장에 관계없이 개화하는 식물

52

화학 제초제를 사용하지 않고 쌀겨를 투입하여 잡초를 방제하는 경우의 방제 원리로 볼 수 없는 것은?

① 논물이 혼탁해져 광을 차단하여 잡초 발아가 억제된다.

② 쌀겨의 영양분이 미생물에 의해 분해될 때 산소가 일시적으로 고갈되어 잡초의 발아 억제에 도움을 준다.

③ 쌀겨에 함유된 제초제 성분이 잡초의 발아를 억제한다.

④ 쌀겨가 분해될 때 생성되는 메탄가스 등이 잡초의 발아를 억제한다.

쌀겨농법

쌀겨를 논에 뿌려 미생물의 분해작용, 유기산 생성, 환원상태 형성, 차광효과, 발아억제물질(ABA) 공급 등 복합적인 작용으로 잡초의 발아와 생장을 억제하는 친환경 잡초 방제법이다.

53

유기원예에서 이용되는 천적 중 포식성 곤충이 아닌 것은?

① 고치벌

② 팔라시스이리응애

③ 칠레이리응애

④ 진디혹파리

① 고치벌은 기생성 천적에 속한다.

포식성 천적 : 풀잠자리목, 무당벌레목, 딱정벌레목, 애꽃노린재, 침노린재, 칠레이리응애, 팔라시스이리응애, 꽃등에, 혹파리, 거미류 등

54

유기농산물의 병해충 관리를 위해 사용 가능한 물질인 보르도액에 대한 설명으로 틀린 것은?

① 보르도액의 유효성분은 황산구리와 생석회이다.

② 조제 후 시간이 지나면 살균력이 떨어진다.

③ 석회유황합제, 기계유제, 송지합제 등과 혼합하여 사용할 수 있다.

④ 에스테르제와 같은 알칼리에 의해 분해가 용이한 약제와의 혼합사용은 피한다.

보르도액 사용 시 주의사항

• 조제 후 시간이 경과함에 따라 살균력이 떨어지므로 조제 후 바로 사용한다.

• 에스테르제와 같은 약제는 알칼리에 의해 분해되기 쉬워 살충력이 떨어지므로 혼용을 피해야 한다.

• 석회유황합제, 기계유제, 송지합제 등과는 주성분 간의 분해에 의해 약해를 일으키므로 혼용해서는 안 된다.

• 작물경엽의 즙액이 산성인 작물(복숭아, 살구, 매실, 배추 등)에 살포하면 구리의 가용화가 증대되어 약해가 발생할 수 있으므로 주의해야 한다.

55

대체로 볍씨는 중량의 22.5% 정도의 물을 흡수하면 발아할 수 있는데 종자소독 후 침종은 적산온도 100℃를 기준으로 수온이 15℃인 물에서는 며칠간 실시하는 것이 가장 적정한가?

① 4.5일
② 7일
③ 10일
④ 15일

해설

적산온도 100℃ 기준으로 물 온도가 15℃일 경우 7일간, 10℃의 경우 10일간 침종한다.

※ 침종일수(일) × 수온(℃) = 100

56

유기축산농가인 길동농장이 육계 병아리를 5월 1일에 입식시켰다면 언제부터 출하하는 경우에 유기축산물 육계(식육)로 인증이 가능한가?

① 5월 2일
② 5월 16일
③ 5월 22일
④ 6월 22일

해설

유기축산물의 전환기간(친환경농어업법 시행규칙 [별표 4])
육계(식육) : 입식 후 3주

57

유기고추 육묘에 대한 설명으로 틀린 것은?

① 유기재배를 위해서 육묘장은 반드시 유기인증을 받은 곳이어야 한다.
② 농가가 자가상토 제조가 어려우면 시판상토를 바로 사용해도 무방하다.
③ 일반 흙을 이용할 경우 토양전염병이나 해충이 의심되면 태양열 소독을 한다.
④ 퇴비는 상토에 영양공급을 할 수 있는 자재로 사용 전 적어도 6개월 전에 만들어 놓는다.

해설

② 시판상토를 사용할 경우 유기농업자재 정보시스템에서 유기농업자재목록 공시품인지 확인 후 사용해야 한다.

시판상토의 사용
시판되는 유기상토는 유기농업목록 공시제 등록 표시 여부로 확인할 수 있고, 유기농자재 표시가 없을 경우 제조원으로부터 유기농원료 외에 금지 물질이 포함되지 않았다는 확인 과정이 필요하다.

58

시설(green house) 설치 시 외부 피복자재의 구비조건으로 적합하지 않은 것은?

① 보온성이 좋아야 한다.
② 광 투과율이 높아야 한다.
③ 열선 투과율이 낮아야 한다.
④ 열전도율이 커야 한다.

해설

④ 열전도율이 낮아야 한다.

59

유기축산을 위한 축사시설 준비과정에서 중요하게 고려하여야 할 사항으로 틀린 것은?

① 햇빛의 채광이 양호하도록 시설하여 건강한 성장을 도모한다.
② 공기의 유입이나 통풍이 양호하도록 설계하여 호흡기 질병이나 먼지피해를 입지 않도록 배려한다.
③ 가축의 분뇨가 외부로 유출되거나 토양에 침투되어 악취 등의 위생문제 및 지하수 오염 등을 일으키지 않도록 만전을 기한다.
④ 축사건립에 많은 투자를 피하고, 좁은 면적에 다수의 가축을 밀집 사육시킴으로써 경영의 효율성을 제고한다.

해설
④ 축사건립에 많은 투자를 하고, 좁은 면적에 다수의 가축을 밀집 사육하지 않는다.

60

유기양계에서 필요하거나 허용되는 사육장 및 사육조건이 아닌 것은?

① 가금의 크기와 수에 적합한 홰의 크기
② 톱밥·모래 등 깔짚으로 채워진 축사
③ 높은 수면공간
④ 닭을 사육하는 케이지

해설
유기축산물의 사육장 및 사육조건(친환경농축산물 및 유기식품 등의 인증에 관한 세부실시요령 [별표 1])
가금류의 축사는 짚·톱밥·모래 또는 야초와 같은 깔짚으로 채워진 건축공간이 제공되어야 하고, 가금의 크기와 수에 적합한 홰의 크기 및 높은 수면공간을 확보하여야 하며, 산란계는 산란상자를 설치하여야 한다.

61

유기농 쌀을 생산하는 농가의 생산비가 다음과 같을 때 농가가 유기농 쌀 생산을 통해 얻은 소득은 얼마인가?

- 조수입 12,000,000원
- 중간재비 3,000,000원
- 고용노력비 300,000원
- 임차료(토지 등) 2,200,000원
- 위탁영농비 1,300,000원
- 자본용역비 200,000원
- 자가노력비 2,000,000원

① 3,000,000 ② 6,000,000
③ 5,000,000 ④ 4,000,000

해설
소득 = 조수입 − 경영비
　　= 12,000,000원 − (3,000,000원 + 300,000원 + 2,200,000원
　　　+ 1,300,000원 + 200,000원)
　　= 5,000,000원

62

유기가공식품의 제조기준으로 적절하지 않은 것은?

① 해충 및 병원균 관리를 위하여 방사선 조사 방법을 사용하지 않아야 한다.
② 지정된 식품첨가물, 미생물제제, 가공보조제만 사용하여야 한다.
③ 유기농으로 재배한 GMO는 허용될 수 있다.
④ 재활용 또는 생분해성 재질의 용기, 포장만 사용한다.

해설
③ 유전자변형생물체 및 유전자변형생물체에서 유래한 원료 또는 재료를 사용하지 않을 것(친환경농축산물 및 유기식품 등의 인증에 관한 세부실시요령 [별표 1])

63

다음 중 동물근원 천연첨가물이 아닌 것은?

① 카세인(casein)
② 셀룰라아제(cellulase)
③ 밀납(beeswax)
④ 젤라틴(gelatin)

해설

② 셀룰라아제 : 미생물근원 천연첨가물

64

발효식품 제조를 위한 코지(koji) 곰팡이는 어느 효소들의 역가가 가장 좋아야 하는가?

① lactase, lipase
② proteinase, pectinase
③ glycosidase, nuclease
④ amylase, protease

해설

코지 곰팡이는 전분(amylase)과 단백질(protease) 분해를 통해 발효식품의 맛과 영양을 결정한다.

65

식품의 저장을 위한 가공 방법 중 가열처리 방법은?

① 동결건조법(freeze-drying)
② 한외여과법(ultra-filtration)
③ 냉장냉동법(chilling or freezing)
④ 저온살균법(pasteurization)

해설

가열처리 저장 : 저온·고온살균법, 초음파가열법, 마이크로웨이브가열법, 전기저항가열법, 원적외선살균법 등

66

지역농산물 이용촉진 등 농산물 직거래 활성화에 관한 법률상 농산물 직거래에 해당하지 않는 것은?(단, 그 밖에 대통령령으로 정하는 농산물 거래 행위는 제외한다)

① 생산자로부터 농산물의 판매를 위탁받아 농산물직판장을 통해 소비자에게 판매하는 행위
② 생산자로부터 농산물을 구입한 자가 이를 소비자에게 직접 판매하는 행위
③ 소비자로부터 농산물의 구입을 위탁받아 생산자로부터 이를 직접 구입하는 행위
④ 생산자로부터 농산물의 판매를 위탁받아 소비자에게 판매하는 행위

해설

① 생산자로부터 농산물의 판매를 위탁받아 소비자에게 판매하는 행위(지역농산물 이용촉진 등 농산물 직거래 활성화에 관한 법률 제2조 제3호 나목)

67

한외여과에 대한 설명으로 틀린 것은?

① 고분자 물질로 만들어진 막의 미세한 공극을 이용한다.
② 물과 같이 분자량이 작은 물질은 막을 통과하나 분자량이 큰 고분자 물질의 경우 통과하지 못한다.
③ 단백질 농축, 전분 및 당류의 분리, 치즈 제조에 사용된다.
④ 삼투압보다 높은 압력을 용액 중에 작용시켜 용매가 반투막을 통과하게 한다.

해설

④는 역삼투압여과에 대한 설명이다.

68

다음 중 살균력이 가장 강한 자외선 파장 범위는?

① 150~160nm
② 200~210nm
③ 250~260nm
④ 300~310nm

해설

가장 강한 살균력을 보이는 파장은 UV-C 영역인 약 254nm(250~260nm) 부근이다.

69

미생물의 가열치사기간을 10배 변화시키는 데 필요한 가열온도의 차이를 나타내는 값은?

① F값
② Z값
③ D값
④ K값

해설

② Z값 : D값을 1/10로 감소시키기 위해 높여야 하는 온도(℃)
① F값 : 일정한 온도에서 미생물을 100% 사멸시키는 데 필요한 시간
③ D값 : 일정 온도에서 미생물의 90%가 사멸하는 데 걸리는 시간

70

D값이 121℃에서 2분인 세균포자의 수를 10^3개에서 1개로 감소시킬 때의 F값은?

① 1분
② 3분
③ 6분
④ 9분

해설

$F = D(\log N_0 - \log N)$
여기서, N_0 : 초기의 미생물 농도
　　　　N : 일정 온도에서 t시간 가열했을 때 시료 중의 생존균수
∴ $F = 2(3 - 0) = 6$

71

꿀을 넣어 반죽하여 기름에 튀기고 다시 꿀에 담가 만든 과자류는?

① 다식류
② 산자류
③ 유밀과류
④ 전과류

해설

③ 유밀과류 : 밀가루, 메밀가루에 꿀과 기름을 넣어 반죽해 기름에 튀긴 뒤 꿀에 담근 것 예 약과
① 다식류 : 볶은 곡물가루나 송화가루 등에 꿀과 조청을 넣고 반죽하여 다식판에 찍어 낸 것
② 산자류 : 말린 찹쌀반죽을 기름에 튀겨 매화 또는 튀긴 밥풀을 묻힌 것
④ 전과(煎果)류 : 수분이 적은 식물의 뿌리, 줄기, 열매를 설탕, 꿀, 조청에 조린 만든 것

72

식품미생물의 증식에 관한 설명으로 틀린 것은?

① 온도 : 일반적으로 중온균은 20~40℃에서 잘 자란다.
② pH : 세균은 일반적으로 중성부근에서 잘 자란다.
③ 산소 : 반드시 산소가 있어야 자랄 수 있다.
④ 수분활성도 : 수분활성도를 떨어뜨리면 세균, 효모, 곰팡이 순으로 생육이 어려워진다.

해설

③ 혐기성 미생물은 산소가 없는 상태에서도 잘 자란다.

73

유기농산물에 대한 소비자의 최대지불의사가격 결정 요인과 관련이 없는 것은?

① 맛(식감)　　　② 안전성
③ 가격　　　　　④ 친환경성

74

유기식품의 마케팅조사에 있어 자료수집을 위한 대인면접법의 특징에 대한 설명으로 옳은 것은?

① 조사비용 저렴
② 신속한 정보획득 가능
③ 면접자의 감독과 통제 용이
④ 표본분포의 통제 가능

75

다음 중 화학적 위해요소가 아닌 것은?

① 농약
② 유리조각
③ 카드뮴
④ 폼알데하이드

76

마케팅믹스의 4P's에 해당하지 않는 것은?

① product
② price
③ place
④ people

77

친환경농산물 유통의 특성으로 옳은 것은?

① 친환경농산물의 경쟁 척도로는 가격이 유일하다.
② 친환경농산물의 품질은 외관으로 충분히 확인 가능하므로 소비자가 현장에서 확인 가능하다.
③ 친환경농산물의 품질 차별성은 가격결정의 변수와 무관하다.
④ 친환경농산물의 유통조직의 물류효율성 여부는 경쟁력 결정요인이다.

> **해설**
> ① 친환경농산물의 경쟁 척도로는 품질과 가격 등이다.
> ② 친환경농산물의 품질은 외관으로 확인되지 않는다는 점에서 일반 농산물과 차별성이 있다.
> ③ 친환경농산물의 품질 차별성은 중요한 가격결정 변수이다.

78

유통경로가 제공하는 효용이 아닌 것은?

① 본질효용
② 시간효용
③ 장소효용
④ 소유효용

> **해설**
> **유통경로에 따른 4가지 유통 효용**
> • 장소효용(수송기능)
> • 시간효용(저장기능)
> • 형태효용(가공기능)
> • 소유권효용(거래기능)

79

유기가공식품 제조공장 주변의 해충방제 방법으로 우선적으로 고려해야 하는 방법이 아닌 것은?

① 기계적 방법
② 물리적 방법
③ 생물학적 방법
④ 화학적 방법

> **해설**
> **유기가공식품 · 비식용유기가공품의 해충 및 병원균 관리(친환경농어업법 시행규칙 [별표 4])**
> 해충 및 병원균 관리를 위해 예방적 방법, 기계적 · 물리적 · 생물학적 방법을 우선 사용해야 하고, 불가피한 경우 시행규칙 [별표 1]에서 정한 물질을 사용할 수 있으며, 그 밖의 화학적 방법이나 방사선 조사 방법을 사용하지 않을 것

80

진공포장 방법에 대한 설명 중 틀린 것은?

① 쇠고기 등을 진공포장하면 변색작용을 촉진하게 된다.
② 호흡작용이 왕성한 신선 농산물의 장기유통용으로는 적합하지 않다.
③ 가스 및 수증기 투과도가 높은 셀로판, EVA, PE 등이 이용된다.
④ 포장지 내부의 공기 제거로 박피 청과물의 갈변작용이 억제된다.

> **해설**
> ③ 진공포장에는 가스 및 수증기 투과도가 낮은 재질을 사용해야 하며, 셀로판이나 단일 EVA, PE 등은 가스 차단성이 낮아 반드시 EVOH와 같은 차단층과 함께 사용해야 한다.

81

농림축산식품부 소관 친환경농어업 육성 및 유기식품 등의 관리·지원에 관한 법률 시행규칙에 의거한 유기가공식품 제조공장의 관리로 적합한 것은?

① 제조설비 중 식품과 직접 접촉하는 부분에 대한 세척은 화학약품을 사용하여 깨끗이 한다.

② 세척제·소독제를 시설 및 장비에 사용하는 경우 유기식품·가공품의 유기적 순수성이 훼손되지 않도록 한다.

③ 식품첨가물을 사용한 경우에는 식품첨가물이 제조설비에 잔존하도록 한다.

④ 병해충 방제를 기계적·물리적 방법으로 처리하여도 충분히 방제가 되지 않으면 화학적인 방법이나 전리방사선 조사 방법을 사용할 수 있다.

해설

① 유기식품·유기가공품에 시설이나 설비 또는 원료·재료의 세척, 살균, 소독에 사용된 물질이 함유되지 않도록 할 것(친환경농어업법 시행규칙 [별표 4])

③ 가공원료·재료는 규정에 따른 적합성 여부를 정기적으로 관리하고, 가공원료·재료에 대한 납품서·거래인증서·보증서 또는 검사성적서 등 국립농산물품질관리원장이 정하여 고시하는 증명자료를 보관할 것(친환경농어업법 시행규칙 [별표 4])

④ 해충 및 병원균 관리를 위해 예방적 방법, 기계적·물리적·생물학적 방법을 우선 사용해야 하고, 불가피한 경우 [별표 1]에서 정한 물질을 사용할 수 있으며, 그 밖의 화학적 방법이나 방사선 조사 방법을 사용하지 않을 것(친환경농어업법 시행규칙 [별표 4])

82

농림축산식품부 소관 친환경농어업 육성 및 유기식품 등의 관리·지원에 관한 법률 시행규칙상 인증심사원의 자격취소 및 정지 기준의 개별기준에서 [보기]의 내용으로 1회 적발되었을 경우의 행정처분은?

보기
인증심사 업무와 관련하여 다른 사람에게 자기의 성명을 사용하게 하거나 인증심사원증을 빌려준 경우

① 자격정지 3개월
② 자격정지 6개월
③ 자격정지 1년
④ 자격취소

해설

인증심사원의 자격취소, 자격정지 및 시정조치 명령의 기준(친환경농어업법 시행규칙 [별표 12])

위반행위	위반횟수별 행정처분기준		
	1회 위반	2회 위반	3회 이상 위반
인증심사 업무와 관련하여 다른 사람에게 자기의 성명을 사용하게 하거나 인증심사원증을 빌려 준 경우	자격정지 6개월	자격취소	-

83

친환경농어업 육성 및 유기식품 등의 관리·지원에 관한 법률에서 농업의 근간이 되는 흙의 소중함을 국민에게 알리기 위하여 매년 몇 월 며칠을 흙의 날로 정하는가?

① 1월 19일　　　　② 3월 11일
③ 4월 15일　　　　④ 8월 13일

해설

흙의 날(친환경농어업법 제5조의2 제1항)
농업의 근간이 되는 흙의 소중함을 국민에게 알리기 위하여 매년 3월 11일을 흙의 날로 정한다.

84

친환경농축산물 및 유기식품 등의 인증에 관한 세부실시 요령에 따라 친환경농산물 인증심사 과정에서 재배포장 토양검사용 시료채취 방법으로 옳은 것은?

① 토양시료 채취는 인증심사원 입회하에 인증 신청인 이 직접 채취한다.

② 토양시료 채취 지점은 재배필지별로 최소한 5개소 이상으로 한다.

③ 시료수거량은 시험연구기관이 검사에 필요한 수량 으로 한다.

④ 채취하는 토양은 모집단의 대표성이 확보될 수 있도 록 S자형 또는 Z자형으로 채취한다.

해설

① 시료수거는 신청인, 신청인 가족(단체인 경우에는 대표자나 생산관 리자, 업체인 경우에는 근무하는 정규직원을 포함한다) 참여하에 인증심사원이 직접 수거하여야 한다(유기식품 및 무농약농산물 등 의 인증에 관한 세부실시요령 [별표 2]).

②·④ 재배포장의 토양은 대상 모집단의 대표성이 확보될 수 있도록 Z자형 또는 W자형으로 최소한 10개소 이상의 수거지점을 선정하 여 수거한다(유기식품 및 무농약농산물 등의 인증에 관한 세부실시 요령 [별표 2]).

85

유기식품 및 무농약농산물 등의 인증에 관한 세부실시 요령상 유기농산물의 인증기준에서 병해충 및 잡초의 방제·조절 방법으로 거리가 먼 것은?

① 무경운

② 적합한 돌려짓기(윤작) 체계

③ 덫과 같은 기계적 통제

④ 포식자와 기생동물의 방사 등 천적의 활용

해설

① 기계적 경운(유기식품 및 무농약농산물 등의 인증에 관한 세부실시 요령 [별표 1])

86

친환경농축산물 및 유기식품 등의 인증에 관한 세부실시 요령에서 규정한 유기농산물 인증기준의 세부사항에 관 한 설명 중 옳지 않은 것은?

① 재배포장의 토양에서 유기합성농약 성분의 검출량 이 0.01g/kg 이하인 경우는 불검출로 본다.

② 재배포장의 토양에서는 매년 1회 이상의 검정을 실 시하여 토양비옥도가 유지·개선되게 노력하여야 한다.

③ 재배 시 화학비료와 유기합성농약을 전혀 사용하지 아니하여야 한다.

④ 가축분뇨를 원료로 하는 퇴비·액비는 완전히 부숙 시켜서 사용하되, 과다한 사용, 유실 및 용탈 등으로 인해 환경오염을 유발하지 아니하도록 하여야 한다.

해설

① 관행농업 과정에서 토양에 축적된 합성농약 성분의 검출량이 0.01mg/kg 이하인 경우에는 예외를 인정한다(유기식품 및 무농 약농산물 등의 인증에 관한 세부실시요령 [별표 1]).

87

농림축산식품부 소관 친환경농어업 육성 및 유기식품 등 의 관리·지원에 관한 법률 시행규칙에 따라 유기가축이 아닌 가축을 유기농장으로 입식하여 유기축산물을 생산· 판매하려는 경우에는 일정 전환기간 이상을 유기축산물 인증기준에 따라 사육하여야 한다. 다음 중 축종, 생산물, 전환기간에 대한 기준으로 틀린 것은?

① 한우 - 식육용 - 입식 후 12개월 이상

② 육우 송아지 - 식육용 - 6개월령 미만의 송아지 입 식 후 12개월

③ 젖소 - 시유생산용 - 3개월 이상

④ 돼지 - 식육용 - 입식 후 5개월 이상

해설

② 육우 - 식육용 - 입식 후 12개월(친환경농어업법 시행규칙 [별표 4])

88

농림축산식품부 소관 친환경농어업 육성 및 유기식품 등의 관리·지원에 관한 법률 시행규칙상 유기표시가 된 인증품을 또는 동등성이 인정된 인증을 받은 유기가공식품을 판매나 영업에 사용할 목적으로 수입하려는 자가 수입신고서에 반드시 첨부해야 할 서류가 아닌 것은?

① 인증서 사본

② 인증기관이 발생한 거래인증서 원본

③ 동등성 인정 협정을 체결한 국가의 인증기관이 발행한 인증서 사본 및 수입증명서 원본

④ 잔류농약검사 성적서

해설

수입 유기식품의 신고(친환경농어업법 시행규칙 제22조 제1항)

법에 따라 인증품인 유기식품 또는 동등성이 인정된 인증을 받은 유기가공식품의 수입신고를 하려는 자는 식품의약품안전처장이 정하는 수입신고서에 다음의 구분에 따른 서류를 첨부하여 식품의약품안전처장에게 제출해야 한다. 이 경우 수입되는 유기식품의 도착 예정일 5일 전부터 미리 신고할 수 있으며, 미리 신고한 내용 중 도착항, 도착 예정일 등 주요 사항이 변경되는 경우에는 즉시 그 내용을 문서(전자문서를 포함)로 신고해야 한다.

1. 인증품인 유기식품을 수입하려는 경우 : 인증서 사본 및 거래인증서 원본

2. 동등성이 인정된 인증을 받은 유기가공식품을 수입하려는 경우 : 동등성 인정 협정을 체결한 국가의 인증기관이 발행한 인증서 사본 및 수입증명서(Import Certificate) 원본

89

농림축산식품부 소관 친환경농어업 육성 및 유기식품 등의 관리·지원에 관한 법률시행규칙상 유기가공식품 생산 시 사용이 가능한 식품첨가물 또는 가공보조제가 아닌 것은?

① 이산화탄소

② 알긴산칼륨

③ 젤라틴

④ 아질산나트륨

해설

식품첨가물 또는 가공보조제로 사용 가능한 물질(친환경농어업법 시행규칙 [별표 1])

명칭	식품첨가물로 사용 시 사용 가능 범위	가공보조제로 사용 시 사용 가능 범위
이산화탄소	제한 없음	제한 없음
알긴산칼륨	제한 없음	사용 불가
젤라틴	사용 불가	포도주, 과일 및 채소 가공

90

농림축산식품부 소관 친환경농어업 육성 및 유기식품 등의 관리·지원에 관한 법률 시행규칙상 토양을 이용하지 않고 통제된 시설공간에서 빛(LED, 형광등), 온도, 수분, 양분 등을 인공적으로 투입하여 작물을 재배하는 시설을 일컫는 말은?

① 윤작

② 식물공장

③ 재배포장

④ 경축순환농법

해설

'식물공장(vertical farm)'이란 토양을 이용하지 않고 통제된 시설공간에서 빛(LED, 형광등), 온도, 수분 및 양분 등을 인공적으로 투입해 작물을 재배하는 시설을 말한다(친환경농어업법 시행규칙 [별표 4]).

91

유기농축산물의 함량에 따른 제한적 유기표시의 허용기준에 70% 미만이 유기농축산물인 제품에 대한 내용으로 틀린 것은?

① 특정 원료 또는 재료로 유기농축산물만을 사용한 제품이어야 한다.
② 표시장소는 원재료명 표시란에만 표시할 수 있다.
③ 원재료명 표시란에 유기농축산물의 총함량 또는 원료·재료별 함량을 백분율(%)로 표시해야 한다.
④ 해당 원재료명의 일부로 '유기'라는 용어를 표시할 수 없다.

> **해설**
> ④ 해당 원료·재료명의 일부로 '유기'라는 용어를 표시할 수 있다(친환경농어업법 시행규칙 [별표 8]).

92

유기식품 및 무농약농산물 등의 인증에 관한 세부실시요령상 유기축산물의 인증기준에서 생산물의 품질향상과 전통적인 생산 방법의 유지를 위하여 허용되는 행위는? (단, 국립농산물품질관리원장이 고시로 정하는 경우를 제외함)

① 꼬리 자르기
② 이빨 자르기
③ 물리적 거세
④ 가축의 꼬리 부분에 접착밴드 붙이기

> **해설**
> 생산물의 품질향상과 전통적인 생산 방법의 유지를 위하여 물리적 거세를 할 수 있다(유기식품 및 무농약농산물 등의 인증에 관한 세부실시요령 [별표 1]).

93

농림축산식품부 소관 친환경농어업 육성 및 유기식품 등의 관리·지원에 관한 법률 시행규칙에 의한 유기농축산물의 유기표시 글자로 적절하지 않은 것은?

① 유기농한우
② 유기재배사과
③ 유기축산돼지
④ 친환경재배포도

> **해설**
> 유기농축산물의 유기표시 글자(친환경농어업법 시행규칙 [별표 6])
> 1) 유기, 유기농산물, 유기축산물, 유기임산물, 유기식품, 유기재배농산물 또는 유기농
> 2) 유기재배○○(○○은 농산물의 일반적 명칭, 유기축산○○, 유기○○ 또는 유기농○○

94

친환경농어업 육성 및 유기식품 등의 관리·지원에 관한 법률상 친환경농업 또는 친환경어업 육성계획에 포함되지 않는 것은?

① 친환경농어업의 공익적 기능 증대 방안
② 친환경농어업의 발전을 위한 국제협력 강화 방안
③ 농어업 분야의 환경보전을 위한 정책목표 및 기본방향
④ 친환경농산물의 생산 증대를 위한 유기·화학자재 개발 보급 방안

> **해설**
> 친환경농어업 육성계획(친환경농어업법 제7조 제2항)
> 육성계획에는 다음의 사항이 포함되어야 한다.
> 1. 농어업 분야의 환경보전을 위한 정책목표 및 기본방향
> 2. 농어업의 환경오염 실태 및 개선대책
> 3. 합성농약, 화학비료 및 항생제·항균제 등 화학자재 사용량 감축 방안
> 3의2. 친환경 약제와 병충해 방제 대책
> 4. 친환경농어업 발전을 위한 각종 기술 등의 개발·보급·교육 및 지도 방안
> 5. 친환경농어업의 시범단지 육성 방안
> 6. 친환경농수산물과 그 가공품, 유기식품 등 및 무농약원료가공식품의 생산·유통·수출 활성화와 연계강화 및 소비 촉진 방안
> 7. 친환경농어업의 공익적 기능 증대 방안
> 8. 친환경농어업 발전을 위한 국제협력 강화 방안
> 9. 육성계획 추진 재원의 조달 방안
> 10. 인증기관의 육성 방안
> 11. 그 밖에 친환경농어업의 발전을 위하여 농림축산식품부령 또는 해양수산부령으로 정하는 사항

95

농림축산식품부 소관 친환경농어업 육성 및 유기식품 등의 관리·지원에 관한 법률 시행규칙상 유기가공식품의 도형 표시에 대한 설명으로 옳은 것은?

① 표시 도형의 국문 및 영문 글자의 활자체는 궁서체로 한다.

② 표시 도형의 크기는 포장재의 크기에 관계없이 지정된 크기로 한다.

③ 표시 도형 내부에 적힌 '유기', '(ORGANIC)', 'ORGANIC'의 글자 색상은 표시 도형 색상과 동일하게 한다.

④ 표시 도형의 색상은 백색을 기본색상으로 하고, 포장재의 색깔 등을 고려하여 파랑색 또는 녹색으로 할 수 있다.

해설

① 표시 도형의 국문 및 영문 글자의 활자체는 고딕체로 한다(친환경농어업법 시행규칙 [별표 5]).

② 표시 도형의 크기는 포장재의 크기에 따라 조정할 수 있다(친환경농어업법 시행규칙 [별표 5]).

④ 표시 도형의 색상은 녹색을 기본 색상으로 하되, 포장재의 색깔 등을 고려하여 파란색, 빨간색 또는 검은색으로 할 수 있다(친환경농어업법 시행규칙 [별표 5]).

96

유기식품 및 무농약농산물 등의 인증에 관한 세부실시요령상 유기양봉제품의 전환기간에 대한 내용이다. ( )의 내용으로 알맞은 것은?

> 전환기간 ( ) 동안에 밀랍은 유기적으로 생산된 밀랍으로 모두 교체되어야 한다. 인증기관은 전환기간 동안에 모든 밀랍이 교체되지 않은 경우 전환기간을 연장할 수 있다.

① 6개월   ② 1년

③ 2년   ④ 3년

해설

유기축산물 중 유기양봉의 산물·부산물의 전환기간(유기식품 및 무농약농산물 등의 인증에 관한 세부실시요령 [별표 1])

97

농림축산식품부 소관 친환경농어업 육성 및 유기식품 등의 관리·지원에 관한 법률 시행규칙상 유기가공식품 제조 시 가공보조제로 사용 가능한 물질 중 응고제로 활용 가능한 물질로만 구성된 것은?

① 염화칼슘, 탄산칼륨, 수산화칼륨

② 염화칼슘, 황산칼슘, 염화마그네슘

③ 염화칼슘, 수산화나트륨, 탄산나트륨

④ 염화칼슘, 수산화칼륨, 수산화나트륨

해설

가공보조제로 사용 시 응고제로 사용 가능한 물질(친환경농어업법 시행규칙 [별표 1])

염화마그네슘, 염화칼슘, 조제해수 염화마그네슘, 황산칼슘

98

농림축산식품부 소관 친환경농어업 육성 및 유기식품 등의 관리·지원에 관한 법률 시행규칙상 유기농산물 및 유기임산물의 토양개량과 작물생육을 위하여 사람의 배설물을 사용할 때 사용가능 조건으로 틀린 것은?

① 완전히 발효되어 부숙된 것일 것

② 고온발효 : 50℃ 이상에서 7일 이상 발효된 것

③ 저온발효 : 3개월 이상 발효된 것일 것

④ 엽채류 등 농산물·임산물의 사람이 직접 먹는 부위에는 사용금지

해설

③ 저온발효 : 6개월 이상 발효된 것일 것(친환경농어업법 시행규칙 [별표 1])

99

농림축산식품부 소관 친환경농어업 육성 및 유기식품 등의 관리·지원에 관한 법률 시행규칙에 따른 유기축산물의 사료 및 영양관리 기준에 대한 설명으로 틀린 것은?

① 유기가축에게는 100% 유기사료를 급여하여야 한다.
② 필요에 따라 가축의 대사기능 촉진을 위한 합성화합물을 첨가할 수 있다.
③ 반추가축에게 사일리지만 급여해서는 아니되며 비반추 가축에게도 가능한 조사료 급여를 권장한다.
④ 가축에게 관련법에 따른 생활용수의 수질기준에 적합한 신선한 음수를 상시 급여할 수 있어야 한다.

해설
② 합성화합물 등 금지물질을 사료에 첨가하거나 가축에 공급하지 않을 것(친환경농어업법 시행규칙 [별표 4])

100

유기식품 및 무농약농산물 등의 인증에 관한 세부실시요령에 따른 유기축산물 인증기준의 일반원칙에 해당하지 않는 것은?

① 가축의 건강과 복지증진 및 질병예방을 위하여 사육 전기간 동안 적절한 조치를 취하여야 하며, 치료용 동물용의약품을 절대 사용할 수 없다.
② 초식가축은 목초지에 접근할 수 있어야 하고, 그 밖의 가축은 기후와 토양이 허용되는 한 노천구역에서 자유롭게 방사할 수 있도록 하여야 한다.
③ 가축의 생리적 요구에 필요한 적절한 사양관리체계로 스트레스를 최소화하면서 질병예방과 건강유지를 위한 가축관리를 하여야 한다.
④ 가축 사육두수는 해당 농가에서의 유기사료 확보능력, 가축의 건강, 영양균형 및 환경영향 등을 고려하여 적절히 정하여야 한다.

해설
가축 질병방지를 위한 적절한 조치를 취하였음에도 불구하고 질병이 발생한 경우에는 가축의 건강과 복지유지를 위하여 수의사의 처방 및 감독하에 치료용 동물용의약품을 사용할 수 있다(유기식품 및 무농약농산물 등의 인증에 관한 세부실시요령 [별표 1]).

제1과목 | 재배원론

01

과도한 고온으로 인한 작물의 피해를 최소화하는 대책으로 적절하지 않은 것은?

① 내열성이 강한 작물을 선택한다.
② 관수로 땅의 온도를 낮춘다.
③ 질소비료를 많이 사용한다.
④ 작물을 많이 심지 않는다.

해설

③ 질소비료를 과용하면 도장이 심해지고 고온 스트레스에 더 취약해지며, 수분 스트레스와 병해충 발생 위험이 증가하므로 고온기에는 질소비료 과용을 피해야 한다.

02

환상박피와 관련이 있는 것은?

① C/N율
② T/R률
③ R/S율
④ G−D균형

해설

환상박피는 수체 내 C/N율을 높여 꽃눈형성을 촉진하게 된다.

03

다음 중 추락저항성이 요구되는 작물은?

① 벼
② 콩
③ 포도
④ 사과

해설

추락저항성

주로 벼와 같은 논작물은 노후답에서 황화수소 등 유해물질에 의해 뿌리의 활력 저하로 수량 및 품질이 낮아지는 추락현상이 발생할 수 있으므로 이를 견디는 추락저항성이 매우 중요하게 요구된다.

04

작물의 도복은 품종의 특성에도 있지만 환경에 많은 영향을 받는다. 다음 중 도복하기 가장 쉬운 것은?

① 밀식, 다량의 질소시비, 줄기에 건물함량의 저하, 조직 중 리그닌 및 당류함량 과다
② 소식, 소량의 질소시비, 줄기에 건물함량의 함량의 증대, 조직 중 리그닌 및 당류함량 과다
③ 밀식, 다량의 질소시비, 줄기에 건물함량의 저하, 조직 중 리그닌 및 당류함량 부족
④ 밀식, 소량의 질소 시비, 줄기에 건물함량의 증대, 조직 중 리그닌 및 당류함량 부족

해설

도복의 유발조건

• 유전적 조건 : 키가 크고 대가 약한 품종, 무거운 이삭, 빈약한 근계 발달
• 재배조건 : 밀식, 질소 과용, 칼륨 및 규산의 부족, 조직 중 리그닌 및 당류함량 부족
• 환경조건 : 도복의 위험기에 강우·강풍, 병충해의 발생(잎집무늬마름병, 가을멸구, 맥류 줄기녹병)

정답 1 ③ 2 ① 3 ① 4 ③

05

상적발육의 이론을 단계발육설로 가장 먼저 제창한 사람은?

① Lysenko
② Garner
③ Went
④ Vavilov

해설

리센코(Lysenko, 1932)의 상적발육설

1년생 종자식물의 발육 과정은 여러 개의 순차적인 단계, 즉 상(相, phase)으로 구성되어 있으며, 각 상을 거치기 위해서는 특정 환경조건이 필요하다.

06

질산태질소(NO_3^-)에 관한 설명으로 맞는 것은?

① 밭작물에서 추비로서는 적합하지 않다.
② 물에 잘 녹지 않으며 작물의 이용형태는 질소를 잘 흡수·이용하지만 지효성이다.
③ 논에서는 탈질작용으로 유실이 심하다.
④ 논에서 환원층에 주면 비효가 오래 지속된다.

해설

① 밭작물에서는 질산태질소가 추비로 적합하다.
② 질산태질소는 물에 매우 잘 녹으며, 속효성이다.
④ 논의 환원층에 질산태질소를 주면 비효가 오래가지 못하고 탈질작용으로 인해 쉽게 유실된다.

07

화학적으로 염기성비료에 속하는 것은?

① $(NH_4)_2SO_4$
② $CaCN_2$
③ NH_4NO_3
④ K_2SO_4

해설

② $CaCN_2$(석회질소) : 화학적 염기성비료
① $(NH_4)_2SO_4$(황산암모늄) : 화학적 산성비료
③·④ NH_4NO_3(질산암모늄), K_2SO_4(황산칼륨) : 화학적 중성비료

08

어느 작물의 요수량이 500g이라면 소비된 물의 양은?

① 0.5kg
② 5kg
③ 50kg
④ 500kg

해설

500g = 0.5kg

09

수해에 관여하는 요인으로 옳지 않은 것은?

① 생육단계에 따라 분얼 초기에는 침수에 약하고, 수잉기~출수기에 강하다.
② 수온이 높으면 물속의 산소가 적어져 피해가 크다.
③ 질소비료를 많이 주면 호흡작용이 왕성하여 관수해가 커진다.
④ 4~5일의 관수는 피해를 크게 한다.

해설

① 분얼 초기에는 피해가 상대적으로 적고 생육이 진전될수록, 특히 수잉기~출수개화기에 가장 크다.

10

다음 중 최적용기량이 가장 낮은 작물은?

① 양파
② 강낭콩
③ 양배추
④ 보리

해설

작물의 생육에 가장 알맞은 최적용기량의 범위 : 10~25%

• 벼, 양파, 이탈리안라이그래스 : 10%
• 귀리, 수수 : 15%
• 보리, 밀, 순무, 오이 : 20%
• 양배추, 강낭콩 : 24%

11

다음 식물호르몬에 관한 설명 중 잘못된 것은?

① 옥신(auxin)은 주로 세포의 신장 촉진의 역할을 한다.

② ABA(abscisic acid)는 잎의 노화, 낙엽을 촉진한다.

③ GA(gibberellin)는 정아우세현상에 관여한다.

④ 시토키닌(cytokinin)은 세포분열을 촉진한다.

해설

③ 정아우세현상에 관여하는 호르몬은 옥신이다.

12

필수무기원소의 과잉과 결핍증상의 연결이 가장 옳은 것은?

① 망가니즈 과잉 – 담배의 끝마름병

② 붕소 결핍 – 사과의 적진병

③ 아연 결핍 – 감귤류의 소엽병

④ 구리 과잉 – 사탕무의 속썩음병

해설

• 아연(Zn) 결핍 : 감귤과 옥수수의 잎무늬병, 소엽병, 결실 불량 등

• 붕소(B) 결핍 : 담배 끝마름병, 사과의 적진병 · 축과병, 사탕무 속썩음병 등

• 망가니즈(Mn) 과잉 : 사과의 적진병, 만곡 현상

13

습해 대책에 해당되지 않는 것은?

① 휴립재배   ② 과산화석회 시용

③ 심층시비   ④ 토양개량제 시용

해설

습해의 대책

• 저습지에서는 지반을 높이기 위하여 객토한다.

• 저습지에서는 휴립휴파한다.

• 저습지에서는 미숙유기물, 황산근비료 시용은 피하고, 과산화석회(CaO$_2$)를 시용하고 파종한다.

• 이랑과 고랑의 높이 차이가 많이 나게 한다.

14

묘상에서 육묘한 모를 이식하기 전에 경화시키면 나타나는 이점에 대한 설명으로 가장 옳지 않은 것은?

① 착근이 빠르다.

② 흡수력이 좋아진다.

③ 체내의 즙액 농도가 감소한다.

④ 저온 등 자연환경에 대한 저항성이 증대한다.

해설

③ 세포액 내 당분과 수용성 단백질이 증가하여 체내 즙액 농도(삼투압)가 높아진다.

이식 전 경화(hardening)의 효과

• 내동성(저온 저항성) 증대

• 원형질의 수분 투과성 증가, 세포 내 함수량 감소

• 체내 즙액 농도(삼투압) 증가

• 이식 후 착근력 · 흡수력 향상

• 자연환경 저항성 증대

15

종자의 퇴화와 채종에 대한 설명으로 옳은 것은?

① 배추, 무의 격리재배는 1,000cm 이상이다.

② 옥수수의 격리재배는 100m 정도로 한다.

③ 감자는 남부의 평야지에서 우량종자를 생산할 수 있다.

④ 콩은 서늘한 지역에서 생산한 종자가 양호하다.

해설

① 배추, 무의 격리거리는 1,000m 이상이다.

② 옥수수의 격리거리는 원원종, 원종의 자식계통은 300m 이상, 채종용 단교잡종은 200m 이상, 복교잡종, 삼계교잡종은 200m 이상 격리되어야 한다.

③ 감자는 시원한 고랭지에서 바이러스병 발생이 적어 종자 생산에 적합하고, 남부 평야지는 고온다습하여 바이러스병의 발생 위험이 높아 종자 품질이 떨어진다.

16

개화기 조절 방법으로 옳지 않은 것은?

① 저온처리　　　　　　② CO$_2$처리

③ 일장처리　　　　　　④ 파종기 조절

17

식물에 대한 옥신의 기능이 아닌 것은?

① 발근 촉진　　　　　② 가지의 굴곡 유도

③ 낙과 방지　　　　　④ 개화 지연

18

CO$_2$ 시비의 농도를 일정하게 맞추어 줌으로써 발생하는 효과로 틀린 것은?

① 수량 증가　　　　　② 개화 수 증가

③ 광합성 속도 증대　　④ 병해충 감소

19

작물을 재배하는 작부방식에 대한 설명으로 옳지 않은 것은?

① 지속적인 경작으로 지력이 떨어지고 잡초가 번성하면 다른 곳으로 이동하여 경작하는 것을 대전법이라고 한다.

② 3포식 농법은 경작지의 2/3에 추파 또는 춘파 곡류를 심고, 1/3은 휴한하면서 해마다 휴한지를 이동하여 경작하는 방식이다.

③ 3포식 농법에서 휴한지에 콩과 작물을 재배하여 사료도 얻고 지력을 높이는 방법을 개량3포식 농법이라고 한다.

④ 정착농업을 하면서 지력을 높이기 위해 콩과 작물을 재배하는 것을 휴한농법이라고 한다.

20

작물의 자연분화(自然分化) 발달과정에서 첫 단계는?

① 지리적 고립

② 도태와 적응

③ 유전적 변이

④ 인위돌연변이

21

토양의 무기입자의 입경조성에 의한 토양분류로서 모래, 미사, 점토의 함유 비율에 의해 결정되는 것은?

① 토양 견지성
② 토성
③ 토양구조
④ 토양공극

> **해설**
>
> 토성(soil texture)
> 토양 무기입자(모래, 미사, 점토)의 조성비율에 따라 토양을 분류한 것

22

다음 (   )에 들어갈 말로 가장 옳은 것은?

> 토양의 사상균(곰팡이)은 (   )을/를 형성하여 토양의 입단화를 촉진한다.

① 항생물질
② 균사
③ 뿌리혹박테리아
④ 황세균

> **해설**
>
> 사상균(곰팡이)의 균사가 분비하는 점액성 물질이 접착제 역할을 하여 토양입자들을 물리적으로 연결하고, 작은 입자들이 서로 뭉쳐 입단을 이루게 한다.

23

형태론적 토양분류체계에서 주로 화산분출에 의해 형성된 화산회토양을 의미하는 토양목은?

① Andisol
② Aridisol
③ Oxisol
④ Histosol

> **해설**
>
> 안디졸(Andisols, 화산회토)
> • 화산회(화산재)를 모재로 하여 발달한 토양이다.
> • 제주도, 울릉도 등 우리나라의 대표적인 화산회토양이 이에 해당한다.

24

토층의 배수불량 상태에서 강회색화(强灰色化) 작용을 나타내는 기호는?

① Bt
② Bw
③ Bx
④ Bg

> **해설**
>
> Bg 토층의 의미
> • B : 집적층(무기물 집적층, 주로 심토)
> • g : 강환원(gleization) 환경에서 형성된 층

25

토양교질에 대한 설명으로 틀린 것은?

① 입경이 $1\mu m$ 이하인 입자를 말한다.
② 단위 g당 입자 표면적이 미사보다 크다.
③ 낮은 수분보유능력을 가지고 있다.
④ 양이온치환능력을 가지고 있다.

> **해설**
>
> ③ 토양교질물이 많은 토양은 수분의 유실이나 증발이 적으므로 보수력과 보비력이 크다.

26

토양단면에서 유기물의 분해가 활발하게 진행되고 있는 층위(F층)와 부식화가 진행된 층위(H층)가 존재하는 토양의 층은?

① 유기물층(O층)　　　② 용탈층(A층)
③ 집적층(B층)　　　　④ 모재층(C층)

유기물층(O층)
토양표면의 유기물층으로 식물 성장에 중요한 역할을 한다.
• Oi층 : 약간 분해된 미부숙 유기물층
• Oe층 : 중간 정도 부숙된 유기물층
• Oa층 : 잘 부숙된 유기물층, 많이 분해된 유기물층

27

토양생성에 가장 큰 영향을 미치는 토양생성인 자로서 특히 성대성 토양의 생성에 영향을 미치는 인자는?

① 모재　　　　　　　② 기후
③ 지형　　　　　　　④ 지하구조

성대성 토양(zonal soil)
기후와 식생의 요인에 의하여 띠 모양의 대상(帶狀)으로 분포하는 토양을 말한다.

28

미량원소 중 알칼리성 토양에서 유효도가 증가하는 것은?

① Zn　　　　　　　　② Fe
③ Co　　　　　　　　④ Mo

토양 pH에 따른 양분의 유효도
• 알칼리성에서 유효도가 커지는 원소 : P, Ca, Mg, K, Mo 등
• 산성에서 유효도가 커지는 원소 : Fe, Cu, Zn, Al, Mn, B 등

29

토양의 pH가 5일 때 토양용액 중에 가장 많이 존재하는 인의 형태는?

① H_3PO_4　　　　　　② HPO_4^{2-}
③ $H_2PO_4^-$　　　　　④ PO_4^{3-}

토양의 pH 조건에 따른 인(P)의 이온 형태

토양의 pH	인(P)의 이온 형태
pH 2.1	H_3PO_4와 $H_2PO_4^-$이 1:1로 존재
pH 4~7	주로 $H_2PO_4^-$ 형태로 존재
pH 7.2	$H_2PO_4^-$와 HPO_4^{2-}가 1:1로 존재
pH 12.3	HPO_4^{2-}와 PO_4^{3-}이 1:1로 존재

30

토양미생물이 고등식물에 끼치는 유익 작용은?

① 각종 병을 일으킨다.
② 황산염을 환원한다.
③ 탈질작용을 한다.
④ 공기 중 유리질소를 고정한다.

토양미생물의 유익 작용
• 유리질소의 고정
• 질산화 작용
• 길항작용
• 유기물의 분해
• 무기물의 산화
• 근권 형성
• 균근의 형성
• 무기물 유실 경감
• 입단 형성
• 생장촉진물질 분비

31

부식이 토양 특성에 미치는 영향으로 옳지 않은 것은?

① 토양의 보수력 증가
② 토양의 탄질률 감소
③ 중금속 피해 감소
④ 토양의 입단구조 조장

부식이 토양에 미치는 영향
• 입단화 촉진
• 통기성·보수력·보비력 증대
• 완충능 증대
• 중금속 이온의 유해작용 감소

32

치환산도 측정을 위해 수소이온 침출용으로 어떤 용액을 주로 사용하는가?

① KCl
② NaCl
③ H_2O
④ H_2O_2

치환산도
토양교질물에 흡착되어 있는 수소이온(H^+)과 알루미늄이온(Al^{3+})이 염화칼륨(KCl) 용액으로 치환되어 용출된 수소이온의 양을 의미하며, 산성토양의 중화에 필요한 석회량을 결정하는 핵심지표이다.

33

토양을 담수하면 환원되어 독성이 높아지는 중금속은?

① As
② Cd
③ Pb
④ Ni

① 비소(As)는 담수된 환원상태에서 비소(Ⅴ)(As^{5+})가 비소(Ⅲ)(As^{3+})로 환원되어 용해도와 독성이 크게 증가한다.
②·③·④ 카드뮴(Cd), 납(Pb), 니켈(Ni)은 담수된 환원상태에서 황화물 등과 결합해 이동성과 독성이 줄어드는 경향이 있다.

34

다음에서 설명하는 모암은?

> • 우리나라 제주도 토양을 구성하는 모암이다.
> • 어두운 색을 띠며 치밀한 세립질의 염기성암으로 산화철이 많이 포함되어 있다.
> • 풍화되어 토양으로 전환되면 황적색의 중점식토로 되고 장석은 석회질로 전환된다.

① 화강암
② 석회암
③ 현무암
④ 석영조면암

현무암
• 화산암으로서 반려암과 같은 성분으로 되어 있으며 암색을 띠는 세립질의 치밀한 염기성암이다.
• 우리나라 제주도 토양의 주요 모재를 이루며 풍화가 잘 된다.

35

C/N 비율이 100 : 1인 유기물을 토양에 시용할 경우에 일어날 수 있는 현상이 아닌 것은?

① 토양이 환원된다.
② 탄소가 분해된다.
③ 식물과 미생물 사이에 질소경합이 일어난다.
④ 공중질소고정량이 증가한다.

C/N 비율이 100 : 1인 유기물(탄소가 매우 많고 질소가 적은 유기물)을 토양에 시용할 경우 미생물은 토양 내 무기질소를 더 많이 필요로 하여 공중질소고정량이 감소하거나 변화가 거의 없다.

36

점토광물을 분쇄하면 양이온교환용량이 증가하는 가장 큰 이유는?

① 동형치환이 많이 이루어지기 때문이다.
② 잠시적 전하가 늘어나기 때문이다.
③ 변두리전하가 늘어나기 때문이다.
④ 표면전하 밀도가 높아지기 때문이다.

해설

점토광물을 분쇄하여 분말도를 크게 하면 변두리전하가 늘어나 양이온교환용량이 증가한다.

37

논토양의 일반적인 특성이 아닌 것은?

① 토층의 분화가 발생한다.
② 조류에 의한 질소공급이 있다.
③ 연작장해가 있다.
④ 양분의 천연공급이 있다.

해설

③ 연작장해는 밭토양에서 흔하게 나타난다. 논토양은 담수된 환원환경으로 병해충 및 토양 염류의 축적이 억제되어 연작장해가 상대적으로 적다.

38

볏짚을 구성하는 성분이며, 미생물 등에 의한 분해 저항성이 가장 큰 물질로서 식물세포보다는 토양유기물로 존재할 때 성분함량이 증가되는 것은?

① 단백질   ② 리그닌
③ 셀룰로스   ④ 헤미셀룰로스

해설

리그닌
• 토양 내 유기물의 구성성분으로서 페놀(phenol)이 복잡하게 결합된 고분자 물질이다.
• 미생물 분해에 대한 저항성이 높은 부식의 기본골격이다.

39

우리나라 시설재배지 토양에서 흔히 발생하는 문제점이 아닌 것은?

① 연작으로 인한 특정 병해의 발생이 많다.
② EC가 높고 염류집적 현상이 많이 발생한다.
③ 토양의 환원이 심하여 황화수소의 피해가 많다.
④ 특정 양분의 집적 또는 부족으로 영양생리장해가 많이 발생한다.

해설

③은 습답의 문제점이다.

40

토양의 결정성 광물을 확인하는 방법으로 가장 많이 이용되고 있는 방법은?

① X-선 회절법
② 적외선분광법
③ 시차열분석법
④ 유도결합플라즈마분광법

해설

X-선 회절법
토양의 결정성 광물을 확인하는 방법으로 가장 많이 이용되고 있는 방법이다.

41

배낭을 만들지 않고 포자체의 조직세포가 직접 배를 형성하는 것은?

① 영양번식   ② 위수정생식
③ 부정배형성   ④ 무포자생식

해설

부정배형성(不定胚形成)
아포믹시스(apomixis, 무수정생식)의 한 형태로, 식물의 생식과정에서 배낭(난세포)을 만들지 않고 포자체의 조직세포(주심 또는 주피 등 체세포)가 직접 배(胚)를 형성하는 현상이다.

42

작물재배 시 배토의 목적이라고 볼 수 없는 것은?

① 도복의 경감
② 신근 발생의 억제
③ 무효분얼의 억제
④ 덩이줄기의 발육 조장

해설

배토의 목적
• 도복 방지
• 잡초 방제
• 무효분얼 억제와 증수
• 덩이줄기 및 뿌리 발달 촉진
• 작물품질 향상 및 수확량 증가

43

유기농업에서 이용할 수 있는 무농약 토양소독법과 가장 거리가 먼 것은?

① 증기이용법
② 소토법
③ 태양열 소독법
④ 토양 화학살균제 처리

해설

무농약 토양소독법 : 증기이용법, 소토법, 태양열이용법

44

경종적 방제법만을 나열한 것은?

① 재식밀도 조절, 윤작, 토양개량
② 재배시기의 개선, 비닐피복, 기피제 사용
③ 태양열소독, 장기간 담수, 화학적 불임제 사용
④ 병충해저항성 품종 선택, 무병종자의 선택, 천적곤충 이용

해설

경종적 방제 : 토지 선정, 품종 선택, 종자 선택, 윤작, 재배양식의 변경, 혼식, 생육시기의 조절, 시비법의 개선, 청결한 관리, 수확물의 건조, 중간기주식물 제거 등

45

유기가축의 번식생리에서 암가축의 난소에서 분비되는 호르몬은?

① FSH   ② LH
③ estrogen   ④ oxytocin

해설

③ 에스트로겐(estrogen)은 암컷동물의 발정을 유발하는 호르몬으로 암가축의 난소에서 분비된다.

46

유기농산물 및 유기임산물의 토양개량과 작물 생육을 위해 사용 가능한 물질 중 해수의 사용가능 조건에 대한 내용으로 틀린 것은?

① 천연에서 유래할 것
② 엽면(葉面)시비용으로 사용할 것
③ 충분한 발효와 희석을 거쳐 사용할 것
④ 토양에 염류가 쌓이지 않도록 필요한 최소량만을 사용할 것

해설

해수의 사용 가능 조건(친환경농어업법 시행규칙 [별표 1])
(가) 천연에서 유래할 것
(나) 엽면시비용(葉面施肥用)으로 사용할 것
(다) 토양에 염류가 쌓이지 않도록 필요한 최소량만을 사용할 것

47

웅성불임성을 이용하여 일대잡종(F₁)종자를 생산하는 작물로만 묶인 것은?

① 오이, 수박, 호박, 멜론
② 당근, 상추, 고추, 쑥갓
③ 무, 양배추, 배추, 브로콜리
④ 토마토, 가지, 피망, 순무

해설

F₁ 종자의 채종
• 웅성불임성 : 양파, 고추, 당근, 파, 상추, 쑥갓, 옥수수, 벼, 밀 등
• 자가불화합성 : 무, 배추, 양배추, 순무, 브로콜리 등
• 인공교배 : 수박, 오이, 참외, 멜론, 토마토, 피망, 가지 등

48

벼의 유기재배에서 벼멸구 피해를 줄이기 위한 실용적 방법이 아닌 것은?

① 벼멸구에 강한 벼종자를 사용한다.
② 논 주위에 유아등을 설치한다.
③ 유기농어업자재를 활용한다.
④ 1포기(株)당 묘수(苗數)를 되도록 많게 하여 이앙한다.

해설

④ 유기재배 시 밀식재배를 하지 않으면 공기유통이 좋아져서 벼멸구 피해를 줄일 수 있다.

49

산성토양에 극히 강한 것으로만 나열된 것은?

① 자운영, 콩   ② 팥, 시금치
③ 사탕무, 부추   ④ 기장, 땅콩

해설

산성토양에서 적응성이 극히 강한 작물 : 벼, 밭벼, 귀리, 기장, 땅콩, 아마, 감자, 호밀, 토란 등

50

다음 중 석회보르도액의 사용으로 방제 효과를 얻기 가장 어려운 것은?

① 보리 썩음병   ② 사과 흑점병
③ 포도 만부병   ④ 감귤총채벌레

해설

④ 총채벌레는 해충으로 살균제인 석회보르도액으로는 방제가 어려우며 살충제를 사용하여 방제하여야 한다.
※ 석회보르도액은 살균제로 균류(곰팡이) 및 세균성 병해 방제에 효과적이다.

51

다음 중 두과 녹비작물이 아닌 것은?

① 동부

② 화이트클로버

③ 루핀

④ 수수

④ 수수 : 화본과 녹비작물

52

유기농업이 발달하게 된 배경이 아닌 것은?

① 대량생산과 소비를 추구하는 산업화에 따른 심각한 환경오염

② 야생곤충이나 조류 등의 자연생태계의 무차별적인 파괴현상

③ 음악, 영화 등 예술산업의 과도한 발전으로 정신문화퇴폐와 도덕적 해이

④ 영농화학물질에 의한 수질토양오염은 물론 국민건강 위협

유기농업의 발달 배경

• 산업화와 대량생산 위주의 농업으로 인한 환경오염

• 농약, 화학비료 등 영농화학물질로 인한 국민건강 위협

• 야생곤충, 조류 등 자연생태계의 파괴

• 지속가능한 농업과 환경보호에 대한 사회적 요구

53

페로몬의 주요 특징이 아닌 것은?

① 작물이나 인체에 무독하다.

② 유용곤충에 피해를 주지 않는다.

③ 종 특이성이 비교적 약하다.

④ 곤충의 체내에서 발생한다.

③ 종 특이성이 매우 강하여, 서로 다른 종 사이에는 사용이 불가능하다.

54

연작장해를 해소하기 위한 가장 친환경적인 영농방법은?

① 토양소독

② 유독물질의 제거

③ 돌려짓기

④ 시비를 통한 지력 배양

돌려짓기(윤작)

한 경작지에 여러 가지의 다른 농작물을 해마다 번갈아가며 재배하는 방식으로, 토양양분의 균형을 유지하고, 특정 병해충의 발생을 억제하며, 토양유기물과 미생물 다양성을 높여 지속가능한 친환경 농업을 실현할 수 있다.

55

경영면에 따른 작물의 분류는?

① 조생종

② 도입품종

③ 환금작물

④ 장간종

경영면에 따른 작물의 분류 : 환금작물, 자급작물, 경제작물, 동반작물 등

56

발효퇴비의 장점이 아닌 것은?

① 분해과정 중 양분의 손실
② 유효균의 배양
③ 토양의 중화
④ 병해충의 사멸

해설

① 식물이 필요로 하는 양분 및 미량원소를 공급한다.

57

미생물농약의 장점으로 거리가 먼 것은?

① 환경에 대해 안전하다.
② 효과가 서서히 나타나는 경우가 많다.
③ 병충해가 내성을 가지기 어렵다.
④ 인축에 해가 적다.

해설

② 미생물농약의 단점이다.

58

다음에서 설명하는 중공판으로 옳은 것은?

기초피복재의 보온성을 향상시키기 위하여 개발한 것으로
두께 4~20mm의 공간을 가진 이중구조의 판이다.

① FRA판　　　　② FRP판
③ 복층판　　　　④ MMA판

해설

① FRA : 아크릴수지에 유리섬유를 샌드위치 모양으로 넣어 가공한 것
② FRP : 불포화폴리에스터수지에 유리섬유를 보강한 복합재
④ MMA : 유리섬유를 첨가하지 않은 아크릴수지 100%의 경질판

59

유기식품 및 무농약농산물 등의 인증에 관한 세부실시요령상 유기축산물의 축사조건으로 틀린 것은?

① 사료와 음수는 거리를 멀리 둔다.
② 공기순환, 온습도, 먼지 및 가스농도가 가축건강에 유해하지 아니한 수준 이내로 유지되어야 한다.
③ 충분한 자연환기와 햇빛이 제공되어야 한다.
④ 건축물은 적절한 단열·환기시설을 갖추어야 한다.

해설

① 사료와 음수는 접근이 용이할 것(유기식품 및 무농약농산물 등의 인증에 관한 세부실시요령 [별표 1])

60

동물성 부산물 중 유기농허용자재가 아닌 것은?

① 가죽 및 모피제품 부산물
② 육골분
③ 혈분
④ 깃털분

해설

토양개량과 작물생육을 위해 사용 가능한 물질(친환경농어업법 시행규칙 [별표 1])

사용 가능 물질	사용 가능 조건
혈분·육분·골분·깃털분 등 도축장과 수산물 가공공장에서 나온 동물 부산물	화학물질의 첨가나 화학적 제조공정을 거치지 않아야 하고, 항생물질이 검출되지 않을 것

61

전분의 노화 형성을 억제할 수 있는 방법으로 가장 적합하지 않은 것은?

① 설탕을 첨가한다.

② 냉장 보관한다.

③ 수분함량을 15% 이하로 한다.

④ 유화제를 사용한다.

해설

② 냉장 보관은 전분의 노화를 촉진하므로 냉동 보관해야 한다.

62

단백질 식품 중 어육과 식육의 부패 정도를 나타내는 화학적 지표 검사항목은?

① 휘발성염기질소(VBN)

② 경도(hardness)

③ 과산화물가(peroxide value)

④ 생균수

해설

단백질 식품의 부패 판정

• 관능검사 항목 : 시각, 후각, 미각 및 촉각

• 물리적 검사 항목 : 경도, 점성, 탄성, 색 등

• 화학적 검사 항목 : 수소이온농도(pH), 휘발성염기질소, 트라이메탈아민(TMA), 히스타민 등

• 미생물적 검사 항목 : 생균수

63

다음 중 인스턴트식품의 장점이 아닌 것은?

① 편리성   ② 수송성

③ 천연성   ④ 저장성

해설

인스턴트식품의 장점 : 편의성, 저장성, 수송성, 경제성, 다양성 등

64

유기농산물의 저온저장 중 주의하여야 할 사항과 거리가 먼 것은?

① 가스장해

② 저온장해

③ 동결장해

④ 증산장해

해설

저온저장 중에는 가스장해, 저온장해, 동결장해, 영양장해 등 생리적인 장해가 나타날 수 있다.

65

유기가공식품 생산 및 취급 시 사용이 가능한 재료는?

① 식용색소 황색 제5호

② 한천

③ 사카린나트륨

④ 안식향산나트륨

해설

한천(agar)은 특수한 조건 없이 사용이 가능한 식품 첨가제이다.

66

HACCP의 7원칙이 아닌 것은?

① 공정흐름도 현장 확인
② 위해요소 분석
③ 문서화, 기록유지 방법 설정
④ 중요관리점 결정

해설

HACCP의 7원칙

1. 모든 잠재적 위해요소 분석
2. 중요관리점(CCP) 결정
3. CCP 한계기준 설정
4. CCP 모니터링체계 확립
5. 개선조치 방법 수립
6. 검증절차 및 방법 수립
7. 문서화 및 기록유지 방법 설정

67

육가공 시 염지의 목적이 아닌 것은?

① 지방의 유화작용 형성
② 고기의 색 유지
③ 육단백질의 용해성 향상
④ 고기의 보존성 향상

해설

염지의 목적

• 보존성 향상
• 맛과 향 증진
• 육색 개선
• 육단백질의 용해성 향상
• 보수력 및 조직감 개선

68

곰팡이가 생산하는 2차 대사산물로서 사람이나 동물에 대하여 바람직하지 못한 생리적 장애를 일으키는 물질에 해당하는 것은?

① 엔테로톡신
② 테트로도톡신
③ 아플라톡신
④ 다환방향족 탄화수소

해설

아플라톡신(aflatoxin) : *Aspergillus*속 곰팡이에 의해 생성되는 맹독성의 간장독소

69

*Vibrio vulnificus*의 주요 원인 식품은?

① 축육 및 가공제품　　② 농산물 및 가공제품
③ 계육 및 가공제품　　④ 어패류 및 가공제품

해설

비브리오 패혈증

• 원인균 : *Vibrio vulnificus*
• 감염원 : 따뜻한 해수지역에서 채취된 해산물, 어패류 그 외 사람피부의 상처 등을 통한 감염

70

가당연유의 품질 저하와 관계가 없는 것은?

① 점도 증가　　　② 농후화(thickening)
③ 지방분리　　　④ 과립형성

해설

가당연유의 품질결함 현상

농후화, 지방분리 및 응고, 과립형성, 사상현상(sandy현상), 당침현상, 갈변화현상, 곰팡이 효모 등의 오염으로 인한 가스 생성 및 풍미결함 등

71

다음 중 소매업과 가장 거리가 먼 것은?

① 백화점
② 할인점
③ 편의점
④ 대리점

해설

도매상과 소매상

• 도매상 : 상인도매상, 대리점, 제조업자 도매상
• 소매상
  – 점포소매상 : 전문점, 백화점, 슈퍼마켓, 편의점, 할인점, 양판점, 상설할인매장, 회원제 창고형 도소매업
  – 무점포소매상 : 자동판매기, 직접마케팅, 텔레비전 마케팅, 전자마케팅, 방문판매

72

전분질 식품을 높은 온도로 가열할 때 생성되는 물질로 감자튀김 등에서 발견되어 문제가 된 독성물질은?

① 나이트로사민(N-nitrosamine)
② 아크릴아마이드(acrylamide)
③ 아플라톡신(aflatoxin)
④ 솔라닌(solanine)

해설

아크릴아마이드(acrylamide)

감자나 빵처럼 탄수화물이 많은 식품을 고온에서 튀기거나 구울 때 발생하는 유해물질로 식품에 들어 있는 아스파라긴이라는 아미노산과 일부 당류가 120℃ 이상에서 가열되는 과정에서 생긴다.

73

가스치환포장에 사용되는 가스에 대한 설명으로 가장 거리가 먼 것은?

① 식품의 품질유지 기간을 연장하는 역할을 한다.
② 일반적으로 가스 중 산소의 함유량이 가장 높다.
③ 가스의 기체로는 CO_2, N, O_2, 에틸렌, Ar, He 등이 이용된다.
④ 가스의 혼합으로 살충효과를 볼 수도 있다.

해설

가스치환포장

용기 중의 공기를 탈기하여 N_2, CO_2가스와 치환 후 밀봉하는 방법

74

식중독과 그 예방법에 관한 내용이 옳게 연결된 것은?

① 리스테리아균 식중독 – 저온으로 보관한다.
② 바실러스 세레우스 식중독 – 섭취 전 열처리를 한다.
③ 장염비브리오 식중독 – 곡류와 그 가공품, 통조림 식품을 특히 주의한다.
④ 황색포도상구균 식중독 – 섭취 전 재가열한다.

해설

② 바실러스 세레우스 식중독 : 섭취 전 충분한 열처리(70℃ 이상, 2분 이상)를 한다.
① 리스테리아균 식중독 : 저온(4~5℃)에서도 증식이 가능하므로 반드시 충분한 가열이 필요하다.
③ 장염비브리오 식중독 : 주로 어패류에서 발생하며, 곡류 및 통조림과는 관련이 적다.
④ 황색포도상구균 식중독 : 독소(enterotoxin)는 내열성이 커서 100℃ 온도에서 1시간 이상 가열하여도 파괴되지 않는다.

75

유기농딸기의 가격과 수요량이 각각 10,000원, 5,000상자에서 15,000원, 4,000상자로 증감되었고, 유기농오이의 가격과 수요량이 각각 20,000원, 10,000상자에서 30,000원, 9,000상자로 증감되었다. 두 품목에서의 가격탄력성 차이를 구하면?

① 0.1
② 0.2
③ 0.3
④ 0.4

해설

- 수요의 가격탄력성 $= \dfrac{수요량변화율}{가격변화율}$

- 딸기의 가격탄력성 $= \dfrac{(5,000-4,000)/100}{(10,000-15,000)/100} = -0.2$

- 오이의 가격탄력성 $= \dfrac{(10,000-9,000)/100}{(20,000-30,000)/100} = -0.1$

77

과실 및 채소류의 MA 포장 시 에틸렌가스(ethylene gas)의 흡착제로 적합하지 않은 것은?

① $KMnO_4$
② 제올라이트
③ 활성탄
④ 자외선

해설

에틸렌가스 흡착제

과망가니즈산칼륨($KMnO_4$), 천연 제올라이트, 다공질의 활성탄, 활성화 규소, 참숯, 세라믹 등

76

우유 부패균에 의한 변색이 잘못 연결된 것은?

① *Pseudomonas fluorescens* – 녹색
② *Pseudomonas synxantha* – 자색
③ *Pseudomonas syncyanea* – 청색
④ *Serratia marcescens* – 적색

해설

② *Pseudomonas synxantha* : 황색

78

어떤 농산물의 단위당 유통단계별 가격이 농가수취가격 100원, 위탁상가격 200원, 도매가격 400원, 소비자가격 600원이라면 도매단계 마진율은?

① 30%
② 10%
③ 50%
④ 20%

해설

$$마진율(\%) = \dfrac{판매가격 - 매입가격}{판매가격} \times 100$$

$$= \dfrac{400 - 200}{400} \times 100 = 50\%$$

79

다음 냉동식품의 해동에 사용되는 가열방법 중 식품을 가열하는 원리가 다른 것은?

① 공기해동
② 침지해동
③ 열탕해동
④ 마이크로해동

해설

가열방법에 따른 해동의 분류

• 외부가열 : 외부의 열(공기, 물, 뜨거운 물 등)이 식품 표면에서 내부로 전달되어 해동이 이루어지는 방식 예 기해동, 침지해동, 열탕해동 등
• 내부가열 : 마이크로파(전자레인지) 등을 이용해 식품 내부의 수분 분자가 진동하면서 발생하는 마찰열로 식품 전체가 동시에 가열되는 방식 예 마이크로해동

80

목재 등에서 얻어진 섬유소를 화학물질을 처리하여 필름 상으로 재생, 건조시킨 것에 PVDC 등을 도포하여 가공한 포장재는?

① 글리신지
② 방습셀로판
③ 크라프트지
④ 황산지

해설

방습셀로판

셀룰로스의 안팎에 염화비닐 또는 아세트산비닐을 코팅해서 습기가 통하지 않게 가공한 것으로 투명성이 좋고 광택이 뛰어나며 질기고 단단해서 많이 사용된다.

제**5**과목 | 유기농업 관련 규정

81

농림축산식품부 소관 친환경농어업 육성 및 유기식품 등의 관리 · 지원에 관한 법률 시행규칙상 유기농산물 및 유기임산물의 토양개량과 작물생육을 위하여 사용이 가능한 물질은?

① 오줌(충분한 발효와 희석을 거쳐 사용할 것)
② 천적(생태계 교란종이 아닐 것)
③ 님(neem) 추출물(님에서 추출된 천연물질일 것)
④ 담배잎차(순수니코틴은 제외)

해설

② · ③ · ④ 천적, 님추출물, 담배잎차 : 병해충 관리를 위해 사용 가능한 물질(친환경농어업법 시행규칙 [별표 1])

82

우리나라의 연도별 유기농업 관련 정책으로 틀린 것은?

① 1991년 : 농림부에 유기농업발전 기획단 설치
② 1997년 : 환경농업육성법 제정
③ 1998년 : 친환경농업 원년 선포
④ 2004년 : 친환경농업 직접지불제 도입

해설

④ 1999년 : 친환경농업 직접지불제 도입

83

농림축산식품부 소관 친환경농어업 육성 및 유기식품 등의 관리·지원에 관한 법률 시행규칙 중 유기가공식품·비식용유기가공품의 인증기준으로 틀린 것은?

① 사업자는 유기가공식품·비식용유기가공품의 취급과정에서 대기, 물, 토양의 오염이 최소화되도록 문서화된 유기취급계획을 수립할 것

② 자체적으로 실시한 품질검사에서 부적합이 발생한 경우에는 농림축산식품부에 통보하고, 농림축산식품부가 분석 성적서 등의 제출을 요구할 때에는 이에 응할 것

③ 사업자는 유기가공식품·비식용유기가공품의 제조, 가공 및 취급과정에서 원료·재료의 유기적 순수성이 훼손되지 않도록 할 것

④ 유기식품·유기가공품에 시설이나 설비 또는 원료·재료의 세척, 살균, 소독에 사용된 물질이 함유되지 않도록 할 것

> **해설**
> ② 자체적으로 실시한 품질검사에서 부적합이 발생한 경우에는 국립농산물품질관리원장 또는 인증기관에 통보하고, 국립농산물품질관리원 또는 인증기관이 분석 성적서 등의 제출을 요구할 때에는 이에 응할 것(친환경농어업법 시행규칙 [별표 4])

84

농림축산식품부 소관 친환경농어업 육성 및 유기식품 등의 관리, 지원에 관한 법률 시행규칙상 유기축산물 생산을 위한 가축의 사육조건으로 옳지 않은 것은?

① 사육장, 목초지 및 사료작물 재배지는 토양오염우려기준을 초과하지 않아야 한다.

② 유기축산물 인증을 받은 가축과 일반가축을 병행하여 사육할 경우 90일 이상의 분리기간을 거친 후 합사하여야 한다.

③ 축사 및 방목환경은 가축의 생물적·행동적 욕구를 만족시킬 수 있도록 사육환경을 유지·관리하여야 한다.

④ 합성농약 또는 합성농약 성분이 함유된 동물용의약품 등의 자재를 축사 및 축사의 주변에 사용하지 아니하여야 한다.

> **해설**
> ② 유기축산물 인증을 받거나 받으려는 가축과 유기가축이 아닌 가축(무항생제축산물 인증을 받거나 받으려는 가축을 포함)을 병행하여 사육하는 경우에는 철저한 분리 조치를 할 것(친환경농어업법 시행규칙 [별표 4])

85

친환경농어업법의 제정 목적으로 옳지 않은 것은?

① 친환경농업 실천 농업인 육성

② 지속가능하고 친환경적인 농업추구

③ 친환경농산물의 상품성 향상과 공정거래 유도

④ 농업의 환경보전기능 증대와 농업으로 인한 환경오염 절감

해설

목적(친환경농어업법 제1조)
이 법은 농어업의 환경보전기능을 증대시키고 농어업으로 인한 환경오염을 줄이며, 친환경농어업을 실천하는 농어업인을 육성하여 지속가능한 친환경농어업을 추구하고 이와 관련된 친환경농수산물과 유기식품 등을 관리하여 생산자와 소비자를 함께 보호하는 것을 목적으로 한다.

86

유기식품 및 무농약농산물 등의 인증에 관한 세부실시요령상 유기농산물의 인증기준에서 병해충 및 잡초의 방제 · 조절 방법으로 거리가 먼 것은?

① 멀칭 · 예취 및 화염제초

② 식물 · 농장퇴비 및 돌가루 등에 의한 병해충 예방수단

③ 빛 및 소리와 같은 기계적 통제

④ 농자재를 적극적으로 사용한 후 기계적인 방법을 제외하고 물리적인 방법으로만 방제

해설

④ 병해충이 기계적, 물리적 및 생물학적인 방법으로 적절하게 방제되지 아니하는 경우에 시행규칙 [별표 1]의 물질이나 법에 따라 공시된 유기농업자재를 사용할 수 있으나, 그 용도 및 사용 조건 · 방법에 적합하게 사용하여야 한다(유기식품 및 무농약농산물 등의 인증에 관한 세부실시요령 [별표 1]).

87

친환경농어업 육성 및 유기식품 등의 관리 · 지원에 관한 법률에서 정의한 용어로 옳지 않은 것은?

① 유기농어업자재란 합성농약, 화학비료 및 항생 · 항균제 등 화학자재를 사용하지 아니하거나 사용을 최소화하고 농업 · 수산업 · 축산업 · 임업 부산물의 재활용 등을 통하여 농업생태계와 환경을 유지 · 보전하면서 안전한 농 · 수 · 축 · 임산업을 생산하는 자재를 말한다.

② 친환경농수산물이란 친환경농어업을 통하여 얻은 유기농수산물, 무농약농산물, 무항생제축산물, 무항생제수산물 및 활성처리제 비사용 수산물을 말한다.

③ 취급이란 농수산물, 식품, 비식용가공품 또는 농어업용자재를 저장, 포장, 운송, 수입 또는 판매하는 활동을 말한다.

④ 허용물질이란 유기식품 등, 무농약농수산물 · 무농약원료가공식품 및 무항생제수산물등 또는 유기농어업자재를 생산, 제조 · 가공 또는 취급하는 모든 과정에서 사용 가능한 것으로서 농림축산식품부령 또는 해양수산부령으로 정하는 물질을 말한다.

해설

① 유기농어업자재란 유기농수산물을 생산, 제조 · 가공 또는 취급하는 과정에서 사용할 수 있는 허용물질을 원료 또는 재료로 하여 만든 제품을 말한다(친환경농어업법 제2조 제6호).

88

친환경농산물의 인증기관을 지정할 때 인증기관의 인력 및 조직 기준으로 틀린 것은?

① 인증심사원을 상근인력으로 5명 이상 확보할 것
② 인증심사업무를 수행하는 상설 전담조직을 갖출 것
③ 인증기관의 운영에 필요한 재원을 확보할 것
④ 인증업무 외의 업무를 수행하고 있는 인증기관의 경우 반드시 무농약농산물 인증을 위한 컨설팅을 할 것

해설

인증기관의 지정기준 - 인력 및 조직(친환경농어업법 시행규칙 [별표 10])
인증업무가 불공정하게 수행될 우려가 없도록 인증기관(대표, 인증심사원등 소속 임원 또는 직원을 포함)은 다음의 업무를 수행하지 않을 것
1) 유기농업자재 등 농업용 자재의 제조·유통·판매
2) 유기식품 등·무농약농산물 및 무농약원료가공식품의 유통·판매
3) 유기식품 등·무농약농산물 및 무농약원료가공식품의 인증과 관련된 기술 지도·자문 등의의 서비스 제공

89

유기축산물의 인증기관에서 규정하고 있는 사육장은 주변으로부터의 오염 우려가 없는 지역으로서 가축의 복리를 위하여 갖추어야 할 요건이 있다. 그 요건으로 틀린 것은?

① 축산분뇨의 처리는 자원화가 불가능하도록 되어 있어야 한다.
② 활동면적이 충분히 확보되어 있어야 한다.
③ 충분한 환기 및 채광으로 쾌적한 환경이 조성되어야 한다.
④ 신선한 음수를 상시 급여할 수 있어야 한다.

해설

유기축산물 가축분뇨의 처리(친환경농어업법 시행규칙 [별표 4])
가축분뇨의 관리 및 이용에 관한 법률을 준수하여 환경오염을 방지하고 가축분뇨는 완전히 부숙시킨 퇴비 또는 액비로 자원화하여 초지나 농경지에 환원함으로써 토양 및 식물과의 유기적 순환관계를 유지할 것

90

유기두류 제품 생산에 사용이 가능한 식품첨가제(보조제)에 해당되는 것은?

① 탄산나트륨, 탄산칼륨
② 염화칼슘, 염화마그네슘
③ 염화칼륨, 인산제일칼슘
④ 주석칼륨, 이산화황

해설

가공보조제로 사용 시 응고제로 사용 가능한 물질(친환경농어업법 시행규칙 [별표 1])
염화마그네슘, 염화칼슘, 조제해수 염화마그네슘, 황산칼슘

91

농림축산식품부 소관 친환경농어업 육성 및 유기식품 등의 관리·지원에 관한 법률 시행규칙상 친환경농산물 표시기준에 대한 내용으로 옳은 것은?

① 표시 도형의 색상은 따로 규정하지 않고 있다.
② 문자의 활자체는 국문 및 영문 모두 고딕체로 한다.
③ 표시 도형의 크기는 포장재의 크기별로 정해져 있다.
④ 천연·자연·무공해 및 내추럴 등 강조 표시는 가능하다.

해설

① 표시 도형의 색상은 녹색을 기본 색상으로 하되, 포장재의 색깔 등을 고려하여 파란색, 빨간색 또는 검은색으로 할 수 있다(친환경농어업법 시행규칙 [별표 5]).
③ 표시 도형의 크기는 포장재의 크기에 따라 조정할 수 있다(친환경농어업법 시행규칙 [별표 5]).
④ 표시 도형 내부에 적힌 '유기', '(ORGANIC)', 'ORGANIC'의 글자 색상은 표시 도형 색상과 같게 하고, 하단의 '농림축산식품부'와 'MAFRA KOREA'의 글자는 흰색으로 한다(친환경농어업법 시행규칙 [별표 5]).

92

유기축산물 생산을 위한 유기사료의 분류 시 조사료에 속하지 않는 것은?

① 건초
② 생초
③ 볏짚
④ 농후사료

해설

조사료(粗飼料) : 영양소 공급 능력에 비해 부피가 크며, 섬유소 함량이 높다.
⑩ 볏짚, 야초, 목초, 사일리지, 건초 등

93

친환경농어업 육성 및 유기식품 등의 관리 · 지원에 관한 법률에서 규정한 친환경농산물 인증의 부정행위로 볼 수 없는 것은?

① 거짓 그 밖의 부정한 방법으로 친환경농산물 인증을 받는 행위
② 인증품에 인증품이 아닌 농산물을 혼합하여 판매하거나 판매할 목적으로 보관 운반 또는 진열하는 행위
③ 친환경농산물표시를 한 상품이 인증품이 아닌 농산물임을 모르고 판매하는 행위
④ 인증품이 아닌 농산물에 친환경농산물 표시 또는 이와 유사한 표시를 하는 행위

해설

① 친환경농어업법 제30조 제1항 제1호
② 친환경농어업법 제30조 제1항 제5호
④ 친환경농어업법 제30조 제1항 제2호

94

친환경농어업 육성 및 유기식품 등의 관리 · 지원에 관한 법률상 인증기관의 지정취소 등 행정처분에 관한 사항으로 틀린 것은?

① 거짓이나 그 밖의 부정한 방법으로 지정을 받은 경우에는 반드시 지정을 취소하여야 한다.
② 정당한 사유없이 1년 이상 계속하여 인증을 행하지 아니한 경우 농림축산식품부장관은 그 지정을 취소하거나 6개월 이내의 기간을 정하여 그 업무의 전부 또는 일부의 정지를 명할 수 있다.
③ 농림축산식품부장관은 인증기관이 업무정지 명령을 위반하여 정지기간 중 인증을 하였을 때에는 그 지정을 취소할 수 있다.
④ 인증기관의 지정이 취소된 후 3년이 경과하지 아니한 자는 인증기관으로 지정을 받을 수 있다.

해설

④ 인증기관의 지정이 취소된 자는 취소된 날부터 3년이 지나지 아니하면 다시 인증기관으로 지정받을 수 없다. 다만, 제1항 제2호에 해당하는 사유로 지정이 취소된 경우는 제외한다(친환경농어업법 제29조 제3항).

95

친환경농어업 육성 및 유기식품 등의 관리 · 지원에 관한 법률상 인증품 또는 공시를 받은 유기농어업자재에 인증 또는 공시를 받은 내용과 다르게 표시를 한 자는 어떤 벌칙을 받는가?

① 6개월 이하의 징역 또는 1천만원 이하의 벌금에 처한다.
② 1년 이하의 징역 또는 1천만원 이하의 벌금에 처한다.
③ 2년 이하의 징역 또는 3천만원 이하의 벌금에 처한다.
④ 3년 이하의 징역 또는 3천만원 이하의 벌금에 처한다.

해설

벌칙(친환경농어업법 제60조 제2항 제6호)

96

유기축산물의 사료 및 영양관리에 대한 설명으로 틀린 것은?

① 반추가축의 경우에는 포유동물에서 유래한 사료(우유 및 유제품 제외)는 어떠한 경우에도 첨가해서는 아니된다.

② 비반추 가축의 경우 건물을 기준으로 하여 유기사료를 70% 이상 급여하여야 한다.

③ 반추가축에게 사일리지만 급여해서는 안되고 단위가축에게는 반드시 거친 조사료를 일정량 급여하여야 한다.

④ 합성질소 또는 비단백태질소화합물을 사료에 첨가해서는 아니 된다.

97

농림축산식품부 소관 친환경농어업 육성 및 유기식품 등의 관리·지원에 관한 법률 시행규칙상 무농약농산물 등의 인증대상이 아닌 것은?

① 무농약농산물을 생산하는 자
② 무농약원료가공식품을 제조하는 자
③ 무농약원료가공식품을 가공하는 자
④ 무비료농산물을 생산하는 자

98

농림축산식품부 소관 친환경농어업 육성 및 유기식품 등의 관리·지원에 관한 법률 시행규칙상 '유기식품 등'에 해당되지 않는 것은?

① 유기농축산물
② 유기가공식품
③ 비식용유기가공품
④ 수산물가공품

99

농림축산식품부 소관 친환경농어업 육성 및 유기식품 등의 관리·지원에 관한 법률 시행규칙의 유기축산물 인증기준에서 경영 관련 자료로 1년 이상 보관하여야 하는 자료가 아닌 것은?

① 질병관리에 관한 사항
② 가축구입사항 및 번식 내용
③ 사료의 생산·구입 및 급여내용
④ 공장형 퇴비 생산 내용

100

친환경농어업 육성 및 유기식품 등의 관리 · 지원에 관한 법률 시행규칙상 인증품 및 인증사업자에 대한 조사종류에 해당되지 않는 것은?

① 인증품 판매장 또는 인증사업자의 사업장 중 일부를 선정하여 실시하는 정기조사
② 특정 업체의 위반사실에 대한 신고가 접수되어 실시하는 수시조사
③ 농촌진흥청장이 필요하다고 인정하는 경우에 실시하는 특별조사
④ 국립농산물품질관리원장이 필요하다고 인정하는 경우에 실시하는 특별조사

해설

인증품 등 및 인증사업자 등의 사후관리(친환경농어업법 시행규칙 제45조 제1항)

법에 따라 국립농산물품질관리원장 또는 인증기관이 매년 실시하는 판매 · 유통 중인 인증품 및 제한적으로 유기표시를 허용한 식품 및 비식용가공품(이하 '인증품 등')과 인증사업자에 대한 조사는 다음의 구분에 따라 실시한다.

1. 정기조사 : 인증품 판매 · 유통 사업장, 법에 따라 제한적으로 유기표시를 허용한 식품 및 비식용가공품의 생산, 제조 · 가공, 취급 또는 판매 · 유통 사업장 또는 인증사업자의 사업장 중 일부를 선정하여 정기적으로 실시
2. 수시조사 : 특정 업체의 위반사실에 대한 신고 · 민원 · 제보 등이 접수되는 경우에 실시
3. 특별조사 : 국립농산물품질관리원장이 필요하다고 인정하는 경우에 실시

교육은 우리 자신의 무지를 점차 발견해 가는 과정이다.

- 월 듀란트 -

교육이란 사람이 학교에서 배운 것을 잊어버린 후에 남은 것을 말한다.

– 알버트 아인슈타인 –

참 / 고 / 문 / 헌

- 교육부. NCS 학습모듈(유기재배). 한국직업능력개발원. 2019
- 국립농업과학원. 농업기술길잡이 078(농경지 토양관리 기술). 농촌진흥청. 2022
- 국립농업과학원. 농업기술길잡이 205(유기농 쌀 생산). 농촌진흥청. 2020
- 국립원예특작과학원. 농업기술길잡이 004(시설원예). 농촌진흥청. 2021
- 김계훈 외. 토양학. 향문사. 2006
- 농촌진흥청. 농업미생물. 농촌진흥청. 2015
- 박순직. 삼고 재배학원론. 향문사. 2006
- 손상목. 유기농업. 향문사. 2007
- 이효원. 생태유기농업. 한국방송통신대학교. 2004
- 정영상 외. 토양학. 강원대학교출판부. 2013
- 최광희. Win-Q 시대에듀 유기농업기사・산업기사 필기 단기합격. 시대고시기획. 2024

참 / 고 / 사 / 이 / 트

- 국립농업과학원 http://www.naas.go.kr
- 농촌진흥청 http://www.rda.go.kr
- 농촌진흥청 농업기술포털 농사로 https://www.nongsaro.go.kr
- 농촌진흥청 토양환경정보시스템 흙토람 http://soil.rda.go.kr

기출이 답이다 유기농업기사 필기

초 판 발 행	2026년 01월 05일(인쇄 2025년 09월 11일)
발 행 인	박영일
책 임 편 집	이해욱
편 저	최광희
편 집 진 행	윤진영 · 장윤경
표지디자인	권은경 · 길전홍선
편집디자인	정경일 · 박동진
발 행 처	(주)시대고시기획
출 판 등 록	제10-1521호
주 소	서울시 마포구 큰우물로 75 [도화동 538 성지 B/D] 9F
전 화	1600-3600
팩 스	02-701-8823
홈 페 이 지	www.sdedu.co.kr

I S B N	979-11-434-0034-5(13520)
정 가	34,000원

전문 저자진과 시대에듀가 제시하는
합격전략 코디네이트

조경기능사 필기 한권으로 끝내기
최근 기출복원문제 및 해설 수록
- 빨리보는 간단한 키워드 : 시험 전 필수 핵심 키워드
- 필수 핵심이론 + 출제 가능성 높은 적중예상문제 수록
- 각 문제별 상세한 해설을 통한 고득점 전략 제시
- 조경의 이해를 돕는 사진과 이미지 수록
- 4×6배판 / 828p / 29,000원

유튜브 무료 특강이 있는
조경기사 · 산업기사 필기 한권으로 합격하기
최근 기출복원문제 및 해설 수록
- 중요 핵심이론 + 적중예상문제 수록
- '기출 Point', '시험에 이렇게 나왔다'로 전략적 학습방향 제시
- 저자 유튜브 채널(홍선생 학교가자) 무료 특강 제공
- 4×6배판 / 1,304p / 42,000원

조경기사 · 산업기사 실기 한권으로 끝내기
도면작업 + 필답형 대비
- 사진과 그림, 예제를 통한 쉬운 설명
- 각종 표현기법과 설계에 필요한 테크닉 수록
- 최근 기출복원도면 + 필답형 기출복원문제 수록
- 저자가 직접 작도한 도면 다수 포함
- 국배판 / 1,020p / 41,000원

※ 도서의 구성 및 가격은 변동될 수 있습니다.

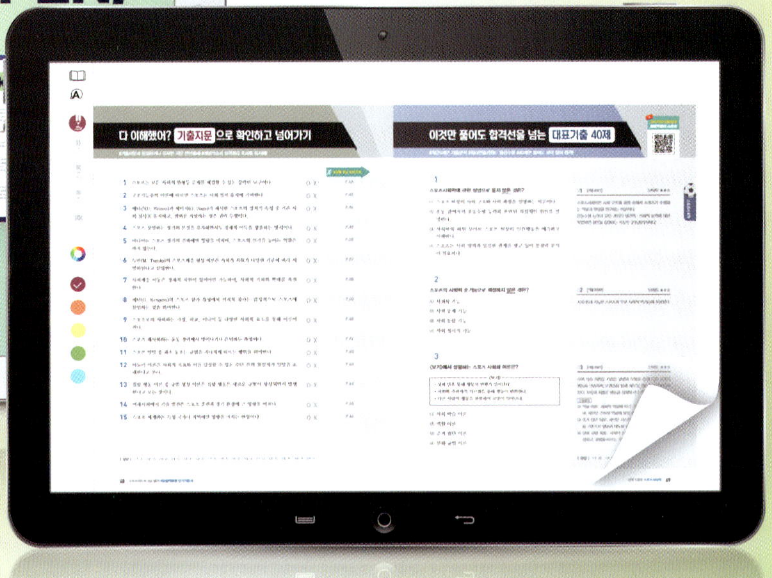